EUL VERLAG

Reihe: Steuer, Wirtschaft und Recht · Band 341

Herausgegeben von vBP StB Prof. Dr. Johannes Georg Bischoff, Wuppertal, Dr. Alfred Kellermann, Vorsitzender Richter (a. D.) am BGH, Karlsruhe, Prof. (em.) Dr. Günter Sieben, Köln, und WP StB Prof. Dr. Dr. h. c. Norbert Herzig, Köln

Dr. Sebastian Johannes Paul Schröder

Unternehmensbewertung für Zwecke der Erbschaft- und Schenkungsteuer

Analyse der Steuerbemessungsfunktion der Unternehmensbewertung und ökonomische Rechtskritik am Gesetz zur Reform des Erbschaftsteuer- und Bewertungsrechts

Mit einem Geleitwort von Prof. Dr. Rainer Heurung, Universität Siegen

EUL VERLAG

Bibliografische Information der Deutschen Nationalbibliothek

Die Deutsche Nationalbibliothek verzeichnet diese Publikation in der Deutschen Nationalbibliografie; detaillierte bibliografische Daten sind im Internet über <http://dnb.d-nb.de> abrufbar.

Dissertation, Universität Siegen, Fachbereich Wirtschaftswissenschaften, Wirtschaftsinformatik und Wirtschaftsrecht, 2013

Tag der Promotion: 23. Oktober 2013

ISBN 978-3-8441-0328-1
1. Auflage Mai 2014

JOSEF EUL VERLAG GmbH
Brandsberg 6
53797 Lohmar
Tel.: 0 22 05 / 90 10 6-6
Fax: 0 22 05 / 90 10 6-88
E-Mail: info@eul-verlag.de
http://www.eul-verlag.de

Bei der Herstellung unserer Bücher möchten wir die Umwelt schonen. Dieses Buch ist daher auf säurefreiem, 100% chlorfrei gebleichtem, alterungsbeständigem Papier nach DIN 6738 gedruckt.

meiner Familie

Geleitwort

Mit seiner Entscheidung vom 07.11.2006 hatte das Bundesverfassungsgericht das seinerzeit geltende Erbschaftsteuerrecht für verfassungswidrig erklärt. Die Erhebung der Steuer mit einheitlichen Steuersätzen auf den Wert des Erwerbs sei mit dem Grundgesetz unvereinbar, weil sie an Steuerwerte anknüpfe, deren Ermittlung bei wesentlichen Gruppen von Vermögensgegenständen (Betriebsvermögen, Grundvermögen, Anteilen an Kapitalgesellschaften sowie land- und forstwirtschaftlichen Betrieben) so erhebliche Unterschiede aufweise, dass sie den Anforderungen des Gleichheitssatzes aus Art. 3 Abs. 1 GG nicht genüge. Das Gericht mahnte eine Neuregelung an und forderte vom Gesetzgeber eine Bewertung, die einheitlich am gemeinen Wert ausgerichtet sein müsse. Die Bewertungsmethoden hätten dabei zu gewährleisten, dass alle Vermögensgegenstände in einem Annäherungswert an den gemeinen Wert erfasst werden.

Der Gesetzgeber reagierte im Rahmen des Gesetzes zur Reform des Erbschaft- und Schenkungsteuerrechts (ErbStRG) mit einer umfassenden Neuausrichtung der Bewertung zum gemeinen Wert. Kernelement dieser Reform ist ein methodenpluralistischer Ansatz, der den Rechtsanwender mit bis zu sieben verschiedenen Bewertungsmethoden konfrontiert. Damit geht insbesondere auch eine Öffnung für betriebswirtschaftlich anerkannte Methoden einher. Aus dieser für das Steuerrecht vollkommen neuen Ausrichtung ergibt sich ein gänzlich neuer Forschungsbereich, dem sich die vorliegende Arbeit widmet.

Herr Schröder beginnt seine Untersuchung mit einer Einleitung, welche die praktische und theoretische Relevanz seines Forschungsgegenstands deutlich aufzeigt. Schließlich sind Unternehmensbewertungen auch im neuen, durch Verschonungen von Betriebsvermögen geprägten Erbschaftsteuerrecht, stets notwendig. Daneben sind die neuen Bewertungsregeln auch für ertragsteuerliche Zwecke anzuwenden, sofern der gemeine Wert maßgeblich ist. Ziel der Untersuchung ist es, die Gesetzesreform als Ganzes zu würdigen. Die Arbeit ist demnach eine ökonomische Analyse des Rechts, die im Rahmen der steuerrechtlichen Wertfindung allgemein und der Unternehmensbewertung im Besonderen von den Betriebswirten zu leisten ist.

In Kapitel B wird die Notwendigkeit der Bewertungsreform aufgezeigt. Aufbauend auf den, bis zur Reform anzuwendenden Bewertungsregeln, wird das Urteil des BVerfG umfassend gewürdigt. Das Ergebnis ist die mit Nachdruck geforderte Bewertung zum Verkehrswert. Herr Schröder identifiziert in Kapitel C die konsequente Neujustierung des gemeinen Werts, die Rechtsformneutralität und den Gesamtbewertungsansatz als tragende Prinzipien der Reform.

Das Kapitel D ist das Zentrum des bewertungstheoretischen Beitrags von Herrn Schröder. Ausgehend von den Werttheorien, Funktionen und Anlässen der Unternehmensbewertung folgt eine umfassende Analyse der Steuerbemessungsfunktion der Unternehmensbewertung. Aufbauend auf den bisherigen Forschungsergebnissen der Unternehmensbewertungstheorie werden qualitative und quantitative Merkmale von Entscheidungs-, Argumentations-, und Schiedswerten im Rahmen der Steuerbemessungsfunktion gewürdigt. Ergebnis dieser Ausführungen ist ein Modell, dass die steuerrechtliche Wertfindung als (potentiell) zweistufigen Einigungsprozess beschreibt, bei dem sowohl Argumentations- als auch Schiedswert zur Anwendung kommen (können).

Im Anschluss hieran folgt die Auseinandersetzung mit den konkreten Bewertungsregeln. Hierzu wird zu Beginn des Kapitels E zuerst die vom Gesetzgeber geschaffene Methodenhierarchie entwirrt. Dem folgt eine kritische Auseinandersetzung mit den einzelnen Bewertungsmaßstäben resp. -methoden in Bezug auf das angestrebte Bewertungsziel. Daneben wird aber auch die vom Steuerpflichtigen in der Regel angestrebte Steuer- und damit Wertminimierung betrachtet. Auf Basis dieser Zielsetzung zeigt Herr Schröder die verschiedensten Wahl- und Argumentationsmöglichkeiten für den Steuerpflichtigen auf, die dem Leser wertvolle Hilfestellungen für die Praxis bieten können.

In Kapitel F wird das neu geschaffene vereinfachte Ertragswertverfahren (§§ 199ff. BewG) untersucht. Herr Schröder arbeitet zunächst dessen potentiell breiten Anwendungsbereich heraus. Er zeigt jedoch auch, dass ein solches Regelbewertungsverfahren kaum geeignet ist, ausreichend zuverlässig einen gemeinen Wert zu ermitteln. Freilich hindert dies den Steuerpflichtigen nicht daran, von seinem Wahlrecht zu diesem Verfahren Gebrauch zu machen. Insofern sind Vergleiche insbesondere mit dem (gewöhnlichen) Ertragswertverfahren notwendig, die Herr Schröder in qualitativer und quantitativer Hinsicht vornimmt und hiermit wertvolle Entscheidungshilfen für den Praktiker anbietet.

Die vorliegende Arbeit liefert einen umfangreichen weiterführenden wissenschaftlichen Beitrag. Gerade aufgrund ihres umfassenden Ansatzes überzeugt die Stringenz aus der einleitenden Formulierung konkreter Forschungsziele, der anschließenden Absolvierung der zur Erreichung dieser Ziele notwendigen Analysen und die abschließende Darstellung der konkreten Ergebnisse im Fazit. Die Arbeit kann nicht nur für Wissenschaft, Rechtsprechung und Finanzverwaltung, sondern auch für Wirtschafts- und Beratungspraxis von großem Nutzen sein. Der Arbeit sei daher eine weite Verbreitung gewünscht.

Siegen, im April 2014 Univ.-Prof. Dr. Rainer Heurung

Vorwort

Die vorliegende Arbeit entstand während meiner Tätigkeit als wissenschaftlicher Mitarbeiter an der Universität Siegen und wurde im Oktober 2013 von der Fakultät Wirtschaftswissenschaften, Wirtschaftsinformatik und Wirtschaftsrecht an der Universität Siegen als Dissertation angenommen. Das Promotionsverfahren wurde am 23. Oktober 2013 mit der Disputation abgeschlossen. Die Arbeit basiert auf dem Rechtsstand 31. Mai 2013.

Am erfolgreichen Gelingen meiner Promotion haben verschiedene Personen maßgeblichen Anteil, bei denen ich mich ausdrücklich bedanken möchte. Zunächst gilt meinem verehrten akademischen Lehrer und Doktorvater Herrn WP/StB Univ.-Prof. Dr. Rainer Heurung mein besonderer Dank. Herr Prof. Dr. Heurung hat nicht nur mein Promotionsverfahren ermöglicht, sondern dieses auch in jeder Phase begleitet und durch konstruktive Kritik gefördert.

Mein herzlicher Dank gilt ebenso Herrn Univ.-Prof. Dr. Norbert Krawitz für die Erstellung des Zweitgutachtens. Des Weiteren möchte ich Herrn Univ.-Prof. Dr. Andreas Dutzi für die Übernahme des Vorsitzes der Promotionskommission danken.

Darüber hinaus danke ich meinen Lehrstuhlkollegen für die schöne gemeinsame Zeit sowie Herrn Dr. Benjamin Engel und Herrn Dipl.-Kfm. Michael Fritz für die inspirierende gemeinschaftliche Forschungsarbeit.

Olpe-Thieringhausen, im April 2014 — Sebastian J. P. Schröder

Inhaltsübersicht

Inhaltsverzeichnis

Abbildungsverzeichnis

Tabellenverzeichnis

Abkürzungsverzeichnis

a. F.	=	alte Fassung
Abs.	=	Absatz
AG	=	Die Aktiengesellschaft (Zeitschrift)
AktG	=	Aktiengesetz
AntBVBewV	=	Diskussionsentwurf für eine Verordnung zur Durchführung des § 11 Absatz 2 des Bewertungsgesetzes – Anteils- und Betriebsvermögenbewertungsverordnung
B	=	Briefkurs
BauGB	=	Baugesetzbuch
BB	=	Betriebsberater (Zeitschrift)
BBK	=	Buchführung, Bilanzierung, Kostenrechnung (Zeitschrift)
BeckRS	=	Beck-Rechtsprechung (Rechtsprechungsdatenbank)
BeckVerw	=	Beck-Verwaltungsanweisung (Datenbank von Verwaltungsanweisungen)
betr.	=	betreffend
BewG	=	Bewertungsgesetz
BewP	=	Bewertungspraktiker (Zeitschrift)
BFH	=	Bundesfinanzhof
BFH/NV	=	Sammlung der Entscheidungen des Bundesfinanzhofs (Zeitschrift)
BFuP	=	Betriebswirtschaftliche Forschung und Praxis (Zeitschrift)
BGB	=	Bürgerliches Gesetzbuch
BGHZ	=	Entscheidungen des Bundesgerichtshofs in Zivilsachen (Zeitschrift)

BMF	=	Bundesministerium der Finanzen
BörsenG	=	Börsengesetz
bspw.	=	beispielsweise
BVerfG	=	Bundesverfassungsgericht
CAPM	=	Capital Asset Pricing Model
CF biz	=	Corporate Finance biz (Zeitschrift)
DB	=	Der Betrieb (Zeitschrift)
DStJG	=	Deutsche Steuerjuristische Gesellschaft
DStR	=	Deutsches Steuerrecht (Zeitschrift)
DStRE	=	Deutsches Steuerrecht Entscheidungsdienst (Beilage zur DStR)
DStZ	=	Deutsche Steuer-Zeitung (Zeitschrift)
EFG	=	Entscheidungen der Finanzgerichte (Zeitschrift)
ErbBstg	=	Erbfolgebesteuerung (Zeitschrift)
ErbStB	=	Der Erbschaft-Steuer-Berater (Zeitschrift)
ErbStG	=	Erbschaftsteuergesetz
ErbStH	=	Hinweise zu den ErbStR
ErbStR	=	Erbschaftsteuer-Richtlinien
ErbStRG	=	Erbschaftsteuerreformgesetz
erw.	=	erweiterte
EStG	=	Einkommensteuergesetz
EStR		Einkommensteuer-Richtlinien
EWR	=	Europäischer Wirtschaftsraum

F.A.Z.	=	Frankfurter Allgemeine Zeitung (Zeitung)
FAUB	=	Fachausschuss für Betriebswirtschaft und Unternehmensbewertung
FB	=	Finanz-Betrieb (Zeitschrift)
FG	=	Finanzgericht
FGO	=	Finanzgerichtsordnung
FMK	=	Finanzministerkonferenz
FinMin.	=	Finanzministerium
FR	=	Finanz-Rundschau (Zeitschrift)
FVerlV	=	Funktionsverlagerungsverordnung
G	=	Geldkurs
gem.	=	gemäß
GG	=	Grundgesetz
GmbHR	=	GmbH-Rundschau (Zeitschrift)
h. M.	=	herrschende Meinung
Hrsg.	=	Herausgeber
i. d. F.	=	in der Fassung
i. d. S.	=	in diesem Sinne
i. H. v.	=	in Höhe von
i. S. d.	=	im Sinne des (der, dem)
i. V. m.	=	in Verbindung mit
IDW	=	Institut der Wirtschaftsprüfer

INF = Die Information für Steuerberater und Wirtschaftsprüfer (Zeitschrift)

IStR = Internationales Steuerrecht (Zeitschrift)

JStG = Jahressteuergesetz

JZ = Juristenzeitung (Zeitschrift)

KMU = kleine und mittlere Unternehmen

Mio. = Millionen

Mrd. = Milliarden

NJW = Neue Juristische Wochenschrift (Zeitschrift)

NWB = NWB Steuer- und Wirtschaftsrecht (Zeitschrift)

NZG = Neue Zeitschrift für Gesellschaftsrecht (Zeitschrift)

OFD = Oberfinanzdirektion

RAO = Reichsabgabenordnung

RBewG = Reichsbewertungsgesetz

rd. = rund

RFH = Reichsfinanzhof

RNotZ = Rheinische Notar-Zeitschrift (Zeitschrift)

SEStEG = Gesetz über steuerliche Begleitmaßnahmen zur Einführung der Europäischen Gesellschaft und zur Änderung weiterer steuerlicher Vorschriften

sog.	=	sogenannte(r)
st. Rspr.	=	ständige Rechtsprechung
StÄndG	=	Steueränderungsgesetz
StandOG	=	Standortsicherungsgetz
Stbg	=	Die Steuerberatung (Zeitschrift)
StBp	=	Die steuerliche Betriebsprüfung (Zeitschrift)
StuB	=	Unternehmensteuern und Bilanzen (Zeitschrift)
StuW	=	Steuer und Wirtschaft (Zeitschrift)
SZ	=	Süddeutsche Zeitung (Zeitung)
T	=	Taxe (taxierter Börsenkurs)
u. a.	=	unter anderem
überarb.	=	überarbeitete
Ubg	=	Die Unternehmensbesteuerung (Zeitschrift)
UmwStG	=	Umwandlungssteuergesetz
v.	=	von (Namenszusatz)
vGA	=	verdeckte Gewinnausschüttung
vollst.	=	vollständig
VStR	=	Vermögensteuer-Richtlinien
WISU	=	Das Wirtschaftsstudium (Zeitschrift)
WM	=	Wertpapier-Mitteilungen Zeitschrift für Wirtschafts- und Bankrecht (Zeitschrift)
WPg	=	Die Wirtschaftsprüfung (Zeitschrift)

WpHG	=	Wertpapierhandelsgesetz
WPO	=	Wirtschaftsprüferordnung
z. T.	=	zum Teil
ZEV	=	Zeitschrift für Erbrecht und Vermögensnachfolge (Zeitschrift)
ZfB	=	Zeitschrift für Betriebswirtschaft (Zeitschrift)
zfbf	=	Schmalenbachs Zeitschrift für betriebswirtschaftliche Forschung (Zeitschrift)
ZfhF	=	Zeitschrift für handelswissenschaftliche Forschung (Zeitschrift)
ZGR	=	Zeitschrift für Unternehmens- und Gesellschaftsrecht (Zeitschrift)
ZHR	=	Zeitschrift für das gesamte Handels- und Wirtschaftsrecht (Zeitschrift)
ZRP	=	Zeitschrift für Rechtspolitik (Zeitschrift)
zust.	=	zustimmend
ZVG	=	Gesetz über die Zwangsversteigerung und die Zwangsverwaltung

Symbolverzeichnis

a	=	Größe des zu veräußernden Anteils
A	=	Vorteil der Variante der Schenkung von Aktien
a_{alte}	=	Anzahl der alten Aktien
a_{junge}	=	Anzahl der jungen Aktien
b	=	variabler Faktor im Mischverfahren
B	=	Steuerwert des Unternehmens
BMG	=	Steuerwert des Unternehmens
B_U	=	Bezugsgröße des zu bewertenden Unternehmens
B_{Vgl}	=	Bezugsgröße des Vergleichsunternehmens
BZ	=	rechnerischer Wert des Bezugsrechts
β_j	=	Betafaktor der Aktie j
β_j^U	=	Beta-Faktor des unverschuldeten Unternehmens
β_j^V	=	Beta-Faktor des verschuldeten Unternehmens
$Cov\ (r_j;r_M)$	=	Kovarianz von r_j und r_M
E	=	Ertrag
EB	=	Einigungsbereich
EK	=	Eigenkapital (Marktwert)

EK_{BW} = Eigenkapital Buchwert

EKR = Eigenkapitalrentabilität

E_{SV} = Ertragshundertsatz

EW = Ertragswert

EW_{vETWV} = Ertragswert des betriebsnotwendigen Vermögens

FK = Fremdkapital (Marktwert)

gW_B = gemeiner Wert der Beteiligungen

gW_{jW} = gemeiner Wert der jungen Wirtschaftsgüter

gW_{nbV} = gemeiner Wert des nicht betriebsnotwendigen Vermögens

G = Gewinn

GK^U = Marktwert des Gesamtkapitals

GK_{BW} = Buchwert des Gesamtkapitals

G_{neu} = neuer Gewinn (nach Gestaltung)

i = risikoloser Zins

i_{Basis} = Basiszins im vEWV

i_{SV} = Alternativrendite im Stuttgarter Verfahren

i_{vEWV} = Zinssatz im vEWV

k = gewogene durchschnittlichen Kapitalkosten

K_{alt}	=	Kurs der Aktien vor der Kapitalerhöhung
$K_{Bezugspreis}$	=	Bezugspreis der jungen Aktien
K_{min}	=	niedrigster Kurs am Stichtag (Steuerbemessungsgrundlage)
K_{neu}	=	Kurs der Aktien nach der Kapitalerhöhung
$K_{Steuerentstehung}$	=	Kurs zum Steuerentstehungszeitpunkt
$K_{Steuerzahlung}$	=	Kurs zum Steuerzahlungszeitpunkt
$K_{t=0}$	=	geschenkter Geldbetrag zum Zeitpunkt $t = 0$
$K_{t=1}$	=	Kurs am Ende des Stichtags
k_{TCF}	=	gewogene Kapitalkosten im TCF-Ansatz
μ	=	Erwartungswert
$\mu(r_M)$	=	Erwartungswert der Rendite des Marktportfolios
n	=	Übergewinndauer
NW	=	Nennkapital
p	=	prozentualen Wertänderung der Aktie
P	=	zeitnaher Verkaufspreis (neue Bemessungsgrund-lage), es gilt $P \geq 0$
P_{AE}	=	Schiedswert bei Aufteilung nach den Entscheidungswerten
P_K	=	Grenzpreis des Käufers
P_{PLF}	=	Schiedswert unter der Beachtung der Preislenkungsfunktion
P_S	=	Schiedswert

P_U	=	gesuchter Preis des zu bewertenden Unternehmens
P_V	=	Grenzpreis des Verkäufers
P_{Vgl}	=	Preis des Vergleichsunternehmens
r	=	Rendite
R	=	Bezugsverhältnis
r_{FK}	=	Fremdkapitalzins
RG	=	Residualgewinn
r_j	=	Rendite der Aktie *j*
r_M	=	Rendite des Marktportfolios
r_{EK}^U	=	Renditeforderung des Eigentümers eines unverschuldeten Unternehmens
r_{EK}^V	=	Renditeforderung des Eigentümers eines verschuldeten Unternehmens
ρ	=	Korrelationskoeffizient
s	=	Steuersatz
S	=	Steuerzahlung
$SÄ$	=	Sicherheitsäquivalent
s_{Abg}	=	Steuersatz Abgeltungsteuer
SBW	=	Steuerbilanzwert eines Wirtschaftsgutes
s_{GewSt}	=	Steuersatz Gewerbesteuerbelastung
s_{KSt}	=	Steuersatz Körperschaftsteuer
SW	=	Substanzwert

σ	=	Standardabweichung
t	=	Zeitindex
T	=	Taxe
T_n	=	Endzeitpunkt
UW	=	Unternehmenswert
UW_{SV}	=	Unternehmenswert im Stuttgarter Verfahren
V	=	Vermögen
V_A	=	Vermögen bei Schenkung von Aktien
$V_{Antritt}$	=	Vermögen bei Antritt der Erbschaft
V_G	=	Vermögen bei Schenkung von Geldvermögen
$V_{Korrektur}$	=	Vermögen mit Wertkorrektur
$V_{mitOption}$	=	Vermögen mit Option zur Wertkorrektur
V_n	=	Vermögen nach der Kapitalerhöhung
$V_{ohneKorrektur}$	=	Vermögen ohne Wertkorrektur
V^s	=	Vorteil der Fremdfinanzierung
V_v	=	Vermögen vor der Kapitalerhöhung
VW	=	Vermögenswert
W	=	fixer Verkehrswert des Unternehmens
z	=	Risikozuschlag

z_j = Risikozuschlag der Aktie der Gesellschaft j

A. Einleitung

I. Anlass, Forschungsrelevanz und Problemstellung

Mit dem Gesetz zur Reform des Erbschaftsteuer- und Bewertungsrechts (Erbschaftsteuerreformgesetz – ErbStRG vom 24.12.2008)[1] beschloss der Deutsche Bundestag am 27.11.2008 weitreichende Änderungen der beiden namensgebenden Steuerrechtsgebiete.[2] Die Gesetzesinitiative war nötig geworden, weil das Bundesverfassungsgericht (BVerfG) die bis dahin gültigen Regeln zur erbschaft- und schenkungsteuerlichen Bewertung verschiedenster Vermögensarten für verfassungswidrig erklärt hatte.[3] Die Reform umfasst mit dem wesentlich modifizierten Bewertungsrecht einerseits und den weitgehenden erbschaftsteuerlichen Verschonungsregeln für Betriebsvermögen und Anteile an Kapitalgesellschaften andererseits zwei wesentliche Bereiche. Im Fokus dieser Untersuchung stehen die neuen Regeln zur Bewertung von Unternehmensvermögen.[4]

Die Diskussion um die Erbschaftsteuer wird oftmals sehr emotional und mit ideologischem Hintergrund geführt.[5] Aus (wirtschafts-)wissenschaftlicher Sicht lässt sich hierzu jedoch kaum noch etwas beitragen.[6] Vielmehr handelt es sich um eine

---

1 BGBl. I 2008, S. 3018.

2 Vgl. Deutscher Bundestag (Hrsg.), Beschlussempfehlung des Finanzausschusses zum ErbStRG, BT-Drs. 16/11075. Die Zustimmung des Bundesrats erfolgte am 05.12.2008. Vgl. Bundesrat (Hrsg.), Beschluss ErbStRG, BR-Drs. 888/08 (Beschluss). Durch Unterzeichnung des Bundespräsidenten am Heiligabend 2008 und Veröffentlichung am 31.12.2008 im BGBl. I 2008, S. 3018, konnte die vom Bundesverfassungsgericht (BVerfG) gesetzte Frist gerade eingehalten werden. Das Gesetz trat am folgenden Tag, dem 01.01.2009, in Kraft.

3 Vgl. BVerfG vom 07.11.2006 - 1 BvL 10/02, BStBl. II, 2007, S. 192 sowie BVerfG (Hrsg.), Pressemitteilung Nr. 11/2007, 2007. Plakativ KÜHNHOLD, DStZ, 2007, S. 592: „BVerfG beendet .. die Ära der Steuerwerte."

4 Der Begriff Unternehmensvermögen findet sich nicht im Bewertungsgesetz (BewG vom 01.02.1991, BGBl I 1991, S. 230) Er zielt, wie andere nicht gesetzlich bestimmte Formulierungen („betriebliches Vermögen", „unternehmerisches Vermögen"), auf das ökonomische Wesen des Vermögens ab und umfasst somit sowohl Betriebsvermögen als auch Anteile an Kapitalgesellschaften. Vgl. zur analogen Nutzung bspw. KUẞMAUL/PFIRMANN/HELL/MEYERING, BB, 2008, S. 472 ff. Die weitreichenden Verschonungsregeln für betriebliches Vermögen sind entsprechend nicht Gegenstand dieser Untersuchung; aus ökonomischer Sicht sind diese m. E. höchst fragwürdig. Siehe hierzu ausführlicher Fn. 251, 690. Die hohe Streitanfälligkeit dieser Normen mündete bereits in einem Vorlagebeschluss des BFH an das BVerfG. Das Gericht hält die vorgesehenen Steuervergünstigungen nicht durch ausreichende Sach- und Gemeinwohlgründe gerechtfertigt und erkennt einen verfassungswidrigen Begünstigungsüberhang. Die Bewertungsregeln waren nicht Gegenstand dieser Entscheidung. Vgl. BFH vom 27.09.2012 - II R 9/11, DStR, 2012, S. 2063.

5 Vgl. TIPKE, Steuerrechtsordnung 2 II, 2003, S. 870 f.; SCHULTE, FR, 2007, S. 309.

6 Vgl. KESSLER/MÄRKLE/OFFERHAUS, DB, 2007, S. 1155, welche die wesentlichen Argumente für und wider eine Abschaffung der Erbschaftsteuer m. w. N. darstellen. Die nach h. M. tragende

politische Frage, die aus Sicht der zweiten Großen Koalition eindeutig beantwortet wurde: „Ein Verzicht auf die Erbschaftsteuer ist aus Gerechtigkeitsgründen keine sinnvolle Alternative.“[7] Ihre Abschaffung ist dementsprechend trotz ihres vergleichsweise geringen Steueraufkommens von ca. 4,5 Mrd. € jährlich[8] auf absehbare Zeit nicht zu erwarten.[9]

Von den rd. 3,7 Mio. Unternehmen in Deutschland[10] steht in den Jahren 2010 bis 2014 für rd. 110.000 eine Nachfolgeregelung an.[11] Diese Schätzung des Instituts für Mittelstandsforschung Bonn weicht damit deutlich von der im vorherigen Fünfjahres-

steuersystematische Rechtfertigung liegt in dem Zuwachs finanzieller Leistungsfähigkeit beim Erwerber und ihrer entsprechenden Ausgestaltung als Erbanfallsteuer. Vgl. dazu SEER, GmbHR, 2009, S. 226 m. w. N.

7 Deutscher Bundestag (Hrsg.), Regierungsentwurf ErbStRG, BT-Drs. 16/7918, S. 1. Insofern zutreffend HEY, JZ, 2007, S. 564: „Die Erbschaftsteuer ist in besonderem Maße eine politische Steuer.“ Zur Diskussion, ob die Abschaffung der Erbschaftsteuer verfassungswidrig wäre, siehe PILTZ, DStR, 2010, S. 1923 f. m. w. N.

8 Vgl. dazu die Zeitreihe in BMF vom 09.03.2011 - BMF - I A 6, 2011, S. 1. Über die Höhe des in Deutschland jährlich insgesamt durch Schenkung oder Erbschaft übertragenden Vermögens existieren nur vage Schätzungen, die von unter 40 Mrd. bis 200 Mrd. reichen. Vgl. dazu LEHMANN/TREPTOW, Stbg, 2006, S. 413 m. w. N. MOENCH bzw. MOENCH/ALBRECHT gehen von 125 Mrd. bzw. 150 Mrd. aus. Vgl. MOENCH, in: Moench/Weinmann (Hrsg.), ErbStG, Loseblatt, Erg.-Lfg. September 2009, Einführung, Rz. 47; MOENCH/ALBRECHT, Erbschaftsteuerrecht, 2009, Rz. 270. Diese Schätzung wird im Schrifttum vermehrt übernommen. Vgl. bspw. VISKORF, FR, 2007, S. 629; PILTZ, DStR, 2010, S. 1923. Selbstverständlich verbessern solche bloßen Übernahmen nicht die Güte der Schätzung; jedoch scheinen die Zitierenden die genannten Werte zumindest nicht für unplausibel zu halten.

9 So hat die aktuelle Bundesregierung keine wesentlichen Änderungen bei der Erbschaftsteuer geplant. Vgl. CDU/CSU/FDP (Hrsg.), Koalitionsvertrag, 2009, S. 13. Vielmehr sind sogar Tendenzen zu höheren Besteuerung von Erbschaften und Vermögen erkennbar. So existiert bereits ein Entwurf eines Vermögensteuergesetzes 2014, den das Land Rheinland-Pfalz erarbeitet hat, und der bei entsprechenden Mehrheitsverhältnissen nach der Bundestagswahl 2013 zeitnah umsetzbar wäre. Vgl. dazu HÄUSELMANN, DStR, 2012, S. 1677 ff. Solche Vorhaben werden häufig mit der im internationalen Vergleich geringen Besteuerung von Erbschaften und Vermögen begründet. Vgl. dazu BACH/BROEKELSCHEN/MAITERTH, DStR, 2006, S. 1965 m. w. N. Darüber hinaus ist die Erbschaftsteuer eine wesentliche Finanzierungsquelle der Bundesländer. Im Jahr 2010 machte sie über ein Drittel der Ländersteuern aus. Vgl. BMF - I A 6, 2011, S. 1. Da Gesetzesinitiativen, die die Erbschaftsteuer betreffen, dementsprechend stets die Zustimmung des Bundesrats verlangen (Artikel 105 GG), ist deren baldige Abschaffung auch daher recht unwahrscheinlich.

10 Vgl. HAUSER/KAY, IfM-Materialien Nr. 198, 2010, S. 20. Diese Zahl erscheint in einem Vergleich mit anderen Statistiken plausibel. So wird die Anzahl der umsatzsteuerpflichtigen Unternehmen im Jahr 2009 mit 3.135.542 angegeben. Vgl. Statistisches Bundesamt (Hrsg.), Umsatzsteuer 2009, 2011, S. 19. Nicht erfasst sind dort naturgemäß Unternehmen mit Umsätzen unterhalb der Freigrenze des § 19 Umsatzsteuergesetz (UStG) i. H. v. 17.500 € und solche, die nahezu ausschließlich umsatzsteuerfrei Leistungen erbringen (bspw. Ärzte oder Versicherungsvertreter). Laut Unternehmensregister existierten im Jahr 2008 3,63 Mio. Unternehmen mit steuerbaren Umsätzen und/oder sozialversicherungspflichtigen Beschäftigten. Vgl. dazu Institut für Mittelstandsforschung (Hrsg.), Unternehmensbestand, 2011, S. 1.

11 Vgl. HAUSER/KAY, IfM-Materialien Nr. 198, 2010, S. 20.

zeitraum angenommenen Anzahl von 354.000 Unternehmen[12] ab. Diese Minderung ist in der verbesserten Schätzungsmethodik begründet, die nun erhöhte Anforderungen an die Übernahmewürdigkeit eines Unternehmens stellt;[13] insofern ist die neue Anzahl auch für diese Untersuchung aussagekräftiger. Da die Nachfolge innerhalb der Familie mit rd. 44 % den wichtigsten Fall darstellt[14] und bei derartigen Übernahmen i. d. R. nicht ausschließlich vollentgeltliche Übertragungen[15] stattfinden, ergeben sich hier stets erbschaft- bzw. schenkungsteuerliche Konsequenzen. Plausibel dazu weist die aktuelle Erbschaft- und Schenkungsteuerstatistik 6.109 Erwerbe von Betriebsvermögen und 2.619 von Anteilen an Kapitalgesellschaften aus, die im Jahr 2011 tatsächlich zur Festsetzung von Erbschaftsteuer führten.[16] Dies ist jedoch gemessen an der Menge steuerbarer, also potentiell steuerpflichtiger, Erwerbe ein regelmäßig kleiner Anteil,[17] welcher nach Schätzungen durch die weitreichenden Verschonungen für Unternehmensvermögen noch weiter abnehmen wird.[18]

---

12 Vgl. FREUND, Unternehmensnachfolgen, in: Institut für Mittelstandsforschung (Hrsg.), Jahrbuch, 2004, S. 66. Für weitere vorhergehende Studien siehe die Nachweise bei HAUSER/KAY, IfM-Materialien Nr. 198, 2010, S. 3.

13 Beim alten Schätzverfahren, welches hauptsächlich auf der Umsatzsteuerstatistik aufbaute, wurde jedes Unternehmen mit einem Mindestumsatz von 50.000 € als übernahmewürdig angesehen. Vgl. FREUND, Unternehmensnachfolgen, in: Institut für Mittelstandsforschung (Hrsg.), Jahrbuch, 2004, S. 64 f. Im verbesserten Verfahren ist das Ertragspotenzial maßgeblich. Übernahmewürdig sind hier Unternehmen, die zumindest einen Gewinn erzielen, der dem durchschnittlichen Bruttoarbeitslohn im produzierenden Gewerbe und Dienstleistungsbereich i. H. v. 41.260 €, vgl. Statistisches Bundesamt (Hrsg.), Verdienste und Arbeitskosten, 2009, Tabelle 1.1, zzgl. 20 % Arbeitgeberanteil zur Sozialversicherung erwirtschaften. Darüber hinaus muss der Gewinn zur angemessenen Verzinsung des eingesetzten Eigenkapitals ausreichen. Diese richtet sich nach der Höhe der durchschnittlichen Eigenkapitalrendite von Unternehmen gleicher Größe im gleichen Wirtschaftszweig, die aus Deutsche Bundesbank (Hrsg.), Verhältniszahlen, 2009 entnommen sind. Vgl. ausführlich zur Operationalisierung und Berechnungsmethodik der Studie HAUSER/KAY, IfM-Materialien Nr. 198, 2010, S. 12 ff.

14 Vgl. FREUND, Unternehmensnachfolgen, in: Institut für Mittelstandsforschung (Hrsg.), Jahrbuch, 2004, S. 86.

15 Angesprochen sind damit insbesondere die praxisnahen Fälle der Schenkung und teilentgeltlichen Übertragung, vgl. DIETRICH/SCHÖNEMANN, FB, 2009, S. 361, sowie der Erwerb von Todes wegen. Vgl. zur steuerlichen Optimierung bei teilentgeltlichen Erwerben auch BVerfG - 2 BvR 287/11, S. 259 ff. m. w. N.

16 Vgl. Statistisches Bundesamt (Hrsg.), Erbschaft- und Schenkungsteuer 2011, 2012, S. 21, welche sich auf 3.878 (Betriebsvermögen) bzw. 1.848 (Anteile an Kapitalgesellschaften) Erwerbe von Todes wegen und 2.231 bzw. 771 Schenkungen verteilen. Diese können jedoch auf insgesamt weniger Bewertungsfällen beruhen, weil die Bewertung eines Unternehmens zu mehr als einem erbschaftsteuerpflichtigen Erwerb führen kann. Dieser Effekt kann jedoch vernachlässigt werden, wie der Vergleich der Nachlassfälle mit Betriebsvermögen (3.507) und der Anzahl der erbschaftsteuerpflichtigen Erwerbe von Todes wegen (3.878) zeigt. Vgl. dazu Statistisches Bundesamt (Hrsg.), Erbschaft- und Schenkungsteuer 2011, 2012, S. 21 f.

17 Im Schrifttum sind verschiedene Anteilswerte zu finden. Im Gesetzgebungsverfahren wurde von 7 % ausgegangen. Vgl. THIELE, Status:Recht, 2008, S. 407. LEHMANN/TREPTOW, Stbg, 2006, S. 417, nennen eine Quote von unter 10 %. PILTZ, DStR, 2010, S. 1914, der von 5 % ausgeht, bemängelt zu Recht, dass es sich hierbei lediglich um Prognosen und nicht um verifizierte Daten handelt. Die genannten Anteile lassen sich m. E. jedoch relativ simpel zumindest plausibilisieren. Laut Statisti-

Die in der Statistik genannten Zahlen korrespondieren daher nicht mit der tatsächlichen Anzahl der erforderlichen Bewertungen. Vielmehr sind Bewertungen auch dann notwendig, wenn bspw. aufgrund persönlicher Freibeträge oder sachlicher Steuerbefreiungen gar keine Erbschaftsteuer anfällt,[19] weil schließlich erst die Bewertung solche Schlussfolgerungen zulässt.[20] Darüber hinaus verlangt auch der sog. Verwaltungsvermögenstest, von dessen Bestehen umfangreiche Verschonungen für Betriebsvermögen abhängen,[21] den Wert des übertragenden Vermögens festzustellen.[22] Auch wenn der Steuerpflichtige wegen der Verschonung zunächst keine Steuerzahlung zu erwarten hat, ist aufgrund der latenten Steuerlast einer späteren Nachversteuerung bei Verstößen gegen Verschonungsvoraussetzungen die Bewertung zum Erwerbszeitpunkt „nicht auf die leichte Schulter zu nehmen“[23]; es drohen „Spätfolgen“[24]. Praktisch besteht daher ein „Bewertungszwang“[25]. Verfahrensrechtlich trägt dieser aufgezeigten Notwendigkeit der Wertermittlung der § 151 Absatz 1 BewG Rechnung, welcher regelmäßig eine gesonderte Wertfeststellung von Betriebsvermögen (Satz 1 Nr. 2) und Anteilen an Kapitalgesellschaften (Satz 1 Nr. 3) für Zwecke der Erbschaft- und Schenkungsteuer verlangt.[26]

Auf die deutliche Forderung des BVerfG, die Bewertung zukünftig am gemeinen Wert auszurichten,[27] hat der Gesetzgeber mit der Schaffung einer bisher nicht da gewese-

---

sches Bundesamt (Hrsg.), Geburten und Sterbefälle, 2011, S. 1, starben im Jahr 2009 in Deutschland 854.544 Menschen, denen gem. Statistisches Bundesamt (Hrsg.), Erbschaft- und Schenkungsteuer 2009, 2011, S. 26, 62.698 Nachlässe gegenüber stehen. Dies ergibt eine Relation von 7,33 %.

18 Vgl. Crezelius, ZEV, 2009, S. 2. Er schätzt die Quote nach neuem Recht auf 3 - 4 %.

19 Vgl. Schiffers, DStZ, 2009, S. 549.

20 Vgl. Schulte, FR, 2007, S. 317.

21 Der Vermögensverwaltungstest prüft, ob bei übergehenden Betriebsvermögen nicht übermäßig Verwaltungsvermögen (§ 13b Absatz 2 ErbStG) übertragen wird. Hierzu wird das Verwaltungsvermögen in Bezug zum gemeinen Wert des Betriebsvermögens gesetzt. Insofern sind beide Werte zu bestimmen. Hierbei kann das paradoxe Ergebnis eintreten, dass der Steuerpflichtige zur Unterschreitung der maßgeblichen Quoten von 50 % (beim sog. Grundmodell, welches zur erbschaftsteuerlichen Verschonung von 85 % führt) oder 10 % (beim sog. Optionsmodell mit vollständiger Verschonung) gegenüber dem Fiskus einen möglichst hohen Unternehmenswert ausweisen möchte. Vgl. zu diesem Gedanken bereits Viskorf, ZEV, 2009, S. 594.

22 Vgl. bspw. Hannes/Onderka, ZEV, 2008, S. 174; Flick/Hannes, F.A.Z., 20.10.2009, S. 25; Mannek, ZEV, 2012, S. 15.

23 Hübner, DStR, 2009, S. 2583. Vgl. zu diesem Aspekt auch Hannes/Onderka, ZEV, 2008, S. 175 mit Beispielrechnungen; Schiffers, DStZ, 2009, S. 549; Halaczinsky, ErbStB, 2009, S. 80, 83; Riedel, GmbHR, 2009, S. 743; Bäuml, GmbHR, 2009, S. 1136.

24 Halaczinsky, ErbStB, 2009, S. 83.

25 Piltz, Ubg, 2009, S. 13.

26 Die verfahrensrechtlichen Besonderheiten treten in dieser ökonomischen Analyse regelmäßig in den Hintergrund. Vgl. jedoch zur relevanten Verweisungskette Kapitel C.II.1.

27 Vgl. dazu ausführlich Kapitel B.

nen Methodenvielfalt bzw. -hierarchie[28] zu dessen Ermittlung reagiert. Unter Umständen ist der Steuerpflichtige und sein steuerlicher Berater mit bis zu sieben (!) verschiedenen Bewertungsmethoden konfrontiert.[29] Hieraus ergeben sich wesentliche Gestaltungspotenziale,[30] weil der Wert und damit die Steuerbelastung je nach angewandter Methode variiert.[31] Dies gilt umso mehr, weil die neue Bewertung überwiegend zu höheren Bemessungsgrundlagen[32] und damit bei nicht begünstigten Übertragungen zu einer höheren Besteuerung führt[33] und gerade beim unternehmerischen Vermögen tendenziell hohe Volumen übertragen werden.[34] Während bei der Ableitung aus zeitnahen Verkäufen oder dem Börsenkurs gem. § 11 Absatz 1 BewG kaum Optimierungsmöglichkeiten bestehen, bringt der dortige Absatz 2 Satz 2 wesentliche Neuerungen mit sich. Er sieht die Ermittlung des Unternehmenswerts[35] „unter Berücksichtigung der Ertragsaussichten der Kapitalgesellschaft oder einer anderen anerkannten auch im gewöhnlichen Geschäftsverkehr für nichtsteuerliche Zwecke üblichen Methode“ vor. Neben diesem „offenen Verfahren“[36] führt der Gesetzgeber ein vereinfachtes Ertragswertverfahren (vEWV) ein, bei welchem der Unternehmenswert im Wesentlichen unter Heranziehung der letzten drei Jahresgewinne ermittelt wird. Betriebswirtschaftliche Methoden der Unternehmensbewertung

---

28 Vgl. zum Begriff PILTZ, Ubg, 2009, S. 13; HANNES/ONDERKA, ZEV, 2009, S. 422; MÖLLMANN, BB, 2010, S. 407.

29 Vgl. JÜLICHER, Steueranwaltsmagazin, 2008, S. 176; PILTZ, DStR, 2008, S. 746; BRUCKMEIER/SCHMID/ZWIRNER, FB, 2009, S. 234.

30 Vgl. KUßMAUL/PFIRMANN/HELL/MEYERING, BB, 2008, S. 478.

31 Vgl. PILTZ, DStR, 2008. S. 747.

32 Vgl. bspw. CREZELIUS, DStR, 2007, S. 418; EISELE, ZEV, 2007, S. 555; WELLING/WÜNNEMANN, FR, 2009, S. S2; FRAEDRICH, GmbH-StB, 2009, S. 46; HECHT/v. CÖLLN, BB, 2010, S. 795.

33 Vgl. SPENGEL/BROER, DB, 2008, S. 86. So kommt eine Länderarbeitsgruppe zu dem Ergebnis, dass der Wert von Anteilen an Kapitalgesellschaften durchschnittlich um 64 %, der von Betriebsvermögen durchschnittlich um 117 % ansteigt. Vgl. zu diesem Ergebnis der nicht öffentlich verfügbaren Ausarbeitung die Ausführungen in BDI/vbw/Deloitte (Hrsg.), Schriftenreihe zur Erbschaftsteuerreform, 2007, S. 26. Eine Umfrage in größeren Familienunternehmungen ergab, dass der durchschnittliche Wertansatz sogar um das Drei- bis Dreieinhalbfache steigen könnte. Vgl. dazu NEUFANG, BB, 2009, S. 2004 m. w. N.

34 Der Anteil der Nachlässe, welche ein Reinnachlassvolumen von 500.000 € übersteigen, ist beim Betriebsvermögen mit rd. 57 % im Gegensatz zu land- und forstwirtschaftlichen Vermögen (rd. 22 %), Grundvermögen (rd. 22 %) und übrigem Vermögen (rd. 15 %) deutlich am höchsten. Vgl. zu dieser eigenen Berechnung die Fallzahlen in Statistisches Bundesamt (Hrsg.), Erbschaft- und Schenkungsteuer 2009, 2011, S. 26. Vgl. zur verwandten (allgemeinen) Aussage, wonach hohe Vermögen vermutlich größtenteils Betriebsvermögen sind, BACH/BROEKELSCHEN/ MAITERTH, DStR, 2006, S. 1967 m. w. N.

35 Falls nicht explizit Abweichendes erläutert wird, ist unter dem Unternehmenswert der Wert des Eigenkapitals, also der Wert, welchen das Unternehmen aus Sicht der Eigenkapitalgeber darstellt, gemeint.

36 Vgl. zu dieser Bezeichnung bereits EISELE, NWB, 2007, S. 4587.

haben somit Einzug ins Bewertungsrecht gehalten.[37] Aus dieser Öffnung für „echte“ Unternehmensbewertungen zur Steuerbemessung ergibt sich ein neues, praktisch sehr bedeutsames Forschungsobjekt.[38] Dieser „neue[], bislang weitgehend unerforschte[] Problemkomplex“[39] ist Untersuchungsgegenstand der vorliegenden Arbeit.

Die Bewertungsproblematik begleitet das Steuerrecht seit jeher, weil die Steueransprüche des Staates in einer Geldwirtschaft naturgemäß in Geld festgesetzt werden.[40] Bewertungsfragen werden also dann aktuell, wenn Wirtschaftsgütern ein Wert in Geld zuzuweisen ist.[41] Einfach ist eine solche Zuweisung immer dann, wenn das Bewertungsobjekt zum Bewertungsstichtag Gegenstand einer Geldtransaktion war.[42] Bei solchen, im Ertragsteuerrecht überwiegend anzutreffenden, „Bewertungen“ wird der im zugrunde liegenden Rechtsgeschäft vereinbarte Geldbetrag für steuerliche Zwecke übernommen.[43] Ungleich schwieriger wird die Bewertung, wenn derartige Markttransaktionen – wie regelmäßig bei der Erbschaftsteuer – nicht vorliegen.

Das Bewertungsproblem der Erbschaftsteuer wird daher in der Literatur regelmäßig deutlich betont. Für LANG ist die „gleichmäßige Bewertung ruhenden Vermögens .. Utopie“[44]; andere sehen hierin die Achillesverse[45], das Kernproblem[46] oder den größten Schwachpunkt[47] der Erbschaftsbesteuerung. Dabei wird gerade die Bewertung von Unternehmensvermögen regelmäßig als besondere Schwierigkeit[48] mit

37 Vgl. KUßMAUL/PFIRMANN/HELL/MEYERING, BB, 2008, S. 472.

38 Vgl. DIRRIGL, Steuerbemessung, in: Kiesewetter/Niemann (Hrsg.), FS Wagner, 2009, S. B 2. Die Bedeutung für die Unternehmensbewerter stellt HENSELMANN, BewP, 4/2007, S. 15, heraus: „Damit wird künftig der Unternehmensbewertung für steuerliche Zwecke ein völlig neues und sehr bedeutsames Betätigungsfeld eröffnet.“ Allgemein zur Rolle der Unternehmensbewertung als Feld für die Begegnung von Theorie und Praxis HERZIG, WPg, 2007, S. 806 f.

39 OLBRICH/HARES/PAULY, DStR, 2010, S. 1250; ähnlich KUßMAUL/ PFIRMANN/ HELL/MEYERING, BB, 2008, S. 474, welche von „erbschaftsteuerliche[m] Neuland“ sprechen.

40 Vgl. LÖFFLER, Wertfindung, 2008, S. 1.

41 Vgl. MEINCKE, Rechtsproblem, in: Raupach (Hrsg.), DStJG 7, 1984, S. 7 f.

42 Vgl. zum restlichen Absatz LÖFFLER, Wertfindung, 2008, S. 1 f.

43 Insofern erfolgt eine Objektivierung über den Markt. Vgl. JANSEN, StuW, 2007, S. 327 m. w. N. zur Markteinkommenstheorie.

44 LANG, StuW, 2008, S. 205.

45 Vgl. BACH/BROEKELSCHEN/MAITERTH, DStR, 2006, S. 1968.

46 Vgl. SCHULTE, FR, 2007, S. 325; SCHULTE, FR, 2008, S. 348.

47 Vgl. MOENCH/ALBRECHT, Erbschaftsteuerrecht, 2009, Rz. 600.

48 Vgl. bspw. TIPKE, Steuerrechtsordnung 2 II, 2003, S. 894; LÜDICKE, DB, 2007, S. 1272; SCHULTE, FR, 2007, S. 317; LANG, StuW, 2008, S. 195. Dies korrespondiert mit der anzutreffenden Einschätzung, dass die „Unternehmensbewertung [allgemein], … zu den schwierigsten, weil komplexesten, Problemstellungen der Betriebswirtschaftslehre gehört.“ Ebenso findet sich häufig die Bezeichnung als Königdisziplin der Betriebswirtschaftslehre, vgl. bspw. TINZ, Wachstum, 2010, S. 1. M. E. sind solche vergleichenden Würdigungen mit anderen Disziplinen mit Vorsicht zu genie-

erheblichem Streitpotenzial[49] erkannt. Jedoch sollten aus der Bewertungsproblematik nicht vorschnell Abschaffungstendenzen der Steuer an sich resultieren.[50] Vielmehr wird sie hier als besondere Herausforderung für Wissenschaft und Praxis angenommen und in ihr eine „schwierige, wenngleich durchaus lösbare Aufgabe“[51] gesehen. Die übergeordnete Forschungsfrage der Untersuchung ist demnach, ob dem Gesetzgeber durch seinen methodenpluralistischen Ansatz eine sachgerechte Lösung des Bewertungsproblems gelungen ist.

Durch die hier betrachtete Bewertungsreform wird die Rolle der Unternehmensbewertung als Begegnungsfach[52] zwischen Juristen und Ökonomen gestärkt.[53] Die Untersuchung bewegt sich entsprechend vom Grundsatz her an der Schnittstelle zwischen Rechtswissenschaft einerseits und Betriebswirtschaftslehre andererseits. Es handelt sich dabei jedoch um die klassische Situation von Rechtsfragen mit ökonomischem Hintergrund, zu welchen der Ökonom Stellung beziehen sollte.[54] Denn „[w]irtschaftliche Normzwecke erfordern ein wirtschaftliches Verständnis der Norminhalte, was befriedigend nur durch eine Beteiligung der Betriebswirte zu erreichen ist.“[55] In diesem Sinne versteht sich die Arbeit als ökonomische Analyse des Rechts[56] und liefert demnach im Wesentlichen eine betriebswirtschaftliche Betrachtung der Materie. Hier ist der Untersuchungsgegenstand wiederum an der

---

ßen. Es wird kaum möglich sein, geeignete Kriterien zu finden, die eine Disziplin als „schwieriger und komplexer“ als eine andere definieren. Letztlich könnte der einzelne Wissenschaftler solche Aussagen nur treffen, wenn er sich tatsächlich in der Tiefe mit allen (wesentlichen) Disziplinen der Betriebswirtschaftslehre auseinandergesetzt hätte. Dies wird regelmäßig selten der Fall sein. Seine „eigene“ Disziplin als herausragend zu werten, ist daher eine recht subjektive, jedenfalls wissenschaftlich zweifelhafte, Aussage.

49 Vgl. bspw. v. OERTZEN, Ubg, 2008, S. 59; ROHDE/GEMEINHARDT, StuB, 2008, S. 345; WELLING/WÜNNEMANN, FR, 2009, S. S2.

50 Vgl. dazu auch PILTZ, DStR, 2010, S. 1916.

51 VISKORF, ZEV, 2009, S. 592; ähnlich auch PILTZ, DStR, 2010, S. 1916: „Hier[bei] handelt es sich um ein Bewertungsproblem, das – mit allen Unschärfen – gelöst werden kann.“ Pessimistischer ist HEY, JZ, 2007, S. 568: „kaum zu bewältigende Herausforderung“.

52 Vgl. zum Begriff GROßFELD, Recht, 2009, S. 1.

53 Vgl. dazu auch GROßFELD, NZG, 2009, S. 151 f.

54 Vgl. MOXTER, Grundsätze II, 1983, Nachdruck von 1991, S. 21. Ebenso hat die Zivilrechtsprechung, hier BGH vom 13.03.1978 - II ZR 142/76, BB, 1978, S. 776, frühzeitig erkannt, dass die Bewertung ein Problem der Betriebswirtschaftlehre ist: „Eine allgemein anerkannte oder rechtlich vorgeschriebene Methode für die Bewertung von Handelsunternehmen gibt es nicht. Vielmehr unterliegt es dem pflichtgemäßen Urteil der mit der Bewertung befaßten Fachleute, unter den in der Betriebswirtschaftslehre und der betriebswirtschaftlichen Praxis vertretenen Verfahren das im Einzelfall geeignet erscheinende auszuwählen.“ Vgl. auch GROßFELD, NZG, 2009, S. 151 m. w. N.

55 MOXTER, zfbf, 1993, S. 62.

56 Vgl. zur Aufgabe der steuernormativen betriebswirtschaftlichen Forschung als Teilgebiet der Betriebswirtschaftlichen Steuerlehre Kapitel A.II sowie bspw. HABERSTOCK/BREITHECKER/KLAPDOR, Steuerlehre, 2010, S. 110 und insbesondere SCHMIEL, Rechtskritik, 2005, passim.

Schnittstelle zwischen der Betriebswirtschaftlichen Steuerlehre und der Unternehmensbewertung angesiedelt. Zum einen kennt die Unternehmensbewertungstheorie die bisher wenig beachtete[57] Steuerbemessungsfunktion als Nebenfunktion. Zum anderen ist die Unternehmensbewertung auch regelmäßiger Betrachtungsgegenstand der Betriebswirtschaftlichen Steuerlehre.[58] Eine eindeutige Zuordnung der vorliegenden Arbeit ist entsprechend nicht erforderlich. Einerseits werden die Bewertungsfunktion und die Bewertungsverfahren vor dem Hintergrund des Forschungsstandes der Unternehmensbewertungstheorie analysiert. Andererseits wird die Unternehmensbewertung als Mittel der steuerrechtlichen Wertfindung und damit als Aufgabe der Betriebswirtschaftlichen Steuerlehre[59] verstanden. Darüber hinaus lassen sich aber, wie folgend zu zeigen ist, wesentliche Untersuchungsziele der Arbeit den klassischen Forschungszielen der Betriebswirtschaftlichen Steuerlehre zuordnen.

II. Forschungsziele der Betriebswirtschaftlichen Steuerlehre

Die Zuordnung der Betriebswirtschaftlichen Steuerlehre zur Allgemeinen Betriebswirtschaftslehre vorzunehmen[60] liegt darin begründet, dass nahezu sämtliche Entscheidungen im institutionellen und funktionalen Bereich eines Betriebs durch die Besteuerung beeinflusst werden.[61] Sie ist Betriebswirtschaftslehre unter Berücksichtigung von Steuern[62] und „beschäftigt sich mit allen Fragen, die sich aus dem Zwang zum Zahlen von Steuern für die Betriebe und deren Eigentümer ergeben können."[63] Ihr kommt die Aufgabe zu, diesbezügliche Probleme zu analysieren und Entschei-

---

57 Vgl. DIRRIGL, Steuerbemessung, in: Kiesewetter/Niemann (Hrsg.), FS Wagner, 2009, S. B 3.

58 Vgl. die Darstellung der entsprechenden Forschungsergebnisse bei HUNSDOERFER/ KIESEWETTER/SURETH, ZfB, 2008, S. 95 ff.

59 Vgl. LÖFFLER, Wertfindung, 2008, S. 7.

60 Vgl. zu dieser Einordnung etwa AUFERMANN, Steuerlehre, 1959, S. 17; WÖHE, ZfhF, 1961, S. 69 f.; SCHNEIDER, zfbf, 1967, S. 208; KLEINEIDAM, BFuP, 1971, S. 47; WAGNER, DB, 1974, S. 393; FISCHER/SCHNEELOCH/SIGLOCH, DStR, 1980, S. 699; SIEGEL, Steuerpolitik, 1982, S. 12; WÖHE, Steuerlehre, 1988, S. 30 ff.; KUßMAUL, StuW, 1995, S. 10; JACOBS, StuW, 2004, S. 251.

61 Vgl. SIEGEL, Steuerpolitik, 1982, S. 11 f.; BRÄHLER, Umstrukturierungen, 2006, S. 14 m. w. N. Sie stellt damit keine spezielle Betriebswirtschaftslehre oder eine spezielle betriebswirtschaftliche Funktionenlehre dar. Ihr Betrachtungsgegenstand ist nämlich weder der Wirtschaftszweig der Steuerberatung oder die Tätigkeit der Steuerberatungsbetriebe, noch lässt sich Besteuerung als selbstständige betriebliche Funktion beschreiben. Vgl. zu diesen Abgrenzungen ausführlich WÖHE, Steuerlehre, 1988, S. 30 ff., hier insbesondere S. 34 und 42. Vgl. zur Entwicklung der Betriebswirtschaftlichen Steuerlehre ausführlich WÖHE, Steuerlehre, 1988, S. 1 ff.

62 Vgl. KUßMAUL, StuW, 1995, S. 3 ff. mit der dort geprägten Bezeichnung als steuerliche Betriebswirtschaftslehre; ähnlich WAGNER, StuW, 2004, S. 237.

63 HABERSTOCK/BREITHECKER/KLAPDOR, Steuerlehre, 2010, S. 1.

dungsalternativen aufzuzeigen;[64] ihr „Kernelement ... ist es, die Wirkungen der Steuern auf betriebliche Entscheidungen zu analysieren, um mit dieser Kenntnis betriebliche Entscheidungsprozesse zu möglichst optimalen ... Ergebnissen zu führen."[65] Über die sich hieraus ergebenen Forschungsziele resp. Teilgebiete und ihre Methodik besteht jedoch keine Einigkeit.[66] Zur folgenden Einordnung der vorliegenden Arbeit ist es notwendig, wesentliche Teilgebiete hinreichend zu charakterisieren. Weitgehende Übereinstimmung existiert dabei bezgl. der drei Hauptaufgaben der Betriebswirtschaftlichen Steuerlehre: Steuerwirkungslehre, Steuergestaltungslehre und normative Betriebswirtschaftliche Steuerlehre.[67]

Die Steuerwirkungslehre bildet die Basis sowohl für die Steuerplanung als auch für die Steuerrechtskritik; ihr Untersuchungsgegenstand sind die Steuerwirkungen einzelwirtschaftlicher Entscheidungen.[68] Sie beziehen sich dabei im Wesentlichen auf die Aufbauelemente eines Betriebes einerseits (Einfluss der Besteuerung auf Produktionsfaktoren, Rechtsform, Unternehmenszusammenschlüsse, Standort) und die betrieblichen Hauptfunktionen andererseits (Einfluss der Besteuerung auf Beschaffung, Produktion, Absatz, Finanzierung und Investition).[69] Die Analyse erfolgt dabei i. d. R. durch die Erfassung von Steuerzahlungen (bzw. deren Differenzen), welche sich aus betrieblichen Entscheidungen bei vorgegebenen Steuerrechtsfolgen ergeben.[70] Der Steuerwirkungslehre kommt damit die Erklärungsaufgabe der Betriebswirtschaftlichen Steuerlehre zu.[71]

---

64 Vgl. WÖHE/BIEG, Steuerlehre, 1995, S. 1. Sie hat sich damit von einer deskriptiven zu einer entscheidungsorientierten Disziplin entwickelt. Vgl. dazu FISCHER/SCHNEE-LOCH/SIGLOCH, DStR, 1980, S. 700 sowie die ausführlichen Literaturhinweise bei BRÄHLER, Umstrukturierungen, 2006, S. 14, Fn. 20.

65 JACOBS, StuW, 2004, S. 251.

66 Vgl. HUNSDOERFER/KIESEWETTER/SURETH, ZfB, 2008, S. 62. Hier wird keine bestimmte, in der Literatur vorgeschlagene, Systematik übernommen. Vielmehr sind Elemente verschiedener Vorschläge zusammengefügt.

67 Vgl. bspw. ROSE, Steuerberatungswissenschaft, in: Bundessteuerberaterkammer (Hrsg.), Steuerberaterkongress 1977, 1977, S. 199; HABERSTOCK/BREITHECKER/ KLAPDOR, Steuerlehre, 2010, S. 1 f., 110 f. m. w. N.

68 Vgl. SCHNEELOCH, BFuP, 2011, S. 245.

69 Vgl. WÖHE/BIEG, Steuerlehre, 1995, S. 1.

70 Vgl. SCHNEELOCH, BFuP, 2011, S. 245.

71 Vgl. HABERSTOCK/BREITHECKER/KLAPDOR, Steuerlehre, 2010, S. 109 f., welche die vier Aufgaben einer entscheidungsorientierten Betriebswirtschaftslehre (Zielforschung, Systematisierungsaufgabe, Erklärungsaufgabe, Gestaltungsaufgabe) nach HEINEN, Betriebswirtschaftslehre, 1982, S. 259, den Forschungszielen der Betriebswirtschaftlichen Steuerlehre zuordnen. Ähnlich bei BREITHECKER/SCHMIEL, Steuerbilanz, 2003, S. 10.

Aufbauend auf solchen Steuerwirkungsanalysen erfüllt die Steuerplanung die Gestaltungsaufgabe der Betriebswirtschaftlichen Steuerlehre.[72] Sie bedeutet die zielgerichtete Ausnutzung steuerlicher Gestaltungsmöglichkeiten,[73] welche sich in steuerliche Wahlrechte, steuerliche Ermessensspielräume und steuerlich orientierte Sachverhaltsgestaltungen untergliedern lassen.[74] Die Betriebswirtschaftliche Steuerlehre hat hierzu Verfahren entwickelt, „die eine logisch fundierte und rechnerisch exakte Erfassung des Einflusses von Steuern auf die Vorteilhaftigkeit unternehmerischer Entscheidungen ermöglichen."[75] Diese Formulierung zeigt deutlich die methodische Verbindung von Steuerplanung und Steuerwirkung.[76] Wesentlich ist hierbei der Hinweis, wonach zur Modellbildung die Zielvorstellung des Entscheiders bekannt sein muss und die Modellergebnisse stets nur innerhalb der Modellprämissen Gültigkeit besitzen.[77] Daneben gilt die Legalitätsprämisse,[78] welche selbstverständlich auch die Gestaltungsvorschläge der vorliegenden Arbeit auf gesetzlich zulässige Gestaltungen beschränkt.

Ziel der steuernormativen betriebswirtschaftlichen Forschung (Steuerrechtsgestaltung, Steuerrechtskritik, Steuerrechtsdesign) ist die Erarbeitung von ökonomisch fundierten Vorschlägen zur Weiterentwicklung des Steuerrechts.[79] Hierbei kann es sich grundsätzlich um die Würdigung von bestehendem oder geplantem Steuerrecht aus einzelwirtschaftlicher Perspektive handeln.[80] Darüber hinaus werden die vom Gesetzgeber verfolgten Ziele und dessen Zielerreichung kritisch untersucht.[81]

---

72 Vgl. HABERSTOCK/BREITHECKER/KLAPDOR, Steuerlehre, 2010, S. 109 f.; ähnlich BREITHECKER/SCHMIEL, Steuerbilanz, 2003, S. 10.

73 Vgl. SCHNEELOCH, BFuP, 2011, S. 245.

74 Vgl. KUßMAUL, Steuerlehre, 2010, S. 135 ff.; SCHEFFLER, Steuerplanung, 2010, S. 218 ff.; SCHNEELOCH, BFuP, 2011, S. 246.

75 WAGNER, BFuP, 1984, S. 201.

76 Vgl. zur methodischen Verknüpfung auch die Begrifflichkeit resp. Abgrenzung bei KÖNIG, StuW, 2004, S. 260 ff., der von theoriegestützter betriebswirtschaftlicher Steuerwirkungs- und Steuerplanungslehre spricht.

77 Vgl. HUNSDOERFER/KIESEWETTER/SURETH, ZfB, 2008, S. 64 m. w. N.; vgl. allgemein zur Modellbildung KÖNIG, StuW, 2004, S. 260 ff. Ein häufig verwendetes Modell ist das Kapitalwertmodell. Vgl. dazu kritisch, insbesondere im Hinblick auf die aus dessen Ergebnissen abgeleitete Forderung nach einem entscheidungsneutralen Steuersystem in Form der sog. Cash-Flow-Steuer, JACOBS, StuW, 2004, S. 252 ff. Ebenfalls ablehnend gegenüber Forderungen, die auf dem neoklassisch-modelltheoretischen Steuerwirkungshypothesen aufbauen, äußert sich SCHMIEL, ZfB, 2009, S. 1203.

78 Vgl. HUNSDOERFER/KIESEWETTER/SURETH, ZfB, 2008, S. 64 m. w. N.

79 Vgl. MARX, Steuer und Studium, 2009, S. 524.

80 Vgl. FISCHER/SCHNEELOCH/SIGLOCH, DStR, 1980, S. 700.

81 Vgl. SCHMIEL, ZfB, 2009, S. 1202 f.

Ebenso können die Vertreter der Betriebswirtschaftlichen Steuerlehre eigene Ziele vorbringen und entsprechende Steuerrechtsvorschriften daraus ableiten.[82]

Neben diesen regelmäßig genannten Forschungszielen werden in der Literatur weitere Teilbereiche erwähnt, die jedoch umstritten bzw. nur aus der inneren Logik abweichender Systematiken erklärbar sind.

Die Steuerrechtsnormendarstellung ist Grundlage aller beschriebenen Forschungsziele.[83] Für die Betriebswirtschaftliche Steuerlehre ist es dementsprechend „mehr als ein Propädeutikum“[84], die wesentlichen gesetzlichen Regelungen darzustellen. Dem folgend wird die Vermittlung gründlicher Steuerrechtskenntnisse als Aufgabe der Betriebswirtschaftlichen Steuerlehre, insbesondere als Bestandteil der Lehre,[85] gesehen.[86] In diesem Sinne stellte das Steuerrecht eine notwendige Hilfswissenschaft der Betriebswirtschaftlichen Steuerlehre dar.[87] Eine echte Forschungsleistung wird durch die bloße Darstellung jedoch noch nicht erbracht; sie ist lediglich Vorbedingung.[88]

Nach HUNDSDOERFER/KIESEWETTER/SURETH existiert mit den Steuerbelastungsmessungen ein eigenes Forschungsgebiet, welches sich grundsätzlich auf zwei verschiedene Messobjekte beziehen kann. Einerseits werden Steuerwirkungen verschiedener Handlungsmöglichkeiten gemessen, um die Beeinflussung ihrer absoluten oder relativen Vorteilhaftigkeit durch die Besteuerung zu erfassen. Es handelt sich nach dortiger Auffassung insofern um eine reine Messtheorie, die weder Verhaltensempfehlungen noch empirisch überprüfbare Hypothesen erzeugt.[89] Andererseits erfolgen empirische oder modellgestützte Messungen der persönlichen Steuerlast einer Person mit ihren gesamten wirtschaftlichen Aktivitäten. Der Messzweck

---

82 Vgl. SCHMIEL, ZfB, 2009, S. 1203.

83 Vgl. HUNDSDOERFER/KIESEWETTER/SURETH, ZfB, 2008, S. 63; spezielle für die Steuerwirkungslehre FISCHER/SCHNEELOCH/SIGLOCH, DStR, 1980, S. 700 m. w. N.

84 KUßMAUL, Steuerlehre, 2010, S. 2.

85 Vgl. SCHNEELOCH, BFuP, 2011, S. 244.

86 Vgl. FISCHER/SCHNEELOCH/SIGLOCH, DStR, 1980, S. 700; KUßMAUL, Steuerlehre, 2010, S. 1.

87 Vgl. FISCHER/SCHNEELOCH/SIGLOCH, DStR, 1980, S. 700 m. w. N.

88 Vgl. HUNDSDOERFER/KIESEWETTER/SURETH, ZfB, 2008, S. 63.

89 Die hier beschriebene Messung der Steuerwirkungen verschiedener Handlungsalternativen wird jedoch klassischerweise der Steuerwirkungslehre zugerechnet.

liegt hier primär in der Gewinnung über Aussagen zu Verteilungsfolgen.[90] Diesem Forschungsgebiet ist ebenfalls die Analyse von Maßstäben und Verfahren zur Gewinnung von Steuerbemessungsgrundlagen und die Entwicklung alternativer Konzepte zuzurechnen.[91] Nach MARX können solche seit jeher im Blickpunkt der Betriebswirtschaftslehre stehenden Fragen der Erfolgs- und Vermögensbemessung wertvolle Beiträge für das Steuerrecht liefern,[92] was wiederum die Interdependenz der beiden Wissenschaften verdeutlicht. Während umstritten ist, in wieweit steuerrechtliche Forschung einen Teil der Betriebswirtschaftlichen Steuerlehre darstellt,[93] wird dies hier für die steuerrechtliche Wertfindung als entschieden angesehen; sie „ist aus dem Blickwinkel der Betriebswirtschaftlichen Steuerlehre zu analysieren."[94]

Die Untersuchungsziele der <u>empirischen Forschung der Betriebswirtschaftlichen Steuerlehre</u> sind sehr heterogen.[95] SCHMIEL unterscheidet Studien zur Rezeption betriebswirtschaftlicher Handlungsempfehlungen, Untersuchungen zur Prüfung von Thesen über Steuerwirkungen sowie deskriptive Untersuchungen zur Prüfung von Verteilungsfolgen und zur Darstellung des Ausmaßes von Steuerwirkungen.[96] Insofern lassen sich durch empirische Untersuchungen Fragestellungen der verschiedensten Art behandeln. Es handelt sich daher statt um eine sachliche Abgrenzung i. S. d. übergeordneten Forschungsfragen m. E. mehr um eine methodische, bspw. in Abgrenzung zu einem modelltheoretischen oder experimentellen Forschungsansatz.

Neben den Zielen beschreiben HUNDSDOERFER/KIESEWETTER/SURETH die Forschungsergebnisse einzelner Bereiche der Betriebswirtschaftlichen Steuerlehre.[97] Für die hier vorwiegend interessierende Disziplin der Unternehmensbewertung wurde insbesondere die methodische Berücksichtigung von Steuern in Unterneh-

---

90 Vgl. zum bisherigen Absatz HUNSDOERFER/KIESEWETTER/SURETH, ZfB, 2008, S. 63. Diese Aufgabe ist dort der modellgestützten Steuerplanungslehre vorgeschaltet.
91 Vgl. MARX, Steuer und Studium, 2009, S. 523; BREITHECKER/SCHMIEL, Steuerbilanz, 2003, S. 10 ff.
92 Vgl. SCHNEELOCH, BFuP, 2011, S. 245.
93 HUNSDOERFER/KIESEWETTER/SURETH, ZfB, 2008, S. 63 m. w. N.
94 LÖFFLER, Wertfindung, 2008, S. 7.
95 Vgl. SCHMIEL, Betriebswirtschaftliche Steuerlehre, in: Scherer/Kaufmann/Patzer (Hrsg.), Methoden, 2009, S. 149.
96 Vgl. dazu ausführlich SCHMIEL, Betriebswirtschaftliche Steuerlehre, in: Scherer/Kaufmann/Patzer (Hrsg.), Methoden, 2009, S. 149.
97 Vgl. HUNSDOERFER/KIESEWETTER/SURETH, ZfB, 2008, S. 80 ff.

mensbewertungskalkülen untersucht.[98] Entsprechend führen Veränderungen der „Steuerwelt“ zu veränderten Unternehmenswerten. Damit wird regelmäßig eine andere Ebene der Schnittmenge zwischen Steuern und Unternehmensbewertung untersucht als in der hier angestrebten Untersuchung. Eine dortige Einordnung der vorliegenden Arbeit wäre daher wenig zielführend.

III. Forschungsziele und Gang der Untersuchung

Unterzieht man die abschließenden Aussagen zur Problemstellung und die Teilgebiete der Betriebswirtschaftlichen Steuerlehre einer gemeinsamen Betrachtung, wird deutlich, dass die vorliegende Arbeit im Wesentlichen eine steuernormative Untersuchung geltenden Rechts darstellt. Aufgrund der Interdependenz der Forschungsziele strebt die Arbeit jedoch Ergebnisse in allen genannten Bereichen an.[99] Wie Abbildung 1 zeigt, bildet die Rechtsnormendarstellung die Grundlage sämtlicher Kapitel. Sie ist in der jeweils hinreichenden Tiefe in jedem einzelnen Kapitel zu leisten und findet nicht etwa vollumfänglich zu Beginn der Arbeit statt. Um zur Steuerrechtskritik und zu Handlungsempfehlungen für den Steuerpflichtigen zu gelangen, sind zunächst Steuerwirkungen zu (er)klären. Diese können regelmäßig bei Änderungen der Steuerbelastung entstehen. Abgesehen von der trivialen Anwendung der verschiedenen proportionalen Steuersätze (§ 19 Erbschaftsteuergesetz – ErbStG vom 27.02.1997[100]) liegt deren Messung die schwierige Suche nach der Bemessungsgrundlage, also die steuerrechtliche Wertfindung, zugrunde. Erst die Analyse von Änderungen der Bemessungsgrundlage in allen Bereichen der Arbeit führt daher zu den steuerrechtskritischen Aussagen. Daneben werden unter der Berücksichtigung bzw. Annahme der Zielsetzung des Steuerpflichtigen vermehrt in den Kapitel D bis F Handlungsempfehlungen für den Steuerpflichtigen erarbeitet.

[98] Vgl. HUNSDOERFER/KIESEWETTER/SURETH, ZfB, 2008, S. 95 ff. mit den dortigen Literaturhinweisen. Speziell zur Berücksichtigung der Erbschaftsteuer in Unternehmensbewertungskalkülen DILLER/LÖFFLER, arqus-Beitrag Nr. 96, 2010, passim.

[99] Die Zuordnung einer Arbeit zu einem bestimmten Forschungsziel gelingt nur in wenigen Fällen, weil i. d. R. mehrere Forschungsziele vereint betrachtet werden. Sogar der Aufbau des State-of-the-Art-Artikels von HUNSDOERFER/ KIESEWETTER/ SURETH, ZfB, 2008, S. 61 ff., zeigt dies implizit. Die Forschungsergebnisse sind nämlich dort im Wesentlichen nach sachlichen Kriterien und nicht nach den zuvor vorgestellten Forschungszielen sortiert.

[100] BGBl. I 1997, S. 378.

Die Untersuchung beginnt in Kapitel B mit der Analyse der Entscheidung des BVerfG. Ihr vorgeschaltet ist die Erklärung der vor der Reform gültigen erbschaftsteuerlichen Bewertungsregeln für Unternehmensvermögen. Die wissenschaftliche Auseinandersetzung mit nicht mehr gültigem Recht sollte m. E. stets kritisch hinterfragt werden und nur erfolgen, wenn sich hieraus dem Untersuchungszweck erheblich dienliche Erkenntnisse ziehen lassen. Dies ist hier gegeben. Zwar unterscheidet sich die neue Bewertung wesentlich von der alten. Jedoch bildet der BVerfG-Beschluss zum alten Recht den Maßstab, an welchem die Reform zu messen ist. Insofern zeigt die Analyse der Altregelung zumindest auf, was aus verfassungsrechtlicher Sicht nicht möglich ist. Hieraus lassen sich im Laufe der Arbeit vielfach sowohl direkte Schlüsse als auch Umkehrschlüsse zum neuen Recht ziehen.[101] Es ist offensichtlich, dass die dann folgende umfassende Analyse des Beschlusses die unerlässliche Grundlage der Untersuchung darstellt. Im Wesentlichen wird hier zu klären sein, warum das alte Recht als verfassungswidrig eingestuft wurde.

Darauf folgt in Kapitel C die Untersuchung der übergeordneten Prinzipien des neuen Bewertungsrechts. Dem vorhergehend findet sich eine knappe Darstellung des politischen Einigungsprozesses, soweit er sich auf Bewertungsfragen bezog. Während Rechtsformneutralität und Gesamtwertung neue Prinzipien darstellen, unterliegt der originär steuerrechtliche Wertbegriff „gemeiner Wert“ einer wesentlichen Neujustierung. Es wird zu prüfen sein, ob sich dieser Normwert aus den von der wirtschaftswissenschaftlichen Forschung im Allgemeinen und der Theorie der Unternehmensbewertung im Speziellen entwickelten Wertkonzeptionen ableiten lässt. Entsprechend findet in diesem Kapitel die Einordnung in allgemeine ökonomische Wertbegriffe und Konzeptionen statt. Im Kern ist also zu erläutern, welchen Prinzipien die neue Bewertung folgt und was der gemeine Wert im Steuerrecht ausdrückt.

---

[101] Darüber hinaus blieben einige Regelungen erhalten bzw. tauchen in nur abgewandelter Form wieder auf.

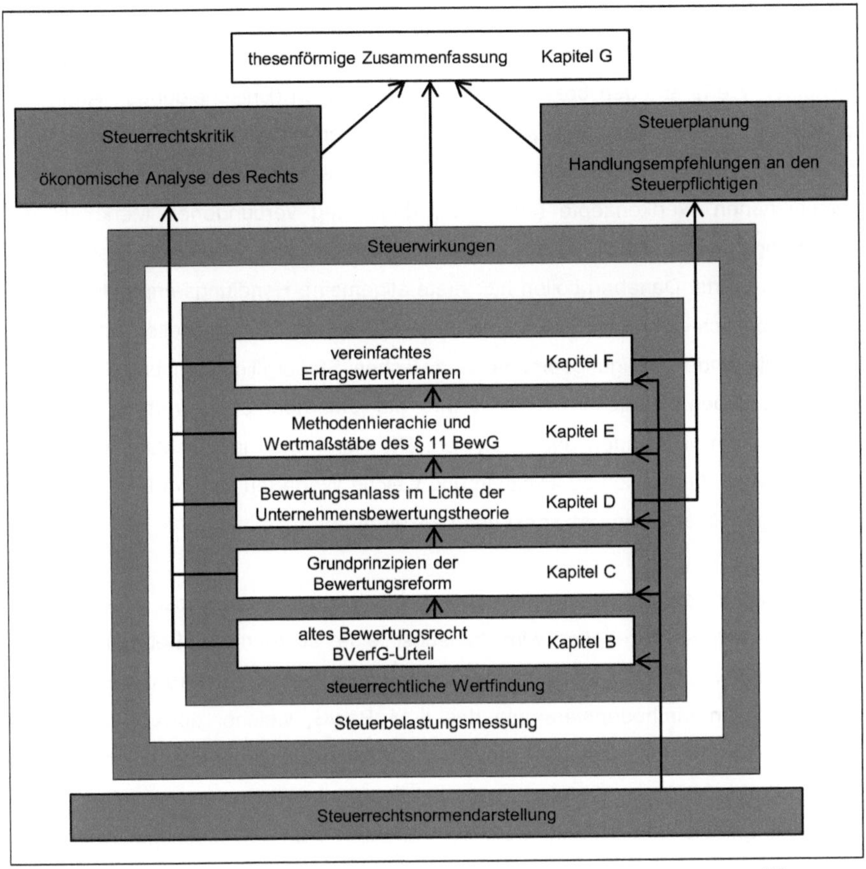

Abbildung 1: Gang der Untersuchung unter Integration der Forschungsziele[102]

Obwohl Fragestellungen bezgl. der Bemessungsgrundlage regelmäßig eher von Juristen statt von Ökonomen erforscht werden,[103] beinhaltet hier die Bemessungsgrundlage selbst die fundamental-ökonomische Frage nach dem Wert eines Unternehmens. Dies ist der Blickwinkel des Kapitels D. Die Analyse des Wertmaßstabs erfolgt vor dem Hintergrund der Erkenntnisse der Unternehmensbewertungstheorie. Die Basis hierzu wird dabei die funktionale Theorie der Unternehmensbewertung bieten. Ausgehend von Anlässen und Zwecken der Unternehmensbewertung folgt

102 Eigene Darstellung.

103 Vgl. zu dieser Feststellung (für Ertragsteuern) WAGNER, StuW, 2008, S.97 ff. Ökonomen erforschen dem folgend dagegen eher Zeit- statt Bemessungsgrundlagen-Effekte der Besteuerung.

eine umfassende Analyse der Steuerbemessungsfunktion vor dem Hintergrund der neuen Regeln. Insbesondere wird zu klären sein, ob eine derivative Ableitung des gemeinen Werts aus den bekannten Wertkonzeptionen (Entscheidungs-, Argumentations- und Schiedswert) gelingt oder ob diesbezüglich eigene neue Wertmaßstäbe zu entwickeln sind. Hierzu erfolgt eine vergleichende Würdigung der Merkmale der verschiedenen Wertkonzepte (sowie der damit eng verbundenen Merkmale der Bewertungsfunktionen) in Bezug auf die Merkmale des gesetzlich festgelegten gemeinen Werts. Daneben sollen hier erste allgemeine Handlungsempfehlungen für den Steuerpflichtigen entwickelt werden, welche sich aus der speziellen Art des dort zu modellierenden Einigungsprozesses zwischen Steuerpflichtigen und Finanzverwaltung ergeben. In diesem Kontext wird die Unternehmensbewertung auch als Rechtsproblem verstanden und analysiert. Die Kernfragen lauten also, wie ist der gemeine Wert theoretisch zu ermitteln und welche Wertarten sind im Besteuerungs- resp. Einigungsverfahren ggf. sonst noch anzutreffen.

Erst mit dieser Kenntnis lassen sich in Kapitel E die vom Gesetzgeber angeordneten Verfahren untersuchen. Hier wird zunächst eine ausführliche Betrachtung des Anwendungsbereichs der Verfahren zu leisten sein. Angestrebt wird die Entwirrung der komplexen Methodenhierarchie des § 11 BewG, welcher sowohl zwingende Normen, Wahlrechte, Wertuntergrenzen und Üblichkeitsvorbehalte enthält. Es ist also zu prüfen, welches Verfahren wann anzuwenden ist bzw. angewendet werden darf oder anders ausgedrückt, welches Verfahren zum rechtsrichtigen gemeinen Wert führt. Darauf aufbauend soll geprüft werden, ob die einzelnen Verfahren aus ökonomischer Sicht überhaupt dazu geeignet sind, den gemeinen Wert zu ermitteln. Selbstverständlich ist hierbei – aufbauend auf den Erkenntnissen der modernen Unternehmensbewertungstheorie – nicht zu erwarten, dass *ein* Verfahren existiert, welches *den* gemeinen Wert zu bestimmen vermag. Vielmehr wird in Anlehnung an die bewertungstheoriebasierte Analyse des vorangegangenen Kapitels zu klären sein, welche Methoden ökonomisch geeignet sind, das Bewertungsziel „gemeiner Wert" zu erreichen. Offensichtlich ist dabei, dass dies nicht stets die Methoden sein werden, welche der Zielsetzung des Steuerpflichtigen entsprechen. Daher sind die einzelnen Methoden stets auch aus Sicht des Steuerpflichtigen zur Ableitung von Handlungsempfehlungen zu ergründen. Bspw. ist zu analysieren, von welchen

Wahlrechten der Steuerpflichtige unter Berücksichtigung seiner Zielsetzung Gebrauch machen sollte.

Neben die weitgehende Öffnung für gutachterlich ermittelte Unternehmenswerte tritt mit dem vEWV ein neues standardisierendes Bewertungsverfahren, welches eigenständiges Forschungsobjekt von Kapitel F sein wird. Abgesehen vom praktisch bedeutsamen und rechtlich nicht unumstrittenen Anwendungsbereich liegt der Fokus hier wiederum auf einer ökonomischen Kritik. Hierzu soll eine zunächst getrennte Analyse der beiden Hauptelemente Jahresertrag und Multiplikator (bzw. Zins) erfolgen. Im Rahmen der Ermittlung des Jahresertrags wird der Fokus auf dessen praktischer Ermittlung rund um die Hinzurechnungs- und Abzugsvorschriften stehen. Als Referenz dienen hierbei wie in Kapitel E stets die aktuellen Forschungsergebnisse in der Unternehmensbewertung. Die Analyse des Zinssatzes erfolgt anhand seiner Bestandteile, Basiszins und Risikozuschlag. Die in diesem Kapitel übergeordnete Forschungsfrage, ob das vEWV zu einem Annäherungswert an den gemeinen Wert führt, lässt sich aber erst durch eine abschließende Gesamtbetrachtung beantworten. Hierzu werden verschiedene Modellrechnungen entwickelt, Modellrechnungen und Expertenmeinungen des Schrifttums gewürdigt sowie erste vorliegende empirische Erkenntnisse gewürdigt.

Die Untersuchung schließt mit einem Fazit, welches die wesentlichen Erkenntnisse der Arbeit zusammenfasst und die oben aufgeworfene übergeordnete Forschungsfrage beantwortet.

B. Notwendigkeit der Bewertungsreform

I. Bewertung von Unternehmensvermögen vor dem Erbschaftsteuerreformgesetz

1. Betriebsvermögen

Hinsichtlich der nachfolgenden Darstellungen zur Entscheidung des BVerfG zur Verfassungswidrigkeit der Erbschaft- und Schenkungsteuer ist es notwendig, in Grundzügen auf die – im Vergleich zur Neuregelung einfachen[104] – bis zum 31.12.2008 anwendbaren Bewertungsmaßstäbe für unternehmerisches Vermögen einzugehen. Die im ErbStG und BewG existierende Trennung in Betriebsvermögen, Anteile an Kapitalgesellschaften und Grundbesitz zog seinerzeit im Gegensatz zu heute die Anwendung unterschiedlicher Bewertungsregeln für Unternehmensvermögen für erbschaft- und schenkungsteuerliche Zwecke nach sich.

Für Betriebsvermögen exklusive Betriebsgrundstücke verwies § 12 Absatz 5 ErbStG a. F.[105] auf die Einzelbewertungsvorschriften der §§ 95 bis 99, 103, 104, 109 und 137 BewG. Insbesondere fand somit keine Gesamtbewertung der wirtschaftlichen Einheit i. S. d. allgemeinen Bewertungsvorschrift des § 2 Absatz 1 Satz 2 BewG statt.[106] Die Werte der Wirtschaftsgüter des Betriebsvermögens wurden vielmehr nach den Grundsätzen der Einzelbewertung isoliert ermittelt, addiert und um Schulden und sonstige Abzüge gekürzt (§ 98a Satz 1 BewG a. F.). Ein Unternehmen wurde also insbesondere nicht unter Berücksichtigung der zukünftigen wirtschaftlichen Chancen und Risiken bewertet. Nachdem zur Bewertung bis zum 31.12.1992 der Teilwert (§ 10 BewG) der Einzelwirtschaftsgüter maßgeblich war, ordnete das Gesetz zur Entlastung der Familien und zur Verbesserung der Rahmenbedingungen für Investitionen und Arbeitsplätze (Steueränderungsgesetz 1992 – StÄndG 1992 v.

---

[104] Vgl. BRUCKMEIER/SCHMID/ZWIRNER, FB, 2009, S. 234.

[105] Wenn in dieser Untersuchung Gesetze mit dem Zusatz a. F. gekennzeichnet sind, ist damit der Rechtsstand unmittelbar vor Inkrafttreten des ErbStRG, also der Rechtsstand zum 31.12.2008, gemeint.

[106] Die Anwendung des Ersten Teils des Bewertungsgesetzes (Allgemeine Bewertungsvorschriften) war eben durch die spezielle Regelung in § 12 Absatz 5 BewG a. F. ausgeschlossen (§ 12 Absatz 1 BewG a. F.).

25.02.1992[107]) eine weitgehende Übernahme der Steuerbilanzwerte an (§ 109 Absatz 1 BewG i. d. F. des StÄndG).[108] Der Gesetzgeber wollte hierdurch die eigenständige Wertermittlung in der Vermögensaufstellung[109] beenden und somit zu einer Vereinfachung des Steuerrechts, die auch in der wissenschaftlichen Diskussion attestiert wurde,[110] beitragen.[111] Offensichtlich führte diese verlängerte Maßgeblichkeit[112] zur erbschaftsteuerlichen Nichtberücksichtigung sämtlicher im Betriebsvermögen gebildeter stiller Reserven.[113] Das Bewertungsergebnis unterlag entsprechend auch den verschiedensten bilanzpolitischen Maßnahmen[114] und bevorzugte insbesondere ertragsstarke Unternehmen, die sich solche besonders zu Nutzen machen konnten.[115] Daneben führte auch der Ansatz der Verbindlichkeiten zum Nennwert zu einer Verzerrung der Bewertung.[116] Die so ermittelten Unternehmenswerte wichen im Durchschnitt um ein Drittel vom bis dahin gültigen Wertansatz, dem Einheitswert des Betriebsvermögens, ab.[117] Ohne die Analyse vorvergangener Bewertungsmaßstäbe in dieser Arbeit auszuweiten, muss zumindest angemerkt werden, dass bereits dieser Einheitswert den Verkehrswert nur zu zwei Dritteln widerspiegelte.[118] Das Betriebsvermögen (inkl. Betriebsgrundstücken) wurde somit ab 1993 nur mit durchschnittlich 45 % des wirklichen Substanzwerts angesetzt; die später veränderte Bewertung der Betriebsgrundstücke ließ diesen Wert ab 1996 auf durchschnittlich

107 BGBl. I 1992, S. 297.
108 Vgl. MEINCKE, in: Meincke (Hrsg.), ErbStG, 2004, § 12 ErbStG, Rz. 131.
109 Vor der Übernahme der Steuerbilanzwerte wurde dem Steuerpflichtigen eine separate Erstellung zweier Rechenwerke nach unterschiedlichen Grundsätzen zugemutet. Die Bilanz diente der Ermittlung der Einkommen-, Körperschaft- und Gewerbesteuer, die Vermögensaufstellung der der Gewerbekapital-, Vermögen- und Erbschaftsteuer. Vgl. MEINCKE, in: Meincke (Hrsg.), ErbStG, 2004, § 12 ErbStG, Rz. 131. Die Vermögensaufstellung als eigenständiges Rechenwerk blieb zwar u. a. aufgrund des für die Bewertung maßgeblichen Todes-/Schenkungstag als Bewertungsstichtag (§ 9 i. v. m. § 11 ErbStG) erhalten. Als Erleichterung für die Praxis war aber eine Ableitung aus der letzten regulären Steuerbilanz zugelassen. Vgl. MOENCH/ALBRECHT, Erbschaftsteuerrecht, 2006, Rz. 732; zu Einzelheiten R 39 Absatz 2 Erbschaftsteuerrichtlinien (ErbStR) 2003.
110 Vgl. HERZIG, DB, 1992, S. 1053; HERZIG/KESSLER, DStR-Beih, 1994, S. 3.
111 Vgl. Deutscher Bundestag (Hrsg.), Entwurf StÄndG 1992, BT-Drs. 12/1108, S. 72; SEER, ZEV, 2007, S. 103; LÜDICKE, DB, 2007, S. 1272.
112 Vgl. HERZIG, DB, 1992, S. 1053.
113 Vgl. statt aller GEBEL, in: Troll/Gebel/Jülicher (Hrsg.), ErbStG, Loseblatt, Erg.-Lfg. Februar 2007, § 12 ErbStG, Rz. 703.
114 Vgl. RID, DStR, 1993, S. 1; RÖDDER, DB, 1993, S. 2147; siehe zur praktischen Veranschaulichung die Beispiele bei HÜBNER, DStR, 1995, S. 2 f.
115 Vgl. SPITZBART, Betriebsvermögen, 2000, S. 74.
116 Dieser Abzug zum Nennwert konnte offensichtlich zu dem Ergebnis führen, dass der gemeine Wert zwar positiv, der Steuerwert jedoch negativ war. Vgl. bspw. EISELE, NWB, 2007, S. 504.
117 Vgl. CHRISTOFFEL, GmbHR, 1993, S. 206; HÜBNER, DStR, 1993, S. 1657.
118 Vgl. MEINCKE, DStR, 1996, S. 1309.

58 % ansteigen.[119] Diese Wirkung war wohl vom Gesetzgeber angestrebt worden. Zwar wird in der Gesetzesbegründung explizit keine Unterbewertung, jedoch die damit verbundene Entlastung im Bereich der Erbschaftsteuer angestrebt.[120] Dieses Ziel hätte aber ebenso durch eine entsprechende Gestaltung der Tarifvorschriften, durch Freibeträge oder Bewertungsabschläge erreicht werden können.

Genau solchen Instrumenten[121] bediente sich der Gesetzgeber in der Folgezeit. Mit dem Gesetz zur Verbesserung der steuerlichen Bedingungen zur Sicherung des Wirtschaftsstandorts Deutschland im Europäischen Binnenmarkt (Standortsicherungsgetz – StandOG vom 13.09.1993[122]) wurde für den Erwerb von Betriebsvermögen ein Freibetrag i. H. v. 500.000 DM[123] eingeführt (§ 13a Absatz 2 ErbStG i. d. F. des StandOG). Darüber hinaus wurde im Rahmen des Jahressteuergesetzes 1997 (JStG 1997 von 20.12.1996[124]) ein Bewertungsabschlag auf das nach Abzug des Freibetrags verbleibende Betriebsvermögen i. H. v. 40 %[125] kodifiziert (§ 13a Absatz 2 ErbStG a. F.). Die Stundungsregel des § 28 Absatz 1 ErbStG i. d. F. des StÄndG 1992 wurde auf Betriebsvermögen ausgeweitet und der Stundungszeitraum von bis zu sieben auf bis zu zehn Jahre erhöht (§ 28 Absatz 1 ErbStG i. d. F. d. JStG 1996[126]).[127] Daneben wurde mit dem JStG 1996 eine Tarifbegrenzung für die Steuerklassen II und III (§ 19a ErbStG a. F.) eingeführt.

[119] Vgl. WEINMANN, in: Moench/Weinmann (Hrsg.), ErbStG, Loseblatt, Erg.-Lfg. April 2002, § 13a ErbStG, Rz. 5.

[120] Vgl. Deutscher Bundestag (Hrsg.), Entwurf StÄndG 1992, BT-Drs. 12/1108, S. 37.

[121] Die vorliegende Arbeit beschäftigt sich wie ausdrücklich bestimmt nicht mit wie auch immer gearteten Tarifentlastungen resp. Verschonungsregeln (vgl. dazu auch Fn. 4 und Fn. 591). Die folgend erläuterten Begünstigungen sind jedoch im Hinblick auf deren Zusammenwirken erwähnenswert.

[122] BGBl. I 1993, S. 1569.

[123] Ab 01.01.2002: 256.000 €; ab 01.01.2004: 225.000 €.

[124] BGBl. I 1996, S. 2049.

[125] Ab 01.01.2004: 35 %.

[126] BGBl. I 1995, S. 1250.

[127] Der immer noch existierenden Stundungsregel wird insgesamt eine praktisch geringfügige Bedeutung zugemessen. Vgl. bspw. MEINCKE, in: Meincke (Hrsg.), ErbStG, 2012, § 28 ErbStG, Rz. 1; JÜLICHER, in: Troll/Gebel/Jülicher (Hrsg.), ErbStG, Loseblatt, Erg.-Lfg. März 2009, § 28 ErbStG, Rz. 1; siehe jedoch dazu auch PILTZ, DStR, 2010, S. 1919, der dies in den hohen Hürden der Vorschrift und dem Ausschluss von Anteilen an Kapitalgesellschaften begründet sieht.

2. Betriebsgrundstücke

Die oben beschriebene Bewertungsidentität zwischen Steuerbilanz und Vermögensaufstellung als Grundlage erbschaftsteuerlicher Wertermittlung war für einige betriebliche Wirtschaftsgüter durchbrochen.

Die weitaus wichtigste Ausnahme stellten hierbei die Betriebsgrundstücke dar.[128] An die Stelle des bis dahin geltenden um 40 % erhöhten Einheitswerts von 01.01.1964 (§ 12 Absatz 2 ErbStG 1974 i. V. m. § 99 Absatz 1 u. 3 BewG i. V. m. § 121a BewG a. F.) trat mit Wirkung vom 01.01.1996 die sog. Bedarfsbewertung[129] im Vierten Abschnitt des Zweiten Teils des BewG (§ 12 Absatz 3 ErbStG a. F.).[130] Der Gesetzesänderung vorausgegangen war der Beschluss des BVerfG zum Einheitswert, in welchem das BVerfG in der durch die Einheitsbewertung verursachten erheblichen Begünstigung des Grundvermögens gegenüber anderen Vermögensarten eine verfassungswidrige Ungleichbehandlung erkannte und eine entsprechende Änderung anmahnte.[131] Betriebsgrundstücke, also solche Grundstücke, die zu mehr als 50 % ihres Werts dem Gewerbebetrieb dienen (§ 99 Absatz 2 BewG a. F.),[132] waren sodann mit dem Wert des Grundvermögens anzusetzen (§ 99 Absatz 3 BewG), der

---

128 Vgl. GEBEL, in: Troll/Gebel/Jülicher (Hrsg.), ErbStG, Loseblatt, Erg.-Lfg. August 2008, § 12 ErbStG, Rz. 740 f. Weitere Ausnahmen waren die unten genannten Anteile an Kapitalgesellschaften, Genussscheine an Kapitalgesellschaften, Wertpapiere (§ 12 Absatz 5 S. 3 ErbStG a. F.) und ausländisches Betriebsvermögen. Vgl. SEER, StuW, 1997, S. 293.

129 Vgl. GEBEL, in: Troll/Gebel/Jülicher (Hrsg.), ErbStG, Loseblatt, Erg-Lfg. Januar 2011, § 12 ErbStG, Rz. 505.

130 Der ursprüngliche, in der heutigen Fassung im ersten Abschnitt des Zweiten Teils des Gesetzes beheimatete Regelungsinhalt des BewG, die Festsetzung von Einheitswerten, ist damit nur noch für die Grundsteuer und für Betriebsgrundstücke zur Ermittlung der gewerbesteuerlichen Kürzung von Bedeutung. Vgl. KREUTZIGER, in: Kreutziger/Schaffner/Stephany (Hrsg.), BewG, 2009, 2009, Einleitung, Rz. 19. Jedoch hat der BFH verfassungsrechtliche Zweifel an der Einheitsbewertung des Grundvermögens für Stichtage nach dem 01.01.1997 und eine Neuregelung angemahnt. Vgl. BFH vom 30.06.2010 - II R 60/08, BStBl. II, 2010, S. 897 sowie das anhängige Verfahren beim BVerfG - 2 BvR 287/11. Der hier angesprochene Vierte Abschnitt des Zweiten Teils ist heute für die Bewertung für Zwecke der Grunderwerbsteuer maßgeblich. Jedoch hat auch diesbezüglich der BFH seine verfassungsrechtlichen Zweifel geäußert und das BMF zum Verfahrensbeitritt aufgefordert. Vgl. BFH vom 27.05.2009 - II R 64/08, BStBl. II, 2009, S. 856. Es handelt sich in diesem Absatz folglich teilweise um gegenwärtige gesetzliche Regelungen. Als Tempus ist im gewissen Widerspruch dazu weiterhin das Präteritum gewählt, weil die Regelungen für die hier untersuchte erbschaftsteuerliche Bewertung eben Vergangenheit darstellen.

131 Vgl. BVerfG vom 22.06.1995 - 2 BvR 552/91, BStBl. II, 1995, S. 671. Am gleichen Tag erging der Beschluss zur Verfassungswidrigkeit des Einheitswerts für die Vermögensteuer, vgl. BVerfG vom 22.06.1995 - 2 BvL 37/91, BStBl. II, 1995, S. 655, welcher später zur faktischen Abschaffung der selbigen führte.

132 Darüber hinaus müssten sie losgelöst vom Gewerbebetrieb zum Grundvermögen und eben nicht zu einem land- und forstwirtschaftlichen Betrieb gehören. Dies ist für 99,9 % aller Betriebsgrundstücke der Fall. Vgl. HORSCHITZ/GROß/SCHNUR, Bewertungsrecht, 2004, S. 165.

sich durch die gesonderte Festsetzung nach § 19 Absatz 1 i. V. m. § 138 Absatz 5 BewG i. d. F. d. JStG 1997 bzw. § 151 Absatz 1 BewG a. F. ergab. Dieser Grundstückswert war abweichend vom gemeinen Wert (§ 9 BewG) ein typisierender Steuerwert (§ 138 Absatz 3 Satz 1 BewG letztmalig i. d. F. des Gesetzes über steuerliche Begleitmaßnahmen zur Einführung der Europäischen Gesellschaft und zur Änderung weiterer steuerlicher Vorschriften – SEStEG vom 07.12.2006[133]). Besondere Umstände, die den gemeinen Wert beeinflussen, blieben daher außer Betracht.[134] Dieser Bewertung lagen bis zum 31.12.2006 die Wertverhältnisse vom 01.01.1996 zugrunde (§ 138 Absatz 1 Satz 2 u. Absatz 4 BewG letztmalig i. d. F. d. SEStEG), erst danach waren die Wertverhältnisse zum Besteuerungszeitpunkt maßgeblich (§ 138 Absatz 1 BewG a. F.). Das BewG unterschied im Wesentlichen unbebaute (§ 145 BewG) und bebaute Grundstücke (§ 146 BewG).[135]

Bei unbebauten Grundstücken bestimmte sich der Wert nach ihrer Fläche und dem um 20 % verringerten Bodenrichtwert vom 01.01.1996 (§ 145 Absatz 3 Satz 1 u. 2 BewG letztmalig i. d. F. d. SEStEG), bei Bewertungsstichtagen nach dem 31.12.2006 nach dem aktuellen, also zuletzt festgestellten, um 20 % verringerten Bodenrichtwert (§ 145 Absatz 3 Satz 3 BewG).[136]

Zur Bewertung bebauter Grundstücke unterschied das BewG wiederum Grundstücke, für die sich eine Jahresmiete ermitteln lässt (§ 146 BewG), von solchen, für die dies nicht durchführbar ist (§ 147 BewG).[137] Im ersten Fall wurde ein sog. vereinfachtes Ertragswertverfahren angewandt. Der Wert des Grundstücks entsprach dem 12,5-fachen der um Alterswertminderungen des Gebäudes gekürzten durchschnittlich erzielten Jahresmiete der letzten drei Jahre vor dem Besteuerungszeitpunkt (§ 146 Absatz 2 Satz 1 BewG letztmalig i. d. F. d. SEStEG, später dem 12,5-fachen der aktuell vereinbarten Jahresmiete (§ 146 Absatz 2 Satz 1 BewG)). War keine Miete erzielt worden (Eigennutzung, unentgeltliche Nutzung o. Ä.), trat an ihre Stelle

---

133 BGBl. I 2006, S. 2782.

134 Vgl. HORSCHITZ/GROß/SCHNUR, Bewertungsrecht, 2004, S. 152.

135 Dazu kommen Sonderfälle (§ 147 BewG), Erbbaurechte (§ 148 BewG), Grundstücke auf fremden Grund und Boden (§ 148a BewG), Grundstücke im Zustand der Bebauung (§149 BewG) sowie Gebäude und Gebäudeteile für den Zivilschutz.

136 Der Nachweis eines geringeren gemeinen Werts durch den Steuerpflichtigen war dabei stets möglich (§ 145 Absatz 3 S. 3 BewG i. d. F. des SEStEG, § 138 Absatz 4 BewG).

137 Vgl. MEINCKE, in: Meincke (Hrsg.), ErbStG, 2004, § 12 ErbStG, Rz. 118.

die übliche Miete, die von fremden Mietern für ein Objekt gleicher Art, Lage, Größe und Ausstattung bezahlt wird (§ 146 Absatz 3 BewG). Der Steuerwert der gesamten wirtschaftlichen Einheit ergibt sich in diesem Verfahren somit in einem einzigen Arbeitsgang.[138] Die so ermittelten Ertragswerte erreichten nach einer Kaufpreisuntersuchung der Finanzverwaltung aus dem Jahr 1998 bei Streuungen von 20 % bis 120 % im Durchschnitt lediglich die Hälfte des Verkehrswerts.[139] Dies liegt offensichtlich in der Anwendung des einheitlichen Multiplikators auf in sämtlichen Lagen befindliche Immobilien, obgleich bspw. in guten Ortslagen bis zum 24-fachen der Nettojahresmiete gezahlt wurde.[140]

Obwohl das Ertragswertverfahren im Bezug auf alle Grundstücksbewertungen zutreffenderweise als Regelbewertungsverfahren[141] bezeichnet werden kann, kam für Betriebsgrundstücke mit entsprechenden Fabrikations-, Produktions- und Fertigungsgebäuden, für die sich keine übliche Miete ermitteln ließ, oftmals die Sonderfallregelung des § 147 BewG in Betracht.[142] An die Stelle des Ertragswerts trat dann eine sachwertorientiere Wertermittlung, die den Grund und Boden mit 70 % des Bodenrichtwerts (§ 147 Absatz 2 Satz 1 BewG) und die Gebäude mit ihren Steuerbilanzwerten ansetzte (§ 147 Absatz 2 Satz 2 BewG).

Es lässt sich feststellen, dass insbesondere das Zusammenwirken der oben dargestellten Bewertungsvorschriften, des Bewertungsabschlags und des Freibetrags zu einer erheblich verringerten Bemessungsgrundlage beim Erwerb von Betriebsvermögen inkl. Betriebsgrundstücken führten. Einfache Beispiele aus Literatur[143] und

---

[138] Vgl. HALACZINSKY, in: Rössler/Troll (Hrsg.), BewG, Loseblatt, Erg-Lfg. Oktober 2009, § 146 BewG, Rz. 6, 9. Auch hier stand dem Steuerpflichtigen in beiden Fällen der Nachweis eines geringeren gemeinen Werts offen (§ 146 Absatz 7 BewG letztmalig i. d. F. des SEStEG, § 138 Absatz 4 BewG).

[139] Vgl. THIEL, DB, 1997, S. 66; WOLF, DStR, 1997, S. 351; MOENCH, in: Moench/Weinmann (Hrsg.), ErbStG, Loseblatt, Erg.-Lfg. Mai 2000, § 12 ErbStG, Rz. 7a.

[140] Vgl. WEINMANN, ZEV, 1997, S. 47. Der zu geringe Multiplikator führte daher in Ballungszentren regelmäßig zur Mindestbewertung des § 146 Absatz 6 BewG, weil nicht einmal 80 % des Bodenrichtwerts erreicht wurden. Vgl. dazu SPROß, DStZ, 1997, S. 528.

[141] Vgl. MOENCH/ALBRECHT, Erbschaftsteuerrecht, 2006, Rz. 644.

[142] Vgl. HALACZINSKY, in: Rössler/Troll (Hrsg.), BewG, Loseblatt, Erg.-Lfg. Oktober 2009, § 147, Rz. 2a.

[143] Vgl. MEINCKE, DStR, 1996, S. 1309 f. Meincke rechnet mit einem im Gesetzgebungsverfahren des JStG 1997 zunächst diskutierten Bewertungsabschlag von 50 %, das Ergebnis wurde entsprechend auf einen Abschlag i. H. v. 40 % angepasst.

höchstrichterlicher Rechtsprechung[144] veranschaulichen dies und ermitteln einen steuerpflichtigen Erwerb i. H. v. lediglich 25 % bzw. 33 % des Verkehrswerts.

3. Anteile an Kapitalgesellschaften unter besonderer Berücksichtigung des sog. Stuttgarter Verfahrens

Zur erbschaftsteuerlichen Bewertung verweist § 12 Absatz 1 S. 1 ErbStG zunächst auf die allgemeinen Bewertungsvorschriften des Ersten Teils des BewG. Im Ergebnis war dadurch für die Bewertung von Anteilen an Kapitalgesellschaften ein dreistufiges Bewertungsverfahren anzuwenden.[145] Hiernach existierten drei verschiedene Bewertungsmethoden, wobei jeweils eine, sofern anwendbar, gegenüber den anderen vorrangig war.[146] Das BewG unterschied damals wie heute zum Bewertungsstichtag an einer deutschen Börse zum Handel im regulierten Markt[147] zugelassene Wertpapiere und Schuldbuchforderungen einerseits (§ 11 Absatz 1 Satz 1 BewG) sowie nicht notierte Anteile andererseits (§ 11 Absatz 2 Satz 1 BewG).

Vergleichsweise einfach bestimmte sich der Wert für an deutschen Börsen gehandelte Wertpapiere, indem der niedrigste am Stichtag festgestellte Kurs zugrunde gelegt wurde (§ 11 Absatz 1 Satz 1 BewG). Konnte hingegen am Stichtag kein Kurs festgestellt werden, war der letzte innerhalb von 30 Tagen im regulierten Handel notierte Kurs maßgeblich (§ 11 Absatz 1 Satz 2 BewG).[148]

Ungleich schwieriger ergab sich die Bewertung nicht notierter Anteile. Vorrangig war hier der gemeine Wert aus Verkäufen abzuleiten, die innerhalb eines Jahres vor dem Bewertungsstichtag stattfanden (§ 11 Absatz 2 Satz 2 Hauptsatz 1 BewG a. F.). Konnte der gemeine Wert nicht aus Verkäufen abgeleitet werden, war er unter Berücksichtigung des Vermögens und der Ertragsaussichten der Kapitalgesellschaft zu schätzen (§ 11 Absatz 2 Satz 2 Hauptsatz 2 BewG a. F.). Es wurde also ausdrücklich auf Vermögen einerseits und Ertragsentwicklung andererseits abgestellt.

---

144 Vgl. BFH vom 22.05.2002 - II R 61/99, BStBl. II, 2002, S. 598.
145 Vgl. CHRISTOFFEL, in: Christoffel/Geckle/Pahlke (Hrsg.), ErbStG, 1998, § 12 ErbStG, Rz. 145.
146 Vgl. JÜLICHER, in: Troll/Gebel/Jülicher (Hrsg.), ErbStG, Loseblatt, Erg.-Lfg. August 2008, § 12 ErbStG, Rz. 260.
147 In früheren Fassungen „zum amtlichen Handel zugelassene" Wertpapiere (§ 11 Absatz 1 S. 1 BewG i. d. F. des JStG 2007).
148 Vgl. hierzu ausführlich Kapitel E.II.

Zum Vermögen verwies wiederum § 12 Absatz 2 Satz 2 ErbStG a. F. auf § 12 Absatz 5 ErbStG a. F., wonach dieses explizit mit den Steuerbilanzwerten (§ 109 BewG a. F.) zu berücksichtigen war. Aus diesen denkbar knappen Vorgaben[149] des Gesetzgebers wurde von der Finanzverwaltung das sog. Stuttgarter Verfahren entwickelt. Namensgebend war hierbei ein 1955 veröffentlichter Erlass der Stuttgarter Finanzverwaltung.[150] Dieses zunächst für Zwecke der Vermögensteuer[151] entwickelte Verfahren wurde später in den R 96 bis 108 Erbschaftsteuerrichtlinien 2003 (ErbStR 2003[152]) kodifiziert. Die Grundidee dieses Verfahrens ist die Annahme, dass ein potentieller Erwerber eines Unternehmens nur bereit ist mehr als den Vermögenswert zu entrichten, wenn die Verzinsung seines eingesetzten Kapitals oberhalb seines Opportunitätszinses („Zinsen (...), die das von ihm aufzuwendende Kapital, falls er es in anderer Weise anlegt, erbringen würde" (R 100 Absatz 1 Satz 4 ErbStR 2003)) liegt. Damit lässt sich das Stuttgarter Verfahren eindeutig als Übergewinnverfahren klassifizieren.[153] Die Werttreiber des Verfahrens sind dementsprechend das Vermögen, genauer der Vermögenswert (R 98 ErbStR 2003) und die Erträge, genauer der Ertragshundertsatz (R 99 ErbStR 2003).

Maßgeblich für die Ermittlung des Vermögenswerts waren seit der Einführung der Bedarfsbewertung und der o. g. Verknüpfung zwischen ErbStG und BewG wiederum die Steuerbilanzwerte (*SBW*). Die Summe des so ermittelten Vermögens ist mit dem Nennkapital (*NW*) der Gesellschaft ins Verhältnis zu setzten. Der erhaltene Prozentsatz war der Vermögenswert (*VW*) der Kapitalgesellschaft (R 98 Absatz 4 ErbStR 2003):

[1] $$VW = \left(\frac{\sum SBW}{NW}\right).$$

mit: VW = Vermögenswert

SBW = Steuerbilanzwert eines Wirtschaftsgutes

[149] Vgl. MOENCH/ALBRECHT, Erbschaftsteuerrecht, 2006, Rz. 780.

[150] Siehe dazu BStBl. I, 1955, S. 97. Das Stuttgarter Verfahren entsprang aus der zunehmenden Kritik am vorherigen Berliner Verfahren. Vgl. dazu SCHLEITHOFF, Unternehmensbewertung, 2006, S. 139 m. w. N.

[151] Siehe dazu R 4 - 16 VStR 1986.

[152] BStBl. I 2003, Sondernummer 1, S. 2.

[153] Vgl. statt aller BALLWIESER, Unternehmensbewertung, 2011, S. 10.

	NW	=	Nennkapital der Gesellschaft

Für die Ermittlung des Ertragshundertsatzes (E) (R 99 ErbStR 2003) war die Schätzung eines voraussichtlich in Zukunft zu erzielenden Jahresertrags nötig. Der in der Vergangenheit tatsächlich erzielbare Jahresertrag bot hierfür die entscheidende Beurteilungsgrundlage, indem über die letzten drei um Hinzu- und Abrechnungen korrigierten Jahreserträge ein gewichteter Mittelwert gebildet wurde (R 99 Absatz 1 ErbStR 2003). Hierbei wurden die in näherer Vergangenheit angefallenen Gewinne (G) stärker gewichtet. Der Ertragshundertsatz ließ sich gem. R 99 Absatz 3 und 4 simpel als

[2] $$E_{SV} = \frac{3 \cdot G_{t-1} + 2 \cdot G_{t-2} + 1 \cdot G_{t-3}}{6} \cdot \frac{1}{NW}$$

mit:	E_{SV}	=	Ertragshundertsatz
	G	=	Gewinn
	t	=	Zeitindex

berechnen. Entsprechend der Grundidee wurde der so ermittelte Ertragshundertsatz mit der Alternativrendite (i_{SV}) verglichen. Da sich der Kapitaleinsatz beider Alternativen entsprechen muss, wurde hierfür auf den im Verfahren selbst zu ermittelnden Unternehmenswert (UW_{SV}) rekurriert. Annahmegemäß wird ein Übergewinn (bzw. -verlust) stets für fünf Jahre erzielt (R 100 Absatz 1 Satz 9 ErbStR 2003). Die Ertragskomponente ergab sich entsprechend als:

[3] $$5 \cdot (E_{SV} - i_{SV} \cdot UW_{SV}).$$

mit:	i_{SV}	=	Alternativrendite im Stuttgarter Verfahren
	UW_{SV}	=	Unternehmenswert im Stuttgarter Verfahren

Der Gesamtwert eines Unternehmens bei Regelbewertung[154], ausgedrückt als Prozentsatz des Nennkapitals, setzt sich abschließend additiv aus Vermögens- und Ertragskomponente zusammen:

$$[4] \qquad UW_{SV} = VW + 5 \cdot (E_{SV} - i_{SV} \cdot UW_{SV}).$$

Durch Einsetzen des festgelegten Opportunitätszinssatzes von 9 % und Auflösen der Gleichung nach dem Unternehmenswert ergibt sich:

$$[5] \qquad UW_{SV} = 0{,}6897 \cdot (VW + 5 \cdot E_{SV}).$$

Als gemeiner Wert waren somit 68 %[155] der Summe aus Vermögenswert und fünffachen Ertragshundertsatz anzusetzen.[156]

Die Beurteilung des Stuttgarter Verfahrens im Schrifttum fällt erwartungsgemäß mangelhaft aus.[157] Das grundsätzliche Problem der Bewertung des betrieblichen Vermögens mit den Steuerbilanzwerten blieb analog zum Betriebsvermögen bestehen. Die Berücksichtigung der Ertragsaussichten hat im Verfahren nämlich lediglich eine Korrekturfunktion zum maßgeblich wertbestimmenden Vermögenswert.[158] Der nach dem Stuttgarter Verfahren ermittelte Wert blieb daher i. d. R. trotzdem deutlich hinter dem gemeinen Wert zurück,[159] obwohl das Verfahren genau diesen ermitteln sollte. Insofern ist der Bezeichnung dieser Verwaltungsanweisung als Etikettenschwindel[160] nichts hinzuzufügen. Der Bundesfinanzhof (BFH) hatte jedoch „in ständiger Rechtsprechung das Stuttgarter Verfahren als geeignetes Schätzungsver-

[154] Neben dieser Regelbewertung war es möglich, besondere Umstände durch Zu- und Abschläge vom Unternehmenswert zu berücksichtigen. Diese konnten bspw. in besonders geringeren Erträgen im Verhältnis zum Vermögen (R 100 Absatz 3 S. 2 ErbStR 2003) oder in fehlender Einflussnahme auf die Geschäftsführung begründet sein (R 100 Absatz 1 ErbStR 2003).

[155] Aus Vereinfachungsgründen wird der genaue Wert auf 68 % gerundet (R 100 Absatz 2 S. 5 ErbStR).

[156] Ein ausführliches Zahlenbeispiel findet sich in H 98 – H 100 ErbStH.

[157] Vgl. MÜLLER, FB, 2007, S. 416 m. w. N.; MÜLLER, Stuttgarter Verfahren, 2009, S. 30 ff. m. w. N.

[158] Vgl. MOENCH/HÖLL, Erbschaftsteuer, 1997, Rz. 9.

[159] Vgl. BECKER/HORN, DB, 2005, S. 1081 m. w. N.

[160] Vgl. zum Begriff wohl zuerst VISKORF, in: Viskorf/Glier/Knobel (Hrsg.), BewG, 1998, § 11 BewG, Rz. 36; später auch SEER, GmbHR, 1999, S. 68; TEß/EISELE, in: Rössler/Troll (Hrsg.), BewG, Loseblatt, § 11 BewG a. F., Rz. 41a.

fahren anerkannt, das dem Gesetz entspricht und ein wertvolles Hilfsmittel darstellt, um die Einheitlichkeit der Bewertung zu gewährleisten“[161].

Neben der wohl unstrittigen Unterbewertung war auch für die Anteile an Kapitalgesellschaften der sachbezogene Freibetrag (§ 13a Absatz 1 a. F. ErbStG) und Bewertungsabschlag (§ 13a Absatz 2 ErbStG a. F.) anzuwenden. Die oben erwähnte Stundungsregel und eine Tarifbeschränkung für die Steuerklassen II und III sind in Anbetracht der anderen erheblichen Vorzüge nur noch am Rande erwähnenswert.

II. Beschluss des Bundesverfassungsgerichts zur Bewertung von Unternehmensvermögen

1. Betriebsvermögen

Mit seinem Beschluss vom 07.11.2006 hat das BVerfG die Erbschaft- und Schenkungsteuer in seiner damaligen Ausgestaltung für verfassungswidrig erklärt.[162] Damit hat es die im Vorlagebeschluss vom 22.05.2002 dargelegte Rechtsansicht des BFH[163] in vollem Umfang bestätigt.[164] Im Folgenden werden die wesentlichen für die Bewertung von Unternehmensvermögen relevanten Gründe für die einzelnen o. g. Vermögensklassen herausgestellt.[165]

---

161 BFH vom 02.10.1981 - III R 27/77, BStBl. II, 1982, S. 9. Vgl. auch BFH vom 19.12.1960 - III 396/58 S, BStBl. III, 1961, S. 92; BFH vom 06.04.1962 - III 261/59 U, BStBl. III, 1962, S. 253; BFH vom 09.09.1966 - III 263/63, BStBl. III, 1967, S. 43; BFH vom 18.12.1968 - III R 135/67, BStBl. II, 1969, S. 370; BFH vom 12.03.1971 - III R 82/69, BStBl. II, 1971, S. 419; BFH vom 04.10.1974 - III R 157/72, BStBl. II, 1975, S. 224; BFH vom 03.12.1976 - III R 98/74, BStBl. II, 1977, S. 235; BFH vom 12.03.1980 - II R 28/77, BStBl. II, 1980, S. 405; BFH vom 14.11.1980 - III R 81/79, BStBl. II, 1981, S. 351; BFH vom 08.05.1985 - II R 184/80, BStBl. II, 1985, S. 608; BFH vom 28.03.1990 - II R 108/85, BStBl. II, 1990, S. 493; BFH vom 06.02.1991 - II R 87/88, BStBl. II, 1991, S. 459; BFH vom 06.03.1991 - II R 18/88, BStBl. II, 1991, S. 558; BFH vom 02.10.1991 - II R 153/88, BStBl. II, 1992, S. 274; BFH vom 05.02.1992 - II R 185/87, BStBl. II, 1993, S. 266; BFH vom 09.03.1994 - II R 39/90, BStBl. II, 1994, S. 394; BFH vom 30.03.1994 - II R 101/90, BStBl. II, 1994, S. 503; BFH vom 17.06.1998 - II R 46/96, BFH/NV, 1999, S. 17; BFH vom 12.07.2006 - II R 75/04, BStBl. II, 2006, S. 704.

162 Vgl. BVerfG vom 07.11.2006 - 1 BvL 10/02, BStBl. II, 2007, S. 192. Siehe neben der hier folgend zitierten Literatur die weiteren Nachweise bei WACHTER, DB, 2007, S. 821, der – bereits im April 2007 – rd. 25 Beiträge zum Urteil anführt.

163 Vgl. BFH vom 22.05.2002 - II R 61/99, BStBl. II, 2002, S. 598. Der Vorlagebeschluss war auch im Schrifttum überwiegend auf Zustimmung gestoßen. Vgl. RIEDEL/FRHR. VON HUTTEN, ZErb, 2007, S. 105 m. w. N.

164 Vgl. CREZELIUS, DStR, 2007, S. 415; VISKORF, FR, 2007, S. 624; EISELE, ZEV, 2007, S. 550; LANG, StuW, 2008, S. 192.

165 Die Frage der Zulässigkeit der Vorlage wird hier nicht erörtert. Vgl. dazu bspw. VISKORF, FR, 2007, S. 624 m. w. N.; RIEDEL/FRHR. VON HUTTEN, ZErb, 2007, S. 105 ff.

Den Ausgangspunkt zur Beurteilung der Bewertungsmethodik von Betriebsvermögen sieht das BVerfG im Vergleich der in betriebswirtschaftlicher Literatur und im Zivilrecht vorherrschenden Methoden mit den erbschaftsteuerlichen Bewertungsgrundsätzen. Ermitteln erstgenannte das Vermögen des Betriebs als Ganzem vorwiegend nach der Ertragswertmethode[166] oder einem DCF-Verfahren,[167] wurde bei der erbschaftsteuerlichen Bewertung stets der Grundsatz der Einzelbewertung mit Übernahme der Steuerbilanzwerte verfolgt.[168] Nach Auffassung des BVerfG (und des BFH[169]) bewirkt diese mit hoher Wahrscheinlichkeit einen deutlich unter dem gemeinen Wert liegenden Steuerwert[170] und führt somit zu Bewertungsergebnissen, die mit dem Gleichheitssatz des Artikel 3 Grundgesetz (GG vom 23.05.1949[171]) nicht vereinbar sind.[172] Damit teilen die Gerichte trotz des fehlenden empirisch gesicherten Datenmaterials die in der Literatur vorherrschende Einschätzung.[173] Die Steuerbilanzwerte könnten demnach nur zufällig realitätsnah den gemeinen Wert der einzelnen Wirtschaftsgüter treffen,[174] weil es sich bei ihnen um ertragsteuerliche Rechengrößen handeln würde, die lediglich der Abgrenzung verschiedener Rechnungslegungsperioden voneinander dienen. Sie würden sich somit nicht zur Ermittlung stichtagsbezogener Substanzwerte eignen;[175] vielmehr stellten sie bloß das Ergebnis handels- und steuerrechtlicher Abschreibungsregeln dar.[176]

Der Artikel 3 GG, nachdem wesentlich Gleiches gleich und wesentlich Ungleiches ungleich zu behandeln ist,[177] fordert offensichtlich keine betragsmäßig gleich hohe

166 Vgl. statt aller SPITZBART, Betriebsvermögen, 2000, S. 49 ff. m. w. N.

167 Vgl. ULMER/SCHÄFER, in: MünchKomm BGB, 2009; § 738 BGB, Rz. 36.

168 Vgl. BVerfG vom 07.11.2006 - 1 BvL 10/02, BStBl. II, 2007, S. 204.

169 Vgl. BFH vom 22.05.2002 - II R 61/99, BStBl. II, 2002, S. 607.

170 Vgl. BVerfG vom 07.11.2006 - 1 BvL 10/02, BStBl. II, 2007, S. 205.

171 BGBl. I 1949, S. 1.

172 Vgl. BVerfG vom 07.11.2006 - 1 BvL 10/02, BStBl. II, 2007, S. 204; BFH vom 22.05.2002 - II R 61/99, BStBl. II, 2002, S. 607.

173 Vgl. MEINCKE, DStR, 1996, S. 1309; HÜBNER, DStR, 1993, S. 1657; RÖDDER, DB, 1993; S. 2139; BAREIS/ELSER, DStR, 1997, S. 561; SPITZBART, Betriebsvermögen, 2000, S. 82; WEINMANN, in: Moench/Weinmann (Hrsg.), ErbStG, Loseblatt, Erg. Lfg. Mai 2006, § 13a ErbStG, Rz. 5.

174 Vgl. BVerfG vom 07.11.2006 - 1 BvL 10/02, BStBl. II, 2007, S. 206; MOENCH/HÖLL, Erbschaftsteuer, 1997, S. 80; MOENCH, in: Moench/Weinmann (Hrsg.), ErbStG, Loseblatt, Erg.-Lfg. Mai 2006, § 12 ErbStG, Abschnitt II.3, Rz. 2; DROSDZOL, DStZ, 1995, S. 358; VISKORF, in: Viskorf/Glier/Hübner/Knobel/Schuck (Hrsg.), ErbStG, 2004, Vor § 12 ErbStG, Rz. 19.

175 Vgl. BFH vom 22.05.2002 - II R 61/99, BStBl. II, 2002, S. 607; BVerfG vom 07.11.2006 - 1 BvL 10/02, BStBl. II, 2007, S. 206; HÜBNER, DStR, 1995, S. 1.

176 Vgl. BFH vom 22.05.2002 - II R 61/99, BStBl. II, 2002, S. 607.

177 St. Rspr.; vgl. bereits BVerfG vom 23.10.1951 - 2 BvG 1/51, BVerfGE, 1, S. 14; in steuerrechtlichen Fragestellungen etwa BVerfG vom 16.02.2005 - 2 BvL 7/00, BVerfGE, 2005, S. 268; BVerfG vom 07.11.2006 - 1 BvL 10/02, BStBl. II, 2007, S. 201 m. w. N.

Steuer von jedem Steuerpflichtigen.[178] In seiner steuerrechtlichen Auslegung mündet dieser in der Steuergerechtigkeit, nach der sich die Besteuerung grundsätzlich an der finanziellen Leistungsfähigkeit des Steuerpflichtigen auszurichten hat.[179] Dies hindert den Gesetzgeber jedoch nicht daran, außerfiskalische, dem Gemeinwohl dienende, Förderungs- und Lenkungsziele zu verfolgen.[180] In deren Ausgestaltung in Bezug auf die Auswahl der begünstigten Personen oder Unternehmen ist er dabei weitgehend frei.[181] Der Lenkungszweck selbst unterliegt jedoch ebenfalls der Anforderung einer gleichheitsgerechten Ausgestaltung.[182] Daher sollte die Begünstigungswirkung den Begünstigungsadressaten möglichst gleichmäßig zukommen und nicht von Zufälligkeiten abhängen und entsprechend willkürlich auftreten.[183]

Die durch den Buchwertansatz beim Betriebsvermögen erzielte Begünstigungswirkung führt dabei nach Auffassung des BVerfG und der herrschenden Meinung im Schrifttum nicht zu einer solchen zielgerichteten und gleichmäßig wirkenden Steuerentlastung, sondern tritt völlig ungleichmäßig und damit willkürlich ein. Sie führt somit zu nicht verfassungskonformen Besteuerungsergebnissen.[184] Daneben fehle es der Regelung an einer ausreichend zielgerichteten Ausgestaltung des Lenkungsziels durch den Gesetzgeber, weil tendenziell ertragsstarke Unternehmen gefördert würden, die der Entlastung eigentlich am wenigsten bedürften.[185]

Neben Förderungs- und Lenkungszielen steht auch eine Typisierung von steuerlichen Sachverhalten einer verfassungskonformen Ausgestaltung nicht entgegen.

---

178 Vgl. BVerfG vom 07.11.2006 - 1 BvL 10/02, BStBl. II, 2007, S. 202.

179 Vgl. BVerfG vom 22.06.1995 - 2 BvL 37/91, BStBl. II, 1995, S. 655; BVerfG vom 07.11.2006 - 1 BvL 10/02, BStBl. II, 2007, S. 202.

180 St. Rspr.; vgl. BVerfG vom 22.06.1995 - 2 BvL 37/91, BStBl. II, 1995, S. 655, BVerfG vom 11.11.1998 - 2 BvL 10/95, BStBl. II, 1999, S. 502; BVerfG vom 06.3.2002 - 2 BvL 17/99, BStBl. II, 2002, S. 618; BVerfG vom 02.12.2003 - 1 BvR 905/00, BVerfGE, 2005, S. 274; BVerfG vom 07.11.2006 - 1 BvL 10/02, BStBl. II, 2007, S. 202.

181 St. Rspr.; vgl. BVerfG vom 12.02.1964 - 1BvL 12/62, BVerfGE, 1965, S. 210; BVerfG vom 07.11.1995 - 2 BvR 413/88 und 1300/93, BVerfGE, 1996, S. 319; BVerfG vom 02.12.2003 - 1 BvR 905/00, BVerfGE, 2005, S. 274; BVerfG vom 07.11.2006 - 1 BvL 10/02, BStBl. II, 2007, S. 202.

182 St. Rspr.; vgl. BVerfG vom 22.06.1995 - 2 BvR 552/91, BStBl. II, 1995, S. 655; BVerfG vom 02.12.2003 - 1 BvR 905/00, BVerfGE, 2005, S. 274; BVerfG vom 07.11.2006 - 1 BvL 10/02, BStBl. II, 2007, S. 202.

183 Vgl. BVerfG vom 07.11.2006 - 1 BvL 10/02, BStBl. II, 2007, S. 202.

184 Vgl. BVerfG vom 07.11.2006 - 1 BvL 10/02, BStBl. II, 2007, S. 206; HÜBNER, DStR, 1995, S. 7; MEINCKE, ZEV, 2002, S. 495; CHRISTOFFEL, in: Christoffel/Geckle/Pahlke (Hrsg.), ErbStG, 1998, § 12 ErbStG, Rz. 583., BECKER/HORN, DB, 2005, S. 1082.

185 Vgl. BVerfG vom 07.11.2006 - 1 BvL 10/02, BStBl. II, 2007, S. 206.

Steuergesetze betreffen i. d. R. Massenvorgänge des Wirtschaftslebens. Um praktikabel zu sein, müssen sie Sachverhalte, an die sich die gleichen steuerlichen Folgen knüpften, typisieren und dadurch fallweise Besonderheiten vernachlässigen.[186] Die hieraus resultierenden Vorteile müssen dabei jedoch im rechten Verhältnis zu der mit der Typisierung notwendig verbundenen Ungleichheit der steuerlichen Belastung stehen.[187] Eine Typisierung hat sich darüber hinaus stets nicht am untypischen, sondern am realitätsgerechten typischen Fall als Leitbild zu orientieren.[188]

Nach Auffassung des BVerfG genügte die typisierende Bewertung des Betriebsvermögens durch Übernahme der Steuerbilanzwerte auch diesen von ihm in ständiger Rechtsprechung entwickelten Vorgaben nicht. Die strukturell anlegte Verfehlung des gemeinen Werts ginge bei weitem über das Maß hinaus, welches auf Ebene der Bewertung als Ermittlung eines Annäherungswerts an den gemeinen Wert mittels Typisierung und Pauschalierung oder mit Erfordernissen der Verwaltungsvereinfachung gerechtfertigt werden könne.[189] Daneben habe sich der Gesetzgeber eben nicht am typischen, sondern an einem recht untypischen Fall orientiert, in welchem der Steuerbilanzwert dem Verkehrswert entspricht.[190]

2. Betriebsgrundstücke

Bezgl. der Bewertung von Grundvermögen teilen das BVerfG und der BFH die im Schrifttum vertretene Ansicht, wonach es für ein Grundstück kein absolut zutreffender Marktwert, sondern allenfalls ein Marktwertniveau, auf dem sich mit mehr oder weniger großen Abweichungen vertretbare Verkehrswerte bilden, existiert. Am Grundstücksmarkt kann man von einer Streubreite von plus/minus 20 % der Verkaufspreise für ein und dasselbe Objekt ausgehen. Daher können alle in dieser Bandbreite festgestellten Werte als noch vertretbare Verkehrswerte angesehen

---

[186] Vgl. BVerfG vom 07.11.2006 - 1 BvL 10/02, BStBl. II, 2007, S. 202.

[187] Vgl. BVerfG vom 02.12.2003 - 1 BvR 905/00, BVerfGE, 2005, S. 274; BVerfG vom 07.11.2006 - 1 BvL 10/02, BStBl. II, 2007, S. 202.

[188] St. Rspr.; vgl. BVerfG vom 07.10.1969 - 2 BvR 555/67, BVerfGE, 1970, S. 150; BVerfG vom 16.02.2005 - 2 BvL 7/00, BVerfGE, 2005, S. 280; BVerfG vom 07.11.2006 - 1 BvL 10/02, BStBl. II, 2007, S. 202.

[189] Vgl. BVerfG vom 07.11.2006 - 1 BvL 10/02, BStBl. II, 2007; S. 206.

[190] Vgl. BVerfG vom 07.11.2006 - 1 BvL 10/02, BStBl. II, 2007; S. 206.

werden.[191] Zur Prüfung eines Verstoßes gegen den Gleichheitssatz kann somit nicht auf eine punktgenaue Erreichung des Verkehrswerts durch ein Bewertungsverfahren abgestellt werden, sondern lediglich darauf, ob die Differenzen innerhalb des Grundvermögens oder der Abstand zu anderem Vermögen nicht unverhältnismäßig groß werden.[192]

Bei der Beurteilung der verfassungsrechtlichen Bewertung unbebauter Grundstücke besteht zwischen BVerfG und BFH eine grundsätzliche Einigkeit über die Zulässigkeit, den Wert durch einen generellen Prozentsatz vom Bodenrichtwert zu bestimmen.[193] Auch wenn der mit einem Abschlag von 20 % ermittelte Wert im Schnitt nur ca. 70 % des Verkehrswerts erreiche,[194] sei dies als Ergebnis einer typisierenden Bewertung verfassungsrechtlich hinnehmbar.[195] Während sich der BFH auf diese Feststellung beschränkt, erkennt das BVerfG in der von 1996 bis 2006 geltenden Bewertung mit den Einheitswerten vom 01.01.1996 aufgrund der im Zeitverlauf nicht unbeträchtlichen, insbesondere regionalen Bodenpreisänderungen[196] verfassungswidrige Besteuerungsergebnisse[197] und folgt damit der herrschenden Meinung im Schrifttum.[198] Es sei auch kein praktisches Bedürfnis für die langjährige Festschreibung gegeben, da die Bodenrichtwerte (mindestens) zweijährig ermittelt würden.[199]

---

191 Vgl. BFH vom 22.05.2002 - II R 61/99, BStBl. II, 2002, S. 609; BVerfG vom 07.11.2006 - 1 BvL 10/02, BStBl. II, 2007, S. 207; SEER, StuW, 1997, S. 289; MOENCH, in: Moench/Weinmann (Hrsg.), ErbStG, Loseblatt, Erg.-Lfg. Mai 2006, § 12, Abschnitt I, Rz. 6; WOLF, DStR, 1997, S. 354; JAKOB, Vereinfachung, 1992, S. 126; Erg.-Lfg. April 2006, § 146, Rz. 52;

192 Vgl. BFH vom 22.05.2002 - II R 61/99, BStBl. II, 2002, S. 609; JAKOB, Vereinfachung, 1992, S. 126; SEER, StuW, 1997, S. 289.

193 Vgl. BFH vom 22.05.2002 - II R 61/99, BStBl. II, 2002, S. 15; BVerfG vom 07.11.2006 - 1 BvL 10/02, BStBl. II, 2007, S. 210.

194 Vgl. MOENCH, in: Moench/Weinmann (Hrsg.), ErbStG, Loseblatt, Erg.-Lfg. Mai 2006, § 12, Abschnitt I Rz. 7a und Abschnitt II.1 Rz. 31; DROSDZOL, DStZ, 2001, S. 691; MANNEK, in: Gürsching/Stenger (Hrsg.), Bewertungsrecht, Loseblatt, Erg.-Lfg. April 2006, § 138 Rz. 27, § 145 Rz. 8; HALACZINSKY, in: Rössler/Troll (Hrsg.), BewG, Loseblatt, Erg.-Lfg. Dezember 2005, § 145 BewG, Rz. 22; SCHAFFNER, in: Kreutziger/Lindberg/Schaffner (Hrsg.), BewG, 2002, § 145 BewG, Rz. 19.

195 Vgl. BFH vom 22.05.2002 - II R 61/99, BStBl. II, 2002, S. 609; BVerfG vom 07.11.2006 - 1 BvL 10/02, BStBl. II, 2007, S. 210 f.

196 Vgl. DROSDZOL, DStZ, 2001, S. 695; MOENCH, in: Moench/Weinmann (Hrsg.), ErbStG, Loseblatt, Erg.-Lfg. Mai 2006, § 12 ErbStG, Abschnitt II.1 Rz. 4a.

197 Vgl. BVerfG - 1 BvR 3198/09, S. 211.

198 Vgl. DROSDZOL, DStZ, 2001, S. 695; MOENCH, in: Moench/Weinmann (Hrsg.), ErbStG, Loseblatt, Erg.-Lfg. Mai 2006, § 12 ErbStG, Abschnitt II.1 Rz. 4a; MANNEK, in: Gürsching/Stenger (Hrsg.), Bewertungsrecht, Loseblatt, Erg.-Lfg. April 2006, § 145 Rz. 8.

199 Vgl. BVerfG vom 07.11.2006 - 1 BvL 10/02, BStBl. II, 2007, S. 211.

Nach Auffassung von BVerfG und BFH wurde das Bewertungsziel des gemeinen Werts auch bei der Bewertung von bebauten Grundstücken nicht erreicht. Bereits auf Bewertungsebene würde durch die Anwendung des starren Einheitsvervielfältigers von 12,5 somit nicht den Anforderungen des Gleichheitssatzes entsprochen.[200]

Das sog. vereinfachte Ertragswertverfahren führte demnach auch nicht nur annähernd zu einem gleichmäßigen Steuerwertniveau. In der o. g. Kaufpreisuntersuchung der Finanzverwaltung erreichte der nach diesem Verfahren ermittelte Wert in rd. 25 % der Fälle nicht einmal 40 % der Kaufpreise, die unter fremden Dritten in zeitlicher Nähe zum Erb- bzw. Schenkungsfall tatsächlich erzielt wurden. In weiteren rd. 25 % der untersuchten Fälle wurde ein Bewertungsniveau von 60 %, in 7 % der Fälle eines von immerhin 80 % erreicht.[201] Durchschnittlich ergab sich eine Bewertung mit lediglich 51 % der erzielten Kaufpreise.[202]

Diese große Streubreite der festgestellten gegenüber den gemeinen Werten liegt in der einheitlichen Anwendung des Multiplikators von 12,5, der sich lediglich aufgrund von Alterswertminderung und Zuschlag für Ein- und Zweifamilienhäuser rechnerisch auf 9,375 bis 15 abwandeln lässt.[203] Dagegen werden in praxi je nach Alter und Lage für Renditeobjekte Vervielfältiger zwischen 8 und 24 als angemessen angesehen.[204] Dies macht nach Ansicht des BVerfG deutlich, wie sehr das gesetzlich vorgeschriebene Verfahren vereinfacht, indem es kaum Rücksicht auf unterschiedliche Grundstücksarten nimmt und die regionalen Unterschiede der Grundstücksmärkte vollkommen außer Acht lässt.[205] Daher führe es ganz offensichtlich zu erheblichen Bewertungsunterschieden im Verhältnis zum gemeinen Wert.[206] Hinzu kommt die

---

200 Vgl. BFH vom 22.05.2002 - II R 61/99, BStBl. II, 2002, S. 609 f.; BVerfG vom 07.11.2006 - 1 BvL 10/02, BStBl. II, 2007, S. 207.

201 Vgl. BFH vom 22.05.2002 - II R 61/99, BStBl. II, 2002, S.610. Zur vom BVerfG unterlassenen methodischen Kritik an der Kaufpreisuntersuchung, insbesondere zu ihrer statistischen Irrelevanz, vgl. jedoch DARAGAN, DB, 2006, S. 1751 ff.

202 Vgl. BVerfG vom 07.11.2006 - 1 BvL 10/02, BStBl. II, 2007, 207 f. m. w. N. für ähnlich hohe in der Literatur genannte Schätzwerte.

203 Vgl. WEINMANN, ZEV, 1997, S. 46 f.

204 Vgl. MEINCKE, in: Meincke (Hrsg.), ErbStG, 2004, § 12 ErbStG, Rz. 119.

205 Vgl. BVerfG vom 07.11.2006 - 1 BvL 10/02, BStBl. II, 2007, S. 208; WOLF, DStR, 1997, S. 352; SPROß, DStZ, 1997, S. 528; SEER, StuW, 1997, S. 290; NOLL, DStR, 2002, S. 1702; WEINMANN, Erbschaftsteuerrecht, 1997, Rz. 116; WEINMANN, ZEV, 1997, S. 47; CHRISTOFFEL, in: Christoffel/Geckle/Pahlke (Hrsg.), ErbStG, 1998; § 12 ErbStG, Rz. 439.

206 Vgl. BVerfG vom 07.11.2006 - 1 BvL 10/02, BStBl. II, 2007, S. 208.

bereits oben beschriebene Wirkung in den sog. Mindestwertgebieten[207], nach der das aufgebaute Gebäude keinerlei Einfluss auf den Wert des Grundstücks hat, weil der Wert von Grund und Boden als Mindestwert bereits das 12,5-fache der Jahresmiete erreicht.[208]

Der vom Gesetzgeber verfolgte Lenkungszweck, durch eine niedrige Erbschaftsteuer Investitionsanreize für Grundvermögen zu schaffen und die Bau- und Wohnungswirtschaft positiv zu beeinflussen, indem das Ertragswertverfahren darauf ausgerichtet wurde, lediglich 50 % des Kaufpreises zu erreichen,[209] steht dabei nach Auffassung des BVerfG in einem nicht auflösbarem Widerspruch zu den aus dem Gleichheitssatz folgenden verfassungsrechtlichen Vorgaben.[210] Insbesondere finde die Bewertung anhand des vereinfachten Verfahrens ebenfalls zufällig und willkürlich statt,[211] so dass das Lenkungsziel des Gesetzgebers, das Grundvermögen insgesamt zu entlasten, nicht erreichbar ist.

Das BVerfG sieht in dem sog. vereinfachten Ertragswertverfahren ebenfalls keine verfassungsrechtlich zulässige Typisierung. Obwohl unstrittig ist, dass nur Annäherungswerte an den gemeinen Wert erreicht werden können, ziele der Gesetzgeber von vornherein lediglich auf 50 % dieses Werts ab. Selbst dieser Wert wurde jedoch in so vielen Fällen nicht erreicht, so dass die Vorteile aus der Typisierung nicht mehr überwiegen würden. Daneben habe sich der Gesetzgeber wiederum nicht am typischen Sachverhalt orientiert. Das typische bebaute Grundstück, welches dem Gedanken des § 146 BewG entspricht, widerspreche den vielfältigen Bewertungsparametern des realen Immobilienmarkts.[212]

---

207 Vgl. VISKORF, in: Viskorf/Glier/Hübner/Knobel/Schuck (Hrsg.), ErbStG, 2004, Vor § 12 ErbStG, Rz. 17, Rz. 29; MOENCH, in: Moench/Weinmann (Hrsg.), ErbStG, Loseblatt, Erg.-Lfg. Mai 2006, Abschnitt II.1, Rz. 31; WOLF, DStR, 1997, S. 349; SPROß, DStZ, 1997, S. 528 f.; MANNEK, in: Gürsching/Stenger (Hrsg.), Bewertungsrecht, Loseblatt, Erg.-Lfg. April 2006, § 146 BewG, Rz. 56.2; HAFNER, in: Rössler/Troll (Hrsg.), BewG, Loseblatt, Erg.-Lfg. Dezember 2005, § 146 BewG, Rz. 9; MEINCKE, in: Meincke (Hrsg.), ErbStG, 2004, § 12 ErbStG, Rz. 119; WOLF, DStR, 1997, S. 350.

208 Vgl. BVerfG vom 07.11.2006 - 1 BvL 10/02, BStBl. II, 2007, S. 208.

209 Vgl. Deutscher Bundestag (Hrsg.), Zweiter Bericht des Finanzausschusses zum JStG 1997, BT-Drs. 13/5952, S. 27 f.

210 Vgl. BVerfG vom 07.11.2006 - 1 BvL 10/02, BStBl. II, 2007, S. 209 f.

211 Vgl. SEER, Betriebsvermögen, in: Birk (Hrsg.), DStJG 22, 1999, S. 206; WOLF, DStR, 1997, S. 354; HALACZINSKY, in: Rössler/Troll (Hrsg.), BewG, Loseblatt, Erg.-Lfg. Dezember 2005, § 138 BewG Rz. 7; MEINCKE, in: Meincke (Hrsg.), ErbStG, 2004, 2004, § 12 ErbStG, Rz. 119.

212 Vgl. BVerfG vom 07.11.2006 - 1 BvL 10/02, BStBl. II, 2007, S. 209.

Auch für Gebäude, die aufgrund nicht ermittelbarer üblicher Mieten als Sonderfall nach § 147 BewG zu bewerten sind, bewirkt die Übernahme der Steuerbilanzwerte nach höchstrichterlicher Auffassung ebenfalls bereits auf der Bewertungsebene einen Verstoß gegen Artikel 3 GG.[213] Trotz des Bewusstseins über die Gefahr einer nicht verfassungskonformen Bewertung[214] hatte der Gesetzgeber letztlich die Übernahme der ertragsteuerlichen Ansätze für Gebäude angeordnet.[215] Dieser führte zu einer nicht auf gleichmäßige Lastenverteilung angelegten Wertfindung[216] und schließlich zu nicht durch Typisierung oder Pauschalierung gerechtfertigten Zufallswerten.[217]

3. Anteile an Kapitalgesellschaften

Sowohl das BVerfG als auch der BFH sehen analog zum Betriebsvermögen durch die Übernahme der Steuerbilanzwerte bei wertmäßig zu schätzenden nicht notierten Anteilen an Kapitalgesellschaften eine nicht mit Artikel 3 GG konforme Bestimmung.[218] Bei den Anteilswerten sei auch ohne empirisch gesicherte Daten[219] feststellbar, dass diese Übernahme zu Wertansätzen deutlich unter den zuvor gültigen Teilwerten führe. Obwohl das Gesetz zur Schätzung des Anteilswerts ausdrücklich eine Berücksichtigung der Ertragsentwicklung vorsehe, käme das in der Verwaltungspraxis angewandte Stuttgarter Verfahren letztlich nicht über eine Korrektur des Substanzwerts hinaus.[220] Somit blieben die ermittelten Werte auch nach Berücksichtigung der Ertragsaussichten im Durchschnitt erheblich hinter dem Verkehrswert

213 Vgl. BVerfG vom 07.11.2006 - 1 BvL 10/02, BStBl. II, 2007, S. 210.

214 Vgl. Bundesrat (Hrsg.), Regierungsentwurf JStG 1997, BR-Drs. 390/96, S. 45 f.

215 Vgl. Deutscher Bundestag (Hrsg.), Beschlussempfehlung des Vermittlungsausschuß zum JStG 1997, BT-Drs. 13/6530, S. 3.

216 Vgl. THIEL, DB, 1997, S. 67.

217 Vgl. SEER, Betriebsvermögen, in: Birk (Hrsg.), DStJG 22, 1999, S. 206; MOENCH, in: Moench/Weinmann (Hrsg.), ErbStG, Loseblatt, Erg.-Lfg. Mai 2006, § 12 Abschnitt II.1, Rz. 83; WOLF, DStR, 1997, S. 353; MANNEK, in: Gürsching/Stenger (Hrsg.), Bewertungsrecht, Loseblatt, Erg.-Lfg. April 2006, § 146, Rz. 54, § 147 Rz. 30.15; SCHAFFNER, in: Kreutziger/Schaffner/Stephany (Hrsg.), BewG, 2009, § 147 BewG, Rz. 1; TIPKE, Steuerrechtsordnung 2 II, 2003, S. 892; EISELE, ZEV, 1999, S. 373.

218 Vgl. BFH vom 22.05.2002 - II R 61/99, BStBl. II, 2002, S. 608 f.; BVerfG vom 07.11.2006 - 1 BvL 10/02, BStBl. II, 2007, S. 211.

219 Die empirische Arbeit von Müller erschien erst nach dem Beschluss. Vgl. dazu MÜLLER, Stuttgarter Verfahren, 2009, passim.

220 Vgl. Kapitel B.I.3, MOENCH, in: Moench/Weinmann (Hrsg.), ErbStG, Loseblatt, Erg.-Lfg. Mai 2006, § 12 Abschnitt II.4, Rz. 6; TEß/EISELE, in: Rössler/Troll (Hrsg.), BewG, Loseblatt, Erg-Lfg. Dezember 2005, § 11 BewG a. F., Rz. 49; MOENCH/HÖLL, Erbschaftsteuer, 1997, S. 192.

zurück.[221] Daneben wirke die bloße Übernahme der Steuerbilanzwerte wiederum in ganz unterschiedlicher Weise und sei bereits im Bewertungskonzept angelegt, so dass das BVerfG auch hier ohne entsprechende empirische Basis zu seinem Urteil kommt.[222] Bei besonders ertragsstarken Unternehmen folge aus der Konzeption des Stuttgarter Verfahrens ein höherer Wert als beim Betriebsvermögensansatz[223], während es bei ertragsschwachen und substanzstarken Betrieben offensichtlich zur stärksten Bevorteilung durch den Buchwertansatz kommt.[224] Die Aussagen zu den Beeinflussungen bilanzpolitischer Maßnahmen zum Betriebsvermögen gelten entsprechend.

Die Bewertung durch das Stuttgarter Verfahren führe nicht nur innerhalb der Gruppe der nicht notierten Anteile, deren Wert zu schätzen ist, sondern insbesondere auch gegenüber den notierten Anteilen und den nicht notierten, deren Wert aus Ableitung zeitnaher Verkäufe bestimmt wird, zu „einer großen Kluft"[225]. Diese Kurs- bzw. Marktbewertung führe auch nach Einschätzung im Schrifttum zu deutlich höheren Werten.[226] Diese Vermutung konnte in einer empirischen Studie von MÜLLER bestätigt werden.[227] Tendenziell wurden im alten Recht daher notierte Anteile an Kapitalgesellschaften am höchsten, nicht notierte Anteile weniger hoch und Betriebsvermögen am geringsten bewertet.[228]

---

221 Vgl. BVerfG vom 07.11.2006 - 1 BvL 10/02, BStBl. II, 2007, S. 211 f.; CHRISTOFFEL, GmbHR, 1993, S. 205 f.; RÖDDER, DB, 1993, S. 2143; HÜBNER, DStR, 1993, S. 1657; BIPPUS, DStZ, 1998, S. 229. SEER, GmbHR, 1999, S. 68; JAHNDORF, StuW, 1999, S. 273; HÜLSMANN, INF, 2001, S. 470; VISKORF, in: Viskorf/Glier/Hübner/Knobel/Schuck (Hrsg.), ErbStG, 2004, § 11 BewG, Rz. 32; BECKER/HORN, DB, 2005, S. 1081.

222 Vgl. BVerfG vom 07.11.2006 - 1 BvL 10/02, BStBl. II, 2007, S. 212.

223 Vgl. VISKORF, in: Viskorf/Glier/Hübner/Knobel/Schuck (Hrsg.), ErbStG, 2004, Vor § 12 ErbStG, Rz. 42; GÖLLERT/RINGLING, DB, 1999, S. 518.

224 Vgl. HERZIG/KESSLER, DStR-Beih, 1994, S. 13; CHRISTOFFEL, GmbHR, 1993, S. 207; NOLL, DStR, 2002, S. 1602; JÜLICHER, in: Troll/Gebel/Jülicher (Hrsg.), ErbStG, Loseblatt, Erg.-Lfg. März 2006, § 12 ErbStG, Rz. 469.

225 BVerfG vom 07.11.2006 - 1 BvL 10/02, BStBl. II, 2007, S. 212.

226 Vgl. BVerfG vom 07.11.2006 - 1 BvL 10/02, BStBl. II, 2007, S. 212, VISKORF, in: Viskorf/Glier/Hübner/Knobel/Schuck (Hrsg.), ErbStG, 2004, Vor § 12 ErbStG, Rz. 42 f., BECKER/HORN, DB, 2005, S. 1081; MOENCH, in: Moench/Weinmann (Hrsg.), ErbStG, Loseblatt, Erg.-Lfg. Mai 2006, § 12, Abschnitt II.4, Rz. 28; JÜLICHER, in: Troll/Gebel/Jülicher (Hrsg.), ErbStG, Loseblatt, Erg.-Lfg. März 2006, § 12 ErbStG, Rz. 306; BINZ/SORG, DStR, 1994, S. 993; FLICK, DB, 1997, S. 845; HÜLSMANN, INF, 2001, S. 470; JAHNDORF, StuW, 1999, S. 273; MOENCH/HÖLL, Erbschaftsteuer, 1997, S. 190; PILTZ, ZEV, 1997, S. 61.

227 Vgl. MÜLLER, Stuttgarter Verfahren, 2009, insbesondere S. 97.

228 Vgl. PILTZ, DStR, 2008, S. 745; BARDENHEWER, RNotZ, 2009, S. 299.

Die Bewertungsverfehlungen bewegen sich nach Auffassung des Gerichts dabei wiederum nicht in dem durch Verwaltungsvereinfachungen oder steuerlichen Lenkungszielen tolerierbaren Bereich. Der Gesetzgeber knüpfe zwar am gemeinen Wert an, verfehle ihn jedoch systematisch, weil die Übernahme der Steuerbilanzwerte als typischer Fall zu dessen Erreichung angenommen wird. Dies sei jedoch durch die Möglichkeit zur Bildung stiller Reserven nur ausnahmsweise der Fall. Damit würde auf einen sach- und systemgerechten Bewertungsmaßstab verzichtet,[229] weil die Bewertung stets von realitätsfremden Ausgangsgrößen ausgehe.[230] Im Ergebnis führe dies zu regelmäßigen systemimmanenten Verfehlungen des Bewertungsergebnisses.[231] Insbesondere sei dieser Fehler durch die ausdrückliche gesetzliche Anordnung der Steuerbilanzwerte begründet. Daher könne kein wie auch immer gestaltetes typisierendes Verwaltungsverfahren diesen Umstand korrigieren.[232] Allein der verfassungswidrige Ansatz des Steuerbilanzwerts führe daher auch zur verfassungswidrigen Bewertung der Anteile an Kapitalgesellschaften, weil er entsprechend dem Betriebsvermögen wiederum eine willkürliche und zufällige Bewertung begründe. Eine realitätsgerechte Abbildung der Wertverhältnisse fände somit nicht statt.[233]

4. Zusammenfassende Entscheidungsanalyse und Forderungen aus bewertungsrelevanter Perspektive

Das BVerfG hat mit seiner Entscheidung die seinerzeit anwendbaren „perversen Bewertungsregeln“[234] in einem Rundumschlag für verfassungswidrig erklärt. Die Beurteilung der insgesamt vier verschiedenen Vermögensarten[235] war möglich, weil der BFH die verfassungswidrige Wirkung der einheitlichen Tarifanwendung des § 19

229 Vgl. HÜBNER, DStR, 1993, S. 1657.

230 Vgl. HÜBNER, ZEV, 1998, S. 84; MOENCH, in: Moench/Weinmann (Hrsg.), ErbStG, Loseblatt, Erg.-Lfg. Mai 2006, § 12 ErbStG, Abschnitt II.4, Rz. 28.

231 Vgl. MOENCH, in: Moench/Weinmann (Hrsg.), ErbStG, Loseblatt, Erg.-Lfg. Mai 2006, § 12 ErbStG, Abschnitt II.4, Rz 28; BIPPUS, DStZ, 1998, S. 229; HÜLSMANN, INF, 2001, S. 470.

232 Vgl. BVerfG vom 07.11.2006 - 1 BvL 10/02, BStBl. II, 2007, S. 212.

233 Vgl. BVerfG vom 07.11.2006 - 1 BvL 10/02, BStBl. II, 2007, S. 212; HÜBNER, DStR, 2001, S. 2195; BIPPUS, DStZ, 1998, S. 229; HÜLSMANN, INF, 2001, S. 467; MOENCH/HÖLL, Erbschaftsteuer, 1997, S. 190.

234 SCHÄFERS, F.A.Z., 01.02.2007, S. 1.

235 Zusätzlich zu den drei oben betrachteten Gruppen wurde ebenso die Bewertung von land- und forstwirtschaftlichem Vermögen für verfassungswidrig erklärt. Siehe dazu BVerfG vom 07.11.2006 - 1 BvL 10/02, BStBl. II, 2007, S. 213 f.

ErbStG a. F. i. S. einer „Klammernorm“[236] zum Gegenstand seiner Vorlage machte.[237] Im Ergebnis ist die dadurch angeordnete Erhebung der Steuer mit einheitlichen Steuersätzen mit dem Grundgesetz unvereinbar, weil sie an Steuerwerte anknüpft, deren Ermittlung bei wesentlichen Gruppen von Vermögensgegenständen nicht den Anforderungen des Gleichheitssatzes aus Artikel 3 GG genügen.[238] Anders als für den BFH war es somit für das BVerfG nicht (mehr) entscheidungsrelevant, inwieweit der sachbezogene Freibetrag, der Bewertungsabschlag und der besondere Steuersatz im Zusammenwirken mit der Bewertung zu einer unangemessenen Besserstellung der Erwerber von Betriebsvermögen führt.[239]

Die zukunftsgerichtet zu verstehende Kernaussage des Beschlusses liegt in der Forderung einer zweistufigen Besteuerungssystematik.[240] Nach Auffassung des Gerichts soll sich in einem ersten Schritt die zukünftige Bewertung einheitlich am gemeinen Wert als dem maßgeblichen Bewertungsstandard orientieren.[241] Hierzu bestimmte Bewertungsmethoden müssen gewährleisten, dass alle Vermögensgegenstände in einem Annäherungswert an diesen erfasst[242] und somit in ihrer Relation realitätsgerecht abgebildet werden.[243] Nur der gemeine Wert bildet nach Auffassung des BVerfG den durch den Substanzerwerb vermittelten Zuwachs an Leistungsfähigkeit zutreffend ab und ermöglicht eine gleichheitsgerechte Ausgestaltung der Belastungsunterscheidung.[244] Im Umkehrschluss bedeutet dies, dass jedes Bewertungssystem, welches bei wesentlichen Gruppen von Vermögensgegenständen nicht zu einem Annäherungswert an den gemeinen Wert führen, verfassungswidrig ist.[245]

236 BVerfG vom 07.11.2006 - 1 BvL 10/02, BStBl. II, 2007, S. 201.
237 Vgl. BFH vom 22.05.2002 - II R 61/99, BStBl. II, 2002, S. 598; SEER, ZEV, 2007, S. 101.
238 Vgl. BVerfG vom 07.11.2006 - 1 BvL 10/02, BStBl. II, 2007, S. 192, 201.
239 Vgl. BVerfG vom 07.11.2006 - 1 BvL 10/02, BStBl. II, 2007, S. 207, 213. Diese richterliche Zurückhaltung hinterlässt für die zweite Stufe erhebliche Rechtsunsicherheit; vgl. dazu mit weitergehender Kritik SEER, ZEV, 2007, 101 f.
240 Vgl. CREZELIUS, DStR, 2007, S. 419; SEER, ZEV, 2007, S. 101.
241 Vgl. BVerfG vom 07.11.2006 - 1 BvL 10/02, BStBl. II, 2007, S. 192, 215 und bspw. PILTZ, ZEV, 2007, S. 92; FAHRENSCHON, FR, 2008, S. 359.
242 Vgl. BVerfG vom 07.11.2006 - 1 BvL 10/02, BStBl. II, 2007, S. 192, 215.
243 Vgl. BVerfG vom 07.11.2006 - 1 BvL 10/02, BStBl. II, 2007, S. 203; zuvor bereits BVerfG vom 07.05.1968 - 1 BvR 420/64, BStBl. II, 1968, S. 549; BVerfG vom 12.02.1969 - 1 BvR 687/62, BStBl. II, 1969, S. 359; BVerfG vom 26.01.1971 - 2 BvL 2/68, BStBl. II, 1971, S. 359; BVerfG vom 10.02.1976 - 1 BvL 8/73, BStBl. II, 1976, S. 311; BVerfG vom 22.06.1995 - 2 BvR 552/91, BStBl. II, 1995, S. 671.
244 Vgl. BVerfG vom 07.11.2006 - 1 BvL 10/02, BStBl. II, 2007, S. 203.
245 Vgl. CREZELIUS, DStR, 2007, S. 419.

Versuche, auftretende Bewertungsfehler durch unterschiedliche Steuersätze auszugleichen, sind daher jedenfalls zukünftig unzulässig.[246]

Im Anschluss an diese Bewertungsebene sei dann der Gesetzgeber in einem zweiten Schritt dazu befähigt, bei Vorliegen ausreichender Gemeinwohlgründe den Erwerb bestimmter Vermögensgegenstände mittels Verschonungsregeln zu begünstigen.[247] Zentral ist also die Forderung, dass die Bewertung einerseits und die Förderungs- und Lenkungsziele andererseits nicht miteinander zu vermengen sind. Vielmehr verlange die Verfassung nach dieser vollkommen neuen Ansicht des BVerfG, dass Förderungs- und Lenkungsziele gerade nicht auf der Bewertungsebene verwirklicht werden dürfen.[248] Das BVerfG unterscheidet somit streng zwischen Fiskalzwecknorm (gleichmäßige Bemessung wirtschaftlicher Leistungsfähigkeit, hier durch die Ermittlung mit dem gemeinen Wert) und Sozialzwecknorm (gemeinwohlgerechtfertigte Steuerentlastung).[249]

Der Gesetzgeber wurde aufgefordert, bis zum 31.12.2008 eine verfassungskonforme Neuregelung zu treffen.

---

246 Vgl. SEER, ZEV, 2007, S. 102.

247 Vgl. BVerfG vom 07.11.2006 - 1 BvL 10/02, BStBl. II, 2007, S. 215. Siehe zu den einzelnen Voraussetzungen erbschaftsteuerlicher Lenkungsnormen SEER, ZEV, 2007, S. 106; LANG, StuW, 2008, S. 192 f.

248 Vgl. MEINCKE, NJW, 2007, S. 586; CREZELIUS, DStR, 2007, S. 419 f.; WACHTER, BB, 2007, S. 577.

249 Vgl. LANG, StuW, 2008, S. 192 f.; HEY, JZ, 2007, S. 568.

C. Bewertungsreform des Erbschaftsteuerreformgesetzes

I. Eckpunktepapier der Koch-Steinbrück-Arbeitsgruppe als maßgebliche politische Einigung und Überblick zur Bewertungsreform für Unternehmensvermögen

Bereits vor der Entscheidung des BVerfG hatte das seinerzeitige Bundeskabinett mit der Verabschiedung des Entwurfs eines Gesetzes zur Erleichterung der Unternehmensnachfolge[250] eine Änderung des Erbschaft- und Schenkungsteuergesetzes in Gang gesetzt. Kernelement des Entwurfs war das sog. Abschmelzungsmodell, welches bis zum gänzlichen Wegfall der Erbschaftsteuer führen kann.[251] Hinsichtlich der Bewertung unternehmerischen Vermögens waren in diesem Entwurf keinerlei Änderungen vorgesehen. Der dortige § 12 ErbStG-E erhielt für die relevanten Vermögensarten zwar eine veränderte Verweisungssystematik; diese führte jedoch im Kern nicht zu anderen Bewertungsmethoden.[252] Die Bundesregierung wollte zunächst die Entscheidung des BVerfG abwarten und sich dann in einem weiteren Gesetzesvorhaben dem Bewertungsrecht widmen. Bezeichnenderweise findet sich

---

250 Vgl. Bundesrat (Hrsg.), Regierungsentwurf Gesetz zur Erleichterung der Unternehmensnachfolge, BR-Drs. 778/06.

251 Vgl. BÄUML, ZEV, 2006, S. 525. Das Abschmelzungsmodell fand sich bereits in vorherigen Entwürfen der Regierungskoalition aus SPD und Bündnis 90/Die Grünen, siehe Bundesrat (Hrsg.), Regierungsentwurf Gesetz zur Sicherung der Unternehmensnachfolge, BR-Drs. 322/05, des Freistaats Bayern, siehe Bundesrat (Hrsg.), Gesetzesantrag des Freistaats Bayern Gesetz zur Sicherung der Unternehmensnachfolge, BR-Drs. 341/05 und der CDU/CSU-Bundestagsfraktion, siehe Deutscher Bundestag (Hrsg.), Gesetzentwurf der Fraktion der CDU/CSU Gesetz zur Sicherung der Unternehmensnachfolge, BT-Drs. 15/5448. Bereits in diesem frühen Stadium wurden verfassungsrechtliche Bedenken gegenüber einer „Nullbesteuerung" sowohl im juristischen als auch im betriebswirtschaftlichen Schrifttum geäußert. Vgl. dazu BIRK/PÖLLATH, ZRP, 2006, S. 210 ff.; CREZELIUS, DB, 2006, S. 2252, 2256; VISKORF, FR, 2007, S. 628 m. w. N.; BACH/BROEKELSCHEN/MAITERTH, DStR, 2006, S. 1966 f.; Sachverständigenrat zur Begutachtung der gesamtwirtschaftlichen Entwicklung (Hrsg.) 2005 – Jahresgutachten 2005/06, 2005, S. 289 ff.; MAITERTH/NIEMANN/ BLAUFUS/KIESEWETTER et al., DB, 2006, S. 2700. Die Ökonomen identifizieren darüber hinaus in einigen Passagen der Gesetzesbegründung sogar ein fehlendes Vertrauen in die marktwirtschaftliche Ordnung. Vgl. MAITERTH/ NIEMANN /BLAUFUS/KIESEWETTER et al., DB, 2006, S. 2701 f.; kritisch auch SCHNEIDER, StuW, 2010, S. 233. Darüber hinaus wird regelmäßig betont, dass die These, wonach die Erbschaftsteuer einen Betrieb generell existentiell gefährde, nicht zutrifft. Vielmehr seien der Finanzverwaltung über Jahrzehnte nur wenige solcher Fälle bekannt geworden. Vgl. dazu VISKORF, FR, 2007, S. 628 m. w. N. Dementsprechend sind die empirischen Belege für einen Zusammenhang von erbschaftsteuerlicher Liquiditätsbelastung und der Liquidation schwach. Vgl. dazu JANSEN, StuW, 2007 m. w. N. Ebenso korrespondiert damit, die in der Literatur bescheinigte seltene Anwendung der Steuerstundungsregel gem. § 28 ErbStG. Vgl. dazu PILTZ, DStR, 2010, S. 1919 m. w. N.

252 Vgl. dazu auch die Gesetzesbegründung Bundesrat (Hrsg.), Regierungsentwurf Gesetz zur Erleichterung der Unternehmensnachfolge, BR-Drs 778/60, S. 17. Mit dem Verweis auf § 151 BewG a. F. wurde lediglich der neuen umfassenderen gesonderten Feststellung, die mit dem JStG 2007 eingeführt wurde, Rechnung getragen.

dieser Hinweis im Gesetzentwurf im Abschnitt „Gegenfinanzierung".[253] Offensichtlich wurde also eine Entscheidung des BVerfG erwartet, welche nur Bewertungsregeln zulässt, die zu höheren Bewertungsergebnissen führen.

Nach der Entscheidung des BVerfG verlangte der Bundesrat nach einer kurzfristigen Regelung, insbesondere für die Bewertungsfragen.[254] Der Bitte, den Gesetzentwurf nicht dem Bundestag zuzuleiten und bezgl. der Bewertungsregeln auf einen Vorschlag der Länder zu warten,[255] wurde im Ergebnis durch die Bildung einer Bund-Länder-Arbeitsgruppe unter Leitung des damaligen Bundesfinanzministers Peer Steinbrück (SPD) und des damaligen Ministerpräsidenten von Hessen Robert Koch (CDU) und der Zuweisung der Bewertungsfragen an die Länder weitestgehend entsprochen. Diese Arbeitsgruppe stellte am 07.11.2007 neben einem Ergebnispapier[256], welches insbesondere die Freibeträge und Verschonungsregeln beinhaltet, das sog. Eckpunktepapier[257] vor. Dieses spiegelt die Vorschläge der Finanzministerkonferenz (FMK) vom 21.06.2007 zur Reform der Bewertungsregeln wider[258] und enthält bereits die wesentlichen im Entwurf des ErbStRG[259] und später im BewG berücksichtigten neuen Bewertungsregeln. Die Umsetzung neuer Bewertungsregeln war im politischen Entscheidungsprozess somit im Gegensatz zu den Verschonungsregeln früh eindeutig geregelt. Dies ist selbstverständlich auch in den sehr konkreten Forderungen des BVerfG bezgl. des Bewertungsmaßstabs begründet.

Der Umfang des Betriebsvermögens soll sich gem. dem Eckpunktepapier nach ertragsteuerlichen Grundsätzen richten, [260] d. h. dass insbesondere auch Grundver-

---

253 Vgl. Bundesrat (Hrsg.), Regierungsentwurf Gesetz zur Erleichterung der Unternehmensnachfolge, BR-Drs. 778/06, S. 3.

254 Vgl. Bundesrat (Hrsg.), Entschließung des Bundesrates zum Entwurf eines Gesetzes zur Erleichterung der Unternehmensnachfolge, BR-Drs. 107/07, Anlage, S. 1.

255 Vgl. Bundesrat (Hrsg.), Entschließung des Bundesrates zum Entwurf eines Gesetzes zur Erleichterung der Unternehmensnachfolge, BR-Drs. 107/07, Anlage, S. 1.

256 Vgl. BMF, Ergebnispapier, 2007.

257 Vgl. BMF, Eckpunktepapier, 2007.

258 Vgl. BMF, Eckpunktepapier, 2007, S. 1.

259 Sowohl bereits in seiner ersten Fassung als Entwurf der Bundesregierung, Deutscher Bundestag (Hrsg.), Regierungsentwurf ErbStRG, BT-Drs. 16/7918, als auch in der später von Bundestag und Bundesrat beschlossenen Fassung der Beschlussempfehlung des Finanzausschusses, Deutscher Bundestag (Hrsg.), Beschlussempfehlung des Finanzausschusses zum ErbStRG, BT-Drs. 16/11075 sowie Bundesrat (Hrsg.), Beschluss ErbStRG, BR-Drs. 888/08.

260 Vgl. BMF, Eckpunktepapier, 2007, S. 1, Abschnitt I.2.1; später umgesetzt durch § 95 Absatz 1 BewG.

mögen des Betriebs nicht mehr isoliert zu bewerten ist.[261] Als Bewertungsmaßstab kommt ausschließlich der gemeine Wert in Frage,[262] der nun auch für Betriebsvermögen vornehmlich aus Verkäufen zwischen fremden Dritten, die weniger als ein Jahr zurück liegen, abgeleitet werden soll.[263] Haben solche Transaktionen nicht stattgefunden, ist der gemeine Wert unter Berücksichtigung der Ertragsaussichten oder einer anderen im Geschäftsverkehr üblichen Methode zu ermitteln, sofern der Substanzwert als Mindestwert nicht unterschritten wird.[264] Der Vorschlag der FMK zum vEWV enthielt bereits die Überlegungen zum Kapitalisierungszins, welcher sich demnach aus den Renditen langfristiger öffentlicher Anleihen und einem Risikozuschlag i. H. v. 4,5 % zusammen setzen soll. Die Idee der einheitlichen Festlegung des Kapitalisierungszinses für sämtliche – also nicht nur für das vereinfachte – Ertragswertverfahren (§ 11 Absatz 2 Satz 4 BewG-E i. d. F. des Entwurfs der Bundesregierung[265]) wurde nach der sachgerechten Kritik durch Bundesrat[266], Literatur[267] und dem Institut der Wirtschaftsprüfer (IDW)[268] später verworfen.[269]

261 Vgl. zum Grundsatz der Gesamtbewertung Kapitel C.III.2.

262 Vgl. BMF, Eckpunktepapier, 2007, S. 1, Abschnitt I.1; später umgesetzt durch § 109 Absatz 1 Satz 1 BewG.

263 Vgl. BMF, Eckpunktepapier, 2007, S. 1, Abschnitt I.2.1; später umgesetzt durch § 109 Absatz 1 Satz 2 i. V. m. § 11 Absatz 2 S. 2 BewG.

264 Vgl. BMF, Eckpunktepapier, 2007, S. 1, Abschnitt I.2.2; später umgesetzt durch § 109 Absatz 1 Satz 2 i. V. m. § 11 Absatz 2 S. 3 BewG.

265 Vgl. Deutscher Bundestag (Hrsg.), Regierungsentwurf ErbStRG, BT-Drs. 16/7918, S. 13.

266 Deutscher Bundestag (Hrsg.), Stellungnahme des Bundesrates und Gegenäußerung der Bundesregierung zum ErbStRG, BT-Drs. 16/8547, S. 6 f.: „In der Praxis der Unternehmensbewertung kommen unternehmensspezifische Risikozuschläge zur Anwendung. Diese berücksichtigen die individuelle Risikoneigung des Unternehmens, die von externen Faktoren (z. B. Branche, Umwelteinflüsse) und internen Faktoren (z. B. Standort, Kapitalstruktur, Produktprogramm) abhängt. Die gesetzliche Vorgabe eines einheitlichen Kapitalisierungszinssatzes für alle Ertragswertverfahren bei der Unternehmensbewertung für steuerliche Zwecke steht im Widerspruch zu der Entscheidung des Bundesverfassungsgerichts und birgt, mangels Öffnungsklausel, die Gefahr verfassungswidriger Überbewertungen. Die individuellen Merkmale des Unternehmens sowie der jeweiligen Branche würden dadurch nur unzureichend in die Wertermittlung eingehen. Das Bundesverfassungsgericht lehnte in seiner Entscheidung die Anwendung eines einheitlichen Multiplikators bei der Bewertung von Grundvermögen nach dem geltenden Recht mit der Begründung ab, dass dadurch das Bewertungsziel ‚gemeiner Wert' von vornherein wegen der Nichtberücksichtigung der individuellen Grundstücksverhältnisse verfehlt wird. Bei einem einheitlichen Kapitalisierungszinssatz für die Unternehmensbewertung würde man ebenso das Bewertungsziel ‚gemeiner Wert' verfehlen. Auch der Typisierungsgedanke und die Vereinfachung der Wertermittlung für den Bürger und die Verwaltung können ein solches Vorgehen nicht rechtfertigen."

267 Vgl. Schulte, FR, 2008, S. 346; Hannes/Onderka, ZEV, 2008, S. 176 f.; Mannek, DB, 2008, S. 426 f.; Eisele, NWB, 2008, S. 1294; Fahrenschon, FR, 2008, S. 359; Piltz, DStR, 2008, S. 751; ähnlich auch Kußmaul/Pfirmann/Hell/Meyering, BB, 2008, S. 477 f.

268 Vgl. IDW (Hrsg.), Ubg, 2008, S. 179 f.

269 Insofern nur klarstellend R B 203 Satz 3 und 4 ErbStR 2011.

Für die Bewertung von notierten Anteilen an Kapitalgesellschaften sah das Eckpunktepapier wie im alten Recht den Kurswert als maßgeblichen Wertmaßstab vor.[270] Für nicht notierte Anteile sollte ebenfalls zunächst auf Verkäufe unter fremden Dritten innerhalb eines Jahres und erst subsidiär auf die Wertermittlung durch Schätzung wie beim Betriebsvermögen zurückgegriffen werden.[271]

II. Wesentliche Prinzipien der Bewertung von Unternehmensvermögen nach dem Erbschaftsteuerreformgesetz

1. Rechtsformneutralität

Die wesentlichen Neuerungen bei der Bewertung von Unternehmensvermögen für erbschaft- und schenkungsteuerliche Zwecke sind die angestrebte Rechtsformneutralität und das Prinzip der Gesamtbewertung.[272] Daneben erfolgte eine konsequente Anwendung und Neujustierung des steuerlichen Bewertungsmaßstabs „gemeiner Wert". Diese Aspekte sind folgend einer näheren Erläuterung zu unterziehen.

Der § 12 ErbStG enthält für die Bewertung von Unternehmensvermögen kein materielles Bewertungsrecht.[273] Vielmehr sind die entsprechenden Vorschriften in das BewG ausgelagert. Damit folgt der Gesetzgeber seiner Intention, das ErbStG von Einzelregelungen zur Bewertung zu entlasten.[274] Anders als zuvor verweist der geänderte § 12 ErbStG sowohl in Absatz 2 für Anteile an Kapitalgesellschaften als auch in Absatz 5 für Betriebsvermögen auf § 151 BewG. Dieser nimmt seinerseits auf das ErbStG Bezug (§ 151 Absatz 1 Satz 1 BewG), so dass er auch für die Bewertung heranzuziehen wäre, wenn es die Verweisung in § 12 ErbStG nicht geben würde.[275] Die §§ 151 ff. BewG regeln das Verfahren der gesonderten Feststellung, jedoch (auch) nicht die materielle Bewertung. Zu diesem Zweck verweist § 151

---

270 Vgl. BMF, Eckpunktepapier, 2007, S. 1, Abschnitt I.3.1.

271 Vgl. BMF, Eckpunktepapier, 2007, S. 1, Abschnitt I.3.2 und I.3.3; eine Anpassung von § 11 Absatz 1 BewG war somit entbehrlich.

272 Vgl. PILTZ, DStR, 2008, S. 746.

273 Vgl. WEINMANN, in: Moench/Weinmann (Hrsg.), ErbStG, Loseblatt, Erg.-Lfg. März 2010, § 12 ErbStG, Rz. 2, der in § 12 ErbStG für sämtliche Bewertungsobjekte nur in sehr geringem Umfang materielles Bewertungsrecht identifiziert.

274 Vgl. Deutscher Bundestag (Hrsg.), Regierungsentwurf ErbStRG, BT-Drs. 16/7918, S. 32.

275 Vgl. MEINCKE, in: Meincke (Hrsg.), ErbStG, 2012, § 12 ErbStG, Rz. 4; ähnlich HANNES/ONDERKA, ZEV, 2009, S. 422.

Absatz 1 Satz 1 Nr. 3 BewG für (nicht notierte) Anteile an Kapitalgesellschaften auf § 11 Absatz 2 BewG.

Ebenfalls in dieser Vorschrift mündet die Bewertung des Betriebsvermögens. Hierzu schreibt § 151 Absatz 1 Satz 1 Nr. 1 BewG zunächst die Anwendung der §§ 95 bis 97 BewG vor, die ihrerseits den Umfang des Betriebsvermögens definieren. Die maßgebliche Verweisungsvorschrift für Zwecke der Bewertung enthält § 109 BewG, der für Betriebsvermögen von Gewerbetreibenden und Freiberuflern (§ 109 Absatz 1 BewG) und für Anteile an solchem (§ 109 Absatz 2 BewG) auf die Ermittlung des gemeinen Werts nach § 11 Absatz 2 BewG verweist. Der Gesetzgeber hat damit – vor dem Hintergrund der BVerfG-Entscheidung wenig überraschend[276] – eine im Grundsatz rechtsformneutrale Bewertung angestrebt.[277] Der Rechtsformwechsel als Gestaltungsmöglichkeit zur Verringerung der Bemessungsgrundlage entfällt damit weitgehend.[278]

Auf einzelne Durchbrechungen der Rechtsformneutralität wird insbesondere bei der Analyse des vEWV in Kapitel F hingewiesen. Soweit die Rechtsformneutralität jedoch aufgrund betriebswirtschaftlicher Verfahren verletzt wird, ist dies nicht Betrachtungsgegenstand der vorliegenden Arbeit.[279]

2. Gesamtbewertung

21. Abkehr vom Einzelbewertungsgrundsatz

Wie gezeigt fußte die alte Bewertung – bei Personengesellschaften unmittelbar, bei nichtnotierten Kapitalgesellschaften über die Anwendung des Stuttgarter Verfahrens mittelbar – auf dem Prinzip der Einzelbewertung von Wirtschaftsgütern. Mit der Abkehr von diesem Einzelbewertungsgrundsatz und der weitgehenden Anwendung einer Gesamtbewertung als wirtschaftliche Einheit „Unternehmen" vollzieht der

276 Vgl. hierzu CREZELIUS, DStR, 2007. S. 418, der im BVerfG-Beschluss die Forderung nach einem prinzipiell identischen Bewertungssystem für Personen- und Kapitalgesellschaften erkennt. Ähnlich WACHTER, BB, 2007, S. 579.

277 Vgl. bspw. HALACZINSKY, ErbStB, 2009. S. 79.

278 Vgl. HANNES/ONDERKA, ZEV, 2008, S. 17; BARDENHEWER, RNotZ, 2009, S. 299.

279 Vgl. dazu auch die Auffassung von WÄLZHOLZ, BBEV, 2008, S. 139, wonach Unterschiede nur noch aufgrund von Unterschieden in den betriebswirtschaftlichen Verfahren bestehen würden.

Gesetzgeber einen Paradigmenwechsel.[280] Das Steuerrecht folgt damit einer zentralen Erkenntnis der betriebswirtschaftlichen Bewertungslehre.[281] Es ist offensichtlich, dass somit die betriebswirtschaftlichen Grundsätze der Unternehmensbewertung Einzug in das erbschaftsteuerliche Bewertungsrecht halten.[282] Grundsätzlich war der Gesetzgeber zwar in der Wahl der Wertermittlungsmethoden frei,[283] das BVerfG hatte jedoch bereits ausdrücklich auf die Gesamtbewertungsverfahren der betriebswirtschaftlichen Literatur hingewiesen.[284]

Der Umfang des Betriebsvermögens einer wirtschaftlichen Einheit (§ 2 Absatz 1 BewG) umfasst dabei alle Teile eines Gewerbebetriebs (§ 15 Absatz 1 und 2 Einkommensteuergesetz – EStG vom 08.10.2009[285]), die bei der steuerlichen Gewinnermittlung zum Betriebsvermögen gehören (§ 95 Absatz 1 BewG).[286] Im Gegensatz zur alten Rechtslage wird damit insbesondere auch das Grundvermögen nicht mehr isoliert bewertet, sondern sein Wert im Rahmen der Gesamtbewertung abgegolten.[287]

Tatsächlich finden sich aber auch in den neuen Bewertungsregeln einzelne Durchbrechungen dieses Prinzips. Soweit die Unternehmensbewertung mit betriebswirtschaftlichen Methoden durchgeführt wird, soll das Problem der Abgrenzung des Bewertungsobjektes nicht explizit erörtert werden. Jedoch werden gerade im vEWV sowie beim „ ‚Rückfall' in die Einzelbewertung“[288] im Rahmen der Mindestwertrege-

---

280 Vgl. SEER, Steuerarten, in: Tipke/Lang (Hrsg.), Steuerrecht, 2010, § 13, Rz. 47.

281 Statt vieler bspw. KOLBE, Gesamtwert, 1954, S. 19: „Der Gesamtwert einer Unternehmung ist – was gar nicht oft genug betont werden kann – keine Addition von Einzelwerten und schon gar nicht identisch ist der Wert mit der Summe der bilanzmäßigen Aktivwerte abzüglich der Schulden, oder anders ausgedrückt, mit dem bilanzmäßigen Eigenkapital, selbst dann nicht, wenn die Bilanz keinerlei stille Reserven enthalten würde. Eine Unternehmung muß als eine in sich geschlossene Wirtschaftseinheit betrachtet werden.“

282 Vgl. KUßMAUL/PFIRMANN/HELL/MEYERING, BB, 2008, S. 472, SCHULTE, FR, 2008, S. 345.

283 Vgl. BVerfG vom 07.11.2006 - 1 BvL 10/02, BStBl. II, 2007, S. 215 und bspw. RAUPACH, DStR, 2007, S. 2037.

284 Vgl. BVerfG vom 07.11.2006 - 1 BvL 10/02, BStBl. II, 2007, S. 204.

285 BGBl. I 2009, S. 3862.

286 Vgl. dazu und zu den Folgen dieser Zuordnung HALACZINSKY, ErbStB, 2009, S. 80 ff.

287 Vgl. HÖLZERKOPF/BAUER, BB, 2009, S. 20. Dies kann aufgrund der ertragsteuerlichen Grundsätze auch dazu führen, dass nur ein Grundstücksteil Betriebsvermögen ist. Vgl. HALACZINSKY, ErbStB, 2009, S. 81 und ausführlich die verschiedenen Fallvarianten bei RAMB, NWB, 2010, S. 524 ff.

288 PILTZ, DStR, 2008, S. 746.

lung Durchbrechungen vom Gesamtbewertungsgrundsatz gesetzlich normiert, die in den entsprechenden Kapiteln ausführlich analysiert werden.[289]

22. Aufteilung des Betriebsvermögens bei Personengesellschaften

Bei Kapitalgesellschaften bestimmt sich der gemeine Wert eines Anteils allgemein nach dem Verhältnis des Anteils am Nennkapital der Gesellschaft zum gemeinen Wert des gesamten Betriebsvermögens der Kapitalgesellschaft (§ 97 Absatz 1b Satz 1 BewG). Bei Personengesellschaften erfordert der Gesamtbewertungsgrundsatz jedoch eine besondere Aufteilungsregel. Demnach wird zunächst das Gesamthandsvermögen als Ganzes bewertet (§ 97 Absatz 1a Nr. 1 BewG). Anschließend erfolgt eine Aufteilung des so ermittelten Werts nach dem Stand der Kapitalkonten der Gesellschafter (§ 97 Absatz 1a Nr. 1 lit. a BewG). Danach ist der verbleibende Wert nach dem für die Gesellschaft maßgebenden Gewinnverteilungsschlüssel auf die Gesellschafter aufzuteilen (§ 97 Absatz 1a Nr. 1 lit. b BewG). Das Sonderbetriebsvermögen ist dagegen isoliert mit dem gemeinen Wert zu bewerten und dem jeweiligen Gesellschafter zuzurechnen (§ 97 Absatz 1a Nr. 2 BewG). Der Wert des Anteils eines Gesellschafters ergibt sich dann als Summe aus dem Anteil am Gesamthandsvermögen und dem Wert des Sonderbetriebsvermögen (§ 97 Absatz 1a Nr. 3 BewG). Der Auffassung des Gesetzgebers, dass diese Aufteilungsregel der Vorgehensweise bei marktüblichen Bewertungsverfahren entspricht,[290] kann weitgehend gefolgt werden.[291] Wesentlich ist in jedem Fall, dass die im Rahmen der Gesamthandsgemeinschaft verbuchten Aufwands- und Ertragsposten im Zusammenhang mit Sonderbetriebsvermögen, wie etwa Mietzahlungen oder Zinsen, bei der

[289] Vgl. Kapitel E.VII und F.III.2.

[290] Vgl. Deutscher Bundestag (Hrsg.), Bericht des Finanzausschusses zum ErbStRG, BT-Drs. 16/11107, S. 13.

[291] Dementsprechend wird dieser Problembereich nachfolgend nicht weiter betrachtet. Siehe zur Aufteilungsregel und weiterführenden Fragestellungen bezgl. des bewertungsrechtlichen Betriebsvermögens bei Personengesellschaften bspw. EISELE, NWB, 2008, S. 800 f; ROHDE/GEMEINHARDT, StuB, 2008, S. 171 f.; HÜBNER, DStR, 2009, S. 2579 ff; STAMM/BLUM, StuB, 2009, S. 767 ff.; BRÜGGEMANN, ErbBstg, 2009, S. 41 ff.; SIEGMUND/ZIPFEL, BB, 2009, S. 2682 ff.; WELLING/WÜNNEMANN, FR, 2009, S. S4 f. RAMB, NWB, 2010, S. 2672 ff. EISELE, in: Troll/Gebel/Jülicher (Hrsg.), ErbStG, Loseblatt, Erg.-Lfg. April 2012, § 97 BewG, Rz. 26 ff. m. w. N.; alle mit Berechnungsbeispielen. Daneben sei auf die ausführlichen Regelungen in den ErbStR 2011 verwiesen (insbesondere R B 97.1 – R B 97.3 ErbStR 2011).

Ertragswertermittlung des Gesamthandsvermögen berücksichtigt werden und daher eine Doppelerfassung des Sonderbetriebsvermögen vermieden wird.[292]

3. Wertmaßstab

31. Ausprägungen des ökonomischen Wertbegriffs

Bevor der steuerliche Begriff des gemeinen Werts zunächst allgemein und im folgenden Kapitel für die Unternehmensbewertung im Speziellen interpretiert wird, ist der Wertbegriff selbst näher zu betrachten. Dieser findet sich in vielen Wissenschaften;[293] hier kann jedoch nur der ökonomische Wert maßgeblich und entsprechend untersuchungswürdig sein.

Bewerten bedeutet in ökonomischen Fragestellungen i. w. S. das Ordnen von Aktionen im Hinblick auf ein Ziel oder Zielbündel.[294] Damit enthält bereits diese weite Definition den Vergleich als wichtiges Element der Bewertung.[295] Handlungsalternativen können so in eine ordinale Reihenfolge eingeordnet werden. Häufiger werden jedoch kardinale Skalen herangezogen, die dem Bewertungsgegenstand reelle Zahlen zuordnen.[296] Dabei ist entsprechend der oben einleitend genannten engen Definition die Bewertung in Geldeinheiten vorherrschend. Das Ziel und die Alternativen, welche der Bewertung zugrunde liegen, sind dabei von Person zu Person unterschiedlich.[297] Daher stellt der Wert keine dem Bewertungsobjekt anhaftende Eigenschaft, sondern eine subjektive Größe dar.[298]

---

292 Vgl. Deutscher Bundestag (Hrsg.), Bericht des Finanzausschusses zum ErbStRG, BT-Drs. 16/11107, S. 13; EISELE, NWB, 2008, S. 800.

293 Vgl. PEEMÖLLER, Werttheorien, in: Peemöller (Hrsg.), Praxishandbuch, 2009, S. 3.

294 Vgl. BUSSE v. COLBE, Bewertung, in: Raupach (Hrsg.), DStJG 7, 1984, S. 39.

295 Vgl. BUSSE v. COLBE, Bewertung, in: Raupach (Hrsg.), DStJG 7, 1984, S. 39; ähnlich bei MOXTER, Grundsätze II, 1983, Nachdruck von 1991, S. 123: „Bewerten heißt vergleichen".

296 Vgl. BUSSE v. COLBE, Bewertung, in: Raupach (Hrsg.), DStJG 7, 1984, S. 40.

297 Vgl. BUSSE v. COLBE, Bewertung, in: Raupach (Hrsg.), DStJG 7, 1984, S. 40 f. und ausführlich zur Unternehmensbewertung Kapitel D.III.21.

298 Vgl. statt aller STÜTZEL, Wert, in: Grochla/Wittmann (Hrsg.), Betriebswirtschaft, 1974, Sp. 4410; GROßFELD, Recht, 2009, S. 37 f. oder bereits SIMON, Bilanzen, 1898, S. 293: „Der Wert einer Sache ist nichts derselben Inhärirendes; er ist weder eine Eigenschaft derselben, noch überhaupt eine Tatsache, sondern vielmehr eine Meinungssache."

Der Wert lässt sich aufgrund dessen als Ergebnis einer Subjekt-Objekt-Beziehung verstehen.[299] Wird darüber hinaus berücksichtigt, dass auch die verfügbaren Vergleichsobjekte wertbestimmend sind, erweitert sich dies zu einer Subjekt-Objekt-Objekt-Beziehung.[300] Im betriebswirtschaftlichen Schrifttum werden insbesondere fünf verschiedene (subjektive) Ausprägungen des Wertbegriffs unterschieden:[301]

Ein Nutzwert (Erfolg, Nutzen, Gebrauchswert) gibt den Grad der Zielerfüllung i. S. einer Bedürfnisbefriedigung für ein Subjekt an. Er dient der Ordnung von Handlungsalternativen. Zu seiner Bestimmung sind Informationen über den Zielplan und das Entscheidungsfeld[302] des Bewertungsobjektes notwendig. Jeder Handlungsalternative wird unter Berücksichtigung von Höhen-, Zeit-, Art- und Sicherheitspräferenz der Nutzwert als Kennziffer der Vorzugswürdigkeit zugeordnet.

Der Entscheidungswert spiegelt die Grenze der Konzessionsbereitschaft eines Entscheidungssubjekts in einer konkreten Verhandlungs- oder Konfliktsituation wider. Grundlage hierfür ist der Nutzwert, der ohne eine Einigung erreicht würde. Der Entscheidungswert wird also bestimmt, indem der Nutzwert der Alternative zum Nutzwert der Ist-Situation in Relation gesetzt wird. Zumindest dieser muss bei einer Einigung erreicht werden, damit sie nicht negativ für das Wirtschaftssubjekt ist. Nutzwert und Entscheidungswert stehen somit in einem engen Zusammenhang.[303]

Unter dem Argumentationswert[304] versteht man eine Größe, die eine Partei zur Unterstützung ihrer Verhandlungsposition und letztlich zur Erreichung eines günstigen Verhandlungsergebnisses in eine Verhandlungssituation einbringt.

---

299 Vgl. bspw. LÖFFLER, Wertfindung, 2008, S. 17.

300 Vgl. SIEBEN, BFuP, 1976, S. 497; bereits bei MATSCHKE, zfbf, 1969, S. 57 als Objekt-Subjekt-Objekt-Relation; ohne Nennung des Begriffs ähnlich bei BRETZKE, ZfB, 1975, S. 499.

301 Vgl. zur folgenden Erläuterung der Ausprägungen des Wertbegriffs SIEBEN/LÖCHERBACH/MATSCHKE, Bewertungstheorie, in: Grochla/Wittmann (Hrsg.), Betriebswirtschaft, 1974, Sp. 840 ff.; MATSCHKE/BRÖSEL, Unternehmensbewertung, 2013, S. 7 ff., LÖFFLER, Wertfindung, 2008, S. 19 ff.

302 Während der Zielplan Ausdruck des Wollens ist, hat das Entscheidungsfeld die individuellen Handlungsalternativen und Restriktionen zu beachten. Es kann insofern als Ausdruck des Könnens bezeichnet werden. Vgl. MATSCHKE/BRÖSEL, Unternehmensbewertung, 2013, S. 8, m. w. N.

303 In der Unternehmensbewertung wird regelmäßig nur noch auf den Entscheidungswert abgestellt. Vgl. dazu Kapitel D.III.21.

304 Vgl. insbesondere MATSCHKE, BFuP, 1976, passim und Kapitel D.III.22.

Der Tauschwert ist das Ergebnis eines Verhandlungs- oder Konfliktlösungsprozesses zwischen mehreren Wirtschaftssubjekten. Diese treten dabei direkt oder indirekt mittels Intermediären in Kontakt, um Angebot und Nachfrage zum Ausgleich zu bringen. Tauschwerte selbst können wiederum in verschiedenen Ausprägungen auftreten. Es sind Mengenverhältnisse von Gütern, der in Geldeinheiten ausgedrückte Marktpreis, komplexe Einigungswerte in Konfliktsituationen und Schiedsspruchwerte zu unterscheiden.[305]

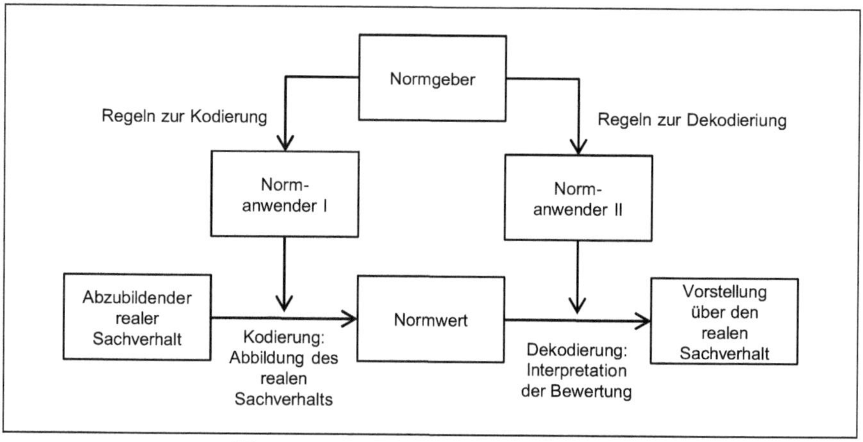

Abbildung 2: Normwert[306]

Ein Normwert ist, wie in Abbildung 2 ersichtlich, eine Größe, die zur Übertragung von Informationen über reale Sachverhalte dient. Hierzu kodiert der Informationsabsender (Normanwender I) auf Basis der vom Normgeber gesetzten Normen einen realen Sachverhalt in Informationen. Diese werden an den Informationsadressat (Normanwender II) übermittelt. Unter Zuhilfenahme der Norm ist für ihn eine Dekodierung und somit die Vorstellung über den realen Sachverhalt möglich. Die drei an diesem Prozess beteiligten Personen bzw. Institutionen können dabei identisch (z. B. bei Kontrollrechnungen), werden aber i. d. R. unterschiedlich sein. Steuerliche Werte lassen sich in diesem Sinne als Normwerte charakterisieren.

---

305 Vgl. zu weiteren Erläuterung SIEBEN/LÖCHERBACH/MATSCHKE, Bewertungstheorie, in: Grochla/Wittmann (Hrsg.), Betriebswirtschaft, 1974, Sp. 840 f.; zum Schiedsspruchwert Kapitel D.III.23.

306 Quelle: MATSCHKE/BRÖSEL, Unternehmensbewertung, 2013, S. 11; SIEBEN/LÖCHERBACH/MATSCHKE, Bewertungstheorie, in: Grochla/Wittmann (Hrsg.), Betriebswirtschaft, 1974, Sp. 841.

Zu ihrer Analyse ist die Beziehung des Normwerts zu den anderen genannten Wertausprägungen wesentlich. Abbildung 3 zeigt den Zusammenhang der genannten Wertausprägungen.[307] Die inneren Felder repräsentieren die Entscheidungssituation verschiedener Wirtschaftssubjekte, die ausgehend von ihrem Nutzwert individuelle Entscheidungswerte ermitteln. Das mittlere Feld beschreibt die Verhandlungssituation zweier Parteien, die ggf. unter Zuhilfenahme von Argumentationswerten einen Tauschwert aushandeln. Für den hier interessierenden Untersuchungszweck ist der äußere Rahmen entscheidend. Die Informationsübertragungsfunktion, welche die Übertragung von Informationen anhand von Normwerten umschreibt, umschließt sämtliche hier angeführten Wertausprägungen. Dem Normgeber steht es insofern frei, seinen Normwert auf existierenden ökonomischen Wertbegriffen aufzubauen. Die Analyse, inwieweit dies für Zwecke der steuerlichen Unternehmensbewertung vollzogen wird, ist im folgenden Hauptkapitel D zu leisten.

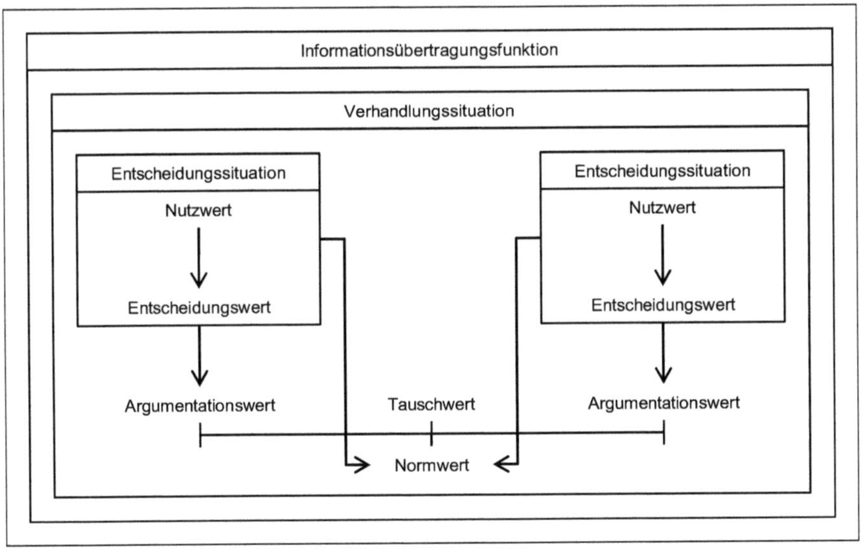

Abbildung 3: Zusammenhang der Wertausprägungen[308]

Obwohl der Unterschied von Wert und Preis bereits oben sichtbar wird, soll hier der fundamentale Unterschied in Bezug zum Bewertungsproblem hervorgehoben

[307] Vgl. zum Folgenden LÖFFLER, Wertfindung, 2008, S. 21 ff.
[308] Quelle: LÖFFLER, Wertfindung, 2008, S. 22.

werden. Die simple Gleichstellung der Begriffe ist jedenfalls unzulässig.[309] Nach fundamental-ökonomischer Erkenntnis kommt der Preis eines Gutes allgemein durch Angebot und Nachfrage zustande. Dies gilt im Speziellen ebenso für den Preis eines Unternehmens.[310] Bei vertretbaren Gütern und transparenten Märkten entspricht dieser Preis grundsätzlich dem jeweiligen Wert.[311] Unternehmen dagegen sind nicht vertretbare[312], individuelle Güter,[313] für die kein transparenter Markt und damit Marktpreis besteht,[314] sofern sie nicht börsennotiert sind. Offensichtlich bereitet die Unterscheidung der Begriffe auch dem Gesetzgeber Schwierigkeiten. Er spricht sowohl vom Preis eines Unternehmens als auch vom Unternehmenswert.[315] In der Gesetzesbegründung zum ErbStRG heißt es bspw. „[d]er gemeine Wert nicht notierter Anteile an Kapitalgesellschaften ist in erster Linie der Preis, der bei einer Veräußerung unter fremden Dritten vereinbart wurde."[316] Bei einer Aussage dieser Art könnte man annehmen, der Unterschied wäre dem Gesetzgeber durchaus bewusst. Wenn jedoch „andere gebräuchliche Bewertungsmethoden zur Preisbildung angewandt werden"[317] sollen, ist die unzureichende Differenzierung der beiden Begriffe offensichtlich.

Bei Erbschaften und Schenkungen fehlt es regelmäßig an einer marktinduzierten Einigung[318] und damit an verwendbaren Marktpreisen.[319] Dementsprechend ist im folgenden Hauptkapitel zu klären, welche Besonderheiten sich auf der gesetzlichen Grundlage des gemeinen Werts aus der Theorie der Unternehmensbewertung für diesen neuen Bewertungszweck entwickeln lassen. Zuvor erfolgt die allgemeine Annäherung an diesen steuerlichen Wertbegriff.

---

309 Vgl. JAENSCH, Wert, 1966, passim.
310 Vgl. HELBLING, Unternehmensbewertung, 1998, S. 53.
311 Vgl. HELBLING, Unternehmensbewertung, 1998, S. 53; KUßMAUL/ PFIRMANN/ HELL/MEYERING, BB, 2008, S. 473.
312 Vgl. MOXTER, BB, 1976, S. 989.
313 Vollständig vergleichbare Unternehmen existieren nicht. Vgl. BÖCKING/NOWAK, FB, 1999, S. 171 m. w. N. Nach m. A. etwas zu weitgehend CREUTZMANN, Bewertungsgesetz, in: Königsmaier/Mandl (Hrsg.), FS Mandl, 2010, S. 158, nachdem „ein Unternehmen ohnehin so individuell wie der Fingerabdruck eines Menschen ist".
314 Vgl. BUSSE V. COLBE, Zukunftserfolg, 1957, S. 9; UNION EUROPÉENNE EXPERTS COMPTABLES, Bewertung, 1961, S. 18.
315 Vgl. KUßMAUL/PFIRMANN/HELL/MEYERING, BB, 2008, S. 472.
316 Deutscher Bundestag (Hrsg.), Regierungsentwurf ErbStRG, BT-Drs. 16/7918, S. 38.
317 Deutscher Bundestag (Hrsg.), Regierungsentwurf ErbStRG, BT-Drs. 16/7918, S. 38.
318 Vgl. zur Ableitung aus Verkäufen Kapitel E.III.
319 Hier wird in Übereinstimmung mit HERING/OLBRICH, BB, 2003, S. 1519 der Begriff Marktpreis statt Marktwert verwendet.

32. Gemeiner Wert als verfassungsrechtliches Gebot

Wie gezeigt erfolgt die erbschaftsteuerliche Bewertung von Unternehmensvermögen grundsätzlich zum originär steuerlichen Bewertungsmaßstab „gemeiner Wert". Der Gesetzgeber trägt damit der wesentlichen Forderung des BVerfG zur Bewertung insoweit Rechnung, nach der alle Vermögensgegenstände mit einem Annäherungswert an diesen erfasst werden müssen.[320] Der Begriff des gemeinen Werts ist jedoch anfällig für Missverständnisse und bedarf daher einer weitergehenden Erläuterung.

Zunächst stellt er einen altmodisch wirkenden Ausdruck dar, der den Eindruck eines Gegensatzes zwischen Ertrags- und Verkehrswert erweckt.[321] Dieser Gegensatz beruht dabei auf einen zu eng verstandenen juristischen Begriff des Ertragswerts, der nur auf die durch Nutzung realisierbaren Erträge i. S. einer Fruchtziehung – mit entsprechender Fähigkeit zur Zahlung einer Steuer ohne Veräußerung – abzielt.[322] Ökonomisch bestimmt sich der Ertragswert dagegen nach der Summe aller Vorteile, die ein Erwerber (aus dem Unternehmen) erwarten darf.[323] Der Ertragswert ist hier weniger eine eigenständige Wertkonzeption als ein Hinweis auf die methodische Vorgehensweise zur Wertermittlung.[324] Offenbar ist sich das BVerfG dieser Bedeutung bewusst, wenn es explizit bestimmt, dass auch für Vermögensgegenstände, deren Wert durch regelmäßig anfallenden Ertrag realisiert wird, auf den Verkehrswert zurückzugreifen ist.[325] Die Anmerkung, wonach sich dieser wiederum durch Ermittlungsmethoden bestimmt, die im Wesentlichen die Summe zu erwartender Erträge bildet,[326] beschreibt zutreffend den ökonomischen Gedanken der Ertragswertmethoden.

Erstmals Erwähnung fand der gemeine Wert bereits in § 112 im Allgemeinen Landrecht für die Preußischen Staaten von 1794, wonach er den Nutzen, den eine Sache einem jeden Besitzer gewähren kann, darstellt.[327] Die Bestimmung des Nutzens, den

---

320 Vgl. BVerfG vom 07.11.2006 - 1 BvL 10/02, BStBl. II, 2007, S. 192, 215; Deutscher Bundestag (Hrsg.), Regierungsentwurf ErbStRG, BT-Drs. 16/7918, S. 1, 23 f.
321 Vgl. RAUPACH, DStR, 2007, S. 2038.
322 Vgl. OSTERLOH, Maßstäbe, in: Birk (Hrsg.), DStJG 22, 1999, S. 188.
323 Vgl. MOXTER, Grundsätze II, 1983, Nachdruck von 1991, S. 9.
324 Vgl. MATSCHKE/BRÖSEL, Unternehmensbewertung, 2013, S. 7, Fn. 16.
325 Vgl. BVerfG vom 07.11.2006 - 1 BvL 10/02, BStBl. II, 2007, S. 203.
326 Vgl. BVerfG vom 07.11.2006 - 1 BvL 10/02, BStBl. II, 2007, S. 203.
327 Vgl. HALACZINSKY, in: Rössler/Troll (Hrsg.), BewG, Loseblatt, Erg.-Lfg. Oktober 2009, § 9 BewG, Rz. 1.

das zu bewertende Unternehmen jedermann gewährt, verlangt demnach eine Konkretisierung dieses „Jedermann", welche regelmäßig nicht geleistet werden kann.[328] Bereits vor einem Jahrhundert stand die Frage im Raum, ob man von einem Durchschnittsmenschen oder dem extrem ungünstigsten Fall ausgehen sollte.[329] Würde man einen verhältnismäßig ungünstigen Fall wählen, kommen die meisten Steuerpflichtigen zu gut weg, beim Normalfall entstehen jedoch vereinzelnd unbillige Härten.[330]

Die Lösung dieses Problems sahen Literatur[331], Rechtsprechung[332] und der Gesetzgeber im Verzicht auf die Jedermann-Fiktion und die Hinwendung zum Verkehrswert.[333] So bestimmt § 9 Absatz 2 BewG als gemeinen Wert den Preis, der im gewöhnlichen Geschäftsverkehr nach der Beschaffenheit des Wirtschaftsgutes bei einer Veräußerung zu erzielen wäre. Dabei sind alle Umstände, die den Preis beeinflussen, zu berücksichtigen. Ungewöhnliche oder persönliche Verhältnisse sind nicht zu berücksichtigen.[334] Der Vorteil des Verkehrswerts liegt darin, dass er auf den Schätzungen vieler beruht; er ist ein Massenurteil, bei dem individuelle Fehler zurücktreten.[335] Er stellt entsprechend eine Objektivierung der unzähligen subjektiven Nutzenerwartungen sowohl der Käufer- als auch der Verkäuferseite dar.[336] Diese Hinwendung zum Verkehrswert wirft jedoch die bereits oben bei der Unterscheidung von Wert und Preis angesprochene Problematik hervor. I. d. R. weiß man leider nicht, für wie viel der zu bewertende Gegenstand zu verkaufen wäre,[337] weil sich die meisten Gegenstände eben nicht im regelmäßigen Tausch, also in einem funktionierenden Markt, befinden.[338]

---

328 Vgl. KÜNNEMANN, Unternehmensbewertung, 1985, S. 16.
329 Vgl. MIRRE, Zeitschrift des Deutschen Notarvereins, 1913, S. 157.
330 Vgl. MIRRE, Zeitschrift des Deutschen Notarvereins, 1913, S. 158.
331 Vgl. ebenfalls bereits MIRRE, Zeitschrift des Deutschen Notarvereins, 1913, S. 159 ff.
332 Vgl. zum Wandel in der Rechtsprechung die Darstellung bei VOGEL, DStZ, 1979, S. 29 f., m. w. N.
333 Vgl. KÜNNEMANN, Unternehmensbewertung, 1985, S. 17.
334 Diese Formulierung findet sich bereits in § 10 Absatz 2 Reichsbewertungsgesetz (RBewG 1934 vom 16.10. 1934), RGBl. I 1934, S. 1035 und geht auf § 10 Absatz 1 RBewG 1931 vom 22.05.1931, RGBl. I 1931, S. 222 sowie § 138 Absatz 1 Reichsabgabenordnung (RAO vom 13.12.1919), RGBl. 1919, S. 1993, zurück. Vgl. dazu auch HALACZINSKY, in: Rössler/Troll (Hrsg.), BewG, Loseblatt, Erg.-Lfg. April 2010, § 9 BewG, Rz. 1.
335 Vgl. SCHMALENBACH, ZfhF, 1917/1918, S. 138.
336 Vgl. MELLEROWICZ, WPg, 1955, S. 54 f.
337 Vgl. MIRRE, Zeitschrift des Deutschen Notarvereins, 1913, S. 160.
338 Vgl. SCHADE, Gemeiner Wert, 1919, S. 40.

Daneben stellt der gemeine Wert nach verbreiteter Auffassung einen Wertmaßstab für die Bewertung einzelner Wirtschaftsgüter mit dem Einzelveräußerungspreis dar.[339] Er passt somit nur bedingt zur oben beschriebenen Gesamtbewertung wirtschaftlicher Einheiten.

Trotz dieser möglichen Missverständnisse konnte sich der Gesetzgeber im Gesetz, im Gegensatz zur Gesetzesbegründung,[340] nicht zum Gebrauch des m. E. deutlicheren Begriffs Verkehrswert durchringen.[341] Gleichwohl ist mit dem gemeinen Wert im Steuerrecht der Verkehrswert umschrieben; beide Werte haben den gleichen Inhalt.[342]

Dem Gesetzgeber blieb beim maßgeblichen Bewertungsmaßstab ohnehin keine wie auch immer geartete Alternative zum gemeinen Wert. Vielmehr hatte das BVerfG dessen Anwendung i. S. eines Verkehrswerts als allein verfassungsrechtlich zulässig erkannt.[343] Dem gemeinen Wert kommt damit Verfassungsrang zu,[344] weil nur dieser den durch den Substanzerwerb vermittelten Zuwachs an Leistungsfähigkeit zutreffend abbildet und eine gleichheitsgerechte Ausgestaltung der Belastungsentscheidung ermöglicht.[345] Die alleinige Maßgeblichkeit des Verkehrswerts für eine dem Gleichheitssatz genügende Bemessung der Bereicherung war bereits zuvor insbesondere von SEER überzeugend begründet worden.[346] Dies ist in der Ausgestaltung der Erbschaftsteuer als Erbanfallsteuer[347] begründet. Im Gegensatz zu sog. Sollertragsteuern (z. B. Vermögen-, Grund- oder Gewerbekapitalsteuer) partizipiert die Erbschaftsteuer nicht lediglich am künftigen Ertrag, sondern an der Bereicherung an

339 Vgl. RAUPACH, DStR, 2007, S. 2039.
340 Vgl. Deutscher Bundestag (Hrsg.), Regierungsentwurf ErbStRG, BT-Drs. 16/7918, S. 38.
341 Zust. RAUPACH, DStR, 2007, S. 2038; HALACZINSKY, in: Rössler/Troll (Hrsg.), BewG, Loseblatt, Erg.-Lfg. Oktober 2009, § 9 BewG, Rz. 1.
342 Vgl. in der Literatur bspw. HALACZINSKY, in: Rössler/Troll (Hrsg.), BewG, Loseblatt, Erg.-Lfg. Oktober 2009, § 9, Rz. 1; SCHIFFERS, DStZ, 2009, S. 548; SEER, Steuerarten, in: Tipke/Lang (Hrsg.), Steuerrecht, 2010, § 13, Rz. 12;; in der Rechtsprechung bspw. BFH vom 02.02.1990 - III R 173/86, BStBl. II, 1990, S. 1417 und für den Gesetzgeber Deutscher Bundestag (Hrsg.), Regierungsentwurf ErbStRG, BT-Drs. 16/7918, S. 1 f., S. 26.
343 Vgl. HEY, JZ, 2007, S. 568; PILTZ, DStR, 2010, S. 1916.
344 Vgl. PILTZ, DStR, 2008, S. 746; MEINCKE, in: Meincke (Hrsg.), ErbStG, 2012, § 12 ErbStG, Rz. 9.
345 Vgl. BVerfG vom 07.11.2006 - 1 BvL 10/02, BStBl. II, 2007, S. 203.
346 Vgl. zum Folgenden SEER, StuW, 1997, insbesondere S. 287 m. w. N.; SEER, Betriebsvermögen, in: Birk (Hrsg.), DStJG 22, 1999, insbesondere S. 196 m. w. N. und später SEER, GmbHR, 2007, S. 252 ff.; SEER, ZEV, 2007, S. 102: „Ein alternativer Ausgangswert zum Verkehrswert ist als Leitmaßstab nicht ersichtlich."
347 Vgl. dazu auch BVerfG vom 07.11.2006 - 1 BvL 10/02, BStBl. II, 2007, S. 202 m. w. N.

sich. Wenn das Gesetz dem Steuerpflichtigen in letzter Konsequenz die Realisation dieser Bereicherung durch Verkauf am Markt zumutet,[348] ist der Verkehrswert der folgerichtige und konsequente Wertmaßstab.

[348] Vgl. dazu auch BVerfG vom 07.11.2006 - 1 BvL 10/02, BStBl. II, 2007, S. 203.

D. Erbschaft- und schenkungsteuerlicher Bewertungsanlass im Rahmen der Unternehmensbewertungstheorie

I. Werttheorien

1. Rückkehr zum Ertragswert

In diesem Hauptkapitel werden die oben allgemein beschriebenen Probleme der steuerlichen Wertfindung für Unternehmensvermögen vor dem Hintergrund der Theorie der Unternehmensbewertung konkretisiert. Es ist also insbesondere die bei den beschriebenen Ausprägungen ökonomischer Wertbegriffe aufgeworfene Frage zu klären, ob sich der steuerliche Wertmaßstab aus bereits bestehenden Wertkonzepten i. S. v. Wertarten ableiten oder zumindest konkreter greifen lässt. Hierzu folgt zunächst ein kurzer Abriss über die verschiedenen Werttheorien, bevor die damit zusammenhängenden Wertkonzeptionen auf ihre Eignung zur Ermittlung des gemeinen Werts hin überprüft werden.

Die Entwicklung der Theorie der Unternehmensbewertung ist nicht geradlinig verlaufen. Insbesondere in den 1950er bis 1980er Jahren des letzten Jahrhunderts kämpften verschiedene Denkschulen zur Bedeutung der Subjekt-Objekt-Beziehung der Bewertung um die Vorherrschaft. Simultan zu diesen, in den verschiedenen Werttheorien zum Ausdruck kommenden Konzepten, wurde vornehmlich bis in die 1960er Jahre um die Anwendung von Substanz- und Ertragswert gestritten.[349] Die Betriebswirtschaftslehre bzw. ihre Vorläufer hatte sich aufgrund der stets existenten mannigfaltigen Bewertungsanlässe[350] bereits frühzeitig mit der Frage der Bewertung eines Unternehmens auseinandergesetzt.[351]
Das kirchliche und weltliche Zinsverbot stellte zunächst über lange Zeit ein bedeutendes Hemmnis zur Anwendung ertragsorientierter Bewertungsverfahren dar.[352] Jedoch wurde es in der ökonomischen Wirklichkeit zunehmend umgangen. Die

---

349 Vgl. zum bisherigen Absatz HENSELMANN, Geschichte, in: Peemöller (Hrsg.), Praxishandbuch, 2009, S. 93.

350 Siehe zu den verschiedenen Bewertungsanlässen Kapitel D.II.

351 Vgl. hierzu SCHNEIDER, Geschichte, 2001, S. 769 ff., insbesondere S. 777 ff.; BREIDENBACH, Abschied, in: Fachinstitut der Steuerberater (Hrsg.), 1999, S. 250, sieht dagegen unzutreffend die Kombinationsmethoden als die Anfänge der Betriebswirtschaftslehre im Bereich der Unternehmensbewertung.

352 Vgl. HENSELMANN, Geschichte, in: Peemöller (Hrsg.), Praxishandbuch, 2009, S. 98.

insbesondere zur Bewertung landwirtschaftlicher Betriebe üblichen Reinertragsmultiplikatoren waren jedenfalls nicht unabhängig vom jeweiligen Zinsniveau.[353] Erste Unternehmensbewertungen durch Diskontierung zukünftiger Erträge finden sich im 19. Jhd.[354]. Bereits SCHMALENBACH erkannte den Ertragswert als den weitaus wichtigsten Wert.[355] Später, seit Anfang des 20. Jhd. und insbesondere in den 1950er und 1960er Jahren, entfachte der Streit über die Anwendung des Ertrags- oder Substanzwerts.[356] Ursächlich für die wachsende Bedeutung des Substanzwerts war die zunehmend bilanzielle Sichtweise auf betriebswirtschaftliche Fragestellungen, die dieses Prinzip additiver Einzelbewertung bevorzugte.[357] Für die Anwendung des Substanzwerts führten dessen Anhänger insbesondere seine hohe Verlässlichkeit und Genauigkeit gegenüber dem subjektiven Einflüssen, unsicheren Schätzungsgrundlagen und spekulativen Momenten ausgelieferten Ertragswert an.[358] Die aufkommende Kritik am Substanzwert fußt insbesondere auf den Arbeiten von SIEBEN.[359] Ihm folgend können „sämtliche Aufgaben ... mithilfe der reinen Erfolgsbewertung zuverlässiger erfüllt werden“[360] als mit der Bestimmung des Substanzwerts. Dieser Auffassung folgten später auch die Vertreter der Unternehmensbewertungspraxis[361] und die Rechtsprechung[362]. Der Streit um die verschiedenen Bewertungsmaßstäbe war dabei, wie folgend deutlich wird, eng mit den verschiedenen Werttheorien verzahnt.

2. Objektive Werttheorie

Das Ziel der bis 1960 in der Literatur vorherrschenden objektiven Unternehmensbewertung war die Ermittlung des einen wahren Unternehmenswerts.[363] Nach Auffas-

---

[353] Vgl. HENSELMANN, Geschichte, in: Peemöller (Hrsg.), Praxishandbuch, 2009, S. 99.
[354] Vgl. SCHNEIDER, Geschichte, 2001, S. 777.
[355] Vgl. SCHMALENBACH, ZfhF, 1917/18, S. 1: „Weitaus der wichtigste von ihnen ist der Ertragswert.“
[356] Vgl. HENSELMANN, Geschichte, in: Peemöller (Hrsg.), Praxishandbuch, 2009, S. 103.
[357] Vgl. HENSELMANN, Geschichte, in: Peemöller (Hrsg.), Praxishandbuch, 2009, S. 103.
[358] Vgl. UNION EUROPÉENNE EXPERTS COMPTABLES, Bewertung, 1961, S. 20.
[359] Vgl. MOXTER, Grundsätze II, 1983, Nachdruck von 1991, S. 50; SIEBEN, Substanzwert, 1963, passim.
[360] SIEBEN, Substanzwert, 1963, S. 78.
[361] Vgl. IDW (Hrsg.), WPg, 1983, S. 473 f.
[362] Vgl. OLG Celle vom 04.04.1979 - 9 Wx 2/77, DB, 1979, S. 1031: „Allgemeine Grundlage der Bewertung ... ist der Ertragswert, nicht ... der Substanzwert des Unternehmens.“; BGH vom 13.03.1978 - II ZR 142/76, BB, 1978, S. 776; BGH vom 12.02.1979 - II ZR 106/78, WM, 1979, S. 432; vgl. zum Letztgenannten auch MÜNSTERMANN, BFuP, 1980, S. 114 ff.
[363] Vgl. PEEMÖLLER, Werttheorien, in: Peemöller (Hrsg.), Praxishandbuch, 2009, S. 4; statt vieler bspw. JONAS, WPg, 1954, S. 531: „Ziel der Unternehmensbewertung ist, den objektiven Wert der Unternehmung festzustellen.“

sung von Vertretern dieser objektiven Werttheorie haftet dieser dem Unternehmen wie eine Eigenschaft an.[364] Er ist dementsprechend möglichst losgelöst von konkreten Bezugspersonen als Bewertungsinteressenten auf der Basis von Faktoren, die bei normaler Unternehmerdisposition realisiert werden können, ermittelbar.[365] Eine Berücksichtigung der unterschiedlichen Interessen bspw. von Käufer und Verkäufer ist nicht vorgesehen;[366] stattdessen wird die Bewertung vom Standpunkt der Unternehmung selbst gesehen.[367] Gerade durch diese Nichtbeachtung von menschlich-subjektiven Standpunkten ist nach Auffassung der Vertreter einer objektiven Bewertung der Unternehmenswert theoretisch genau bestimmbar.[368] Die damit einhergehende Objektbezogenheit und Entpersonifizierung der Bewertung weist i. d. R. eine deutliche Gegenwarts- und Vergangenheitsorientierung auf.[369] Daher ist es nicht verwunderlich, dass Bewertungen i. S. d. objektiven Werttheorie oftmals mit dem nicht durch Kaufpreisüberlegungen beeinflussten Substanzwert[370] oder durch eine Verknüpfung von Substanz- oder Ertragswertverfahren erfolgten. Die Basis des Ertragswerts i. d. S. stellt vornehmlich die Differenz aus Erträgen und Aufwendungen einer Periode dar. Er lässt sich somit unmittelbar aus den Jahresabschlüssen der Unternehmen entnehmen.[371] Der Kapitalisierungszins wird aus dem landesüblichen Zinsfuß abgeleitet und durch Zu- und Abschläge korrigiert.[372] Somit bestehen zwischen objektiver und nachfolgend beschriebener subjektiver Werttheorie wesentliche Unterschiede bei der Ermittlung beider maßgeblichen Werttreiber des Ertragswerts. Insgesamt führt die objektive Unternehmensbewertung tendenziell zur vorsichtigen Wertschätzung,[373] was zu einer entsprechenden Benachteiligung der Verkäufer führt. Dieses Konzept eines „naivem Wertobjektivismus“[374] kann als gescheitert angesehen werden, weil es insbesondere nicht erklären kann, warum Unternehmen überhaupt gehandelt werden. Ausgangspunkt einer solchen Erklärung bildet die unterschiedliche Wertschätzung durch Käufer und Verkäufer, etwa auf-

[364] Vgl. PEEMÖLLER, Werttheorien, in: Peemöller (Hrsg.), Praxishandbuch, 2009, S. 4.
[365] Vgl. MELLEROWICZ, Wert, 1952, S. 60.
[366] Vgl. MELLEROWICZ, Wert, 1952, S. 12.
[367] Vgl. MELLEROWICZ, Wert, 1952, S. 12.
[368] Vgl. FELTEN, Energiewirtschaft, 1958, S. 11.
[369] Vgl. MATSCHKE/BRÖSEL, Unternehmensbewertung, 2013, S. 14.
[370] Vgl. BANKMANN, Substanzwert, 1960, S. 62.
[371] Vgl. MATSCHKE/BRÖSEL, Unternehmensbewertung, 2013, S. 15 f.
[372] Vgl. MATSCHKE, Wertarten, in: Corsten (Hrsg.), Betriebswirtschaftslehre, 2000, S. 974 f.
[373] Vgl. MATSCHKE/BRÖSEL, Unternehmensbewertung, 2013, S. 17.
[374] Vgl. ENGELS, Bewertungslehre, 1962, S. 36.

grund verschiedener Zukunftserwartungen, unternehmerischen Initiativen und Zielsystemen.[375]

3. Subjektive Werttheorie

Die subjektive Werttheorie wurde in den 1950er und 1960er Jahren besonders durch die Arbeiten von BUSSE v. COLBE und MÜNSTERMANN geprägt[376] und in Frontstellung zur objektiven Theorie entwickelt.[377] Ihr Erklärungsziel ist der Zukunftserfolgswert unter Berücksichtigung der individuellen Planungen und Daten eines konkreten Bewertungsinteressenten.[378] Unternehmenswerte sind nach dieser Auffassung also subjektiv; es können daher grundsätzlich so viele verschiedene Unternehmenswerte wie Bewertungssubjekte existieren.[379] Der so ermittelte Wert stellt einen individuellen Entscheidungswert in Form eines Grenzpreises, also einer Preisobergrenze für den Käufer bzw. einer Preisuntergrenze für den Verkäufer, dar.[380] Die Verwirklichung eines solchen Grenzpreises stiftet dem jeweiligen Bewertungssubjekt eben denselben Nutzen wie die bestmögliche Alternative[381] und damit denselben Nutzen wie ein

375 Vgl. zu diesem Absatz HENSELMANN, Geschichte, in: Peemöller (Hrsg.), Praxishandbuch, 2009, S. 110.

376 Vgl. dazu BUSSE v. COLBE, Zukunftserfolg, 1957, passim und MÜNSTERMANN, Bewertung, 1966, passim. Entsprechend vergleicht BUSSE v. COLBE die Ermittlung des objektiven Werts mit der Suche nach einem Phantom. Vgl. BUSSE v. COLBE, AG, 1964, S. 266.

377 Vgl. MATSCHKE, Konzeptionen, in: Lück (Hrsg.), Betriebswirtschaft, 2004. S. 683

378 Vgl. BUSSE v. COLBE, Zukunftserfolg, 1957, S. 18. In diesem Zusammenhang ist erwähnenswert, dass gerade auch die nichtfinanziellen Zielsetzungen (bspw. Unabhängigkeit, Prestige) überwiegend subjektiver Natur sind. Diese werden folgend nicht weiter berücksichtigt. Methodisch könnte man dies in der Annahme berücksichtigen, dass die nichtfinanziellen Ziele im Rahmen der individuellen Risiko-Nutzenfunktion abgebildet sind. Man muss sich bewusst machen, dass dem folgend ein identischer Zahlungsstrom aus bspw. selbständigem Unternehmertum und einer festverzinslichen Anlage nicht den gleichen Nutzen stiftet. Dies ist zunächst nur schwer verdaulich. Anschaulicher ist wohl folgende Überlegung: Ein sicherer Zahlungsstrom aus der Tätigkeit eines ehrbaren Kaufmanns wird der weit überwiegenden Anzahl der Wirtschaftsubjekte einen höheren Nutzen stiften als der gleich hohe Zahlungsstrom aus wie auch immer gearteten kriminellen Handlungen. Folgend wird nur noch von finanziellen Zielsetzungen ausgegangen. Diese Abstraktion erlaubt sich im Besonderen, weil der Wert bzw. Preis im Gegensatz zu transaktionsbedingten Verhandlungen im Rahmen der Steuerbemessungsfunktion tatsächlich die einzige „zu verhandelnde" Größe darstellt.

379 Vgl. MATSCHKE/BRÖSEL, Unternehmensbewertung, 2013, S. 21.

380 Vgl. BÖRNER, Unternehmensbewertung, in: Albers (Hrsg.), HdWW, 1980, S. 114; bereits bei SCHMALENBACH, ZfhF, 1917/18, S. 4 finden sich Überlegungen zu Grenzpreisen: „nach ihm [Kapitalisierungszins] richten sie das auf Grund der Erträge berechnete Preisverlangen oder Preisgebot."

381 Vgl. COENENBERG/SIEBEN, Unternehmungsbewertung, in: Grochla/Wittmann (Hrsg.), Betriebswirtschaft, 1974, Sp. 4066 f.; BÖRNER, Unternehmensbewertung, in: Albers (Hrsg.), HdWW, 1980, S. 119; BUSSE v. COLBE, Gesamtwert, in: Kosiol (Hrsg.), Rechnungswesen, 1981, Sp. 596; siehe auch bereits MIRRE, Zeitschrift des Deutschen Notarvereins, 1913, S. 157, der sich zur Suche nach dem Wert die zu bewertende Sache wegdenkt und nach der Geldsumme fragt, die diesen Schaden ausgleicht.

Nichthandeln in Bezug auf das zu bewertende Unternehmen. Daher lässt sich durch die subjektive Werttheorie der Handel erklären; sowohl der Käufer als auch der Verkäufer haben bei einem Einigungspreis, der per Definition stets zwischen diesen Grenzpreisen liegt, einen Nutzenzuwachs gegenüber dem Nichthandeln bzw. gegenüber der bestmöglichen Alternative.

Diese Wertkonzeption fußt auf den Grundprinzipien der Subjektivität[382], der Zukunftsbezogenheit[383] und der Gesamtbewertung[384]. Das Prinzip der Subjektivität verlangt eine Bewertung, die das tatsächliche Entscheidungsfeld des Bewertungsinteressenten berücksichtigt. COENENBERG/SIEBEN bezeichnen dies als „Grundsatz der Entscheidungsfeldbezogenheit“[385]. Insbesondere sind die individuellen Gestaltungsmöglichkeiten des Erwerbers und seine konkreten Verbund- und Diversifikationseffekte zu berücksichtigen. Ebenso ist seine individuelle Risikopräferenz im Bewertungskalkül abzubilden.[386] Identische Nutzenerwartungen führen jedoch nicht zwangsläufig zum gleichen Entscheidungswert, weil sich die Alternativanlagen verschiedener Bewertungssubjekte i. d. R. unterscheiden.[387]

Dem Prinzip der Zukunftsbezogenheit folgend, bestimmt sich der Unternehmenswert aus den künftigen Erfolgen einschließlich eines etwaigen Liquidationserlöses.[388] Die Zahlungsüberschüsse spiegeln i. d. S. das insgesamt aus dem Unternehmen Herausholbare[389] wider. Insbesondere handelt es sich nicht um vergangene Erträge,[390] weil der Kaufmann für das Gewesene nichts gibt.[391]

382 Vgl. MÜNSTERMANN, Bewertung, 1966, S. 21 ff.
383 Vgl. MÜNSTERMANN, Bewertung, 1966, S. 20 f.
384 Vgl. MÜNSTERMANN, Bewertung, 1966, S. 18 ff., dort als Prinzip der Bewertungseinheit.
385 COENENBERG/SIEBEN, Unternehmungsbewertung, in: Grochla/Wittmann (Hrsg.), Betriebswirtschaft, 1974, Sp. 4066. Im Schrifttum findet sich in leichter Abwandlung der Grundsatz der Entscheidungsträgerbezogenheit. Vgl. dazu BÖRNER, Unternehmensbewertung, in: Albers (Hrsg.), HdWW, 1980, S. 119.
386 Vgl. COENENBERG/SIEBEN, Unternehmungsbewertung, in: Grochla/Wittmann (Hrsg.), Betriebswirtschaft, 1974, Sp. 4070 ff.
387 Vgl. MATSCHKE/BRÖSEL, Unternehmensbewertung, 2013, S. 18.
388 Vgl. MÜNSTERMANN, Bewertung, 1966, S. 21.
389 Vgl. MOXTER, Todsünden, in: Goetzke/Sieben (Hrsg.), Unternehmungsbewertung, 1977, S. 254.
390 Unbestritten bieten Vergangenheitsanalysen dennoch einen der wichtigsten Anhaltspunkte zur Ermittlung zukünftiger Zahlungsüberschüsse.
391 Vgl. MÜNSTERMANN, Bewertung, 1966, S. 21.

Das bereits oben angesprochene Prinzip der Gesamtbewertung[392] folgt dem Gedanken „das Ganze ... ist etwas anderes als die Summe seiner Teile“[393]. Der Wert eines fortbestehenden Unternehmens ist demnach gerade nicht gleich der Summe der Einzelwerte der Vermögensgegenstände.[394]

4. Funktionale Werttheorie

Die Kontroverse zwischen objektiver und subjektiver Werttheorie wurde in den 1970er Jahren durch die Funktionenlehre der Kölner Schule der Unternehmensbewertung überwunden.[395] Die wichtigste Erkenntnis der modernen Unternehmensbewertungstheorie ist demnach das Zweckadäquanzprinzip. Dieses geht nicht von dem einen richtigen Unternehmenswert aus; vielmehr ist der Wert abhängig vom Bewertungszweck.[396] Offensichtlich richten sich damit auch das Bewertungsverfahren und das gesamte Vorgehen bei der Bewertung nach dem Zweck der selbigen.[397] Ein Gutachter hat diesen Zweck entsprechend darzulegen.[398] Kann bei der subjektiven Theorie je Bewertungssubjekt ein unterschiedlicher Unternehmenswert ermittelt werden, erweitert sich die Anzahl aller möglichen Werte nun um eine weitere Dimen-

---

392 Vgl. auch oben Kapitel C.II.2.

393 Vgl. v. WIESE, Soziale Gebilde, in: v. Beckerath (Hrsg.), Sozialwissenschaften, 1959, Stichwort: Gebilde, soziale, S. 222.

394 Vgl. MÜNSTERMANN, Bewertung, 1966, S. 21. Lesenswert ist der dortige Absatz über den Vergleich eines Unternehmens mit einem Symphonieorchester, bei welchem sich der künstlerische Wert erst durch das Zusammenwirken der Musiker ergibt. Frühzeitige Erkenntnisse zur Gesamtbewertung liefert wiederum bereits SCHMALENBACH, ZfhF, 1917/18, S. 6: „In solchen Fällen stellen die Schätzer zuweilen die Einzelverkaufspreise zusammen und rechnen diesen zusammengestellten Wert als Verkaufswert des Ganzen. Das ist ... ein grober Fehler.“

395 Vgl. GOETZKE, WPg, 1976, S. 175 ff.; PEEMÖLLER, DStR, 1993, S. 409; MOXTER bezeichnet sie daher als „dritte Stufe der Lehre der Unternehmensbewertung“. MOXTER, Grundsätze II, 1983, Nachdruck von 1991, S. 7; ähnlich auch MANDEL/RABEL, die ein Drei-Phasen-Schema der Entwicklung der Unternehmensbewertung skizzieren, siehe dazu MANDL/RABEL, Unternehmensbewertung, 1997, S. 6; KUHNER/MALTRY, Unternehmensbewertung, 2006, S. 53; BERGER/KNOLL, BewP, 4/2009, S. 2.

396 Vgl. bereits RICHTER, Der praktische Betriebswirt, 1942, S. 106; später BARTKE, BFuP, 1960, S. 267; ENGELEITER, Unternehmensbewertung, 1970, S. 12; MATSCHKE, BFuP, 1971, S. 508 ff.; SIEBEN, BFuP, 1976, S. 494; BARTKE, zfbf, 1978, S. 244 ff.; SIEBEN/SCHILDBACH, DStR, 1979, S. 455; BÖRNER, Unternehmensbewertung, in: Albers (Hrsg.), HdWW, 1980, S. 118; BUSSE V. COLBE, Gesamtwert, in: Kosiol (Hrsg.), Rechnungswesen, 1981, Sp. 595; COENENBERG, Hochschule, in: IDW (Hrsg.), Wirtschaftsprüferberuf, 1981, S. 222; JACOBS, Gewinn, in: Bergner (Hrsg.), Planung, 1981, S. 388; MOXTER, Grundsätze II, 1983, Nachdruck von 1991, S. 6; HAYN, DB, 2000, S. 1346, bezeichnet das Zweckadäquanzprinzip zutreffend als „State of the Art“.

397 Vgl. MANDL/RABEL, Unternehmensbewertung, 1997, S. 16. Bezgl. des Verfahrens konnte diese theoretische Annahme in einer empirischen Studie von BRÖSEL/ HAUTTMANN bestätigt werden. Danach richten über 70 % der antwortenden Unternehmen das Bewertungsverfahren nach der Aufgabe, die mit der Bewertung verfolgt wird. Vgl. BRÖSEL/HAUTTMANN, FB, 2007, S. 227 f.

398 MOXTER nennt dies Zweckdokumentationsprinzip. Vgl. MOXTER, Grundsätze II, 1983, Nachdruck von 1991, S. 6.

sion;[399] auch beim selben Bewertungsinteressenten kann i. S. d. funktionalen Theorie ein unterschiedlicher Unternehmenswert je abgrenzbaren Bewertungszweck auftreten. Folgend wird ein Vorschlag unterbreitet, wie sich die verschiedenen Zwecke in Haupt- und Nebenfunktionen und darüber hinaus systematisieren lassen.

II. Funktionen und Anlässe der Unternehmensbewertung

1. Hauptfunktionen und zugehörige Wertarten

Die Funktionenlehre der Kölner Schule unterscheidet klassischerweise Haupt- und Nebenfunktionen.[400] Die Hauptfunktionen der Unternehmensbewertung – Entscheidungsfunktion[401], Vermittlungsfunktion und Argumentationsfunktion – sind in der Literatur weitgehend unumstritten;[402] ihr Katalog wird als abschließend formuliert angesehen.[403] Die Gemeinsamkeit dieser Hauptfunktionen liegt in der Betrachtung von interpersonalen Konfliktsituationen, die regelmäßig auf Veränderungen der Eigentumsverhältnisse des jeweiligen Unternehmens beruhen.[404] Eine empirische Untersuchung von BRÖSEL/HAUTTMANN bestätigt diesen theoretischen Ansatz der funktionalen Bewertungstheorie,[405] nach welchem die Theorie hinsichtlich ihrer Problemstellung von den in der Realität vorzufindenden Bedingungen – insbesondere unvollkommenen Märkten – ausgeht.[406]

---

399 Der Verfasser hat ein Koordinatensystem vor Augen, welches durch Hinzufügen einer z-Achse (Bewertungszweck) zur x-Achse (Bewertungssubjekt) und y-Achse (Unternehmenswert) in die dritte Dimension erweitert wird.

400 Dieser Unterscheidung wird hier gefolgt. Andere Ansätze versuchen den Funktionenkatalog anders zu fassen und weichen die Trennung in Haupt- und Nebenfunktion auf, siehe etwa COENENBERG/SCHULTZE, DBW, 2002, S. 597-621, oder unterlassen sie vollständig, siehe bspw. BALLWIESER, Unternehmensbewertung, 2011, S. 1; MANDL/RABEL, Methoden, in: Peemöller (Hrsg.), Praxishandbuch, 2009, S. 52.

401 Die Entscheidungsfunktion wird häufig auch als Beratungsfunktion bezeichnet. Dies ist in Abgrenzung zu den beiden anderen Hauptfunktionen nicht eindeutig. Insbesondere die Argumentationsfunktion kann auch einem Beratungszweck dienen. Vgl. HERING, Unternehmensbewertung, 2006, S. 5.

402 Vgl. BRÖSEL, BFuP, 2006, S. 129.

403 Vgl. SIEBEN, WISU, 1983, S. 539 f.

404 Vgl. MATSCHKE, BFuP, 1971, S. 17.

405 Vgl. BRÖSEL/HAUTTMANN, FB, 2007, S. 226. Diese Bestätigung sehen BRÖSEL/HAUTTMANN m. E. zutreffend in der Tatsache begründet, dass sämtliche Unternehmen, die den der Studie zugrunde liegenden Fragebogen zurück gesendet haben, die Frage nach dem Zweck der Bewertung beantwortet haben. Die Unternehmen bzw. die handelnden Personen sind sich somit über die Zweckabhängigkeit der Bewertung bewusst.

406 Vgl. MATSCHKE/BRÖSEL, Unternehmensbewertung, 2013, S. 25. Die funktionale Bewertungslehre weist somit Parallelen zur volkswirtschaftlichen Vertragstheorie auf. Diese untersucht im Gegensatz zur Theorie des allgemeinen Gleichgewichts in Partialmodellen, wie Wirtschaftsubjekte Ver-

Im Rahmen der Entscheidungsfunktion liefert die Bewertung Entscheidungswerte einer Konfliktpartei.[407] Dies ist bezogen auf Kauf-/Verkauf-Entscheidungen der oben beschriebene Grenzpreis der jeweiligen Partei i. S. d. Grenze der Konzessionsbereitschaft.[408] Er sollte daher aus verhandlungstaktischen Gründen nicht der Gegenseite bekannt gegeben werden.[409] Selbstverständlich berücksichtigt der beratende Bewerter sämtliche individuellen Gegebenheiten des zu Beratenden. Der so ermittelte Grenzpreis richtet sich also streng nach den Prinzipien der subjektiven Werttheorie.

Der Zweck der Unternehmensbewertung bei der Vermittlungsfunktion liegt in der Feststellung eines Schiedsspruchwerts[410], der die divergierenden Motive verschiedener Parteien berücksichtigt und dadurch einen Interessenausgleich herbeiführt oder zumindest erleichtert. Ein solcher Wert ist dabei jedoch gerade nicht als objektiver Unternehmenswert zu verstehen. Stattdessen ist seine zentrale Eigenschaft, dass er im Verhandlungsbereich der Parteien liegt. Daher bilden auch für seine Ermittlung die jeweiligen subjektiven Entscheidungswerte bzw. Grenzpreise die Referenzpunkte.[411] Problematisch ist die „gerechte“ Aufteilung.[412] Falls kein Einigungsbereich besteht, weil der Entscheidungswert des Käufers unter dem des Verkäufers liegt, muss der Schiedswert die dominierte Konfliktpartei schützen und entsprechend bspw. bei der Abfindung eines zwangsweise ausscheidenden Gesellschafters zumindest auf dessen Entscheidungswert lauten.[413] Eine solche Vermittlungsfunktion kann dabei auch ein anonymer Markt übernehmen, weil der dort gefunden Preis i. d. R. sowohl dem Käufer als auch dem Verkäufer einen Vorteil verschafft.[414]

Daneben erfolgen Unternehmensbewertungen zur Argumentationsvorbereitung und -unterstützung in verschiedensten Verhandlungssituationen. Im Gegensatz zur

---

träge formulieren und Verhandlungen durchführen. Sie lässt dabei explizit Marktunvollkommenheiten, wie etwa asymmetrische Informationen, zu. Vgl. SCHWEIZER, Vertragstheorie, 1999, S. 1. Zum Zusammenhang der beiden Theorien siehe MATSCHKE, BFuP, 2009, S. 388 ff.

407 Vgl. zu dieser Funktion grundlegend MATSCHKE, Entscheidungswert, 1975, passim.

408 Vgl. COENENBERG/SIEBEN, Unternehmungsbewertung, in: Grochla/Wittmann (Hrsg.), Betriebswirtschaft, 1974, Sp. 4063 m. w. N.

409 Vgl. SIEBEN, WISU, 1983, S. 540, der ihn als Wert „hinter der vorgehaltenen Hand“ bezeichnet.

410 Der Schiedsspruchwert wird ebenfalls als Schiedswert, Schiedspreis, Arbitriumwert, oder fairer Einigungspreis bezeichnet. Vgl. BALLWIESER/LEUTHIER, DStR, 1986, S. 547.

411 Vgl. zum bisherigen Absatz MATSCHKE, BFuP, 1971, S. 508 ff.

412 Vgl. dazu Kapitel D.III.23.

413 Vgl. COENENBERG, Hochschule, in: IDW (Hrsg.), Wirtschaftsprüferberuf, 1981, S. 223.

414 Vgl. HERING/OLBRICH, BB, 2003, S. 1519; HERING, Unternehmensbewertung, 2006, S. 6.

Entscheidungsfunktion sind die Ergebnisse einer Bewertung im Rahmen der Argumentationsfunktion gerade zur Kommunikation mit dem Verhandlungspartner ermittelt worden.[415] Der Argumentationswert dient genauer gesagt der Beeinflussung der Gegenseite zur Realisation eines Preises, der möglichst nahe an deren Entscheidungswert heranreicht[416] und somit einen entsprechend hohen eigenen Nutzenzuwachs bietet. Er ist daher parteiisch und dient lediglich der Verhandlungstaktik.[417] Hierbei sind logischerweise stets nicht nur Kenntnisse über das eigene,[418] sondern gerade auch über das Entscheidungsfeld der Konfliktpartei zu berücksichtigen.[419] Die individuellen Entscheidungswerte sind somit der theoretische Ausgangspunkt aller drei Hauptfunktionen der Unternehmensbewertung.[420]

Neben der Wissenschaft analysiert insbesondere auch der Berufsstand der Wirtschaftsprüfer die Unternehmensbewertung. Bereits in der Stellungnahme des Hauptfachausschusses HFA 2/1983[421] wird auch von diesem die funktionale Sichtweise bestätigt.[422] Diese Stellungnahme mündete später in den IDW S 1 i. d. F. 2000[423] und bildet ebenso die Grundlage für den entsprechenden Abschnitt im WP-Handbuch.[424] Der aktuelle IDW S 1 i. d. F. 2008 nennt für den Wirtschaftsprüfer die Funktionen als neutraler Gutachter, Berater oder Schiedsgutachter/Vermittler.[425] Im Unterschied zum Katalog der Kölner Schule negiert der Standard also die Argumentationsfunktion, weil diese als nicht mit den Berufsgrundsätzen vereinbar angesehen wird.[426] Daneben entwickelt der Standard mit dem neutralen Gutachter eine selbstständige Bewertungsfunktion.[427] Als solcher ermittelt der Wirtschaftsprüfer als Sachverständiger den sog. objektivierten Unternehmenswert.[428] Dieser stellt einen intersubjektiv nachprüfbaren Zukunftserfolgswert aus Eigentümersicht dar. Er wird

---

415 Vgl. MATSCHKE, BFuP, 1976, S. 519 f.

416 Vgl. WAGENHOFER, BFuP, 1988, S. 341 f.; HAYN, DB, 2000, S. 1347.

417 Vgl. MATSCHKE, BFuP, 1976, S. 519.

418 Vgl. SIEBEN, WISU, 1983, S. 542. Der eigene Entscheidungswert wird hier als „letzte Rückzugslinie der Argumentation" bezeichnet.

419 Vgl. HERING/BRÖSEL, WPg, 2004, S. 940.

420 Vgl. SIEBEN, BFuP, 1976, S. 504.

421 Vgl. IDW (Hrsg.), WPg, 1983, S. 468 ff.

422 Vgl. IDW (Hrsg.), WPg, 1983, S. 472 f.

423 Vgl. IDW (Hrsg.), WPg, 2000, S. 825 ff.

424 Vgl. zur Auseinandersetzung des WP-Handbuchs mit der Unternehmensbewertung MATSCHKE/BRÖSEL, Unternehmensbewertung, 2013, S. 54, Fn. 136.

425 Vgl. IDW (Hrsg.), WPg Supplement, 2008, S. 71, Rz. 12.

426 Vgl. PEEMÖLLER, Werttheorien, in: Peemöller (Hrsg.), Praxishandbuch, 2009, S. 10 f.

427 Vgl. PEEMÖLLER, DStR, 1993, S. 410.

428 Vgl. IDW (Hrsg.), WPg Supplement, 2008, S. 71, Rz. 12.

gem. des Standards unter der Annahme der Fortführung des bestehenden Unternehmenskonzepts mit allen realistischen Zukunftswertungen bezgl. der Marktchancen und -risiken sowie der finanziellen Möglichkeiten des Unternehmens und sonstiger Einflussfaktoren bestimmt.[429] Ob dieser objektivierte Unternehmenswert zur Ermittlung des gemeinen Werts nach § 11 Absatz 2 BewG geeignet ist, wird in Kapitel E.V. analysiert.

2. Nebenfunktionen

Im Gegensatz zu den wie gezeigt weitgehend einheitlich systematisierten Hauptfunktionen bestehen bei den Nebenfunktionen in dieser Hinsicht erhebliche Forschungslücken, die es zu schließen gilt. Entsprechend führen die Nebenfunktionen in der Literatur zur funktionalen Bewertungslehre allenfalls ein Schattendasein. Trotzdem darf die Bezeichnung Nebenfunktion nicht als „weniger bedeutend" interpretiert werden.[430] Im Rahmen der Nebenfunktionen dienen Unternehmensbewertungen – in Abgrenzung zu den Hauptfunktionen – nicht primär zur Entscheidungsfindung für Zwecke, mit denen eine Veränderung der Eigentumsverhältnisse der Unternehmen beabsichtigt ist.[431] Stattdessen werden sie hier i. d. R. zu Deklarationszwecken durchgeführt.[432] Daher wird in der Literatur auch von Bewertungssituationen – in Abgrenzung zu den Konfliktsituationen der Hauptfunktionen – gesprochen.[433]

In älteren Veröffentlichungen werden als Nebenfunktionen regelmäßig die Informations-, Vertragsgestaltungs- sowie stets auch die Steuerbemessungsfunktion[434] genannt. Ein Neuordnungsversuch von BRÖSEL beschreibt daneben eine Kreditierungsunterstützungs-, eine Steuerungs-, eine Vertragsgestaltungs-, eine Motivations- sowie eine Krisenbewältigungsfunktion.[435] In derartigen überblicksartigen Beiträgen werden zwar die Funktionen kurz exemplarisch beschrieben, deren Wertarten jedoch oftmals – wenn überhaupt – nur vage herausgearbeitet. Gerade die Analyse der

429 Vgl. IDW (Hrsg.), WPg Supplement, 2008, S. 73, Rz. 29.
430 Vgl. zum bisherigen Absatz BRÖSEL, BFuP, 2006, S. 128 f.
431 Vgl. MATSCHKE, Arbitriumwert, 1979, S. 17.
432 Vgl. BÖRNER, Unternehmensbewertung, in: Albers (Hrsg.), HdWW, 1980, S. 116.
433 Vgl. BRÖSEL, BFuP, 2006, S. 129.
434 Vgl. etwa COENENBERG/SIEBEN, Unternehmungsbewertung, in: Grochla/Wittmann (Hrsg.), Betriebswirtschaft, 1974, Sp. 4063.
435 Vgl. BRÖSEL, BFuP, 2006, S. 134 ff. Siehe zu weiteren Systematisierungsvorschlägen und entsprechenden Kritiken MATSCHKE/BRÖSEL, Unternehmensbewertung, 2013, S. 61 ff.

Wertart wird folgend für die hier interessierende Steuerbemessungsfunktion präzisiert.

3. Bewertungsanlässe und ihre lockere Verbindung zu Bewertungsfunktionen und Wertarten

Die Anlässe zur Durchführung einer Unternehmensbewertung sind vielfältig.[436] Hier soll eine kurze Systematisierung zur Einordnung der Steuerbemessungsfunktion geboten werden. In der deutschsprachigen Unternehmensbewertungsliteratur sind hierzu verschiedenste Vorschläge diskutiert worden, wobei die in Tabelle 1 gezeigte Systematisierung wiederholt Zustimmung in der Literatur erhalten hat.[437] Wie dort ersichtlich ist, erfolgt zunächst eine Unterscheidung in entscheidungsabhängige und -unabhängige Bewertungsanlässe. Wichtig ist hierbei der Zusatz, dass dies i. S. v. eigentumsverändernden Entscheidungen gemeint ist.[438] Es ist offensichtlich, dass die anderen Anlässe stets auch unternehmerische Entscheidungen verlangen können und somit entscheidungsabhängig i. w. S. sind. Diese primäre Unterscheidung weist bereits auf die begriffliche Unschärfe von Funktionen und Anlässen hin. Die Anlässe werden offensichtlich zunächst nach solchen, die die Hauptfunktionen betreffen, und solchen, die die Nebenfunktionen betreffen, getrennt. Die Steuerbemessungsfunktion wird dabei regelmäßig als Nebenfunktion, also als nicht entscheidungsabhängig in diesem Sinne, eingeordnet. Innerhalb der Gruppe der entscheidungsabhängigen Anlässe erfolgen zwei weitere voneinander unabhängige Unterscheidungskriterien mit jeweils zwei Ausprägungen, sodass hier vier verschiedene Fallgruppen unterschieden werden.

---

436 Vgl. bspw. BALLWIESER/LEUTHIER, DStR, 1986, S. 546; HÜTTEMANN, Gesellschaftsrecht, in: Fachinstitut der Steuerberater (Hrsg.), StBJB, 2001, S. 385 m. w. N.

437 Diese weitgehend auf den Arbeiten von MATSCHKE, vgl. etwa MATSCHKE, Arbitriumwert, 1979, S. 30 ff., basierende Systematisierung findet sich etwa bei BÖRNER, Unternehmensbewertung, in: Albers (Hrsg.), HdWW, 1980, S. 112 ff.; KÜNNEMANN, Unternehmensbewertung, 1985, S. 59; BALLWIESER/LEUTHIER, DStR, 1986, S. 547; BAUER, Steuerberaterkanzleien, 2003, S. 16; MATSCHKE/BRÖSEL, Unternehmensbewertung, 2013, S. 66, 101, DRUKARCZYK/SCHÜLER, Unternehmensbewertung, 2009, S. 83, WINTER, Steuerberaterkanzleien, 2009, S. 5. Zur kritischen Würdigung anderer Funktionenkataloge vgl. MATSCHKE/BRÖSEL, Unternehmensbewertung, 2013, S. 62 ff.

438 Vgl. zur entsprechenden Ergänzung BALLWIESER/LEUTHIER, DStR, 1986, S. 547.

<table>
<tr><th rowspan="2"></th><th colspan="2">entscheidungsabhängig</th><th rowspan="2">nicht entscheidungs-abhängig</th></tr>
<tr><th>nicht dominiert</th><th>dominiert</th></tr>
<tr><td>Typ Kauf/ Verkauf</td><td>Kauf oder Verkauf

Kapitalerhöhung

Börseneinführung

Privatisierung

Entflechtung

Nachfolge</td><td>Ausscheiden eines OHG-Gesellschafters unter Fortbestehen der OHG gegen Abfindung bei
- Kündigung
- Eröffnung des Gesellschafterkonkurses
- Privatgläubigerkündigung
- Ausschluss wegen „Lästigkeit“

Barabfindung von Minderheitsgesellschaften bei
- übertragender Umwandlung
- Abschluss eines Beherrschungs- oder Gewinnabführungsvertrags
- Eingliederung
- Formwechsel und/oder Umwandlung

Enteignung

Vergesellschaftung

Erbauseinandersetzung</td><td rowspan="2">Wertorientierte Vergütung

Wertorientierte Unternehmensführung

Wertorientiertes Controlling

Verpfändung von Anteilen

Pretiale Lenkung des Verhaltens von Gesellschaftern über Erfolgsbeteiligung und Abfindungsklauseln

Kreditwürdigkeitsprüfung

Sanierungsprüfung

Insolvenzprüfung

Bewertungen im Rahmen der Bilanzierung

übrige Bewertungen nach gesetzlichen Regelungen, die nicht den Hauptfunktionen zuzuordnen sind

Ermittlung von Besteuerungsgrundlagen</td></tr>
<tr><td>Typ Fusion/ Spaltung</td><td>Fusion oder Spaltung

Unternehmensgründung mit Einbringung

Eintritt eines Gesellschafters in bestehendes Unternehmen ohne Ausscheiden bisheriger Gesellschafter</td><td>Abfindung von Minderheitsgesellschaftern in eigenen Aktien bei
- übertragender Umwandlung
- Abschluss eines Beherrschungs- oder Gewinnabführungsvertrags
- Eingliederung</td></tr>
<tr><td></td><td colspan="2">Anlässe, welche die Hauptfunktionen betreffen</td><td>Anlässe, welche die Nebenfunktionen betreffen</td></tr>
</table>

Tabelle 1: Anlässe der Unternehmensbewertung[439]

[439] Siehe Fn. 438.

Zunächst sind nicht dominierte von dominierten Anlässen bzw. Konfliktsituationen zu separieren. In nicht dominierten Konfliktsituationen kann eine Veränderung der Eigentumsverhältnisse nicht gegen den Willen der konfligierenden Partei durchgesetzt werden. Anders ist dies bei dominierten Bewertungsanlässen. Hier kann eine Partei auch gegen ihren Willen – im Rechtsstaat freilich nur aufgrund gesetzlicher Legitimation – zur Änderung der Eigentumsverhältnisse gezwungen werden.[440] Der klassische Anlass der nicht dominierten Situation ist der Kauf eines Unternehmens. Die Anlässe vom Typ Fusion/Spaltung unterscheiden sich hiervon durch die Art der Änderung der Eigentumsverhältnisse. Während beim Kauf die Eigentümer wechseln, stehen bei diesen Anlässen i. d. R. die Anteilsquoten der Alteigentümer an neu entstandenen Gesellschaften zur Disposition.

Den – wie dargestellt vielfältigen – Anlässen der Bewertung lassen sich aber eben nicht generell bestimmte Funktionen und ihre entsprechenden Wertarten zuordnen. Insbesondere führt die eindeutige Zuordnung eines Anlasses zu einer Funktion zu Verwirrungen und Missverständnissen.[441] Vielmehr finden sich regelmäßig einfache Beispiele, bei denen die verschiedenen Wertarten der (Haupt-)Funktionen bei ein und demselben Bewertungsanlass zum Tragen kommen.[442] Die simple Zuordnung von Funktion und Anlass ist damit im Ergebnis nicht möglich.[443] Dies macht wiederum deutlich, dass weniger der Anlass, sondern gerade die Analyse der Wertart aufschlussreiche Erkenntnisse mit sich bringen wird.

4. Unternehmensbewertungsanlässe im Steuerrecht

41. Anwendungsbereich der neuen Bewertungsregeln

Der Gesetzgeber wurde durch den BVerfG-Beschluss „lediglich" zur Reform der Bewertung für Zwecke der Erbschaft- und Schenkungsteuer verpflichtet. Durch die Änderung der Vorschriften im Allgemeinen Teil des BewG wirkt sich die Reform jedoch auch auf sämtliche andere steuerliche Bewertungsanlässe aus, bei denen

440 Vgl. zum bisherigen Absatz MATSCHKE, Arbitriumwert, 1979, S. 31 ff.

441 Vgl. SIEBEN, BFuP, 1976, S. 494, COENENBERG/SIEBEN, Unternehmungsbewertung, in: Grochla/Wittmann (Hrsg.), Betriebswirtschaft, 1974, Sp. 4064; KÜNNEMANN, Unternehmensbewertung, 1985, S. 56.

442 Vgl. BALLWIESER/LEUTHIER, DStR, 1986, S. 548.

443 Vgl. PILTZ, Rechtsprechung, 1994, S. 15 f.

weder spezielle Vorschriften zur Bewertung noch ein Verweis auf die besonderen Bewertungsvorschriften des Zweiten Teils des BewG existieren.[444] Die Anwendung der neuen Bewertungsregeln auch für andere, insbesondere ertragsteuerliche Zwecke, ist grundsätzlich naheliegend. Es wäre wohl auch vollkommen unsinnig, einen unterschiedlichen „gemeinen Wert" für verschiedene Steuerarten vorzusehen.[445] Im Schrifttum war die Anwendbarkeit der neuen Bewertungsregeln auch für andere steuerliche Bewertungsanlässe daher frühzeitig erkannt worden.[446] Hierfür spricht auch insbesondere die Streichung des (erst) durch das SEStEG eingeführten Satzes 3 des § 11 Absatz 2 BewG,[447] der die Anwendung der Schätzung unter Berücksichtigung des Vermögens und der Ertragsaussichten (§ 11 Absatz 2 Satz 2 BewG a. F.) für ertragsteuerliche Zwecke ausschloss. Obwohl die Anwendung für Zwecke außerhalb der Erbschaft- und Schenkungsteuer (zumindest) für die Anwendung des § 11 BewG gesetzessystematisch eindeutig ist,[448] ließ der erste Erlass der Finanzverwaltung[449] ein abweichendes Verständnis erkennen. Die dortigen Ausführungen zur Ermittlung des gemeinen Werts sollten ausschließlich für Zwecke der Erbschaft- und Schenkungsteuer gelten und die Bewertung für ertragsteuerliche Zwecke unberührt belassen (Abschnitt 1 Satz 1 und 2 Bewertungserlass 2009). Ob die diesbezügliche Anmerkung im Schrifttum, wonach damit nur die Gültigkeit des Erlasses und nicht die Gültigkeit der gesetzlichen Regelung für ertragsteuerliche Zwecke gemeint gewesen sei, zutreffend war, ist im Nachhinein irrelevant.[450] Denn der zweite Bewertungserlass[451] ließ den Gliederungspunkt Geltungsbereich unbesetzt (Abschnitt 1 Bewertungserlass 2011). Daher war davon auszugehen, dass die Finanzverwaltung von da an die gesetzlichen Regelungen und natürlich die Erlass-

---

444 Vgl. hierzu die Prüfreihenfolge zur Anwendung des BewG bei SEER, Steuerarten, in: Tipke/Lang (Hrsg.), Steuerrecht, 2010; § 13, Rz. 10.

445 Ähnlich SIEGMUND/ZIPFEL, DStZ, 2010, S. 478; DROSDZOL, DStR, 2011, S. 1259.

446 Vgl. CREUTZMANN, DB, 2008, S. 2784 f., 2791; DIRRIGL, Steuerbemessung, in: Kiesewetter/Niemann (Hrsg.), FS Wagner, 2009, S. B4; CREUTZMANN, Bewertungsgesetz, in: Königsmaier/Mandl (Hrsg.), FS Mandl, 2010, S. 151.

447 Vgl. HÜBNER, Ubg, 2009, S. 4.

448 Vgl. zu dem zunächst weniger eindeutigen Anwendungsbereich des vEWV Kapitel F.II.1.

449 Gleichlautender Erlass zur Umsetzung des Gesetzes zur Reform des Erbschaftsteuer- und Bewertungsrechts; Anwendung der §§ 11, 95 bis 109 und 199 ff. BewG in der Fassung durch das ErbStRG vom 25.06.2009, BStBl. I 2009, S. 698. Folgend als Bewertungserlass 2009 bezeichnet.

450 Vgl. dazu HECHT/v. CÖLLN, BB, 2010, S. 795, die jedenfalls zutreffend erkannten, dass unabhängig von der Erlassregelung der § 11 Absatz 2 BewG auch für ertragsteuerliche Zwecke gelten müsse.

451 Gleichlautender Erlass zur Umsetzung des Gesetzes zur Reform des Erbschaftsteuer- und Bewertungsrechts; Anwendung der §§ 11, 95 bis 109 und 199 ff. BewG in der Fassung durch das ErbStRG vom 17.05.2011, BStBl. I 2011, S. 606. Folgend als Bewertungserlass 2011 bezeichnet.

vorschriften (insbesondere) auch für ertragsteuerliche Zwecke als anwendbar ansah. Diese Annahme bestätigt die endgültige Klarstellung im Erlass vom 20.07.2011, welcher klarstellt, dass durch das Weglassen des Anwendungsbereichs die Vorschriften auch für die Bewertung von Anteilen an Kapitalgesellschaften und von Betriebsvermögen für ertragsteuerliche Zwecke anzuwenden sind.[452]

42. Bewertungsanlässe zum gemeinen Wert im Ertragsteuerrecht

Obwohl ein entsprechender Verweis letztlich entbehrlich wäre, finden sich im Ertragsteuerrecht viele Vorschriften, die explizit eine Bewertung zum gemeinen Wert vorschreiben.

Obgleich das Einkommensteuergesetz mit dem Teilwert im Bilanzsteuerrecht einen eigenen originär steuerlichen Wertbegriff kennt und trotz der Tatsache, dass die Bewertung zum gemeinen Wert auch ohne eine Anordnung des Wertmaßstabs über die Anwendung der Allgemeinen Bewertungsvorschriften des Bewertungsgesetzes zum Tragen kommt, hat der Gesetzgeber für verschiedene Tatbestände – m. E. nicht von einer bestimmten Systematik geleitet – explizit die Bewertung zum gemeinen Wert angeordnet. Eine Übersicht dieser Anlässe findet ist im Anhang I.1.

Neben den durch die Einkommensermittlung durchwirkenden Bewertungsanlässen des EStG kennt das KStG eigene Vorschriften, die explizit eine Bewertung zum gemeinen Wert verlangen und somit potentielle Unternehmensbewertungsanlässe darstellen. Diese sind im Anhang I.2. aufgelistet.

Im Umwandlungssteuergesetz (UmwStG vom 07.12.2006)[453] wurde durch die umfassende Reform des SEStEG der bis dahin ggf. anzuwendende Wert, der sich aufgrund der steuerlichen Vorschriften für die Gewinnermittlung ergab, durch den gemeinen Wert ersetzt. Dieser ist regelmäßig relevant, falls die Voraussetzungen für den Buchwertansatz nicht vorliegen bzw. dieser gar nicht angestrebt wird. Die potentiellen Bewertungsanlässe sind im Anhang I.3 genannt.

---

[452] Vgl. FinMin. Schleswig-Holstein vom 20.07.2011 - VI 306-S 2170-577, ZEV, 2011, S. 616.
[453] BGBl. I 2006, S. 2782.

III. Steuerbemessungsfunktion der Unternehmensbewertung

1. Merkmalsausprägungen der Steuerbemessungsfunktion

Die bisherige Forschung zu den Nebenfunktionen hat eine Systematisierung von ausgewählten allgemeinen Merkmalen hervorgebracht.[454] Diese werden hier für die Steuerbemessung für Zwecke der Erbschaft- und Schenkungsteuer und damit für den gemeinen Wert, wie in Abbildung 4 dargestellt, konkretisiert.

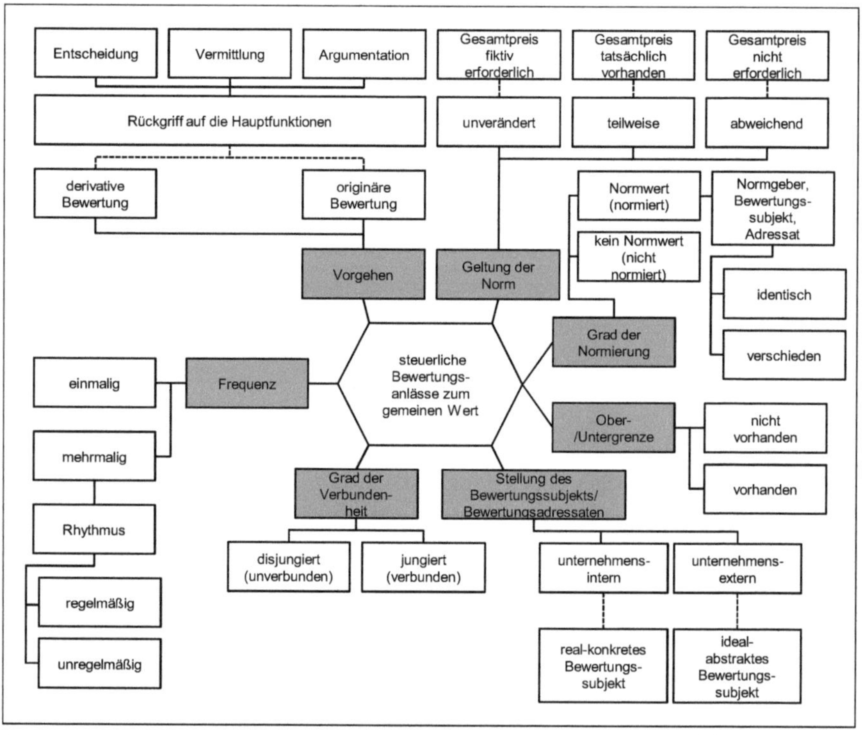

Abbildung 4: Merkmalsausprägungen der Steuerbemessungsfunktion[455]

Der begrifflichen Trennung von Konfliktsituation (bei den Hauptfunktionen) und Bewertungssituation (bei den Nebenfunktionen) wird hier zunächst gefolgt. Im

---

[454] Vgl. MATSCHKE/BRÖSEL, Unternehmensbewertung, 2013, S. 109 ff.; PEUTHERT/HURLEBAUS/HERING, DB, 2010, S. 2681 ff.

[455] Quelle: PEUTHERT/HURLEBAUS/HERING, DB, 2010, S. 2683.

weiteren Verlauf dieses und des nächsten Kapitels wird jedoch deutlich, dass gerade auch die hier untersuchte Steuerbemessungsfunktion m. E. durch wesentliche Elemente einer Konfliktsituation beschrieben werden kann.

Die Bewertungsanlässe, welche eine Ermittlung des gemeinen Werts erfordern, wurden bereits im vorherigen Kapitel bestimmt.

Nach dem Grad der Verbundenheit lassen sich verbundene (jungierte) und unverbundene (disjungierte) Bewertungssituationen unterscheiden.[456] Wird das Bewertungssubjekt in seinem Entscheidungsfeld durch eine andere Bewertungsaufgabe beeinflusst, handelt es sich um eine jungierte Bewertungssituation. Diese andere Bewertungsaufgabe kann dabei sowohl aus Haupt- als auch aus anderen Nebenfunktionen entstehen.[457] Für die Steuerbemessungsfunktion könnte man zunächst dazu tendieren, von einer unverbundenen Bewertungssituation, bei der eine solche Beeinflussung nicht besteht, auszugehen. Bei näherer Betrachtung ergeben sich jedoch m. E. für Zwecke der Erbschaftsteuerbemessung denkbare jungierte Bewertungs-/ bzw. Konfliktsituationen, die aus gesetzlichen und weiterführenden Regelungen der ErbStR 2011 zur Ermittlung des gemeinen Werts resultieren. Zunächst ist die Ableitung des gemeinen Werts aus zeitnahen Verkäufen i. S. v. § 11 Absatz 2 Satz 2 Alternative 1 BewG zu betrachten.[458] Offenbar wird hier durch die Maßgeblichkeit einer Verkaufsentscheidung eine andere Konfliktsituation für die Steuerbemessung relevant. Der Steuerpflichtige könnte durch eine entsprechende Gestaltung die steuerliche Bewertung beeinflussen bzw. sogar entbehrlich machen. Es ist zu überlegen, inwieweit diese andere Bewertungsaufgabe zu einer tatsächlichen Beeinflussung der Entscheidungen des Bewertungssubjekts führt. Ist der Steuerpflichtige der Käufer einer zeitnahen Transaktion i. S. dieser Vorschrift, werden sich die beiden Funktionen insofern nicht beeinflussen, als dass die jeweilige Zielsetzung eines möglichst geringen Preises bzw. Werts übereinstimmt. Deutlich interessanter gestaltet es sich, wenn der Steuerpflichtige der Verkäufer beim zeitnahen Verkauf war.[459] Offenbar sind hierbei stets nur Fälle interessant, bei denen nicht alle Anteile

456 Diese Unterscheidung kann auch bei den Hauptfunktionen erfolgen, vgl. bereits MATSCHKE, Entscheidungswert, 1975, S. 34 ff.

457 Vgl. zum bisherigen Absatz MATSCHKE/BRÖSEL, Unternehmensbewertung, 2013, S. 111.

458 Vgl. dazu insbesondere Kapitel E.III.

459 Diese Möglichkeit besteht offenbar nicht für Einzelunternehmer. Vgl. dazu auch Kapitel E.III.1.12.

eines Unternehmens veräußert wurden; andernfalls wäre keine Bewertung mehr notwendig. Die gegenseitige Beeinflussung der Bewertungs- bzw. Konfliktsituationen wird hier evident, weil die Zielsetzungen nun divergierend sind. Während der Steuerpflichtige in seiner Eigenschaft als Verkäufer einen möglichst hohen Preis erzielen möchte, ist bei der Steuerbemessung ein möglichst geringer Wert vorteilhaft. Aus der Optimierung dieses Zielkonflikts folgt(e) insbesondere die Gestaltung des zu günstigen Verkaufs eines Zwerganteils,[460] der ohne die Verbindung zur Steuerbemessungsfunktion natürlich ökonomisch sinnlos wäre.

Neben dieser direkten gesetzlichen Verbindung nennen die ErbStR 2011 in R B 199.1 Absatz 5 hinsichtlich der Anlässe, welche Erkenntnisse zu offensichtlich unzutreffenden Ergebnissen des vEWV bieten könnten, beispielhaft zeitnahe Verkäufe nach dem Stichtag, Verkäufe, die länger als ein Jahr zurück liegen und das Ergebnis einer Erbauseinandersetzung.[461] Auch bei diesen drei Gruppen lässt sich zumindest teilweise das Merkmal einer verbundenen Bewertungssituation identifizieren. Bei Verkäufen, die länger als ein Jahr zurück liegen, ist die Verbindung der Bewertungsfunktionen wie oben bei Verkäufen innerhalb eines Jahres vor dem Stichtag beschreibbar. Abhängig davon, ob es sich bei Steuerpflichtigen um den Käufer oder Verkäufer handelt, ist eine unverbundene oder verbundene Bewertungssituation anzunehmen.

In dem praktisch wohl nicht unbedeutenden Fall der zeitnahen Verkäufe nach dem Stichtag durch den Steuerpflichtigen ist die gegenseitige Beeinflussung wiederum durch den oben aufgezeigten Zielkonflikt des Verkäufers beschreibbar. Die Bereitschaft beim Verkaufspreis aufgrund der hieraus drohenden erhöhten Erbschaftsteuerbelastung Zugeständnisse zu machen, sinkt freilich mit zunehmender Größe des veräußerten Anteils. Wiederum ist daher eine entsprechende Gestaltung durch die Veräußerung von Zwerganteilen denkbar.[462]

Die Konfliktsituation der Erbauseinandersetzung ist in diesem Zusammenhang ähnlich der obigen Unterscheidung von Käufer und Verkäufer bei Verkäufen i. S. d.

[460] Vgl. zu den Einschränkungen durch die ErbStR 2011 jedoch E.III.2.24.
[461] Vgl. dazu ausführlich Kapitel F.II.3.
[462] Vgl. dazu die Modellierung in Kapitel FII.3.

§ 11 Absatz 2 Satz 2 Alternative 1 BewG zu beurteilen. Betrachtet man einen Erben, der nach der Erbauseinandersetzung Anteile am Unternehmen (statt anderer Vermögensgegenstände) erhalten wird, entspricht dies der Situation des Käufers. Sowohl im Rahmen der Erbauseinandersetzung als auch für die Steuerbemessung möchte er einen niedrigen Wert durchsetzen. Die beiden Bewertungsfunktionen sind zielkonvergent, woraus sich wiederum keine Beeinflussung der Entscheidung des Bewertungssubjekts ableiten lässt, die über so etwas wie verhandlungstaktische Synergieeffekte hinausgeht. Dieser Erbe kann bspw. mit den gleichen Gutachten argumentieren. Sein Gegenüber, der Erbe, welcher statt Unternehmensanteilen etwa eine Ausgleichszahlung erhält, rückt in die Rolle des Veräußerers. In der Erbauseinandersetzung möchte er hohe, in der Steuerbemessung niedrige Werte verwirklichen. Jedoch dominiert die Verwirklichung des hohen Werts in der Erbauseinandersetzung die Steuerbemessung. Der Erbe wird stets keine geringere Ausgleichszahlung akzeptieren, um dadurch lediglich die Steuerzahlung zu verringern. Die optimale Entscheidung erfordert entsprechend keine Abwägung der divergierenden Effekte. Aus Sicht dieses Erben ergibt sich daher keine verbundene Bewertungssituation.

Bei der Frequenz der Bewertung wird zunächst zwischen einmaligen und mehrmaligen Bewertungen differenziert. Ist die Bewertung mehrmals durchzuführen, kann dies in einem regelmäßigen oder unregelmäßigen Rhythmus erfolgen.[463] Diese Abgrenzung kann bspw. vorgenommen werden, um zu entscheiden, ob die Einrichtung eines standardisierten Bewertungsverfahrens zur Unterstützung des Bewertungssubjekts sinnvoll ist.[464] Unternehmensbewertungen für Zwecke der Erbschaft- und Schenkungsteuer lassen sich dieser Systematisierung nur bedingt zuordnen. Bei der Erbschaft bzw. Schenkung kann es sich u. U. um ein Ereignis handeln, welches das einzelne Unternehmen mehrfach betrifft. Gerade bei börsennotierten Gesellschaften mit hohem Streubesitz und einer entsprechend hohen Anzahl an Aktionären wird die Ermittlung des gemeinen Werts für Zwecke der Erbschaftsteuer im Zweifelsfall börsentäglich, zumindest jedoch mehrmals im Jahr, erfolgen. Hier ist jedoch die Frequenz von ggf. hintereinander durchzuführenden Unternehmensbewertungen gemeint. Hiervon werden die meisten Unternehmen selten und wenn dann in langen unregelmäßigen Abständen betroffen sein. Zumindest ergibt sich hieraus für die

463 Vgl. zum bisherigen Absatz PEUTHERT/HURLEBAUS/HERING, DB, 2010, S. 2863.
464 Vgl. MATSCHKE/BRÖSEL, Unternehmensbewertung, 2013, S. 111.

weitaus größte Anzahl der Unternehmen keine Notwendigkeit, ein standardisiertes System zur Ermittlung des erbschaftsteuerlichen Werts zu implementieren. Ausnahmefälle könnten nicht börsennotierte Familienunternehmen mit großem Gesellschafterkreis darstellen.

Der Grad der Normierung der Bewertungssituation differenziert zwischen Normwerten und nicht normierten Werten. Falls in einer Nebenfunktion Normwerte zur Anwendung kommen, sind die drei beteiligten Subjekte Bewertender (Normanwender I), Normgeber und Adressat (Normanwender II) auf Identität zu überprüfen.[465] Der hier zu untersuchende gemeine Wert ist augenscheinlich ein gesetzlich normierter und damit unstrittig ein Normwert. Als Normgeber fungiert die legislative Gewalt, welche wie im vorliegenden Fall bei Zustimmungsgesetzen aus dem Deutschen Bundestag und Bundesrat besteht. Beim Bewertenden handelt es sich natürlich um den Steuerpflichtigen, der den realen Sachverhalt des unentgeltlichen Erwerbs von unternehmerischem Vermögen wertmäßig abzubilden hat. Adressat dieser Information ist die Finanzverwaltung als exekutive Staatsgewalt. Dabei beschränkt sich dieser zweite Normanwender jedoch nicht auf die bloße Entgegennahme der Information. Vielmehr ist es letztlich die Finanzverwaltung, die den Normwert unter Anwendung der Normen festsetzt und dabei nicht zwingend auf die übermittelte Information des Steuerpflichtigen zurückgreifen muss. Neben den für Steuerpflichtigen und Finanzgerichtsbarkeit bindenden Gesetzen des Normgebers greift jedoch auch der Normanwender II durch einen internen Normgebungsprozess (Verwaltungsanweisungen) in die Normgebung ein. Die beteiligten Subjekte sind also weder identisch, noch verfolgen sie, wie unten konkretisiert wird, gleichgerichtete Ziele.

Die Geltung der Norm ist differenziert zu betrachten. Grundsätzlich sind die gesetzlichen Normen der Bewertung stets anzuwenden. Die Norm, welche zur Anwendung des offenen Verfahrens führt, ist jedoch nur teilweise anwendbar. Die Ermittlung des Gesamtpreises kann entbehrlich sein, insbesondere wenn andere (Markt-)Preise vorliegen. Die ausführliche Untersuchung des Anwendungsbereichs der offenen oder der alternativen Verfahren ist Gegenstand von Kapitel E.I.1.

---

465 Vgl. zum bisherigen Absatz MATSCHKE/BRÖSEL, Unternehmensbewertung, 2013, S. 111.

Bei der Präsentation des Unternehmenswerts durch den Steuerpflichtigen kann man die Stellung des Bewertungssubjekts als unternehmensintern bezeichnen. Falls ein externer Berater zur Ermittlung des Unternehmenswerts herangezogen wird, ist ein solcher in diesem Sinne als unternehmensintern zu verstehen. Wird die Bewertung vom Fiskus durchgeführt, handelt es sich entsprechend um eine unternehmensexterne Stellung des Bewertungssubjekts. Als Adressat ist der Fiskus jedenfalls stets als extern zu qualifizieren. Hieraus resultiert sowohl in seiner Stellung als Bewertungssubjekt als auch als Bewertungsadressat eine asymmetrische Informationsverteilung zu seinen Lasten.[466] Ob bei der Bewertung das real-konkrete oder ein idealabstraktes Bewertungssubjekt heranzuziehen ist,[467] wird sich erst durch die Bestimmung des rechtlichen Bewertungsziels und der Auslegung der Erwerberklausel des § 11 BewG im folgenden Kapitel D.III.2. klären lassen.

Beim Vorgehen der Ermittlung des Unternehmenswerts unterscheidet man originäre und derivative Bewertungen. Originär sind solche Bewertungen, die eine eigenständige Bewertung ganzer Unternehmen beinhalten. Eine derivative Wertermittlung verwendet zur jeweiligen Erfüllung des Nebenzwecks jedoch lediglich die Erkenntnisse der Unternehmensbewertungstheorie.[468] Die steuerliche Bewertung erfolgt grundsätzlich originär.[469] Dies heißt jedoch nicht, dass dabei keine Ableitung aus den bestehenden Wertkonzeptionen möglich ist. Im vorliegenden Fall wird der mögliche Rückgriff auf die Hauptfunktionen bereits durch die verschiedenen vom Normgeber benutzten Begrifflichkeiten und Fiktionen deutlich. Eine ausführliche Analyse des potentiellen Rückgriffs auf die Wertarten der Hauptfunktionen findet daher im anschließenden Kapitel D.III.2 statt. Auch die Berücksichtigung von Wertober- und Untergrenzen lässt sich in diesem Zusammenhang erläutern.

---

466 Vgl. PEUTHERT/HURLEBAUS/HERING, DB, 2010, S. 2683; zur damit zusammenhängenden Agency-Problematik LÖFFLER, Wertfindung, 2008, S. 41 ff.

467 Vgl. zu den Begriffen MATSCHKE/BRÖSEL, Unternehmensbewertung, 2013, S. 3.

468 Vgl. zum bisherigen Absatz MATSCHKE/BRÖSEL, Unternehmensbewertung, 2013, S. 110.

469 Vgl. PEUTHERT/HURLEBAUS/HERING, DB, 2010, S. 2683.

2. Rückgriff auf die Wertarten der Hauptfunktionen

21. Entscheidungswert

211. Charakteristik

Nachdem gezeigt wurde, dass die bloße Identifikation des Bewertungsanlasses noch keine Rückschlüsse auf die Funktion der Bewertung und die damit einhergehende Wertkonzeption nach sich zieht, werden folgend die drei Wertarten der Hauptfunktionen im Hinblick auf die Steuerbemessungsfunktion untersucht. Es ist also zu klären, ob der steuerliche Bewertungsanlass eine Ableitung aus bereits bestehenden Wertkonzeptionen zulässt. Aufbauend auf den obigen allgemeinen Aussagen zur Entscheidungsfunktion der Unternehmensbewertung, werden hier zunächst die konkreten Merkmale von Entscheidungswerten zur subjektiven Werttheorie in Bezug gesetzt und dann auf den Wert zur Steuerbemessung übertragen.

Die vier wesentlichen Merkmale von Entscheidungswerten sind die Zielsystembezogenheit, die Entscheidungsfeldbezogenheit, die Handlungsbezogenheit und seine Grenzwerteigenschaft.[470] Anhand der Begrifflichkeiten wird die Interdependenz von subjektiver Werttheorie und Entscheidungsfunktion deutlich. Letztlich sind alle hier genannten Merkmale bereits durch die dortigen Beschreibungen erläutert.[471] M. E. fehlt bei dieser Aufzählung jedoch eine wesentliche Eigenschaft des Entscheidungswerts. Gerade in Verhandlungssituationen trägt er auch stets das Merkmal der Geheimhaltung, weil seine Offenbarung regelmäßig nicht vorteilhaft sein würde.

212. Übertragung auf die Steuerbemessungsfunktion

Die Untersuchung beschränkt sich naturgemäß auf solche Fälle, bei denen mangels Börsenkurs und Verkauf an fremde Dritte eine „ ‚echte' Unternehmensbewertung"[472] stattfindet.[473] Hierzu verlangt § 11 Absatz 2 Satz 2 BewG den gemeinen Wert „unter Berücksichtigung der Ertragsaussichten der Kapitalgesellschaft oder einer anderen

470 Vgl. MATSCHKE, BFuP, 1972, S. 147.
471 Vgl. Kapitel D.I.3.
472 HANNES/ONDERKA, ZEV, 2008, S. 174.
473 Die Methodenhierarchie wird ausführlich in Kapitel E.I.1 behandelt.

anerkannten, auch im gewöhnlichen Geschäftsverkehr für nichtsteuerliche Zwecke üblichen Methode zu ermitteln; dabei ist die Methode anzuwenden, die ein Erwerber der Bemessung des Kaufpreises zu Grunde legen würde."

Zur Auslegung solcher steuerrechtlichen Normen wurden von der juristischen Methodenlehre zwei grundlegende Auffassungen vorgetragen.[474] Die subjektive Theorie möchte den tatsächlichen Willen und die Absichten des historischen Gesetzgebers feststellen; sie erklärt allein diese Beweggründe als maßgebend.[475] Die objektive Theorie bezweckt dagegen, den im Gesetzeswortlaut niedergelegten objektivierten Willen des Gesetzes zu ermitteln.[476] In letzter Konsequenz würde nach dieser Auslegungstheorie auch „de[r] erkennbare[] und in sich stimmige[] Wortsinn des Gesetzes selbst dann zur Geltung zu bringen, wenn er der Absicht der am Gesetzgebungsverfahren Beteiligten zuwiderläuft."[477] Beide Theorien werden jedoch in ihrer ursprünglichen reinen Form nicht mehr vorgetragen; vielmehr ist der jetzige Diskussionsstand von vermittelnden Meinungen geprägt.[478] Diese vermittelnden Meinungen führten zur hermeneutischen Auslegungsmethodik.[479] Hierunter ist die ganzheitliche Methode zu verstehen, mit welcher Rechtsvorschriften anhand der Kriterien

- Wortlaut und Wortsinn der gesetzlichen Vorschrift,
- Bedeutungszusammenhang der gesetzlichen Vorschrift,
- Entstehungsgeschichte der gesetzlichen Vorschrift,
- Gesetzesmaterialien und Ansichten des Gesetzgebers,
- objektiv-teleologische Gesichtspunkte,
- sowie der Verfassungskonformität

auszulegen sind.[480]

474 Vgl. CREZELIUS, Rechtsanwendung, 1983, S. 98; zu diesem Absatz auch SCHLEIT-HOFF, Unternehmensbewertung, 2006, S. 120 f.
475 Vgl. CREZELIUS, Rechtsanwendung, 1983, S. 99 m. w. N.
476 Vgl. CREZELIUS, Rechtsanwendung, 1983, S. 99.
477 CREZELIUS, Rechtsanwendung, 1983, S. 99.
478 Vgl. CREZELIUS, Rechtsanwendung, 1983, S. 99 m. w. N.
479 Vgl. SCHLEITHOFF, Unternehmensbewertung, 2006, S. 120.
480 Vgl. BAETGE/KIRSCH/THIELE, Bilanzen, 2009, S. 107, S. 108 ff., dort jedoch explizit auf Bilanzierungsvorschriften bezogen.

Bei der Auslegung der sog. Erwerberformel[481] in § 11 Absatz 2 BewG aus dessen Wortlaut scheint die Erwerbersichtweise zunächst nur auf die Methodenwahl beschränkt zu sein. Nimmt man jedoch die Gesetzesbegründung hinzu, lässt sich der Wille des Gesetzgebers auch anders auslegen: „Um Schätzungsunschärfen, die zulasten des Steuerpflichtigen gehen würden, zu vermeiden, soll auf die Sicht eines gedachten Käufers abgestellt werden, da dieser im Unterschied zum Verkäufer bemüht sein wird, den Preis möglichst niedrig zu halten."[482] Der Gesetzgeber teilt damit die oben beschriebene Erkenntnis, dass ein Unternehmen aus Käufer- und Verkäuferperspektive i. d. R. einen unterschiedlichen Wert besitzt.[483]

Insofern könnte die Formulierung insbesondere auf einen Entscheidungswert i. S. d. funktionalen Werttheorie hinweisen. Diese Sichtweise soll hier vorgestellt und diskutiert werden. Offensichtlich orientiert sich der Gesetzgeber als Leitbild zur Wertfindung an einer Kauf-/Verkauf-Entscheidungssituation. Dies ist auch konsistent zum Verkehrswertgedanken und zu der bevorzugten Heranziehung marktbestimmter Werte in § 11 Absatz 1 BewG sowie § 11 Absatz 2 Satz 2 1. Alt. BewG. In einer der wenigen dem Verfasser bekannten Auseinandersetzungen im Schrifttum, die sich explizit der Wertart i. S. d. funktionalen Theorie widmet, wird in der o. g. Erwerberformel eine vom Gesetzgeber gewollte Verankerung des Entscheidungswerts gesehen. Dabei sei der konkrete Steuerpflichtige als Erwerber zu verstehen, der seine individuelle Konzessionsgrenze bestimmt.[484] Der steuerlich relevante Wert des Unternehmens entspreche daher seinem Entscheidungswert.[485] In der Identifika-

481 Das Konzept der Erwerberformel ist im Steuerrecht nicht neu. Sie findet sich auch beim originär steuerlichen Teilwertbegriff. Der Teilwert ist „der Betrag den ein Erwerber des ganzen Unternehmens im Rahmen des Gesamtkaufpreises für das einzelne Wirtschaftsgut ansetzen würde" (§ 10 S. 2 BewG, § 6 Absatz 1 Nr. 1 Satz 3 Einkommensteuergesetz (EStG vom 08.10.2009, BGBl. I 2009, S. 3369); die Teilwertdefinitionen sind nahezu identisch. Im EStG wird anstelle des Begriffs „Unternehmen" naturgemäß der Begriff „Betrieb" verwendet.) Der Teilwert ist wohl das seit Jahrzehnten am heftigsten umstrittene Bewertungskonzept. Vgl. LÖFFLER, Wertfindung, 2008, S. 83; in praxi wird er mit Hilfe der von der BFH-Rechtsprechung entwickelten (widerlegbaren) Teilwertvermutungen ermittelt; vgl. zu einer Übersicht der Teilwertvermutungen FEDERMANN, Bilanzierung, 2010, S. 453; KUßMAUL, Steuerlehre, 2010, S. 67. Der Teilwert ist in diesen Vermutungen regelmäßig weder betriebs- noch ertragsbezogen, vgl. PEUTHERT/HURLEBAUS/HERING, DB, 2010, S. 2681, und daher seiner ursprünglichen Idee weitgehend beraubt worden. Vgl. COENENBERG/HALLER/SCHULTZE/ COENENBERG, Jahresabschluss, 2009, S. 108. In einer jüngeren Untersuchung wird daher in Teilbereichen dessen Abschaffung zu Gunsten des gemeinen Werts gefordert. Vgl. GABERT, Teilwert, 2011, S. 228.

482 Deutscher Bundestag (Hrsg.), Regierungsentwurf ErbStRG, BT-Drs. 16/7918, S. 38.

483 Vgl. auch PILTZ, DStR, 2008, S. 352; PILTZ, DStR, 2008, S. 753.

484 Vgl. OLBRICH/HARES/PAULY, DStR, 2010, S. 1250.

485 Vgl. OLBRICH/HARES/PAULY, DStR, 2010, S. 1250, 1255.

tion des Entscheidungswerts als steuerlich relevanten Unternehmenswert und der damit einhergehenden streng subjektbezogenen Bewertung sehen OLBRICH/ HARES/PAULY das Prinzip der Besteuerung nach wirtschaftlicher Leistungsfähigkeit verwirklicht.[486] Diese Sichtweise bringt jedoch erhebliche Schwierigkeiten theoretischer und praktischer Natur mit sich.

Unstrittig ist, dass eine Schätzungsunsicherheit zu Lasten des Steuerpflichtigen vermieden werden soll (s. o.). Offensichtlich ist ebenfalls, dass ein potentieller Erwerber stets einen möglichst geringen Preis entrichten möchte. Fraglich ist nur, warum ein Erwerber zur Bestimmung seiner Konzessionsgrenze nun die Methode wählen sollte, die zu dem geringsten Preis führt. Ein solches Vorgehen würde im Rahmen der Preisverhandlung keinerlei Vorteil begründen, weil der wahre Entscheidungswert regelmäßig nicht kommuniziert wird. Gerade die Kommunikation des Werts gegenüber der Finanzverwaltung spricht gegen einen Entscheidungswert. Ein Erwerber wird zur Ermittlung seiner „Schmerzgrenze" vielmehr ausschließlich die Methode anwenden, die seines Erachtens die genauste Aussage über diese eigene Preisobergrenze erwarten lässt. Der Steuerpflichtige hingegen benötigt gar keinen Entscheidungswert, weil dieser in der Steuerbemessungsfunktion keinerlei entscheidungsrelevante Informationen liefert. Die Steuerfestsetzung wird in jedem Fall stattfinden; der Steuerpflichtige kann ihr nicht entgehen. Das Merkmal der Handlungsbezogenheit ist damit ebenfalls nicht erfüllt. Es ist unerheblich, wie hoch sein wahrer Entscheidungswert ist. Der nach § 11 Absatz 2 Satz 2 BewG beschriebene Wert trägt damit ebenfalls nicht das Merkmal des Grenzwerts; es existiert kein Wert, bei dem eine Entscheidung des Steuerpflichtigen „kippt" oder irrational würde.

Daneben ist nicht sichergestellt, dass der Entscheidungswert des Steuerpflichtigen das für ihn vom Gesetzgeber gewollte günstigste Ergebnis darstellt. Geht man von einer Verhandlungssituation beim Kauf/Verkauf aus, gibt es zwei grundsätzlich verschiedene Szenarien:

1. Der Grenzpreis des Käufers liegt über dem des Verkäufers. In diesem Fall werden sich Käufer und Verkäufer auf einen (Markt-)Preis einigen, der, wie in Abbildung 5 zu

[486] Vgl. OLBRICH/HARES/PAULY, DStR, 2010; S. 1250 f.

sehen ist, innerhalb eines Einigungsbereichs liegt, wenn der Preis, wie hier angenommen, die einzige zu verhandelnde Größe ist. Sowohl Käufer als auch Verkäufer profitieren dann vom Abschluss der Transaktion. In dieser Situation befindet sich der Entscheidungswert des Käufers aber immer oberhalb des Marktpreises (und dieser zwingend auch oberhalb des Entscheidungswerts des Verkäufers). Insofern wäre der Steuerpflichtige stets benachteiligt, wenn sein (Käufer-)Grenzpreis als erbschaftsteuerliche Bemessungsgrundlage herhalten müsste. Dieser Entscheidungswert spiegelt zwar exakt wider, was ihm das Unternehmen subjektiv wert ist, er stellt jedoch im Rahmen der Verhandlungssituation das schlecht möglichste – eben gerade noch annehmbare Ergebnis – dar. Dies ist wohl kaum mit der Intention des Gesetzgebers, den Steuerpflichtigen vor Schätzungsunsicherheiten, die zu seinen Lasten gehen, zu schützen, vereinbar.

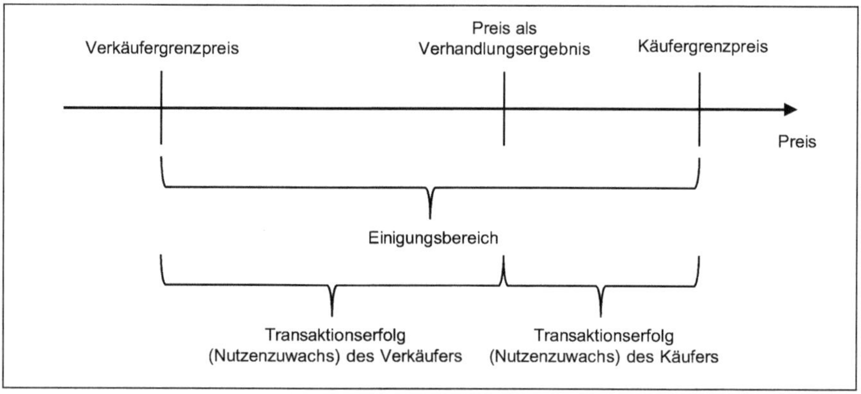

Abbildung 5: Einigungsbereich[487]

2. Der Grenzpreis des Käufers liegt, wie in Abbildung 6 gezeigt, unter dem des Verkäufers. Hier wird sich regelmäßig kein Marktpreis bilden.

487 Eigene Darstellung.

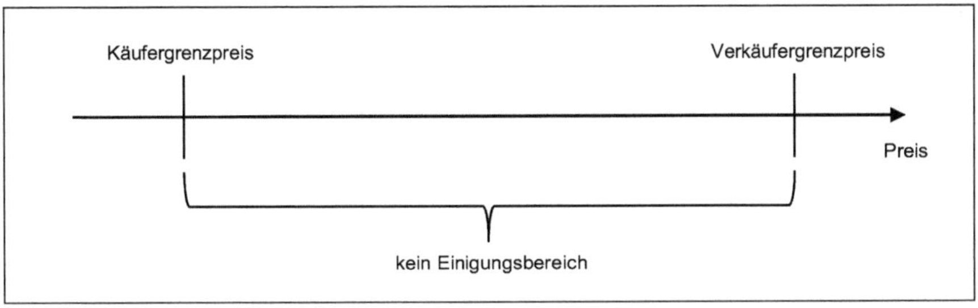

Abbildung 6: Kein Einigungsbereich[488]

In diesem Fall kann der wahre Entscheidungswert des Käufers ebenfalls kaum als Steuerbemessungsgrundlage dienen. In vielen Fällen wird der subjektiv empfundene Wert des Erwerbs tatsächlich unterhalb möglicher Veräußerungswerte liegen, nämlich immer dann, wenn Unternehmen im Anschluss an den Erbfall bspw. aufgrund eines fehlenden Nachfolgers zur Unternehmensführung veräußert werden. Auch hier kann das Steuerrecht nicht dem subjektiven Käuferentscheidungswert folgen. Insbesondere wäre die Steuerbemessungsgrundlage dann nach unten nicht begrenzbar.[489]

Dies korrespondiert m. E. mit der allgemeinen Vorschrift des gemeinen Werts, wonach persönliche Verhältnisse nicht zu berücksichtigen sind (§ 9 Absatz 2 Satz 3 BewG). Identifiziert man stattdessen den subjektiven Wert als Steuerbemessungsgrundlage, folgt hieraus, dass so viele verschiedene Steuerbemessungsgrundlagen wie Steuerpflichtige existieren. Kurz gesagt würde ein und dasselbe Unternehmen abhängig vom jeweils konkreten Erben für Zwecke der Besteuerung unterschiedlich bewertet. Dies würde insbesondere im Vergleich zu allen anderen Wirtschaftsgütern ein Novum darstellen. Dort kommt es regelmäßig nicht auf die Person des Erben an. Obwohl auch sämtliche andere Bewertungsobjekte stets einen subjektiven Wert für den konkreten Erben aufweisen, macht das Steuerrecht regelmäßig einen solchen Wert nicht zur Grundlage der Steuerbemessung. Beispiele hierfür lassen sich beliebig finden. Der erbschaftsteuerliche Wert eines Pkw kann m. E. nicht davon abhängen, ob der konkrete Erwerber einen Führerschein besitzt oder nicht. Ebenso

[488] Eigene Darstellung.
[489] Vgl. zum Substanzwert als Mindestwert aber Kapitel E.VII.

wenig kann der erbschaftsteuerliche Wert eines Zahlungsstroms davon abhängen, welche Alternativanlagen dem konkreten Erwerber zur Verfügung stehen.

Letztlich lässt eine verfassungskonforme Auslegung von § 11 Absatz 2 Satz 2 BewG m. E. keinen subjektiven Wert zu. Vielmehr würde dies dem angestrebten Ziel der Bewertung mit Verkehrswerten nicht nur entgegenstehen, sondern m. E sogar einen Rückschritt noch hinter die Jedermann-Fiktion[490] bedeuten. Das BVerfG hatte bei der Feststellung, dass allein der gemeine Wert eine verfassungsgerechte Bemessung der Bereicherung sicherstelle, ausdrücklich die Bestimmungen des gültigen § 9 BewG im Auge. Eine subjektive Sichtweise würde aber eben den dortigen Absatz 2 Satz 3 konterkarieren. Dies korrespondiert ebenso mit dem Gegensatz zwischen gemeinem Wert und den subjektiv geprägten Wertbegriffen Interesse und Liebhaberwert[491] oder den historischen des „außerordentlichen Werths" (§ 114 ALR) und des „Werths persönlicher Vorliebe" (§ 115 ALR).[492] Analog dazu hat bereits der Reichsfinanzhof (RFH) die persönliche Wertschätzung[493] oder die konkreten Veräußerungsmöglichkeiten des Steuerpflichtigen[494] für unerheblich erachtetet.

Wer jedoch wie OLBRICH/HARES/PAULY die Besteuerung nach wirtschaftlicher Leistungsfähigkeit nur durch den individuellen Entscheidungswert verwirklicht sieht, verkennt m. E. die ausschließliche Messfunktion der Bemessungsgrundlage (im Gegensatz zur Belastungsfunktion des Steuertarifs)[495] zur Herstellung horizontaler Steuergerechtigkeit. Letztlich stellt auch der gemeine Wert i. d. S. eine steuerlich grundsätzlich zulässige gesetzliche Typisierung dar,[496] bei der die individuelle Gleichmäßigkeit hinter der generellen zurücktreten kann.[497] Insofern erfordert das aus dem Gleichheitssatz abgeleitete Prinzip der wirtschaftlichen Leistungsfähigkeit keine immer mehr individualisierende Gesetzgebung.[498] Vielmehr ist es umgekehrt:

490 Vgl. dazu Kapitel C.II.3.32.
491 Vgl. PILTZ, DStR, 2008, S. 93 m. w. N.
492 Vgl. dazu auch VOGEL, DStZ, 1979, S. 29.
493 Vgl. RFH vom 18.9.1930 - III A 290/29, RStBl., 1931, S. 585.
494 Vgl. RFH vom 14.12.1927 - VI A 802/27, RStBl., 1928, S. 309.
495 Vgl. dazu TIPKE, GmbHR, 1996, S. 10; SEER, StuW, 1997, S. 286.
496 Vgl. zur grundsätzlichen Zulässigkeit DRÜEN, in: Tipke/Kruse (Hrsg.), AO, Loseblatt, Erg.-Lfg. Juli 2007, § 3 AO Rz. 51 m. w. N. zur BVerfG- und BFH-Rechtsprechung.
497 Vgl. BVerfG vom 03.12.1958 - 1 BvR 488/57, BVerfGE; DRÜEN, in: Tipke/Kruse (Hrsg.), AO, Loseblatt, Erg.-Lfg. Juli 2007, § 3, Rz. 51.
498 Vgl. BVerfGE vom 10.04.1997 - 2 BvL 77/92, BStBl. II, 1997, S. 518.

„[d]as Leistungsfähigkeitsprinzip ...gebiete[t] strikte Wertgleichheit.“[499] Ein schlagwortartiger, vorschneller Gebrauch des Begriffs ist daher oftmals nicht angebracht;[500] ebenso darf bei der Auslegung eines Steuergesetzes nicht unmittelbar – so wie hier geschehen – auf das Leistungsfähigkeitsprinzip rekurriert werden.[501]

Nach der hier vertretenen Auffassung lässt sich im Ergebnis aus § 11 Absatz 2 Satz 2 BewG nicht der subjektive Entscheidungswert des Steuerpflichtigen als erbschaftsteuerlicher Wert herleiten.[502]

22. Argumentationswert

221. Charakteristik

Aufbauend auf einer allgemeinen Beschreibung von Argumentationswerten ist zu analysieren, ob bestehende Erkenntnisse über diese Wertkonzeption auf die besonderen Probleme der Steuerbemessung übertragbar sind. Hierbei sind aus guten Gründen (s. u.) keine konkreten Anleitungen zur Ermittlung eines idealen Argumentationswerts zu erwarten. Vielmehr soll der steuerliche Wert auf Merkmale eines Argumentationswerts hin überprüft werden. Darüber hinaus werden Grenzen des Argumentationsbereichs erarbeitet und die besonderen rechtlichen Probleme von Steuerpflichtigen und Gutachtern bei Nutzung von Argumentationswerten im Besteuerungsverfahren beleuchtet.

---

499 LANG, Steuerschuldrecht, in: Tipke/Lang (Hrsg.), Steuerrecht, 2010, § 8, Rz. 42 mit Verweis auf BVerfG vom 07.11.2006 - 1 BvL 10/02, BStBl. II, 2007, S. 192.

500 Vgl. WOERNER, Spielraum, in: Schön/Flume (Hrsg.), Gedächtnisschrift Knobbe-Keuk, 1997, S. 985.

501 Vgl. TIPKE, Steuerrechtsordnung 1 III, 1993, S. 1263.

502 Zust. bspw. EISELE, in: Rössler/Troll (Hrsg.), BewG, Loseblatt; Erg.-Lfg. April 2010, § 11 BewG, Rz. 32. Unklar ist jedoch, ob Eisele diesbezüglich den Entscheidungs- und Argumentationswert gleichsetzt. Dies wäre freilich unzutreffend, wie folgend deutlich werden sollte. Darüber hinaus ist die Feststellung des subjektiven Entscheidungswerts als Punktwert, wie ihn die Steuerbemessungsgrundlage verlangt, überhaupt nicht möglich. Ein simples Beispiel in Anlehnung an HERING macht diese Problematik deutlich: Ein potentieller Erwerber hat – wie auch immer ermittelt – eine vermeintliche Preisobergrenze von 8 Mio. €. Der Verkäufer verlangt als „letztes Angebot“ genau 1 Cent mehr. Fraglich ist nun, ob sich die Ablehnung dieses Angebots wissenschaftlich erklären lässt. Wer dies intuitiv verneint, erkennt, dass der Entscheidungswert regelmäßig kein Punktwert sein kann. Vgl. dazu HERING, Unternehmensbewertung, 2006, S. 13, der sogar noch weiter geht und Entscheidungswerte als Punktgrößen in Anlehnung an NIEHANS, Schweizerische Zeitschrift für Volkswirtschaft und Statistik, 1950, S. 368, als gelehrte Form des Nichtwissens bezeichnet.

Die Argumentationsfunktion der Unternehmensbewertung ist die in der Wissenschaft am wenigsten analysierte Hauptfunktion. Dies ist zunächst erstaunlich, weil sie in der Praxis, wie sich hier für die Besteuerungsfunktion bestätigen wird, die wohl vorherrschende Funktion darstellt.[503] Entsprechend einer im Schrifttum vertretenen Ansicht nützt es niemanden, die Augen der Wissenschaft vor der Tatsache zu verschließen, dass offengelegte Gutachten in Verhandlungssituationen stets zur Verbesserung der eigenen Position und damit zu Argumentationszwecken eingebracht werden.[504] Hier wird zunächst erarbeitet, welche Merkmale von Argumentationswerten auch auf den neuen steuerlichen Wert zutreffen.

Eine Systematisierung der Merkmale von Argumentationswerten findet sich bei BRÖSEL (siehe Abbildung 7).[505]

Hiernach werden Argumentationswerte in Verhandlungssituationen regelmäßig als scheinbare Entscheidungswerte oder vermeintliche Arbitriumwerte vorgetragen; dies entspricht dem Merkmal der Tarnung. „Es gehört freilich zum Mimikry des Argumentationswertes, daß er seinen wahren Charakter verleugnet."[506]

---

503 Vgl. zum bisherigen Absatz WAGENHOFER, BFuP, 1988, S. 532; BARTHEL, DB, 1990, S. 1147 f.; EICHMANN, Unternehmensbewertung, 1992, S. 47 f.; HAFNER, BFuP, 1993, S. 79; GORNY, Verhandlungsprozessen, 2002, S. 155; BARTHEL, FB, 2005, S. 32.

504 Vgl. MATSCHKE/BRÖSEL, Unternehmensbewertung, 2013. S. 610. MATSCHKE spricht vom Hauch der Unseriosität, welcher zwar nicht das Tun, aber das Sprechen über die Argumentationsfunktion behindert. Vgl. MATSCHKE, Argumentationsfunktion, in: Goetzke/Sieben (Hrsg.), Unternehmungsbewertung, 1977, S. 92. Hier soll er zumindest nicht das darüber Nachdenken hemmen.

505 Vgl. entsprechend zum Folgenden BRÖSEL, Argumentationsfunktion, in: Brösel/Kasperzak (Hrsg.), Rechnungslegung, 2004, S. 518 ff.; ähnlich auch HERING/BRÖSEL, WPg, 2004, S. 940 ff.

506 MATSCHKE, Argumentationsfunktion, in: Goetzke/Sieben (Hrsg.), Unternehmungsbewertung, 1977, S. 102.

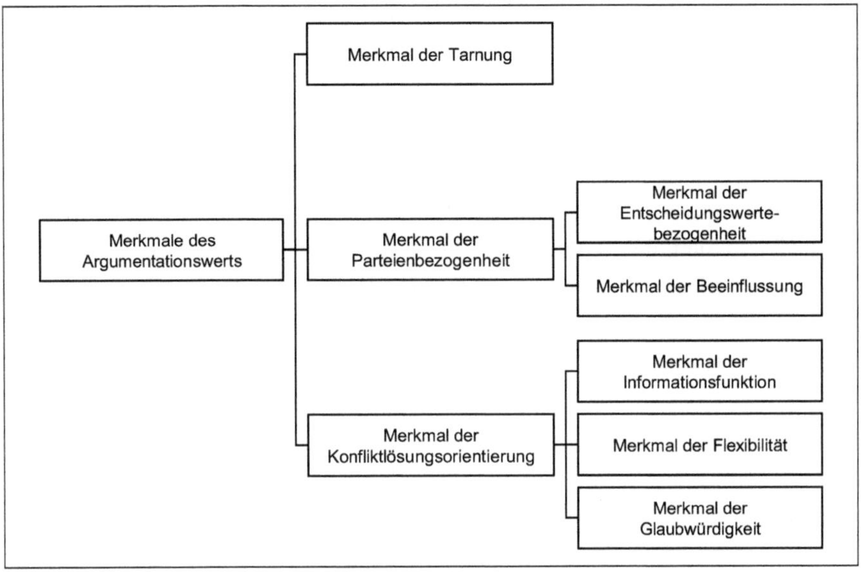

Abbildung 7: Merkmale des Argumentationswerts[507]

Das Merkmal der Parteienbezogenheit drückt aus, dass es sich bei Argumentationswerten stets um subjektive Werte einer Verhandlungsseite handelt, die auf eine konkrete Verhandlungssituation und daher auch einen konkreten Verhandlungspartner ausgerichtet sind. Hieraus resultiert das Merkmal der Entscheidungswertebezogenheit, welches grundsätzlich in beide Richtungen wirkt. Der eigene Entscheidungswert ist stets zu verbergen und grenzt den Argumentationsbereich ein (s. ausführlich unten). Darüber hinaus soll der Gegenseite aus der eigenen Argumentation kein Rückschluss auf den wahren Entscheidungswert erlaubt werden. Andererseits sind Werte zur Beeinflussung der Gegenseite stets an deren vermeintlichen Erscheinungswert auszurichten. Aus der Parteienbezogenheit folgt daneben das Merkmal der Beeinflussung. Mit Hilfe der Argumentationswerte soll beim Verhandlungspartner eine Veränderung dessen Verhalten erreicht werden; insbesondere sollen Zugeständnisse in Bezug auf den Preis erreicht werden. Ziel ist stets ein Verhandlungsergebnis, welches möglichst nah am Entscheidungswert der Gegen-

507 Quelle: BRÖSEL, Argumentationsfunktion, in: Brösel/Kasperzak (Hrsg.), Rechnungslegung, 2004, S. 519.

partei liegt[508] und somit den eigenen Nutzenzuwachs aus der Transaktion entsprechend vergrößert.

Mit dem Merkmal der Konfliktlösungsorientierung wird beschrieben, dass Argumentationswerte i. d. R. in Verhandlungen eingebracht werden, um eine Einigung[509] über den Eigentumsübergang herbeizuführen. Argumentationswerte werden hierzu nicht als bloße in den Raum gestellte Preisforderungen,[510] sondern als begründete Preisvorstellungen vorgebracht, welche die unterschiedlichen Interessen über die Höhe des Preises überbrücken sollen und schließlich eine Konfliktlösung herbeiführen. Das der Konfliktlösungsorientierung untergeordnete Merkmal der Informationsfunktion haftet den Argumentationswerten an, weil die Parteien sie zur Begründung ihrer Angebote vorbringen. Der Verhandlungspartner gewinnt somit Informationen über die Preisvorstellung der anderen Partei und kann daraus ggf. auch auf deren Verhandlungstaktik schließen. Darüber hinaus gewinnen die Parteien aus fremden Argumentationswerten, insbesondere aus solchen, die von „unabhängigen" Gutachtern als Arbitriumwerte in die Verhandlung eingebracht werden, eventuell bis dahin unbekannte Informationen über das zur Disposition stehende Unternehmen. Unter diesen Umständen können der anderen Partei mit Hilfe von Argumentationswerten auch gezielt Informationen „zugespielt" werden. Dies dient dem Zweck, den vermuteten Einigungsbereich, also die Differenz zwischen eigenem und vermutetem fremden Entscheidungswert, durch eine angestrebte Korrektur des Grenzpreises der Gegenpartei zu vergrößern. Die Merkmale von Information(-sfunktion) und Beeinflussung sind daher nicht isoliert, sondern in einem Zusammenhang zu sehen. Das Merkmal der Flexibilität ist durch die Fähigkeit der Anpassung von Argumentationswerten in laufenden Verhandlungen aufgrund neuer Informationen oder Zwischenergebnissen gekennzeichnet. Im Rahmen der Argumentationsfunktionen verwendete Bewertungsverfahren sollten in diesem Sinne flexibel gestalt- und handhabbar sein, um für Argumentationen mehrere Ansatzpunkte zuzulassen, auch um glaubhaft gegenüber dem Verhandlungspartner aufzutreten. Dies mündet bereits in das

---

508 Vgl. MATSCHKE, BFuP, 1976, S. 521.

509 Denkbar sind auch Fälle, in denen das Ziel eine Nicht-Einigung ist. Vgl. BRÖSEL, Argumentationsfunktion, in: Brösel/Kasperzak (Hrsg.), Rechnungslegung, 2004, S. 520.

510 Vgl. zu solchen Preisangeboten und den daraus resultierenden Einigungsprozess im Stil eines orientalischen Teppichhandels MATSCHKE, Argumentationsfunktion, in: Goetzke/Sieben (Hrsg.), Unternehmungsbewertung, 1977, S. 95 ff.

Merkmal der Glaubwürdigkeit. Hiernach sollen Argumentationswerte überzeugende und wenig angreifbare „realistische“ Werte sein, die aufgrund ihrer von der Gegenseite anerkannten Art der Ermittlung schließlich als begründetes Angebot akzeptiert werden.

In den wenigen Auseinandersetzungen in der Literatur wird im Rahmen der Argumentationsfunktion i. d. R. eine nicht dominierte Konfliktsituation vom Typ Kauf/Verkauf betrachtet, bei der ein Einigungsbereich existiert und der Preis die einzig zu verhandelnde Größe darstellt.[511] Das Merkmal der Entscheidungswertebezogenheit wird dabei regelmäßig betont.[512] Der Vorbringer eines Argumentationswerts muss hierzu seinen eigenen Entscheidungswert kennen, weil der Argumentationswert beim Käufer stets geringer (und beim Verkäufer stets höher als der Entscheidungswert) sein sollte. Es besteht also stets die Notwendigkeit, den Entscheidungswert zu ermitteln, um die Grenze für mögliche Argumentationswerte festzulegen. Mit dem Entscheidungswert ist die obere Grenze des Argumentationswerts aus Käufersicht[513] eindeutig fixiert; ein als bindendes Angebot abgegebener höherer Argumentationswert wäre unsinnig. Die Festlegung einer unteren Grenze ist jedoch ungleich schwieriger.[514] Zunächst ist klar, dass es das Ziel des Käufers ist, möglichst viel vom Einigungsbereich für sich zu beanspruchen. Hieraus folgt jedoch kein triviales Vorgehen, indem der Argumentationswert „so tief wie möglich“ festgesetzt wird. Bei einem solchen Vorgehen besteht die Gefahr des Abbruchs der Verhandlungen, weil der Verhandlungspartner solche offensichtlichen Extremwerte als nicht ernsthaft, nicht beachtenswert oder schlicht als unerhört auffassen könnte.[515] Diese Taktik ist insofern sogar dazu geeignet, den Vorbringenden zu benachteiligen.[516] Man stelle sich hierzu eine Verhandlungssituation vor, die dem Verkäufer als Reaktion auf ein als Argumentationswert vorgebrachtes Angebot

---

511 Vgl. bspw. die Arbeiten von WAGENHOFER, BFuP, 1988, S. 532 ff.; WAGENHOFER, BFuP, 1988, S. 340 ff., GORNY, Verhandlungsprozessen, 2002, S. 11 ff.

512 Vgl. COENENBERG/SIEBEN, Unternehmungsbewertung, in: Grochla/Wittmann (Hrsg.), Betriebswirtschaft, 1974, Sp. 4076; MATSCHKE, BFuP, 1976, S. 519; MATSCHKE, Arbitriumwert, 1979, S. 18; WAGENHOFER, BFuP, 1988, S. 341.

513 In der Realität wird ein Argumentationswert wohl tendenziell häufiger von einem Verkäufer vorgebracht, der die Werthaltigkeit seines Unternehmens „beweisen“ möchte. Hier wird jedoch, aufgrund der bestehenden Parallele zum Steuerpflichtigen die Käuferseite betrachtet.

514 Spiegelbildlich ergibt sich für den Verkäufer eine simple Festlegung seiner Unter-grenze zur Argumentation. Diese entspricht wiederum dessen Entscheidungswert, seinem „Mindestpreis“.

515 Vgl. WAGENHOFER, BFuP, 1988, S. 344.

516 Vgl. WAGENHOFER, BFuP, 1988, S. 344.

des Käufers ausschließlich eine Annahme des Angebots oder den Abbruch der Verhandlungen erlaubt. Der Verkäufer wird also Werte oberhalb seines Mindestpreises akzeptieren und solche unterhalb ablehnen. Sogar in diesem einfachen Modell ist ein optimaler Argumentationswert aufgrund der Unwissenheit über den Entscheidungswert des Verkäufers nicht ermittelbar. Vielmehr muss der Käufer eine Vermutung über diesen Entscheidungswert des Verkäufers anstellen und seinen Argumentationswert mit einem Sicherheitsabstand zu diesem formulieren. Durch diesen Abstand versucht er seinen eigenen Schätzfehler abzubilden. Es ergibt sich ein klassischer Zielkonflikt: Ein hoher Sicherheitsabstand führt zu einem geringeren Transaktionserfolg, ein geringer Sicherheitsabstand erhöht die Wahrscheinlichkeit, dass die Transaktion scheitert. Die Bedeutung der Risikoaversion des Argumentierenden wird offensichtlich.

Als Kern der Problematik lässt sich also bereits in diesem einfachen Beispiel die Erwartung über den Entscheidungswert der Gegenseite identifizieren. Optimierungsmodelle für Argumentationspreise basieren i. d. R. auf festgelegten Einigungsverfahren, weil nur solche Optimalität von Argumentationswerten operational greifbar machen.[517] Solche Einigungsverfahren werden jedoch zu Recht als nicht realitätsnah kritisiert.[518] In einem neueren, sequentiellen Modell versucht GORNY, die optimale Angebotsstrategie zu entwickeln. Im Ergebnis lässt sich auch in diesen komplexeren Modellen ein optimaler Argumentationspreis nur in Abhängigkeit von Erwartungen über den Grenzpreis[519] oder über die Angebotsstrategie der Gegenpartei[520] formulieren. Dass es nicht die optimale Strategie aus Sicht einer Partei geben kann, ist offensichtlich, weil auch die Gegenpartei dann Kenntnis darüber hätte und alle Erkenntnisse zur Verhandlungstaktik somit wieder zum Ursprung zurückgeworfen würden. Die Literaturauffassungen, wonach Argumentationswerte einer über diese allgemeinen Überlegungen hinausgehende Analyse kaum zugänglich sind[521] und

---

517 Vgl. WAGENHOFER, BFuP, 1988, S. 346; WAGENHOFER, BFuP, 1988, S. 533. Die Einigungsregeln sind so konstruiert, dass Sie zu einer „fairen" Verteilung von Angebotsdifferenzen oder zur Nicht-Einigung führen. Würden sie eine Partei bevorzugen, würde die Regel von der anderen Partei regelmäßig nicht akzeptiert.

518 Vgl. GORNY, Verhandlungsprozessen, 2002, S. 156 f.

519 Vgl. WAGENHOFER, BFuP, 1988, S. 550; GORNY, Verhandlungsprozessen, 2002, S. 62.

520 Vgl. GORNY, Verhandlungsprozessen, 2002, S. 159.

521 Vgl. DRUKARCZYK/SCHÜLER, Unternehmensbewertung, 2009, S. 91.

sich zu ihrer Ermittlung kaum allgemeine Regeln ableiten lassen,[522] sind daher zumindest auf die dort angesprochene Ermittlungsproblematik zutreffend.

222. Übertragung auf die Steuerbemessungsfunktion

2221. Merkmale und Grenzen von Argumentationswerten

Allen Hauptfunktionen der Bewertung liegen, wie gezeigt, interpersonale Konfliktsituationen bezgl. eines Übergangs von Eigentum zu Grunde. Offensichtlich lässt sich der Übergang von Eigentum zunächst nicht im Sinn dieser Betrachtung identifizieren. Zwar geht auch bei einer Erbschaft oder Schenkung regelmäßig Eigentum über, jedoch nicht in der Art, dass sich hieraus ein interpersonaler Konflikt zwischen dem alten und neuen Eigentümer über den Eigentumsübergang oder Wert herleiten lässt. Daher ist die Vergleichbarkeit der Konfliktsituation als solche zu untersuchen. Fraglich ist, ob ein Konflikt vorliegt und ob die Interessen der Parteien denen der in der bisherigen Forschung zur Argumentationsfunktion untersuchten vergleichbar sind.

Im Gegensatz zur Vorbereitung eigener Entscheidungen[523] haben an einer Unternehmensbewertung für Zwecke der Steuerbemessung sowohl der Steuerpflichtige als auch der Fiskus ein Interesse. Diese Parteieninteressen sind dabei i. d. R. gegenläufig. Während der Steuerpflichtige Interesse an einer niedrigen Besteuerung und somit einem niedrigen Unternehmenswert hat, wird die Finanzverwaltung vorwiegend eine höhere Wertfestsetzung anstreben.[524] Die Situation lässt sich daher – soweit man den Begriff der Person weit fasst und damit auch Institutionen mit einschließt – unschwierig als interpersonaler Konflikt bezeichnen. Auch die Interessenslagen von Steuerpflichtigem und Fiskus lassen sich der Kaufverhandlung als Prototyp der Forschung zum Argumentationswert zuordnen. Der Steuerpflichtige repräsentiert die Interessen des Käufers, der Fiskus die des Verkäufers. Hier interessiert primär die Konstellation beim Steuerpflichtigen.

---

522 Vgl. MANDL/RABEL, Unternehmensbewertung, 1997, S. 22. Ähnlich dazu BALLWIESER, DB, 1997, S. 186: „[D]ie Lehre von den Bewertungsverfahren zum Zwecke der Argumentationsfunktion [ist] in den Kinderschuhen stecken geblieben".

523 Vgl. zu diesem Begriff das Ordnungsschema von BALLWIESER, Unternehmensbewertung, 2011, S. 1.

524 Vgl. zum bisherigen Absatz LÖFFLER, Wertfindung, 2008, S. 25 f.

Der Steuerpflichtige hat den Wert des Unternehmens aus Erwerberperspektive zu ermitteln bzw. es ist ihm u. U. sogar erlaubt,[525] die für ihn günstigste Bewertungsmethode anzuwenden. Der Gesetzgeber stellt sich also einen Wert vor, den der Steuerpflichtige zur Stärkung seiner eigenen (Verhandlungs-)Position offen vorbringt. Somit ist ersichtlich, dass dieser (vom Gesetzgeber freilich nicht so genannte) Wert – wie folgend detailliert zu untersuchen ist – wesentliche Merkmale eines Argumentationswerts trägt.[526] Wenn der Wert, den der Steuerpflichtige vorbringt, im Schrifttum auch als „niedrigster begründbarer Wert“[527] i. S. eines kaufmännisch vorsichtigen Erwerbers identifiziert wird, stützt dies die hier geäußerte Sichtweise als Argumentationswert. Die Auffassung, der Gesetzgeber strebe somit von vorne herein keinen objektivierten Unternehmenswert an,[528] erscheint zumindest aus diesem Blickwinkel nachvollziehbar.

Zunächst ist das Merkmal der Parteienbezogenheit bereits durch die dargelegten unterschiedlichen Parteieninteressen allgemein zu erkennen. Das zugehörige (Sub-) Merkmal der Beeinflussung konkretisiert sich im Rahmen der Steuerbemessungsfunktion in der Akzeptanz eines Argumentationswerts durch die Finanzverwaltung. Der Steuerpflichtige bringt einen Wert vor, mit dem er die für den Fiskus handelnden Personen insofern beeinflussen möchte, dass dieser von ihnen als Steuerwert akzeptiert wird. Hierbei ist die Verknüpfung zum Merkmal der Informationsfunktion deutlich. Damit die Finanzverwaltung einen (Argumentations-)Wert akzeptieren kann, muss dieser zwingend präsentiert und – oftmals durch ein Gutachten – begründet werden.

Das Merkmal der Entscheidungswertbezogenheit lässt sich ebenfalls, jedoch deutlich unterschiedlich zur Kauf/Verkauf-Situation, feststellen. Zunächst ist m. E. die Ermittlung eines Entscheidungswerts für den Steuerpflichtigen nicht notwendig. Der Entscheidungswert i. S. einer Konzessionsgrenze enthält keinerlei entscheidungsrelevante Information. Fraglich ist, ob er nun für Zwecke der Ermittlung eines Argu-

---

525 Vgl. zur detaillierten Analyse der Methodenhierarchie und Wahlrechte Kapitel E.I.

526 So tendenziell auch MEYERING, StuW, 2011, S. 276 f.; OLBRICH/HARES/PAULY, DStR, 2010, S. 15 erkennen einen Argumentationswert. Im Fazit wird jedoch wieder auf den individuellen Entscheidungswert des Steuerpflichtigen abgestellt, S. 1255.

527 KUßMAUL/PFIRMANN/HELL/MEYERING, BB, 2008, S. 477; obwohl KUßMAUL diesen nicht als Argumentationswert bezeichnet. Ähnlich HENSELMANN/BARTH, BewP, 2/2009, S. 12.

528 Vgl. KUßMAUL/PFIRMANN/HELL/MEYERING, BB, 2008, S. 477.

mentationswerts benötigt wird und daher zuvor zu ermitteln ist. Dies ist ebenfalls zu verneinen. Die Kenntnis des eigenen Entscheidungswerts ist auch unter Einbezug verhandlungstaktischer Erwägungen weder vor- noch nachteilig. Sicherlich kann hier eingewandt werden, dass es zumindest „nicht schaden kann", den eigenen Entscheidungswert zu kennen. Jedoch führt dessen Ermittlung regelmäßig zu Kosten, denen kein Erlös gegenübersteht; sie ist daher ökonomisch sinnlos. Zu denken wäre hierbei lediglich an eine rückschauende Beurteilung des „Verhandlungsergebnisses" i. S. eines Vergleichs von Steuer- und Entscheidungswert. Die eine Seite des Merkmals der Entscheidungswertbezogenheit, welche den Entscheidungswert des Steuerpflichtigen beinhaltet, ist daher in der hier dargelegten Sichtweise irrelevant. Diese Erkenntnis hilft jedoch bei der Ermittlung eines Argumentationswerts nur insofern weiter, somit dieser nicht nach oben durch den Grenzpreis des Steuerpflichtigen begrenzt ist.

Im Unterschied zur Kauf/Verkauf-Entscheidung lässt sich das Entscheidungsfeld der Konfliktpartei bei der Steuerbemessung vergleichsweise sicher eingrenzen. Aus dieser anderen Seite der Entscheidungswertbezogenheit lassen sich daher wesentliche Schlüsse bezgl. der vorgebrachten Argumentationswerte des Steuerpflichtigen ziehen. Allgemein sollte kein Argumentationswert gewählt werden, der höher ist als ein Wert, von dem bekannt ist, dass die Finanzverwaltung diesen in jedem Fall akzeptieren würde. Andernfalls käme es zu einer vermeidbaren Besteuerung der Differenz zwischen dem deklarierten und dem geringeren sicher vom Fiskus akzeptierten Wert. Diese Restriktion ähnelt der oberen Grenze in Kauf/Verkauf-Entscheidungen insofern, als dass der Entscheider keinen für ihn ökonomisch unvorteilhaften Argumentationswert vorbringen wird. Hier wird er jedoch nicht durch das eigene, sondern durch das Entscheidungsfeld der Konfliktpartei fixiert. Für die wohl überwiegende Anzahl der Bewertungsfälle, nämlich für solche, in denen der Wert durch eine Schätzung unter Berücksichtigung der Ertragsaussichten zu ermitteln ist,[529] lässt sich damit der ökonomisch-rationale Argumentationsbereich nach oben mit Hilfe des durch das vEWV ermittelten Werts eingrenzen. Es ist jedenfalls davon auszugehen, dass die Finanzverwaltung das Ergebnis des vEWV regelmäßig nicht durch ein

529 Vgl. zu dieser Behauptung die ausführliche Analyse der Methodenhierarchie in Kapitel E.I.

Gegengutachten überprüfen wird;[530] vielmehr ist der Wert des vEWV bei nicht offensichtlich unzutreffenden Ergebnissen zu Grunde zu legen.[531] Daher sollte der Steuerpflichtige stets nicht mit Werten oberhalb dieses normierten Steuerwerts argumentieren.

Jedoch ist analog zur Kaufverhandlung regelmäßig die untere Grenze des Argumentationswerts bedeutungsvoller und ungleich schwieriger zu verorten. Allgemein ist es sinnlos, einen Wert vorzubringen, der keinesfalls auf Akzeptanz bei der Gegenseite stößt. In der Kaufverhandlung ist dies ein Wert, der zum Abbruch der Verhandlung führt. Im Rahmen der Steuerbemessung kann ein Argumentationswert niemals zur Anwendung kommen, wenn er unterhalb des Substanzwerts, der die gesetzliche Untergrenze darstellt (§ 11 Absatz 2 Satz 3 BewG), liegt. Dieses Wissen über diese Grenzen des Entscheidungsfelds der Konfliktpartei antizipiert der Steuerpflichtige bei seinem Vorgehen. Sinnvolle Argumentationswerte können sich nach dem hier Festgestellten nur in dem in der Mitte von Abbildung 8 dargestellten Bereich befinden.

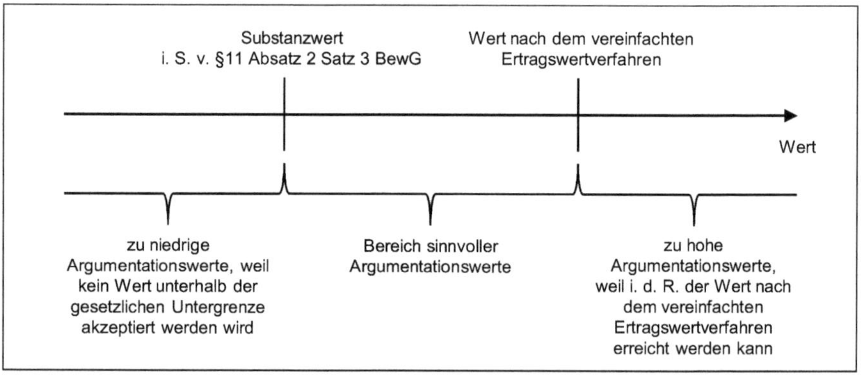

Abbildung 8: Grenzen eines sinnvollen Argumentationswerts[532]

Zugegebenermaßen handelt es sich hierbei nur um eine grobe Quantifizierung. Eine konkretere Festlegung erfordert wiederum Erwartungen über das Verhalten der Gegenpartei. Ähnlich der oben angestellten Überlegung muss der Steuerpflichtige

530 Vgl. KUßMAUL/PFIRMANN/HELL/MEYERING, BB, 2008, S. 478; HECHT/V. CÖLLN, DB, 2010, S. 1084.
531 Vgl. dazu ausführlich Kapitel E.V.
532 Eigene Darstellung.

bei der Wahl des „optimalen“ Argumentationswerts zwischen divergierenden Effekten abwägen. Ein hoher Wert führt zu einer entsprechend hohen Steuerbelastung. Jedoch steigt die Wahrscheinlichkeit, dass die Finanzverwaltung den Wert ablehnt, je geringer der deklarierte Wert angesetzt wird. In diesem Fall wird stattdessen der Steuerwert des vEWV festgesetzt. Ein naives „so tief wie möglich“ ist also auch für Zwecke der Steuerbemessung keine geeignete Argumentations- bzw. Angebotsstrategie. Im Ergebnis lässt sich das Merkmal der Entscheidungswertbezogenheit zumindest für das Entscheidungsfeld der Gegenpartei deutlich herausarbeiten.

Das Merkmal der Flexibilität ist jedoch nicht ohne weiteres übertragbar. Gerade bei der Deklaration von Steuerwerten gegenüber der Finanzverwaltung wäre es m. E. sogar nachteilig, wenn solche Werte als flexibel angesehen würden. Dies liegt an der besonderen Form der Auseinandersetzung mit dem Finanzamt. Der Steuerpflichtige erklärt einen Wert, den das Finanzamt akzeptiert oder nicht. Im Fall der Ablehnung setzen die Behörden einen abweichenden Wert fest, den der Steuerpflichtige dann im Rahmen des finanzgerichtlichen Klagewegs überprüfen lassen kann (s. u.). Es handelt sich also lediglich um einen zweistufigen „Verhandlungsprozess“[533] und insbesondere nicht um ein sequentielles Spiel von wechselseitigen Zugeständnissen. Daher ist Flexibilität regelmäßig kein typisches und auch kein anzustrebendes Merkmal von erklärten Steuerwerten.

Zusammenfassend lässt sich feststellen, dass der vom Steuerpflichtigen gegenüber der Finanzverwaltung erklärte Unternehmenswert die wesentlichen Merkmale eines Argumentationswerts, wie er in Verhandlungen herangezogen wird, trägt. Er wird auf der ersten Stufe des Einigungsprozesses gegenüber der Finanzverwaltung präsentiert.

533 Siehe dazu Kapitel D.III.2321.

2222. Beibringung von Gutachten durch den Steuerpflichtigen

22221. Notwendigkeit und Charakterisierung als Parteigutachten

Das Verfahren zur Steuerfestsetzung[534] und Erhebung unterscheidet zwischen der Anzeige des erbschaftsteuerlichen Erwerbs (§ 31 ErbStG) und der Steuererklärung (§ 30 ErbStG). Der Steuerpflichtige hat den steuerpflichtigen Vorgang zu identifizieren und den daraus resultierenden Vermögensanfall auch wertmäßig, so ausdrücklich § 30 Absatz 4 Nr. 3 ErbStG, anzuzeigen; die Verantwortlichkeit für die Bewertung liegt daher zunächst beim Steuerpflichtigen.[535] Jedoch ist hierbei der Charakter der Vorschrift als Auflistung der Soll-Inhalte der Anzeige zu berücksichtigen.[536] Die Anzeige hat daher nicht zwingend alle in § 30 Absatz 4 ErbStG geforderten Angaben zu enthalten.[537] Gerade bei der Wertangabe sind die Anforderungen begrenzt, weil das Finanzamt aufgrund der Anzeige selbst die Wertermittlung durchführen kann.[538] Letztlich soll die Anzeige nicht die Steuererklärung ersetzen und das Finanzamt lediglich in die Lage versetzen, eine Prüfung durchzuführen, ob ein steuerbarer Vorgang vorliegt und ggf. ein Besteuerungsverfahren einzuleiten ist.[539] Jedenfalls sollte der Steuerpflichtige zu diesem Zwecke keine Kosten aufwenden und etwa ein Wertgutachten in Auftrag geben.[540]

Im Gegensatz zur Wertangabe bei der Anzeige verlangt die Steuererklärung gem. § 31 Absatz 2 ErbStG die für die Feststellung des Werts erforderlichen Angaben. Insofern könnte man aus dem Gesetzestext zunächst eine Abschwächung des Umfangs der Mitwirkungspflicht gegenüber der Anzeige erkennen. Jedoch fordert der amtliche Vordruck sowohl für Betriebsvermögen als auch bei Anteilen an Kapitalgesellschaften eine Angabe des selbst errechneten Werts.[541] Die vielfältigen Regelungen zur Anwendung verschiedener Bewertungsverfahren ermöglichen dem Steuer-

534 Das Verfahrensrecht steht nicht im Vordergrund dieser ökonomischen Analyse.
535 Vgl. MEINCKE, in: Meincke (Hrsg.), ErbStG, 2012, § 12 ErbStG, Rz. 5.
536 Vgl. JÜLICHER, in: Troll/Gebel/Jülicher (Hrsg.), ErbStG, Loseblatt, Erg.-Lfg. Februar 2010, § 30 ErbStG, Rz. 33.
537 Vgl. BFH vom 16.10.1996 - II R 43/96, BStBl. II, 1997, S. 73; MEINCKE, in: Meincke (Hrsg.), ErbStG, 2012, § 30 ErbStG, Rz. 9.
538 Vgl. CREUTZMANN, Stbg, 2008, Erg.-Lfg. Juli 2009, § 30 ErbStG, Rz. 9; JÜLICHER, in: Troll/Gebel/Jülicher (Hrsg.), ErbStG, Loseblatt, Erg.-Lfg. Februar 2010, § 30 ErbStG, Rz. 33.
539 Vgl. BFH vom 16.10.1996 - II R 43/96, BStBl. II, 1997, S. 73; FG Baden-Württemberg vom 20.09.1999 - 9 K 216/99, EFG, 2000, S. 1021.
540 Vgl. MEINCKE, in: Meincke (Hrsg.), ErbStG, 2012, § 30 ErbStG, Rz. 9.
541 Vgl. dazu die Abbildung des Formulars im Anhang II.

pflichtigen oftmals eine Abweichung vom Wert des vEWV.[542] In solchen Fällen soll nach der Gesetzesbegründung und der Konkretisierung im Bewertungserlass 2009 der Steuerpflichtige die Feststellungslast tragen.[543] Die Finanzverwaltung räumt dem Steuerpflichtigen hierzu generell die Möglichkeit ein, den „gemeinen Wert durch Vorlage eines methodisch nicht zu beanstandenden Gutachtens“[544], zu erklären. Der Steuerpflichtige ist – möchte er das Ziel einer für ihn günstigen Bewertung verwirklichen – also faktisch zur Vorlage eines Gutachtens gezwungen.[545] Dieses wird er aufgrund der Komplexität i. d. R. durch einen externen Gutachter erstellen lassen.[546] Die dem Steuerpflichtigen hieraus entstehenden Kosten sind zwar nicht unerheblich;[547] sie sind jedoch stets in Relation zur möglichen Verringerung der Bemessungsgrundlage zu setzen. Zumindest sollten sie als Kosten der Erlangung des Erwerbs nach § 10 Absatz 5 Nr. 3 ErbStG abzugsfähig sein.[548] Jedoch kann aus der Bezugnahme auf ein Gutachten m. E. nicht geschlossen werden, dass stets ein externer Gutachter notwendig ist und die Anerkennung einer methodisch einwandfreien Eigenberechnung des Steuerpflichtigen damit von der Finanzverwaltung ausgeschlossen wird.[549]

Neben dem Erfordernis aufgrund der Komplexität werden Gutachter auch regelmäßig zur Unterstreichung der Glaubwürdigkeit eines erklärten Werts herangezogen. Dieses allgemein für Argumentationswerte gültige Merkmal bekommt in der Frage der Besteuerung eine andere Qualität als in (freiwilligen) Verhandlungssituationen. Schließlich hat der Steuerpflichtige die Angaben in der Erbschaftsteuererklärung

---

542 Vgl. dazu ausführlich Kapitel E.I.

543 Vgl. Deutscher Bundestag (Hrsg.), Regierungsentwurf ErbStRG, BT-Drs. 16/7918, S. 38, wobei hier lediglich die Üblichkeit für außersteuerliche Zwecke zu belegen ist. Abschnitt 19, Absatz 7 Bewertungserlass 2009 bestimmte generell selbiges für den Nachweis eines vom Werte des vEWV abweichenden Werts. Vgl. dazu auch Kapitel F.II.41.

544 Bewertungserlass 2009, Abschnitt 3 Absatz 2 Satz 2; R B 11.2 Absatz 2 Satz 2 ErbStR 2011.

545 Vgl. HANNES/ONDERKA, ZEV, 2008, S. 175; ähnlich WACHTER, BB, 2007, S. 578.

546 Vgl. SCHULTE, FR, 2008, S. 346; CREUTZMANN, DB, 2008, S. 2791.

547 Der Nationale Normenkontrollrat schätzt die Kosten für ein Gutachten, gestützt auf Expertenaussagen auf 20.000 bis 40.000 €. Vgl. Deutscher Bundestag (Hrsg.), Regierungsentwurf ErbStRG, BT-Drs. 16/7918, S. 49. Dies ist nach Erfahrungen von SCHULTE, FR, 2008, S. 346, für Familienunternehmen mit umfassendem Beteiligungsbesitz noch deutlich zu wenig.

548 Vgl. für die Bewertung einer Immobilie für Zwecke der Erbauseinandersetzung BFH vom 09.12.2009 - II R 37/08, BStBl. II, 2010, S. 489; ähnlich bereits zuvor MEINCKE, in: Meincke (Hrsg.), ErbStG, 2009, § 31 ErbStG, Rz. 7; HALACZINSKY, ErbStB, 2009, S. 88; jedoch strittig. A. A. ist FG Nürnberg vom 22.03.2012 - 4 K 1692/11, ErbStB, 2012, S. 38, derzeit zur Revision anhängig BFH - II R 20/12. Siehe JÜLICHER, in: Troll/Gebel/Jülicher (Hrsg.), ErbStG, Loseblatt, Erg-Lfg. Juli 2009; § 31 ErbStG, Rz. 12 m. w. N. zu Rechtsprechung und Verwaltungsauffassung.

549 So aber WELLING/WÜNNEMANN, FR, 2009, S. S5.

wahrheitsgemäß und nach bestem Wissen und Gewissen zu machen und dies schriftlich zu versichern (§ 150 Absatz 2 Abgabenordnung - AO[550]). Daher hat die Finanzverwaltung die Richtigkeit seiner Angaben zunächst zu vermuten.[551] Nichtsdestotrotz sind die vorgebrachten Gutachten i. o. g. Sinne zur Verbesserung der Verhandlungsposition des Steuerpflichtigen zu charakterisieren. Letztlich ist es offensichtlich, dass er kein Gutachten vorlegen würde, von dem er sich keinen Vorteil im Vergleich zur Nichtvorlage verspricht.[552] Es ist verständlich, dass die Finanzverwaltung dies ihrerseits entsprechend zu würdigen weiß. So heißt es im Leitfaden der Oberfinanzdirektionen Münster und Rheinland-Pfalz zur Bewertung von Anteilen an Kapitalgesellschaften für ertragsteuerliche Zwecke: „Wird seitens der Betroffenen ein Gutachten vorgelegt, entbindet dies grundsätzlich nicht von der Notwendigkeit einer eigenen Wertermittlung, um die Werte des Gutachtens zu überprüfen. Dies gilt schon deshalb, weil Gutachten in unterschiedlicher Funktion erstellt werden und nicht nur objektive, sondern auch subjektive Unternehmenswerte ausweisen können".[553] Ähnlich äußert sich auch PARODI-NEEF: „Nichts desto trotz lohnt es sich im Hinblick auf erhebliche Mehrergebnisse, vorgelegte Gutachten [im Rahmen der steuerlichen Betriebsprüfung] einer detaillierten Prüfung zu unterziehen."[554] In praxi ist der Charakter des vom Steuerpflichtigen vorgelegten Gutachtens als dessen Argumentationswert also offenbar auch auf Seiten der Finanzverwaltung bekannt.

Entsprechend (er)kennt auch die Jurisprudenz – als Pendant zum betriebswirtschaftlichen Argumentationswert – das von einer der widerstreitenden Parteien eingebrachte Gutachten als sog. Partei- oder Privatgutachten. Dieses ist stets als Parteivorbringen zu würdigen und hat dementsprechend nicht die rechtliche Qualität des Gutachtens eines gerichtlichen Sachverständigen.[555] Ein von Steuerpflichtigen vorgebrachtes Gutachten ist zweifelsfrei als ein solches zu werten.

[550] BGBl. I 2002, S. 3866.

[551] Vgl. JÜLICHER, in: Troll/Gebel/Jülicher (Hrsg.), ErbStG, Loseblatt, Erg-Lfg. Juli 2009; § 31 ErbStG, Rz. 12 m. w. N. zur Rechtsprechung.

[552] Vgl. dazu allgemein MATSCHKE/BRÖSEL, Unternehmensbewertung, 2013, S. 610.

[553] MOXTER, BB, 1976, S. 1.

[554] PARODI-NEEF, StBp, 2002, S. 89.

[555] Vgl. zum bisherigen Absatz PILTZ, Rechtsprechung, 1994, S. 129.

22222. Anforderungen an Gutachten in der Argumentationsfunktion

Die Problematik des Gutachters in der Argumentationsfunktion soll hier in Anlehnung an WAGENHOFER mit folgendem Beispiel verdeutlicht werden:[556]

E ist Erbe eines Unternehmens und beauftragt den Unternehmensberater B zur Erstellung eines „Gutachten für das Finanzamt". B ermittelt einen Wert von 10 Mio. € und teilt diesen dem E mit. E ist darüber wenig erfreut und gibt dem B zu verstehen, dass er aufgrund der zu erwartenden wirtschaftlichen Lage von einem Unternehmenswert von höchstens 9 Mio. € ausgeht. Daraufhin überarbeitet B das Gutachten und stellt den von E genannten Wert fest.

Die Auffassung von WAGENHOFER, wonach „es offensichtlich [ist], daß das ... Gutachten so gemacht werden kann, dass [B] es ‚nach bestem Wissen und Gewissen' unterzeichnen kann [sic!] und seine Reputation nicht mindert"[557], erscheint zunächst recht beliebig. Ihr ist jedoch gestützt auf die dort angeführte Begründung letztlich zuzustimmen: „Der Grund dafür liegt in den Unwägbarkeiten zukünftiger Entwicklungen des Unternehmens und der gesamten Wirtschaft, die ohnedies nur unter heroischen Annahmen berücksichtigt werden können. [B] wird diese Annahmen explizit in das Gutachten aufnehmen und hierauf den gewollten Wert ermitteln."[558]

Solchen oder ähnlichen in praxi mutmaßlich vorkommenden Vorgehensweisen sind im Rahmen von freien Verhandlungen m. E. keine Grenzen gesetzt. Bei der Steuerbemessungsfunktion sind jedoch die gesetzlichen Vorschriften zu beachten. Weder ErbStG noch BewG stellen dabei besondere Anforderungen an den Bewerter und das vorzulegende Gutachten, obwohl dies von höchster praktischer Relevanz ist.[559] Ebenso existiert bezgl. der ertragsorientierten und sonstigen üblichen Verfahren kein gesetzlicher Vorbehalt gegenüber unzutreffenden Ergebnissen wie beim vEWV. Lediglich der Bewertungserlass verlangt ein methodisch nicht zu beanstandendes Gutachten (s. o.), welches „auf den für die Verwendung in einem solchen Verfahren

[556] Vgl. zum folgendem Beispiel WAGENHOFER, BFuP, 1988, S. 340.
[557] WAGENHOFER, BFuP, 1988, S. 340.
[558] WAGENHOFER, BFuP, 1988, S. 340.
[559] Vgl. HECHT/v. CÖLLN, BB, 2010, S. 797.

üblichen Daten der betreffenden [G]esellschaft aufbaut."[560] Der Begriff des „methodisch nicht zu beanstandenden Gutachtens" ist nur schwierig greifbar und zudem nur für die Finanzverwaltung bindend. Zwar ist ein Rückgriff auf die Grundsätze ordnungsmäßiger Unternehmensbewertung[561] denkbar. Letztlich ist aber die Würdigung der Behörde oder die der Finanzgerichtsbarkeit maßgeblich. Für die Finanzbehörde kann jedenfalls davon ausgegangen werden, dass einem Gutachten des Steuerpflichtigen kein ausführliches Gegengutachten der Finanzverwaltung entgegengebracht wird.[562] Vielmehr wird man sich dort auf die Prüfung der Methodik und der Prämissen des vorgelegten Gutachtens beschränken.[563] Das Finanzamt wird also prüfen, ob es dem Stand der Unternehmensbewertung entspricht und denklogisch aufgebaut ist.[564] Mehr als eine solche Stichhaltigkeitsprüfung[565] ist darüber hinaus auch aufgrund der Voraussetzungen nicht denkbar. Denn die Finanzverwaltung verfügt weder quantitativ noch qualitativ über entsprechende personelle Ressourcen zur ausführlichen Kontrolle betriebswirtschaftlicher Bewertungen.[566] Aus diesem Blickwinkel ist die Kritik von LANG, die Erbschaftsteuerbelastung hänge im Wesentlichen vom Geschick hochqualifizierter Berater und Gutachter ab, denen die Finanzverwaltung keine äquivalenten Experten entgegenzusetzen habe,[567] zutreffend. Unzweifelhaft ist jedenfalls, dass der Einbezug gutachterlicher Werte insgesamt zu einem mitunter deutlich erhöhten Verwaltungsaufwand führen wird.[568]

Wenn die Finanzverwaltung zu dem Ergebnis kommt, dass ein entsprechendes Gutachten nicht den Anforderungen entspricht, kann sie den Wert zurückweisen. Darüber hinaus gehende Sanktionen haben der Steuerpflichtige und sein Berater

[560] Bewertungserlass 2009, Abschnitt 3 Absatz 2 Satz 2; R B 11.2 Absatz 2 Satz 2 ErbStR 2011.

[561] Vgl. insbesondere MOXTER, Grundsätze II, 1983, Nachdruck von 1991, passim sowie die ausführliche Diskussion anderer diesbezüglicher Ansätze bei MATSCHKE/BRÖSEL, Unternehmensbewertung, 2013, S. 759 ff.

[562] Vgl. KUßMAUL/PFIRMANN/HELL/MEYERING, BB, 2008, S. 478. Dies korrespondiert mit der allgemeinen Unüblichkeit von finanzgerichtlichen Gegengutachten, vgl. dazu LANG, StuW, 2008, S. 195.

[563] Vgl. KUßMAUL/PFIRMANN/HELL/MEYERING, BB, 2008, S. 478; HALACZINSKY, ErbStB, 2009, S. 83.

[564] Vgl. HALACZINSKY, ErbStB, 2009, S. 83.

[565] Vgl. VISKORF, ZEV, 2009, S. 594.

[566] Vgl. SEER, GmbHR, 2007, S. 283. Es wird hier Wert darauf gelegt, dass dies nicht despektierlich zu verstehen ist. Schließlich wird die Diskussion um die erbschaftsteuerliche Bewertung auch wesentlich von Vertretern der Finanzverwaltung bereichert. Jedoch verfügen die Finanzämter wohl nicht in der Breite über entsprechende Unternehmensbewertungsexperten. Dies mag mit der Sichtweise der Steuergewerkschaft korrespondieren, die jedenfalls betriebswirtschaftliche Bewertungsverfahren abgelehnt hatte. Vgl. dazu SCHULTE, FR, 2007, S. 317.

[567] Vgl. LANG, StuW, 2008, S. 197.

[568] Vgl. SCHULTE, FR, 2007, S. 325.

nicht zu erwarten, solange die allgemeinen Regeln zur Steuerhinterziehung bzw. leichtfertigen Steuerverkürzung beachtet werden. Der Steuerpflichtige darf also gegenüber den Finanzbehörden insbesondere keine unrichtigen oder unvollständigen Angaben machen (§ 370 Absatz 1 Nr. 1 AO) oder die Finanzbehörde pflichtwidrig über steuerlich erhebliche Tatsachen in Unkenntnis lassen (§ 370 Absatz 1 Nr. 2 AO). Der Steuerpflichtige hätte ohne solche Normen naturgemäß regelmäßig keinen Anreiz, die Finanzverwaltung über bewertungsrelevante Sachverhalte aufzuklären.[569] Abgesehen von falschen Angaben, die sich (sowieso) einer weiteren Analyse entziehen,[570] kann der zweite Tatbestand im Rahmen einer Unternehmensbewertung wohl insbesondere qualitative Faktoren und Zukunftserwartungen betreffen. Es ist vorstellbar, dass der Steuerpflichtige auch ohne herausragende kriminelle Energie zukunftsbezogene unternehmenswertsteigernde Faktoren verschweigt oder zumindest zurückhaltend kommuniziert. Bspw. könnte der Finanzverwaltung ein bisher nur unkonkret geplanter Stellenabbau vorenthalten werden. Letztlich handelt es sich hierbei um einen klassischen Fall asymmetrisch verteilter Informationen zu Gunsten des Steuerpflichtigen.[571] Dieses Zusammentreffen von Eigeninteressen und den letztlich nicht gänzlich abbaubaren asymmetrischen Informationen führt zu einem unlösbaren Problem.[572] Denn in welchem Umfang der Steuerpflichtige (und sein beratend tätiger Gutachter) von dieser Asymmetrie Gebrauch macht, also bewertungsrelevante Tatsachen verschweigt, ist letztlich eine Gewissensfrage, die sich dem Betrachtungsgegenstand der Betriebswirtschaftslehre entzieht.

22223. Standesrechtliche Besonderheiten von Wirtschaftsprüfern

Fraglich ist darüber hinaus, ob sich für Wirtschaftsprüfer aufgrund des Berufsrechts Besonderheiten ergeben. Dieses verlangt eine unabhängige, gewissenhafte, verschwiegene und eigenverantwortliche Berufsausübung (§ 43 Absatz 1 Satz 1 Wirtschaftsprüferordnung - WPO[573]) und bei der Erstellung von Gutachten ausdrücklich ein unparteiisches Verhalten (§ 43 Absatz 1 Satz 2 WPO). Dabei kennt der Funktionenkatalog des IDW S 1 (daher) keine Argumentationsfunktion. Entspre-

[569] Vgl. HENSELMANN, BFuP, 2006, S. 148, dessen allgemeine Bemerkung hier für die Steuerbemessungsfunktion konkretisiert werden.
[570] Vgl. zur Legalitätsprämisse auch Kapitel A.II.
[571] Vgl. dazu auch LÖFFLER, Wertfindung, 2008, S. 41 ff.
[572] Vgl. HENSELMANN, BFuP, 2006, S. 149.
[573] BGBl. I 1975, S. 2803.

chende Forderungen aus der Wissenschaft, sich offen zur (wohl) praktisch relevantesten Funktion von Unternehmensbewertungen zu bekennen,[574] wurden bisher nicht erfüllt. Es ist daher von Interesse, ob die Erstattung von Gutachten im hier interessierenden Sinne unter die Beratungsfunktion subsumiert werden könnte und insofern die Unabhängigkeit des Wirtschaftsprüfers entbehrlich wird. Denn es ist einleuchtend, dass diese Unabhängigkeit nicht erforderlich ist, wenn der Wirtschaftsprüfer für eine Partei und nicht im öffentlichen Interesse tätig wird.[575] Im Rahmen der Beratungsfunktion „ermittelt der Wirtschaftsprüfer einen subjektiven Entscheidungswert (...) um seine ökonomische Situation (...) nicht zu verschlechtern."[576] Damit ist sie deckungsgleich mit der Entscheidungsfunktion der Kölner Schule. Es handelt sich also nicht um ein parteiliches Verhalten, welches durch § 43 WPO ausgeschlossen ist.[577] M. E. wäre jedoch eine begriffliche Klarstellung sinnvoll, weil gerade auch im Rahmen der Argumentationsfunktion der Bewerter als Berater tätig wird.[578] Genau diese, sich bspw. durch die Unterstützung in Verhandlungsprozessen äußernde Funktion, beschreibt der Berufsstand aber nicht. Wenn der Wirtschaftsprüfer jedoch als Parteigutachter und damit Lieferant eines Argumentationswerts tätig werden möchte, ergibt sich m. E. nur folgende rechtlich unbedenkliche Möglichkeit. Gem. des Zweckdokumentationsprinzips,[579] an welches sich auch der Bewerter bei Beachtung des IDW S 1 zu halten hat,[580] gibt der Wirtschaftsprüfer an, im Auftrag des Steuerpflichtigen, also als dessen Berater, den Wert des Unternehmens für Zwecke der Erbschaft- und Schenkungsteuer zu ermitteln. Daraufhin hat dieser nach bestem Wissen und Gewissen das rechtliche Bewertungsziel (siehe dazu ausführlich unten) zu erörtern. Hierzu existieren verschiedene Interpretationsmöglichkeiten. Dem folgend hat der Wirtschaftsprüfer den Unternehmenswert konsequent nach dem von ihm identifizierten Wertmaßstab zu ermitteln. Erkennt er bspw. den individuellen Entscheidungswert des Steuerpflichtigen[581] als gemeinen Wert an, kann er diesen analog zur Beratungsfunktion des IDW S 1 ermitteln. Selbstverständlich kann dies dazu führen, dass dieser Wert höher als ein vom Wirtschaftsprüfer als objektiv (oder

---

574 Vgl. HERING/BRÖSEL, WPg, 2004, S. 939.
575 Vgl. SCHILDBACH, WPg, 1981, S. 196.
576 IDW (Hrsg.), WPg Supplement, 2008, S. 71, Rz. 12.
577 Vgl. MOXTER, Grundsätze II, 1983, Nachdruck von 1991, S. 29.
578 Vgl. HERING, Unternehmensbewertung, 2006, S. 5.
579 Vgl. dazu MOXTER, Grundsätze II, 1983, Nachdruck von 1991, S. 6.
580 Vgl. IDW (Hrsg.), WPg Supplement, 2008, S. 89, Rz. 176.
581 Vgl. dazu ausführlich Kapitel D.III.21.

objektiviert) „richtig“ angenommener Wert ist. Dann wäre die Güte seiner Beratungsleistung jedoch zweifelhaft. Ebenso kann der Wirtschaftsprüfer den gemeinen Wert im objektivierten Wert verwirklicht sehen. Dieser wäre dann freilich ohne argumentative Elemente zu ermitteln; eine falsche Bezeichnung eines Argumentations- oder Entscheidungswerts als objektivierten Wert wäre dementsprechend unzulässig. Ebenso ist es m. E. für den Wirtschaftsprüfer möglich, die Preisgrenze eines gedachten Käufers, wie er sich im Gesetzestext findet,[582] oder eines gedachten Verkäufers, wie dessen Interpretation auch zulassen könnte,[583] zu ermitteln. Beide Wertkonzeptionen können als subjektiver Entscheidungswert i. S. v. IDW S 1 Rz. 12 angesehen werden, auch wenn dort explizit ein individueller Entscheidungswert gemeint ist. Die eigentliche Argumentation verlagert sich insofern auf die Ebene der Identifikation des rechtlichen Bewertungsziels. Damit sind letztlich auch die Gutachten, die von Wirtschaftsprüfern eingebracht werden, als Argumentationswerte bzw. Parteigutachten zu qualifizieren – auch wenn der Berufsstand diese freilich nicht so bezeichnet.[584]

23. Schiedswert

231. Charakteristik

Ausgehend von der betriebswirtschaftlichen Forschung auf dem Gebiet des Schiedswerts sind hier die diesbezüglich speziellen Aspekte der Steuerbemessungsfunktion zu ergründen. Hierzu wird zunächst eine Einordnung im Rahmen der verschiedenen Konfliktsituationen vorgenommen. Da im Zweifel Gerichte über den Steuerbemessungswert entscheiden und somit die Rolle der Vermittlungsfunktion ausüben,[585] sind die Analyse des rechtlichen Bewertungsziels und die Würdigung relevanter Rechtsprechung ebenfalls in diesem Kapitel verortet.

In der Betriebswirtschaftslehre ist die Unterscheidung in dominierte und nicht dominierte Anlässe im Rahmen der Vermittlungsfunktion wesentlich. Bei nicht dominierten

---

582 Vgl. Kapitel D.III.21. sowie D.III.23.

583 Vgl. Kapitel D.III.21. sowie D.III.23.

584 Ähnlich dazu HERING/BRÖSEL, WPg, 2004, S. 939: „Die Argumentationsfunktion wird aus Sicht der Wirtschaftsprüfer .. als nicht dem Berufsstand vereinbar angesehen.“

585 Vgl. PILTZ, Rechtsprechung, 1994, S. 98.

Anlässen und Vorliegen eines positiven Transaktionsraumes kann ein unabhängiger Vermittler in verschiedener Form tätig werden. Mit zunehmender Verbindlichkeit der Werte ist eine bloße Benennung eines Werts als Ausgangspunkt für weitere Verhandlungen, eine nicht bindende Preisempfehlung oder die Festlegung eines Preises denkbar.[586] Wie bereits bei den Hauptfunktionen erwähnt, folgt die Ermittlung des Schiedswerts aus der „gerechten", den Interessen der Parteien angemessenen,[587] Aufteilung des Einigungsbereichs.[588] Der so ermittelte Wert trägt das Merkmal der Rationalität des Handelns, weil er, wie in Abbildung 9 ersichtlich, keinen der Grenzpreise der Konfliktparteien verletzt.[589]

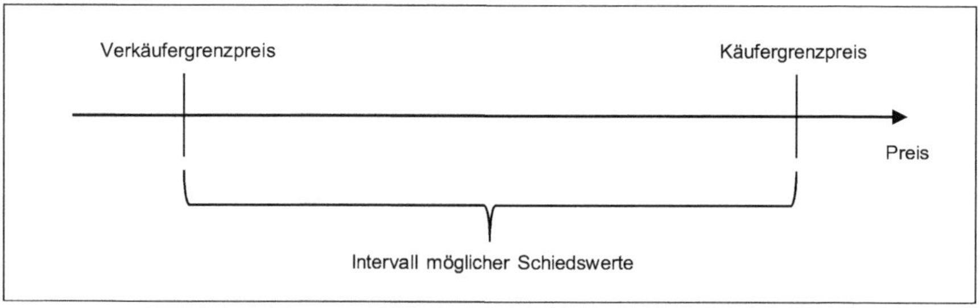

Abbildung 9: Intervall möglicher Schiedswerte[590]

In der reinen Theorie sind die Grenzpreise somit der Ausgangspunkt jeder Schiedswertermittlung.[591] Entsprechend besitzt der Schiedswert dann auch nur für die konkreten Parteien Gültigkeit.[592]

Aufbauend auf diesen Grenzpreisen versucht MATSCHKE die Aufteilung des Einigungsbereichs nach verschiedenen Kriterien durchzuführen.[593] Dieser Einigungsbereich wird im einfachsten Fall durch die Differenz der Grenzpreise bestimmt. Falls jedoch die Verhandlungspartner bereits ein Preisangebot abgegeben haben, kann

586 Vgl. SIEBEN, WISU, 1983, S. 541.
587 Vgl. MATSCHKE, Arbitriumwert, 1979, S. 57 f.
588 Vgl. MATSCHKE, Arbitriumwert, 1979, S. 43 ff.; SIEBEN/SCHILDBACH, DStR, 1979, S. 457; SIEBEN, WISU, 1983, S. 541; BALLWIESER/LEUTHIER, DStR, 1986, S. 549 f.
589 Vgl. MATSCHKE, Arbitriumwert, 1979, S. 48 f.
590 Eigene Darstellung.
591 Vgl. BÖRNER, Unternehmensbewertung, in: Albers (Hrsg.), HdWW, 1980, S. 115.
592 Vgl. MATSCHKE, BFuP, 1971, S. 513.
593 Vgl. insbesondere MATSCHKE, Arbitriumwert, 1979, passim; MATSCHKE, zfbf, 1969, S. 57 ff.; anerkennend auch MOXTER, Grundsätze II, 1983, Nachdruck von 1991, S. 19: „Die Lehre vom Schiedspreis ist stark von Matschke beeinflußt worden."

sich der Einigungsbereich verengen. Hat bspw. der Käufer ein Angebot unterbreitet, welches oberhalb des Grenzpreises des Verkäufers liegt, beschränkt sich nun der Einigungsbereich auf das Intervall zwischen diesem Angebot und dem Grenzpreis des Käufers.[594] Diese Modellierung ist sinnvoll, weil der Verkäufer wohl kaum einen Schiedswert als gerecht empfinden würde, der unterhalb eines bereits abgegebenen Preisangebots des Käufers, also im Bereich A der Abbildung 10, liegt:

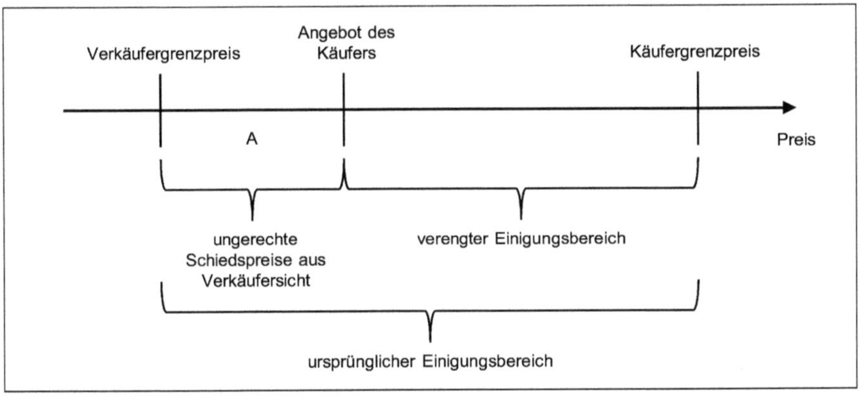

Abbildung 10: Verengter Einigungsbereich[595]

Ein Vorschlag besteht nun darin, den Schiedswert so festzulegen, dass der Erfolg aus der Verwendung des zu verteilenden Einigungsbereichs maximiert wird.[596] In diesem Fall erfüllt der Preis seine volkswirtschaftliche Lenkungsfunktion, weil er das Kapital des zu verteilenden Einigungsbereichs in seine günstigste Verwendungsrichtung lenkt.[597] Eine optimale Verteilung entsteht also, wenn die Grenzzinssätze der Verwendung beim Käufer und Verkäufer übereinstimmen.[598] Auch ohne mathematische Formalisierung ist ersichtlich, dass dieses Maximierungskalkül zur vollständigen Zuweisung des Einigungsbereichs zu einer Partei führt, sobald diese über die bessere Anlagemöglichkeit (für das gesamte Volumen) verfügt. Ob dieses Vorgehen als „gerecht“ bezeichnet werden kann, ist offenbar Meinungssache. M. E. wird die Akzeptanz eines so ermittelten Preises regelmäßig auch stark vom Design des

594 Vgl. MATSCHKE, zfbf, 1969, S. 68 f.; dort heißt der Bereich verteilungsfähiger Goodwill.
595 Eigene Darstellung.
596 Vgl. zu diesem Ansatz MATSCHKE, zfbf, 1969, S. 57 ff.
597 Vgl. MATSCHKE, zfbf, 1969, S. 67.
598 Vgl. MATSCHKE, zfbf, 1969, S. 70.

Vermittlungsverfahrens abhängen. Falls sich etwa beide Parteien vor der Schlichtung auf das beschriebene Verfahren einigen, ist seine Anwendung natürlich unproblematisch. Anders wäre dies dann, wenn der Gutachter erst im Rahmen seines Gutachtens den Parteien die Vorgehensweise erläutert sie also vorher „lediglich“ die Festlegung eines Schiedswertes beauftragen. Eine Partei wird sich dann wohl regelmäßig benachteiligt fühlen, wenn ihr unter dem Verweis auf die besseren Verwendungsmöglichkeiten (im einfachsten Fall also Anlagemöglichkeiten) der anderen Partei ein geringerer Teil des Einigungsbereichs zugesprochen wird. Die volkswirtschaftliche Lenkungsfunktion des Preises wird dieser sich ungerecht behandelt fühlenden Partei wohl regelmäßig gleichgültig sein. Die Akzeptanz des Werts wird wohl sogar bei einer für die Parteien nicht transparenten Preisermittlung höher sein, weil der in diesem Falle ausschließlich mögliche Vergleich mit dem eigenen Entscheidungswert stets positiv ist.

Daneben wird – soweit ersichtlich ohne explizite Begründung – die Aufteilung des Einigungsbereichs (*EB*) im Verhältnis der Entscheidungswerte von Käufer (P_K) und Verkäufer (P_V) vorgeschlagen.[599] Der Schiedswert (P_S) berechnet sich daher wie folgt:

[6]
$$P_S = P_V + (P_K - P_V) \cdot \frac{P_V}{P_V + P_K} \Leftrightarrow$$
$$P_S = P_K - (P_K - P_V) \cdot \frac{P_K}{P_V + P_K}.$$

mit: P_S = Schiedswert

P_K = Grenzpreis des Käufers

P_V = Grenzpreis des Verkäufers

wobei $P_K - P_V$ eben den Einigungsbereich beschreibt und somit

[599] Vgl. MATSCHKE, BFuP, 1971, S. 518 f.

[7]
$$P_S = P_V + EB \cdot \frac{P_V}{P_V + P_K} \Leftrightarrow$$
$$P_S = P_K - EB \cdot \frac{P_K}{P_V + P_K}$$

mit: EB = Einigungsbereich

gilt.[600] Falls ein positiver Einigungsbereich besteht, wird mit dieser Aufteilungsregel offenbar stets dem Käufer der größere Teil des Einigungsbereichs zugesprochen:

[8]
$$P_K > P_V \Rightarrow$$
$$\frac{P_K}{P_V + P_K} > \frac{P_V}{P_V + P_K} \Rightarrow$$
$$E \cdot \frac{P_K}{P_V + P_K} > E \cdot \frac{P_V}{P_V + P_K}.$$

Dies ist bemerkenswert, zumal die Aufteilung nach der Preislenkungsfunktion den Einigungsbereich, falls sich ausschließlich die Alternativanlagemöglichkeiten unterscheiden, regelmäßig ausschließlich dem Verkäufer zuteilt.[601]

Wie bereits die Beurteilung dieser zwei verschiedenen Modelle zeigt,[602] ist das Gerechtigkeitspostulat und damit eine bestimmte Verteilung des Einigungsbereichs betriebswirtschaftlich nicht näher begründbar.[603] Vielmehr ist es stets lediglich auf der Grundlage von Hypothesen über die parteienbezogene Angemessenheit von konkreten konfligierenden Parteien analysierbar.[604] Aufgrund dessen wird als

---

600 Vgl. MATSCHKE, BFuP, 1971, S. 519 f.

601 Vgl. dazu das Beispiel im Anhang III.

602 Vgl. zur Diskussion weiterer Modelle insbesondere MATSCHKE, Arbitriumwert, 1979, S. 126 ff.

603 Vgl. SIEBEN, WISU, 1983, S. 541; ähnlich SIEBEN, AG, 1966, S. 9; EISENFÜHR, zfbf, 1971, S. 478; KÜTING, BFuP, 1981, S. 189; COENENBERG, Hochschule, in: IDW (Hrsg.), Wirtschaftsprüferberuf, 1981, S. 223. Vgl. dazu auch die ausführlichen Literaturhinweise bei KÜNNEMANN, Unternehmensbewertung, 1985, S. 35.

604 Vgl. MATSCHKE, Arbitriumwert, 1979, S. 108, welcher in diesem Werk auch weitere andere Aufteilungsvorschläge untersucht hat.

pragmatische Lösung oftmals die in Abbildung 11 dargestellte hälftige Teilung des Einigungsbereichs, das sog. Mittelungsprinzip, vorgeschlagen:[605]

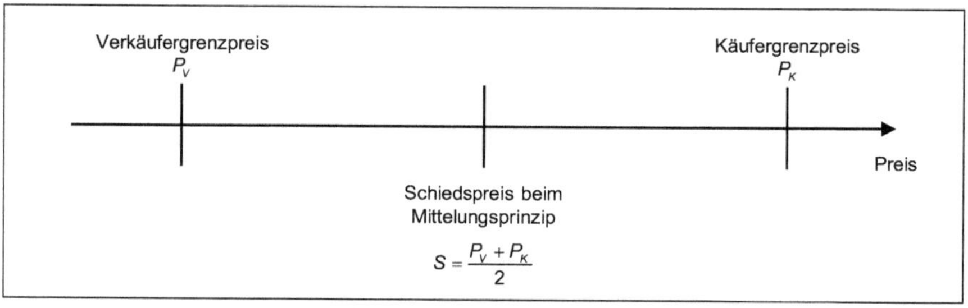

Abbildung 11: Mittelungsprinzip[606]

Selbstverständlich ist auch diese Lösung nicht frei von Kritik. Bspw. könnte man hinterfragen, warum der Verkäufer zur Hälfte an dem erst durch den Käufer zukünftig zu realisierenden Wert – oder anders ausgedrückt an dessen größeren unternehmerischen Geschick – partizipieren soll.[607] Hiergegen kann wiederum eingewendet werden, dass dieser Wert ohne die Vorleistungen des Verkäufers gar nicht entstanden wäre[608] oder eben die Auswahl des potentiell bestzahlendsten Käufers gerade das zu honorierende unternehmerische Geschick seitens des Verkäufers darstellt.[609] MOXTER verkürzt all diese Überlegungen und sieht einseitige Zurechnungen schlicht als kaum sinnvoll an.[610] Ebenso lehnt er Konzepte, die den Nutzen gleichmäßig verteilen wollen, unter dem Hinweis auf den kaum vorhandenen praktikablen Weg zur Messung des Nutzenzuwachs ab, obwohl er sie als grundsätzlich richtig bezeichnet.[611]

Gerade für transparente Verfahren, in denen die Grenzpreise später bekannt werden, ist m. E. der Mittelwert der Wert, der die höchst mögliche Akzeptanz der Beteiligten erreichen kann. Hierbei ist der psychologische Aspekt, nicht weniger als

[605] Vgl. MOXTER, Grundsätze II, 1983, Nachdruck von 1991, S. 17 ff. m. w. N. Diese Lösung entspricht im Übrigen auch dem Nash-Gleichgewicht in der Interpretation von JAENSCH. Vgl. JAENSCH, Wert, 1966, S. 164; dazu auch MATSCHKE, Arbitriumwert, 1979, S. 279 f.
[606] Eigene Darstellung.
[607] Vgl. MÜNSTERMANN, Bewertung, 1966, S. 27, MOXTER, Grundsätze II, 1983, Nachdruck von 1991, S. 18, die dies beide als mögliche Kritik anführen.
[608] Vgl. MOXTER, Grundsätze II, 1983, Nachdruck von 1991, S. 18.
[609] Vgl. MÜNSTERMANN, Bewertung, 1966, S. 27.
[610] Vgl. MOXTER, Grundsätze II, 1983, Nachdruck von 1991, S. 18.
[611] Vgl. MOXTER, Grundsätze II, 1983, Nachdruck von 1991, S. 19.

die Konfliktpartei zu erhalten und so sein Gesicht zu wahren, nicht zu unterschätzen.[612]

Eine weitaus größere Bedeutung als in den beschriebenen nicht dominierten Konfliktsituationen erhält der Arbitriumwert jedoch in dominierten Konfliktsituationen. Der Schiedswert wird hier regelmäßig zur verpflichtend anzuerkennenden Konfliktlösung.[613] Diese ist insbesondere schwierig zu ermitteln, wenn in einer freiwilligen Verhandlung keine Einigung erzielt werden kann bzw. könnte, weil kein positiver Einigungsbereich gegeben ist. Die in Abbildung 6 dargestellte Situation würde stets nicht zu einer Transaktion führen, weil keine Konfliktlösung existiert, die beide Parteien zufrieden stellt:[614]

Hier muss nun der mit der Vermittlung beauftragte Gutachter die folgende Fragestellung bewältigen:

„Den Interessen welcher der konfligierenden Parteien ist in einer dominierten Konfliktsituation, in der nach den Informationen ein aus Sicht aller Parteien akzeptabler Arbitriumwert nicht existiert, ein Vorrang einzuräumen?“[615]

Hierzu äußert sich MATSCHKE bereits bei der Erläuterung seines allgemeinen Modells zur Bestimmung von Arbitriumwerten.[616] Es basiert auf einer interpersonalen Konfliktsituation, bei der sich die Parteien nicht über die Bedingungen eines Eigentumsübergangs an einem Unternehmen einigen können.[617] Der genannte Grundsatz der Rationalität des Handels ist dabei zu modifizieren. Allgemein werden die Parteien bei rationalem Verhalten in freiwilligen (also nicht dominierten) Verhandlungen sich nur auf einen solchen Preis einigen, bei denen für beide die Alternative „Änderung

[612] Der Verfasser wäre nicht überrascht, wenn der relative neue Forschungszweig ökonomischer Zufriedenheitsforschung diese Annahme bestätigen würde. Denkbar wäre etwa folgendes Experiment: Ein Individuum hat die Möglichkeit aus zwei alternativen Verhandlungslösungen zu wählen. Im ersten Fall erhalten beide Verhandlungsparteien 50, während im zweiten Fall das Individuum 45 und die Gegenpartei nichts erhält (alternativ: im zweiten Fall erhält das Individuum 55 während die Gegenpartei 100 erhält). In der Welt des homo oeconomicus sind die Entscheidungen eindeutig; in der Realität wohl nicht.

[613] Vgl. MATSCHKE/BRÖSEL, Unternehmensbewertung, 2013, S. 481 f.

[614] Vgl. MATSCHKE, Arbitriumwert, 1979, S. 33.

[615] MATSCHKE/BRÖSEL, Unternehmensbewertung, 2013, S. 482.

[616] Vgl. dazu MATSCHKE, Arbitriumwert, 1979, S. 43 ff.

[617] Vgl. MATSCHKE, Arbitriumwert, 1979, S. 43.

der Eigentumsverhältnisse“ eine höhere individuelle Zielerfüllung als die Alternative „Beibehaltung der Eigentumsverhältnisse“ bedeutet.[618] Lassen sich solche Werte in der dominierten Konfliktsituation nicht identifizieren, weil die Situation der Abbildung 6 vorliegt, stößt der allgemeine Grundsatz der Rationalität an seine Grenzen. Die Lösung besteht in solchen Situationen in der besonderen Berücksichtigung der Interessen der dominierten Partei. Der Konfliktlösungsvorschlag des Neutralen sollte dann so bemessen werden, dass es für diese zu schützende Partei (zumindest) zu keiner Verschlechterung im Vergleich zur Alternative „Beibehaltung der Eigentumsverhältnisse“ kommt.[619] Die oben aufgeworfene Frage wird damit im Schrifttum regelmäßig zu Gunsten der dominierten Partei beantwortet.[620]

232. Übertragung auf die Steuerbemessungsfunktion

2321. Zweistufiger Verhandlungs- bzw. Einigungsprozess

Wie bereits bei Entscheidungs- und Argumentationswert dargestellt, kommt es im Rahmen der Steuerbemessungsfunktion nicht zur Verhandlung über den Eigentumsübergang als solchem. Insofern besteht ein Unterschied zum klassischen Betrachtungsobjekt der funktionalen Theorie. Jedoch konnte auch dargelegt werden, dass es sich ebenfalls um eine Konfliktsituation mit widerstrebenden Parteieninteressen handelt. Es ist zu prüfen, ob sich weitere Übereinstimmungen mit den allgemeinen Charakteristika des Schiedswerts ergeben, die sich zur Durchdringung der Steuerbemessungsfunktion als hilfreich erweisen könnten.

Die „Verhandlung“ kann im Rahmen der Steuerbemessungsfunktion im Kern als zweistufiger Einigungsprozess modelliert werden. In Abbildung 12 beinhaltet die erste Stufe die Deklaration eines Werts durch den Steuerpflichtigen. Wie hinreichend beschrieben dient dieser der Argumentation. Entsprechend sind Gutachter, Gutachten und Wertkonzeption mit den argumentativ-parteiisch geprägten Begriffen der Abbildung 12 zu bezeichnen:

---

618 Vgl. MATSCHKE, Arbitriumwert, 1979, S. 48.

619 Vgl. MATSCHKE, Arbitriumwert, 1979, S. 49.

620 Vgl. bspw. COENENBERG, Hochschule, in: IDW (Hrsg.), Wirtschaftsprüferberuf, 1981, S. 223; MOXTER, Grundsätze II, 1983, Nachdruck von 1991, S. 22; BALLWIESER/ LEUTHIER, DStR, 1986, S. 549; HAYN, DB, 2000, S. 1347; MEYER, UM, 2005, S. 41; DRUKARCZYK, Unternehmensbewertung, 2003, S. 134; HERING, Unternehmensbewertung, 2006, S. 6.

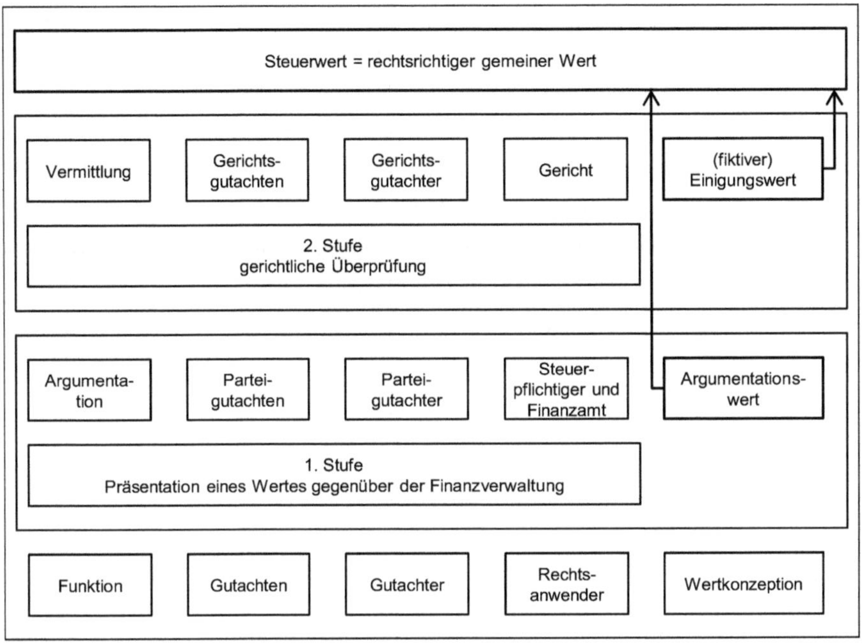

Abbildung 12: Zweistufiger Einigungsprozess[621]

In diesem vereinfachten Modell kann die Finanzverwaltung hierauf in zweierlei Hinsicht reagieren: Sie kann den vom Steuerpflichtigen erklärten Wert akzeptieren oder nicht. In letzterem Fall wird sie den Wert des vEWV festsetzen. Jetzt steht wiederum der Steuerpflichtige vor der Entscheidung, diesen Wert zu akzeptieren oder rechtsschützende Maßnahmen gegen den Grundlagenbescheid der gesonderten Feststellung (§§ 151 ff. BewG, §§ 179 ff. AO) einzuleiten. Die Option, den vEWV-Wert zu akzeptieren, soll hier ausscheiden. Dies ist daher sinnvoll, weil der Steuerpflichtige ihn – sofern er mit diesem Wert „einverstanden" wäre – unmittelbar hätte erklären können. Als rechtsschützende Maßnahme steht zunächst das außergerichtliche Rechtsbehelfsverfahren des Siebenten Teils der Abgabenordnung (§§ 347-368 AO) zur Verfügung.[622] Wie der Name bereits deutlich macht, ist dabei keine schlichtende Instanz i. S. eines Gerichts beteiligt, sodass es in dieser Betrachtung zur ersten Stufe des Einigungsprozesses gezählt wird. Hier ist es wiederum möglich,

621 Eigene Darstellung.

622 Die Betrachtung der verfahrensrechtlichen Besonderheiten kann im Rahmen dieser ökonomisch geprägten Arbeit nicht geleistet werden.

dass die Finanzverwaltung dem Begehren des Steuerpflichtigen stattgibt und seinen ursprünglichen oder modifizierten Argumentationswert akzeptiert. Wenn das Finanzamt jedoch an dem ursprünglichen Wert nach dem vEWV festhält, eröffnet sich dem Steuerpflichtigen auf der zweiten Stufe die Möglichkeit der finanzgerichtlichen Überprüfung. Diese trägt wesentliche Merkmale von Schiedswert:[623] Zwei Parteien konnten sich nicht auf einen Wert einigen, der für beide Beteiligte akzeptabel ist. Zur Lösung dieses Konflikts wird nun ein unabhängiger Dritter in Form des Richters hinzugezogen. Die Unternehmensbewertung wird daher zum Rechtsproblem, welches hier folgend betrachtet wird.

2322. Unternehmensbewertung als Rechtsproblem

23221. Identifikation des gesetzlichen Bewertungsziels und weitergehende Rechtsfragen

Wenn letztendlich der Richter bei gesetzlichen Bewertungsanlässen den Wert einer Unternehmung ermitteln muss, wird die Unternehmensbewertung zum Rechtsproblem[624] und die Stellung als Begegnungsfach[625] zwischen Juristen und Ökonomen augenscheinlich. Die wirtschaftliche Analyse des Rechts und die rechtliche Analyse der Wirtschaft[626] erfordert ein ständiges Hin- und Herblicken zwischen beiden Disziplinen.[627] Dies ist notwendig, weil die Gerichte die Unternehmensbewertung i. d. R. nicht selbst vornehmen, sondern sich auf Bewertungsgutachten von betriebswirtschaftlich ausgebildeten Sachverständigen stützen, die sich der Fachterminologie und den Gedankengängen der Betriebswirtschaft bedienen,[628] was auch für den hier untersuchten Bewertungszweck gelten wird.[629] Letztlich mündet die Rollenverteilung zwischen Richter und Gutachter in der Unterscheidung von Rechts- und Tatfrage.[630] Während die Festlegung des gesetzlichen Bewertungsziels eine Rechtsfrage

[623] Ähnlich auch PILTZ, DStR, 2010, S. 98: „Von den Funktionen der Unternehmensbewertung … kommt für die Gerichte mehrheitlich nur die Vermittlungsfunktion in Betracht."
[624] Vgl. HÜTTEMANN, WPg, 2007, S. 812.
[625] Vgl. HÜTTEMANN, WPg, 2007, S. 812.
[626] Vgl. GROßFELD, Recht, 2009, S. 1.
[627] Vgl. PILTZ, Rechtsprechung, 1994, S. 2.
[628] Vgl. PILTZ, Rechtsprechung, 1994, S. 2.
[629] Vgl. ROHDE/GEMEINHARDT, StuB, 2008, S. 346.
[630] Vgl. HÜTTEMANN, WPg, 2007, S. 812 m. w. N. zu der Unterscheidung von Rechts- und Tatfrage.

darstellt, ist die rechnerische Ermittlung des Unternehmenswerts durch ein Wertgutachten ein Teil der Beweiserhebung und somit als Tatfrage zu qualifizieren.[631]

Die Frage nach dem gesetzlichen Bewertungsziel soll hier anhand der ergangenen Rechtsprechung dargestellt werden. Dies geschieht zunächst allgemein für Unternehmensbewertungen im Zivilrecht und danach speziell für steuerliche Bewertungsanlässe, bei denen das Bewertungsziel aus dem gemeinen Wert abgeleitet worden ist. Im Zivilrecht wird weitgehend einheitlich für alle gesetzlichen Bewertungsanlässe das gesetzliche Bewertungsziel „wahrer Wert“ verlangt,[632] welcher mit dem objektiven Wert des Unternehmens, dem wirklichen Wert und – für diese Untersuchung besonders interessant – mit dem Verkehrswert oder gemeinen Wert,[633] sowie dem objektivierten Wert nach IDW S 1[634] gleichgesetzt wird.[635]

Für das Steuerrecht existiert eine detaillierte Rechtsprechungsanalyse von SCHLEITHOFF, der insgesamt 22 Entscheidungen untersucht, in denen der Bewertungsmaßstab „gemeiner Wert“ maßgeblich war.[636] Die Finanzrichter legten in diesen Entscheidungen das gesetzliche Bewertungsziel mit verschiedensten Formulierungen aus, die sich im Wesentlichen mit den o. g. Begriffen der Zivilrechtsprechung decken. Eine Reihe von Entscheidungen versucht das Bewertungsziel sprachlich zu konkretisieren, indem der Wert mit unterschiedlichen Adjektiven, die etwas faktisch Greifbares suggerieren, versehen wird. Die Bezeichnungen lauten im Einzelnen:

- wirklicher Wert (drei Entscheidungen[637])
- tatsächlicher Wert (drei Entscheidungen[638])

[631] Vgl. HÜTTEMANN, WPg, 2007, S. 812 f.; ähnlich WERNDL, Steuerrecht, in: Raupach (Hrsg.), DStJG 7, 1984, S. 407.

[632] Vgl. HÜTTEMANN, ZHR, 1998, S. 564; HÜTTEMANN, WPg, 2007, S. 814 m. w. N.; ähnlich auch PILTZ, Rechtsprechung, 1994, S. 92 f.

[633] Vgl. PILTZ/HANNES, Rechtsprechung, in: Peemöller (Hrsg.), Praxishandbuch, 2009, S. 999 f.

[634] Vgl. dazu die Interpretation von BVerfG vom 27.04.1999 - 1 BvR 1613/94, BVerfGE durch PILTZ, ZGR, 2001, S. 192 f.

[635] Vgl. KUHNER, WPg, 2007, S. 826.

[636] Vgl. zu den folgenden Urteilen und den hier zitierten Aussagen zur Auslegung des gesetzlichen Bewertungsziels SCHLEITHOFF, Unternehmensbewertung, 2006, S. 175 ff., und insbesondere die Zusammenfassung, S. 188 ff.

[637] Vgl. RFH vom 06.04.1938 - VI 210, StuW II, 1938, Sp. 467, wirklicher Wert der Anteile; RFH vom 27.04.1938 - VI 208/38, RStBl., 1938, S. 662, wirklicher Wert des Anteils; RFH vom 15.07.1942 - VI 362, 363/41, RStBl., 1942, S. 900, wirklicher – gemeiner – Wert der Anteile.

[638] Vgl. RFH vom 12.07.1939 - VI 452/39, StuW II, 1939, Sp. 637, tatsächlicher Wert der Anteile; BFH vom 11.07.1961 - I 226/60 U, BStBl. III, 1961, S. 463, tatsächlicher Wert der gesellschafts-

- realer Wert[639]
- wahrer Wert[640]
- innerer Wert[641]
- objektiver Wert[642]
- (wirkliches) Reinvermögen[643]
- Wert des Geschäfts im Ganzen[644]

Diese bloßen Umschreibungen des gemeinen Werts bringen m. E. keinen Erkenntnisgewinn für die Unternehmensbewertung. Eine zweite Gruppe von Entscheidungen füllt den Begriff gemeiner Wert dagegen insofern klarer aus, als eine marktwertorientierte Konkretisierung vorgenommen wird. Die Gerichte sprechen vom

- Verkehrswert/Marktwert (fünf Entscheidungen[645])

und äußern sich teilweise auch zu der für die Unternehmensbewertung wichtigen Frage, aus wessen Sicht der Unternehmenswert zu ermitteln ist. Uneinheitlich bestimmen sie einen

- Wert, den ein fremder Erwerber als Kaufpreis bezahlen würde[646]

oder den

rechtlichen Beteiligung; BFH vom 29.05.1972 - GrS 4/71, BStBl. II, 1973, S. 5, tatsächlicher (gemeiner) Wert des Kapitalanteils (Gesellschaftsanteils).

639 Vgl. BFH vom 31.01.1961 - I 259/60 U, BStBl. III, 1961, S. 158, realer Wert der Kommanditbeteiligung.

640 Vgl. BFH vom 09.09.1966 - III 263/63, BStBl. III, 1967, S. 43, wahrer Wert der Beteiligung.

641 Vgl. BFH vom 14.10.1966 - III 281/63, BStBl. III, 1967, S. 82, innerer Wert des Anteils.

642 Vgl. RFH vom 12.10.1926 - kein Aktenzeichen, RFHE, S. 93, besonderer objektiver Wert des eingerichteten Geschäfts.

643 Vgl. BFH vom 08.12.1965 - II 158/62 U, BStBl. III, 1966, S. 54, (wirkliches) Reinvermögen der Gesellschaft.

644 Vgl. RFH vom 29.07.1931 - VI 1265/29, RStBl., 1931, S. 852.

645 Vgl. Niedersächsisches FG vom 11.04.2000 - 6 K 611/93, EFG, 2001, S. 157, Marktwert der Anteile; FG Rheinland-Pfalz vom 12.05.2003 - 5 K 1870/02, EFG, 2003 S. 1313, Marktwert/Verkehrswert der Beteiligung; BFH vom 15.09.2004 - I R 7/02, BStBl. II, 2005, S. 867, fremdübliches Entgelt für das eingebrachte Unternehmen; von WIESE, Soziale Gebilde, in: v. Beckerath (Hrsg.), Sozialwissenschaften, 1959, Sp. 293; RFH vom 13.01.1920 - I A 45/19, RFHE, S. 187, Verkehrswert (Verkaufswert) des Unternehmens; FG München vom 08.10.1997 - 4 K 4092/93, EFG, 1998, S. 577, Verkehrswert des Unternehmens.

646 Vgl. BFH vom 23.01.1964 - IV 8/62 U, BStBl. III, 1964, S. 422.

- Wert, der bei einer Veräußerung zu erzielen wäre (3 Entscheidungen[647])

Auch wenn die Hinwendung zu einem Verkehrswertbegriff einen Fortschritt bedeutet, lassen sich aus diesen Festlegungen ebenso wenig konkrete Handlungsanweisungen für eine Unternehmensbewertung herleiten. Vielmehr sind zuvor weitere wichtige Rechtsfragen zu klären, die die Vorgehensweise des neutralen Gutachters determinieren. Im folgenden Kapitel wird daher untersucht, ob aus den neuen gesetzlichen Regelungen ggf. eine Bewertung aus Käufer- oder Verkäufersicht abzuleiten ist.[648]

Eine weitere wesentliche Rechtsfrage ist die Festlegung einer für die Erreichung des Bewertungsziels geeigneten Bewertungsmethode.[649] Diese ist gerade im Zivilrecht von besonderer Bedeutung, weil gesetzlich keine Regelungen zur Anwendung bestimmter Bewertungsmethoden existieren.[650] Die Rechtsprechung ist entsprechend vielfältig.[651] Auch für den gemeinen Wert existiert bezgl. der Methodenwahl eine ausführliche Rechtsprechungsanalyse von SCHLEITHOFF.[652] Deren Interpretation ist jedoch aufgrund der nun vom Gesetzgeber in weiten Teilen neu geschaffenen Methodenhierarchie nicht zielführend. Vielmehr wird die ausführliche Auseinandersetzung mit den Methoden, die nach Auffassung des Gesetzgebers zum rechtsrichtigen gemeinen Wert führen, in Kapitel E geleistet.

23222. Gemeiner Wert als fiktiver Einigungswert

Auf der zweiten Stufe des in Abbildung 12 gezeigten Modells hat der Richter das gesetzliche Bewertungsziel festzustellen. Dies ist die hier folgend eingenommene

647 Vgl. BFH vom 06.02.1991 - II R 87/88, BStBl. II, 1991, S. 459, Wert, der bei einer Veräußerung zu erzielen wäre; BFH vom 16.06.1970 - II 95/64, II 96/64, II 95-96/64, BStBl. II, 1970, S. 690, Preis, der bei einer Veräußerung des Betriebs zu erzielen wäre; RFH vom 09.02.1926 - I A 142/25, RFHE, 1926, S. 338, Verkaufspreis, i. S. des Preises, der im gewöhnlichen Geschäftsverkehr unter Berücksichtigung aller den Preis beeinflussenden Umstände bei Ausschaltung ungewöhnlicher und lediglich persönlicher Verhältnisse zu erzielen wäre.

648 Vgl. HÜTTEMANN, ZHR, 1998, S. 574; zur Einordnung dieser Unterscheidung als Rechtsfrage LUTTER, ZGR, 1979, S. 417 f.; SCHULZE-OSTERLOH, ZGR, 1986, S. 562.

649 Vgl. LUTTER, ZGR, 1979, S. 416 f.; a. A. jedoch BGH vom 13.03.1978 - II ZR 142/76, BB, 1978, S. 40.

650 Vgl. bspw. PAULSEN, in: MünchKomm AktG, 2010, § 305 AktG, Rz. 75; BGH vom 13.03.1978 - II ZR 142/76, BB, 1978, S. 40.

651 Vgl. etwa die Rechtsprechungsübersicht zu den verwendeten Bewertungsverfahren bei PILTZ, Rechtsprechung, 1994, S. 351 ff.

652 Vgl. SCHLEITHOFF, Unternehmensbewertung, 2006, S. 195 ff.; zu einem schnellen Überblick insbesondere die tabellarische Zusammenfassung, S. 223 ff.

Perspektive: Abseits von argumentativen Einflüssen soll ermittelt werden, welche Wertkonzeption der gemeine Wert aus unabhängiger Sicht darstellt.

Wendet sich der Steuerpflichtige gegen den Feststellungsbescheid, handelt es sich um eine sog. Anfechtungsklage (§ 40 Absatz 1 Alternative 1 Finanzgerichtsordnung - FGO[653]). Diese zielt grundsätzlich auf Aufhebung (Kassation) und ausnahmsweise auf Änderung des Verwaltungsaktes ab.[654] Ergebnis einer Aufhebungsklage (§ 40 Absatz 1 Alternative 1 Unteralternative 1 FGO) kann die Aufhebung des Verwaltungsaktes in der Form sein, dass die Verwaltungsbehörde nur einen neuen Verwaltungsakt erlassen kann, der nicht im Widerspruch zur gerichtlichen Entscheidung steht.[655] Andererseits ist bei der Abänderungsklage (§ 40 Absatz 1 Alternative 1 Unteralternative 2 FGO) bei sog. Geldverwaltungsakten, also insbesondere auch Grundlagenbescheiden i. S. v. § 179 AO,[656] eine Änderung des Betrags durch das Gericht möglich (Reformation, § 100 Absatz 2 FGO).[657] Ist der zur rechnerischen Ermittlung entstehende Aufwand unverhältnismäßig, kann sich das Gericht auf die Mitteilung der zu ändernden Besteuerungsgrundlagen beschränken und den Rechenvorgang der Finanzbehörde überlassen.[658] Hier ist letztlich unerheblich, auf welche Weise die Wertfeststellung durch die Finanzverwaltung verworfen wird. Vielmehr soll hier durch das Gericht die Auslegung des Steuergesetzes aus objektiver Sicht verwirklicht werden.

Das bisherige Ergebnis, wonach der gemeine Wert keinen individuellen Entscheidungswert, sondern einen Verkehrswert darstellt, ist unvollständig und damit unbefriedigend. Unstrittig ist wohl, dass der Gesetzgeber zur Ermittlung des gemeinen Werts eine Situation vom Typ Kauf/Verkauf – also eine Situation, in der Verkehrswerte erst entstehen können – im Blick hatte. Durch die oben angestellten Überlegungen sollte zumindest deutlich geworden sein, dass mit der Ablehnung von Entscheidungswerten als gemeiner Wert damit auch ein Einigungsverfahren auf

---

653 BGBl. I 2001, S. 442, ber. BGBl. I 2001, S. 2262, BGBl. I 2002, S. 679.
654 Vgl. GROLL, in: Gräber/Groll (Hrsg.), FGO, 2010, § 40 FGO, Rz. 13.
655 Vgl. SEER, Steuerarten, in: Tipke/Lang (Hrsg.), Steuerrecht, 2010, § 22, Rz. 199 und allgemein zum Klagesystem der FGO Rz. 73 ff.
656 Vgl. SEER, Rechtsschutz, in: Tipke/Lang (Hrsg.), Steuerrecht, 2010, § 22, Rz. 74; GROLL, in: Gräber/Groll (Hrsg.), FGO, 2010, § 100 FGO, Rz. 24.
657 Vgl. SEER, Rechtsschutz, in: Tipke/Lang (Hrsg.), Steuerrecht, 2010, § 22, Rz. 199.
658 Vgl. SEER, Rechtsschutz, in: Tipke/Lang (Hrsg.), Steuerrecht, 2010, § 22, Rz. 199.

Basis individueller Werte ausscheidet. Für den Entscheidungswert des Steuerpflichtigen ergibt sich dies unmittelbar aus den oben gemachten Ausführungen. Auch die Annahme eines Entscheidungswerts auf Seiten der Finanzverwaltung macht wenig Sinn, weil auch dort keine Entscheidungssituation vorliegt, die einen Wert i. S. eines entscheidungsrelevanten Grenzpreises verlangt. Eine Lösung i. S. eines Schiedswertes zwischen zwei konkreten widerstreitenden Parteien kommt daher nicht in Betracht. Vielmehr ist das allgemeine gesetzliche Bewertungsziel zu ergründen und eine „normzweckadäquate“[659] Wertkonzeption zu entwickeln.

Diesbezüglich ist weiterhin fraglich, ob der Gesetzgeber durch die allgemeine Definition des gemeinen Werts (§ 9 BewG) und durch die neue Erwerberformel in § 11 BewG i. V. m. der Gesetzesbegründung zumindest auf eine typisierte Käufer- oder Verkäufersichtweise hinweist. Betrachtet sei wiederum die klassische Situation mit Grenzpreis von Käufer und Verkäufer. Wie wörtlich aus § 11 Absatz 2 BewG zu entnehmen ist und nach dem Sinn von § 9 BewG, kann es sich hierbei nur um gedachte, also fiktive, nicht konkrete,[660] Teilnehmer einer fiktiven Transaktion handeln. Geht man vereinfacht von der möglichen Bestimmung eines gedachten Erwerbers und Veräußerers aus, ist weiterhin ungeklärt, ob der Gesetzgeber bei der Schätzung des gemeinen Werts den Steuerpflichtigen in einer dieser Positionen verwirklicht sieht.

Auch wenn hieraus vermutlich keine wesentlichen Konsequenzen erwachsen, sei angemerkt, dass sich der Gesetzgeber der Schätzungsproblematik zwar bewusst ist, er aber trotzdem statt der Schätzung des gemeinen Werts (§ 12 Absatz 2 Satz 2 BewG a. F.) nun seine Ermittlung anordnet (§ 12 Absatz Satz 2 BewG). Zumindest versucht er die Unsicherheit der Schätzung nicht dem Steuerpflichtigen aufzuerlegen (s. o.). Die hierzu bestimmte Erwerberperspektive ist jedoch im Zusammenhang mit dieser Intention wie gezeigt missverständlich; so kann im Fall der Abbildung 5 jedenfalls nicht der Grenzpreis eines Erwerbers gemeint sein. Ansonsten wäre sie für den Steuerpflichtigen stets unvorteilhaft. Daneben ist die Erwerbersicht lt. Gesetzestext zunächst auf die Methodenwahl beschränkt. Der Gesetzgeber äußert sich

659 Vgl. zum Begriff MATSCHKE/BRÖSEL/BEHZAD, Rechtsprechung, in: Königsmaier/Mandl (Hrsg.), FS Mandl, 2010, S. 430.

660 Vgl. VISKORF, ZEV, 2009, S. 593.

hingegen nicht zur Perspektive, die im Rahmen der Ertragswertmethode einzunehmen ist. Das betriebswirtschaftliche Hintergrundwissen, wonach zumindest die (Standard-)Ertragswertmethode ein Entscheidungsmodell darstellt und somit stets eine Konkretisierung der individuellen Situation verlangt, kann m. E. nicht als Begründung herhalten, aus der wörtlichen Auslegung des Gesetzes auf einen Grenzpreis i. S. der funktionalen Theorie hinzuweisen. Wenn aber die Erwerberperspektive nur für die Methodenwahl Gültigkeit besitzt und dazu im Zusammenspiel mit der Gesetzesbegründung zumindest missverständlich formuliert ist, ist zu untersuchen, ob die allgemeine Definition des gemeinen Werts bezgl. dieser Fragestellung Abhilfe schaffen kann.

Tatsächlich bestimmt § 9 Absatz 1 BewG diesen als Preis, der bei einer Veräußerung zu erzielen wäre. Auch wenn die Veräußerung wörtlich genannt wird, kann hieraus keinesfalls auf einen Verkäufer-Grenzpreis geschlossen werden. M. E. suggeriert die Formulierung im Gegensatz[661] zur Erwerbersicht des § 11 BewG sogar tendenziell das Bestreben eines Verkäufers, einen höheren Preis zu erzielen. Letztlich ergibt sich aber auch hieraus keine Bevorzugung einer bestimmten Sichtweise; alle erzielbaren Preise liegen im Intervall der Abbildung 5, welches durch die Grenzpreise der Parteien bestimmt wird. Es handelt sich insbesondere nicht um die Bandbreite möglicher Werte, die aus verschiedenen Bewertungsmethoden resultiert.[662] Bedauerlicherweise hilft die Ermittlung einer Bandbreite zur Festsetzung der Bemessungsgrundlage wenig. Die Bandbreite muss letztlich zu einem Punktwert verdichtet werden. Dies kann nur durch die Simulation einer Verhandlungssituation[663] („Kaufpreissimulation“[664]) vom oben gezeigten Typ geschehen. Wenn keine wie auch immer gearteten weiteren Erkenntnisse vorliegen, lässt sich unter Bezugnahme auf die in Kapitel D.III.231 aufgezeigten Forschungsergebnisse der Unternehmensbewertungstheorie zur Verteilung des fiktiven Einigungsbereichs m. E. nur der Mittelwert als theoretisch saubere Lösung vertreten. Selbstverständlich handelt es sich hierbei um eine mehr axiomatisch geprägte denn nachprüfbare Auffassung. Jedes Argument, welches den Mittelwert als besten Schätzer für das Verhandlungsergebnis ablehnt, würde jedoch im erhöhten Maße für jeden anderen Wert des Einigungsbe-

661 Vgl. BARTHEL, FB, 2008, S. 521.
662 Vgl. zu diesem Aspekt Kapitel E.I.2.
663 Vgl. JONAS, WPg, 2007, S. 841.
664 PAWELZIK, Ubg, 2010, S. 884.

reiches gelten. Insofern ist der Mittelwert auch aufgrund keiner überzeugenden Alternative die bestmögliche Schätzung des Verhandlungsergebnisses.

Diese Auffassung vermag zu überraschen. Der BFH und das BVerfG hatten – jedoch für Grundvermögen – den Bandbreitencharakter des gemeinen Werts erkannt: Es gibt „für Grundvermögen keinen absoluten und sicher realisierbaren Marktwert, sondern allenfalls ein Marktwertniveau, auf dem sich mit mehr oder weniger großen Abweichungen vertretbare Verkehrswerte bilden. Dabei wird von einer Streubreite von plus/minus 20 % der Verkaufspreise für ein und dasselbe Objekt ausgegangen, innerhalb derer ein festgestellter Verkehrswert als noch vertretbar angesehen wird."[665] Diese Feststellung wird in der Literatur auch auf Unternehmensvermögen übertragen; bspw. erkennt VISKORF für Unternehmensvermögen sogar eine Bandbreite von plus/minus 30 %.[666] Fraglich ist nun, ob das Heranziehen des niedrigsten Werts einer Bandbreite der oben entwickelten Mittelwertlösung widerspricht. Wer dies bejaht, verkennt m. E., dass sich die von den Gerichten gemachte Aussage auf tatsächlich gezahlte Preise hinreichend vergleichbarer Vermögensgegenstände bezieht. Dies korrespondiert auch mit dem Gedanken der gesetzlichen Regelung zum gemeinen Wert bei notierten Anteilen an Kapitalgesellschaften, bei der auch der niedrigste Preis einer Bandbreite zum maßgeblichen gemeinen Wert bestimmt wird (§ 11 Absatz 1 Satz 1 BewG).[667] Diese hinreichende Vergleichbarkeit ist bei Grundstücken, auf welche sich die oben gemachten Aussagen der Gerichte regelmäßig beziehen, insbesondere bei unbebauten, m. E. gegeben. Eine simple Übertragung auf die Schätzungsmethodik zur Bestimmung des Unternehmenswerts kann hieraus jedoch nicht erfolgen. Wie bereits in der obigen Diskussion über Wert und Preis ausgeführt, sind Unternehmen gerade das Gegenteil fungibler Güter.[668] Daher ist streng zwischen möglichen Verhandlungsergebnissen, die durch die Grenzpreise der gedachten Akteure eingeschränkt sind, und tatsächlich bezahlten Vergleichspreisen zu unterscheiden. Während die Grenzpreise lediglich die im theoretischen Extrem

665 BVerfG vom 07.11.2006 - 1 BvL 10/02, BStBl. II, 2007, S. 207; ebenfalls BFH vom 22.05.2002 - II R 61/99, BStBl. II, 2002, S. 609: „Die am Grundstücksmarkt feststellbare Bandbreite von Werten kann +/- 20 v.H. ... um einen rechnerischen Mittelwert oder auch mehr ... betragen. Jeder Wert innerhalb dieser Bandbreite kann aber noch als gemeiner Wert (Verkehrswert) des Grundstücks angesprochen werden". Im Wesentlichen bereits zuvor durch SEER, StuW, 1997, S. 289 m. w. N., herausgearbeitet.

666 Vgl. VISKORF, ZEV, 2009, S. 592.

667 Vgl. dazu ausführlich Kapitel E.II.23.

668 Vgl. Kapitel C.II.31.

denkbare Wertbandbreite fixieren, ist bei den Vergleichspreisen für jeden einzelnen festgestellten Preis die Verhandlung bereits durchgeführt worden. Auch beim niedrigsten festgestellten Vergleichspreis wird – außer eben im Grenzfall – ein noch geringerer Verkäufergrenzpreis existiert haben. Für die Schätzung des Werts eines einzelnen Unternehmens kann sich hieraus m. E. keine konkrete Handlungsweise ableiten lassen. Die Heranziehung des geringsten Werts aus einem beidseitigen 20 %-Intervall um den „Mittelwert" ist jedenfalls unsinnig. Im Ergebnis würde dies zu einem – nach dem BVerfG-Beschluss wohl eindeutig unzulässigem – Bewertungsabschlag i. H. v. 20 % führen, weil der Bewerter zur Festlegung des unteren Werts ja eben den „richtigen" Wert „ermittelt" und von diesem mit Hilfe des Intervalls 20 % abschlägt. Solche und andere wie auch immer geartete „vorsichtigen" Schätzungen des Verkehrswerts würden jedoch stets wieder eine systematisch angelegte Unterbewertung von Betriebsvermögen bedeuten. Das vom BVerfG gesetzte Ziel einer realitätsgerechten Abbildung aller Vermögensgegenstände in Relation zu einander wäre dann zumindest theoretisch nicht in letzter Konsequenz verfolgt. Hieran ändert auch die oben durchgeführte Charakterisierung des Steuerrechts als Eingriffsrecht und die tendenzielle Zuordnung zu den dominierten Konfliktsituationen nichts, weil der gedachte Käufer im hier vorliegenden Modell kein konkreter Steuerpflichtiger ist, dessen Interessen zu schützen wären. Vielmehr dient das Modell zur Ermittlung eines Werts, welcher gerade nicht von subjektiven Elementen beeinflusst sein soll.

Eine ähnliche Diskussion existiert um den Wertmaßstab des § 1 des Gesetzes über die Besteuerung bei Auslandsbeziehungen (Außensteuergesetz – AStG vom 08.09.1972[669]). Fraglich ist, ob sich diesbezügliche Erkenntnisse für den hier betrachteten Bewertungszweck verwerten lassen. Dies soll kurz erörtert werden. Das Leitbild des § 1 AStG ist der Fremdvergleichsgrundsatz (§ 1 Absatz 1 Satz 1 AStG). Konkretisierend bestimmt der dortige Absatz 3 bei Absenz von uneingeschränkt und eingeschränkt vergleichbaren Fremdvergleichswerten einen hypothetischen Fremdvergleich.[670] Auffällig ist hierbei zunächst, dass der Gesetzgeber die Ermittlung eines hypothetischen Fremdvergleichspreises in § 1 Absatz 3 Satz 5 - 7 AStG deutlich genauer formuliert als im hier interessierenden Kontext. Hiernach ist zu-

669 BGBl. I 1972, S. 1713.

670 Vgl. allgemein zum Stufenverhältnis der Verrechnungspreismethoden BAUMHOFF/DITZ/GREINERT, DStR, 2007, S. 1462.

nächst ein Einigungsbereich aus Mindestpreis des Leistenden und Höchstpreis des Empfängers zu bestimmen. Diese sind auf Grundlage der Gewinnpotenziale der Beteiligten zu ermitteln. Die zugehörige Rechtsverordnung[671] macht deutlich, dass es sich hierbei um Ertragswerte handelt.[672] Bemerkenswert ist die eindeutige gesetzliche Bestimmung zur Aufteilung des Einigungsbereichs in § 1 Absatz 3 Satz 7 AStG: „Es ist der Preis im Einigungsbereich der Einkünfteermittlung zugrunde zu legen, der dem Fremdvergleichsgrundsatz mit der höchsten Wahrscheinlichkeit entspricht; wird kein anderer Wert glaubhaft gemacht, ist der Mittelwert des Einigungsbereichs zugrunde zu legen." Offenbar entspricht dies ziemlich genau der hier entwickelten Lösung zur Ermittlung des gemeinen Werts.

Wie umstritten diese gesetzliche Lösung ist, zeigen die teilweise verwirrenden diesbezüglichen Äußerungen im Schrifttum. So meint KRAFT, dass BAUMHOFF/DITZ/GREINERT diese Mittelwertlösung befürworten.[673] Liest man lediglich die von KRAFT zitierte Passage, könnte man zunächst tatsächlich zu dieser Auffassung kommen: „Eine solche hälftige Teilung des Einigungsbereichs ist zunächst nicht abwegig, zumal sie betriebswirtschaftlich der sog. Schiedsrichterlösung entspricht."[674] Daraufhin werden die sog. Zinsurteile des BFH genannt, welche im Zweifel eine hälftige Aufteilung der Spanne von Soll- und Habenzinsen vorsehen.[675] Ebenso wird auf das Urteil des FG Münster verwiesen, welches einen sich aus dem Standortvorteil ergehenden Einigungsbereich je zur Hälfte Auftraggeber und Lohnfertiger zugesprochen hat.[676] Anschließend üben BAUMHOFF/DITZ/GREINERT jedoch wesentliche Kritik an der Lösung des Gesetzgebers, aus der – m. E. eindeutig – die Ablehnung der generellen Mittelwertlösung ersichtlich wird.[677] In diesem und einem weiteren Beitrag der drei Autoren[678] wird insbesondere die Schwierigkeit, der für den Steuerpflichtigen möglichen Widerlegung erörtert. Zutreffend ist, dass es regelmäßig

[671] Verordnung zur Anwendung des Fremdvergleichsgrundsatzes nach § 1 Absatz 1 des Außensteuergesetzes in Fällen grenzüberschreitender Funktionsverlagerungen (Funktionsverlagerungsverordnung – FVerlV vom 12.08.2008, BGBl. I 2008, S. 1680).

[672] Vgl. die Begründung zu § 3 Absatz 1 FverlV durch Bundesrat (Hrsg.), Beschluss Funktionsverlagerungsverordnung, BR-Drs. 352/08, S. 17, welche den „Net Present Value" nennt sowie BAUMHOFF/DITZ/GREINERT, DStR, 2008, S. 1948 f.; VÖGELE, DStR, 2010, S. 421 f.

[673] Vgl. KRAFT, in: Kraft (Hrsg.), Außensteuergesetz, 2009, § 1 AStG, Rz. 339.

[674] BAUMHOFF/DITZ/GREINERT, DStR, 2007, S. 1465.

[675] Vgl. BFH vom 28.02.1990 - I R 83/87, BStBl. II, 1990, S. 649; BFH vom 19.01.1994 - I R 93/93, BStBl. II, 1994, S. 725.

[676] Vgl. FG Münster vom 16.03.2006 - 8 K 2348/02 E, IStR, 2006, S. 789.

[677] Vgl. BAUMHOFF/DITZ/GREINERT, DStR, 2007, S. 1465 f. m. w. N.

[678] Vgl. BAUMHOFF/DITZ/GREINERT, DStR, 2008, S. 1950 f. m. w. N.

tatsächlich schwierig sein wird, einen anderen Wert der Bandbreite zu bestimmen, der eine höhere Wahrscheinlichkeit als der Mittelwert aufweist.[679] Die weitergehende Auseinandersetzung mit dem Wahrscheinlichkeitsbegriff konkretisiert diese Schwierigkeiten: Wahrscheinlichkeit ist „ein ... statistische[r] Begriff, der die beobachtbare Häufigkeit einer Ausprägung bei im Prinzip beliebig oft wiederholbaren Vorgängen wiedergibt. Im Rahmen des hypothetischen Fremdvergleichs gelingt es aber nicht, eine höhere Wahrscheinlichkeit – also eine größere Häufigkeit einer Ausprägung – darzustellen, weil Ausprägungen gerade nicht beobachtbar sind. Diese könnten allenfalls ‚erdacht' werden."[680] Genau um das letztgenannte Erdenken geht es aber im hier untersuchten Kontext. Würde man in der o. g. Situation das Verhandlungsergebnis mehrfach fiktiv[681] wiederholen, kann man eine Wahrscheinlichkeitsverteilung für deren Ausgang annehmen. Dann kann m. E. nur der Erwartungswert der gemeine Wert sein. Bevor später die mehr praktische Betrachtung – auch die Unternehmensbewertung ist letztlich kein exakte Wissenschaft i. S. v. Punktgenauigkeit[682] – vorgenommen wird, erfolgt hier ein zugegebenermaßen simplifiziertes Beispiel i. S. d. vorgenannten Erdenkens. Hierfür soll eine diskrete Gleichverteilung angenommen werden, deren Ausprägungen durch die zwei Grenzpreise der Parteien begrenzt sind. Gesucht sei bspw. der gemeine Wert eines Unternehmens mit möglichen Zahlungsströmen i. H. v. 1, 2, 3, 4, 5 und 6, deren Eintrittswahrscheinlichkeiten jeweils gleich hoch sind. Offenbar wird in diesem Gedankenexperiment nach dem gemeinen Wert eines Münzwurfs gesucht.[683] Nun könnte mit der Begründung, dass jeder dieser Preise hypothetisch zwischen fremden Dritten vereinbart werden könnte, jeder Wert als gemeiner Wert angesehen werden (i. S. d. Steuerpflichtigen also 1 oder bspw. für den Verwaltungsvermögenstest 6). Dieser Sichtweise wird hier widersprochen. Vielmehr muss nach höchstrichterlicher Rechtsprechung nach dem Verkehrswert dieses Zahlungsstroms gefragt werden. Dieser kann nur zwischen 1 und 6 liegen. Kein Marktteilnehmer wäre bereit, mehr als 6 zu bezahlen und für weniger als 1 zu verkaufen. Die Annahme, dass aber gerade ein Extremwert zum

679 Vgl. BAUMHOFF/DITZ/GREINERT, DStR, 2007, S. 1465. Genau dies ist eben das Argument, welches hier für dessen Verwendung angeführt wird.

680 BAUMHOFF/DITZ/GREINERT, DStR, 2007, S. 1465.

681 Letztlich sind Wahrscheinlichkeiten regelmäßig erdacht. Auch bspw. ein einmaliger Münzwurf ist nicht wiederholbar. Es gilt lediglich die theoretische, also „erdachte" Wahrscheinlichkeit von 50 % für eine bestimmte Seite.

682 In Anlehnung an OECD-RL 1995 Rz. 1.45; ähnlich auch THOMPSON JR., Journal of Corporation Law, 1996, S. 462: „valuation is an inexact science".

683 Beispiel in Anlehnung an HERING, Unternehmensbewertung, 2006, S. 12 f.

Marktpreis wird, ist jedoch unrealistisch. Vielmehr wird es andere Marktteilnehmer geben, die bereit sind, mehr als 1 zu zahlen und weniger als 6 zu erlösen. Offensichtlich hat dies hier mit der jeweiligen Risikoaversion zu tun. Da am Markt wohl unstrittig sowohl risikoaverse[684] als auch risikofreudige[685] Wirtschaftssubjekte anzutreffen sind,[686] wäre es ein schlecht erdachtes Ergebnis (oder anders: eine nicht sinnvolle Fiktion), von einem dieser Fälle in Reinform auszugehen. Ebenso wenig ist vollkommene Informationsasymmetrie oder vollkommene Marktmacht einer Seite anzunehmen. Möchte man den Preis im gewöhnlichen Geschäftsverkehr unter Berücksichtigung aller Faktoren, die den Preis beeinflussen und unter Nichtberücksichtigung ungewöhnlicher Verhältnisse bestimmen,[687] lassen sich m. E. kaum Argumente gegen eine Schätzung i. H. v. 3,5 finden.[688] Die Problematik der Besteuerung von ggf. gar nicht anfallendem Reinvermögenszuwachs ist evident. Die Diskussion hierüber soll jedoch nicht geführt werden. Die diesbezügliche Grundsatzentscheidung ist gefallen: Maßgeblich ist der „Verkehrswert, auch wenn dieser anhand einer Ermittlungsmethode gewonnen werden mag, die wesentlich durch die Summe in einer bestimmten Zeiteinheit zu erwartender Erträge aus dem Wirtschaftsgut bestimmt wird.“[689] Letztlich entspricht auch nur diese Lösung der Gleichbehandlung zu anderen Vermögenswerten. Andernfalls würden regelmäßig vorsichtig bewertete unsichere Zahlungsströme (Unternehmen) statt Geldvermögen vererbt.[690]

---

684 Die Existenz von Versicherungen ist der empirische Beweis.

685 Die Existenz von Lotterien ist der empirische Beweis.

686 Offenbar sind die Wirtschaftssubjekte nicht entweder risikoavers oder -scheu, sondern weisen beide oftmals sogar beide Eigenschaften auf.

687 In Anlehnung an § 9 BewG.

688 Auch das Abstellen auf den mathematischen Erwartungswert ist schwierig, weil die Verteilung letztlich unbekannt ist. Erwartungswerte unbekannter Verteilungen in einem festen Intervall sind jedoch nicht berechenbar. Jedoch sind es keinesfalls die Extremwerte, weil es sich sonst nicht um eine Verteilung handeln würde. Darüber hinaus sind aber auch die Intervallgrenzen lediglich geschätzt, was m. E. zusätzlich für die Mittelwertlösung spricht. Selbstverständlich führt die Diskussion um die Verengung des Einigungsbereichs in eine Endlosschleife, die wohl mehr philosophisch denn wirtschaftswissenschaftlich anmutet. Wohlgemerkt spielen im Beispiel tatsächlich gezahlte Preise keine Rolle. Wird der beschriebene Zahlungsstrom tatsächlich bspw. zwischen 3,30 und 3,70 gehandelt, ist jeder dieser Preise gemeiner Wert.

689 BVerfG vom 07.11.2006 - 1 BvL 10/02, BStBl. II, 2007, S. 203. Zur Maßgeblichkeit des gemeinen Werts für die Erbschaftsteuer vgl. Kapitel C.II.32. m. w. N.

690 Das Problem der Umschichtung von Vermögensarten gilt in erhöhtem Maße auch für die Verschonungsregeln. Diese unterliegen m. E. einem erheblichen Denkfehler. Unternehmen werden – simpel ausgedrückt – zur Erzielung von Gewinn bzw. – komplexer betrachtet – zur Minimierung von Transaktionskosten gegründet resp. geführt. Wenn diese Unternehmen mit dem Verkehrswert bewertet werden, ist kein Raum für Verschonungen, weil der Verkehrswert bereits alle positiven und negativen Faktoren einbezieht. Eine nochmalige Berücksichtigung der wertmindernden Faktoren durch Verschonung ist ungerechtfertigt. Andernfalls erfolgt eine Verschiebung von „bösem“ Geldvermögen in „gutes“ Unternehmensvermögen. Vgl. zu dieser Auffassung auch PILTZ, DStR, 2009, S. 1918 und die dortigen Beispiele, S. 1915 f.

Unabhängig davon, ob man die gesetzliche Regelung der Mittelung in § 1 AStG befürwortet oder nicht,[691] für die Ermittlung des gemeinen Werts würde eine einseitige Begünstigung des Steuerpflichtigen in der hier diskutierten Situation das verfassungsgerichtlich geforderte Bewertungsziel systematisch verfehlen. Begünstigungen des Steuerpflichtigen sollen eben gerade nicht auf der Bewertungsebene, sondern durch hinreichend zielgenau und normenklar ausgestaltete Verschonungsregelungen vollzogen werden.[692] Die Besteuerung nach Leistungsfähigkeit gebietet aber eben zunächst eine strikte Wertgleichheit.[693] Insofern ist es folgerichtig, wenn auf der Bewertungsebene drohende Einzelfallungerechtigkeit hinter das übergeordnete Ziel der einheitlichen Ausrichtung am gemeinen Wert[694] zurücktritt.[695]

Wollte der Gesetzgeber tatsächlich einen Grenzpreis i. S. d. funktionalen Theorie festlegen, ist dies missglückt. Denn falls er den Wert, welchen das Unternehmen für den – nicht konkreten – Steuerpflichtigen mindestens hat, festlegen wollte, wäre gerade eben auf den Verkäufergrenzpreis abzustellen (siehe Abbildung 5). M. E. wäre aber eine solche Typisierung zur Bestimmung des gemeinen Werts kaum als zulässig zu beurteilen, weil sie sich gerade nicht am typischen Fall orientiert. Ganz im Gegenteil handelt es sich bei einem Verhandlungsergebnis, das dem Grenzpreis eines Verhandlungspartners entspricht, um eine Ausnahme bzw. den theoretischen Grenzfall, der praktisch nahezu ausgeschlossen ist. Letztlich muss man sich vor Augen führen, dass ein Handeln zum Grenzpreis für den jeweiligen Akteur ökonomisch ein Nullsummenspiel darstellt. Regelmäßig werden Wirtschaftssubjekte aber nur Transaktionen durchführen, die ihnen Vorteile verschaffen. Ein Handel zum Grenzpreis ist daher wohl eher der schlecht möglichste Schätzwert. Auch die Konsequenz, wonach dann der „gegnerische“ Grenzpreis überhaupt keinen Einfluss

---

691 Das Verrechnungspreisproblem ist letztlich nicht exakt vergleichbar. Insbesondere werden beim Fremdvergleichspreis die Umstände des Einzelfalls berücksichtigt, während der gemeine Wert vom typisierten Erwerber ausgeht. Vgl. BEUMER/DUSCHA, Bewertungsanlässe, in: Peemöller (Hrsg.), Praxishandbuch, 2009, S. 1033 f. Daneben sprechen auch internationale Grundsätze gegen die gesetzliche Mittelwertlösung. Vgl. dazu BAUMHOFF/DITZ/GREINERT, DStR, 2008, S. 1951 m. w. N.

692 Vgl. BVerfG vom 07.11.2006 - 1 BvL 10/02, BStBl. II, 2007, S. 192.

693 Vgl. SCHULTE, FR, 2007, S. 315; LANG, Steuerschuldrecht, in: Tipke/Lang (Hrsg.), Steuerrecht, 2010, § 8, Rz. 42.

694 Vgl. BVerfG vom 07.11.2006 - 1 BvL 10/02, BStBl. II, 2007, S. 192.

695 Dieses Ergebnis wird sich auch insbesondere in der Gesamtschau der Bewertungssystematik als zutreffend erweisen. Würde man zusätzlich die Verschonungsregeln betrachten, wäre es wohl noch unstrittiger. Diese Ansicht korrespondiert mit dem pointierten Titel des Beitrags von BALMES/FELTEN, FR, 2009, S. 258 ff.: „Hoch bewertet und dennoch verschont?“.

auf das Verhandlungsergebnis hat, ist wohl wenig realitätsnah.[696] Eine solche Ausnahme kann bzw. könnte daher kaum Gegenstand einer gesetzlichen Typisierung sein. Nach der hier vertretenen Auffassung bezieht sich die Erwerbersicht in § 11 BewG jedoch ausschließlich auf die Methodenwahl und nicht auf die Perspektive, die innerhalb einer Methode anzuwenden ist.

Auch wenn das hier Gesagte die Sichtweise des gemeinen Werts als objektiven Wert[697] in gewisser Weise stärkt, ist hiermit jedoch keinesfalls ein Wert an sich gemeint.[698] Vielmehr ist die maßgebliche Wertkonzeption, wie geschehen, zweckadäquat, also hier unter Beachtung des gesetzlichen Bewertungsziels abzuleiten. Bei dem gemeinen Wert handelt es sich demnach um den Verkehrswert. Dieser ist mangels Veräußerungstatbestand als fiktiver Einigungswert zwischen einem gedachten (nicht konkreten) Erwerber und Veräußerer zu bestimmen. Die beste Schätzung hierfür ist der Mittelwert der Konzessionsgrenzen.

3. Objektivierungs- und Typisierungserfordernis

Die dargestellte Situation ist ein theoretisches Konstrukt. Regelmäßig wird es ohne bestimmte Annahmen und Vereinfachungen nicht möglich sein, die Entscheidungswerte gedachter Käufer und Verkäufer zu ermitteln. Auch wenn die fiktive Einigungssituation das zur Ermittlung des gemeinen Werts theoretisch überzeugende Konzept darstellt, wird es in praxi regelmäßig an Grenzen stoßen.[699] HENSELMANN betont sogar, das ihm weder direkt noch über Dritte ein Gutachten bekannt ist, bei dem ein Schiedswert gutachterlich mittels zweier subjektiver Entscheidungswerte ermittelt wurde, obwohl auch der IDW S 1 dies im Rahmen der Schiedsgutachterfunktion verlangt.[700]

---

696 Vgl. dazu auch die Ausführungen zum Argumentationswert über den angenommenen Grenzpreis der Gegenpartei in Kapitel D.III.22.

697 Vgl. HALACZINSKY, in: Rössler/Troll (Hrsg.), BewG, Loseblatt; Erg.-Lfg. April 2010, § 9 BewG, Rz. 1; KNITTEL, in: Gürsching/Stenger (Hrsg.), Bewertungsrecht, Loseblatt, Erg.-Lfg. August 2006, § 9 BewG, Rz. 29.

698 Vgl. SIEBEN/DÖRNER/KÖNIG/MATSCHKE/MOXTER/SIELAFF/ZAPF, Podiumsdiskussion, in: Goetzke/Sieben (Hrsg.), Unternehmungsbewertung, 1977, S. 291.

699 Vgl. dazu allgemein HENSELMANN, BFuP, 2006, S. 144 ff.; ähnlich DÖRNER, WPg, 1981, S. 203.

700 Vgl. HENSELMANN, BFuP, 2006, S. 150, der die Aussage für dominierte Konfliktsituationen trifft. Zur Forderung des Standards IDW (Hrsg.), WPg Supplement, 2008, Rz. 12.

Auch zur Bestimmung der oben verlangten fiktiven Bewertungssubjekte sind regelmäßig Typisierungen in Form „typischer" durchschnittlicher Daten zugrunde zu legen.[701] Hierbei ist jedoch stets das Problem der Übertypisierung zu sehen, welches in einem auch für die Zwecke der Steuerbemessung gültigen Beispiel von MOXTER verdeutlicht wird.[702] Oftmals wird das Heranziehen eines beliebigen Kapitalanlegers eine Übertypisierung darstellen. So ist bei der Bewertung einer Metzgerei anstelle des konkreten jungen Metzgers auf die grenzpreisrelevanten Eigenschaften eines „durchschnittlichen" Metzgers, statt denen eines typischen Kapitalanlegers abzustellen.

Im Unterschied zur Typisierung bedeutet eine Objektivierung das Ermessen des Bewerters in objektivierten – regelmäßig vereinfachten –Bewertungsverfahren zu begrenzen.[703] Erst durch sie können Unternehmensbewertungsverfahren eine angemessene Komplexitätsreduktion erreichen.[704] Objektivierungen erfolgen dabei regelmäßig durch zwei wesentliche Vorgehensweisen. Einerseits können Ertragsgrößen objektiviert werden, indem auf objektivierte Erträge und/oder objektivierte Zinssätze zurückgegriffen wird. Andererseits werden Einzelbewertungsansätze verwendet, um die Verfahren vom Ermessen des Bewerters zu lösen und Vereinfachungen zu erreichen.[705] Während dem hier untersuchten Zweck der Steuerbemessung durch die Anwendung von Steuerbilanzwerten einerseits und Stuttgarter Verfahren andererseits bisher eine weitgehende Objektivierung attestiert werden konnte, ist eine solch globale Aussage über diesen Zweck als Ganzes nicht mehr möglich. Vielmehr sind die einzelnen vom Gesetzgeber vorgesehenen Methoden hinsichtlich der enthaltenen Objektivierungen und Typisierungen zu untersuchen. Dies geschieht im nächsten Hauptkapitel, wobei sich die Analyse auf ausgewählte Aspekte beschränkt. Zuvor ist jedoch zu klären, wann überhaupt welche Bewertungsmethode anwendbar sind.

---

701 Vgl. HENSELMANN, BFuP, 2006, S. 144; DIRRIGL, Steuerbemessung, in: Kiesewetter/Niemann (Hrsg.), FS Wagner, 2009, S. B 20.

702 Vgl. zum folgenden Beispiel MOXTER, Grundsätze II, 1983, Nachdruck von 1991, S. 25.

703 Vgl. MOXTER, Grundsätze II, 1983, Nachdruck von 1991, S. 33.

704 Vgl. zur Komplexitätsreduktion BALLWIESER, Komplexitätsreduktion, 1993, passim.

705 Vgl. zu all dem MOXTER, Grundsätze II, 1983, Nachdruck von 1991, S. 33.

E. Methodenhierarchie und Wertmaßstäbe des § 11 BewG

I. Methodenpluralismus der Bewertung

1. Schematischer Überblick

Die zentrale Bewertungsvorschrift für Unternehmensvermögen ist der § 11 BewG.[706] Demnach können bis zu sieben verschiedene Bewertungsmethoden bzw. Wertmaßstäbe zur Anwendung kommen.[707] Da die Methoden i. d. R. zu unterschiedlichen Werten führen,[708] ist es entscheidend, in welcher Rangfolge die Methoden zueinander stehen. Insbesondere ist zu ermitteln, ob bestimmte Methoden in bestimmten Situationen zwingend anzuwenden sind oder ob dem Steuerpflichtigen oder der Finanzverwaltung Methodenwahlrechte eröffnet werden.[709] Diese Methodenhierarchie[710] ist nicht unumstritten. Ziel dieses Kapitels ist die Entwicklung eines Prüfschemas, mit welchem die anzuwendende(n) Methode(n) ermittelt werden kann bzw. können. Daher stehen hier die Anwendungsvoraussetzungen im Vordergrund, welche die Anwendbarkeit der Methoden im Verhältnis zueinander festlegen. Spezielle Anwendungsvoraussetzungen, wie etwa der neue Tatbestand des fremden Dritten bei der Wertableitung aus zeitnahen Verkäufen, sind in den folgenden Kapiteln der ökonomischen Analyse der einzelnen Methoden verortet. Insofern kommt diesem Kapitel auch eine Gliederungsfunktion zu, die einen Ausblick auf die folgenden Ausführungen erlaubt.[711]

Wie im bisherigen Bewertungssystem geht der Börsenkurs, der offensichtlich nur bei börsennotierten Aktiengesellschaften bestehen kann,[712] allen anderen Wertmaßstä-

---

706 Vgl. PILTZ, Ubg, 2009, S. 13.

707 Vgl. JÜLICHER, Steueranwaltsmagazin, 2008, S. 176; PILTZ, DStR, 2008, S. 746; BRUCKMEIER/SCHMID/ZWIRNER, FB, 2009, S. 234; Kapitel A.I.

708 Vgl. KUßMAUL/PFIRMANN/HELL/MEYERING, BB, 2008, S. 476; FLÖTER/MATERN, NWB, 2008, S. 1729 ff.; BARDENHEWER, RNotZ, 2009, S. 300.

709 Vgl. PILTZ, DStR, 2009, S. 1830.

710 Vgl. zum Begriff PILTZ, Ubg, 2009, S. 13; HANNES/ONDERKA, ZEV, 2009, S. 422; MÖLLMANN, BB, 2010, S. 407. In der Literatur finden sich daneben insbesondere der Begriff der Bewertungshierarchie, etwa bei CREUTZMANN, DB, 2008, S. 2785; BRUCKMEIER/SCHMID/ZWIRNER, FB, 2009, S. 237; PAWELZIK, Ubg, 2010, S. 883, der des Methodenpluralismus, bspw. bei HENSELMANN/BARTH, BewP, 2/2009, S. 12, sowie der Methodenkonkurrenz, etwa bei MÖLLMANN, in: Tiedtke (Hrsg.), ErbStG, 2009, § 12 ErbStG, Rz. 86.

711 Ein teilweises Vorwegnehmen von (Teil-)Ergebnissen ist daher unumgänglich.

712 Vgl. dazu Kapitel E.II.1.

ben vor.[713] D. h. falls eine Kursnotierung, welche die Anforderungen des § 11 Absatz 1 BewG erfüllt, vorliegt, ist die Anwendung aller alternativen Wertermittlungsmethoden ausgeschlossen. Dies ergibt sich eindeutig aus der einleitenden Formulierung von § 11 Absatz 2 BewG, welcher nach dem Wortlaut nur für nicht notierte Anteile an Kapitalgesellschaften Anwendung findet. Damit sind alle dort geregelten Bewertungsmethoden gegenüber dem Kurswert nachrangig.

Für Anteile an nicht börsennotierten Kapitalgesellschaften und (sämtlichen) Anteilen an Personengesellschaften sowie Einzelunternehmen ist der gemeine Wert vorrangig aus Verkäufen unter fremden Dritten abzuleiten, die weniger als ein Jahr zurückliegen (§ 11 Absatz 2 Satz 2 1. Alternative BewG). Wie beim Börsenkurs besteht bei Vorliegen eines solchen Verkaufs keine generelle Möglichkeit auf eine alternative Bewertungsmethode auszuweichen.[714]

Nur falls solche Verkäufe nicht vorliegen, ist der gemeine Wert unter Berücksichtigung der Ertragsaussichten der Kapitalgesellschaft oder einer anderen anerkannten, auch im gewöhnlichen Geschäftsverkehr für nicht steuerliche Zwecke üblichen Methode zu ermitteln. Hierbei ist die Methode anzuwenden, die ein Erwerber bei der Bemessung des Kaufpreises zu Grunde legen würde (§ 11 Absatz 2 Satz 2 Alternative 2 BewG). Im Gegensatz zu den vorrangigen Börsenkursen und zeitnahen Verkäufen lässt diese Formulierung verschiedene Interpretationen zu. Bereits im Kapitel zur Wertkonzeption des gemeinen Werts wurde herausgearbeitet, dass mit der Erwerberperspektive wohl nicht der Entscheidungswert der subjektiven Bewertungstheorie festgelegt werden sollte. Vielmehr dient die Erwerberperspektive (lediglich) zur Auswahl der Methode.[715] Fraglich könnte diesbezüglich zunächst sein, ob die Methodenwahl beide Varianten des Satzes 2 Alternative 2, also die Ermittlung unter Berücksichtigung der Ertragsaussichten und das übliche Verfahren umfasst oder ob sich die Auswahl der Methode nur auf verschiedene branchenübliche Methoden bezieht. Obwohl letzteres ggf. aufgrund des Wortlauts der Vorschrift näher

---

713 Vgl. bspw. JÜLICHER, Steueranwaltsmagazin, 2008, S. 176; HANNES/ONDERKA, ZEV, 2009, S. 422.
714 Vgl. BRUCKMEIER/SCHMID/ZWIRNER, FB, 2009, S. 235.
715 Vgl. bspw. STALLEIKEN/THEISSEN, DStR, 2010, S. 22.

liegen könnte, wird hier die Auffassung vertreten, dass die Erwerbersichtweise grundsätzlich auf beide Verfahrensvarianten anzuwenden ist.[716]

Das Rangverhältnis zwischen einer Methode unter Berücksichtigung der Ertragsaussichten und üblicher Methoden ist kompliziert.[717] Würde ein gedachter Erwerber etwa die Ertragswertmethode zur Bemessung seines Kaufpreises heranziehen, wäre diese auch für die Bestimmung des gemeinen Werts maßgeblich.[718] Würde er hingegen eine andere übliche Methode verwenden, wäre diese auch für Besteuerungszwecke anzuwenden.[719] Eindeutig als anerkannte übliche Methode identifizierbar wird eine Methode aber nur dann sein, wenn sie wirklich ganz überwiegend vorherrschend ist.[720] Insofern existiert weder für das Finanzamt noch für den Steuerpflichtigen ein Wahlrecht; nach dem Gesetzeswortlaut *ist* die Methode anzuwenden.[721] Daraus folgt m. E., dass die Anwendung von Methoden, welche einen Wert unter Berücksichtigung der Ertragsaussichten ermitteln, ausgeschlossen sind, wenn im gewöhnlichen Geschäftsverkehr ausschließlich eine oder mehrere Methoden üblich sind, welche die Ertragsaussichten nicht berücksichtigen.[722] In diesem Fall ist es nämlich nicht denkbar, dass ein Erwerber die Ertragswertmethode anwenden würde, auch dann nicht, wenn sie zu einem niedrigeren Wert führt. Insofern tritt die Erwerberperspektive an die Seite des Üblichkeitsvorbehaltes bzw. macht diesen entbehrlich, weil bereits die Orientierung an einem hypothetischen Erwerber eine geschäftsübliche Verfahrensweise der Bewertung verlangt.[723] Im Ergebnis wird damit der Auffassung von VISKORF gefolgt, der ertragswertorientierte Verfahren als nicht zulässig ansieht, wenn bei nicht steuerlichen Bewertungsanlässen „z. B. ausschließlich Multiplikatoren- oder Substanzwertverfahren zur Anwendung kommen“[724]. In diesem Fall besteht also keine uneingeschränkte Wahlfreiheit.[725] Diese Sichtweise wird aber

[716] Im Schrifttum wird diese Frage – soweit ersichtlich – nicht aufgeworfen. Vielmehr wird dies von vorneherein angenommen.
[717] Vgl. PILTZ, Ubg, 2009, S. 16; PILTZ, DStR, 2009, S. 1830.
[718] Vgl. PILTZ, Ubg, 2009, S. 16.
[719] Vgl. PILTZ, Ubg, 2009, S. 16.
[720] Vgl. SCHIFFERS, DStZ, 2009, S. 551.
[721] Vgl. PILTZ, DStR, 2009, S. 1830.
[722] Oder positiv bei KREUTZIGER, in: Kreutziger/Schaffner/Stephany (Hrsg.), BewG, 2009, § 11 BewG, Rz. 48 ausgedrückt, „eine Unternehmensbewertung unter Berücksichtigung der Ertragsaussichten kommt deshalb nur in solchen Fällen infrage, in welchen sie zur Kaufpreisfindung im gewöhnlichen Geschäftsverkehr üblich ist.“
[723] Vgl. KREUTZIGER, in: Kreutziger/Schaffner/Stephany (Hrsg.), BewG, 2009, § 11 BewG, Rz. 48, 75.
[724] VISKORF, ZEV, 2009, S. 593.
[725] Vgl. HANNES/ONDERKA, ZEV, 2009, S. 422.

hier insofern konkretisiert bzw. erweitert, als dass auch andere Verfahren auf ihre Berücksichtigung von Ertragsaussichten zu prüfen sind. Denn unter diesem Tatbestand ist nicht nur die Ertragswertmethode zu fassen, weil berücksichtigen in der Rechtssprache lediglich heißt, dass ein Umstand nicht außer Acht gelassen werden darf, jedoch nicht dass der Umstand ausschließlich zu berücksichtigen ist.[726] Deshalb ist jedes Verfahren, welches die Ertragsaussichten *auch* berücksichtigt, ein Verfahren i. S. d. ersten Option von § 11 Absatz 2 Satz 2 Alternative 2 BewG.[727] Daher wäre bspw. ein Gewinnmultiplikatorverfahren ein Verfahren, welches die Ertragsaussichten berücksichtigt und kein *anderes* übliches Verfahren. M. E. ist dann jedoch keine Bewertung mittels Ertragswertverfahren möglich, wenn im gewöhnlichen Geschäftsverkehr ausschließlich etwa ein solches Gewinnmultiplikatorverfahren angewendet wird, weil hier wiederum die Erwerberperspektive diese Methode verlangt. Nicht zutreffend ist aber wohl die „Anweisung" der Gesetzesbegründung, dass der Steuerpflichtige die Feststellungslast, ob eine andere anerkannte Methode anwendbar ist, zu tragen habe, sofern er sich darauf berufe.[728] Vielmehr ist die Klärung der Frage, ob es eine bestimmte branchenübliche Methode gibt, eine (einzelfallbezogene) Sachverhaltsfrage, die das Finanzamt im Rahmen seiner Aufklärungspflicht zu leisten hat.[729] Das hier ggf. vorliegende Rechtsverständnis, nachdem die branchenübliche Methode nur dann zur Anwendung kommt, wenn sich jemand (im Zweifel der Steuerpflichtige) darauf beruft, ist kritisch zu sehen. Vielmehr *ist* eine branchenübliche Methode anzuwenden, wenn diese allein objektiv vorliegt,[730] weil die Branchenüblichkeit die Erwerberwahl bereits ausdrückt. Selbstverständlich kann der Steuerpflichtige vorbringen, dass eine bestimmte Methode üblich ist oder im Einspruchs- und Klageweg die Üblichkeit einer vom Finanzamt als üblichen erachteten Methode überprüfen lassen.

[726] Vgl. PILTZ, Ubg, 2009, S. 14.
[727] Vgl. HÜBNER, Ubg, 2009, S. 4; VISKORF, ZEV, 2009, S. 593. WELLING/WÜNNEMANN, FR, 2009, S. S6.
[728] Vgl. Deutscher Bundestag (Hrsg.), Regierungsentwurf ErbStRG, BT-Drs. 16/7918, S. 38; unkritisch übernommen etwa bei BALMES/FELTEN, FR, 2009, S. 260; EISELE, NWB, 2008, S. 792.
[729] Vgl. VISKORF, ZEV, 2009, S. 593. Insofern ist die Zusammenstellung einer entsprechenden Liste zu begrüßen. Grundsätzlich lässt sich die Üblichkeit natürlich nur durch Marktbeobachtung feststellen. Vgl. dazu ausführlich Kapitel E.IV.
[730] Vgl. VISKORF, ZEV, 2009, S. 593.

Wesentlich ist die Feststellung, dass alle Verfahren, welche die Ertragsaussichten (auch) berücksichtigen, nicht dem Üblichkeitsvorbehalt unterliegen.[731] D. h., wenn keine andere übliche Methode identifizierbar ist, findet regelmäßig eine Bewertung unter Berücksichtigung der Ertragsaussichten statt.[732] In diesem Fall können aber nicht solche Methoden angewendet werden, die zwar Erträge berücksichtigen, jedoch aufgrund der Entscheidung des BVerfG nicht zum gemeinen Wert führen. Insofern wird hier partiell der Auffassung von PAWELZIK gefolgt, der streng zwischen anerkannt und üblich unterscheidet; anerkannt würde i. d. S. so etwas wie „gerichtsfest" heißen.[733] Die dortige Schlussfolgerung nach der nur (sic!) das Ertragswertverfahren diese Anforderung erfüllt,[734] ist aber zu eng.

Damit ist die Diskussion, welches Verfahren anzuwenden ist, wenn sowohl ertragsorientierte als auch andere Verfahren üblich sind, angestoßen. In diesem Fall begründet die Erwerberperspektive m. E. ein echtes Wahlrecht zwischen diesen Methoden, weil hier nicht eindeutig zu klären ist, welche Methode ein gedachter Erwerber anwenden würde und die Gleichrangigkeit der Methoden durch das „oder" der gesetzlichen Formulierung[735] deutlich wird. Insofern wird hier nicht der Auffassung von PAWELZIK gefolgt, der in diesem Fall nur die nach seiner Auffassung einzig rechtsrichtige Ertragswertmethode zulassen würde.[736] Das m. E. bestehende Wahlrecht beschränkt sich dann auf die ggf. verschiedenen üblichen ertragsorientierten und nicht ertragsorientierten Methoden. Es lässt sich wohl insbesondere auch mit der Formulierung Gesetzesbegründung vereinbaren, nach der ein Erwerber bestrebt ist, den Preis niedrig zu halten.[737] Jedoch kann man die Begründung auch so verstehen, dass stets der geringste Wert maßgeblich ist und daher kein Methodenwahlrecht für den Steuerpflichtigen besteht.[738] Beide Interpretationen führen im hier stets angenommenen Fall, indem der Steuerpflichtige einen niedrigeren Wert anstrebt, zum selben Ergebnis. Problematisch wird die letztgenannte Sichtweise aber

---

731 Vgl. HÜBNER, Ubg, 2009, S. 4.
732 Vgl. PILTZ, DStR, 2009, S. 1830.
733 Vgl. PAWELZIK, Ubg, 2010, S. 885.
734 Vgl. PAWELZIK, Ubg, 2010, S. 889.
735 Vgl. PILTZ, Ubg, 2009, S. 17; ähnlich PILTZ, DStR, 2008, S. 748.
736 Vgl. PAWELZIK, Ubg, 2010, S. 889.
737 Vgl. Deutscher Bundestag (Hrsg.), Regierungsentwurf ErbStRG, BT-Drs. 16/7918, S. 38. Im Ergebnis ebenso KREUTZIGER, in: Kreutziger/Schaffner/Stephany (Hrsg.), BewG, 2009, § 11 BewG, Rz. 51.
738 So PILTZ, DStR, 2009, S. 1830.

dann, wenn der Steuerpflichtige einen hohen Unternehmenswert anstrebt, um den Vermögensverwaltungstest zu bestehen.[739] Hier ist m. E. wiederum die übergeordnete Intention der Erwerberperspektive heranzuziehen. Diese Perspektive wurde gewählt, um Schätzungsunschärfen, die zu Lasten des Steuerpflichtigen gehen würden, zu vermeiden.[740] Dieser Grundsatz sollte m. E. auch in diesen (mutmaßlich wenigen) Fälle gelten. Daher ist auch hier von einem Wahlrecht auszugehen. Nicht überzeugend ist beim Vorliegen mehrerer Methoden aber wohl der Vorschlag, die Methode anzuwenden, die zum gemeinen Wert führt.[741] Wenn es eine Methode geben würde, die den gemeinen Wert zutreffend abbildet, wäre diese Methode stets anzuwenden. Wenn aber der Gesetzgeber zur Ermittlung des gemeinen Werts verschiedene Methoden gleichrangig als tauglich ansieht, kann daher nicht mit einem „besseren" Bewertungsergebnis argumentiert und hieraus der Vorzug einer Methode abgeleitet werden.

Die Unterscheidung in § 11 Absatz 2 Satz 2 Alternative 2 BewG ist materiell insbesondere für die Anwendung des vEWV relevant; es kann nämlich (nur) dann verwendet werden, wenn der gemeine Wert unter Berücksichtigung der Ertragsaussichten zu ermitteln ist und es nicht zu offensichtlich unzutreffenden Ergebnissen führt (für Kapitalgesellschaften § 199 Absatz 1 BewG, für Personengesellschaften § 199 Absatz 2 BewG).[742] Insofern ist das Verhältnis der beiden Normen von hoher praktischer Bedeutung.[743] Die ausschließliche Bezugnahme auf die Fälle, in denen der Wert unter Berücksichtigung der Ertragsaussichten ermittelt worden ist, spiegelt den Charakter des vereinfachten Verfahrens als „schematischer und vereinfachter Spezialfall"[744] eines ertragsorientierten Verfahrens wider.[745] Dies steht jedoch im offenen Widerspruch zur Gesetzesbegründung. Dort wurde erläutert, dass durch Rechtsverordnung auch ein vEWV geregelt werden kann, dass von den Beteiligten anstelle der auch im gewöhnlichen Geschäftsverkehr für nicht steuerliche Zwecke üblichen Methoden angewendet werden kann, wenn dieses im Einzelfall nicht zu

---

739 Vgl. PILTZ, DStR, 2009, S. 1830.
740 Vgl. Deutscher Bundestag (Hrsg.), Regierungsentwurf ErbStRG, BT-Drs. 16/7918, S. 38.
741 So aber PILTZ, Ubg, 2009, S. 17.
742 Vgl. dazu auch KREUTZIGER, in: Kreutziger/Schaffner/Stephany (Hrsg.), BewG, 2009, § 11 BewG, Rz. 76; § 199 BewG, Rz. 2.
743 Vgl. CREZELIUS, ZEV, 2009, S. 6.
744 PILTZ, DStR, 2009, S. 1833.
745 Vgl. PILTZ, DStR, 2009, S. 1833.

unangemessenen Ergebnissen führt.[746] Auch wenn das Vorhaben, das vEWV in einer Rechtsverordnung regeln zu wollen, letztlich aus gutem Grund nicht verwirklicht wurde,[747] ist nicht ersichtlich, warum resp. zu welchem Zeitpunkt der Gesetzgeber diese materielle Änderung vollzogen hat. Jedenfalls ist nun eindeutig, dass das vEWV lediglich anzuwenden ist, wenn eine gewöhnliche Bewertung unter Berücksichtigung der Ertragsaussichten erfolgen würde (§ 199 Absatz 1 oder 2 BewG). Dies stellt offenbar eine Einschränkung von dessen Anwendungsbereich dar.[748] Im Ergebnis gilt daher das oben Gesagte damit auch für die Anwendbarkeit des vEWV. Dessen Anwendung ist damit nur ausgeschlossen, wenn im gewöhnlichen Geschäftsverkehr ausschließlich eine oder mehrere Methoden üblich sind, welche die Ertragsaussichten nicht berücksichtigen.

Die in der Literatur anzutreffende Alternative „Vereinfachtes Ertragswertverfahren oder ‚normales' Ertragswertverfahren"[749] ist daher zwar im Kern zutreffend, aber durch die Beschränkung auf das Ertragswertverfahren zu eng. Vielmehr kann das vEWV angewendet werden, wenn das Verfahren, welches der Erwerber wählen würde, auch die Ertragsaussichten berücksichtigt.[750] Daher ist auch die Mutmaßung, nach welcher der Anwendungsbereich des vEWV aufgrund von der Üblichkeit von Multiplikatorverfahren deutlich eingeschränkt wird,[751] unzutreffend. Denn in diesem Fall müssten die Multiplikatorverfahren allein üblich sein und die Ertragsaussichten nicht berücksichtigen, was in Kombination wohl nur äußerst selten der Fall ist. Gleiches gilt für die Meinung, dass das vereinfachte Verfahren bei der Üblichkeit von Mischverfahren ausgeschlossen sei.[752] Hier gilt wiederum die oben ausgeführte Argumentation, dass bereits dann ein Wahlrecht besteht, wenn in der Erwerbermethode auch Ertragsaussichten berücksichtigt werden.

---

746 Vgl. Deutscher Bundestag (Hrsg.), Regierungsentwurf ErbStRG, BT-Drs. 16/7918, S. 38 f.

747 Vgl. dazu Kapitel F.I.

748 Vgl. HECHT/v. CÖLLN, DB, 2010, S. 1084.

749 WASSERMANN, DStR, 2010, S. 185.

750 Ähnlich WELLING/WÜNNEMANN, FR, 2009, S. S6 f. Dort wird jedoch statt von dem Verfahren, welches der Erwerber berücksichtigen würde, vom üblichen Verfahren gesprochen, welches missverständlich ist, weil damit der gesetzliche Begriff verwendet wird, der ausschließlich beim *anderen* Verfahren – also zu einem, welches die Ertragsaussichten nicht berücksichtigt – benutzt wird.

751 Vgl. WELLING/WÜNNEMANN, FR, 2009, S. S7.

752 So aber HECHT/v. CÖLLN, BB, 2010, S. 798.

KREUTZIGER erkennt diesen Unterschied ebenfalls, kommt aber m. E. (auch) nicht zu einem in letzter Konsequenz überzeugenden Ergebnis.[753] Nach dessen zutreffender Interpretation kommen nach betriebswirtschaftlichen Überlegungen zur Bewertung nur solche Methoden in Betracht, die den Zukunftserfolg unmittelbar (bspw. DCF-Verfahren oder das Ertragswertverfahren nach IDW S 1) oder mittelbar (bspw. Multiplikatorverfahren) berücksichtigen. Die hier favorisierte Schlussfolgerung, dass aufgrund der theoretischen Äquivalenz dann auch neben diesen Verfahren stets auch das vEWV zulässig sein müsste, geht KREUTZIGER allerdings aus zwei Gründen zu weit. Erstens gäbe es dann keine anderen Verfahren mehr. Diese Begründung ist – sofern man dann auch bspw. ein Umsatzmultiplikatorverfahren allgemein der Gruppe der Multiplikatorverfahren zuordnet[754] – isoliert betrachtet zwar zutreffend. M. E. ist aber genau diese Zuordnung problematisch. Vielmehr müsste man der gesetzlichen Vorschrift folgend, zwei Kategorien bilden: Es wären zwischen ertragsorientierten Bewertungsmethoden einerseits und anderen Methoden andererseits zu unterscheiden. Dann ist es auch nicht mehr möglich, sämtliche Multiplikatorverfahren einer der beiden Kategorien zuzuordnen.[755] Eine solche Aufteilung nimmt aber die Gesetzesbegründung vor, welche KREUTZIGER als zweites Argument für seine Sichtweise anführt.[756] Tatsächlich kann man dieser entnehmen, dass mit der Variante „Berücksichtigung der Ertragsaussichten" vermeintlich nur die Ertragswertmethode und mit anderen üblichen Methoden bspw. vergleichsorientierte Methoden und Multiplikatormethoden gemeint sein sollen.[757] M. E. kommt diese Sichtweise aber im Gesetzestext nicht ausreichend zum Ausdruck. Hätte der Gesetzgeber tatsächlich nur auf Methoden abstellen wollen, die – wie etwa die Ertragswertmethode – ausschließlich die Ertragsaussichten berücksichtigen, wäre eine entsprechende Formu-

[753] Vgl. dazu KREUTZIGER, in: Kreutziger/Schaffner/Stephany (Hrsg.), BewG, 2009, § 11 BewG, Rz. 77.

[754] So wie bei KREUTZIGER, in: Kreutziger/Schaffner/Stephany (Hrsg.), BewG, 2009, § 11 BewG, Rz. 77, geschehen.

[755] Gewöhnlich werden die Multiplikatorverfahren der Gesetzesbegründung entsprechend den anderen Verfahren zugeordnet. Es finden sich jedoch auch einzelne Stimmen im Schrifttum, welche sie den Verfahren unter Berücksichtigung der Ertragsaussichten zuordnen; so etwa bei BARDENHEWER, RNotZ, 2009, S. 300.

[756] Vgl. KREUTZIGER, in: Kreutziger/Schaffner/Stephany (Hrsg.), BewG, 2009, § 11 BewG, Rz. 77.

[757] Vgl. Deutscher Bundestag (Hrsg.), Regierungsentwurf ErbStRG, BT-Drs. 16/7918, S. 38. Die Unterscheidung in vergleichsorientierte Methoden und Multiplikatorverfahren ist natürlich nicht gelungen. Vielmehr ist der Begriff der vergleichsorientierten Methoden ein Oberbegriff, der die Multiplikatorverfahren mit einschließt. Vgl. dazu WASSERMANN, DStR, 2010, S. 184 und Kapitel E.V.31.

lierung angebracht gewesen.[758] Eine Auslegung am Wortlaut vorbei, scheidet daher m. E. aus. Letztgenannte Sichtweise wird wiederum auch von KREUTZIGER vertreten, der bspw. Mischverfahren zu ersten Kategorie zählt und damit bei ihrer Üblichkeit das vEWV als anwendbar ansieht.[759] M. E. ist dies dann aber nicht in letzter Konsequenz stringent zur vorgebrachten Argumentation über die Gesetzesbegründung, nach der ja vermeintlich lediglich die Ertragswertmethode Ausdruck der ersten Variante sein soll.[760] Viel zu eng ist wohl die Sichtweise von BALMES/FELTEN, die unter die üblichen Methoden auch die Methode nach IDW S 1 fassen.[761] Unzweifelhaft ist diese Methode eine – im umgangssprachlichen Sinn – übliche Methode der Unternehmensbewertung, jedoch keine in Abgrenzung zu einem Erträge berücksichtigenden Verfahren *andere* Methode. Im Ergebnis wird daher die oben dargestellte Auslegung favorisiert, womit die Anwendung des vEWV – unter Vorbehalt der Analyse der offensichtlich unzutreffenden Ergebnisse[762] – in der überwiegenden Anzahl der Fälle nicht ausgeschlossen wird, sonder nur dann, wenn branchentypisch ertragswertorientierte Verfahren ebenfalls ausgeschlossen sind (R B 199.1 Absatz 1 Satz 2 ErbStR 2011).[763] Warum diese Feststellung nach Schrifttumsauffassungen nicht durch das Gesetz gedeckt sein soll,[764] ist m. E. nicht ersichtlich. PILTZ möchte „der Gesetzesbegründung, wonach das vereinfachte Ertragswertverfahren nicht anwendbar sein soll, wenn für den zu bewertenden Unternehmenstyp ein anderes anerkanntes Verfahren *existiert*,“[765] nicht folgen. Dies wäre zutreffend. Aus der bloßen Existenz eines anderen Verfahrens kann keine Nichtanwendbarkeit des vEWV geschlossen werden. Jedoch lautet die Formulierung im Bericht des Finanzausschusses, der hier wohl angesprochen wird, anders. Demnach soll die Anwendung des vEWV ausgeschlossen sein, wenn ein *anderes* anerkanntes Verfahren *einschlägig* ist.[766] Dies ist m. E. konsistent zum Wortlaut des Gesetzes, weil das vereinfachte Verfahren nur anwendbar ist, wenn der gemeine Wert unter Berücksich-

---

758 Vgl. PILTZ, Ubg, 2009, S. 14.

759 Vgl. KREUTZIGER, in: Kreutziger/Schaffner/Stephany (Hrsg.), BewG, 2009, § 11 BewG, Rz. 77.

760 Vgl. Deutscher Bundestag (Hrsg.), Regierungsentwurf ErbStRG, BT-Drs. 16/7918, S. 38.

761 Vgl. BALMES/FELTEN, FR, 2009, S. 260.

762 Vgl. dazu Kapitel F.II.3.

763 Dabei werden in der Richtlinie und dem folgend auch teilweise im Schrifttum, etwa bei RAMB, NWB, 2009, S. 2674, wiederum die Multiplikatormethoden wohl insgesamt als andere Methode angesehen. Vgl. dazu auch HECHT/v. CÖLLN, BB, 2010, S. 797.

764 So SCHIFFERS, DStZ, 2009, S. 552; PILTZ, Ubg, 2009, S. 16.

765 PILTZ, Ubg, 2009, S. 16. Keine Kursivschrift im Original.

766 Vgl. Deutscher Bundestag (Hrsg.), Bericht des Finanzausschusses zum ErbStRG, BT-Drs. 16/11107, S. 22.

tigung der Ertragsaussichten zu ermitteln ist (§ 199 Absatz 1 oder 2 BewG). Letzteres ist aber eben nicht der Fall, wenn ein *anderes* anerkanntes Verfahren *einschlägig* – i. S. v. allein üblich – ist. Ersichtlich ist damit wohl ebenfalls, dass das vEWV natürlich auch dann anwendbar ist, wenn sowohl ertragswertorientierte als auch nicht ertragswertorientierte Methoden üblich sind. Die entsprechende Klarstellung in R B 199.1 Absatz 1 Satz 3 ErbStR 2011 ist daher zutreffend.

Soweit der gemeine Wert unter Berücksichtigung der Ertragsaussichten zu bewerten ist, besteht jedenfalls ein offenes Wahlrecht zwischen dieser Wertermittlung und dem vEWV.[767] Dies ergibt sich m. E. eindeutig aus der Konzeption des § 199 Absatz 1 und 2 BewG als Kann-Vorschrift.[768] Jedoch ist aus der Vorschrift nicht ohne weiteres zu entnehmen, wer das Wahlrecht ausüben kann.[769] Irritierend wirkten diesbezüglich die im Bewertungserlass 2009 zu findenden Aussagen.[770] Demnach sollte jeweils der Verfahrensbeteiligte, also das Finanzamt oder der Steuerpflichtige, die Feststellungslast tragen, der vom Wert des vEWV abweichen wollte (Abschnitt 19 Absatz 6 und 7 Bewertungserlass 2009). Diese Festlegungen konnten den Eindruck erwecken, als ob das Finanzamt entscheiden konnte, ob das vEWV zur Anwendung kommt. Sinnvoll erscheint aber nur die hier vorgebrachte Interpretation, wonach der Steuerpflichtige das Wahlrecht inne hat. Denn falls das Finanzamt das vereinfachte Verfahren optional anwenden könnte, wäre zu gewährleisten, dass das Wahlrecht nach einheitlichen Kriterien ausgeübt wird. Solche Kriterien sind aber nicht ersichtlich.[771] Daher ist es zu begrüßen, dass die ErbStR 2011 auf diese missverständlichen Regelungen verzichten und zu dieser Thematik klarstellend festhalten, dass ein

[767] H. M., vgl. etwa CREUTZMANN, DB, 2008, S. 2786; DÖRNER, BewP, 2/2009, S. 5; KNIEF, DB, 2009, S. 866; STAMM/BLUM, StuB, 2009, S. 806; RAMB, NWB, 2010, RIEDEL, in: Daragan/Halaczinsky/Riedel (Hrsg.), ErbStG, 2010, § 199 BewG, Rz. 6; S. 3484; SEER, Steuerarten, in: Tipke/Lang (Hrsg.), Steuerrecht, 2010, § 13, Rz. 49; WASSERMANN, DStR, 2010, S. 186; BRUCKMEIER/ZWIRNER/MUGLER, DStR, 2011, S. 422; DROSDZOL, DStR, 2011, S. 1261; MANNEK, ZEV, 2012, S. 15. Die abweichende Auffassung von VISKORF ist u. a. Gegenstand des folgenden Kapitels E.I.2.

[768] Vgl. PILTZ, DStR, 2008, S. 748; KREUTZIGER, in: Kreutziger/Schaffner/Stephany (Hrsg.), BewG, 2009, § 199 BewG, Rz. 8; MÖLLMANN, in: Tiedtke (Hrsg.), ErbStG, 2009, § 12 ErbStG, Rz. 104.

[769] Vgl. HANNES/ONDERKA, ZEV, 2009, S. 423.

[770] Vgl. HANNES/ONDERKA, ZEV, 2009, S. 423; kritisch dazu auch VISKORF, ZEV, 2009, S. 594.

[771] Vgl. zu all dem HANNES/ONDERKA, ZEV, 2009, S. 423, die diesbezüglich infrage stellen, ob der Finanzbeamte hierbei ein hohes Steueraufkommen zu verwirklichen hat oder ob dieser das Wohl des Steuerpflichtigen oder etwa die Erhaltung von Arbeitsplätzen berücksichtigen darf oder ggf. sogar muss. Jedoch wollte der Erlassgeber an dieser Stelle wohl die Feststellungslast für solche Fälle regeln, bei denen das vEWV aufgrund von offensichtlich unzutreffenden Ergebnissen nicht anzuwenden ist. Insofern zutreffend HANNES/ONDERKA, ZEV, 2009, S. 423. Vgl. dazu ausführlich Kapitel F.II.4.

Wahlrecht für den Steuerpflichtigen besteht (R B 199.1 Absatz 4 Satz 1 ErbStR 2011).[772] Dies entspricht auch der im Schrifttum geäußerten Sichtweise, nach der das vEWV ein Angebot an den Steuerpflichtigen darstellt.[773] Falls also im gewöhnlichen Geschäftsverkehr nicht nur Methoden üblich sind, welche die Ertragsaussichten nicht berücksichtigen, hat dieser damit ein Wahlrecht zwischen den drei Wertermittlungsmethoden Berücksichtigung der Ertragsaussichten (ggf. in üblicher Form), vEWV und ggf. anderer üblicher Methode(n). Dies kommt im Ergebnis der Sichtweise von v. OERTZEN sehr nah, der ein faktisches Wahlrecht zwischen vEWV und einem gutachterlichen Unternehmenswert nach außersteuerlichen oder branchenspezifischen Grundsätzen erkennt.[774]

Die Verweisung in § 11 Absatz 2 Satz 4 BewG, wonach die §§ 199 bis 203 BewG zu berücksichtigen sind, wäre aufgrund der Einleitungsformeln in § 199 Absatz 1 und 2 BewG entbehrlich gewesen. Sie hat damit keinen erkennbaren eigenständigen Regelungsinhalt,[775] ist jedoch m. E. ein sinnvoller Hinweis für den Rechtsanwender, der die herausragende Bedeutung des vEWV unterstreicht.

Diesem bisher identifizierten oftmals umfassenden Bewertungsmethodenwahlrecht[776] werden jedoch auch Grenzen gesetzt.[777] Denn § 11 Absatz 2 Satz 3 BewG normiert i. S. einer Mindestwertregelung die Summe der gemeinen Werte der zum Betriebsvermögen gehörenden Wirtschaftsgüter und sonstigen aktiven Ansätze abzüglich der zum Betriebsvermögen gehörenden Schulden und sonstigen Abzüge – den Substanzwert – als Wertuntergrenze.[778] Diese wirkt jedoch nicht gegenüber allen Wertmaßstäben. Für den Kurswert ergibt sich aus seiner Stellung im Gesetz, dass er auch dann anzusetzen ist, wenn er unterhalb des Substanzwerts liegt. Denn der gesamte § 11 Absatz 2 BewG ist nur für Anteile anwendbar, die nicht unter den

---

772 So auch deutlich RIEDEL, in: Daragan/Halaczinsky/Riedel (Hrsg.), ErbStG, 2010, § 199 BewG, Rz. 6.

773 Vgl. FAHRENSCHON, FR, 2008, S. 359; MÖLLMANN, in: Tiedtke (Hrsg.), ErbStG, 2009; § 12 ErbStG, Rz. 105; ähnlich VISKORF, ZEV, 2009, S. 593 f., der dieser Interpretation im Ergebnis aber nicht folgt; DROSDZOL, DStR, 2011, S. 1260, wobei der dortige Verweis auf den Bericht des Finanzausschusses unzutreffend ist, jedenfalls spricht der Gesetzgeber nicht von einem „Angebot".

774 Vgl. v. OERTZEN, Ubg, 2008, S. 59.

775 Siehe zu dem grundlegend anderen Verständnis von VISKORF, unten Kapitel E.I.2.

776 So im Ergebnis auch HANNES/ONDERKA, ZEV, 2009, S. 422; NEUFANG, BB, 2009, S. 2006; HALACZINSKY, in: Rössler/Troll (Hrsg.), BewG, Loseblatt, Erg.-Lfg. Oktober 2009, § 9 BewG, Rz. 5.

777 Vgl. BRUCKMEIER/SCHMID/ZWIRNER, FB, 2009, S. 234.

778 Vgl. EISELE, NWB, 2008, S. 792.

dortigen Absatz 1 fallen (s. o.). Fraglich ist jedoch, ob der Substanzwert auch nachrangig gegenüber den zeitnahen Verkäufen ist.[779] Denn hier geht m. E. aus dem Gesetzestext nicht so deutlich hervor, dass der bei einem zeitnahen Verkauf erzielte Preis auch zur Ableitung des gemeinen Werts herangezogen wird, wenn dieser geringer als der Substanzwert ist. Im Schrifttum wird dies aber regelmäßig angenommen.[780] Die Begründung, nach der sich der § 11 Absatz 2 Satz 3 BewG grammatikalisch wohl eher auf die Schätzung unter Berücksichtigung der Ertragsaussichten und die andere Methode bezieht, überzeugt jedoch m. E. nicht.[781] Die von PILTZ erkannte Analogie zum Börsenkurs[782] ist dagegen zutreffend. Der Gesetzgeber favorisiert die im gewöhnlichen Geschäftsverkehr zustande gekommenen Preise gegenüber einer Schätzung des Unternehmenswerts.[783] Insofern ist es sachgerecht, die Ergebnisse aus den zeitnahen Verkäufern privilegiert gegenüber dem Substanzwert, der ja auch lediglich eine spezielle Schätzungsmethode darstellt, zu verwenden. Die entsprechende Klarstellung in R B 11.3 Absatz 1 Satz 2 ErbStR 2011 ist daher sowohl im Hinblick auf das zu erreichende Bewertungsziel als auch aufgrund der nicht eindeutigen gesetzlichen Formulierung ausdrücklich zu begrüßen.

Gleiches gilt für die Festlegung, nach welcher keine Bedenken bestehen, bei Gesellschaften, die sich in Liquidation befinden, den Liquidationswert anzusetzen (R B 11. 3 Absatz 9 ErbStR 2011). Da der Liquidationswert eine spezielle Ausprägung des Substanzwerts darstellt, ist er ebenso nachrangig gegenüber dem Börsenkurs und den zeitnahen Verkäufen anzusetzen.

Die hier entwickelte Methodenhierarchie mag recht diffizil erscheinen. Daher ist sie in Abbildung 13 in ein Prüfschema überführt worden.[784]

---

779 Vgl. PILTZ, DStR, 2008, S. 747.

780 Vgl. bspw. HÜBNER, Ubg, 2009, S. 4; MÖLLMANN, in: Tiedtke (Hrsg.), ErbStG, 2009, § 12 ErbStG, Rz. 111.

781 So aber PILTZ, DStR, 2008, S. 747.

782 Vgl. PILTZ, DStR, 2008, S. 747.

783 Vgl. PILTZ, DStR, 2008, S. 747 f.

784 Vgl. zu teilweise erheblich abweichenden Prüfschemata BRUCKMEIER/SCHMID/ ZWIRNER, FB, 2009, S. 236; SCHIFFERS, DStZ, 2009, S. 551; STAMM/BLUM, StuB, 2009, S. 766; WENZEL/HOFFMANN, BBK, 2009, S. 1121; PAWELZIK, Ubg, 2010, S. 883.

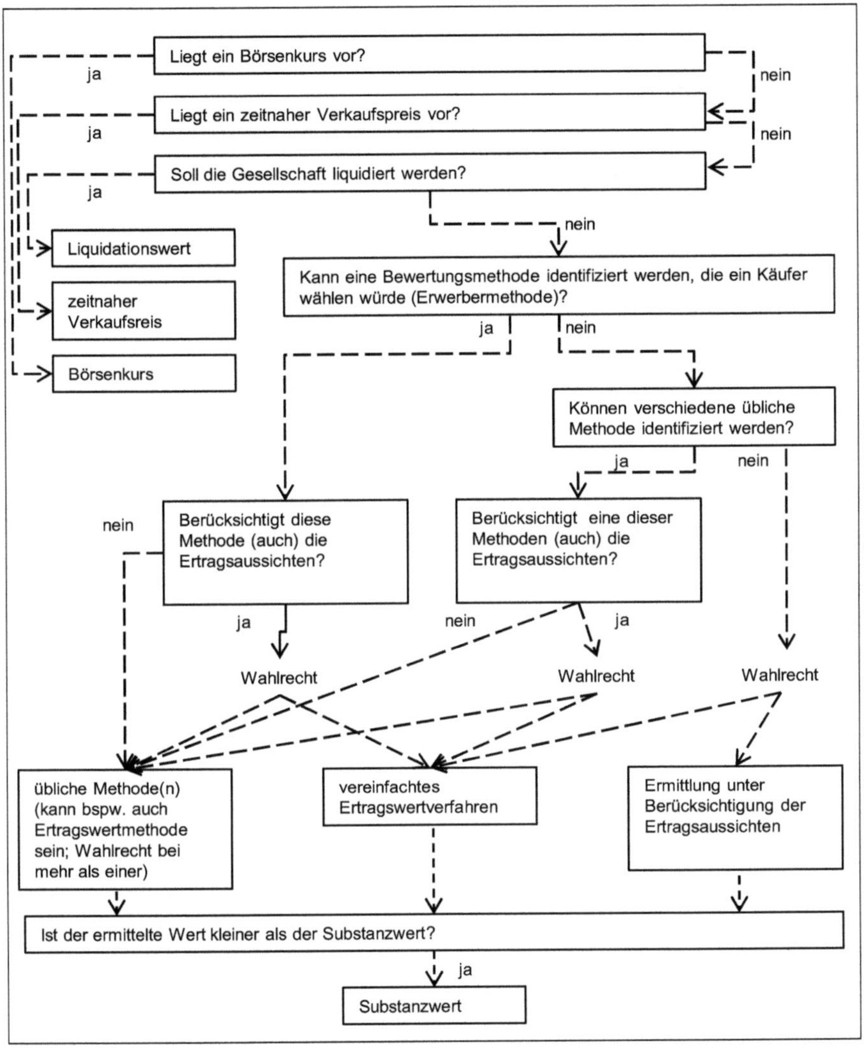

Abbildung 13: Prüfschema zur Methodenhierarchie[785]

Die Gliederung des restlichen Kapitels ergibt sich im Wesentlichen anhand der in Abbildung 13 dargestellten Wertmaßstäbe. Andere bedeutsame Aspekte, die nicht zwingend nur einen Wertmaßstab betreffen, werden dort behandelt, wo sich die

[785] Eigene Darstellung.

überwiegenden Anknüpfungspunkte ergeben.[786] So wird etwa der Paketzuschlag im Rahmen der Analyse des Börsenkurses untersucht, obwohl ein Paketzuschlag ggf. auch bei den Wertmaßstäben des § 11 Absatz 2 BewG oder beim vEWV maßgeblich sein könnte. Gleiches gilt etwa für die Diskussion um die Berücksichtigung von Fungibilität. Diese wiederum lässt eine sinnvolle Anknüpfung zur besonderen Regelung des § 9 Absatz 3 BewG zu.

2. Würdigung des methodenpluralistischen Ansatzes

Die Würdigung des methodenpluralistischen Ansatzes kann mit der abweichenden Auffassung von VISKORF zur Methodenhierarchie eingeleitet werden. Dieser hält die gerade erarbeitete Methodenhierarchie im Ergebnis für verfassungswidrig.[787] Ein ungebundenes Wahlrecht käme „einer Besteuerung ‚auf Antrag des Steuerpflichtigen' gleich"[788] und würde das Rechtsstaatprinzip und das daraus abgeleitete Prinzip der Gleichmäßigkeit der Besteuerung verletzen. Ebenso fehle den Bewertungsvorschriften die notwendige Bestimmtheit, wodurch die Grundsätze der Normklarheit und Justiziabilität nicht beachtet würden. Jedenfalls sei eine Gesetzesinterpretation, bei der die Auswahl der Wertermittlungsmethode den Beteiligten obliegt, mit dem Rechtsstaatprinzip nicht vereinbar. Daher nimmt VISKORF eine von der oben entwickelten Sichtweise deutlich abweichende verfassungskonforme Auslegung der Methodenhierarchie vor.[789] Demnach sei der § 11 Absatz 2 Satz 4 BewG „Die §§ 199 bis 203 sind zu berücksichtigen" nicht zwingend als Wahlrecht i. S. einer unverbindlichen Bewertungsoption auszulegen. Vielmehr könne die Formulierung des Satzes 4 auch als eine verbindliche Anweisung an das Finanzamt interpretiert werden, dass vEWV als Regelbewertungsverfahren stets anzuwenden, falls nicht ein anderes Verfahren vorgeschrieben ist und es nicht zu einem offensichtlich unzutreffenden Ergebnis führt. Für diese Interpretation spricht nach Auffassung von VISKORF, dass das Gesetz ein solches Wahlrecht an keiner Stelle nennt. Daneben sei das Fehlen einer generellen Öffnungsklausel zum Nachweis eines niedrigeren gemeinen Werts ein möglicher Hinweis auf eine verbindliche Anwendungsanordnung. Ebenso entspräche dies der Auffassung des Gesetzgebers, nach der das vEWV eine einheitli-

786 Diese Vorgehensweise wird der m. E. unschönen Alternative vorgezogen, bei welcher „Sonderaspekte der Bewertung" (oder ähnlich) in eigenständigen Kapiteln diskutiert werden.
787 Vgl. zum gesamten Absatz VISKORF, ZEV, 2009, S. 594 f.
788 VISKORF, ZEV, 2009, S. 594.
789 Vgl. VISKORF, ZEV, 2009, S. 595.

che Rechtsanwendung bei gleichen Sachverhalten sicherstellen und die Bewertung erleichtern soll. Im Ergebnis könne § 11 Absatz 2 Satz 4 BewG zur Vermeidung eines verfassungswidrigen Zustands daher nur so ausgelegt werden, dass das vEWV in den Fällen in denen der gemeine Wert unter Berücksichtigung der Ertragsaussichten zu ermitteln ist, als „Regelbewertungsverfahren vom Finanzamt zwingend anzuwenden ist."[790]

Die Denkrichtung dieser Sichtweise ist nicht gänzlich von der Hand zu weisen.[791] Jedenfalls liegt es in der Natur der Sache, dass der Steuerpflichtige Wahlrechte zu seinen Gunsten nutzen wird. Wenn also verschiedene Bewertungsmethoden zur Verfügung stehen, wird er der Finanzverwaltung diejenige präsentieren, die zum geringsten Wert führt, womit im Übrigen das Ziel des Gesetzgebers – was die Auswahl der Methode angeht – im Wesentlichen erreicht wird. VISKORF wirft also – soweit ersichtlich als einziger – nun die schwierige Frage auf, ob eine derartig weitgehende Beeinflussung der Bemessungsgrundlage verfassungsrechtlich zulässig ist.

Offensichtlich ist, dass der hohe Anspruch an den gemeinen Wert, der in der Simulation des Verhandlungsergebnisses zweier erdachter Akteure ermittelt werden müsste,[792] auf der ersten Stufe des Einigungsprozesses nicht erreicht wird. Dies gilt aufgrund der Eigenschaft als Argumentationswert sogar dann, wenn ein Wertmaßstab zwingend anzuwenden ist.[793] Diese Tatsache wird durch jede hinzukommende Bewertungsoption verstärkt. Im Ergebnis wird der gesuchte gemeine Wert im Mittel systematisch unterschritten. Denn de facto wird eher der niedrigste Wert eines bestehenden, mitunter erheblichen[794], Wertkorridors erreicht,[795] der durch die Ergebnisse der verschiedenen Methoden aufgeschlagen wird.

---

790 VISKORF, ZEV, 2009, S. 595.

791 Für einzelne Aspekte gilt dies jedoch schon. So ist das Wahlrecht zum vEWV (mittlerweile wohl) unstrittig.

792 Vgl. dazu Kapitel D.III.23222.

793 So wird selbst der Wert des vEWV bei Berechnung durch den Steuerpflichtigen von dem Wert bei Berechnung durch das Finanzamt abweichen, weil bspw. der angemessene Unternehmerlohn unterschiedlich hoch geschätzt wird.

794 Vgl. RÖDDER, DStR, 2008, S. 1001.

795 Vgl. PAWELZIK, Ubg, 2010, S. 884.

Wenn man der nach VISKORF einzig verfassungskonformen Auslegung folgt, wäre als Alternative zum Methodenpluralismus das vereinfachte Verfahren als Regelverfahren anwendbar. Aus ökonomischer Perspektive ist aber nahezu sicher, dass ein typisiertes Verfahren zur Bestimmung des gemeinen Werts bei der Vielfältigkeit von Unternehmen scheitern muss. Es ist daher wenig vielversprechend, ausschließlich ein Regelbewertungsverfahren anwenden zu wollen. M. E. würde dies letztlich nur eine zeitliche Verzögerung der generellen Problematik bedeuten. Denn wenn einerseits die Erbschaftsteuer politisch weitgehend unumstritten ist und andererseits höchstrichterlich entschieden wurde, dass der gemeine Wert den verfassungsrechtlich allein zulässigen Bewertungsmaßstab darstellt, *ist* das Bewertungsproblem auf Dauer zufriedenstellend zu lösen. Durch die schon recht konkreten Hinweise auf Ertragswert-[796] und DCF-Verfahren[797] oder im Bereich des Grundvermögens auf die Maklermethode[798] (Ertragsmultiplikator bei Grundvermögen) hat das BVerfG auch keinesfalls den Eindruck erweckt, dass die Bewertung den Gesetzgeber vor unüberwindbare Probleme stellen würde. Für das Gericht war zudem nicht erkennbar, dass der Aufwand für die Ermittlung des gemeinen Werts großer Betriebsvermögen unverhältnismäßig wäre.[799] Der Gesetzgeber hat zur Lösung der auch aus seiner Perspektive schwierigen Aufgabe[800] nun eben von seinem Recht, Wertermittlungsmethoden festzulegen,[801] umfassend Gebrauch gemacht.

Das Abstellen auf eine Wertermittlungsmethode unter Berücksichtigung der Ertragsaussichten, was im Wesentlichen zur Anwendung gerichtlich anerkannter Ertragswertmethoden führt, mit der Option zu einem vereinfachten Verfahren bedeutet für sich genommen bereits ein wesentlich verbessertes Bewertungssystem. Tatsächlich hat der Gesetzgeber auch erkannt, dass in manchen Branchen regelmäßig keine Ertragswertmethoden zur Anwendung kommen und daher auch marktübliche andere Methoden zugelassen. Dies ist sachgerecht. Sobald Wirtschaftssubjekte Unternehmenswerte für mitunter weit erheblichere Zwecke, insbesondere den Unternehmenskauf/-Verkauf, heranziehen, spricht nichts dagegen, solche Methoden auf für Zwecke

---

796 Vgl. BVerfG vom 07.11.2006 - 1 BvL 10/02, BStBl. II, 2007, S. 204.
797 Vgl. BVerfG vom 07.11.2006 - 1 BvL 10/02, BStBl. II, 2007, S. 204.
798 Vgl. BVerfG vom 07.11.2006 - 1 BvL 10/02, BStBl. II, 2007, S. 208.
799 Vgl. BVerfG vom 07.11.2006 - 1 BvL 10/02, BStBl. II, 2007, S. 207 zur Ablehnung des Vereinfachungsarguments bei Übernahme der Steuerbilanzwerte. Dazu auch EISELE, NWB, 2007, S. 504.
800 Vgl. SEER, ZEV, 2007, S. 103; WASSERMANN, DStR, 2010, S. 190.
801 Vgl. dazu BVerfG vom 07.11.2006 - 1 BvL 10/02, BStBl. II, 2007, S. 215.

der Steuerbemessungsgrundlage heranzuziehen. Insofern wird die Öffnung – nach welcher der Markt die Methode bestimmt[802] – hier ausdrücklich befürwortet. Als schöner Nebeneffekt ist das Recht damit auch zukunftssicher ausgestaltet, insbesondere wäre etwa eine Aufzählung der konkreten Methoden im Gesetz wenig zielführend gewesen.

Wenn nun verschiedene gemeine Werte i. S. der oben entwickelten Methodenhierarchie vorliegen und niemand weiß, welches der „richtige" gemeine Wert ist, bleibt wohl nur der Lösungsansatz jeden dieser Werte als gemeinen Wert anzuerkennen. Diese Auffassung mag recht beliebig erscheinen; sie ist aber wohl durch den Bandbreitencharakter des gemeinen Werts gedeckt. Im Gegensatz zu Grundvermögen wird hier sogar von einer Bandbreite von plus/minus 30 % um einen Mittelwert ausgegangen.[803] Jedenfalls ist aufgrund der besonderen Bewertungsunsicherheit stets von einer höheren Bandbreite als beim Grundvermögen auszugehen.[804] Analog dazu sollte „[j]eder Wert innerhalb dieser Bandbreite .. aber noch als gemeiner Wert (Verkehrswert) ... angesprochen werden [können]"[805]. Ebenso kann dem methodenpluralistischen Ansatz wohl attestiert werden, dass er zumindest geeignet ist, dem vom Gericht geforderten Annäherungswert an den gemeinen Wert und keinen Phantasiewert[806] zu ermitteln. Dass damit – wie mit jeder Bewertung – allenfalls eine Streubreitengleichheit erreicht wird, liegt in der Natur der Sache und macht die Bewertung nicht verfassungswidrig.[807] Tatsächlich ist gerade eine Bewertung, die Unsicherheiten nicht vernachlässigt, sondern abbildet, Ausdruck der Forderung nach einer realitätsgerechten Bewertung.[808] Im Ergebnis führen die Regelungen zu einem

802 In Anlehnung an den Aufsatztitel von BARTHEL, DB, 1990, S. 1145.

803 Vgl. VISKORF, ZEV, 2009, S. 592. Zu einer Diskussion um Prozentsätze bei Wertabweichungen jedoch auch Kapitel F.II.3.

804 Vgl. RIEDEL, in: Daragan/Halaczinsky/Riedel (Hrsg.), ErbStG, 2010, § 199 BewG, Rz. 11.

805 BFH vom 22.05.2002 - II R 61/99, BStBl. II, 2002, S. 609 mit Verweis auf SEER, StuW, 1997, S. 289; erneut überzeugend SEER, GmbHR, 2009, S. 227; so auch WACHTER, BB, 2007, S. 578; VISKORF, ZEV, 2009, S. 594 zum Bandbreitenprinzip der Unternehmensbewertung MOXTER, Grundsätze II, 1983, Nachdruck von 1991, S. 110 ff.; MOXTER, Grundsätze, in: Raupach (Hrsg.), DStJG 7, 1984, S. 391 f. Jedoch kritisch zu einer Bandbreite, die aus verschiedenen Methoden resultiert, BRÖSEL/HAUTTMANN, FB, 2007, S. 297.

806 Vgl. dazu SEER, GmbHR, 2009, S. 227.

807 Vgl. SEER, GmbHR, 2009, S. 227, der dies allgemein, d. h. ohne Wertung des neuen Bewertungsrechts, anmerkt. Zum Begriff der Streubreitengleichheit verweist er auf LANG, StuW, 2008, S. 197.

808 Vgl. SEER, GmbHR, 2009, S. 227.

Wertniveau am unteren Rand des verfassungsrechtlich zulässigen Bewertungskorridors.[809]

Fraglich ist in diesem Zusammenhang, ob der Gesetzgeber noch einen Schritt weiter hätte gehen sollen. Jedenfalls fehlt bei der Bewertung von Unternehmensvermögen eine generelle Öffnungsklausel, die dem Steuerpflichtigen den Nachweis eines niedrigeren gemeinen Werts ermöglicht,[810] wie sie etwa bei Grundvermögen (§ 198 BewG)[811] und land- und forstwirtschaftlichen Vermögen (§ 165 Absatz 3 BewG, 167 Absatz 4 BewG)[812] anzutreffen ist. Interessant ist, dass dieses Fehlen einerseits zur Begründung eines weitgehenden Methodenwahlrechts[813] und andererseits gerade zur generellen Anwendbarkeit des vEWV als Regelverfahren[814] herangezogen wird. Jedenfalls findet sich in der Literatur die Forderung nach einer generellen Escapeklausel.[815] Sehr weit geht in dieser Frage WÄLZHOLZ, der bereits durch die Festlegung des gemeinen Werts als Bewertungsziel die Möglichkeit des Nachweises sieht, falls der gemeine Wert durch beliebige Verfahren gleich welcher Art überstiegen wird.[816] Dies wäre zwar im Ergebnis für den Steuerpflichtigen wünschenswert; es ist jedoch nicht vom Gesetzeswortlaut bzw. dessen Intention gedeckt. Vor dem Hintergrund, das Bewertungsziel optimal zu erreichen, ist m. E. die Notwendigkeit einer generellen Öffnungsklausel umso höher, je starrer die gesetzliche Regelung ist. Bei Betrachtung des Schemas der Abbildung 13 sind durchaus Situationen denkbar, bei denen zwingend eine bestimmte Methode anzuwenden ist. Insofern könnte zu einer Vermeidung von Härtefällen eine Escapeklausel sinnvoll sein, zumal der Steuerpflichtige, der zwingend eine Methode anzuwenden hat, ohnehin benachteiligt ist. Das BVerfG scheint derartige Klauseln jedenfalls grundsätzlich für geeignet zu halten, eine Überbewertung zu beseitigen.[817] M. E. ist eine generelle Öffnungsklausel aber aufgrund der mitunter erheblichen Wahlrechte nicht zwingend notwendig. Jedenfalls führt deren Abwesenheit keinesfalls zu einem verfassungswidrigen

809 Vgl. EISELE, in: Rössler/Troll (Hrsg.), BewG, Loseblatt, Erg.-Lfg. April 2012, § 11 BewG, Rz. 32.
810 Vgl. bspw. MANNEK, DB, 2008, S. 428; CREZELIUS, ZEV, 2009, S. 6; VISKORF, ZEV, 2009, S. 595.
811 Vgl. BARTHEL, FB, 2008, S. 523; PILTZ, DStR, 2008, S. 749.
812 Vgl. PILTZ, DStR, 2008, S. 749.
813 Vgl. CREZELIUS, ZEV, 2009, S. 6.
814 Vgl. VISKORF, ZEV, 2009, S. 595.
815 Vgl. bspw. WACHTER, BB, 2007, S. 579.
816 Vgl. WÄLZHOLZ, BBEV, 2008, S. 145.
817 Denn es hatte die Regelung nach § 145 Absatz 3 Satz 3 BewG a. F. sogar für nicht ausreichend erachtet. Vgl. BVerfG vom 07.11.2006 - 1 BvL 10/02, BStBl. II, 2007, S. 211.

Zustand. Vielmehr würde sie die im Wesentlichen gut durchdachte Methodenhierarchie unterlaufen, weil der Steuerpflichtige dann wohl regelmäßig den Versuch, einen geringeren gemeinen Wert nachzuweisen, unternehmen würde. Die Forderung nach einer generellen Öffnungsklausel als Pendant zur Regelung beim Grundvermögen ist jedenfalls aus zwei Gründen nicht vollständig zutreffend. Erstens ist beim Grundvermögen stets ein Verfahren von drei möglichen gesetzlichen Bewertungsverfahren vorgeschrieben; der Steuerpflichtige hat also keine Abweichungsoption. Zweitens ist der Nachweis gar nicht so „frei“, sondern an die gesetzlichen Vorgaben des Baugesetzbuches (BauGB vom 23.09.2004[818]) gebunden (§ 198 Satz 2 BewG).[819]

Der methodenpluralistische Ansatz bedeutet für den Steuerpflichtigen einen enormen Argumentationsspielraum resp. ein enormes Gestaltungspotential. Dies geht jedoch mit einem hohen Ermittlungsaufwand einher,[820] weil dieser stets mehrere Methoden verproben muss.[821] Konkret wird er den Wert nach allen Methoden, zu denen ein Wahlrecht besteht, und darüber hinaus stets den Substanzwert ermitteln müssen. Die Bewertung wird damit im Ergebnis komplizierter als zuvor.[822] Der Steuerpflichtige kann aber stets nach dem ökonomischen Prinzip handeln. D. h. er wird teure Bewertungen nur durchführen, wenn es lohnenswert erscheint und er wird auf weniger komplexe Methoden zurückgreifen, wenn bspw. sichergestellt ist, dass die Vollverschonung erreicht wird. Insofern überwiegt der Vorteil des Gestaltungspotentials den Nachteil der komplexen und aufwendigen Ermittlung bei weitem.

II. Kurswert

1. Anwendungsbereich

Bisher wurde vereinfacht vom Börsenkurs gesprochen. Dies ist hier zu spezifizieren. Das Gesetz bestimmt Wertpapiere und Schuldbuchforderungen, die am Stichtag an einer deutschen Börse zum Handel im regulierten Markt zugelassen sind, mit dem

818 BGBl. I 2004, S. 2414.
819 Vgl. VISKORF, ZEV, 2009, S. 595.
820 Vgl. KNIEF, DStR, 2009, S. 606.
821 Vgl. KUẞMAUL/PFIRMANN/HELL/MEYERING, BB, 2008, S. 477; BARDENHEWER, RNotZ, 2009, S. 301; PILTZ, Ubg, 2009, S. 17; SCHIFFERS, DStZ, 2009, S. 549; WELLING/WÜNNEMANN, FR, 2009, S. S5.
822 Vgl. HANNES/ONDERKA, ZEV, 2008, S. 177; HALACZINSKY, ErbStB, 2009, S. 79; HECHT/v. CÖLLN, BB, 2010, S. 798.

niedrigsten am Stichtag für sie im regulierten Markt notierten Kurs anzusetzen (§ 11 Absatz 1 Satz 1 BewG). Daher ist zunächst zu klären, welche Wertpapiere und Schuldbuchforderungen überhaupt börsennotiert sein können. Wertpapiere i. S. d. Wertpapierhandelsgesetzes (WpHG vom 09.09.1998[823]) sind, auch wenn keine Urkunden über sie ausgestellt sind, alle Gattungen von übertragbaren Wertpapieren, die ihrer Art nach auf den Finanzmärkten handelbar sind. Ausdrücklich werden Aktien, andere mit Aktien vergleichbare Anteile, sowie Schuldtitel, insbesondere Genussscheine und Inhaberschuldverschreibungen genannt (§ 2 Absatz 1 Satz 1 WpHG). Daneben sind auch Derivate[824] (zwar nicht so genannt, aber in § 2 Absatz 1 Satz 1 Nr. 3 lit. b WpHG umschrieben) und Anteile an Investmentvermögen (§ 2 Absatz 1 Satz 2 WpHG) einbezogen. Für die hier interessierende Unternehmensbewertung sollen lediglich eigenkapitalverbriefende Wertpapiere betrachtet werden. Klassische Fremdkapitalinstrumente, wie etwa Inhaberschuldverschreibungen, werden daher nicht weiter betrachtet. Gleiches soll für hybride Finanzierungsinstrumente, wie etwa Genussscheine,[825] gelten. Wenn daher folgend nur auf Aktien eingegangen wird, ist die mit Abstand praxisrelevanteste Wertpapiergattung erfasst.

Neben dem Begriff des Wertpapiers[826] rückt in der gesetzlichen Bestimmung insbesondere der Markt, in dem die Aktien gehandelt werden, in den Vordergrund. Der Börsenkurs ist demnach nur maßgeblich, wenn das Wertpapier zum Stichtag zum Handel im regulierten Markt zugelassen ist (§ 11 Absatz 1 Satz 1 BewG) oder Kurse im Freiverkehr (§ 11 Absatz 1 Satz 3 BewG) existieren. Wesentlicher Unterschied dieser Börsensegmente ist die Art der Regulierung. Für die Notierung im regulierten Markt sind die besonderen Vorschriften der §§ 32 bis 47 Börsengesetz (BörsenG vom 16.07.2007[827]) maßgeblich. Der Freiverkehr ist zwar im dortigen § 48 ebenfalls definiert. Es handelt sich hierbei jedoch um eine Ermächtigungsvorschrift, welche die

---

[823] BGBl. I 1998, S. 2708.

[824] Vgl. bspw. für Optionsscheine KREUTZIGER, in: Kreutziger/Schaffner/Stephany (Hrsg.), BewG, 2009, § 11 BewG, Rz. 7.

[825] Vgl. zur Besonderheit bei Genussscheinen bspw. EISELE, in: Rössler/Troll (Hrsg.), BewG, Loseblatt, Erg.-Lfg. Januar 2011, § 11 BewG, Rz. 23.

[826] Vgl. weiterführend, insbesondere zur Rechtsnatur verschiedener Wertpapiertypen MANNEK, in: Gürsching/Stenger (Hrsg.), Bewertungsrecht, Loseblatt, Erg.-Lfg. August 2007, § 11 BewG, Rz. 16 ff.

[827] BGBl. I 2007, S. 1330.

konkrete Regelung dieses Marktsegments der jeweiligen Börse überlässt.[828] Durch die gesetzliche Beschränkung auf regulierten Markt und Freiverkehr sind Kurse, die sich im weitgehend ungeregelten freien Markt bilden, nicht maßgeblich.[829] Die Regelung betrifft damit die rd. 1.200[830] in den beiden Marktsegmenten gehandelten Aktiengesellschaften, Kommanditgesellschaften auf Aktien und Europäische Gesellschaften mit Sitz in Deutschland sowie an deutschen Börsen gehandelte Aktien (oder vergleichbare Wertpapiere) ausländischer Kapitalgesellschaften.[831]

Der Börsenkurs ist der Wertmaßstab der obersten Stufen der Methodenhierarchie. Soweit ein solcher Kurs vorliegt, soll dieser unwiderlegbar gültig sein. Der Gesetzgeber sieht in ihm den verlässlichsten Indikator, der im Regelfall für diese Gesellschaften der einzige maßgebliche Wert ist.[832] Insbesondere ist (entgegen der Zivilrechtsprechung) ein abweichender Ertragswert ohne Bedeutung.[833] Gerade zwingende Wertmaßstäbe, also solche, bei denen der Steuerpflichtige nicht durch Beibringung eines Gutachtens einen geringeren Wert nachweisen kann, sind besonders kritisch zu würdigen.

2. Wertmaßstab

21. Börsenkurs als grundsätzlich zutreffender gemeiner Wert

Aus ökonomischer Sicht ist – vorbehaltlich der anschließend diskutierten Problembereiche – m. E. kein Wert „gemeiner" als der Börsenkurs. Dies ergibt sich sowohl aus theoriegeleiteten Überlegungen als auch aus der gesetzlichen Definition. Nach dem Jevons´schen Gesetz[834] existiert bei vollkommener Information aller Marktteilnehmer nur ein einheitlicher Preis, soweit keine räumliche, zeitliche, sachliche oder persönli-

---

828 Vgl. KREUTZIGER, in: Kreutziger/Schaffner/Stephany (Hrsg.), BewG, 2009, § 11 BewG, Rz. 13 und weiterführend Rz. 12 sowie EISELE, in: Rössler/Troll (Hrsg.), BewG, Loseblatt, Erg.-Lfg. Januar 2011, § 11 BewG, Rz. 4 f.; unter besonderer Berücksichtigung der ehemaligen Dreiteilung RIEDEL, in: Daragan/Halaczinsky/Riedel (Hrsg.), ErbStG, 2010, § 11 BewG, Rz. 5 ff.

829 Vgl. RIEDEL, in: Daragan/Halaczinsky/Riedel (Hrsg.), ErbStG, 2010, § 11 BewG, Rz. 12.

830 Eine aktuelle Liste der börsennotierten Gesellschaften findet sich in www.wikipedia.de, Stichwort: Liste der börsennotierten deutschen Unternehmen.

831 Vgl. EISELE, in: Rössler/Troll (Hrsg.), BewG, Loseblatt, Erg.-Lfg. Januar 2011, § 11 BewG, Rz. 24.

832 Vgl. MÖLLMANN, in: Tiedtke (Hrsg.), ErbStG, 2009, § 12 ErbStG, Rz. 62.

833 Vgl. PILTZ, DStR, 2008, S. 747.

834 Benannt nach WILLIAM STANLEY JEVONS, auch Jevons´ Gesetz, Gesetz des einheitlichen Preises, law of indifference. Vgl. dazu ausführlich KORTMANN, Mikroökonomik, 2006, S. 351 ff.

che Präferenzen vorliegen.[835] Solche vollkommenen Märkte würden also das einzig zulässige perfekte Ergebnis für den Verkehrswert liefern. Natürlich existieren in der Realität keine solchen idealen[836] Bedingungen. Jedoch wird der Kapitalmarkt regelmäßig als der reale Markt bezeichnet, welcher dieser Vorstellung am weitesten gerecht wird.[837] Der Analogieschluss, wonach der reale Markt, der diesem vollkommenen Markt am nächsten kommt, zum besten Bewertungsergebnis führt, ist – wenn selbstverständlich auch nicht verifizierbar – m. E. zulässig. Bisher jedenfalls ist die Finanz- oder Aktienanalyse, die letztlich versucht, „unterbewertete" (oder „überbewertete") Aktien zu finden, den Beweis für bessere Bewertungsmethoden schuldig geblieben.

Auch ausgehend von der gesetzlichen Definition ist der Börsenkurs als Bewertungsgrundlage für den gemeinen Wert „geradezu prädestiniert"[838]. Soweit der an der Börse notierte Kurs die wirkliche Marktlage des Börsenhandels widerspiegelt (§ 24 Absatz 2 BörsenG), wird ihm die Erfüllung der Voraussetzungen des § 9 Absatz 2 BewG „in ganz besonderem Maße"[839] attestiert. Der einzige Unterschied zur „Bewertung" mithilfe des Preises bei Markttransaktionen ist, dass der Steuerpflichtige die Transaktion nicht selbst verwirklicht hat. Er hätte den Verkauf jedoch zum festgestellten Kurs realisieren können, sofern er zum Bewertungsstichtag tatsächlich über die Aktien verfügen konnte und nicht eine außergewöhnliche Stückzahl hätte handeln wollen. Die oben beschriebene Suche nach der fiktiven Verhandlung bzw. Veräußerung kann entfallen, weil sich die Kurse regelmäßig aus dem natürlichen Interessensgegensatz von realen Käufern und Verkäufern bilden.

Neben diese wesentlichen Vorzüge tritt ein erheblicher Vereinfachungseffekt für die Finanzverwaltung[840] und den Steuerpflichtigen. Dieser Aspekt hat durch die nun deutlich umfangreichere Bewertung sogar noch an Bedeutung gewonnen. Die insgesamt überzeugenden Vorzüge des Börsenkurses hat auch die Finanzrechtsprechung deutlich betont. Demnach ist der notierte Kurs als gemeiner Wert von

[835] Vgl. KORTMANN, Mikroökonomik, 2006, S. 353.
[836] „Ideal" ist in diesem Zusammenhang ebenso wie „vollkommen" nicht als Werturteil zu verstehen.
[837] Vgl. OTT, Marktformen, in: Albers (Hrsg.), HdWW, 1980, S. 106, der die Börse sogar als „Prototyp" des vollkommenen Marktes bezeichnet; KORTMANN, Mikroökonomik, 2006, S. 356.
[838] Vgl. MÖLLMANN, BB, 2010, S. 408.
[839] Vgl. EISELE, in: Rössler/Troll (Hrsg.), BewG, Loseblatt, Erg.-Lfg. Januar 2011, § 11 BewG, Rz. 11.
[840] Vgl. MÖLLMANN, BB, 2010, S. 408.

Aktien anzusehen.[841] Hierbei handele es sich „um eine – verfassungsrechtlich unbedenkliche – Typisierung bei der Wertfindung, die dem steuerlichen Massenverfahren Rechnung tragen und der gleichmäßigen Steuerfestsetzung dienen soll."[842]

22. Abweichungen vom Kurswert

221. Marktlage, Kritik am Wertmaßstab als solchem und das Problem nachträglicher Wertkorrekturen

Möchte der Steuerpflichtige ein für ihn optimales Ergebnis erzielen, stellt sich die Frage, ob unter bestimmten Umständen vom Kurswert abgewichen werden kann.[843] In o. g. und weiteren Entscheidungen[844] hat der BFH eine Situation definiert, in der ein Abweichen vom Kurswert zulässig ist. Diesen Gedanken haben sowohl dessen Vorlagebeschluss als auch die BVerfG-Entscheidung übernommen, die ebenfalls beide von einer verfassungsrechtlich unbedenklichen Typisierung ausgehen, soweit der Kurs der wirklichen Geschäftslage des Verkehrs an der Börse entspricht.[845] Abweichungen vom Kurswert sind demnach nur zulässig, wenn eine Streichung des festgesetzten Kurses hätte erreicht werden können.[846] Die Entscheidungen folgen damit der Grundkonzeption bzw. allgemeinen Definition des gemeinen Werts, welcher nur unter gewöhnlichen Marktverhältnissen entstehen kann. Aus dieser sehr restriktiven Einschränkung folgt, dass alle Einwände gegen den Börsenkurs, die nicht die Geschäftslage betreffen, unzulässig sind.[847] Dies gilt insbesondere für die Behauptung, der festgestellte Kurs entspreche nicht dem gemeinen[848] oder dem

---

841 Vgl. BFH vom 01.10.2001, BFH/NV, 2002, S. 319. Vgl. dazu schon, die bei MANNEK, in: Gürsching/Stenger (Hrsg.), Bewertungsrecht, Loseblatt; Erg.-Lfg. August 2007, § 11 BewG, Rz. 49, ausführlich wiedergegebene Entscheidung des RFH vom 13.04.1928 - II A 58/28, StuW II 1928, Sp. 404.

842 BFH vom 01.10.2001, BFH/NV, 2002, S. 319.

843 Vgl. KOBLENZER, ErbStB, 2005, S. 133, der die Bedeutung dieser Frage in der Beratungspraxis hervorhebt.

844 Vgl. BFH vom 26.07.1974 - III R 16/73, BStBl. II, 1974, S. 656; BFH vom 23.02.1977 - II R 63/70, BStBl. II, 1977, S. 427.

845 Vgl. BFH vom 01.10.2001, BFH/NV, 2002. S. 319.

846 Vgl. BFH vom 01.10.2001, BFH/NV, 2002, S. 319.

847 Vgl. BFH vom 01.10.2001, BFH/NV, 2002. S. 319; EISELE, in: Rössler/Troll (Hrsg.), BewG, Loseblatt, Erg.-Lfg. Januar 2011, § 11 BewG, Rz. 11.

848 Vgl. BFH vom 01.10.2001, BFH/NV, 2002. S. 319; EISELE, in: Rössler/Troll (Hrsg.), BewG, Loseblatt, Erg.-Lfg. Januar 2011, § 11 BewG, Rz. 11.

inneren Wert.[849] Letzteres wird mit der dem deutschen Börsenrecht immanenten Abweichung des Börsenwerts vom inneren Wert begründet.[850] So hat die Zivilgerichtsbarkeit abgelehnt, den Börsenkurs als angemessene Abfindung zum inneren Wert anzuerkennen.[851] Vielmehr sieht die Rechtsprechung von BVerfG[852] und BGH[853] bei Abfindungen nach §§ 304, 305, 320b und 327a Aktiengesetz (AktG vom 06.09.1965[854])[855] im Börsenkurs eine Wertuntergrenze.[856] Entsprechend stellt er insbesondere keinen Höchstwert dar.[857]

Fraglich ist jedoch, ob die Kritik am Wertmaßstab als solchem gerechtfertigt ist. Stellvertretend soll sich hier mit dem von RAUPACH übernommenen Zitat von BOEHRINGER auseinandergesetzt werden: „Börsenkurse sind nichts anderes als die Summe aller Wetten auf die wirtschaftliche Zukunft – eines Unternehmens, eines Landes oder der Weltwirtschaft. Das Problem: egal wie viele Menschen in eine Richtung spekulieren, sie handeln aufgrund von Prognosen, und die sind per Definition unsicher."[858] Dasselbe Zitat wird von DIRRIGL verwendet[859]. Dort dient es als Zusammenfassung der „Einwände gegen die Verwendung von Aktienkursen als

849 Vgl. MANNEK, in: Gürsching/Stenger (Hrsg.), Bewertungsrecht, Loseblatt, Erg.-Lfg. August 2007, § 11 BewG, Rz. 70.

850 Vgl. BFH vom 23.02.1977 - II R 63/70, BStBl. II, 1977, S. 427.

851 Vgl. MANNEK, in: Gürsching/Stenger (Hrsg.), Bewertungsrecht, Loseblatt, Erg.-Lfg. August 2007, § 11 BewG, Rz. 70 m. w. N., sowie die ausführliche Auseinandersetzung bei GROßFELD, NZG, 2009, S. 309 ff. m. w. N.

852 Vgl. BVerfG vom 27.04.1999 - 1 BvR 1613/94, BVerfGE, S. 289; zu diesem Urteil auch ausführlich BÖCKING/NOWAK, FB, 2000, S. 17 ff.

853 Vgl. BGH vom 12.03.2001 - II ZB 15/00, BGHZ, S. 108. Ebenso bspw. OLG Düsseldorf vom 31.01.2003 - 19 W 9/00 AktE, NZG, S. 588: „Die Abfindung muss so bemessen sein, dass die Minderheitsaktionäre jedenfalls nicht weniger erhalten als sie bei einer freien Desinvestitionsentscheidung zum Zeitpunkt des Unternehmensvertrages oder der Eingliederung erlangt hätten. Aus diesem Grund darf ein existierender Börsenkurs bei der Ermittlung des Werts der Unternehmensbeteiligung nicht unberücksichtigt bleiben. Die Aktie wird an der Börse gehandelt und erfährt dort im Zusammenspiel von Angebot und Nachfrage eine Wertbestimmung, an der sich die Aktionäre bei ihren Investitionsentscheidungen orientieren. Der Vermögensverlust, den Minderheitsaktionäre durch den Unternehmensvertrag oder die Eingliederung erleiden, stellt sich für diese als Verlust des Verkehrswerts der Aktie dar. Es steht daher mit Artikel 14 GG grundsätzlich nicht in Einklang, im aktienrechtlichen Spruchstellenverfahren eine Barabfindung festzusetzen, die niedriger ist als der Börsenkurs."

854 BGBl. I 1965, S. 1089.

855 Vgl. speziell zu Unternehmensbewertungen bei Abfindungen nach § 327a AktG MATSCHKE/BRÖSEL/BEHZAD, Rechtsprechung, in: Königsmaier/Mandl (Hrsg.), FS Mandl, 2010, S. 421 ff.

856 Vgl. GROßFELD, Recht, 2009, S. 312.

857 Vgl. GROßFELD, Recht, 2009, S. 315.

858 BOEHRINGER, SZ, 05.03.2007, S. 19; RAUPACH, DStR, 2007, S. 2041, zitiert selbige.

859 Vgl. DIRRIGL, Steuerbemessung, in: Kiesewetter/Niemann (Hrsg.), FS Wagner, 2009, S. B 15.

Wertmaßstab für den gemeinen Wert“[860]. Die Richtigkeitsvermutung des Gesetzgebers sei daher zu hinterfragen.[861]

Die enormen Volatilitäten von Aktienkursen und das teils wohl sogar vorherrschende Spekulationsmotiv sind unstrittig. Hieraus kann jedoch keinesfalls auf die Ungeeignetheit des Wertmaßstabs insgesamt geschlossen werden. Eine solche Folgerung würde implizieren, dass eine Wertermittlung mit Hilfe anderer Verfahren, also bspw. aufgrund von Schätzungen des zukünftigen Cash Flows in Ertragswertkalkülen, bessere Ergebnisse produzieren würde.[862] Um in der Stoßrichtung des Zitats zu bleiben, würde hier die Prognose auf die wirtschaftliche Zukunft eines Unternehmens (und damit auch eines Landes oder der Weltwirtschaft) nicht der Masse, sondern dem einzelnen (Gutachter) überlassen. Es fehlt jedoch der empirische Beweis, dass der Einzelne diese Aufgabe systematisch besser als die Menge der Individuen am Markt erledigen kann.[863]

MÖLLMANN sieht darüber hinaus verfassungsrechtliche Gründe, die zur Ablehnung des Börsenkurses führen könnten.[864] Wie auch hier bereits hinreichend betont, würde die Erbschaft- und Schenkungsteuer an der gesteigerten Leistungsfähigkeit infolge des Erwerbs ansetzen. Diesbezüglich sei es fraglich, ob ein striktes Festhalten am Stichtagsprinzip auch bei „erdrutschartigen Wertverlusten“ innerhalb kürzester Zeit als verfassungsrechtlich unbedenklich einzustufen ist. Hierzu wird das Beispiel der VW-Stammaktie angeführt, die am 28.10.2008 bei über 1.000 € notierte und nur drei Tage später zu unter 200 € gehandelt wurde. Unstrittig ist, dass der Erwerber, welcher die Aktien zu 1000 €/St. geerbt hat, „erbschaft- und schenkungsteuerlich allein aufgrund von Marktanomalien deutlich schlechter“ gestellt ist als ein Erwerber, der die Aktien zu 200 € geerbt hat. MÖLLMANN meint, man könne diese beiden Fälle nicht mit dem schlichten Hinweis auf eine notwendige Typisierung über einen Kamm scheren; eine Bewertungskorrektur wäre „zwingend geboten“.

---

860 DIRRIGL, Steuerbemessung, in: Kiesewetter/Niemann (Hrsg.), FS Wagner, 2009, S. B 15.

861 Vgl. RAUPACH, DStR, 2007, S. 2041; DIRRIGL, Steuerbemessung, in: Kiesewetter/Niemann (Hrsg.), FS Wagner, 2009, S. B 15.

862 Vgl. zu diesem Gedanken – wenn auch in etwas anderem Kontext – PILTZ, ZGR, 2001, S. 194.

863 Davon abgesehen würden Gutachter, die diese Fähigkeit besäßen, ihre Zeit nicht mit der Erstellung von Gutachten zur Ermittlung von Steuerbemessungsgrundlagen verschwenden, sofern sie im klassischen Sinne rational handeln.

864 Vgl. zu der in diesem Absatz dargestellten Problematik und allen Zitaten MÖLLMANN, BB, 2010, S. 409.

Verschiedene Krisen hätten gezeigt, dass sich anhand von Börsenkursen der ‚wahre' Wert eines Anteils an einem Unternehmen nur annäherungsweise bestimmen lässt. Vielmehr sei der Börsenkurs durch marktpsychologische Aspekte, wie etwa Spekulationen, beeinflusst.

Dieser Auffassung von MÖLLMANN ist m. E. nicht zuzustimmen, wenn der Steuerpflichtige am Bewertungsstichtag tatsächlich über die Anteile verfügen konnte und damit eine Veräußerung möglich gewesen wäre.[865] Fraglich ist, warum im genannten Beispiel nicht von einem gemeinen Wert von 1.000 €/St. auszugehen ist. M. E. liegt dem Gedanken des § 11 Absatz 1 BewG weniger die Suche nach dem Unternehmenswert als die Suche nach dem Marktpreis des Anteils, also ggf. der einzelnen Aktie, zugrunde. Über die Frage, welchen Wert das Unternehmen VW am 28.10.2008 hatte, ließe sich weitgehend ergebnisoffen diskutieren. Es war aber wohl kaum der Wert, der sich aus Multiplikation der Anzahl aller VW-Aktien mit 1.000 € ergibt.[866] Insofern ist dem Schrifttum zuzustimmen, dass der Wert eines ganzen Unternehmens bzw. eines größeren Anteils kaum durch den Börsenkurs erklärt werden kann.[867] Der „Preis, .. der im gewöhnlichen Geschäftsverkehr ... bei einer Veräußerung zu erzielen wäre" (§ 9 Absatz 2 BewG) war jedoch – m. E. unzweifelhaft – 1.000 €/St. In Anlehnung an die von MÖLLMANN attestierte Benachteiligung des Erwerbers zum Höchstkurs könnte man zugespitzt fragen, ob der Steuerpflichtige die Erbschaft einer Aktie zu 1.000 € mit Möglichkeit der Veräußerung zu diesem Kurs oder die Erbschaft einer Aktie zu 200 € vorziehen würde. M. E. beträgt die Bereicherung im erstgenannten Fall eindeutig 1.000 € je Aktie; entsprechend wäre dies die Bemessungsgrundlage der Erbschaft- bzw. Schenkungsteuer.[868]

Daher sind nach hier vertretener Auffassung nachträgliche Wertkorrekturen grundsätzlich unzulässig,[869] wenn der Erwerber von Streubesitzanteilen am Stichtag tatsächlich über die Anteile verfügen konnte und ein den Regeln des Börsenhandels entsprechender Kurs festgestellt wurde. Ursache der beschriebenen Problematik ist

---

865 Vgl. zur Möglichkeit der Umschichtung auch FG Köln vom 23.10.1997 - 9 K 3954/89, EFG, 1998, S. 1603.

866 Von der Berücksichtigung der Vorzugsaktien abgesehen.

867 Vgl. bspw. BÖCKING/NOWAK, FB, 1999, S. 169. Dies wird in Kapitel E.II.26. ausführlich diskutiert.

868 Um die verschiedenen Problematiken nicht zu vermengen, ist die hier geführte Diskussion ohne die Berücksichtigung untertägiger Schwankungen geführt worden.

869 Vgl. dazu auch BFH vom 22.09.1999 - II B 130/97, BFH/NV, 2000, S. 320 m. w. N.

offensichtlich die strikte Unterscheidung zwischen Steuerentstehungszeitpunkt, Bewertungsstichtag und Steuerzahlungszeitpunkt.[870] Die Steuer entsteht regelmäßig mit dem Tod des Erblassers (§ 9 Absatz 1 Nr. 1 ErbStG). Dieser Steuerentstehungszeitpunkt ist gem. § 13 ErbStG auch für den Bewertungsstichtag maßgeblich. Fällig wird die Steuer jedoch frühestens mit der Bekanntgabe des Steuerbescheids, welcher die Steuer festsetzt. Hieraus ergeben sich offensichtlich die gezeigten, mitunter erheblichen, erbschaftsteuerlichen Risiken, wenn die Wertpapiere im Steuerentstehungszeitpunkt zu Höchstkursen geerbt werden, diese jedoch bis zum Steuerzahlungszeitpunkt wesentlich an Wert verlieren.

Hätte der Erwerber in der Zeit zwischen Steuerentstehung und Steuerfestsetzungen grundsätzlich die Möglichkeit einer nachträglichen Wertkorrektur nach unten, würde dies zu dem folgend modellierten Ergebnis führen.

Ohne eine nachträgliche Wertkorrektur ergibt sich das Endvermögen des Steuerpflichtigen zum Zeitpunkt der Steuerzahlung ($V_{ohneKorrektur}$) aus dem Kurs der Aktie[871] zu diesem Zeitpunkt ($K_{Steuerzahlung}$) abzüglich der Steuerzahlung, deren Bemessungsgrundlage der Kurs zum Steuerentstehungszeitpunkt ($K_{Steuerentstehung}$) ist:

[9] $$V_{ohneKorrektur} = K_{Steuerzahlung} - s \cdot K_{Steuerentstehung}.$$

mit:			
	$V_{ohneKorrektur}$	=	Vermögen ohne Wertkorrektur
	$K_{Steuerzahlung}$	=	Kurs zum Steuerzahlungszeitpunkt
	$K_{Steuerentstehung}$	=	Kurs zum Steuerentstehungszeitpunkt
	s	=	Steuersatz

Soll erst der Kurs zum Steuerzahlungszeitpunkt die Bemessungsgrundlage darstellen, ergibt sich:

870 Vgl. zum restlichen Absatz KOBLENZER, ErbStB, 2005, S. 158.

871 Hier wird vereinfacht auf die einzige Aktie abgestellt. Diese könnte selbstverständlich auch eine Vielzahl von Aktien oder ein Depot verschiedenster Wertpapiere repräsentieren.

[10] $$V_{Korrektur} = K_{Steuerzahlung} - s \cdot K_{Steuerzahlung} \Leftrightarrow$$
$$V_{Korrektur} = (1-s) \cdot K_{Steuerzahlung}.$$

mit: $V_{Korrektur}$ = Vermögen mit Wertkorrektur

Die folgende Abbildung 14 zeigt die Endvermögen der beiden Varianten mit und ohne Korrektur, bei einem Kurs im Steuerentstehungszeitpunkt von 100 €, Kursen im Steuerzahlungszeitpunkt zwischen 0 € und 150 € und einem Steuersatz von 30 %:

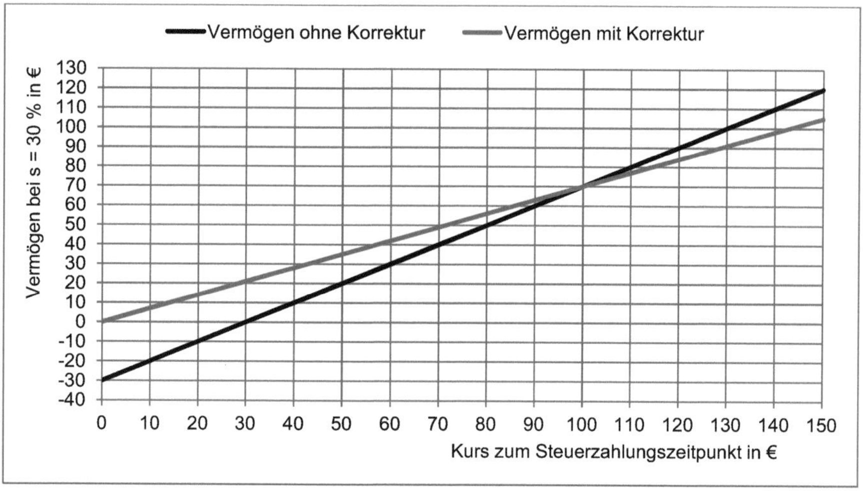

Abbildung 14: Vermögensvergleich bei möglicher Kurskorrektur[872]

Die Graphen schneiden sich erwartungsgemäß beim Kurs zum Steuerentstehungszeitpunkt.[873] Ausgehend von diesem Punkt führen steigende Kurse zu höheren Endvermögen bei der Variante ohne Korrektur, weil hier die Steuerzahlung konstant bleibt und die Wertsteigerung der Aktie voll vereinnahmt werden kann. Dagegen ergeben sich bei der Variante mit Korrektur geringere Werte, weil der Wertzuwachs hier mit dem Fiskus geteilt werden muss. So ergibt sich bspw. bei einem Kurs von

872 Eigene Darstellung.

873 Hier gilt: $K_{Steuerzahlung} = K_{Steuerentstehung} \Rightarrow K_{Steuerzahlung} - s \cdot K_{Steuerentstehung} = K_{Steuerzahlung} - s \cdot K_{Steuerzahlung} \Leftrightarrow V_{ohneKorrektur} = V_{Korrektur}.$

130 € ohne Korrektur ein Endvermögen von 100 €[874], weil die Steuer konstant 30 €[875] beträgt und mit Korrektur ein Endvermögen von lediglich 91 €[876], weil die Steuer hier auf 39 €[877] ansteigt.

Umgekehrt führen sinkende Kurse ohne Korrektur zu niedrigeren und mit Korrektur zu höheren Endvermögen. Dieser Effekt lässt sich unmittelbar an der Steigung der beiden Geraden ablesen. Im Fall ohne Korrektur beträgt diese eben genau 1, weil jede Änderung des Kurses um 1 € zu einer Änderung des Vermögens i. H. v. 1 € führt. Der Achsenabschnitt beim Kurs von 0 € beträgt entsprechend -30 €. Dagegen ist die Gerade, welche die Variante mit Korrektur beschreibt, eine Ursprungsgerade, deren Steigung eben gerade

[11] $$\frac{\partial V_{Korrektur}}{\partial K_{Steuerzahlung}} = 1 - s$$

beträgt. Im vorliegenden Fall ändert sich das Endvermögen bei einer Änderung des Kurses um 1 € nur um 0,70 €. Während die Sensitivität auf den Kursverlauf unterschiedlich stark ist, weisen beide Varianten als wesentliche Eigenschaft ein symmetrisches Chance-Risiko-Profil auf. Das Endvermögen ändert sich bei positiven und negativen Veränderungen des Aktienkurses betragsmäßig in gleicher Höhe.

Mit etwas Wissen über Optionspreistheorie gelingt nun die ökonomische Interpretation einer nachträglichen Korrektur der Bemessungsgrundlage. Hätte der Steuerpflichtige grundsätzlich das Recht zur Bewertung nach dem aktuellen Kurs zu optieren, wählt er zur Maximierung seines Endvermögens das jeweilige Maximum aus den beiden Alternativen:

---

874 130 € - 30 € = 100 €.

875 100 € · 30 % = 30 €.

876 130 € - 130 € · 30 % = 91 €.

877 130 € · 30 % = 39 €.

$$
\begin{aligned}
V_{mitOption} &= \max(V_{ohneKorrektur};V_{Korrektur}) \\
&= \max(K_{Steuerzahlung} - s \cdot K_{Steuerentstehung}; \\
&\quad K_{Steuerzahlung} - s \cdot K_{Steuerzahlung}) \\
&\triangleq \max(-s \cdot K_{Steuerentstehung};-s \cdot K_{Steuerzahlung}) \\
&\triangleq \max(-K_{Steuerentstehung};-K_{Steuerzahlung}) \\
&\triangleq \min(K_{Steuerentstehung};K_{Steuerzahlung}).
\end{aligned}
\tag{12}
$$

mit: $V_{mitOption}$ = Vermögen mit Option zur Wertkorrektur

Das Ergebnis, wonach der Steuerpflichtige den niedrigeren Kurs zur Steuerbemessung heranzieht, ist wenig überraschend. Das Maximierungskalkül [12] ergibt das in Abbildung 15 dargestellte Endvermögen.

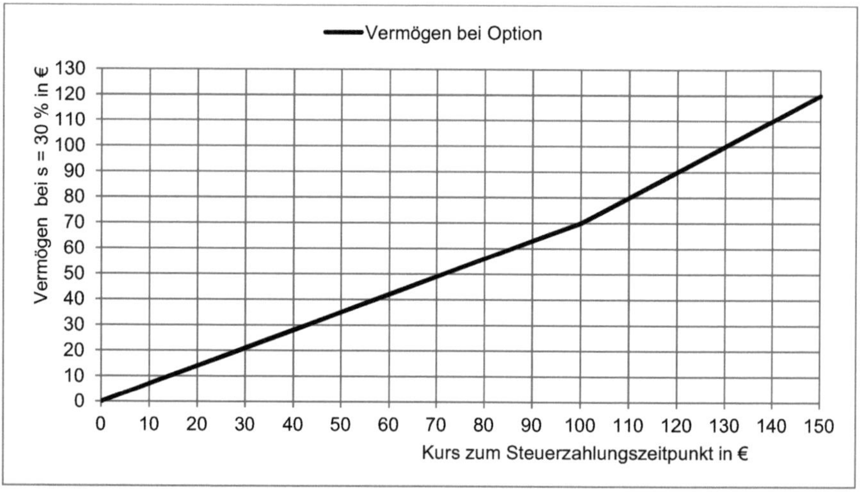

Abbildung 15: Vermögen bei Option[878]

Um den Wert der Option (W_{Option}) zu isolieren, ist daher vom Endvermögen mit Option das Endvermögen ohne Korrektur abzuziehen:

878 Eigene Darstellung.

$$
\begin{aligned}
W_{Option} &= V_{Option} - V_{ohneKorrektur} && \Leftrightarrow \\
W_{Option} &= \max(K_{Steuerzahlung} - s \cdot K_{Steuerentstehung}; \\
&\quad K_{Steuerzahlung} - s \cdot K_{Steuerzahlung}) \\
&\quad -(K_{Steuerzahlung} - s \cdot K_{Steuerentstehung}) && \Leftrightarrow \\
W_{Option} &= \max(K_{Steuerzahlung} - s \cdot K_{Steuerentstehung} \\
&\quad -(K_{Steuerzahlung} - s \cdot K_{Steuerentstehung}); \\
&\quad K_{Steuerzahlung} - s \cdot K_{Steuerzahlung} \\
&\quad -(K_{Steuerzahlung} - s \cdot K_{Steuerentstehung})) && \Leftrightarrow \\
W_{Option} &= \max(0; -s \cdot K_{Steuerzahlung} + s \cdot K_{Steuerentstehung}) && \Leftrightarrow \\
W_{Option} &= \max(0; s \cdot (K_{Steuerentstehung} - K_{Steuerzahlung})).
\end{aligned}
\tag{13}
$$

mit: W_{Option} = Wert der Option

Die Funktion lautet damit

$$
W_{Option}(K_{Steuerzahlung}) = \begin{cases} 0 \\ \text{für } K_{Steuerentstehung} \leq K_{Steuerzahlung} \\ \\ s \cdot (K_{Steuerentstehung} - K_{Steuerzahlung}) \\ \text{für } K_{Steuerentstehung} > K_{Steuerzahlung} \end{cases}
\tag{14}
$$

und ist in Abbildung 16 dargestellt:

Offenbar ähnelt diese dem Erfolgsprofil einer Optionsposition vom Typ „Long Put", also der Position, welche der Käufer einer Verkaufsoption einnimmt. Jedoch unterscheidet sich die Kurve in zwei wesentlichen Punkten. Zunächst ist auffällig, dass die Funktion oberhalb von Kursen i. H. v. 100 € den Wert 0 € annimmt. Dieser tritt bei Erfolgsprofilen von Optionspositionen lediglich an der Gewinnschwelle als Punktwert, jedoch nicht als Minimum auf. Der Grund ist, dass derartige Positionen nicht den Wert der Option zur Fälligkeit, sondern den Erfolg aus dem Optionsgeschäft unter Berücksichtigung der Optionsprämie beschreiben.

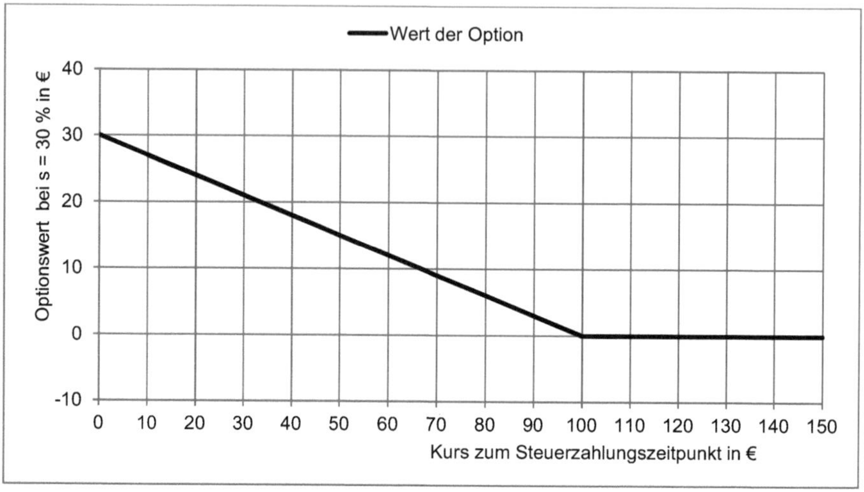

Abbildung 16: Wert der Option[879]

Die Abbildung des Optionswerts zur Fälligkeit kann dort jedoch durch eine einfache Parallelverschiebung der Long-Position um die Höhe der Optionsprämie nach oben erfolgen. Dann ergäbe sich für die „Long-Put"-Position einen der Abbildung 16 in diesem Aspekt übereinstimmenden Graphen. Hier ist jedoch die Gleichsetzung des Erfolgs mit dem Wert der Option unproblematisch, weil der Steuerpflichtige eben kein Entgelt entrichtet; insofern ist die damit zusammenhängende abweichende Diagramm- und Abszissenbezeichnung zulässig und m. E. hier auch aussagekräftiger. Der zweite Unterschied zu den Erfolgsprofilen im Allgemeinen und dem Profil der Abbildung 16 ist die Steigung der Geraden. Während gewöhnlich, wie oben beschrieben, die Steigung immer 0 oder betragsmäßig 1 beträgt, ist hier die besondere Wirkung der Steuer zu berücksichtigen. Während im Intervall $[K_{Steuerfestsetzung};\infty]$ offensichtlich wiederum eine Steigung von 0 erkennbar ist, ergibt sich im Bereich $[0; K_{Steuerfestsetzung}]$ eine absolute Steigung von:

[15] $$\left|\frac{dW_{Option}}{dK_{Steuerfestsetzung}}\right| = s.$$

879 Eigene Darstellung.

Der Steuerpflichtige kann demnach erwartungsgemäß nur in Höhe des Anteils der Besteuerung von der Option profitieren. Im Ergebnis teilt er sich das Risiko eines Wertverlustes mit dem Fiskus. Der eigene Anteil beträgt hierbei $1-s$, während der Fiskus das Restrisiko i. H. v. s trägt und damit offenbar die „Short-Put"-Position einnimmt.

Es lässt sich zusammenfassend feststellen, dass sowohl das strenge Stichtagsprinzip als auch eine Besteuerung zum Steuerzahlungszeitpunkt die ökonomische Position eines Aktienbesitzers zutreffend abbilden würden. Hätte der Steuerpflichtige jedoch das Wahlrecht zum niedrigeren der beiden Werte, kommt er in die für ihn zwar vorteilhafte, jedoch nicht sachgerechte Situation, sich ausgehend vom Bewertungsstichtag an steigenden Kursen zu erfreuen, jedoch das Risiko sinkender Kurse mit dem Fiskus zu teilen.

222. Minimierung des erbschaftsteuerlichen Risikos bei sinkenden Kursen

Wenn bis hierher das strikte Festhalten am Stichtagsprinzip propagiert wurde, geschah dies unter der Bedingung, dass der Steuerpflichtige im Steuerentstehungszeitpunkt über die Aktien verfügen konnte. Wesentlich schwieriger sind Situationen zu beurteilen, in denen dies nicht der Fall ist und der tatsächliche (spätere) Zuwachs an Leistungsfähigkeit deutlich geringer ausfällt. Diese Problematik ergibt sich insbesondere bei Erwerben von Todes wegen und ist umso unerfreulicher, wenn der Steuerpflichtige sogar das Risiko eines Kursverfalls erkennt, jedoch tatsächlich nicht durch einen Verkauf der Wertpapiere reagieren kann.[880] In Praxi wird dies häufig vorkommen, weil die depotführende Bank dem Erben erst nach Vorlage eines Erbscheins die Verfügungsberechtigung über das Wertpapierdepot einräumen wird.[881] Die Erteilung eines Erbscheins kann jedoch bisweilen Monate dauern.[882] In extremen Konstellationen führt dies dazu, dass der verbleibende Wert der Aktien nicht einmal zur Zahlung der Erbschaftsteuer ausreicht.[883] Daher ist zu untersuchen,

[880] Vgl. KOBLENZER, ErbStB, 2005, S. 158.
[881] Vgl. KOBLENZER, ErbStB, 2005, S. 158.
[882] Vgl. KOBLENZER, ErbStB, 2005, S. 158.
[883] Vgl. dazu das Beispiel von KOBLENZER, ErbStB, 2005, S. 158.

welche Möglichkeiten sich dem Steuerpflichtigen zur Abwendung resp. Minimierung dieses besonderen erbschaftsteuerlichen Risikos bieten.

Eine sehr radikale Lösung ist die Ausschlagung der Erbschaft.[884] Diese Option ist natürlich nur dann empfehlenswert, wenn die Erbschaft nicht zur Zahlung der Steuer ausreicht.[885] Wann dies der Fall ist, lässt sich modellhaft beschreiben.[886] Wenn der Steuerpflichtige zwischen den Alternativen der Annahme oder Ausschlagung der Erbschaft steht, ist seine Entscheidungsregel relativ simpel, weil die Alternative der Ausschlagung stets einen Erfolg von null bedeutet. Die Ausschlagung sollte also gewählt werden, wenn die Steuerzahlung nicht mehr durch den Kurs der Aktie am Steuerzahlungszeitpunkt gedeckt ist:

[16]
$$\begin{aligned} V_{Antritt} &< 0 \\ K_{Steuerzahlung} &< s \cdot K_{Steuerentstehung} \\ \frac{K_{Steuerzahlung}}{K_{Steuerentstehung}} &< s. \end{aligned}$$

mit: $V_{Antritt}$ = Vermögen bei Antritt der Erbschaft

Durch eine geeignete Umstellung kann die Entscheidungsregel vom Steuersatz und der prozentualen Wertänderung der Aktie (p) beschrieben werden:

[17]
$$\begin{aligned} p &= \frac{K_{Steuerzahlung}}{K_{Steuerentstehung}} - 1 \quad \Leftrightarrow \\ p + 1 &= \frac{K_{Steuerzahlung}}{K_{Steuerentstehung}} \quad \Rightarrow \\ p + 1 &< s \end{aligned}$$

mit: p = prozentualen Wertänderung der Aktie

[884] Vgl. KOBLENZER, ErbStB, 2005, S. 159, der die Erbausschlagung daher auch zutreffend als ultima ratio bezeichnet.

[885] Vgl. KOBLENZER, ErbStB, 2005, S. 159.

[886] Insofern beschränkt sich die hier vorgenommene Auseinandersetzung auf diese ökonomische Fragestellung. Vgl. weiterführend zur Ausschlagungsfrist und dem Begriff der Kenntnis i. S. v. § 1944 Absatz 2 BGB, KOBLENZER, ErbStB, 2005, S. 159 m. w. N.

Der Graph in Abbildung 17 zeigt die Kombinationen von s und p, bei welchen Indifferenz zwischen Ausschlagung und Annahme besteht.

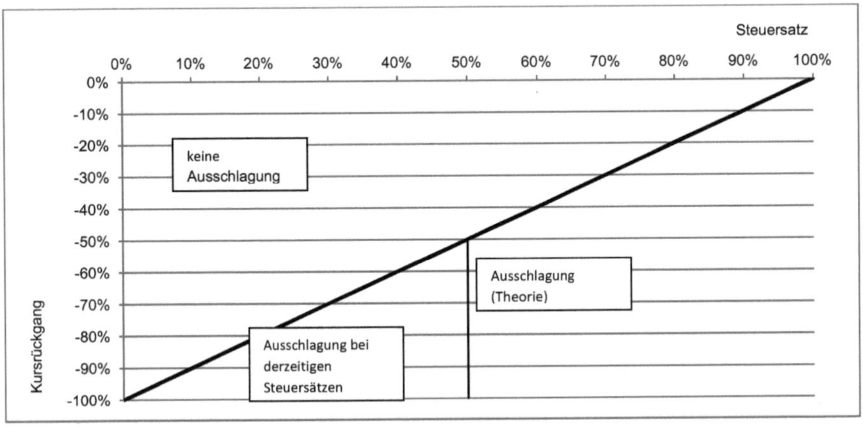

Abbildung 17: Entscheidungsregel zur Ausschlagung[887]

Bei allen Punkten oberhalb der Kurve lohnt sich eine Ausschlagung nicht, während bei den Kombinationen unterhalb die Ausschlagung sinnvoll ist. Das Diagramm stellt alle denkbaren Kombinationen dar, wobei derzeit „lediglich" Steuersätze von bis zu 50 % (§ 19 ErbStG) existieren. Der Bereich einer lohnenden Ausschlagung beschränkt sich damit auf den durch die vertikale Schranke begrenzten dreieckigen Ausschnitt. Die Ausschlagung ist daher nur bei sehr hohen Kursrückgängen und Steuersätzen sinnvoll. Solche Kombinationen werden eher selten vorkommen, zumal die Spitzensteuersätze in den Steuerklassen I und II noch geringer liegen (30 % bzw. 43 %). Daneben ist der Zeitraum des möglichen Kursverfalls begrenzt. Im Ergebnis wird die Ausschlagung der Erbschaft nur in wenigen Extremfällen sinnvoll sein.

Neben der Möglichkeit einer Ausschlagung kommt für den Steuerpflichtigen ein Erlassantrag in Betracht.[888] Nach § 227 AO können Finanzbehörden Ansprüche aus dem Steuerschuldverhältnis ganz oder zum Teil erlassen, wenn deren Einziehung nach Lage des einzelnen Falls unbillig wäre. Die Unbilligkeit kann dabei entweder in der Sache oder in der Person des Steuerschuldners begründet sein. Daher kommen

---

887 Eigene Darstellung.

888 Vgl. KOBLENZER, ErbStB, 2005, S. 159.

sowohl sachliche als auch persönliche Billigkeitsgründe in Betracht.[889] Ein Erlass aus sachlichen Gründen kann nur gewährt werden, wenn die Besteuerung eines Sachverhalts, der unter einen gesetzlichen Tatbestand fällt, im Einzelfall nicht mit dem Sinn und Zweck des Steuergesetzes vereinbar ist und hierdurch ein Überhang des gesetzlichen Tatbestands über die Wertungen des Gesetzgebers entsteht.[890] Fraglich ist daher, ob im hier interessierenden Fall eine solche Zweckverfehlung[891] vorliegt.[892] Keinen Erlass aus sachlichen Billigkeitsgründen rechtfertigen Umstände, die der Gesetzgeber bei Ausgestaltung der Vorschrift bewusst in Kauf genommen hat.[893] Der BFH hat diesbezüglich bisher strikt am Stichtagsprinzip festgehalten.[894] Demnach ist es nicht zweifelhaft, dass ein Wertpapierdepot nach den Verhältnissen am Todestag zu bewerten sei. Wertminderungen oder Wertsteigerungen nach dem Stichtag seien damit bedeutungslos und könnten sowohl zum Vor- als auch zum Nachteil des Steuerpflichtigen wirken.[895] Dies entspricht der hier vertretenen Auffassung jedoch nur insofern, als dass die Verfügung über die Wertpapiere gewährleistet ist. Bedauerlicherweise hat der BFH jedoch auch solche Konstellationen regelmäßig identisch bewertet. Das Stichtagsprinzip gelte auch für die Fälle, bei denen das Verfügungsrecht des Erben beschränkt ist.[896] Speziell wurde dies für eine Verfügungsbeschränkung infolge einer Testamentsvollstreckung entschieden. Der Gesetzgeber hätte trotz Kenntnis dieser Möglichkeit keine abweichende Regelung vorgesehen.[897] Diese Rechtsauffassung wurde von der Finanzverwaltung[898] und der

---

889 Vgl. FRITSCH, in: Pahlke/Koenig (Hrsg.), AO, 2009, § 227 AO, Rz. 13.

890 St. Rspr.; vgl. BFH vom 20.02.1991 - II R 63/88, BStBl. II, 1991, S. 541; BFH vom 25.11.1980 - VII R 17/78, BStBl. II, 1981, S. 204; BFH vom 14.07.1976 - II R 121/71, BStBl. II, 1977, S. 84; zu diesem sog. „Gesetzesüberhang" auch MEINCKE, DStR, 2004, S. 574.

891 Vgl. zum Begriff und weiterführend FRITSCH, in: Pahlke/Koenig (Hrsg.), AO, 2009, § 227 AO, Rz. 18 ff. m. w. N.

892 Vgl. zum folgenden Absatz KOBLENZER, ErbStB, 2005, S. 159 f.

893 St. Rspr.; vgl. BFH vom 05.06.1996 - X R 234/93, BStBl. II, 1996, S. 503; BFH vom 21.02.1991 - R 105/84, BStBl. II, 1991, S. 498; BFH vom 29.08.1991 - V R 78/86, BStBl. II, 1991, S. 906; BFH vom 28.11.1990 - II S 10/90, BFH/NV, 1991, S. 243.

894 St. Rspr.; Vgl. BFH vom 22.09.1999 - II B 130/97, BFH/NV, 2000, S. 320; BFH vom 11.09.1996 - II R 15/93, BStBl. II, 1997, S. 70; BFH vom 27.11.1991 - II R 12/89, BStBl. II, 1992, S. 298; BFH vom 05.06.1991 - II R 80/88, BStBl. II, 1991, S. 725; BFH vom 28.11.1990 - II S 10/90, BFH/NV, 1991, S. 243.

895 Vgl. BFH vom 28.11.1990 - II S 10/90, BFH/NV, 1991, S. 243; BFH vom 06.12.1989 - II B 70/89, BFH/NV, 1990, S. 643.

896 Vgl. BFH vom 22.09.1999 - II B 130/97, BFH/NV, 2000, S. 320.

897 Vgl. BFH vom 28.06.1995 - II R 89/92, BStBl. II, 1995, S. 786.

898 Vgl. OFD Hannover vom 07.03.2003 - S 3811 - 7 - StO 241, ZEV, 2003, S. 161.

Rechtsprechung verschiedener Finanzgerichte übernommen.[899] So hat etwa das FG Kassel entschieden, dass ein Kursrückgang in einer Größenordnung von etwa 15 % keine sachliche Unbilligkeit (hier i. S. v. § 163 AO[900]) begründet.[901]

Nach einer Auffassung im Schrifttum wird durch diese finanzgerichtlichen Entscheidungen die Rechtsprechung des BVerfG nicht hinreichend gewürdigt.[902] Das BVerfG hat bereits im Beschluss vom 22.06.1995 die Erbrechts- und Eigentumsgarantie ausführlich betont. Demnach findet der Spielraum für den steuerlichen Zugriff auf den Erwerb von Todes wegen seine Grenze dort, wo die Steuerpflicht den Erwerber übermäßig belastet und die ihm zugewachsenen Vermögenswerte grundlegend beeinträchtigt.[903] Die Erbschaftsteuerbelastung darf das Vererben aus Sicht eines wirtschaftlich denkenden Eigentümers nicht als ökonomisch sinnlos erscheinen lassen.[904] Die Erbrechtsgarantie des Artikels 14 Absatz 1 Satz 1 GG umfasst daneben nicht lediglich das Recht des Erblassers zu vererben, sondern auch ebenfalls das Recht des Erben, kraft Erbfolge zu erwerben. KOBLENZER betont diesbezüglich die weitergehenden Ausführungen im Beschluss des BVerfG vom 08.04.1997. Hiernach fallen unter den Schutz der Eigentumsgarantie grundsätzlich alle vermögenswerten Rechte, die dem Berechtigten von der Rechtsordnung in der Weise zugeordnet sind, dass er die damit verbundenen Befugnisse nach eigener Entscheidung zu seinem privaten Nutzen ausüben darf.[905] Dabei liegt hier das Augenmerk auf der eigenen Entscheidung des Steuerpflichtigen. Daher könnten in Fällen, bei denen der Erbe den Kursverfall seines ererbten Vermögens mangels tatsächlicher Verfügungsmacht weder durch deren Verkauf noch durch andere Maßnahmen verhindern konnte und die bei korrekter Anwendung des ErbStG festgesetzte Erbschaftsteuer den Erben übermäßig belastet und somit die dem Erben zuwachsenden Vermö-

899 Vgl. FG Kassel vom 03.04.2007 - 1 K 1809/04, EFG, 2007, S. 1534; FG München vom 14.02.2001 - 4 K 153/98, EFG, 2001, S. 769; FG Köln vom 23.10.1997 - 9 K 3954/89, EFG, 1998, S. 1603; FG Rheinland-Pfalz vom 18.09.1997 - 4 K 2824/96, DStRE, 1998, S. 144.

900 Im Unterscheid zum nachträglichen Erlass i. S. v. § 277 AO besteht nach § 163 AO die Möglichkeit, Steuern von vorneherein niedriger festzusetzen.

901 Vgl. FG Kassel vom 03.04.2007 - 1 K 1809/04, EFG, 2007, S. 1534.

902 Vgl. zum folgenden Absatz KOBLENZER, ErbStB, 2005, S. 160 f.

903 Vgl. BVerfG vom 22.06.1995 - 2 BvR 552/91, BStBl. II, 1995, S. 671.

904 Vgl. zuletzt BVerfG vom 30.10.2010 - 1 BvR 3196/09, 1 BvR 3197/09, 1 BvR 3198/09, BFH/NV, 2011, S. 399 mit Verweis auf BVerfG vom 22.06.1995 - 2 BvR 552/91, BStBl. II, 1995, S. 671, welches sich wiederum auf PAPIER, in: Maunz/Dürig (Hrsg.), GG, Loseblatt, Erg.-Lfg. Mai 1994, Artikel 14 GG Rz. 297, bezieht.

905 St. Rspr.; vgl. BVerfG08.04.1997 - 1 BvR 48/94, BVerfGE, S. 267; BVerfG vom 09.01.1991 - 1 BvR 929/89, BVerfGE, S. 201.

genswerte grundlegend beeinträchtigt,[906] sachliche Billigkeitsgründe vorliegen. KOBLENZER empfiehlt den Steuerpflichtigen und seinem Berater in solchen Konstellationen nicht nur den Wertverfall des Depots durch die Beibringung von Unterlagen zu belegen. Vielmehr sei es hier wesentlich, die fehlende Einflussmöglichkeit auf das Depot und die damit einhergehende Hinnahme des Wertverfalls „quasi sehenden Auges“[907] umfassend darzulegen. Ebenso wesentlich sei, dass der Erbe alles in seiner Macht stehende versucht hat, möglichst schnell die Verfügungsmacht über das Depot zu erlangen. Eigenverschuldete Verzögerungen bei der Beantragung des Erbscheins könnten sich demnach nachteilig auswirken. Auch MANNEK hält Ausnahmen aus ähnlich gelagerten Gründen für denkbar.[908] Speziell nennt er die mangelnde Verfügungsmacht aufgrund von Maßnahmen, die außerhalb der Zustimmung von Mitberechtigten liegt, wie z. B. durch die einstweilige Verfügung eines Dritten, der ohne Erfolg Rechte an dem Depot erstreitet. Ebenso wäre ein (Teil-)Erlass der Steuer denkbar, wenn ein solcher Dritter mit der Erstreitung seiner Rechte Erfolg hätte und insofern der Berechtigte zum Stichtag geworden ist. In solchen Konstellationen könne schließlich keine der Parteien den Wert zum Stichtag realisieren.[909] Dies gilt umso mehr für die strenge Orientierung an Verkehrswerten, weil ein wesentliches Argument zu deren Maßgeblichkeit gerade die Möglichkeit zur Realisierung durch Verkauf ist,[910] diese in den hier diskutierten Fällen aber gerade nicht möglich ist.[911] Solche weiterführenden Argumentationen zur möglichen Abweichung vom Börsenkurs sind überzeugend und unterscheiden sich wesentlich von der oben dargestellten Sichtweise, „lediglich“ aufgrund von extremen Kursverlusten die Steuer zu mindern oder nachträglich vom Stichtagswert abzuweichen.

Es kommen neben solchen sachlichen auch persönliche bzw. wirtschaftliche Billigkeitsgründe in Betracht.[912] Diese setzen zum einen die Erlassbedürftigkeit und zum

---

906 Vgl. FG Köln vom 23.10.1997 - 9 K 3954/89, EFG, 1998, S. 1603, dort wurde jedoch aufgrund der Möglichkeit zur Vermögensumschichtung am Stichtagswert festgehalten.

907 KOBLENZER, ErbStB, 2005, S. 160.

908 Vgl. zum Folgenden MANNEK, in: Gürsching/Stenger (Hrsg.), Bewertungsrecht, Loseblatt, Erg.-Lfg. August 2007, § 11 BewG, Rz. 74.

909 Ähnlich auch SCHULTE, FR, 2007, S. 318.

910 Vgl. dazu oben Kapitel C.II.32.

911 Vgl. SCHULTE, FR, 2007, S. 318.

912 Vgl. zum Folgenden KOBLENZER, ErbStB, 2005, S. 160.

anderen die Erlasswürdigkeit des Berechtigten voraus.[913] Erstere liegt vor, wenn die Steuererhebung die wirtschaftliche oder persönliche Existenz des Steuerpflichtigen vernichten oder ernstlich gefährden würde.[914] Hierbei sind die Einkommens- und Vermögensverhältnisse des Steuerpflichtigen erheblich. Er ist grundsätzlich dazu gehalten, seine Steuerschulden durch Einsatz aller verfügbaren Mittel, einschließlich solcher aus der Aufnahme von Krediten, einzusetzen und dementsprechend auch seine Vermögenssubstanz anzugreifen.[915] Die Erlasswürdigkeit knüpft an das Verhalten des Steuerpflichtigen an und ist nicht gegeben, wenn dieses in eindeutiger Weise gegen die Interessen der Allgemeinheit verstößt oder die mangelnde Leistungsfähigkeit des Steuerpflichtigen erst begründet hat.[916] Aufgrund dieser hohen tatbestandlichen Hürden und der in praxi sehr restriktiven Handhabung der Finanzverwaltung kommt ein Erlass nur äußerst selten in Betracht. [917]

Dem folgend sollte der Steuerpflichtige das Problem der Verfügungsbeschränkung und damit einhergehend dem hier diskutierten erbschaftsteuerlichen Risiko des Wertverlustes bereits zu Lebzeiten des Erblassers entgegenwirken. Als Instrumente bieten sich besonders die postmortale Vollmacht und der Vertrag zu Gunsten Dritter (§ 328 Bürgerliches Gesetzbuch - BGB v. 02.01.2002[918]) an.[919]

23. Geringster Wert am Stichtag

231. Maßgeblicher Kurs

Bei Erbschaften und Schenkungen ist der Wert des Vermögens am Schenkungs- resp. Todestag maßgeblich (§ 12 Absatz 2 i. V. m. § 11 i. V. m. § 9 Absatz 1 Nr. 1 ErbStG). Die Bezeichnung dieses Prinzips als Stichtagsprinzip ist für die Wertbe-

---

913 Vgl. FRITSCH, in: Pahlke/Koenig (Hrsg.), AO, 2009, § 227 AO. Rz. 28; LOOSE, in: Tipke/Kruse (Hrsg.), AO, Loseblatt; Erg. Lfg. Februar 2009, § 227 AO, Rz. 86.

914 St. Rspr.; vgl. bspw. BFH vom 26.05.1994 - IV R 51/93, BStBl. II, 1994, S. 833; BFH vom 26.02.1987 - IV R 298/84, 1987, S. 612; BFH vom 29.04.1981 - IV R 23/78, BStBl. II, 1981, S. 726.

915 Vgl. dazu auch weiterführend FRITSCH, in: Pahlke/Koenig (Hrsg.), AO, 2009, § 227 AO. Rz. 29 ff.

916 Vgl. BFH vom 11.03.1988 - III R 236/84, BFH/NV, 1989, S. 432; BFH vom 26.01.1988 - VIII R 151/84, BFH/NV, 1988, S. 695; BFH vom 29.04.1981 - IV R 23/78, BStBl. II, 1981, S. 726; BFH vom 14.11.1957 - IV 418/56 U, BStBl. III, 1958, S. 153; sowie weiterführend FRITSCH, in: Pahlke/Koenig (Hrsg.), AO, 2009, § 227 AO. Rz. 36 ff.

917 Vgl. hierzu auch MEINCKE, DStR, 2004, S. 573.

918 BGBl. I 2002, S. 42, ber. BGBl. I 2002, S. 2909 und BGBl I 2003, S. 738.

919 Vgl. zu diesem Absatz KOBLENZER, ErbStB, 2005, S. 160.

stimmung mittels Börsenkurs jedoch ungenau, weil es hier nicht auf die Verhältnisse eines ganzen Tages, sondern auf die zu einem bestimmten Zeitpunkt ankommt.[920] Denn die Wertpapiere werden „mit dem niedrigsten am Stichtag für sie im regulierten Markt notierten Kurs angesetzt" (§ 11 Absatz 1 Satz 1 BewG). Es vermag zu überraschen, dass diese Festlegung im Schrifttum unterschiedlich interpretiert wird, obwohl der Wortlaut des Gesetzes eigentlich deutlich ist.[921]

Diese unterschiedliche Interpretation liegt in den Usancen des Börsenhandels begründet. Hier ist zwischen Einheitskurs und variablem Kurs zu unterscheiden.[922] Der auch als Kassakurs bezeichnete Einheitskurs ist die Kursfeststellung für Wertpapiere, bei denen es börsentäglich nur einen Kurs gibt.[923] Dieser wird gewöhnlich in der Mitte der Börsensitzung für Aktien mit geringem Handelsvolumen festgesetzt.[924] Solche mit höherem Handelsvolumen können dagegen vom Börsenvorstand zum variablen Handel zugelassen werden.[925] Hierbei erfolgt eine fortlaufende Notierung der Aktie, sodass sich an einem Handelstag zahlreiche verschiedene Kurse bilden. Bei Aktien, die zum variablen Handel zugelassen sind, wird ein Einheitskurs nur dann festgestellt, wenn bis zu dessen Feststellungszeitpunkt kein variabler Kurs gebildet werden konnte.[926] Insgesamt hat der Kassakurs durch den elektronischen Handel[927] und die Reduzierung des Mindestvolumens zur Feststellung von variablen Kursen erheblich an Bedeutung verloren.[928]

Die Frage, welcher Kurs als gemeiner Wert i. S. v. § 11 BewG anzusehen ist, soll zunächst für Aktien, die nur an einer Börse gehandelt werden, erörtert werden. In diesen Fällen erwachsen aus der gesetzlichen Differenzierung, ob die Aktien im regulierten Markt oder im Freiverkehr gehandelt werden, keine Konsequenzen. Wenn

---

920 Vgl. MANNEK, in: Gürsching/Stenger (Hrsg.), Bewertungsrecht, Loseblatt, Erg.-Lfg. August 2007, § 11 BewG, Rz. 36.

921 Vgl. RIEDEL, in: Daragan/Halaczinsky/Riedel (Hrsg.), ErbStG, 2010, § 11 BewG, Rz. 14; JÜLICHER, in: Troll/Gebel/Jülicher (Hrsg.), ErbStG, Loseblatt, Erg.-Lfg. Oktober 2010, § 12 ErbStG, Rz. 272.

922 Vgl. EISELE, in: Rössler/Troll (Hrsg.), BewG, Loseblatt, Erg.-Lfg. Januar 2011, § 11 BewG, Rz. 7.

923 Vgl. LINDER/TIETZ, Börsenlexikon, 2008, Stichwort: Einheitskurs.

924 Vgl. Deutsche Börse Group (Hrsg.), Börsenlexikon, Stichwort: Einheitskurs; RIEDEL, in: Daragan/Halaczinsky/Riedel (Hrsg.), ErbStG, 2010, § 11 BewG, Rz.13.

925 Vgl. EISELE, in: Rössler/Troll (Hrsg.), BewG, Loseblatt, Erg.-Lfg. Januar 2011, § 11 BewG, Rz. 7.

926 Vgl. Deutsche Börse Group (Hrsg.), Börsenlexikon, Stichwort: Einheitskurs.

927 Vgl. JÜLICHER, in: Troll/Gebel/Jülicher (Hrsg.), ErbStG, Loseblatt; Erg.-Lfg. Juli 2009, § 12 ErbStG, Rz. 272.

928 Vgl. Deutsche Börse Group (Hrsg.), Börsenlexikon, Stichwort: Einheitskurs; RIEDEL, in: Daragan/Halaczinsky/Riedel (Hrsg.), ErbStG, 2010, § 11 BewG, Rz. 13.

am Handelstag nur ein Kurs festgestellt wird, erübrigen sich weitergehende Überlegungen. Dies betrifft also nur die Aktien, die nicht zum variablen Handel zugelassen sind, und solche, bei denen tatsächlich nur ein Kurs festgestellt wurde. Fraglich ist nun, welcher Kurs maßgeblich sein soll, wenn mehrere Kurse am Stichtag vorliegen. MANNEK meint, dass mit Rücksicht auf die Gleichbehandlung aller notierten Wertpapiere auch bei Aktien, die zum variablen Handel zugelassen sind, der jeweilige Kassakurs bzw. Einheitskurs maßgeblich ist. Dies solle insbesondere auch dann gelten, wenn variable Notierungen zu einem niedrigeren Kurs vorliegen.[929] Bemerkenswert ist die Begründung, dass variable Kurse nicht zu berücksichtigen seien, weil sie regelmäßig auf größeren Umsätzen beruhen, bei denen die Kurse durch Umstände beeinflusst werden können, die sich auf den Kassakurs und damit auf den Verkauf einer geringeren Menge nicht auswirken würden.[930] Diese Argumentation beruht auf Erlassen der Finanzverwaltung,[931] die m. E. – wenn überhaupt – nur für damalige Verhältnisse Geltung hatten. Heute kann die Begründung größerer Umsätze keinesfalls herhalten, weil die Mindeststückzahl im variablen Handel i. d. R. auf eine Aktie gesenkt wurde.[932] Darüber hinaus ist auch fraglich, warum überhaupt größere Volumina Kurse erzeugen sollen, die weniger geeignet sind, den gemeinen Wert abzubilden; vielmehr ist bei aktivem Handel und größerer Liquidität eher von Kursen auszugehen, die dem gesetzlich gesuchten Wert entsprechen.

Nach anderer Auffassung sollen jedoch auch variable Kurse maßgeblich sein, weil die Bedeutung des Kassakurses erheblich nachgelassen hat.[933] Jedenfalls ist die gesamte Diskussion zumindest bei Aktien an bestimmten Börsenplätzen obsolet, weil der einzig in dieser Hinsicht diskussionswürdige Fall, bei dem ein Einheitskurs neben den Kursen der fortlaufenden Notierung festgestellt wird, hier gar nicht vorkommt. So weist bspw. das ausschnittsweise im Anhang IV gezeigte Amtliche Kursblatt der Börse Hamburg bei Aktien gar keinen Einheits- oder Kassakurs auf. Es besteht also

---

929 Vgl. MANNEK, in: Gürsching/Stenger (Hrsg.), Bewertungsrecht, Loseblatt, Erg.-Lfg. August 2007, § 11 BewG, Rz. 62.

930 Vgl. MANNEK, in: Gürsching/Stenger (Hrsg.), Bewertungsrecht, Loseblatt, Erg.-Lfg. August 2007, § 11 BewG, Rz. 62.

931 Vgl. dazu die Nachweise bei MANNEK, in: Gürsching/Stenger (Hrsg.), Bewertungsrecht, Loseblatt, Erg.-Lfg. August 2007, § 11 BewG, Rz. 62.

932 Vgl. dazu auch die ausschnittsweise Abbildung des Amtlichen Kursblatts der Börse Hamburg im Anhang IV.

933 Vgl. MÖLLMANN, in: Tiedtke (Hrsg.), ErbStG, 2009, § 12 ErbStG, Rz. 71; JÜLICHER, in: Troll/Gebel/Jülicher (Hrsg.), ErbStG, Loseblatt; Erg.-Lfg. Juli 2009, § 12 ErbStG, Rz. 272.

gar nicht die Notwendigkeit, einer Kursart einen Vorzug zu gewähren. Insofern ist – und das sollte bei der Formulierung von § 11 Absatz 1 Satz 1 BewG auch eigentlich unstrittig sein – der niedrigste Kurs am Stichtag der rechtsrichtige gemeine Wert.[934]

Falls eine Aktie an mehreren Börsen im regulierten Markt gehandelt wird, ist dementsprechend der niedrigste Kurs aller Kurse an allen Börsenplätzen heranzuziehen; es ist also unerheblich, ob es sich um einen Einheitskurs oder variablen Kurs handelt.[935] Ist jedoch eine Aktie an einer Börse im regulierten Handel und an einer anderen lediglich im Freiverkehr notiert, greift die vom Gesetzgeber vorgesehene Hierarchie. Es ist daher der niedrigste im regulierten Markt gültige Kurs maßgeblich, auch wenn im Freiverkehr an einer anderen Börse ein niedrigerer Kurs festgestellt wurde.[936]

232. Vorteilhaftigkeit gegenüber nominal bewerteten Vermögensgegenständen

Aus ökonomischer Sicht existiert nicht der Verkehrswert einer Aktie an einem bestimmten Stichtag. Vielmehr existiert lediglich ein Preis zu einem bestimmten Zeitpunkt an einem bestimmten Ort.[937] Daher ergeben sich für einen bestimmten Tag eine Reihe von Preisen, von denen jeder einzelne den Ansprüchen an den gemeinen Wert gerecht wird, weil eben tatsächlich eine Transaktion zu diesem Kurs stattgefunden hat. Die Bandbreite tatsächlich erzielter Preise ist dabei nicht mit der Schätzungsbandbreite aus gedachtem Käufer und Verkäufer vergleichbar. Vielmehr haben sich hier zu jedem einzelnen Kurs unabhängige Dritte mit natürlichem wirtschaftlichem Interessensgegensatz auf einen Preis geeinigt. Insofern erfüllt jeder Preis des Intervalls die Voraussetzung eines Verkehrswerts.

Selbstverständlich führt diese Festlegung zu einer bewertungsrechtlichen Bevorzugung von börsennotierten Aktien im Gegensatz zu Nominalwerten bspw. Geldvermögen, weil sich die gesamte Schwankungsbreite einer Aktie zu Gunsten des Steuerpflichtigen auswirkt. Dies soll hier modellhaft gezeigt werden.

---

934 Im Ergebnis ebenso RIEDEL, GmbHR, 2009, S. 744.

935 Letztere Bemerkung erfasst also lediglich den Fall, bei dem für eine Aktie an einer Börse nur ein Einheitskurs und an einer anderen variable Notierungen vorliegen.

936 Vgl. EISELE, in: Rössler/Troll (Hrsg.), BewG, Loseblatt, Erg.-Lfg. Januar 2011, § 11 BewG, Rz. 9.

937 Der Ort soll dabei folgend keine Berücksichtigung mehr finden.

In der simplen Modellierung möchte ein Erwerber nach einer Schenkung ein möglichst hohes Vermögen erlösen. Als Alternativen stehen die Schenkung von Geldvermögen oder die Schenkung von Aktien zur Verfügung. Das Vermögen nach der steuerpflichtigen Schenkung beträgt demnach:

[18] $$V_G = K_{t=0} - s \cdot K_{t=0}.$$

mit V_G = Vermögen bei Schenkung von Geldvermögen

$K_{t=0}$ = geschenkter Geldbetrag zum Zeitpunkt $t = 0$

Wird das Vermögen zum Kurs von $K_{t=0}$, der hier dem Eröffnungskurs der Börsensitzung am Schenkungstag entspricht, in Aktien investiert, ergibt sich ein abweichendes Vermögen. Es setzt sich aus dem zukünftigen Wert der Aktie, hier dem Schlusskurs am Börsentag, abzüglich der Steuerzahlung auf die Bemessungsgrundlage zusammen. Dabei ist die Bemessungsgrundlage der niedrigste Kurs am Stichtag (K_{min}):

[19] $$V_A = K_{t=1} - s \cdot K_{min}.$$

mit V_A = Vermögen bei Schenkung von Aktien

$K_{t=1}$ = Kurs am Ende des Stichtags

K_{min} = niedrigster Kurs am Stichtag (Steuerbemessungsgrundlage)

Der Vorteil der Variante der Schenkung von Aktien (*A*) ist die Differenz der beiden alternativen Vermögen:

[20]
$$\begin{aligned} A &= V_A - V_G && \Leftrightarrow \\ A &= K_{t=1} - s \cdot K_{min} - (K_{t=0} - s \cdot K_{t=0}) && \Leftrightarrow \\ A &= K_{t=1} - K_{t=0} + s \cdot (K_{t=0} - K_{min}). \end{aligned}$$

mit: A = Vorteil der Variante der Schenkung von Aktien

Offenbar setzt sich der Vor- oder Nachteil aus zwei unsicheren Elementen zusammen. Der erste Summand beschreibt den allgemeinen Vor- oder Nachteil aus der Anlage in Aktien. Der zweite beschreibt den Vor- oder Nachteil aus der im Gegensatz zum Geldvermögen veränderten Bemessungsgrundlage. Natürlich lassen sich weder der Schlusskurs noch der minimale Kurs am Folgetag bestimmen. In der Optionspreistheorie bildet man diese Problematik durch stochastische Prozesse ab.[938] Der Kurs einer Aktie folgt einem zufälligen Pfad; er vollzieht einen sog. Random Walk. In seiner einfachsten Form, also einer Modellierung ohne einen sog. Drift, ist der Erwartungswert für den zukünftigen Kurs der aktuelle Kurs.[939] Damit würde der erste Summand im Mittel verschwinden. Diese symmetrische Bewegung vorausgesetzt, ist auch der durchschnittliche Unterschiedsbetrag im zweiten Summanden gedanklich zu erschließen. Er entspricht genau der Hälfte des Intervalls aller möglichen Tageskurse. Wesentlich ist natürlich, dass es sich hierbei eben nicht um ein deterministisches Ergebnis, sondern um das „durchschnittliche“ Ergebnis handelt. Die Schenkung von Aktien statt Geldvermögen ist jedenfalls theoretisch vorteilhaft.

233. Berücksichtigung von Kursen mit Zusätzen und Hinweisen

Kursfeststellungen an der Börse erfolgen im Allgemeinen ohne weitere Kommentierungen. Jedoch existieren verschiedenste Hinweise zu Kursen, wenn kein Umsatz zum festgestellten Kurs zustande kam.[940] Hiervon zu unterscheiden sind die Kurszusätze, welche weitere Informationen zu Kursen liefern, die tatsächlich zustande gekommen sind.[941] Letztgenannte sind dabei wohl unstrittig als Wertmaßstab i. S. v. § 11 Absatz 1 BewG geeignet. Ob jedoch Kurse mit Kurshinweisen zur Feststellung des gemeinen Werts herangezogen werden dürfen, ist im Schrifttum umstritten. Die Diskussion erstreckt sich dabei insbesondere auf die wesentlichsten Kurshinweise G, B und T. Beim Geldkurs (G) besteht zum jeweiligen Kurs Nachfrage, jedoch kein

938 Vgl. dazu bspw. HULL, Optionen, 2010, S. 326 ff.

939 Vgl. allgemein zu dieser sog. Martingaleigenschaft HULL, Optionen, 2010, S. 763 ff.

940 Vgl. dazu § 33 II der Börsenordnung für die Frankfurter Wertpapierbörse vom 02.09.2002 (BörsO), der insgesamt elf verschiedene Kurszusätze nennt.

941 Vgl. dazu § 33 I der BörsO, der insgesamt acht verschiedene Kurszusätze nennt. Bspw. steht der Zusatz „bB“ für bezahlt Brief und besagt, dass die zum festgestellten Kurs limitierten Verkaufsaufträge nicht vollständig ausgeführt wurden und dementsprechend ein weiteres Angebot besteht.

Angebot. Umgekehrt dazu existiert bei einem Briefkurs (B) nur Angebot, jedoch keine Nachfrage nach der Aktie. Die Taxe (T) ist ein durch den Makler entsprechend der mutmaßlichen Marktlage geschätzter Kurs.[942]

Diesbezüglich hat der BFH entschieden, dass ein im Kursblatt einer Börse veröffentlichter Kurs mit dem Hinweis G die Anforderungen des § 11 Absatz 1 BewG erfüllt und somit einen Kurs i. S. dieser Vorschrift darstellt.[943] Das Gericht führt hierzu überzeugend aus, dass das Gesetz einen Kurs und nicht einen Börsenpreis, welcher in § 28 BörsenG als Preis, der während der Börsenzeit an einer Börse festgestellt wird, definiert ist, voraussetzt. Daher sind insbesondere auch Kurse mit den verschiedenen Zusätzen und Hinweisen maßgeblich. M. E. ist diese Auffassung zutreffend. Der Gesetzgeber hätte leicht auf den sogar legaldefinierten Börsenpreis abstellen können. Er hat sich aber dazu entschieden, jede Art von Kurs als rechtsrichtigen gemeinen Wert anzuerkennen. Damit kann sich sowohl der Steuerpflichtige als auch die Finanzverwaltung auf alle an der Börse festgestellten Kurse berufen.

Einer ökonomischen Interpretation hält diese Sichtweise dagegen nicht vollumfänglich stand. Vielmehr ist hier nach den verschiedenen Zusätzen zu unterscheiden. In o. g. Entscheidung hatte der BFH einen Kurs mit dem Hinweis G für geeignet erklärt. Diese Beurteilung ist m. E. vollkommen unstrittig, weil eben genau dieser angibt, dass Nachfrage zum jeweiligen Kurs bestanden hat. Dieser Preis wäre also bei einer Veräußerung tatsächlich zu erzielen gewesen. Ganz im Gegenteil dazu kann beim Hinweis B gerade eben der veröffentlichte Kurs nicht erreicht werden, weil kein anderer Marktteilnehmer bereit war, diesen Preis zu bezahlen. Auch der taxierte Kurs lässt letztlich offen, ob eine Veräußerung zu diesem tatsächlich möglich gewesen wäre. Insofern ist MANNEK[944] aus ökonomischer Sicht zuzustimmen. Hieraus kann jedoch mit Blick auf die oben vorgenommene Argumentation m. E. nicht darauf geschlossen werden, dass Brief- und Tax-Kurse allein deshalb nicht zulässig sein

---

942 Vgl. hierzu MANNEK, in: Gürsching/Stenger (Hrsg.), Bewertungsrecht, Loseblatt, Erg.-Lfg. August 2007, § 11 BewG, Rz. 63 sowie zu allen Erklärungen § 33 II BörsO.

943 Vgl. BFH vom 21.02.1990 - II R 78/86, BStBl. II, 1990, S. 490. Im zugrunde liegenden Fall wurde nicht über einen Stichtagskurs i. S. v. § 11 Absatz 1 S. 1 BewG, sondern über einen Kurs innerhalb des 30-Tage-Zeitraums von § 11 Absatz 1 S. 2 BewG entschieden. Dies ist im hier diskutierten Kontext jedoch irrelevant.

944 Vgl. MANNEK, in: Gürsching/Stenger (Hrsg.), Bewertungsrecht, Loseblatt, Erg.-Lfg. August 2007, § 11 BewG, Rz. 63.

sollen.[945] Vielmehr spricht die oben geäußerte grundsätzliche Überlegenheit des Börsenkurses auch gerade für die Berücksichtigung von Kursen mit Kurshinweisen. Sie stellen trotz des fehlenden Umsatzes m. E. immer noch die geeignetste Schätzung für den gemeinen Wert dar, was wiederum im Wesentlichen an den weitaus unsichereren Alternativen liegt.

24. Wertableitung nicht notierter Aktien aus notierten Stücken

241. Aktien einer notierten Gesellschaft gleicher Gattung

In der bisherigen Untersuchung wurde nach der oben vorgenommenen Einschränkung auf eigenkapitalverbriefende Wertpapiere die Bewertung börsennotierter Aktien betrachtet. Hier ist zu diskutieren, ob aus dem Preis notierter Anteile einer Gesellschaft auf den gemeinen Wert nicht notierter Anteile derselben Gesellschaft geschlossen werden kann. Diese Wertableitung aus dem Börsenkurs ist jedoch kein Tatbestand von § 11 Absatz 1 BewG, weil dieser nur börsennotierte Anteile betrachtet. Vielmehr handelt es sich um eine Wertableitung nach dem dortigen Absatz 2 Satz 2.[946] Aufgrund der weitgehenden Ähnlichkeit wird diese jedoch hier im Kontext des Börsenkurses erörtert.

Grundlage der Wertableitung von nicht notierten Anteilen aus dem Börsenkurs notierter Anteile bildet ein BFH-Urteil aus dem Jahr 1972.[947] Das Gericht hatte entschieden, dass bei einer Familiengesellschaft, bei welcher ein nicht unerheblicher Teil der Aktien zum Börsenhandel zugelassen ist, auch die nicht notierten Aktien mit dem Börsenkurs zu bewerten sind.[948] Insbesondere soll also keine Ableitung des Werts, sondern eine schlichte Übernahme erfolgen. In dem vom Gericht entschiedenen Fall mag diese Kursübernahme gerechtfertigt sein, weil auch die nicht notierten Anteile im Gesellschafterkreis regelmäßig zum Börsenkurs der notierten Stücke gehandelt wurden. Eine generelle Übernahme des Kurses für die nicht notierten Stücke ist jedoch kritisch zu sehen. Da diese Kritik letztlich auch die Wertableitung

---

945 So aber MANNEK, in: Gürsching/Stenger (Hrsg.), Bewertungsrecht, Loseblatt, Erg.-Lfg. August 2007, § 11 BewG, Rz. 63.

946 Vgl. BFH vom 25.08.1972 - III R 33/71, BStBl. II, 1973, S. 46.

947 Vgl. BFH vom 25.08.1972 - III R 33/71, BStBl. II, 1973, S. 46.

948 Vgl. BFH vom 25.08.1972 - III R 33/71, BStBl. II, 1973, S. 46; BFH vom 09.03.1994 - II R 39/90, BStBl. II, 1994, S. 394.

aus Kursen anderer Gattungen betrifft, bietet es sich an, zunächst diese Problematik zu betrachten.

242. Aktien einer notierten Gesellschaft anderer Gattungen

Sofern eine Aktiengesellschaft verschiedene Aktiengattungen emittiert hat und diese alle börsennotiert sind, ergeben sich keine Besonderheiten; selbstverständlich wäre stets der Kurs gem. § 11 Absatz 1 BewG der zu bewertenden Gattung maßgeblich.

Eine andere Fragestellung ergibt sich, wenn aus Börsenkursen notierter Anteile der gemeine Wert nicht notierter Anteile abgeleitet werden soll. Hierbei handelt es sich wiederum um einen Tatbestand des § 11 Absatz 2 Satz 2 BewG.[949] Verschiedenen BFH-Urteilen[950] folgend, schreibt die Finanzverwaltung in R B 11.1 Absatz 4 ErbStR 2011 vor, dass bei jungen Aktien und Vorzugsaktien, die nicht an der Börse eingeführt sind, eine Wertableitung aus den börsennotierten Stammaktien (Satz 1) und bei nicht notierten Stammaktien eine Wertableitung aus jungen Aktien oder Vorzügen zu erfolgen hat (Satz 2). Damit hat der Erlassgeber die in praxi wesentlichsten Fälle[951] geregelt, auf welche sich auch die vorliegende Untersuchung beschränkt.[952]

Grundvoraussetzung für die Bewertung von nicht notierten Anteilen durch eine Wertableitung aus notierten Anteilen ist offensichtlich, dass es sich hierbei um Anteile von ein und derselben Gesellschaft handelt.[953] Tatsächlich war diesbezüglich eine Entscheidung des BFH notwendig, welche eine Wertableitung aus Börsenkursen eines Unternehmens derselben Branche als unzulässig ansah,[954] was m. E. aufgrund der Nichtberücksichtigung der individuellen Verhältnisse der zu bewertenden Gesellschaft auch vollkommen unstrittig sein sollte. Aus bewertungstheoreti-

949 Vgl. MÖLLMANN, in: Tiedtke (Hrsg.), ErbStG, 2009, § 11 BewG, Rz. 70; GECK, in: Kapp/Ebeling (Hrsg.), ErbStG, Loseblatt § 12 ErbStG, Rz. 116; MANNEK, in: Gürsching/Stenger (Hrsg.), Bewertungsrecht, Loseblatt, Erg.-Lfg. August 2007, § 11 BewG, Rz. 77, äußern diesbezüglich formale Bedenken.

950 Vgl. BFH vom 09.03.1994 - II R 39/90, BStBl. II, 1994, S. 394; BFH vom 21.04.1999 - II R 87/97, BStBl. II, 1999, S. 810.

951 Vgl. RIEDEL, in: Daragan/Halaczinsky/Riedel (Hrsg.), ErbStG, 2010, § 11 BewG, Rz. 20.

952 Vgl. zu anderen Wertpapieren und Gattungen bspw. die ausführliche Kommentierung von MANNEK, in: Gürsching/Stenger (Hrsg.), Bewertungsrecht, Loseblatt; § 11 BewG, insbesondere Rz. 75 ff.

953 Vgl. RIEDEL, in: Daragan/Halaczinsky/Riedel (Hrsg.), ErbStG, 2010, § 11 BewG, Rz. 20.

954 Vgl. BFH vom 12.12.1975 - III R 30/74, BStBl. II, 1976, S. 238; ähnlich BFH vom 14.10.1966 - III 281/63, BStBl. III, 1967, S. 82.

scher Sicht ist jedoch zu bedenken, dass auch Multiplikatorverfahren keinen wesentlich anderen Ansatz verfolgen.

Wenn unterschiedliche Aktiengattungen existieren, sind diese naturgemäß regelmäßig unterschiedlich ausgestaltet, weil nur Aktien mit gleichen Rechten eine Gattung bilden (§ 11 Satz 2 AktG). So verbriefen Stammaktien regelmäßig ein Stimmrecht, während Vorzugsaktien dieses Recht nicht verbriefen können (§ 12 Absatz 1 Satz 2 AktG) und als Gegenleistung eben andere Vorzüge, wie etwa eine erhöhte Dividendenberechtigung, aufweisen. Es ist wohl unstrittig, dass aus solch unterschiedlichen Ausstattungen in aller Regel unterschiedliche Werte resultieren.[955] Dem begegnet der Erlassgeber mit der schlichten wie m. E. sinnvollen Anweisung, diese unterschiedliche Ausstattung durch Zu- oder Abschläge zu berücksichtigen (R B 11.1 Absatz 4 Satz 3 ErbStR 2011). Letztlich wäre jeder Versuch, die Höhe solcher Zu- bzw. Abschläge zu bestimmen resp. einzugrenzen, zum Scheitern verurteilt. So wurde bspw. eine ehemalige Verwaltungsanweisung, welche die Wertableitung durch einen Auf- bzw. Abschlag i. H. d. dreifachen Dividendenunterschiedes ohne wertmindernde Berücksichtigung des fehlenden Stimmrechts bestimmte,[956] durch verfeinerte Methoden ersetzt. Die aus ökonomischer Perspektive nicht völlig abwegige nachfolgende Erlassregelung sah vor, den Wertunterschied von Stämmen und Vorzügen aus den durchschnittlichen Wertunterschieden dieser Gattungen abzuleiten.[957] Hierzu hatte die Finanzverwaltung aus den Kurswerten von Gesellschaften, von denen sowohl Stamm- als auch Vorzugsaktien an der Börse gehandelt wurden, deren durchschnittliche Wertabweichung ermittelt und entsprechende Auf- und Abschläge zur Wertableitung berechnet. Hierbei kamen abhängig vom Jahr, in welchem der Bewertungsstichtag lag, Abschläge für die Ableitung des Werts von Vorzugsaktien aus börsennotierten Stämmen zwischen 10 % und 30 % und Aufschläge für die Ableitung des Werts von Stammaktien aus börsennotierten Vorzügen

955 Selbstverständlich können verschiedene Aktiengattungen auch die gleichen Preise aufweisen. Dies wird aber wohl eher zufällige als systematische Gründe haben. Vielmehr lassen sich sowohl Beispiele finden, in denen der Wert von Stämmen höher als der von Vorzügen ist, und auch solche, bei denen die Vorzüge regelmäßig über den Stämmen notieren.

956 Vgl. dazu BINZ/SORG, DStR, 1994, S. 993.

957 Vgl. FinMin. Saarland vom 09.05.1994 - B/V – 376/94 – S 3263, DStR, 1994, S. 861; FinMin. Baden-Württemberg vom 24.08.1998, DStR, 1998, S. 1473; zu den möglichen Ursachen solcher Wertunterschiede BINZ/SORG, DStR, 1994, S. 995 ff.

zwischen 13 % und 24 % zur Anwendung.[958] Letztlich konnte diese Regelung jedoch der finanzgerichtlichen Überprüfung nicht standhalten. Zwar hatte das FG München dieses Verfahren für sachgerecht erachtetet;[959] der BFH folgte dem jedoch nicht. Nach dessen m. E. zutreffender Auffassung vernachlässige diese Methode die konkreten Ausstattungsunterschiede der Aktiengattungen im Einzelfall und die konkreten Verhältnisse der Gesellschaft.[960]

Die Wertableitung aus Kursen anderer notierter Gattungen wird durch solche Rechtsprechung nicht vereinfacht. Ökonomisch sollte jedoch unstrittig sein, dass – ausgehend von der hier vertretenen hervorragenden Eignung des Börsenkurses als gemeinen Wert – der Preis einer anderen Aktiengattung desselben Unternehmens für die Bewertung nicht unerheblich sein kann. Wenn Bewerten – wie dargelegt – heißt, durch einen Vergleich zu einer Schätzung zu gelangen,[961] ist der Vergleich verschiedener Anteilsgattungen ein und derselben Gesellschaft vollkommen naheliegend. Vergleicht man diese Möglichkeit der Wertbestimmung mit dem Fall, in denen gar kein Marktpreis vorliegt, ist sie trotz aller damit verbundenen Probleme m. E. insbesondere aufgrund der hier eingeschränkten – im Gegensatz zur sonst vorherrschenden –Unsicherheitsproblematik, ein gangbarer Weg für die Ableitung des gemeinen Werts. Dies gilt meiner Meinung nach umso mehr, als dass der Gesetzgeber nun Bewertungsmethoden, die im Wesentlichen auch auf einfach(st)en Vergleichsüberlegungen basieren, zur Ermittlung des gemeinen Werts zulässt.[962] Letztlich ist es nicht begründbar, warum etwa ein aus Durchschnittswerten ermittelter Umsatzmultiplikator bspw. zur Bewertung von freiberuflichen Praxen für irgendeine bestimmte Praxis weniger fehleranfällig sein soll als die Wertableitung aus einer anderen, auf funktionierenden Märkten bepreisten Anteilsgattung desselben Unternehmens. Insofern ist diese vom BFH grundsätzlich tolerierte und weiterhin von der Finanzverwaltung angeordnete Wertableitung – auch aus dem Blickwinkel der

958 Vgl. FinMin. Saarland vom 09.05.1994 - B/V – 376/94 – S 3263, DStR, 1994, S. 861; FinMin. Baden-Württemberg vom 24.08.1998, DStR, 1998, S. 1473.

959 Vgl. FG München vom 23.09.1997 - 7 K 4/95, EFG, 1998.

960 Vgl. BFH vom 21.04.1999 - II R 87/97, BStBl. II, 1999, S. 810 und weiterführend MANNEK, in: Gürsching/Stenger (Hrsg.), Bewertungsrecht, Loseblatt, Erg.-Lfg. August 2007, § 11 BewG, Rz. 91. Dem folgend verzichtete die Finanzverwaltung auf die Festlegung bestimmter Zu- und Abschläge; vgl. FinMin. Baden-Württemberg vom 19.04.2000 - S 3263–2, DStR, 2000, S. 822 f.; FinMin. Schleswig-Holstein vom 15.02.2000 - VI 316 – S 3263 – 077, DStR, 2000, S. 429.

961 Vgl. JONAS, WPg, 2007, S. 835.

962 Vgl. zu den Multiplikatormethoden Kapitel E.V.3.

Steuergerechtigkeit[963] – vertretbar. Insbesondere die in den Verwaltungsanweisungen unterlassene Anordnung bestimmter Zu- bzw. Abschläge oder von Wertgrenzen (bspw. in der Form, dass der Preis von notierten Vorzügen den Mindestpreis nicht notierter Stämme darstellt), wird der schwierigen Bewertungsproblematik gerecht. Wie im folgenden Kapitel E.II.25 diskutiert wird, sollten bei der Ableitung aus Börsenkursen jedoch nicht nur Unterschiede, die sich aufgrund der abweichenden rechtlichen Ausstattung ergeben, Berücksichtigung finden. Darüber hinaus wird in Einzelfällen die bloße Wertableitung aus notierten Stücken anderer Gattung jedoch keine sachgerechten Ergebnisse liefern können. Hier hätte der Steuerpflichtige begründet darzulegen, warum die Wertableitung aus diesem zeitnahen Verkauf nicht zulässig sein soll.[964]

Auch bei sog. jungen Aktien, die nicht selbst an der Börse notiert sind, soll gem. R B 11.1 Absatz 4 Satz 1 ErbStR 2011 eine Ableitung aus dem Kurs notierter Stammaktien erfolgen. Selbstverständlich ergeben sich keine Besonderheiten für notierte junge Aktien; diese wären wie andere notierte Aktien zu behandeln und mit dem Stichtagskurs anzusetzen. Obwohl dies nicht ausdrücklich Erwähnung findet, wird die Finanzverwaltung wohl analog dazu auch eine Wertableitung nicht notierter junger Aktien aus (ausschließlich) notierten Vorzugsaktien vornehmen. Zur Wertableitung ist zu unterscheiden, ob die jungen Aktien bereits dividendenberechtigt sind oder nicht.

Soweit sie bereits voll dividendenberechtigt sind, wird die Übernahme des Werts der notierten Aktie gleicher Gattung vorgeschlagen.[965] Demgegenüber wird in einem Erlass des Finanzministeriums Nordrhein-Westfalen ein Abschlag vom Kurs der alten Aktien i. H. v. 10 %, jedoch höchstens 15 %, angeordnet.[966] Zunächst ist fraglich, wann genau, also zu welchem Zeitpunkt überhaupt, junge Aktien nicht börsennotiert sind. Nicht gemeint ist hier der Fall, indem (voll dividendenberechtigte) junge Aktien überhaupt nicht zum Börsenhandel zugelassen werden sollen. Für die Diskussion um die jungen Aktien kann es daher nur um Stücke gehen, welche nach der erfolgten Hauptversammlung noch nicht zum Börsenhandel zugelassen sind. Es ist nun

963 Vgl. MANNEK, in: Gürsching/Stenger (Hrsg.), Bewertungsrecht, Loseblatt, § 11 BewG, Rz. 77.

964 Vgl. dazu Kapitel E.III.

965 Vgl. MANNEK, in: Gürsching/Stenger (Hrsg.), Bewertungsrecht, Loseblatt, § 11 BewG, Erg.-Lfg. August 2007, Rz. 96.

966 Vgl. FinMin. Nordrhein-Westfalen vom 13.03.1987 - S 3259 - 5 - V A 4, DB, 1987, S. 766.

fraglich, welcher der beiden Vorschläge den Verkehrswert der jungen Aktien besser abbildet.

Dies soll hier für den Fall einer Kapitalerhöhung gegen Einlagen (§§ 182 bis 191 AktG), der sog. ordentlichen Kapitalerhöhung[967], überlegt werden. Bei dieser Art der Kapitalerhöhung steht dem Altaktionär, soweit es nicht durch eine Drei-Viertel-Mehrheit der Hauptversammlung ausgeschlossen wird (§ 186 Absatz 3 AktG), ein gesetzliches Bezugsrecht zum Erwerb der jungen Aktien nach § 186 AktG zu. Dieses trägt dem Gedanken Rechnung, dass sich der Anteil des Altaktionärs am Kapital der Gesellschaft verwässern würde, sofern er keine Berechtigung zum Bezug junger Aktien hätte. Er wird dadurch jedoch nicht ökonomisch bevorteilt. Unabhängig davon, ob er an der Kapitalmaßnahme teilnimmt oder nicht, wird die Höhe seines Vermögens unverändert bleiben.[968] Nimmt er – beispielhaft – nicht teil, stellt sich sein Vermögen in Aktien des Unternehmens vor (V_v) und nach (V_n) der Kapitalmaßnahme wie folgt dar:

[21]
$$\begin{aligned} V_v &= V_n \quad \Leftrightarrow \\ a_{alte} \cdot K_{alt} &= a_{alte} \cdot K_{neu} + a_{alte} \cdot BZ. \end{aligned}$$

mit:

V_v	=	Vermögen vor der Kapitalerhöhung
V_n	=	Vermögen nach der Kapitalerhöhung
a_{alte}	=	Anzahl der alten Aktien
K_{alt}	=	Kurs der Aktien vor der Kapitalerhöhung
K_{neu}	=	Kurs der Aktien nach der Kapitalerhöhung
BZ	=	rechnerischer Wert des Bezugsrechts

---

[967] Vgl. bspw. von DRYANDER/NIGGEMANN, in: Hölters (Hrsg.), AktG, 2011, Vorbemerkung zu §§ 182 – 191 AktG, Rz. 1 ff.

[968] Es ändert sich ggf. lediglich die Zusammensetzung seines Gesamtvermögens aus Aktien und Bargeld. Vgl. dazu und zu weiteren Varianten wie etwa der operation blance HERFS, Kapitalerhöhungen, 2001, S. 101 ff.; zu der hier vorgenommenen Ableitung des Bezugsrechtspreis bspw. bereits HAX, zfbf, 1971, S. 157 ff. m. w. N. und ebenfalls HERFS, Kapitalerhöhungen, 2001 , S. 89 ff. m. w. N , der als wesentliche Gültigkeitsprämisse den vollkommenen Kapitalmarkt nennt.

Vor der Kapitalerhöhung ist er Besitzer einer Anzahl von Aktien (a_{alt}) zum alten Preis vor Abtrennung des Bezugsrechts (K_{alt}).[969] Nach der Kapitalerhöhung hält er immer noch seine alten Aktien, die jedoch nun zu einem neuen Kurs (K_{neu}) notieren. Daneben hat er durch die Veräußerung seiner insgesamt a_{alte} Bezugsrechte, die er aufgrund der Nichtteilnahme an der Kapitalerhöhung nicht benötigt, jeweils deren rechnerischen Wert (BZ) erlöst. Der Kurs nach der Kapitalerhöhung wird letztlich wiederum an der Börse durch Angebot und Nachfrage entstehen. Er kann jedoch auch rechnerisch durch die folgende Überlegung „bestimmt" werden. Der Unternehmenswert hat sich durch die Kapitalerhöhung eben genau um das Volumen derselben erhöht. Dieses ergibt sich wiederum aus der Anzahl (a_{junge}) und dem Bezugspreis der jungen Aktien ($K_{Bezugspreis}$). Dieser neue Unternehmenswert wird dabei durch alle, also alte und neue Aktien, repräsentiert:

[22]
$$\begin{aligned} a_{alte} \cdot K_{neu} + a_{junge} \cdot K_{neu} &= a_{alte} \cdot K_{alt} + a_{junge} \cdot K_{Bezugspreis} \quad \Leftrightarrow \\ K_{neu} \cdot (a_{alte} + a_{junge}) &= a_{alle} \cdot K_{alt} + a_{junge} \cdot K_{Bezugspreis} \quad \Leftrightarrow \\ K_{neu} &= \frac{a_{alte} \cdot K_{alt} + a_{junge} \cdot K_{Bezugspreis}}{a_{alte} + a_{junge}}. \end{aligned}$$

mit:

a_{junge} = Anzahl der jungen Aktien

$K_{Bezugspreis}$ = Bezugspreis der jungen Aktien

Setzt man diesen Kurs wiederum in die Relation [21] ein, erhält man nach geeigneter Umstellung bekanntlich den rechnerischen Wert des Bezugsrechts, welches die Differenz aus altem und neuem rechnerischen Aktienkurs darstellt:[970]

[23]
$$BZ = \frac{K_{alt} - K_{Bezugspreis}}{R+1}.$$

969 So deutlich vor allem HAX, zfbf, 1971, S. 158 f.

970 Vgl. zur Umstellung Anhang V.

mit: R = Bezugsverhältnis; $R = \frac{a_{alt}}{a_{junge}}$

Erst mit diesem ökonomischen Hintergrundwissen wird die Beurteilung der beiden Bewertungsvarianten möglich. Vor der Durchführung der Kapitalerhöhung existieren nur Altaktien; insofern wären diese Gegenstand der Bewertung. Nach Ankündigung der Kapitalerhöhung und vor der Abtrennung des Bezugsrechts wird sich der Kurs selbstverständlich auch ändern. Dieser sog. Ankündigungseffekt ist aber für die Bewertung ebenfalls unproblematisch. Erst nach Abtrennung des Bezugsrechts sinkt der Kurs (theoretisch) auf den oben errechneten Wert. Die Altaktien wären also dann zu diesem niedrigeren Kurs zu bewerten. Eine Besteuerungslücke o. Ä. ergibt sich dann freilich aber nicht, weil auch das Bezugsrecht zum Verkehrswert oder der Erlös aus dessen Verkauf als Geldvermögen von der Erbschaft- oder Schenkungsteuer erfasst würde. Nach Ausgabe und vor Börseneinführung der voll dividendenberechtigten jungen Aktien sind diese von ihrer Ausstattung her identisch. Insofern wäre – nach dem bisher Gesagten wiederum im Anschluss an die BFH-Entscheidung aus dem Jahr 1972 – kein Platz für einen Abschlag, weil nach dem oben beschriebenen Prinzip Anteile mit gleichen Rechten auch gleich zu bewerten sind.[971] Von dieser strikten Sichtweise ist jedoch bei der folgenden Diskussion über die Fungibilität abzuweichen.

Bei der Bewertung nicht notierter junger Aktien ohne Dividendenberechtigung ergibt sich selbstverständlich eine grundlegend abweichende Beurteilung. Um die verschiedenen Aspekte nicht zu vermengen, sei die Wertableitung einer jungen Aktie gleicher Gattung diskutiert. Hierzu wurde in der Finanzverwaltung vorgeschlagen, einen (ggf. weiteren) Abschlag i. H. v. 10 % vorzunehmen.[972] Ein solcher pauschaler Abschlag kann naturgemäß nicht zielführend sein. Wenn sich die Aktien nur durch die Dividendenberechtigung unterscheiden, ist auch nur diese entsprechend zu korrigieren. Dementsprechend wäre vom Kurs der notierten Aktie lediglich die erwartete Dividende zu subtrahieren. Insbesondere ist zu jedem Zeitpunkt vor der Dividendenzahlung ein gleich hoher Betrag abzuziehen und nicht etwa eine zeitan-

[971] Vgl. Kapitel E.II.241.
[972] Vgl. RIEDEL, in: Daragan/Halaczinsky/Riedel (Hrsg.), ErbStG, 2010, § 11 BewG, Rz. 21.

teilige Reduzierung vorzunehmen. Dies wird deutlich, wenn man die Bewertungsfrage rund um den Dividendenstichtag diskutiert. Offensichtlich ist, dass beide Varianten nach diesem Tag den gleichen Wert aufweisen, weil sie danach die identischen Rechte verbriefen. Am Tag der Dividendenzahlung wird die alte Aktie eben um die gezahlte Dividende niedriger notieren (sog. Dividendenabschlag); insofern wird deutlich, wie hoch der Kurs ohne Dividendenberechtigung anzusetzen ist. Da der zukünftige Kurs natürlich nicht bekannt, der beste Schätzwert hierfür jedoch stets der aktuelle Kurs ist, lassen sich die jungen Aktien durch die simple Subtraktion der erwarteten Dividende vom aktuellen Kurs der alten notierten Aktien bewerten. Selbstverständlich ist die Dividende eine unbekannte Größe, die letztlich erst durch den Gewinnverwendungsbeschluss am Tag der Hauptversammlung, also i. d. R. einen Tag vor ihrer Zahlung, feststeht. Jedoch lassen sich insbesondere aus Verlautbarungen der Gesellschaft, ihrer bisherigen Dividendenpolitik oder durch frei verfügbare Informationen, wie Analystenschätzungen, Informationen über die zu erwartende Dividende einholen. Dabei wird die Güte der Schätzung sicherlich mit der Nähe zum Tag der Hauptversammlung zunehmen; so wird bspw. die Einladung zur Hauptversammlung, welche spätestens am Tag vorher vorliegt, bereits den Vorschlag des Vorstands zur Gewinnverwendung enthalten. Selbstverständlich ist die Schätzung der zukünftigen Dividende mit Fehlern behaftet; sie ist jedoch hier m. E. angebracht. Zunächst ist die Schätzung der Dividende letztlich auch nicht fehleranfälliger als die Schätzung eines zukünftigen Cash Flows, wie sie regelmäßig in den betriebswirtschaftlichen Kalkülen vorgenommen wird. Daneben ist leicht vorstellbar, dass individuelle Schätzungen bessere Ergebnisse liefern als ein pauschaler Abschlag; gerade wenn man bedenkt, dass oftmals gar keine Dividenden gezahlt werden und Abschläge überhaupt nicht sachgerecht sind. Eine solche individuelle Schätzung sollte aufgrund der offenen Formulierung in R B 11.1 Absatz 4 Satz 3 ErbStR 2011 auch für die Finanzverwaltung möglich sein.

25. Fungibilitätszuschlag

251. Bewertungstheorie, Rechtsprechung und empirische Erkenntnisse

Anders als der im folgenden Kapitel ausführlich zu analysierende Paketzuschlag ist ein Zuschlag für Fungibilität (resp. ein Abschlag für fehlende Fungibilität) auf einen ermittelten Unternehmenswert im steuerlichen Bewertungsrecht nicht vorgesehen. Trotzdem ist hier zu diskutieren, ob (Wert-)Korrekturen durch Fungibilitätszu- oder abschläge sachgerecht sein können. In der Literatur wird diese Thematik insbesondere im Kontext verschiedener Zuschläge auf den Kalkulationszins behandelt. Ein dortiger Fungibilitätszuschlag führt im Ergebnis zu einem Abschlag beim Unternehmenswert; der Zinssatz wird aufgrund fehlender Fungibilität erhöht. Wenn daher folgend von einem Fungibilitätszuschlag die Rede ist, ist im Gegensatz zum Paketzuschlag eine wertmindernde Korrektur gemeint.

In der Bewertungstheorie wird die Berücksichtigung der Fungibilität kontrovers diskutiert.[973] Während Teile der Literatur gänzlich von der Berücksichtigung der fehlenden Handelbarkeit[974] absehen[975] und einer solchen die theoretische Fundierung absprechen,[976] ist für andere bis zu 90 % eines Unternehmenswerts durch Fungibilität erklärbar.[977] Erwartungsgemäß ist die Anwendung von Fungibilitätszuschlägen daher auch in Bewertungspraxis und Rechtsprechung umstritten.[978]

Befürworter der Berücksichtigung von Fungibilitätsaspekten begründen dies insbesondere mit den Äquivalenzprinzipien, einem Wiederverkauf oder drohendem Notverkauf des Unternehmens, vertraglichen Regelungen, welche die Fungibilität einschränken, oder der Liquiditätspräferenztheorie.[979] In diesem Kontext ist besonders die Verfügbarkeitsäquivalenz von Bedeutung. BARTHEL führt beispielhaft aus, dass etwa bei der Veräußerung einer Anleihe der Gegenwert dem Verkäufer (nahezu) unverzüglich zufließt, während es bei einer getroffenen Entscheidung über den Verkauf (nicht notierter) Unternehmensanteile zu verschiedenen mit Kosten verbundenen Verzögerungen kommt. So seien ggf. zunächst Kaufinteressenten zu finden, Berater zu engagieren, eine Due Diligence durchzuführen und operative und/oder

973 Vgl. RÖMHILD, Fungibilität, 2009, S. 1 m. w. N. Die dortige Feststellung, wonach dies „bei der Unternehmensbewertung .. wie kaum ein anderes Thema ... in der Betriebswirtschaftlichen Literatur diskutiert" wird, ist m. E. jedoch nicht zutreffend.

974 Vgl. zu dieser Umschreibung des Begriffs Fungibilität BALLWIESER, Unternehmensbewertung, 2011, S. 105.

975 Vgl. speziell für Abfindungsfälle GESSLER, Expertengespräch, in: Goetzke/Sieben (Hrsg.), Unternehmungsbewertung, 1977, S. 135.

976 Vgl. JAENSCH, Wert, 1966, S. 67.

977 Vgl. zum bisherigen Absatz RÖMHILD, Fungibilität, 2009, S. 2.

978 Vgl. BARTHEL, DB, 2003, S. 1181.

979 Vgl. zu dieser Aufzählung sowie ausführlich BALLWIESER, Unternehmensbewertung, 2011, S. 105 ff. sowie RÖMHILD, Fungibilität, 2009, S. 5 ff.

strategische (Folge-)Entscheidungen zu treffen. Daneben sei dann immer noch nicht sicher, ob und in welcher Form (z. B. ratierlich) der Verkaufserlös beim Verkäufer eingeht.[980] Dies ist unstrittig richtig. Ob jedoch die dortige Schlussfolgerung aus theoretischer Sicht überzeugend ist, scheint zumindest fragwürdig. Demnach soll, um Äquivalent der Erträge aus diesen beiden Eigentumsrechten zu erreichen, im Rahmen der Unternehmensbewertung, insbesondere bei Verwendung der Formel der ewigen Rente, ein besonderer Zuschlag zum Zinssatz – der Fungibilitätszuschlag – notwendig sein. Eine (gleichzeitige) Veränderung des Zahlungsstroms wird abgelehnt.[981] M. E. ist jedenfalls theoretisch die Vorgehensweise, einen etwaigen Verkaufserlös in einem Bewertungskalkül zu erfassen, überzeugender.[982] Dieser ist in der Regel in Höhe und Zuflusszeitpunkt unsicher. Diese Unsicherheit unterscheidet sich jedoch nicht von der gewöhnlichen Unsicherheit zukünftiger Erträge, für die ebenfalls ein laufzeit- und risikoadäquater Zinssatz zu finden ist. Insofern handelt es sich nicht um eine besondere Problematik. Mangelnde Fungibilität ist demnach keine eigenständige Risikoquelle, die einer besonderen Berücksichtigung bedarf. Dementsprechend sieht auch der IDW S 1 seit 2000 keine Unterscheidung in allgemeine und spezielle Unternehmensrisiken mehr vor.[983] Folglich ist die dort früher explizit genannte Fungibilität nicht mehr zu finden.[984]

Auch die Rechtsprechung hat zur Berücksichtigung von Fungibilitätsgesichtspunkten unterschiedliche Ansichten hervorgebracht. Außerhalb des Steuerrechts hat sich bspw. das LG Frankfurt für einen Fungibilitätszuschlag zum Basiszins ausgesprochen, weil die Aktien einer nicht börsennotierten Familien-AG weniger leicht als börsennotierte Anteile zu veräußern seien.[985] Ebenso erkennt der BGH, dass eine eingeschränkte Verfügbarkeit einer Beteiligung als wertmindernd zu berücksichtigen ist.[986] Demgegenüber wird insbesondere bei Abfindungsfällen die wertmindernde Berücksichtigung fehlender Fungibilität verneint, was hier mit der besonderen

980 Vgl. BARTHEL, DB, 2003, S. 1181.
981 Vgl. BARTHEL, DB, 2003, S. 1181.
982 Vgl. zum restlichen Absatz BALLWIESER, Unternehmensbewertung, 2011, S. 111; ähnlich MANDL/RABEL, Unternehmensbewertung, 1997, S. 217.
983 Vgl. IDW (Hrsg.), WPg, 2000, Rz. 96.
984 Vgl. IDW (Hrsg.), WPg, 2000, Rz. 97 nennt noch die Fungibilität; IDW (Hrsg.), WPg, 2005, Rz. 99 sowie IDW (Hrsg.), WPg Supplement, 2008, Rz. 91 verzichten darauf.
985 Vgl. LG Frankfurt vom 08.12.1982 - 3/3 AktE 104/79, AG, 1983, S. 136; zu weiterer Rechtsprechung S. 8 ff.; GROẞFELD, Recht, 2009, Rz. 919 ff.
986 Vgl. BGH vom 11.12.2002 - XII ZR 27/00, NJW, 2003, S. 1396.

Situation gerechtfertigt wird. Demnach ist es treuwidrig, wenn dem unfreiwillig Ausscheidenden der wertmindernde Umstand mangelnder Fungibilität auch noch angelastet wird, obwohl dieser gar keine Veräußerung vorgesehen hatte.[987] Daneben sei ein Erwerber nicht börsennotierter Unternehmen gerade nicht auf Spekulationsgewinne durch Kursschwankungen aus. Vielmehr hoffe er auf Dividendenausschüttungen und Wertsteigerungen des Vermögens durch Bildung stiller Reserven oder Gewinnthesaurierungen.[988]

In der hier vornehmlich interessierenden Finanzrechtsprechung war das Thema Fungibilität selten Gegenstand von Auseinandersetzungen, was auch freilich daran liegt, dass diesbezüglich keine explizite Norm besteht. Jedoch hatte der RFH bereits 1926 die wesentliche Feststellung getroffen, dass der Wert von GmbH-Anteilen „schon durch die schwere Veräußerungsmöglichkeit vermindert ist“[989]. Daneben sind zwei jüngere Entscheidungen des FG München erwähnenswert, welche beide auf demselben Sachverhalt beruhen.[990] Hier interessiert die Bewertung einer besonderen Gattung amerikanischer Aktien. Diese „restricted stocks“, kodifiziert in SEC Rule 144, werden bei einem Börsengang privat platziert und unterliegen einer Veräußerungssperre von einem Jahr. Daneben existieren von der SEC registrierte und damit börsengehandelte Aktien der gleichen Gesellschaft.[991] Ergo unterscheidet beide Varianten nur die unmittelbare Veräußerungsmöglichkeit innerhalb eines Jahres. Es ist daher fraglich, ob allein die fehlende Veräußerungsmöglichkeit einen Abschlag rechtfertigt. Hierzu führt der 11. Senat des FG München aus: „Die fehlende Zulassung von jungen Aktien zum Börsenhandel rechtfertigt bei der Bewertung grundsätzlich einen Abschlag von den an der Börse notierten Kursen des gleichen Unternehmens.“[992] Im selben Sachverhalt, wobei hier um die Stellung einer Sicherheitsleistung zu einer Aussetzung der Vollziehung zu entscheiden war, übernimmt der 4. Senat diese Auffassung. „Sind die erhaltenen Aktien am Stichtag noch nicht zum Börsenhandel zugelassen, so rechtfertigt dieser Umstand einen Abschlag vom

[987] Vgl. LG Dortmund vom 01.04.2004 - 18 AktE 2/03, NZG, 2004, S. 723; dazu auch MÜLLER, JuS, 1974, S. 428; GROßFELD, Recht, 2009, Rz. 920. Ähnlich OLG Köln vom 26.03.1999 - 19 U 108/96, NZG, 1999, S. 1222.

[988] Vgl. LG Dortmund vom 01.04.2004 - 18 AktE 2/03, NZG, 2004, S. 723.

[989] RFH vom 09.02.1926 - I A 142/25, RFHE, 1926, S. 342.

[990] Vgl. FG München vom 05.06.2002 - 11 V 209/02, BeckRS, 2002, 16178; FG München vom 13.09.2002 - 4 V 137/02, EFG, 2003, S. 251.

[991] Vgl. bspw. RÖMHILD, Fungibilität, 2009, S. 10.

[992] FG München vom 05.06.2002 - 11 V 209/02, BeckRS, 2002, 16178.

gemeinen Wert in Höhe von 10 %."[993] Dies sind m. E. bemerkenswerte Entscheidungen, die von weitreichenden ökonomischem Verständnis zeugen. Das (vorläufige) Ergebnis des vorherigen Kapitels ist damit nicht in letzter Konsequenz haltbar. Auch bei vollkommen identischer rechtlicher Ausstattung kann ausschließlich aufgrund der mangelnden Fungibilität ein Wertabschlag gerechtfertigt sein. Eine Übertragung auf noch nicht notierte junge Aktien ist sinnvoll. Insofern ist unter Einbezug der Fungibilität auch die Anweisung der Finanzverwaltung, junge Aktien mit Abschlägen zu bewerten, zu begrüßen.

Unabhängig davon, wie die Bewertungstheorie die Berücksichtigungsfähigkeit der Fungibilität wertet, ist für die bewertungsrechtliche Sichtweise auch gerade durch die mögliche Berücksichtigung marktüblicher Methoden nun mehr denn je gefragt, ob der jeweils maßgebliche Markt die Fungibilität berücksichtigt. Soll der gemeine Wert ermittelt werden, stellt sich schlicht die Frage: Ist der Markt bereit, Fungibilität zu vergüten? Aufschluss hierüber können daher insbesondere empirische Erkenntnisse liefern. Hierbei erweist es sich jedoch als schwierig, geeignete Vergleichsobjekte zu gewinnen. Bspw. lässt sich ein Mehrwert von Fungibilität nicht durch allgemeine Vergleiche von börsennotierten und ähnlichen nicht börsennotierten Gesellschaften, für die etwa aufgrund zeitnaher Transaktionen Preise vorliegen, zeigen. Ein solcher Ansatz ist zum Scheitern verurteilt, weil eben nicht ein und dieselbe Gesellschaft betrachtet wird und insofern regelmäßig auch wertbestimmende Elemente außerhalb der Fungibilität nicht auszuschließen sind; dies gilt auch dann, wenn die Vergleichsgesellschaften entsprechend sorgfältig (etwa nach Branche, Umsatz, Mitarbeiter, etc.) ausgewählt sind.

Daher stellen die bereits oben beschriebenen „restricted stocks“ ein nahezu optimales Betrachtungsobjekt dar. Hier werden von ein und derselben Gesellschaft gleichartige Aktien emittiert, die sich tatsächlich ausschließlich durch ihre Handelbarkeit unterscheiden. Während die bei der SEC registrierten Stücke unmittelbar an der Börse handelbar sind, unterliegen die unter Beschränkung stehenden Aktien („restricted Stocks“) einer Veräußerungssperre von einem Jahr. Danach sind auch sie an der Börse veräußerbar. M. E. ist gerade die Tatsache, dass sich nach Ablauf

[993] FG München vom 13.09.2002 - 4 V 137/02, EFG, 2003, S. 251.

der Frist tatsächlich sämtliche Unterschiede nivellieren, eine ideale Voraussetzung für den Vergleich der anfänglichen Preise dieser Aktien. Wenn sich dann Unterschiede bei den Emissionspreisen feststellen lassen, liegt es nahe, dass sich diese mit der unterschiedlichen Fungibilität erklären lassen.[994] Offenbar liegt es auch in diesen günstigen (Forschungs-)Bedingungen, dass mindestens 16 verschiedene empirische Studien zu dieser Thematik existieren.[995] Tatsächlich weisen diese bei der Emission Preisabschläge zwischen 13 % und 45 % (Mittelwert) bzw. 9 % und 34 % (Median) nach.[996]

Jedoch sollte man solche Ergebnisse generell nicht unreflektiert übernehmen. Auch bezgl. der vorliegenden US-Studien existieren einige Einwände. DAMODARAN macht insbesondere auf drei Probleme aufmerksam.[997] Eines betrifft den geringen Stichprobenumfang bei recht langen Zeiträumen der Studien und den hohen Standardfehlern.[998] Daneben nutzen die meisten Unternehmen das Instrument der restricted stocks gar nicht. Solche, die es in Anspruch nehmen, sind dabei tendenziell kleiner, weisen ein höheres Risiko auf und sind wirtschaftlich weniger gesund als ein durchschnittliches Unternehmen.[999] Drittens, so gibt DAMODARAN zu bedenken, bestünden zwischen den Kapitalgebern, die restricted stocks erhalten, und der Gesellschaft oftmals andere geschäftliche Beziehungen, die den Wertabschlag ggf. rechtfertigen könnten.[1000]

Selbst unter Berücksichtigung dieser Einwände ist eine grundsätzliche wertbestimmende Komponente der Fungibilität m. E. nicht von der Hand zu weisen.[1001] Letztlich ist die Auffassung des FG München überzeugend. Ein Wertabschlag wegen fehlender Fungibilität kann sachgerecht sein. Dies mag insbesondere bei Bewertungskalkülen, die auf der Annahme vollkommener Märkte beruhen, der Fall sein, wenn diese auf Bewertungsobjekte angewendet werden, die eben nicht in vollständigen Märkten

---

994 Vgl. RÖMHILD, Fungibilität, 2009, S. 10.
995 Vgl. RÖMHILD, Fungibilität, 2009, S. 12 m. w. N.
996 Vgl. die Übersicht bei RÖMHILD, Fungibilität, 2009, S. 12.
997 Vgl. DAMODARAN, Marketability and Value, 2005, S. 28 f. bezieht seine Kritik dabei auf drei explizit erwähnte und andere Studien („Other studies“) zu restricted stocks. BALLWIESER, Unternehmensbewertung, 2011, S. 107 teilt diese Kritik.
998 Vgl. DAMODARAN, Marketability and Value, 2005, S. 28 f.
999 Vgl. DAMODARAN, Marketability and Value, 2005, S. 29.
1000 Vgl. DAMODARAN, Marketability and Value, 2005, S. 29.
1001 So im Ergebnis auch DÖRNER, BewP, 2/2009, S. 7.

gehandelt werden. Offensichtlich ergibt sich also ein wesentlicher Bewertungs- resp. Argumentationsspielraum, wenn nicht börsennotierte Unternehmen mit Hilfe von DCF-Verfahren oder aufgrund von unter Zuhilfenahme von Börsenkursen gebildeten Multiplikatoren bewertet werden.

Dass solche Argumentationsspielräume nicht zwangsläufig nur zu niedrigen Bewertungen führen können, zeigt eine Bemerkung von GROßFELD. Er geht davon aus, dass in Einzelfällen fehlende Fungibilität auch wertsteigernd (sic!) wirken kann: nämlich dann, wenn diese vor feindlichen Übernahmen schützt.[1002] Durch eine solche Aussage wird zumindest offensichtlich, dass die Argumentationsspielräume hier erheblich sein können, was wiederum in der unmöglichen Verifizierbarkeit des Unternehmenswerts begründet liegt.

252. Nichtberücksichtigung ungewöhnlicher oder persönlicher Verhältnisse insbesondere Verfügungsbeschränkungen

Der gemeine Wert berücksichtigt nach § 9 Absatz 2 Satz 3 BewG keine ungewöhnlichen oder persönlichen Verhältnisse. In Kapitel D.III.21 wurde bereits festgestellt, dass diese Einschränkung (u. a.) gegen eine rein subjektive Wertermittlung i. S. eines Grenzpreises spricht. In diesem Kapitel erfolgt eine bündige Darstellung dieser generellen Restriktion, bevor anschließend die hier – mit Blick auf die Diskussion zur Fungibilität – besonders bedeutsame Regelung des dortigen Absatzes 3 diskutiert wird.

Mit den ungewöhnlichen oder persönlichen Verhältnissen nach § 9 Absatz 2 Satz 3 BewG sind ausschließlich solche gemeint, die sich im gewöhnlichen Geschäftsverkehr eben nicht preisbeeinflussend auswirken bzw. auswirken würden.[1003] Als ungewöhnliche Verhältnisse definiert das FG Köln Umstände, „mit denen der Verkehr bei Abschätzung des Werts des Wirtschaftsgutes nicht zu rechnen pflegt."[1004] Dies

[1002] Vgl. GROßFELD, Recht, 2009, S. 266 m. w. N.
[1003] Vgl. FG Köln vom 20.12.1994 - 2 K 169/92, EFG, 1995, S. 363; KNITTEL, in: Gürsching/Stenger (Hrsg.), Bewertungsrecht, Loseblatt, Erg.-Lfg. September 2007, § 9 BewG, Rz. 88; KREUTZIGER, in: Kreutziger/Schaffner/Stephany (Hrsg.), BewG, 2009, § 9 BewG, Rz. 15.
[1004] FG Köln vom 29.04.2004 - , EFG, 2004, S. 1368.

können etwa die gesetzwidrige Umgehung von Preisvorschriften (Schwarzmarkt)[1005], unübliche Zahlungsbedingungen[1006] oder ein Erwerb in einem Zwangsvollstreckungsverfahren[1007] sein. Dagegen handelt es sich (natürlich) nicht um ungewöhnliche Verhältnisse, wenn diese für die Allgemeinheit gelten[1008]: so etwa bei Auswirkungen auf die Preisbildung infolge konjunktureller Auf- und Abschwungphasen[1009] oder bei allgemein steigenden Preisen in Zeiten knappen Angebots und steigender Nachfrage.[1010]

Der gemeine Wert darf auch keine persönlichen Verhältnisse berücksichtigen. Dies gilt bereits auch dann, wenn diese bei der Bildung eines Preises, welcher als potentieller gemeiner Wert geprüft wird, zumindest mitentscheidend waren.[1011] Die persönlichen Umstände können dabei sowohl in der Person des Käufers oder der des Verkäufers[1012] als auch in der Beziehung der beiden zueinander begründet sein.[1013] Für die Diskussion über persönliche Umstände, die einen Preis deshalb beeinflussen, weil dieser aufgrund einer persönlichen Beziehung zwischen Käufer und Verkäufer zustande gekommen ist, sei auf die Darstellungen zur Ableitung aus zeitnahen Verkäufen unter fremden Dritten im folgenden Kapitel verwiesen. Als persönlicher Umstand, der in einer der beteiligten Personen begründet liegt, wird etwa eine Notsituation angesehen. Demnach ist ein Preis, welcher sich aufgrund eines Notverkaufs ergibt, nicht für die Wertermittlung relevant.[1014] Daneben ist von persönlichen Verhältnissen auszugehen, wenn der Gegenstand für den Käufer einen

---

1005 Vgl. BFH vom 03.04.1964 - III 293/61, HFR, 1965, S. 453; HALACZINSKY, in: Rössler/Troll (Hrsg.), BewG, Loseblatt, Erg.-Lfg. April 2011, § 9 BewG, Rz. 10; KREUTZIGER, in: Kreutziger/Schaffner/Stephany (Hrsg.), BewG, 2009, § 9 BewG, Rz. 15.

1006 Vgl. dazu KNITTEL, in: Gürsching/Stenger (Hrsg.), Bewertungsrecht, Loseblatt, Erg.-Lfg. September 2007, § 9 BewG, Rz. 90 m. w. N.

1007 Vgl. KREUTZIGER, in: Kreutziger/Schaffner/Stephany (Hrsg.), BewG, 2009, § 9 BewG, Rz. 15.

1008 Vgl. HALACZINSKY, in: Rössler/Troll (Hrsg.), BewG, Loseblatt, Erg.-Lfg. April 2011, § 9 BewG, Rz. 11.

1009 Vgl. dazu KNITTEL, in: Gürsching/Stenger (Hrsg.), Bewertungsrecht, Loseblatt, Erg.-Lfg. September 2007, § 9 BewG, Rz. 89.

1010 Vgl. HALACZINSKY, in: Rössler/Troll (Hrsg.), BewG, Loseblatt, Erg.-Lfg. April 2011, § 9 BewG, Rz. 11.

1011 Vgl. JÜLICHER, in: Troll/Gebel/Jülicher (Hrsg.), ErbStG, Loseblatt, Erg.-Lfg. Juli 2009, § 12 ErbStG, Rz. 71; ähnlich KNITTEL, in: Gürsching/Stenger (Hrsg.), Bewertungsrecht, Loseblatt, Erg.-Lfg. September 2007, § 9 BewG, Rz. 96.

1012 Vgl. BFH vom 08.07.1964 - I 119/63 U, BStBl. III, 1964, S. 561.

1013 Vgl. KREUTZIGER, in: Kreutziger/Schaffner/Stephany (Hrsg.), BewG, 2009, § 9 BewG, Rz. 15.

1014 Vgl. KNITTEL, in: Gürsching/Stenger (Hrsg.), Bewertungsrecht, Loseblatt, Erg.-Lfg. September 2007, § 9 BewG, Rz. 97.

hohen ideellen Wert hat und daher ein unüblich hoher Preis erzielt wird.[1015] Dieser sog. Interessenkauf beruht auf einer besonderen individuellen Interessenlage, wie sie etwa bei dem Kauf eines Objekts zur Vervollständigung einer Sammlung[1016], dem Kauf von Grundbesitz zur Vervollständigung einer wirtschaftlichen Einheit oder zur Vermeidung einer unliebsamen Bebauung vorliegt.[1017]

Nach § 9 Absatz 3 BewG fallen unter nicht berücksichtigungsfähige persönliche Verhältnisse auch Verfügungsbeschränkungen, die in der Person des Steuerpflichtigen oder eines Rechtsvorgängers begründet sind (§ 9 Absatz 3 Satz 1 BewG). Dies gilt insbesondere für Verfügungsbeschränkungen, die auf letztwilligen Anordnungen beruhen (§ 9 Absatz 3 Satz 2 BewG).

Ganz allgemein können Verfügungsbeschränkungen kraft Gesetzes oder aufgrund vertraglicher Vereinbarungen bestehen.[1018] Jedoch sind sie unabhängig von dieser und auch der nicht deckungsgleichen Unterscheidung in absolute und relative Verfügungsbeschränkungen[1019] nicht berücksichtigungsfähig, wenn sie in der Person des Steuerpflichtigen oder eines Rechtsvorgängers begründet sind.[1020] Als gesetzliche Verfügungsbeschränkungen kommen hierbei insbesondere

- die Beschränkungen des Erben bezgl. eines der Testamentsvollstreckung unterliegendem Nachlassgegenstand (§ 2211 BGB),
- die Nachlassverwaltung (§ 1984 BGB),
- die Nachlassverwaltung durch Testamentsvollstrecker (§ 2205 BGB),
- die Anordnung der Zwangsversteigerung bei einem Grundstück (§§ 20, 23 Gesetz über die Zwangsversteigerung und die Zwangsverwaltung - ZVG[1021])

1015 Vgl. KREUTZIGER, in: Kreutziger/Schaffner/Stephany (Hrsg.), BewG, 2009, § 9 BewG, Rz. 15.

1016 Vgl. HALACZINSKY, in: Rössler/Troll (Hrsg.), BewG, Loseblatt, Erg.-Lfg. April 2010, § 9 BewG, Rz. 12.

1017 Vgl. KNITTEL, in: Gürsching/Stenger (Hrsg.), Bewertungsrecht, Loseblatt, Erg.-Lfg. September 2007, § 9 BewG, Rz. 97.

1018 Vgl. HALACZINSKY, in: Rössler/Troll (Hrsg.), BewG, Loseblatt, Erg.-Lfg. April 2010, § 9 BewG, Rz. 28.

1019 Absolute Verfügungsbeschränkungen bestehen kraft Gesetzes gegenüber jedermann. Relative Verfügungsbeschränkungen schränken den Rechteinhaber nur gegenüber einer oder mehreren Personen ein (bspw. Vorerbschaft); sie können sowohl auf dem Gesetz als auch auf vertraglicher Vereinbarung beruhen, so dass im Text diese Unterscheidung gewählt wird. Vgl. dazu HALACZINSKY, in: Rössler/Troll (Hrsg.), BewG, Loseblatt, Erg.-Lfg. April 2010, § 9 BewG, Rz. 28.

1020 Vgl. BFH vom 17.09.1997 - II R 8/96, BFH/NV, 1998, S. 587.

1021 RGBl 1898, S. 713.

- sowie die Beschränkungen des Vorerben (§ 2113 BGB)

in Betracht.[1022] Vertragliche Beschränkungen können insbesondere vertragliche Veräußerungsverbote, vertragliche Verkaufsbeschränkungen und vertragliche Nutzungsbeschränkungen sein.[1023] Daneben finden sich gerade in Gesellschaftsverträgen oftmals dauerhaft wirkende Thesaurierungszwänge und Abfindungsklauseln,[1024] die insbesondere den Abfluss von Liquidität begrenzen.[1025] Für Familienunternehmen ist die freie Veräußerungsmöglichkeit sogar die Ausnahme.[1026] Vielmehr existieren hier i. d. R. gesellschaftsvertragliche Regelungen, welche die Veräußerung nur an Mitglieder des Gesellschafterkreises erlauben.[1027]

Die diesbezügliche BFH-Rechtsprechung entwickelte sich weitgehend restriktiv. Bereits im Jahr 1967 entschied der III. Senat, dass bei der Bewertung von Anteilen einer Familien-GmbH, bei der sich die nahe verwandten Anteilseigner gegenseitige Beschränkungen bei Veräußerung und Vererbung der Anteile auferlegt haben, aus diesem Grunde kein Wertabschlag vorzunehmen sei. Dies gelte insbesondere dann, wenn die am Bewertungsstichtag vorhandenen Gesellschafter den Gesellschaftsvertrag selbst abgeschlossen haben. In diesem Fall könne man nicht von objektiven Umständen, die keine persönlichen Umstände seien, sprechen.[1028] Später konkretisierte der erkennende Senat diese Entscheidung, weil offen geblieben war, ob am Bewertungsstichtag stets noch alle Gründungsgesellschafter beteiligt sein mussten. Er verneinte dies und versagte einen Wertabschlag auch, wenn am Bewertungsstichtag (nur) noch ein oder mehrere Gründungsgesellschafter beteiligt sind und

---

[1022] Vgl. zu dieser Aufzählung Knittel, in: Gürsching/Stenger (Hrsg.), Bewertungsrecht, Loseblatt, Erg.-Lfg. September 2007, § 9 BewG, Rz. 104; ähnlich Halaczinsky, in: Rössler/Troll (Hrsg.), BewG, Loseblatt, Erg.-Lfg. April 2010, § 9 BewG, Rz. 28.

[1023] Vgl. Knittel, in: Gürsching/Stenger (Hrsg.), Bewertungsrecht, Loseblatt, Erg.-Lfg. September 2007, § 9 BewG, Rz. 104.

[1024] Vgl. Eisele, NWB, 2008, S. 1294.

[1025] Vgl. Fechner, FR, 2008, S. 352.

[1026] Vgl. Fechner, FR, 2008, S. 352; ähnlich Schulte, FR, 2008, S. 347.

[1027] Vgl. Fechner, FR, 2008, S. 352; ähnlich Mannek, in: Gürsching/Stenger (Hrsg.), Bewertungsrecht, Loseblatt, Erg.-Lfg. März 2011, § 11 BewG, Rz. 585. Siehe zu dieser Problematik auch die Bemerkungen zur Wertableitung aus zeitnahen Verkäufen in Kapitel E.III.1.

[1028] Vgl. BFH vom 11.07.1967 - III 21/64, BStBl. III, 1960, S. 666.

diese einzeln oder gemeinsam die für eine Änderung des Gesellschaftsvertrags erforderliche Mehrheit hätten.[1029]

Diese Rechtsprechung wurde durch das Urteil vom 17.06.1998 weiterentwickelt.[1030] Der II. Senat entschied hier der bisherigen Rechtsprechung folgend, dass Vereinbarungen zwischen den Gesellschaftern einer GmbH, wonach für die entgeltliche oder unentgeltliche Abtretung von Geschäftsanteilen die Zustimmung der Gesellschafterversammlung erforderlich ist, bei der Ermittlung des gemeinen Werts der Anteile außer Betracht blieben. Er fügte jedoch hinzu, dass es dabei unerheblich sei, ob die Beschränkungen bezgl. der Übertragbarkeit oder Vererbbarkeit der Anteile sowohl dem Grunde als auch der Höhe nach bereits bei der Gründung der Gesellschaft oder erst in einer späteren Vereinbarung zwischen den Gesellschaftern festgelegt worden sind. Solche satzungsgemäß vereinbarten Verfügungsbeschränkungen hätten ihren Geltungsgrund in den mitgliedschaftlichen Rechtsbeziehungen zwischen den Gesellschaftern und der Gesellschaft. Verfügungsbeschränkungen seien daher in der Person des Gesellschafters i. S. des § 9 Absatz 3 Satz 1 BewG begründet, unabhängig davon, ob der jeweilige Gesellschafter die Mitgliedschaft originär oder derivativ erworben hat und wie groß der Umfang der Beteiligung sei.[1031]

Demgegenüber sind Verfügungsbeschränkungen, die nicht in der Person des Steuerpflichtigen oder seines Rechtsvorgängers, sondern im Wirtschaftsgut selbst begründet sind, wertmindernd zu berücksichtigen. Diese Abgrenzung kann mitunter schwierig sein. Dies wird bei der Betrachtung von zwei finanzgerichtlichen Entscheidungen zu den bereits oben erläuterten restricted Stocks deutlich. Offensichtlich unterliegen auch diese Verfügungsbeschränkungen. Trotzdem wurde in den beiden Entscheidungen des FG München überraschenderweise nicht die Anwendbarkeit des § 9 Absatz 3 BewG geprüft. Diesen Weg beschritt jedoch das FG Baden-Württemberg. Im dortigen Fall waren die gem. SEC Rule 144 beschränkten Aktien durch Tausch erworben worden. Der Erwerber hatte sich daneben vertraglich verpflichtet,

---

[1029] Vgl. BFH vom 23.07.1971 - III R 41/70, BStBl. II, 1972, S. 4; dem folgend BFH vom 10.12.1971 - III R 43/70, BStBl. II, 1972, S. 313; BFH vom 24.01.1975 - III R 4/73, BStBl. II, 1975, S. 374; BFH vom 30.03.1994 - II R 101/90, BStBl. II, 1994, S. 503.

[1030] Vgl. dazu auch MANNEK, in: Gürsching/Stenger (Hrsg.), Bewertungsrecht, Loseblatt, Erg.-Lfg. März 2011, § 11 BewG, Rz. 287.

[1031] Vgl. BFH vom 17.06.1998 - II R 46/96, BFH/NV, 1999, S. 17.

die Anteile nicht vor der Börsenzulassung zu veräußern. Das Gericht bemaß den gemeinen Wert dieser nicht börsennotierten und einer einjährigen Veräußerungssperre unterliegenden Aktien nach dem Kurs, den die Börse für die Anteile derselben Gesellschaft notiert.[1032] Einen von der Klägerin geforderten Abschlag auf den Börsenkurs aufgrund der Unveräußerbarkeit sah es als nicht sachgerecht an. Vielmehr handele es sich um eine vertraglich vereinbarte und im Ergebnis von den Vertragsparteien gewollte Verfügungsbeschränkung, die bei entsprechender Anwendung des § 9 Absatz 3 BewG zu keiner Wertminderung führen könne.[1033] Dies sah der BFH anders. Das FG habe die Aktien unter Verletzung von § 9 Absatz 2 und 3 BewG falsch bewertet.[1034] Die Verfügungsbeschränkung beruhe nicht wesentlich auf den vertraglichen Vereinbarungen, sondern auf der US-amerikanischen Rechtslage. Die Beschränkung betreffe die Anteile selbst. Die zusätzliche deklaratorische Verpflichtung, die Anteile nicht zu veräußern, sei unerheblich. Die Restriktionen gründeten damit im Wirtschaftsgut und nicht in der Person des Steuerpflichtigen oder seines Rechtsvorgängers; daher handele es sich nicht um Umstände, die nach § 9 Absatz 2 Satz 3 und Absatz 3 Satz 1 BewG nicht berücksichtigt werden dürfen. Die Prüfung eines Wertabschlags sei daher nachzuholen.[1035] Die Entscheidung des BFH ist m. E. zutreffend. Die Forderung nach Prüfung eines Wertabschlags an das FG macht deutlich, dass ein solcher für den BFH keinesfalls ausgeschlossen ist. Der ökonomische Gehalt der Entscheidung ähnelt daher denen der bemerkenswerten Beschlüsse des FG München bzw. steht diesen zumindest nicht entgegen.

Die allgemeine Nichtberücksichtigung wertmindernder Verfügungsbeschränkungen manifestiert offenbar einen nicht unproblematischen Widerspruch zur allgemeinen Definition des gemeinen Werts, der bekanntlich alle Umstände, die den Preis beeinflussen, zu berücksichtigen hat (§ 9 Absatz 2 Satz 2 BewG), weil Verfügungsbeschränkungen wohl unstrittig preisbeeinflussende Umstände sind.[1036] Jedoch ist auch offensichtlich, dass eine wertmindernde Berücksichtigung der Verfügungsbeschränkung ein erhebliches Gestaltungpotenzial eröffnen würde. Der Übergeber

---

[1032] Vgl. FG Baden-Württemberg vom 22.03.2006 - 12 K 351/04, EFG, 2007, S. 1161.
[1033] Vgl. FG Baden-Württemberg vom 22.03.2006 - 12 K 351/04, EFG, 2007, S. 1161.
[1034] Vgl. BFH vom 28.10.2008 - IX R 96/07, BStBl. II, 2009, S. 45.
[1035] Vgl. BFH vom 28.10.2008 - IX R 96/07, BStBl. II, 2009, S. 45.
[1036] Vgl. KREUTZIGER, in: Kreutziger/Schaffner/Stephany (Hrsg.), BewG, 2009, § 9 BewG, Rz. 15; KNITTEL, in: Gürsching/Stenger (Hrsg.), Bewertungsrecht, Loseblatt, Erg.-Lfg. September 2007, § 9 BewG, Rz. 103.

wäre dann in der Lage, durch Vorgabe von Beschränkungen den Wert des zu übertragenden Wirtschaftsguts gezielt zu verringern.[1037] Es handelt sich daher insgesamt um eine sehr problematische Regelung für den Erwerber,[1038] insbesondere wenn er die Verfügungsbeschränkung nicht beseitigen kann. In diesen Fällen wird eine Steuer auf einen Wert erhoben, den er auch bei Veräußerung des erworbenen Wirtschaftsguts nicht erzielen kann.[1039] Und das gilt, obwohl nach Auffassung des BVerfG nur genau dieser (gemeine) Wert dem aus der Verfassung abgeleiteten Grundsatz der Besteuerung nach der individuellen Leistungsfähigkeit gerecht wird. Andererseits hat sich das BVerfG im maßgeblichen Beschluss nicht zum § 9 Absatz 2 Satz 3 sowie Absatz 3 BewG geäußert. Hierin sieht PILTZ eine verfassungsrechtliche Garantie der Nichtberücksichtigung ungewöhnlicher oder persönlicher Verhältnisse, die jedoch letztlich einen Widerspruch des BVerfG gegen sich selbst darstellt.[1040] Insofern ist es bedauerlich, dass die ErbStR 2011 keinerlei Hinweise zur (Nicht-)Berücksichtigung von Verfügungsbeschränkungen beinhalten.[1041]

26. Paketzuschlag

261. Anwendungsbereich

Falls der gemeine Wert einer Anzahl von Anteilen an einer Kapitalgesellschaft, die einer Person gehören, infolge besonderer Umstände höher ist als der Wert, der sich aufgrund der Kurswerte oder der gemeinen Werte für die einzelnen Anteile insgesamt ergibt, so ist der gemeine Wert der Beteiligung maßgebend (§ 11 Absatz 3 BewG).[1042] Bevor dieser sog. Paketzuschlag[1043] ökonomisch gewürdigt wird, ist zunächst sein Anwendungsbereich zu diskutieren.

1037 Vgl. JÜLICHER, in: Troll/Gebel/Jülicher (Hrsg.), ErbStG, Loseblatt, Erg.-Lfg. Juli 2011, § 12 ErbStG, Rz. 73.

1038 Vgl. JÜLICHER, in: Troll/Gebel/Jülicher (Hrsg.), ErbStG, Loseblatt, Erg.-Lfg. Juli 2009, § 12 ErbStG, Rz. 73.

1039 Vgl. dazu die ausführliche Diskussion über Kursrisiken bei börsennotierten Wertpapieren in Kapitel E.II.222.

1040 Vgl. PILTZ, DStR, 2009, S. 1834; ähnlich auch HÜBNER, Ubg, 2009, S. 4 f.

1041 Vgl. PILTZ, DStR, 2009, S. 1834.

1042 Die Vorschrift bezieht sich nach dem Wortlaut nur auf eine Anzahl von Anteilen. Dies schließt jedoch den Übergang eines einzelnen Anteils, welcher eine entsprechende Beteiligung repräsentiert, mit ein. Vgl. zu diesem wohl unstrittigen Aspekt v. OERTZEN/ZENS, DStR, 2005, S. 1040 f.

1043 Vgl. zum Begriff bspw. OLBRICH, BFuP, 2000, S. 455 m. w. N.; MÖLLMANN, in: Tiedtke (Hrsg.), ErbStG, 2009, § 12 ErbStG, Rz. 76; DIRRIGL, Steuerbemessung, in: Kiesewetter/Niemann (Hrsg.), FS Wagner, 2009, S. B 15.

Die Vorschrift verweist explizit auf Kurswerte von Wertpapieren i. S. v. § 11 Absatz 1 BewG. Daher ist die grundsätzlich mögliche Anwendung bei den hier vorwiegend betrachteten Aktien unstrittig; dementsprechend ist die Analyse des Paketzuschlags in diesem Kapitel verortet. Daneben erfolgt ein Verweis auf gemeine Werte i. S. v. § 11 Absatz 2 BewG. Der Paketzuschlag soll daher nach zutreffender Verwaltungsauffassung also auch bei Wertableitungen aus zeitnahen Verkäufen in Frage kommen (R B 11.6 Absatz 2 Satz 1 ErbStR 2011). Soweit die Wertschätzung mit Hilfe von Ertragswertverfahren oder sonstigen üblichen Methoden erfolgt, ist der Paketzuschlag jedoch – richtigerweise – nur angebracht, wenn die von § 11 Absatz 3 BewG erfassten besonderen Umstände nicht bereits im Bewertungsverfahren berücksichtigt wurden (R B 11.6 Absatz 3 Satz 2 ErbStR 2011). Diese Anweisung stellt eine sinnvolle Erweiterung des durch den BFH aufgestellten Grundsatzes bezgl. der neuen Rechtslage dar. Dieser hatte wiederholt entschieden, dass der Paketzuschlag bei der Ableitung aus Verkäufen nur dann vorzunehmen sei, wenn der dabei erzielte Preis den Beteiligungscharakter nicht berücksichtigt.[1044] Daneben hat die Finanzverwaltung auch den im Gesetz nicht geregelten weiteren Anwendungsbereich festgelegt. Demnach soll bei Wertermittlungen mit Hilfe des vEWV kein Paketzuschlag vorgenommen werden (R B 11.6 Absatz 2 Satz 3 ErbStR 2011); ein Abschlag wegen fehlenden Einflusses auf die Geschäftsleitung käme in diesen Fällen nicht in Betracht (R B 11.6 Absatz 2 Satz 4 ErbStR 2011). Ebenso wenig soll ein Paketzuschlag bei der Ermittlung des Substanzwerts Anwendung finden (R B 11.6 Absatz 3 Satz 5 ErbStR 2011). Die Überlegungen der Anwendbarkeit bezgl. der verschiedenen Wertmaßstäbe und verschiedener Bewertungsverfahren sind Gegenstand von Kapitel E.II.2622.

Diese grundsätzlichen Ausführungen sind jedoch nur zutreffend, wenn der § 11 BewG insgesamt anwendbar ist. Dies wird immer dann der Fall sein, wenn ohne besondere Verweisungsvorschrift eine Bewertung zum gemeinen Wert erfolgen soll oder ein Steuergesetz auf § 11 BewG verweist.[1045] Für Zwecke der Erbschaft- und

---

1044 Vgl. BFH vom 14.11.1980 - III R 81/79, BStBl. II, 1981 S. 351; BFH vom 01.03.2000 - II B 70/99, BFH/NV, 2000.

1045 Daneben wird der gemeine Wert auch dann einschlägig sein, wenn beides nicht zutrifft und keine besonderen Bewertungsvorschriften des Zweiten Teils des BewG gelten. Vgl. zur Prüfreihenfolge zur Anwendung des Bewertungsgesetzes SEER, Steuerarten, in: Tipke/Lang (Hrsg.), Steuerrecht, 2010, § 13, Rz. 10.

Schenkungsteuer ist die Verweisungskette jedoch etwas komplizierter. Die Bewertung von Betriebsvermögen mündet in dem Verweis auf § 11 Absatz 2 BewG und gerade nicht auf § 11 BewG als Ganzes. Daher wird in der Literatur zu Recht in Frage gestellt, ob der Paketzuschlag auch für Anteile an Personengesellschaften anwendbar ist.[1046] Selbstverständlich ist diese Problematik gerade vor der vom Gesetzgeber angestrebten und vom BVerfG geforderten Rechtsformneutralität zu beurteilen.[1047] Obwohl die Fragestellung naheliegt, ist erstaunlich, warum in diesem Zusammenhang – soweit ersichtlich – nicht diskutiert wird, ob der Paketzuschlag für Zwecke der Erbschaft- und Schenkungsteuer auch für Anteile an Kapitalgesellschaften anwendbar ist. Denn mit dem gleichen Argument wie bei der Bewertung von Betriebsvermögen könnte man auch die Anwendung anzweifeln; § 151 BewG verweist für Anteile an Kapitalgesellschaften ebenfalls nur auf den Absatz 2 des § 11 BewG. Einzig die Anwendbarkeit für notierte Wertpapiere ist auch für Zwecke der Erbschaft- und Schenkungsteuer unstrittig, weil § 12 Absatz 1 ErbStG auf die Allgemeinen Vorschriften des BewG verweist; damit ist hier § 11 BewG als Ganzes anwendbar. Die ErbStR 2011 unterteilen strikt zwischen der Bewertung von Anteilen an Kapitalgesellschaften und der von Einzelunternehmen und Personengesellschaften bzw. Anteilen daran. Die Richtlinien äußern sich – wohl auch dieser Gliederung geschuldet – nicht zur Anwendung des Paketzuschlags bei Personengesellschaften. Im Schrifttum wird dessen dortige Berücksichtigung im Ergebnis durch eine entsprechende Interpretation von § 11 Absatz 2 Satz 2 Alternative 1 BewG, also der Wertableitung aus Verkäufen, für sachgerecht erachtet.[1048] Zutreffend ist insofern, dass es sich dort um eine Ableitung und nicht um eine bloße Übernahme der Werte handelt und daher Zu- bzw. Abschläge grundsätzlich denkbar sind.[1049] Dieselbe Argumentation ist selbstverständlich für die Bewertung von Anteilen an Kapitalgesellschaften auch für Zwecke der Erbschaft- und Schenkungsteuer zutreffend.

Fraglich ist darüber hinaus, was besondere Umstände i. S. v. § 11 Absatz 3 BewG sein können. Das Gesetz nennt hierzu beispielhaft eine durch die Höhe der Beteiligung ermöglichte Beherrschung der Kapitalgesellschaft. Da das Gesetz die Beherr-

---

[1046] Vgl. HECHT/v. CÖLLN, BB, 2009, S. 2064.
[1047] Vgl. EISELE, in: Rössler/Troll (Hrsg.), BewG, Loseblatt, Erg.-Lfg. Januar 2011, § 11 BewG, Rz. 50.
[1048] Vgl. HECHT/v. CÖLLN, BB, 2009, S. 2064 f.
[1049] Vgl. HECHT/v. CÖLLN, BB, 2009, S. 2064 f.; EISELE, in: Rössler/Troll (Hrsg.), BewG, Loseblatt, Erg-Lfg. Januar 2011, § 11 BewG, Rz. 50 sowie ausführlich Kapitel E.III.21.

schung der Gesellschaft ausdrücklich als Beispiel nennt, geht der Gesetzgeber davon aus, dass weitere Umstände vorliegen können, welche die Anwendung des Paketzuschlags rechtfertigen.[1050] Der gewählte Begriff der Beherrschung lässt zunächst vermuten, dass eine Beteiligung i. H. v. über 50 % vorliegen muss,[1051] wobei hier mit der Beteiligungshöhe stets der Anteil am stimmberechtigten Kapital gemeint ist.[1052] Jedoch hatte bereits der RFH entschieden, dass eine Beteiligung von 25 % zwar keine Beherrschung, jedoch einen wesentlichen Einfluss ermöglicht.[1053] Diese Auffassung wurde später vom BFH geteilt; ein Paketzuschlag sei bereits bei Beteiligungshöhen ab 25 % gerechtfertigt, weil die Beherrschungsmöglichkeit hierbei regelmäßig zu vermuten sei.[1054] Dementsprechend hat die Finanzverwaltung die maßgebliche Höhe ebenfalls auf 25 % festgesetzt; dabei soll diese auch bei der Übertragung auf mehrere Erben gelten (R B 11.6 Absatz 3 ErbStR 2011). Der Paketzuschlag soll also insbesondere auch dann zur Anwendung kommen, wenn jeder einzelne Erbe nach der quotalen Aufteilung einen Anteil von unter 25 % erwirbt (R B 11.6 Absatz 4 Satz 1 ErbStR 2011).

Die Diskussion über diese Festlegungen bzw. über das Potenzial der Beherrschungsmöglichkeit bei verschiedenen Anteilsgrößen soll in der vorliegenden Untersuchung nicht ausführlich geführt werden.[1055] Bedenklich ist die pauschale Festlegung einer Beteiligungshöhe jedenfalls allemal, insbesondere weil die Vorschrift auch dahingehend zu interpretieren ist, dass die genannten Umstände nicht zwangsläufig zu einem höheren gemeinen Wert des Paktes führen müssen.[1056] Hierzu soll der Hinweis auf die keinesfalls vorhandene Beherrschungsmöglichkeit des Inhabers einer 49 %-Beteiligung einer Zwei-Personen-GmbH genügen.[1057]

1050 Vgl. v. OERTZEN/ZENS, DStR, 2005, S. 1040 und zur hier nicht geführten Diskussion über andere besondere Umstände S. 1043.

1051 Vgl. EISELE, in: Rössler/Troll (Hrsg.), BewG, Loseblatt, Erg-Lfg. Januar 2011, § 11 BewG, Rz. 51.

1052 Vgl. dazu weiterführend v. OERTZEN/ZENS, DStR, 2005, S. 1041 m. w. N, die zutreffend darlegen, dass nur stimmberechtigte Anteile überhaupt erst eine Beherrschung möglich machen können. A. A. PYSZKA, AG, 1997, S. 464, der auch für stimmrechtslose Vorzugsaktien einen Paketzuschlag erwägt.

1053 Vgl. RFH vom 02.10.1941 - III 116/41, RStBl., 1941, S. 845.

1054 Vgl. BFH vom 01.03.2000 - II B 70/99, BFH/NV, 2000, S. 1077.

1055 Vgl. dazu auch die ausführliche Kommentierung und Rechtsprechungsanalyse zum Einfluss auf die Geschäftsführung bei MANNEK, in: Gürsching/Stenger (Hrsg.), Bewertungsrecht, Loseblatt, Erg.-Lfg. August 2007, § 11 BewG, Rz. 306 ff., 425 ff.

1056 Vgl. PYSZKA, AG, 1997, S. 461 f.

1057 Vgl. MANNEK, in: Gürsching/Stenger (Hrsg.), Bewertungsrecht, Loseblatt, Erg.-Lfg. August 2007, § 11 BewG, Rz. 425.

Darüber hinaus ist bei der Übertragung auf mehrere Erben keineswegs davon auszugehen, dass für den einzelnen Erben eine Beherrschung möglich wäre, die einen Paketzuschlag rechtfertigt. M. E. ist gerade bei einer solchen Zersplitterung von Beteiligungen sogar eher von einer Wertminderung auszugehen. Die Summe der Teile erreicht dann gerade eben nicht mehr den Wert der vollständigen ursprünglichen Beteiligung.

262. Ökonomische Würdigung

2621. Mehrwert gegenüber Streubesitz

Voraussetzung zur Anwendung eines Paketzuschlags ist stets, dass der gemeine Wert einer Beteiligung höher ist als die Summe der Kurse der einzelnen dazugehörenden Aktie. Die Formulierung ist insofern unglücklich, da hierzu bereits der gemeine Wert des Aktienpakets bekannt sein müsste. Wenn dies jedoch der Fall wäre, würde sich die Frage nach einem Zuschlag gar nicht stellen, weil dann ohnehin der gemeine Wert des Pakets maßgeblich sein würde.[1058] Hiervon abgesehen ist jedoch offensichtlich, dass der Gesetzgeber das „rechtstatsächlich seit langem bekannt[e], aber betriebswirtschaftlich und juristisch ... noch nicht abschließend aufgearbeitet[e] [Problem], nämlich das Verhältnis zwischen dem Wert des Unternehmens und der Anteile an ihm“[1059] regeln möchte. Zur ökonomischen Analyse des Problems soll zunächst das anschauliche Beispiel von PILTZ herangezogen werden.[1060] Dort soll ein Unternehmen als Ganzes einen bspw. anhand einer Ertragswertmethode ermittelten Wert von 100 aufweisen. Einleuchtend ist dann wohl, dass im Fall von zwei Anteilseignern, bei denen einer 51 %, der andere 49 % hält, die 51 %-Beteiligung isoliert betrachtet einen Preis von mehr als 51 aufweisen wird. Im Beispiel würde ein angenommener Preis von 60 zu einer „wundersamen Vermögensvermehrung“[1061] auf 109 führen, welche jedoch der beobachtbaren Marktpreisbildung entsprechen soll. Diese Behauptung kann mit empirischen Studien gestützt werden. Für den Zeitraum 1982 bis 2000 ermittelt GAUGHAN bei US-amerikanischen Transaktionen Kontrollprä-

[1058] Vgl. zum bisherigen Absatz EISELE, in: Rössler/Troll (Hrsg.), BewG, Loseblatt, Erg.-Lfg. Oktober 2009, § 11 BewG, Rz. 56.
[1059] PILTZ, DStR, 2009, S. 1832; ähnlich auch HÜBNER, DStR, 2009, S. 2582.
[1060] Vgl. dazu PILTZ, DStR, 2009, S. 1832 f.
[1061] PILTZ, DStR, 2009, S. 1832.

mien resp. Paketzuschläge von durchschnittlich rd. 40 %.[1062] Problematisch ist aber, dass Kaufangebote i. S. der Studie gerade eben einen höchst subjektiven Wert darstellen. Wiederum wäre es fraglich, ob und in welcher Höhe die Synergieeffekte des spezifischen Erwerbers oder dessen (vielleicht übertriebenen) positiven Erwartungen, beim Erwerb eines spezifischen Unternehmens bei der steuerlichen Bewertung anderer Unternehmen Berücksichtigung finden sollten. Diese Subjektivität des Paketzuschlags konterkariert damit den Vorteil des Börsenkurses als „objektiven" Marktwert.[1063]

Das Erbschaftsteuerrecht folgt jedenfalls der Markterfahrung von Paketzuschlägen. Dies macht PILTZ anhand der Wertableitung aus Verkäufen deutlich. Falls ein Gesellschafter im genannten Beispiel seine 49 %-Beteiligung für 49 verkauft und innerhalb eines Jahres eine 51 %-Beteiligung desselben Unternehmens vererbet würde, ergäbe sich demnach ein Wert von 51 zzgl. Paketzuschlag. Wird andernfalls die 51 %-Beteiligung innerhalb eines Jahres für 60 veräußert und ist anschließend für Zwecke der Erbschaft- oder Schenkungsteuer ein Anteil von 20 % zu bewerten, ist der Paketzuschlag auch nach Auffassung der Finanzverwaltung (R B 11.2 Absatz 1 Satz 7 ErbStR 2011) heraus zu rechnen. Diese Anweisung resultiert wohl aus der Rechtsprechung des BFH, welcher bei der Bewertung einer 5 %-Beteiligung einen Abschlag vom zeitnah erzielbaren Preis für eine Mehrheitsbeteiligung angeordnet hatte.[1064] Im genannten Beispiel ergibt sich dann ein erbschaftsteuerlicher Wert von 20[1065] und eben nicht von 23,5[1066]. Dieser Auffassung kann man für die Ableitung des gemeinen Werts aus Verkäufen in dem genannten Beispiel durchaus folgen, weil hier tatsächlich eine Situation betrachtet wird, in der Beteiligungen, sprich Pakete, gehandelt werden.

Jedoch ergeben sich für die grundsätzliche Heranziehung eines Paketzuschlags gerade bei börsennotierten Gesellschaften auch nicht von der Hand zu weisende theoretische Einwände. Bisher wurde angenommen, dass mit einer bestimmten

---

1062 Vgl. GAUGHAN, 2002, S. 521; dazu auch BALLWIESER, Unternehmensbewertung, 2011, S. 210 f. m. w. N.

1063 Vgl. MATSCHKE/BRÖSEL, Unternehmensbewertung, 2013, S. 677 f.

1064 Vgl. BFH vom 23.02.1979 - III R 44/77, BStBl. II, 1979, S. 618.

1065 $20 = \frac{60-9}{51} \cdot 20.$

1066 $23{,}5 = \frac{60}{51} \cdot 20.$

Anzahl von Aktien eine Beherrschungsmöglichkeit angenommen wird, die einen Paketzuschlag rechtfertigt. D. h. der Wert der Summe von Anteilen, die zusammen eine Beherrschungsmöglichkeit entfalten, ist höher als die Summe solcher, die diese zusätzliche Eigenschaft nicht tragen. Dieses Axiom hält einer kritischen Betrachtung zunächst stand. Es ist m. E. offensichtlich, dass eine Aktie, der sozusagen als zusätzliche Eigenschaft ein Bruchteil einer Beherrschungsmöglichkeit[1067] anhaftet, einen höheren Nutzen aufweist als eine solche, die diesen Vorteil nicht repräsentiert. Dieser Nutzen wird sich allgemein in einer höherer Wertschätzung und damit höheren Preisen ausdrücken. Insofern entsprechen Paketzuschläge der Generalnorm des § 9 Absatz 2 BewG, weil der Markt den gesellschafterlichen Einfluss auf die Gesellschaft mit einpreist.[1068] Anders gesagt lässt sich zunächst wohl kaum ein Argument vorbringen, warum die Aktie ohne Beherrschungsmöglichkeit mehr wert sein sollte. Diese Sichtweise entspricht weitgehend der zivilrechtlichen Rechtsprechung, wonach der Börsenkurs einen Mindestwert darstellt.[1069] Hierbei wird jedoch m. E. die Preisbildung an der Börse nicht hinreichend berücksichtigt. Der Börsenkurs bildet sich regelmäßig aufgrund von Angebot und Nachfrage des Grenzanbieters bzw. Grenznachfragers.[1070] Daher ist seine Aussagekraft recht begrenzt. Er enthält insbesondere keine Informationen über Mengen und Preise von darüber hinaus gehendem Angebot und darüber hinaus gehender Nachfrage. Um bei der hier untersuchten Bewertungsproblematik zu verbleiben, wäre es sachdienlich, Hinweise zur weiteren Nachfrage auszuwerten, weil der gemeine Wert eben tendenziell eher die Veräußerungsmöglichkeit im Blick hat. Möchte man daher der Forderung nach einem fingierten Verkauf zum Stichtag[1071] nachkommen, ist zunächst lediglich eindeutig, dass weitere Nachfrage stets nur zu geringeren Kursen besteht. Kurz gesagt würde der festgestellte Börsenkurs bei zusätzlichem Angebot regelmäßig sinken. Ein Verkauf von größeren Aktienpakten über die Börse würde damit zu Kursabschlägen füh-

---

1067 Es handelt sich wiederum um das Prinzip: Das Ganze ist mehr als die Summe seiner Teile; wobei es selbstverständlich nicht möglich ist, dieses Mehr sinnvoll auf einzelne Stücke aufzuteilen. Für das vorgestellte Gedankenexperiment ist die Aufteilung jedenfalls unerheblich.

1068 Vgl. HECHT/V. CÖLLN, BB, 2009, S. 2064; EISELE, in: Rössler/Troll (Hrsg.), BewG, Loseblatt, Erg.-Lfg. Januar 2011, § 11 Rz. 50.

1069 Vgl. Kapitel E.II.221.

1070 Vgl. MATSCHKE/BRÖSEL, Unternehmensbewertung, 2013, S. 677.

1071 Vgl. zu dieser Interpretation des § 9 Absatz 2 BewG HENSELMANN, Unternehmensrechnungen, 1999, S. 28.

ren.[1072] Selbstverständlich ist dieser Effekt quantitativ nicht ausreichend genau zu bestimmen. Weitere Analysen z. B. unter Heranziehung des sog. Orderbuchs, in welchem die nachgefragten Mengen zu den jeweiligen Kursen zu entnehmen sind, sind kaum praktikabel. Es kann jedoch angenommen werden, dass bei geringen Handelsvolumina tendenziell höhere Kursabschläge zu verzeichnen wären.[1073] Ebenso kann davon ausgegangen werden, dass die Veräußerung eines Pakets über die Börse bei Gesellschaften mit geringem Streu- und demnach hohem Festbesitz zu tendenziell höheren Kursabschlägen führen würde. Denn bei diesen Gesellschaften wird der Kurs eben regelmäßig durch die Streubesitz haltenden Kleinanleger bestimmt.[1074] Daher ist der Börsenkurs nach hier vertretener Auffassung auch aus ökonomischer Sicht keineswegs eine sichere Wertuntergrenze. Das o. g. Axiom ist nämlich dann nicht gültig, wenn der Aktienkurs tatsächlich für die Gesamtanzahl aller Aktien Gültigkeit besäße. Einen Aufschlag für einzelne Aktien gegenüber (dem entsprechenden Anteil an) einem Aktienpaket könnte bspw. wiederum durch deren höhere Fungibilität erklärt werden; einzelne Stücke sind stets zum Kurs veräußerbar, während Pakete das mitnichten sind. Die Börse ist daher nach hier vertretener Auffassung zwar ein funktionierender Markt für einzelne Aktien, jedoch weniger für ganze Unternehmen oder Beteiligungen (bzw. Aktienpakete),[1075] weil diese i. d. R. nicht über die Börse gehandelt werden.[1076] Dementsprechend sind Börsenkurse für deren Bewertung nur bedingt aussagekräftig.

2622. Berücksichtigung im Rahmen verschiedener Bewertungsmethoden

Obwohl die aufgezeigten, nicht unerheblichen, theoretischen Einwände gegen einen auf Börsenkursen aufbauenden Paketzuschlag bestehen, wird sich dessen Anwendung aufgrund der eindeutigen gesetzlichen Bestimmung nicht vermeiden lassen. Darüber hinaus ist dessen Anwendung bei üblichen Methoden i. S. v. § 11 Absatz 3 BewG denkbar. Daher sind neben den allgemeinen Anwendungsvoraussetzungen

[1072] Vgl. zu diesem Gedanken auch MEINCKE, Nachlassbewertung, in: Wank/Wiedemann (Hrsg.), FS Wiedemann, 2002, S. 108; v. OERTZEN/ZENS, DStR, 2005, S. 1044; SCHULTE, FR, 2007, S.318; MEINCKE, in: Meincke (Hrsg.), ErbStG, 2012, § 12 ErbStG, Rz. 27.

[1073] Vgl. BÖCKING/NOWAK, FB, 2000, S. 20.

[1074] Vgl. PYSZKA, AG, 1997, S. 462.

[1075] Dies korrespondiert mit der oben getätigten Aussage, wonach „der" Wert der VW AG am 28.10.2008 gerade nicht durch die Multiplikation des Kurses mit der Gesamtzahl der Aktien beschrieben werden konnte.

[1076] Vgl. GERLACH, BB, 1996, S. 829.

auch die Vorschriften der ErbStR 2011 bezgl. der Berücksichtigung der Beherrschungsmöglichkeit in den verschiedenen Bewertungsmethoden aus ökonomischer Sicht zu würdigen. Nach R B 11.6 Absatz 2 Satz 2 ErbStR 2011 soll ein Paketzuschlag gerade immer dann geboten sein, wenn das Ertragswertverfahren oder das auch für nichtsteuerliche Zwecke übliche Bewertungsverfahren die in § 11 Absatz 3 BewG genannten Umstände nicht berücksichtigt. Diese Festlegung ist sinnvoll; denn falls die Beherrschungsmöglichkeit bereits im Bewertungsverfahren eingepreist wurde, würde ein zusätzlicher Paketzuschlag zu einer nicht sachgerechten doppelten Erfassung führen.

Daher ist zu untersuchen, in welchen Bewertungsverfahren werterhöhende Umstände, welche durch die Höhe der Beteiligung begründet werden, bereits berücksichtigt werden. PILTZ meint, dass dies bei der Gesamtbewertung von Unternehmen gewöhnlich nicht der Fall ist.[1077] Der Begriff Gesamtbewertung könnte hier missverständlich sein. Gemeint ist damit die Bewertung eines gesamten Unternehmens und nicht nur eines Anteils daran. Es handelt sich also nicht um ein Gesamtbewertungsverfahren im Gegensatz zu einem Einzelbewertungsverfahren. Mit beiden Verfahrensvarianten können im Prinzip sowohl gesamte Unternehmen als auch lediglich Bruchteile davon bewertet werden. PILTZ' Bemerkung ist m. E. nur insofern zutreffend, als dass eine Beherrschungsmöglichkeit nicht *explizit* eingepreist wird. Wenn man jedoch die klassische – also entscheidungsorientierte – Ertragswertmethode betrachtet, ist dort die Möglichkeit der Einflussnahme des Entscheiders sehr wohl zu berücksichtigen. Besonders deutlich macht dies der Beitrag von OLBRICH/HARES/PAULY.[1078] Dort werden, je nachdem, ob ein Unternehmen als Ganzes oder nur Anteile daran vererbt werden, im Rahmen des Ertragswertverfahrens unterschiedliche Vorgehensweisen vorgeschlagen. Falls ein Erbe Alleineigentümer eines Unternehmens wird, „ergibt sich der Wert des Unternehmens in Form der … ‚gewöhnlichen' Berechnung des Zukunftserfolgswerts."[1079] D. h. die gewöhnliche Berechnung des Ertragswerts wird ebenfalls unter der Prämisse vorgenommen, dass ein Wirtschaftssubjekt alleiniger Eigentümer einer Unternehmung wird. Auch wenn die streng subjektive Betrachtung i. S. eines Entscheidungswerts hier abgelehnt

1077 Vgl. PILTZ, Rechtsprechung, 1994, S. 1833.
1078 Vgl. zum Folgenden OLBRICH/HARES/PAULY, DStR, 2010, S. 1250 ff.
1079 OLBRICH/HARES/PAULY, DStR, 2010, S. 1251.

wird,[1080] ist die Annahme, dass der einzige Erwerber die Geschäftspolitik bestimmen kann, natürlich sinnvoll. Ebenso nachvollziehbar ist die Vorgehensweise der Bewertung beim Eintritt des Erben in die Position des Mehrheitsgesellschafters. Hier ergeben sich außer dem verringerten Anteil am Zahlungsstrom keine Abweichungen zur Vorgehensweise beim Alleingesellschafter. Anders ist dies, wenn der Erbe bspw. lediglich einen Anteil von 50 % einer Unternehmung erwirbt. In diesem Fall kann er die Geschicke der Gesellschaft nur mit Hilfe von mindestens einem weiteren Gesellschafter lenken. Geht ein Unternehmen aufgrund fehlender oder entsprechend lautender letztwilliger Verfügung auf mehrere Erben in Gesamthand über, sind ebenfalls stets Kompromisse bezgl. der Geschäftsführung vonnöten. Falls der Erbe lediglich einen Minderheitenanteil erwirbt, ist sein Einfluss auf die Geschäftsführung noch weiter eingeschränkt. Sieht er sich in diesem Fall einem dominanten Mehrheitsgesellschafter oder einer die Anteilsmehrheit haltenden Gesellschaftergruppe gegenüber, ist seine Beteiligung anhand der ihm zustehenden Zuschüsse unter Berücksichtigung der von den Mehrheitsgesellschaftern beschlossenen Geschäftspolitik zu bewerten.

Die Berücksichtigung dieser unterschiedlichen Situationen ist dabei m. E. nicht an die rein subjektive Sichtweise geknüpft. Vielmehr kann man auch im Rahmen der oben gezeigten simulierten Verhandlungssituation oder allgemein bei einem typisierten Erwerber eine entsprechende Berücksichtigung verschiedener Einflussmöglichkeiten vornehmen. Wenn daher bei einer Bewertungsmethode – wie im Ertragswertverfahren – implizit von einem Erwerber des gesamten Unternehmens ausgegangen wird, ist daher m. E. kein Platz für einen (zusätzlichen) Paketzuschlag. Vielmehr wäre dann, obwohl dieser dem Steuerrecht nicht bekannt ist,[1081] sogar ein Abschlag für den nur anteiligen Erwerb eines Unternehmens sachgerecht. Dem obigen Beispiel folgend wäre bei einem nach dem Ertragswertverfahren ermittelten Unternehmenswert von 100 ein Anteil von 50 % daher höchstens 50 wert. Insofern ist die Verwaltungsauffassung zum (Nicht-)Ansatz eines Paketzuschlags im vEWV nachvollziehbar, welche nach MANNEK auf einer ähnlichen Argumentation beruht. Demnach

[1080] Vgl. Kapitel D.III.21.

[1081] Vgl. MANNEK, in: Gürsching/Stenger (Hrsg.), Bewertungsrecht, Loseblatt, Erg.-Lfg. März 2011, § 11 BewG, Rz. 436.

basiere die diesbezügliche „Zurückhaltung der Finanzverwaltung“[1082] im Wesentlichen auf der Überlegung einer rechtsformneutralen Bewertung von Kapitalgesellschaften und Einzelunternehmen.[1083] Zutreffenderweise sieht er bei einer Kapitalgesellschaft mit Alleingesellschafter und einem Einzelunternehmen grundsätzlich keine Bewertungsdifferenzen. Während bei letzterem die Anwendung von § 11 Absatz 3 BewG ausgeschlossen sei, wäre bei der Ableitung aus dem Wert vergleichbarer Kapitalgesellschaften bei der Kapitalgesellschaft mit Alleingesellschafter ein Paketzuschlag in maximaler Höhe erforderlich. Dies erscheine nicht plausibel. Daher verzichte die Finanzverwaltung beim vEWV auf die Anwendung des Paketzuschlags.[1084] Besonders deutlich wurde diese Auffassung der Verwaltung bereits im Bewertungserlass 2009. Demnach sollte auch im vEWV ein Paketzuschlag vorgenommen werden, wenn die in § 11 Absatz 3 BewG genannten Umstände nicht berücksichtigt würden (Abschnitt 7 Absatz 2 Satz 2 Bewertungserlass 2009); in der Regel sei (daher) kein Paketzuschlag vorzunehmen (Abschnitt 7 Absatz 2 Satz 3 Bewertungserlass 2009). Die Finanzverwaltung geht also auch davon aus, dass das vereinfachte Verfahren die Umstände bereits berücksichtigt oder anders ausgedrückt die Bewertung so vornimmt, als wenn das Unternehmen als Ganzes auf einen Erwerber übergeht. Dem folgend ist die noch im Bewertungserlass 2009 genannte Möglichkeit, bei der das vEWV paketzuschlagsbegründende Umstände nicht erfasst, in den ErbStR 2011 nicht mehr vorgesehen. Jedoch wurde die Anweisung, einen Paketzuschlag hier *in der Regel* nicht vorzunehmen (R B 11.6 Absatz 2 Satz 3 ErbStR 2011), unverändert in die ErbStR 2011 übernommen. M. E. ist aber keine Ausnahme hiervon ersichtlich, sodass beim vEWV stets kein Paketzuschlag anzuwenden ist. Der Wert einer Beteiligung ergibt sich daher als quotaler Anteil vom Gesamtunternehmenswert.

Ein Abschlag wegen des fehlenden Einflusses auf die Geschäftsführung wird jedoch beim vEWV in den Richtlinien ausgeschlossen (R B 11.6 Absatz 2 Satz 4 ErbStR

[1082] MANNEK, in: Gürsching/Stenger (Hrsg.), Bewertungsrecht, Loseblatt, Erg.-Lfg. März 2011, § 11 BewG, Rz. 431.

[1083] Vgl. MANNEK, in: Gürsching/Stenger (Hrsg.), Bewertungsrecht, Loseblatt, Erg.-Lfg. März 2011, § 11 BewG, Rz. 431; MANNEK verwendet jedoch nicht die Formulierung „rechtsformneutral“.

[1084] Vgl. MANNEK, in: Gürsching/Stenger (Hrsg.), Bewertungsrecht, Loseblatt, Erg.-Lfg. März 2011, § 11 BewG, Rz. 431.

2011).[1085] Das Problem des Paketzuschlags wird daher aufgrund des eigentlich gebotenen Abschlags nicht in letzter theoretischer Konsequenz gelöst. Wenn das vEWV – wohl auch nach Auffassung der Verwaltung – ein Verfahren ist, welches den Wert eines gesamten Unternehmens auf Grundlage eines Alleininhabers und damit implizit unter Berücksichtigung des Einflusses auf die Geschäftsführung bewertet, wären für kleine Beteiligungen Abschläge vom rechnerischen quotalen Wert gerechtfertigt. Die gesetzliche Regelung bietet jedoch keinen Raum für Abschläge;[1086] allein daher ist die Festlegung in der Richtlinie wenig angreifbar. Daneben sollte auch ohne die unten folgende Untersuchung des vEWV offensichtlich sein, dass der Verzicht auf Zu- und Abschläge für das steuerliche Regelverfahren insofern konsequent ist, da dieses Verfahren insgesamt eben durch wesentliche Vereinfachungen gekennzeichnet ist.

Wenn man das vEWV als schlichtere Variante des Ertragswertverfahrens ansieht, würde man hinsichtlich der Anwendung eines Paketzuschlags prinzipiell die gleichen Rechtsregeln erwarten.[1087] Die Ablehnung eines Paketzuschlags beim vEWV durch die Finanzverwaltung unterstreicht daher m. E. den oben gemachten Vorschlag, auch beim gewöhnlichen Ertragswertverfahren auf den Paketzuschlag zu verzichten. Im Übrigen ergibt sich das Problem der nicht vorgesehenen Abschlagsmöglichkeit bei diesem nicht, weil das Standard-Ertragswertverfahren einen verminderten Einfluss auf die Geschäftsführung entsprechend berücksichtigen würde.

Bei DCF-Verfahren könnte man zunächst annehmen, dass kein Paketzuschlag notwendig ist. Vielmehr könnte argumentiert werden, dass sogar Abschläge vom anteiligen Unternehmenswert vorzunehmen sind, weil ein DCF-Verfahren das Unternehmen als Ganzes bewertet. Jedoch gehen die Verfahren von vollständig diversifizierten Anteilseignern aus.[1088] Aus der Tatsache, dass alle Marktteilnehmer das Marktportfolio halten, folgt aber auch, dass der Anteil eines Einzelnen an irgendeinem Asset niemals größer sein kann als sein Anlagevolumen im Verhältnis zum Anlagevolumen aller Marktteilnehmer. Die Anteilseigner in der DCF-Modellwelt

---

[1085] Vgl. PILTZ, DStR, 2009, S. 1833 mit dem Hinweis auf diese Möglichkeit beim Stuttgarter Verfahren.
[1086] Vgl. bspw. PYSZKA, AG, 1997, S. 464; v. OERTZEN/ZENS, DStR, 2005, S. 1044.
[1087] Vgl. PILTZ, DStR, 2009, S. 1833.
[1088] Vgl. dazu Kapitel E.V.2232.

halten demnach keine nennenswert großen Anteile, sondern allenfalls Streubesitz an Unternehmen. Besonders deutlich wird dies, wenn man überlegt, ob ein Anleger Alleingesellschafter sein kann. Dies ist eben nicht möglich, weil jeder andere Marktteilnehmer im Modell ebenfalls an diesem Unternehmen beteiligt ist bzw. sein muss. Insofern wäre es zumindest theoretisch wohl eher zutreffend, Paketzuschläge auf Werte, die nach DCF-Verfahren ermittelt wurden, zu erheben.

Eine andere Beurteilung bezgl. des Paketzuschlags kann sich bei vergleichsorientierten Methoden ergeben. Um deren ausführlicher Analyse nicht vorzugreifen,[1089] ist hier die Frage des R B 11.6 Absatz 2 Satz 2 Halbsatz 2 ErbStR 2011 – ob besondere Umstände i. S. v. § 11 Absatz 3 BewG bei der Wertermittlung berücksichtigt wurden – isoliert zu betrachten. Für die vergleichsorientierten Methoden ist hierzu m. E. auf das herangezogene Vergleichsobjekt bzw. den Vergleichsmarkt abzustellen. Wenn das Vergleichsobjekt im (bzw. vom) Vergleichsmarkt mit Berücksichtigung des Einflusses auf die Geschäftsleitung bewertet wird, wäre nach dem Sinn des § 11 Absatz 3 BewG ein Paketzuschlag ausgeschlossen. Dieser Fall wird jedoch wohl eher die Ausnahme sein. Meistens orientieren sich vergleichsorientierte Verfahren gerade an Börsenkursen. Hieraus ergibt sich die o. g. Problematik. Nichtsdestotrotz wird es in diesem Fall regelmäßig zur Anwendung des Paketzuschlags kommen. Selbstverständlich ist es dem Bewerter unbenommen, selbst einen Paketzuschlag anzuwenden; dies gilt insbesondere dann, wenn diese Vorgehensweise marktüblich ist. Statt einem Streit über die bloße Anwendung wird dann wohl die Frage nach dessen Höhe zu einem wesentlichen Diskussionspunkt in der Auseinandersetzung zwischen Steuerpflichtigen und Finanzverwaltung werden. Diese Thematik ist Gegenstand des folgenden Kapitels.

Bei Anwendung des Substanzwerts soll gem. R B 11.6 Absatz 2 Satz 5 ErbStR 2011 kein Paketzuschlag vorgenommen werden. Diese Klarstellung ist ausdrücklich zu begrüßen, weil eine dortige Anwendung gesetzessystematisch keineswegs ausgeschlossen ist. Aus ökonomischer Sicht ist die Nichtanwendung in diesem Fall überzeugend. Das Wesen eines Substanzwerts entspricht nicht dem „Das Ganze ist mehr als die Summe seiner Teile“-Prinzip. Der Fortführungsgedanke tritt in den

[1089] Vgl. dazu Kapitel E.V.3.

Hintergrund. Vielmehr liegt diesem Bewertungskonzept eine Zerschlagungsfiktion zu Grunde, bei der die Höhe des Anteils keinen über die Bestimmung der quotalen Teilhabe am Zerschlagungserlös hinausgehenden Einfluss hat.

2623. Höhe

Es ist unschwer vorstellbar, dass die Höhe des Paketzuschlags zu Auseinandersetzungen zwischen Steuerpflichtigem und Fiskus führt.[1090] Während das Gesetz auf diesbezügliche Aussagen verzichtet, werden in R B 11.6 Absatz 9 ErbStR 2011 drei Festlegungen getroffen:

Die Höhe des Paketzuschlags soll sich demzufolge nach dem Umfang der zu bewertenden Beteiligung richten (R B 11.6 Absatz 9 Satz 1 ErbStR 2011). Folgt man aufgrund der gesetzgeberischen Festlegung dem gewöhnlichen konzeptionellen Ansatz des Paketzuschlags, ist diese Anweisung weitgehend unstrittig. Je höher der Einfluss auf die Geschäftspolitik ist, desto höhere Zuschläge sind gerechtfertigt.[1091]

Als Höhe des Zuschlags sollen nach R B 11.6 Absatz 9 Satz 1 ErbStR 2011 im Allgemeinen bis zu 25 % in Betracht kommen. Eine Annäherung an die Antwort auf die Frage nach der sachgerechten Zuschlagshöhe kann auf mindestens drei Wegen erfolgen. Allen Schätzungen sind empirische Erkenntnisse vorzuziehen. Jedoch sind diese spärlich. Dazu sind die o. g. empirischen Ergebnisse nicht auf deutsche Verhältnisse übertragbar.[1092] Daher sind auch Aussagen zur Höhe des Paketzuschlags aus dem Schrifttum heranzuziehen. In der Literatur zur Unternehmensbewertungstheorie finden sich hierzu verschiedene Aussagen, die teilweise erhebliche Bandbreiten beinhalten. So hält bspw. BORN einen Paketzuschlag von 20 % bis 50 % für angemessen,[1093] während BUCHNER darstellt,[1094] dass in der Literatur regelmäßig Zuschläge i. H. v. 20 % bis 25 % angegeben werden.[1095]

[1090] Vgl. dazu die Ausführungen bei STAMM/BLUM, StuB, 2009, S. 811.
[1091] Es ist offensichtlich, dass dieses wenig verblüffende „Ergebnis“ auch bei der oben beschriebenen expliziten Berücksichtigung im Ertragswertverfahren eintritt.
[1092] Vgl. BALLWIESER, Unternehmensbewertung, 2011, S. 210 f.
[1093] Vgl. BORN, Unternehmensanalyse, 2003, S. 164.
[1094] Vgl. BUCHNER (HRSG.), Unternehmensbewertung, in: Seicht (Hrsg.), Controlling-Jahrbuch, 1995, S. 404.
[1095] Vgl. dazu MATSCHKE/BRÖSEL, Unternehmensbewertung, 2013, S. 677.

Offenbar ist das Problem des Paketzuschlags von der Unternehmensbewertungstheorie bisher wenig zufriedenstellend gelöst[1096] bzw. lösbar. Die Besteuerungspraxis kann sich dem jedoch naturgemäß nicht entziehen. Analysiert man die juristisch geprägte (Kommentar-)Literatur, erkennt man eine vergleichsweise hohe Konvergenz. MANNEK sieht m. E. zutreffend nach dem Grundgedanken der ErbStR den Höchstzuschlag von 25 % nur bei einer Beteiligung von mehr als 75 % angebracht. Für Beteiligungen von 25 % bis 50 % hält er mäßige Zuschläge von 5 % bis 10 %, für Mehrheitsbeteiligungen ab 50 % bis 74 % Zuschläge von 15 % bis 20 % für sachgerecht.[1097] Erstaunlicherweise nennt MEINCKE exakt dieselben in Tabelle 2 dargestellten Größen für Beteiligungshöhen und Zuschläge, mit dem Hinweis, dass diese „[i]n der Praxis im Allg[emeinen]“[1098] vorgenommen werden.

Beteiligungshöhe	[0 %; 25 %]	]25 %; 50 %]	]50 %; 75 %]	]75 %; 100%]
Paketzuschlag	0 %	5 % - 10 %	15 % - 20 %	25 %

Tabelle 2: Höhe des Paketzuschlags

Die ErbStR 2011 verzichten mit der o. g. Beschreibung einer allgemeinen Vorgehensweise weitgehend auf die Festlegung konkreter Zuschlagshöhen. Jedoch begrenzt R B 11.6 Absatz 9 Satz 1 ErbStR 2011 die Zuschlagshöhe auf „im Allgemeinen ... bis zu 25 [%]“. Diese Feststellung ist grundsätzlich zu begrüßen; auch das Schrifttum sieht diesen Wert als höchst möglichen Zuschlag.[1099] Der Zusatz der Richtlinie, wonach im Einzelfall höhere Zuschläge möglich sein sollen (R B 11.6 Absatz 9 Satz 2 ErbStR 2011), steht einer gewünschten Rechtssicherheit leider entgegen. Fraglich ist, welche Umstände einen höheren Zuschlag rechtfertigen können. Die bloße Höhe der Beteiligung kann zumindest hierfür nicht ausschlagge-

---

1096 Vgl. auch PILTZ, DStR, 2009, S. 1832.

1097 Vgl. dazu MANNEK, in: Gürsching/Stenger (Hrsg.), Bewertungsrecht, Loseblatt, Erg.-Lfg. März 2011, § 11 BewG, Rz. 434 sowie JÜLICHER, in: Troll/Gebel/Jülicher (Hrsg.), ErbStG, Loseblatt, Erg.-Lfg. Juli 2011; § 12 ErbStG, Rz. 326; KREUTZIGER, in: Kreutziger/Schaffner/Stephany (Hrsg.), BewG, 2009, § 11 BewG, Rz. 109, nennt unter Bezug auf MANNEK unter Auslassung der mittleren Stufen dieselben Werte.

1098 MEINCKE, in: Meincke (Hrsg.), ErbStG, 2012, § 12 ErbStG, Rz. 27.

1099 Vgl. MANNEK, in: Gürsching/Stenger (Hrsg.), Bewertungsrecht, Loseblatt, Erg.-Lfg. März 2011, § 11 BewG, Rz. 434; JÜLICHER, in: Troll/Gebel/Jülicher (Hrsg.), ErbStG, Loseblatt, Erg.-Lfg. Juli 2011; § 12 ErbStG, Rz. 326; KREUTZIGER, in: Kreutziger/Schaffner/Stephany (Hrsg.), BewG, 2009, § 11 BewG, Rz. 109; MEINCKE, in: Meincke (Hrsg.), ErbStG, 2012, § 12 ErbStG, Rz. 27; MÖLLMANN, in: Tiedtke (Hrsg.), ErbStG, 2009, § 12 ErbStG, Rz. 76; EISELE, in: Rössler/Troll (Hrsg.), BewG, Loseblatt, Erg.-Lfg. Januar 2011, § 11 BewG, Rz. 58.

bend sein, weil der BFH auch für eine 100 %-Beteiligung implizit einen Zuschlag von 25 % für gerechtfertigt hielt.[1100] Insofern wäre die Streichung dieser Öffnungsklausel angebracht, zumal auch in der Verwaltungspraxis bisher keine höheren Zuschläge vorgenommen wurden.[1101]

Die im Schrifttum vorzufindende weitgehende Einigkeit über die Höhe des Zuschlags liegt auch in der Übernahme der Werte durch die finanzgerichtliche Rechtsprechung begründet. So bestätigt der BFH in Anlehnung an den in der Kommentarliteratur genannten Korridor von 15 % bis 20 % die Anwendung eines Zuschlags i. H. v. 20 % bei der Bewertung einer Mehrheitsbeteiligung.[1102] Ebenso sah dieser für eine 100 %-Beteiligung implizit einen Zuschlag von 25 % als gerechtfertigt an, der wiederum mit Bezugnahme auf Kommentarliteratur (und das vorgenannte Urteil) festgelegt wurde.[1103] Das FG Rheinland-Pfalz hatte wiederum unter Bezugnahme auf die genannte BFH-Rechtsprechung und die seinerzeit bestehenden Richtlinien[1104] bei einer Beteiligung von rd. 29 % einen Zuschlag von 10 % für angemessen erachtet.[1105] Offenbar sind die Zuschlagshöhen also aus einer Art Zirkelschluss entstanden. Die Rechtsprechung beruft sich auf die einschlägigen Kommentierungen, während diese zur Belegung der jeweiligen Werte wiederum auf die Rechtsprechung verweisen. Auch wenn die Bestimmung von Zuschlagshöhen damit keinesfalls wissenschaftlich fundiert wird, ist m. E. keine sinnvolle Alternative zu dieser pragmatischen Herangehensweise der Praxis bzw. Rechtsprechung erkennbar.

Trotz der gesetzlichen Anordnung und der gelebten Praxis seiner Anwendung ist der Paketzuschlag keineswegs unumstritten. Vielmehr sollte der Steuerpflichtige und sein Berater stets prüfen, ob die hier vorgebrachten ökonomischen Argumente gegen dessen Anwendungen – etwa weil das Bewertungsverfahren ihn bereits berücksichtigt oder der Vergleichsmarkt nicht geeignet ist, „Pakete“ zu bewerten – in seinem

[1100] Vgl. BFH vom 02.11.1988 - II R 52/85, BStBl. II, 1989, S. 80 m. w. N. In der Entscheidung wurde jedoch umgekehrt ein Abschlag zur Bewertung einer Minderheitsbeteiligung vorgenommen, wobei wiederum ein Abschlag zu beurteilen war.

[1101] Vgl. EISELE, in: Rössler/Troll (Hrsg.), BewG, Loseblatt, Erg.-Lfg. Januar 2011, § 11 BewG, Rz. 58.

[1102] Vgl. BFH vom 23.02.1979 - III R 44/77, BStBl. II, 1979, S. 618 m. w. N. In der Entscheidung wurde jedoch umgekehrt ein Abschlag zur Bewertung einer Minderheitsbeteiligung vorgenommen.

[1103] Vgl. BFH vom 02.11.1988 - II R 52/85, BStBl. II, 1989, S. 80 m. w. N., wobei wiederum ein Abschlag zu beurteilen war.

[1104] Vgl. Abschnitt 74 Absatz 4 VStR 1986; R 95 Absatz 6 Satz 5 ErbStR 1999.

[1105] Vgl. FG Rheinland-Pfalz vom 16.08.2001 - 4 K 2619/98, DStRE, 2001, S. 1348.

speziellen Fall zutreffen. Kurz gesagt, wird der Erwerber bestrebt sein dazulegen, warum der gemeine Wert des Pakets in seinem speziellen Fall geringer ist, als eine Bewertung mittels Paketzuschlag abbilden würde.[1106]

III. Ableitung des gemeinen Werts aus zeitnahen Verkäufen

1. Anwendungsbereich

11. Heranziehung von Kursen aus dem freien Markt

Nach § 11 Absatz 2 Satz 2 Alternative 1 BewG ist der Unternehmenswert aus Verkäufen unter fremden Dritten abzuleiten, die weniger als ein Jahr zurückliegen. Hierunter fällt auch die Heranziehung von bestimmten Wertmaßstäben, die vom Wesen her stark den bereits behandelten Börsenkursen i. S. v. § 11 Absatz 1 BewG ähneln, jedoch keine Börsenkurse i. S. d. Vorschrift sind.

Hiermit sind solche Kurse gemeint, die weder im regulierten Markt noch im Freiverkehr, sondern im freien Markt zustande gekommen sind. Damit können insbesondere die sog. Telefonkurse im Bankenverkehr maßgeblich sein; dabei ist der Begriff etwas irreführend, weil gerade auch der (rein) elektronische Interbankenhandel ohne Einschaltung einer Börse hiervon umfasst wird.[1107] Grundsätzlich gelten für die Beurteilung dieses Wertmaßstabs dieselben Aussagen wie beim Börsenkurs. Es ist unstrittig sinnvoll, für die Bewertung sozusagen, den (nächst-)besten – i. S. v. funktionierenden – Markt heranzuziehen. Wiederum gelten die Vorzüge einer tatsächlichen Markttransaktion, der Gleichbehandlung und Vereinfachung gegenüber einer auf Schätzung beruhenden Wertermittlung. Jedoch sollte einleuchtend sein, dass alle Kritikpunkte, die man (schon) gegenüber dem Börsenkurs anbringen konnte, verstärkt für den Telefonhandel gelten. So werden die Anforderungen an den gewöhnlichen Geschäftsverkehr hier im Zweifel qualitativ weniger gut erfüllt. Insgesamt werden sich damit die argumentativen Spielräume für den Steuerpflichtigen erhöhen, was auch etwa für die Nichtberücksichtigung persönlicher Verhältnisse oder

[1106] Daneben bestehen Argumentationsmöglichkeiten bezgl. des vom Gesetz angenommenen Einflusses auf die Geschäftsleitung, die nicht ausführlich diskutiert werden konnten.

[1107] Vgl. MANNEK, in: Gürsching/Stenger (Hrsg.), Bewertungsrecht, Loseblatt, Erg.-Lfg. August 2007, § 11 BewG, Rz. 133.

die Zu- bzw. Abschläge für Fungibilität oder Paketbeteiligungen gilt. Aus diesem Blickwinkel ist auch die Einschränkung von R B 11.2 Satz 5 ErbStR 2011 zu sehen. Demnach soll ein Telefonkurs grundsätzlich für die Wertableitung geeignet sein, wenn ihm nicht lediglich geringfügige Verkäufe ohne echten Aussagewert zugrunde liegen.

12. Nicht notierte Unternehmensanteile

Liegen keine Börsenkurse vor, ist der gemeine Wert von Anteilen vorrangig aus Verkäufen unter fremden Dritten abzuleiten, die weniger als ein Jahr zurückliegen (§ 11 Absatz 2 Satz 2 Alternative 1 BewG). Obwohl der Absatz 2 nur die Anteile an Kapitalgesellschaften nennt, ist auch diese Regelung durch die bereits erläuterte Verweisung ebenfalls für Personengesellschaften bzw. Anteile daran anwendbar.

Der vor der Reform nur für Kapitalgesellschaften geltende Vorrang für die Wertableitung aus Verkäufen gilt damit nun auch für Personengesellschaften.[1108] Im Schrifttum wird jedoch davon ausgegangen, dass die Regelung insgesamt eher selten Anwendung findet, da „in den meisten Fällen .. Verkäufe .. nicht stattgefunden haben“[1109]. Dies gelte verstärkt für Personengesellschaften und wohl am meisten für Einzelunternehmen[1110], was hier auch insbesondere in der Forderung nach Verkäufen zwischen fremden Dritten begründet liegt.[1111] Tatsächlich wird die Vorschrift bei Einzelunternehmen auch aus einem anderen Grund seltener zur Anwendung kommen: nämlich immer nur dann, wenn ein Einzelunternehmer sein erst innerhalb des letzten Jahres erworbenes Unternehmen vererbt oder verschenkt.[1112] Umgekehrt ergibt sich beim Verkauf eines Einzelunternehmens durch den Erblasser oder Schenker keine Anwendung der Regelung, weil dann eben kein Unternehmen, sondern i. d. R. Geldvermögen, zu „bewerten“ ist.[1113]

[1108] Vgl. WIEGAND, DStR-Beih, 2008, S. 94; VISKORF, ZEV, 2009, S. 593; HECHT/V. CÖLLN, BB, 2009, S. 2062.
[1109] FLICK/HANNES, F.A.Z., 20.10.2009, S. 21.
[1110] Vgl. HALACZINSKY, ErbStB, 2009, S. 82.
[1111] Vgl. FECHNER, FR, 2008, S. 350 sowie folgend Kapitel E.III.22.
[1112] Vgl. PILTZ, DStR, 2008, S. 746.
[1113] Vgl. PILTZ, DStR, 2008, S. 746.

2. Analyse des Wertmaßstabs

21. Vorrangigkeit gegenüber Schätzungen

Nach Auffassung des Gesetzgebers ist „[d]er gemeine Wert nicht notierter Anteile an Kapitalgesellschaften .. in erster Linie der Preis, der bei einer Veräußerung unter fremden Dritten vereinbart wurde. Dabei kann unwiderlegbar vermutet werden, dass zeitnahe Verkäufe in der Vergangenheit den zutreffenden Marktwert zum Bewertungsstichtag richtig widerspiegeln."[1114] Der Gesetzgeber trägt damit dem Umstand Rechnung, dass auch für nicht notierte Anteile Marktpreise existieren.[1115] Diese grundlegende gesetzgeberische Konzeption tatsächlich erzielte Preise gegenüber geschätzten Werten vorzuziehen, ist hier bereits mehrfach als prinzipiell überzeugend erachtet worden. Es ist daher auch nicht verwunderlich, dass der BFH diese Vorrangigkeit der „Wertbestätigung am Markt"[1116] im Grundsatz wiederholt bestätigt hat.[1117]

Diese grundsätzliche Angemessenheit kann aber nicht darüber hinweg täuschen, dass die Wertableitung aus zeitnahen Verkäufen im Gegensatz zur Wertableitung aus Börsenkursen m. E. deutlich anfälliger für Umstände ist, die ein Abweichen vom festgestellten Preis als sachgerecht erscheinen lassen. Insofern ist hier zu betonen, dass der Wert aus den zeitnahen Verkäufen *abzuleiten* ist. Der Gesetzgeber hat also anders als beim Börsenkurs darauf verzichtet, den Verkaufspreis automatisch als gemeinen Wert festzusetzen.[1118] Daher ist nach dem Wortlaut eine Ableitung vorzunehmen, die nach ständiger BFH-Rechtsprechung individuelle Korrekturen oder

---

1114 Deutscher Bundestag (Hrsg.), Regierungsentwurf ErbStRG, BT-Drs. 16/7918, S. 38.

1115 Vgl. HECHT/v. CÖLLN, BB, 2009, S. 2062 mit Verweis auf BFH vom 05.02.1992 - II R 185/87, BStBl. II, 1993, S. 266.

1116 BFH vom 05.03.1986 - II R 232/82, BStBl. II, 1986, S. 591.

1117 Vgl. BFH vom 30.01.1976 - III R 74/74, BStBl. II, 1976, S. 280; BFH vom 23.02.1979 - III R 44/77, BStBl. II, 1979, S. 618; BFH vom 07.12.1979 - III R 45/77, BStBl. II, 1980, S. 234; BFH vom 28.11.1980 - III R 86/78, BStBl. II, 1981, S. 353; BFH vom 05.02.1992 - II R 185/87, BStBl. II, 1993, S. 266; BFH vom 22.08.2002 - II B 170/01, BFH/NV, 2003, S. 11; BFH vom 22.01.2009 - II R 43/07, BStBl. II, 2009, S. 444; insbesondere auch BFH vom 05.03.1986 - II R 232/82, BStBl. II, 1986, S. 591: „Die gegenteilige Auffassung ..., daß die Schätzung des gemeinen Werts den Vorrang vor der Bewertung aufgrund von Verkäufen habe, kann der Senat aus dem Gesetz nicht ableiten."

1118 Vgl. zum folgenden Absatz KREUTZIGER, in: Kreutziger/Schaffner/Stephany (Hrsg.), BewG, 2009, § 11 BewG, Rz. 28, 37.

Gewichtungen möglich macht.[1119] Daneben ist es aber vor allem auch denkbar, dass ein bei einem Verkauf erzielter Preis überhaupt keine Ableitung des Werts ermöglicht. Die o. g. unwiderlegbare Richtigkeitsvermutung in der Gesetzesbegrüdung steht daher dem Wortlaut des Gesetzes und der bisherigen Rechtsprechung entgegen.[1120] Vielmehr hat der BFH nach den „Gesamtumständen des Einzelfalls unter Heranziehung objektivierter Umstände Maßstäbe“[1121] mehrfach entschieden, dass nicht jeder Preis zwingend zur Ableitung des gemeinen Werts geeignet ist. Diese zutreffende Sichtweise resultiert im Wesentlichen wiederum aus dem bereits dargelegten Unterschied von Wert und Preis.[1122] Natürlich besteht hierin eine „Grundproblematik bei Wertableitung aus Verkäufen“[1123], weil Preise stets unter Berücksichtigung der individuellen Ziele und Erwartungen der Beteiligten zu Stande gekommen sind.[1124] Auch aus diesem Grund ist die strikte Unwiderlegbarkeitsthese der Gesetzesbegründung eindeutig zu weitgehend.[1125] Vielmehr wird die Abwägung, ob ein auf subjektiven Wertvorstellungen von zwei Parteien gebildeter Preis den objektivierten Vorstellungen des gemeinen Werts entspricht, wohl auch weiterhin ein regelmäßiger Streitpunkt zwischen Steuerpflichtigen und Finanzverwaltung bleiben.[1126] Daher sind folgend die wesentlichsten diesbezüglichen finanzgerichtlichen Entscheidungen zum gewöhnlichen Geschäftsverkehr zu würdigen.

Fraglich ist darüber hinaus, ob dem Steuerpflichtigen diesbezüglich ein Wahlrecht zusteht. MÖLLMANN erkennt – wie dargelegt zutreffend –, dass die Wertableitung nicht in jedem Fall zwingend zu einem angemessenen Ergebnis führt. Darüber hinaus entspricht es dem Wortlaut des § 11 Absatz 2 Satz 2 BewG, dass eine Wertermittlung anhand einer anderen ertragswertorientierten oder branchenüblichen Methode vorzunehmen ist, soweit eine solche Ableitung nicht gelingt.[1127] Wenn daher der

---

[1119] Vgl. BFH vom 29.07.2010 - VI R 30/07, BStBl. II, 2011, S. 68; BFH vom 21.04.1999 - II R 87/97, BStBl. II, 1999, S. 810; BFH vom 09.03.1994 - II R 39/90, BStBl. II, 1994, S. 394; BFH vom 23.02.1979 - III R 44/77, BStBl. II, 1979, S. 618.

[1120] Ähnlich RIEDEL, GmbHR, 2009, S. 745; HALACZINSKY, ErbStB, 2009, S. 82; MÖLLMANN, BB, 2010, S. 410.

[1121] BFH vom 28.11.1980 - III R 86/78, BStBl. II, 1981, S. 353.

[1122] Vgl. dazu in diesem Kontext auch MÖLLMANN, BB, 2010, S. 410.

[1123] SCHIFFERS, DStZ, 2009, S. 550.

[1124] Vgl. SCHIFFERS, DStZ, 2009, S. 550.

[1125] Vgl. KREUTZIGER, in: Kreutziger/Schaffner/Stephany (Hrsg.), BewG, 2009, § 11 BewG, Rz. 37.

[1126] Dabei ist in diesem Fall die Rollenverteilung der Beteiligten ambivalent. Es ist offen-sichtlich, dass je nach Fallgestaltung sowohl der Steuerpflichtige als auch das Finanzamt die Ableitung des gemeinen Werts aus einem zeitnahen Verkauf begehren oder ablehnen.

[1127] Vgl. MÖLLMANN, BB, 2010, S. 410.

Aussagewert eines solchen Preises gering sei, müsse dem Steuerpflichtigen in diesem Fall die Möglichkeit offen stehen, durch Beibringung eines Wertgutachtens den niedrigen gemeinen Wert gegenüber dem Finanzamt nachzuweisen.[1128] Obwohl ein solches Wahlrecht für den Steuerpflichtigen wünschenswert wäre, kann man es wohl kaum aus der Vorschrift herleiten. Vielmehr macht der Gesetzgeber hier m. E. nicht undeutlich klar, dass eine vorrangige Ableitung aus Verkäufen vorzunehmen ist. Die Möglichkeit der Wertableitung betrifft damit zunächst die Beantwortung der Frage, ob solche Verkäufe vorliegen. Falls dies der Fall ist, wird die Versagung einer Wertableitung daraus wohl nur im Ausnahmefall möglich sein. Selbstverständlich ist es dem Steuerpflichtigen unbenommen, im Rahmen der Erbschaftsteuererklärung auf einen solchen Ausnahmefall ggf. auch unter Zuhilfenahme eines Gutachtens hinzuweisen. Ein Wahlrecht besteht jedoch nicht. Vielmehr handelt es sich um ein sowohl für den Steuerpflichtigen als auch das Finanzamt bindendes Wertableitungsgebot.[1129] Beide haben keine Möglichkeit, auf ein alternatives Bewertungsverfahren zurückzugreifen.[1130] Der Steuerpflichtige wird zur Durchsetzung eines abweichenden Werts den (Einspruchs- und) Klageweg beschreiten müssen. Hier muss er begründet darlegen, warum in seiner Situation ein Ausnahmefall vorliegt, der ein Abweichen vom zeitnah erzielten Verkaufspreis rechtfertigt. Selbstverständlich kann hierzu auch ein methodisch nicht zu beanstandendes Wertgutachten oder eine Wertermittlung nach dem vEWV vorgebracht werden. Im Unterschied zu einem offenen Wahlrecht ist das Finanzamt aber nicht an diesen Wertmaßstab gebunden. Für die Abweichung vom Verkaufspreis existieren offenbar mannigfaltige Argumentationsmöglichkeiten. Die Analyse der bisherigen Rechtsprechung mag hierfür Anhaltspunkte liefern und die Erfolgschancen einer Klage abschätzbar machen.

22. Berücksichtigung von Verkäufen unter fremden Dritten

Die strikte Orientierung des Gesetzgebers an unverfälschten Marktpreisen wird m. E. auch durch den geänderten Tatbestand des § 11 Absatz 2 BewG deutlich. Im Gegensatz zur Vorgängerregelung sind nämlich nur Verkäufe *unter fremdem Dritten* heranzuziehen. Daher ist zunächst fraglich, welche Personen als fremde Dritte i. S. der Vorschrift zu verstehen sind.

[1128] Vgl. MÖLLMANN, BB, 2010, S. 410.
[1129] Vgl. VISKORF, ZEV, 2009, S. 593.
[1130] Vgl. VISKORF, ZEV, 2009, S. 593.

Der Begriff des fremden Dritten ist im Gesetz nicht näher geregelt. Auch die ErbStR enthalten hierzu keinerlei Aussagen. Die wörtliche Auslegung des Begriffs i. S. v. unbekannt scheidet jedenfalls aus. PILTZ meint, dass zur Begriffsbestimmung weder § 15 AO noch § 1 AStG Maßstäbe setzen können.[1131] Nach seiner Auffassung sind zumindest enge Angehörige, worunter er Eltern und Kinder versteht, keine fremden Dritten. Er diskutiert den Begriff anschließend am Beispiel der Nichten und Neffen, wobei er eine differenzierte Sichtweise vorschlägt. Demnach könnten diese ggf. nicht als fremde Dritte gelten, falls der Erblasser bzw. Schenker keine eigenen Kinder hat und seinen Anteil an den für die Nachfolge bestimmten Neffen verkauft und der z. B. aufgrund einer Ertragswertmethode ermittelte Marktwert deutlich vom vereinbarten Kaufpreis abweicht. Hingegen wäre ein Neffe als fremder Dritter zu behandeln, wenn die Anteile aus reinem Geschäftsinteresse veräußert würden, wofür insbesondere das Vorhandensein eigener Kinder sprechen könnte.[1132] M. E. zeigt diese Sichtweise deutlich die Problematik, den Begriff des fremden Drittens ohne die Heranziehung des „gewöhnlichen Geschäftsverkehrs" mit Leben zu füllen. Der Versuch, den Begriff „fremder Dritter" vom konkreten Bewertungsergebnis her zu beurteilen, ist jedoch problematisch und letztlich nicht mehr als ein Zirkelschluss. Die Argumentation lautet nämlich verkürzt: Wenn ein Verkaufspreis vorliegt, der vom Marktwert abweicht, liegt kein Verkauf unter fremden Dritten vor. Dabei muss als Kontrollmaßstab wiederum der ja eigentlich zu suchende Marktwert ermittelt werden. Mit dieser Argumentation könnte etwa auch das Kind des Erblassers bei entsprechendem Preis als fremder Dritter bestimmt werden.

Umstritten ist im Schrifttum jedenfalls insbesondere die Beantwortung der Frage, ob die Gesellschafter des betreffenden Unternehmens fremde Dritte sind. Dies ist von höchster praktischer Relevanz, weil Gesellschaftsverträge die Veräußerung von Anteilen oftmals nur innerhalb des Gesellschafterkreises erlauben.[1133] Falls Gesellschafter keine fremden Dritten i. S. d. Vorschrift wären, würde die Gesamtregelung damit erheblich ausgehöhlt. Denn falls die in der Literatur geäußerte Behauptung, dass bei Familiengesellschaften die Veräußerung an Nichtgesellschafter die Aus-

[1131] Vgl. PILTZ, DStR, 2009, S. 1830.
[1132] Vgl. zu alldem PILTZ, DStR, 2009, S. 1830 f.
[1133] Vgl. dazu auch Kapitel E.III.12.

nahme ist,[1134] zutrifft, wäre die Ableitung aus Verkäufen für diese damit quasi insgesamt hinfällig. Dies wäre aus dem Blickwinkel der angestrebten rechtsformneutralen Bewertung ein unbefriedigendes Ergebnis. Im Schrifttum werden aber die Gesellschafter einer Familiengesellschaft[1135] oder auch im Allgemeinen[1136] nicht als fremde Dritte i. S. d. Vorschrift erkannt. Die Gesetzesinterpretation von KREUTZIGER geht soweit, dass alle Transaktionen zur Wertableitung ausscheiden, bei denen persönliche, wie etwa verwandtschaftliche, Verhältnisse oder konzernpolitische Erwägungen den Preis beeinflusst haben *könnten*.[1137] Obwohl diese weite Auslegung zu dem beschriebenen äußersten engen Anwendungsbereich der Wertableitung aus Verkäufen führt, ist dies die m. E. zutreffende Interpretation des Tatbestands, soweit man ihm überhaupt einen eigenständigen Anwendungsbereich über den gewöhnlichen Geschäftsverkehr hinaus zugestehen möchte. Letzteres geschieht hier vor dem Hintergrund der gesetzgeberischen Intention, weil offenbar nicht auf den gewöhnlichen Geschäftsverkehr abgestellt werden soll. Andernfalls hätte der Gesetzgeber dies so formulieren können. Vielmehr sollen von vorneherein – also ohne Prüfung des Ergebnisses – Verkäufe innerhalb bestimmter Personengruppen ausgeschlossen sein, weil der Gesetzgeber hier einen nicht marktüblichen Preis vermutet. Gemeint sind im Ergebnis wohl (wirtschaftlich) unabhängige Personen, bei denen ein natürlicher Interessensgegensatz besteht und daher der umgangssprachlich sog. Freundschaftspreis ausgeschlossen werden kann. Demnach ist es m. E. durchaus denkbar, die Erkenntnisse zu den „voneinander unabhängigen Dritten“ i. S. v. § 1 Absatz 1 Satz 1 AStG zu nutzen.[1138]

Es ist also stets fraglich, ob eine bestimmte Personengruppe als eine solche zu beurteilen ist, bei der im Allgemeinen nicht fremdvergleichskonforme Preise zu erwarten sind. M. E. sind damit Wertableitungen aus Verkäufen unter Angehörigen (§ 15 AO) ausgeschlossen, weil diese in der hier vertretenen Sichtweise nur schwerlich als fremde Dritte angesehen werden können. Bei Personen aus dem Gesellschafter-

[1134] Vgl. FECHNER, FR, 2008, S. 352.

[1135] Vgl. v. OERTZEN, Ubg, 2008, S. 58; PILTZ, Ubg, 2009, S. 746; PILTZ, Ubg, 2009, S, 14; MÖLLMANN, BB, 2010, S. 410.

[1136] Vgl. SCHIFFERS, DStZ, 2009, S. 550.

[1137] Vgl. KREUTZIGER, in: Kreutziger/Schaffner/Stephany (Hrsg.), BewG, 2009, § 11 BewG, Rz. 35.

[1138] Zumindest ist nicht ersichtlich, warum dies von vorneherein ausgeschlossen sein soll. Hiermit ist nicht der ggf. denkbare Umkehrschluss aus dem dort verwendeten Begriff der nahe stehenden Person, sondern die Ableitung von Erkenntnissen zum dort formulierten Fremdvergleichsgrundsatz („voneinander unabhängige Dritte“) gemeint.

kreis ist dies ähnlich. Man könnte zunächst argumentieren, dass bei Transaktionen unter Gesellschaftern im Allgemeinen ein natürlicher Interessengegensatz vorliegt und daher eine Wertableitung nicht von vorneherein ausscheidet.[1139] Dies würde aber m. E. ebenfalls gegen den Zweck der Regelung verstoßen, gewisse Verkäufe von vorneherein auszuschließen. M. E. können daher auch Verkäufe zwischen den bestehenden Altgesellschaftern nun nicht mehr zur Wertableitung herangezogen werden, weil auch diese wohl kaum als fremde Dritte bezeichnet werden können. Dem steht m. E. auch nicht entgegen, dass nach einer Entscheidung des BFH[1140] und nun auch gem. R B 11.2 Absatz 1 Satz 4 ErbStR 2011 die Ausgabe neuer Geschäftsanteile an einer GmbH im Rahmen einer Kapitalerhöhung zur Aufnahme eines neuen Gesellschafters als Verkauf i. S. der Ableitung des gemeinen Werts der GmbH-Anteile herangezogen werden kann. Zunächst ist eindeutig, dass die zugrunde liegende BFH-Entscheidung nicht über das Merkmal des fremden Dritten zu entscheiden hatte. M. E. kann darüber hinaus aus der Übernahme in die Richtlinie nicht geschlossen werden, dass Gesellschafter daher allgemein nicht als fremde Dritte anzusehen sind.[1141] Vielmehr ist die Festlegung insofern sinnvoll, da sie mit dem Fall der Neuaufnahme eines Gesellschafters den Anwendungsbereich der Vorschrift im Gegensatz zur ggf. zu restriktiven Sichtweise des Schrifttums sinnvoll auslegt. Die Schrifttumsauffassungen differenzieren nicht zwischen Alt- und Neugesellschaftern, meinen aber mutmaßlich nur Altgesellschafter, die nicht als fremde Dritte anzusehen sind. Andernfalls würde die Regelung abgesehen von nicht notierten Anteilen einer AG ja vollständig ins Leere laufen, weil Erwerber von Anteilen an Personengesellschaften und GmbH stets Gesellschafter werden. Aus diesem Grund ist m. E. auch die Auffassung, nach der eine Wertableitung in Fällen, in denen der Erblasser oder Schenker kurz zuvor ein Einzelunternehmen erworben hat, deshalb ausscheidet, weil in ihm kein fremder Dritter zu sehen ist,[1142] zu weitführend.

Erst durch letztgenannte Sichtweise werden die Vorzüge der Neuregelung deutlich (bzw. überhaupt erst erschlossen). Anders als im bisherigen Recht entfällt nämlich dann für die Finanzverwaltung die Notwendigkeit der schwierigen Prüfung, ob die

---

1139 Ähnlich (nun) auch PILTZ, DStR, 2009, S. 1831, der jedoch wiederum eine Verprobung mit bspw. der Ertragswertmethode vornehmen möchte.

1140 Vgl. BFH vom 05.02.1992 - II R 185/87, BStBl. II, 1993, S. 266.

1141 So aber in der Tendenz PILTZ, DStR, 2009, S. 1831.

1142 Vgl. HALACZINSKY, ErbStB, 2009, S. 82.

Verkäufe unter nicht fremden Dritten die Anforderungen an den gewöhnlichen Geschäftsverkehr erfüllen oder von einem Drittvergleich abweichende Bedingungen vereinbart wurden.[1143] Aus diesem Blickwinkel wäre die Neuregelung aufgrund der deutlich erhöhten Rechtssicherheit zu begrüßen.[1144] M. E. überwiegen aber die Nachteile der Regelung. Zunächst ist weitgehend unklar, was ein fremder Dritter ist. Legt man – wie hier vertreten – eine restriktive Sichtweise zugrunde, wird der Anwendungsbereich der Wertableitung aus Verkäufen erheblich eingeschränkt. Definiert man den fremden Dritten eng, läuft die Regelung dagegen weitgehend ins Leere. Daher könnte m. E. auf den neuen Tatbestand verzichtet werden. Dies gilt umso mehr, wenn man weiterhin das Bewertungsproblem als Ganzes im Blick hat. Hier ist die Wertableitung aus frei verhandelten Verkäufen jeder Schätzung vorzuziehen. Daher sollten die entsprechenden Anwendungsregeln weit gefasst sein. Wie anschließend zu zeigen sein wird, ist die Forderung der Rechtsprechung nach Preisen, die im gewöhnliche Geschäftsverkehr zustande gekommen sind, m. E. ausreichend, um nicht fremdvergleichskonforme Preise bei der Wertableitung auszuschließen.

23. Gewöhnlicher Geschäftsverkehr und die Frage nach der Berücksichtigung von Synergien

Neben diesem neuen Tatbestand ist nach der BFH-Rechtsprechung, obwohl dies der Vorschrift nicht unmittelbar zu entnehmen ist, auch stets entscheidend, „da[ss] die Verkäufe, aus denen der gemeine Wert der Anteile abgeleitet werden soll, im gewöhnlichen Geschäftsverkehr getätigt wurden."[1145] Dem folgt die Finanzverwaltung in R B 11.2 Absatz 1 Satz 6 ErbStR 2011.

Die restriktive Sichtweise zum Begriff des fremden Dritten macht diese Überlegungen nicht obsolet. Denn es sind – wie folgend deutlich wird –weiterhin Fälle denkbar, bei denen zwar Verkäufe unter fremden Dritten, aber nicht im gewöhnlichen Geschäftsverkehr stattfinden. In solchen Konstellationen gelten die bereits von der Recht-

[1143] Vgl. Kreutziger, in: Kreutziger/Schaffner/Stephany (Hrsg.), BewG, 2009, § 11 BewG, Rz. 35; ähnlich Mannek, in: Gürsching/Stenger (Hrsg.), Bewertungsrecht, Loseblatt, § 11 BewG, Erg.-Lfg. März 2011, Rz. 584.

[1144] So Kreutziger, in: Kreutziger/Schaffner/Stephany (Hrsg.), BewG, 2009, § 11 BewG, Rz. 35.

[1145] BFH vom 09.03.1994 - II R 39/90, BStBl. II, 1994, S. 394.

sprechung entwickelten Grundsätze zum Vorliegen eines gewöhnlichen Geschäftsverkehrs weiterhin.

Das angesprochene Merkmal hat der BFH bei der Wertableitung aus Verkäufen wiederholt betont.[1146] Insofern zeigt sich, wie hier die Generalnorm des § 9 BewG, hier des dortigen Absatzes 2, auf die einzelnen konkreten Wert-(ermittlungs)maßstäbe durchschlägt. Nach der Rechtsprechung des BFH „ist unter gewöhnlichem Geschäftsverkehr der Handel zu verstehen, der sich nach den marktwirtschaftlichen Grundsätzen von Angebot und Nachfrage vollzieht und bei dem jeder Vertragspartner ohne Zwang und nicht aus Not, sondern freiwillig und in Wahrung seiner eigenen Interessen zu handeln in der Lage ist“[1147].

Aus diesem Grund scheiden Verkäufe im Wege einer Zwangsvollstreckung oder aus einer Konkursmasse aus.[1148] Dies ist m. E. weitgehend unstrittig, weil hier offenbar eine besondere Notlage des Verkäufers vorliegt, die tendenziell zu verfälschten (weil zu niedrigen) Preisen führen wird.

Andere Entscheidungen zeigen, dass die Abwägung, ob noch ein gewöhnlicher Geschäftsverkehr vorliegt, mitunter sehr schwierig und letztlich eine Einzelfallentscheidung ist. Bspw. entschied der BFH, dass eine Wertableitung auch ausscheidet, wenn Anteilsveräußerer und Erwerber mit dem Beteiligungswechsel in erster Linie eine Neuordnung ihrer Unternehmen mit dem Ziel einer engen gegenseitigen wirtschaftlichen und technischen Zusammenarbeit anstreben. Wenn zusätzlich mit der Beteiligung die Überwindung wirtschaftspolitischer Hemmnisse, hier der Absatz der eigenen Erzeugnisse im Binnenmarkt der Europäischen Union (bzw. im Sachverhalt ihrem Vorläufer der Europäischen Gemeinschaft), überwunden werden sollen, lagen nach Auffassung des Gerichts im erheblichen Maße persönliche Verhältnisse i. S. v. § 9 Absatz 2 Satz 3 BewG vor. Bei diesem Sachverhalt lägen der

---

[1146] Vgl. BFH vom 25.06.1965 - III R 384/60, HFR, 1966, S. 1; BFH vom 14.02.1969 - III 88/65, BStBl. II, 1969, S. 395; BFH vom 07.12.1979 - III R 45/77, BStBl. II, 1980, S. 234; BFH vom 28.11.1980 - III R 86/78, BStBl. II, 1981, S. 353; BFH vom 05.03.1986 - II R 232/82, BStBl. II, 1986, S. 591; BFH vom 05.02.1992 - II R 185/87, BStBl. II, 1993, S. 266; BFH vom 30.03.1994 - II R 101/90, BStBl. II, 1994, S. 503; BFH vom 22.08.2002 - II B 170/01, BFH/NV, 2003, S. 11.

[1147] BFH vom 28.11.1980 - III R 86/78, BStBl. II, 1981, S. 353.

[1148] Vgl. BFH vom 25.06.1965 - III R 384/60, HFR, 1966, S. 1 sowie dazu MANNEK, in: Gürsching/Stenger (Hrsg.), Bewertungsrecht, Loseblatt, Erg.-Lfg. August 2007, § 11 BewG, Rz. 128; KREUTZIGER, in: Kreutziger/Schaffner/Stephany (Hrsg.), BewG, 2009, § 9 BewG, Rz. 12.

Preisbildung damit in der Person des Erwerbers liegende Umstände zu Grunde, die nicht als üblich angesehen werden können.[1149]

Letztgenannter Sachverhalt unterscheidet sich nach Auffassung des BFH wesentlich von dem der Entscheidung vom 23.02.1979.[1150] Hier hatte der BFH entschieden, dass der beim Verkauf von Geschäftsanteilen an einer GmbH erzielte Preis nicht deshalb auf ungewöhnlichen Verhältnissen beruhe, weil ein branchenfremdes Unternehmen in die Branche der GmbH einzudringen versuchte; der Handel mit Sperrminoritäten, Schachtel- oder Mehrheitsbeteiligungen sei nicht als unüblich anzusehen sei.[1151] Fraglich ist aber dann insbesondere, warum die hier m. E. zutreffende Begründung, wonach die Preisbildung auf freiwilligen nach marktwirtschaftlichen Grundsätzen getroffenen Entscheidungen der Parteien beruhte,[1152] nicht auch für den zuvor beschriebenen Sachverhalt Gültigkeit besitzen kann.

Zutreffend ist m. E. die Entscheidung des BFH, wonach der Verkaufspreis von Aktien an ein Bankenkonsortium mit dem Ziel der Börseneinführung zur Ableitung des gemeinen Werts herangezogen werden kann.[1153] Auch wenn eine solche Transaktion augenscheinlich als ungewöhnlich wirken könnte, ist die Argumentation des Gerichts hier überzeugend. Das Bankenkonsortium möchte seinen Ertrag aus der Differenz zwischen dem späteren Einführungskurs und Kaufkurs maximieren und damit einen möglichst günstigen Kaufpreis erreichen. Demgegenüber wollen die Alteigentümer einen möglichst hohen Preis erlösen. Hierin erkennt das Gericht m. E. unstrittig zutreffend einen Handel „aufgrund widerstreitender wirtschaftlicher Interessen“[1154], der die Wertableitung erlaubt.

Nicht weiter diskussionswürdig ist wohl der Fall, in dem bei Verkäufen von Anteilen an einer Kapitalgesellschaft regelmäßig derselbe Preis, nämlich der Nominalwert, vereinbart wird. Solche Preise haben sich gerade nicht unter den Bedingungen des

[1149] Vgl. BFH vom 28.11.1980 - III R 86/78, BStBl. II, 1981, S. 353.
[1150] Vgl. BFH vom 28.11.1980 - III R 86/78, BStBl. II, 1981, S. 353.
[1151] Vgl. BFH vom 23.02.1979 - III R 44/77, BStBl. II, 1979, S. 618.
[1152] Vgl. BFH vom 23.02.1979 - III R 44/77, BStBl. II, 1979, S. 618.
[1153] Vgl. BFH vom 05.03.1986 - II R 232/82, BStBl. II, 1986, S. 591; ähnlich FG Thüringen vom 09.04.2003 - III 313/02, EFG, 2004, S. 334.
[1154] BFH vom 05.03.1986 - II R 232/82, BStBl. II, 1986, S. 591.

gewöhnlichen Geschäftsverkehrs nach marktwirtschaftlichen Grundsätzen von Angebot und Nachfrage gebildet und sind daher zur Wertableitung ungeeignet.[1155]

Beim BFH war die Frage anhängig, ob bei der Ermittlung des gemeinen Werts nicht börsennotierter Anteile an einer Kapitalgesellschaft anhand zeitnaher Verkäufe Synergieeffekte wertmindernd zu berücksichtigen sind, die nicht in den erworbenen Anteilen an der Kapitalgesellschaft angelegt, sondern durch den Erwerber persönlich bedingt sind.[1156] Das Gericht konnte den Sachverhalt jedoch unter Zurückweisung an das Finanzgericht entscheiden, ohne auf diesen bewertungsrelevanten Aspekt eingehen zu müssen.[1157] Die grundsätzliche Fragestellung soll hier jedoch erörtert werden. Ihr liegt im Kern offenbar das oben im Kapitel über den Vorrang der Wertableitung gegenüber Schätzungen diskutierte Grundproblem der Wertableitung aus Verkäufen zugrunde: Ein individueller Preis wird zur Ableitung eines objektiven Werts herangezogen. Dies kann, wie dargelegt, im Einzelfall zu nicht sachgerechten Ergebnissen führen. In dem auf die bewertungsrechtlich relevanten Aspekte verkürzten Sachverhalt war der Wert von Anteilen an einer GmbH strittig, die der Ehemann der Klägerin an die Klägerin zu einem Preis von 155 DM je 100 DM Stammkapital veräußert hatte. Dieser Wert war im Stuttgarter Verfahren ermittelt worden. Bereits einige Wochen zuvor entstand auf einem Treffen des Ehemanns mit Vertretern eines Kaufinteressenten ein sog. „Letter of intent", der die feste Absicht der Parteien zum Ausdruck brachte, dem Käufer in einem vereinbarten Zeitraum das Mehrheitseigentum an der GmbH zu verschaffen, wobei ebenfalls ein Kaufpreis[1158] vereinbart wurde. Schließlich erfolgten später tatsächlich Verkäufe zu 498 DM bzw. 502 DM je 100 DM Grundkapital. Das Finanzamt setzte aufgrund der Veräußerung des Ehemanns an seine Frau Schenkungsteuer fest, wobei es von einem Wert von 500 DM je 100 DM Grundkapital ausging. Dies bestätigte das FG München, welches den Wert an diesem Stichtag auf 400 DM je 100 DM Grundkapital feststellte.[1159] Das Gericht ging dabei davon aus, dass der gemeine Wert aus den später erfolgten

[1155] Vgl. BFH vom 08.08.2001 - II R 59/98, BFH/NV, 2002, S. 1463; ähnlich BFH vom 08.08.2001 - II R 59/98, BFH/NV, 2002, S. 317.
[1156] Vgl. zu dieser Formulierung der Rechtsfrage beck-online, Erledigte Verfahren, BFH - II R 39/10.
[1157] Vgl. BFH vom 28.03.2012 - II R 39/10, DStR 2012, S. 1597.
[1158] Dieser Kaufpreis resp. Kurs ist aus dem veröffentlichten Urteil zwar mit 70 bis 75 Mio. für eine 50 %-Beteiligung zu entnehmen. Eine Umrechnung auf den Kurs je 100 DM Grundkapital ist jedoch auf Basis der dortigen Angaben nicht möglich.
[1159] Vgl. FG München vom 13.07.2009 - 4 K 235/06, ErbStB, 2011, S. 5.

Verkäufen abzuleiten sei. Die Rechtsfrage, ob der Verkauf nach dem Stichtag zu berücksichtigen ist, wird an dieser Stelle nicht erörtert.[1160]

Das FG München sah bei der Wertableitung aus Verkäufen keine Veranlassung, die vom Käufer erhofften Synergieeffekte (wertmindernd) zu berücksichtigen. Der Steuerpflichtige hatte vorgebracht, dass der Verkauf der Anteile nicht im gewöhnlichen Geschäftsverkehr zustande gekommen sei. Vielmehr sei der hohe Preis im Wesentlichen auf die vom Käufer erwarteten Synergieeffekte zurückzuführen gewesen. Diese Argumentation entkräftete das FG jedoch m. E. vollkommen zutreffend. Die Möglichkeit, Synergieeffekte zu erzielen, sei häufig einer der tragenden Beweggründe, ein fremdes Unternehmen zu kaufen und sei deshalb auch häufig Anlass, einen über dem „inneren Wert" des Unternehmens liegenden Kaufpreis zu bezahlen. Diese Möglichkeit sei daher gerade auch ein im Unternehmen liegender Wert. Dieser sei nicht an Gesamtvermögen und Ertragsaussichten orientiert, sondern an anderen Chancen, die das Unternehmen bietet, wie z. B. im Streitfall die Möglichkeit, das Händlernetz der GmbH für die Vermarktung der Produkte des Käufers zu übernehmen bzw. die Produktionsstätten der GmbH für die Produktion von Produkten des Käufers zu nutzen. Dieser auch im Unternehmen liegende Wert ermögliche es, einen über dem nur an Gesamtvermögen und Ertragsaussichten orientierten „inneren Wert" des Unternehmens liegenden Kaufpreis zu erzielen, der jedoch nicht für einen Verkauf unter ungewöhnlichen Verhältnissen spricht.

M. E. kann diese Sichtweise durchaus allgemeiner gefasst werden. Der Gesetzgeber orientiert sich – um das Bewertungsproblem zu umgehen – an tatsächlichen Transaktionen. Zur Wertbestimmung wird also ein Preis herangezogen. Nach dem oben beschriebenen Grundsätzen entsteht ein Preis innerhalb des Intervalls der beiden subjektiven Grenzpreise der beteiligten Verhandlungspartner. Eine nicht subjektbezogene Preisbildung ist daher prinzipiell ausgeschlossen. Deshalb ist die hier auf das Wesentliche beschränkte Argumentation, ein Preis sei nicht objektiv, sondern beruhe auf persönlichen Umständen, wenig zielführend. Dies gilt für jeden Preis und damit im Übrigen auch für alle Preise, die der Messung des Erfolgs im Ertragsteuerrecht zugrunde liegen. Es ist darüber hinaus überhaupt nicht denkbar, bestimmte wertbe-

[1160] Vgl. dazu Kapitel E.III.25.

stimmende Elemente isoliert nicht zu berücksichtigen. Vielmehr ist die gesetzgeberische Konzeption überzeugend, das Bewertungsproblem von den Individuen lösen zu lassen. Schließlich steht außer Frage, dass der vereinbarte Preis nicht nur – in Anlehnung an § 9 Absatz 2 Satz 1 BewG – am Markt zu erzielen wäre, sondern sogar zu erzielen war.

24. Anzahl der Verkäufe und Größe der Beteiligung

Nach dem Wortlaut des § 11 Absatz 2 Satz 2 Alternative 1 BewG ist der gemeine Wert aus *Verkäufen* abzuleiten. Fraglich ist daher, ob auch ein einziger Verkauf zur Wertableitung ausreichend ist. Tatsächlich ist die diesbezügliche BFH-Rechtsprechung wechselhaft. Zunächst hielt das Gericht einen einzigen Verkauf für ausreichend,[1161] bevor diese Sichtweise aufgegeben und für die Wertableitung das Vorliegen mehrerer Verkäufe als notwendig erachtet wurde.[1162] Dem folgte das Gericht in einer späteren Entscheidung; der gemeine Wert sei grundsätzlich aus Verkäufen, also aus einer Mehrzahl von Veräußerungsgeschäften, abzuleiten.[1163] Jedoch gingen aus dieser Entscheidung gleichzeitig nicht unwesentliche neue Aspekte hervor. Denn der gemeine Wert sei zumindest dann nicht aus nur einem Verkaufsfall ableitbar, wenn es sich lediglich um die Veräußerung eines Zwerganteils (an die Gesellschaft selbst) handelt.[1164] Die letztgenannte Aussage schränkt einerseits die strikte Forderung nach mehreren Verkäufen ein. Andererseits soll nun auch die Größe eines veräußerten Anteils Einfluss darauf haben, ob der Verkauf zur Wertableitung tauglich ist. Diese Rechtsauffassung wurde folgend für alle Verkäufe, also nicht nur für solche an die Gesellschaft, verallgemeinert[1165] und wiederholt bestätigt.[1166] Dementsprechend wird auch in R B 11.2 Absatz 1 Satz 3 ErbStR 2011 angeordnet, einen einzelnen Verkauf zu berücksichtigen, wenn Gegenstand des Verkaufs nicht nur ein Zwerganteil war.

[1161] Vgl. BFH vom 25.06.1965 - III R 384/60, HFR, 1966, S. 1.
[1162] Vgl. BFH vom 14.10.1966 - III 281/63, BStBl. III, 1967, S. 82.
[1163] Vgl. BFH vom 07.12.1979 - III R 45/77, BStBl. II, 1980, S. 234.
[1164] Vgl. BFH vom 07.12.1979 - III R 45/77, BStBl. II, 1980, S. 234.
[1165] Vgl. BFH vom 05.03.1986 - II R 232/82, BStBl. II, 1986, S. 591.
[1166] Vgl. BFH vom 05.02.1992 - II R 185/87, BStBl. II, 1993, S. 266; BFH vom 22.06.2010 - II R 40/08, BStBl. II, 2010, S. 843.

Diese Rechtsauffassung ist m. E. weitgehend zutreffend. Nach dem Sinn und Zweck der Regelungen sollen vorliegende Preise zur Wertableitung genutzt werden. Sicherlich könnte man auch im Anschluss an die obige Diskussion um Wert und Preis argumentieren, dass mehrere Verkäufe besser geeignet sind, um subjektive Einflüsse zu begrenzen. Wenn man jedoch wiederum die Alternativen einer unsicheren Schätzung betrachtet, wird wohl auch eine einzelne Transaktion wichtige Erkenntnisse über den Wert des Unternehmens erlauben. Sinnvoll ist dies natürlich insbesondere, wenn das gesamte Unternehmen veräußert wird und damit quasi nur ein Verkauf vorliegen kann. Diese Konstellation zeigt wohl am deutlichsten, dass ein Abweichen vom Wortlaut der Vorschrift unzweifelhaft sachgerecht ist. Darüber hinaus eröffnet das Vorhandensein mehrerer Verkäufe weitere Probleme. Denn es ist weder gesetzlich noch in den Richtlinien geklärt, wie die Preise mehrerer Verkäufe zu gewichten sind. Tatsächlich könnte man verschiedenste Gewichtungsmöglichkeiten, etwa nach Größe, nach zeitlichem Abstand zum Bewertungsstichtag oder nach Größenähnlichkeit zum zu bewertenden Anteil, in Erwägung ziehen.[1167]

Neben der Anzahl der Verkaufsfälle ist auch die Größe des Anteils entscheidend. M. E. ist die Nichtberücksichtigung der Veräußerung eines Zwerganteils sachgerecht. Zunächst handelt es sich hierbei um eine sinnvolle Beschränkung missbräuchlicher Gestaltungen.[1168] Daneben hat die Diskussion über den Paketzuschlag gezeigt, dass die Preisunterschiede verschiedener Anteilsgrößen in Relation gesehen mitunter erheblich sein können. Die dort gemachten Ausführungen gelten auch für die hier diskutierte Ableitung aus zeitnahen Verkäufen.[1169] Insofern ist die Anweisung, den in einem Kaufpreis enthaltenen Zuschlag für den Beteiligungscharakter herauszurechnen, soweit der Zuschlag für den bewertenden Anteil nicht anzusetzen ist (R B 11.2 Absatz 1 Satz 7 ErbStR 2011), sachgerecht. Teilweise können die Aussagen zum Paketzuschlag im Vergleich zu der Wertableitung von Paketwerten aus Börsenkursen sogar konkretisiert werden. Die Argumentation, dass der Verkauf von größeren Paketen zu einem ggf. deutlichen Rückgang des Marktpreises führt, ist

---

[1167] Vgl. zu diesem Aspekt auch die Beispiele bei KREUTZIGER, in: Kreutziger/Schaffner/Stephany (Hrsg.), BewG, 2009; § 11 BewG, Rz. 38.

[1168] Vgl. hierzu auch das Modell in Kapitel F.II.4. Die von DÖRNER, BewP, 2/2009, S. 2, gesehene Gestaltungsmöglichkeit durch gezielten Zwerganteilsverkauf war m. E. aufgrund der genannten BFH-Rechtsprechung auch zwischenzeitlich nicht gegeben.

[1169] Vgl. dazu Kapitel E.II.26, insofern bestätigend R B 11.6 Absatz 2 Satz 2 ErbStR 2011.

hier m. E. nur eingeschränkt gültig. Denn die gehandelten Anteile werden im Verhältnis zu den ggf. in Relation zum Gesamtkapital minimalen Börsenumsätzen hier i. d. R. größer sein. Für die Bewertung eines Anteils aus dem Verkauf eines Zwerganteils wäre damit zwar relativ sicher ein Paketzuschlag sachgerecht, dessen Höhe ist jedoch kaum sinnvoll bestimmbar. Pauschale Zuschläge sind zwar praktikabel, aber im Einzelfall oftmals nicht sachgerecht. Deswegen könnte die Bewertung mittels Ertragswert- oder üblicher Methode durchaus zu sachgerechteren Ergebnissen führen als die Wertableitung aus Zwerganteilen. Gleiches gilt auch, wenn ein Zwerganteil zu bewerten ist und lediglich der zeitnahe Verkaufspreis für Anteile von nicht geringfügiger Größe vorliegt. Insofern kann hier der Richtlinie R B 11.2 Absatz 1 Satz 3 ErbStR 2011 zumindest im Grundsatz gefolgt werden.

Fraglich ist natürlich, wie groß eigentlich ein Zwerganteil ist.[1170] Hierzu hat sich eine typisierende Betrachtungsweise herausgebildet. Demnach ist immer dann von Zwerganteilen auszugehen, wenn die Beteiligungsquoten unterschritten werden, die gesetzliche Minoritätsrechte gewähren. Daher wäre im Fall einer AG bei Beteiligungen unterhalb von 10 % (§ 122 Absatz 1 Satz 1 AktG) und im Fall einer GmbH bei Beteiligungen von unter 5 % (§ 50 Absatz 1 GmbHG) von Zwerganteilen auszugehen.[1171] KREUTZIGER verweist zu der Frage nach der Größe eines Zwerganteils auf das BFH-Urteil vom 06.05.1977[1172], bei dem zur Wertableitung von nicht notierten Anteilen zehn Verkäufe i. H. v. je 5.000 DM Nennwert bei einem Grundkapital von 3,4 Mio. DM als ausreichend angesehen wurde.[1173] M. E. ist jedoch fraglich, ob ein solch geringfügiges Volumen grundsätzlich ausreichend ist. Sowohl die Rechtsprechung als auch die ErbStR 2011 gehen bei der Wertableitung wohl von einem eher absoluten Verständnis der Anzahl aus. Sobald mehr als ein Verkauf vorliegt, ist eine Wertableitung möglich. Dies macht jedoch wiederum Gestaltungen, bei denen statt anstelle eines Zwerganteils mindestens zwei Zwerganteile veräußert werden, denkbar. Dies kann aber letztlich auch keine zutreffende Wertableitung gewährleisten. M. E. lassen sich jedenfalls Verkäufe im Volumen von wie im Beispiel rd. 1,6 % allgemein jedenfalls nur bedingt zur Ableitung des Gesamtunternehmenswerts

[1170] Vgl. KREUTZIGER, in: Kreutziger/Schaffner/Stephany (Hrsg.), BewG, 2009, § 11 BewG, Rz. 29.

[1171] Vgl. zu alldem und zur Problematik der Übertragung dieses Quotenkonzepts auf Personengesellschaften HECHT/v. CÖLLN, BB, 2009, S. 2062 ff. m. w. N. zu Rechtsprechung und Literatur.

[1172] Vgl. BFH vom 06.05.1977 - III R 17/75, BStBl. II, 1977, S. 626.

[1173] Vgl. KREUTZIGER, in: Kreutziger/Schaffner/Stephany (Hrsg.), BewG, 2009, § 11 BewG, Rz. 29.

heranziehen.[1174] Im Ergebnis sollten daher Verkäufe auch dann nicht berücksichtigt werden, wenn die Summe der Anteilsgrößen insgesamt unterhalb der Größe eines Zwerganteils liegt.

Die Regelung zur Bewertung eines Zwerganteils selbst ist in den ErbStR m. E. etwas missverständlich formuliert. R B 11.2 Absatz 3 Satz 3 ErbStR 2011 lautet: „Der gemeine Wert ... kann auch aus einem einzigen Verkauf abgeleitet werden, wenn Gegenstand des Verkaufs nicht nur ein Zwerganteil ist oder der zu bewertende Anteil ebenfalls ein Zwerganteil ist." Wenn damit gemeint ist, dass die Wertableitung eines Zwerganteil aus dem einzelnen Verkauf eines Zwerganteils möglich ist,[1175] wäre dies eine sinnvolle Übernahme der Gedanken des BFH-Urteils vom 05.03.1986[1176]. Ein Gestaltungsmissbrauch ist in diesem Fall jedenfalls nicht denkbar. Um im angesprochenen Fall zu bleiben, wäre es also zulässig, einen Anteil im Nennwert von 5.000 DM anhand der zeitnahen Verkäufe derselben Größe vorzunehmen. Die Wertableitung ist gerade deshalb sachgerecht, weil die schwierig zu schätzenden größenbedingten Besonderheiten, also hier ein Wertabschlag für die Zwergbeteiligung, beim Verkauf eingepreist wurden. Alternativ könnte man die Anweisung der ErbStR 2011 jedoch so verstehen, dass die Wertableitung aus einem einzigen Verkauf stets dann ausscheidet, wenn der zu bewertende Anteil ein Zwerganteil ist. Das hieße, die Bewertung wäre in diesem Fall stets nach Ertragsaussichten oder gewöhnlicher Methode vorzunehmen.[1177] Auch wenn diese Lesart nach dem Wortlaut der Richtlinie näher liegt als die erstgenannte Variante, würde dadurch für Zwerganteile die Wertableitung aus zeitnahen Verkäufen insgesamt nicht anzuwenden sein. Dies ist jedoch zu weitführend, weil die – wie oben beschrieben äußerst sinnvolle – Wertableitung eines Zwerganteils aus einem einzigen Zwerganteilsverkauf dann ebenfalls versagt würde.[1178] Dieses Ergebnis kann m. E. auch kaum vom Richtliniengeber gewünscht worden sein.

[1174] Der Einzelfallentscheidung des BFH kann man jedoch ggf. beipflichten, weil sich die Nichtberücksichtigung von Zwerganteilen erst später gefestigt hat. Daneben lagen hier Preise aus dem Freiverkehr vor, die jedoch länger als 30 Tage zurücklagen und insofern nicht mehr in den Anwendungsbereich des § 11 Absatz 1 BewG fielen, aber ggf. trotzdem eine höhere Akzeptanz zur Wertableitung besitzen.

[1175] Vgl. das Verständnis bei HECHT/V. CÖLLN, BB, 2010, S. 797.

[1176] Vgl. BFH vom 05.03.1986 - II R 232/82, BStBl. II, 1986, S. 591.

[1177] Vgl. zu diesem Verständnis PILTZ, DStR, 2009, S. 1831.

[1178] Mit ähnlichem Ergebnis auch PILTZ, DStR, 2009, S. 1831.

25. Zeitliche Aspekte der Wertableitung aus Verkäufen

Die Wertableitung nach § 11 Absatz 2 Satz 2 Alternative 1 BewG ist nur aus Verkäufen möglich, die weniger als ein Jahr zurückliegen. Es ist ein Leichtes, in dieser Regelung einen Verstoß gegen das Stichtagsprinzip der Unternehmensbewertung zu identifizieren.[1179] Offensichtlich kann eine Wertableitung, die auf einem Verkauf beruht, welcher vor dem Bewertungsstichtag stattgefunden hat, die sich zwischenzeitlichen eingetretenen Veränderungen nicht abbilden.

Aus ökonomischer Perspektive ist die Erläuterung von CREUTZMANN einleuchtend. Seines Erachtens bedarf es zur Widerlegung, dass Verkäufe innerhalb von zwölf Monaten nicht stets den zutreffenden Wert abbilden, noch nicht einmal einer Finanzmarktkrise. Vielmehr seien die Marktpreise von nicht notierten Unternehmen grundsätzlich eng an die Entwicklung der Kapitalmärkte gekoppelt.[1180] Diese Feststellung könnte man ggf. anzweifeln und behaupten, dass zwischen dem Wert eines nicht notierten mittelständischen Unternehmens und dem Kursniveau am Kapitalmarkt kein Zusammenhang besteht. Diese Argumentation ist aber wohl zu kurz gegriffen. Der (wenn auch indirekte) Zusammenhang resultiert aus Opportunitäts- bzw. Arbitrageüberlegungen. Ein Inhaber wird sein Unternehmen jedenfalls kaum für einen deutlich geringeren Preis veräußern als er am Kapitalmarkt erhalten könnte. Umgekehrt wird aber ein Investor auch keinen höheren Preis bezahlen als entsprechende Alternativanlagen kosten. Auch wenn die Wertableitung aus Börsenkursen bzw. Marktkapitalisierungen die individuellen Gegebenheiten der Unternehmung nicht abbilden können, ist ein kausaler Zusammenhang nicht abzustreiten. Daher ist auch das von CREUTZMANN gewählte Beispiel anschaulich wie zutreffend: Der Verkauf eines Anteils an einem mittelständischen Unternehmen an eine Private-Equity-Gesellschaft in einer Boomphase an der Börse kann demnach nicht ein Jahr später nach massiv gesunkenen Kursen zur Wertableitung herangezogen werden.[1181] Selbstverständlich gilt dies aber auch für gestiegene Kurse.[1182]

[1179] Das folgend Gesagte gilt – wenn auch nicht in dieser Strenge – ebenso für die Heranziehung eines Börsenkurses, der bis zu 30 Tage zurück liegt.

[1180] Vgl. CREUTZMANN, DB, 2008, S. 2788. Auch PILTZ, DStR, 2009, S. 31, führt die jüngste Erfahrung hoch volatiler Börsenkurse als möglichen Grund zur Abweichung von zeitnahen Verkaufspreisen an. Insofern geht er auch implizit von diesem Zusammenhang aus. Ähnlich dazu JONAS, Erbschaftsteuer, in: Fachinstitut der Steuerberater (Hrsg.), StBJB, 2009, S. 68; NEUFANG, BB, 2009, S. 2005.

[1181] Vgl. CREUTZMANN, DB, 2008, S. 2787 f.

Diese einleitenden Gedanken geben jedoch noch keine Auskunft darüber, ob überhaupt und falls ja, unter welchen Umständen, die auf zeitlichen Aspekten beruhen, ein Abweichen vom zeitnahen Verkaufspreis rechtlich möglich ist. Es wurde bereits geklärt, dass die Formulierung „ableiten“ in § 11 Absatz 2 Satz 2 Alternative 1 BewG einen Raum für die Berücksichtigung besonderer einzelfallbezogener Umstände zulässt. Dabei sind nicht nur die bis hierher diskutierten Aspekte denkbar. Vielmehr ist auch ein Abweichen vom zeitnahen Verkaufspreis sogar dann möglich, wenn dieser im gewöhnlichen Geschäftsverkehr und unter drittüblichen Bedingungen zustande gekommen ist.[1183] Dies ist insbesondere denkbar, wenn sich der Wert des Unternehmens zwischen zeitnahem Verkauf und Bewertungsstichtag geändert hat.[1184] Nur diese weite Auslegung erlaubt eine strikt am gemeinen Wert ausgerichtete und damit verfassungskonforme Bewertung.[1185] Schließlich kann der bis zu einem Jahr entfernt liegende Verkaufspreis nicht in jedem Fall ein geeigneter Indikator für den gemeinen Wert am Stichtag sein. Weiterhin sei aber betont, dass dies – obwohl die Einrede eines geänderten (bzw. geminderten) Unternehmenswerts zunächst beliebig erscheint – nicht mit einem offenen Wahlrecht gleichzusetzen ist. Vielmehr wird der Steuerpflichtige die Beweislast eines niedrigeren und das Finanzamt die Beweislast eines höheren gemeinen Werts tragen.[1186] Dass Abweichungen vom Wert grundsätzlich möglich sind und damit solche Bestrebungen durchaus erfolgsversprechend sein können, zeigt insbesondere ein jüngeres BFH-Urteil.

Nach dem Wortlaut des Gesetzes sollte zunächst offensichtlich sein, dass Transaktionen, die mehr als ein Jahr zurückliegen, nicht berücksichtigungsfähig sein können.[1187] Diese Zeitspanne wurde im Jahr 1974 aufbauend auf Kommentarliteratur und Rechtsprechung in § 11 Absatz 2 BewG aufgenommen.[1188] Eine ausführliche Diskussion über die Länge dieses Zeitraums wäre wohl wenig ertragreich. Für einen

---

1182 Vgl. CREUTZMANN, DB, 2008, S. 2788.

1183 Vgl. EISELE, in: Rössler/Troll (Hrsg.), BewG, Loseblatt, Erg.-Lfg. Oktober 2011, § 11 BewG, Rz. 25.

1184 So im Ergebnis PILTZ, DStR, 2009, S. 1831.

1185 Vgl. PILTZ, DStR, 2009, S. 1831. Gerade zum Verstoß gegen das Stichtagsprinzip steht hierzu der – in Argumentationen zulässige – plakative Vergleich mit dem Wertmaßstab Börsenkurs zur Verfügung. Schließlich könnte man wohl viele Personen davon überzeugen, dass ein „ein Jahr alter Börsenkurs“ den aktuellen Verkehrswert einer Aktie mitnichten „richtig“ darstellt.

1186 Vgl. PILTZ, DStR, 2009, S. 1831.

1187 Jedoch können solche Transaktionen eine Indizwirkung für offensichtlich unzutreffende Ergebnisse des vEWV haben. Vgl. dazu Kapitel F.II.3.

1188 Vgl. MANNEK, in: Gürsching/Stenger (Hrsg.), Bewertungsrecht, Loseblatt, Erg.-Lfg. August 2007, § 11 BewG, Rz. 143 f.

kürzeren Zeitraum spricht, dass zeitlich näherliegende Transaktionen eine bessere Wertableitung als entferntere erlauben. Insofern könnte bspw. die zunehmende Volatilität von Aktienkursen und Erträgen für einen kürzeren Zeitraum sprechen. Jedoch würde ein kürzerer Abschnitt den – vermutlich ohnehin schon nicht besonders üppigen – Anwendungsbereich dieser vom Prinzip her sinnvollen Wertableitungsregel verkleinern. Ein Optimum lässt sich nicht herleiten. Wie bei jeder (Ausschluss-)Grenze ist die Diskussion, warum hier bspw. ein Verkauf, der 360 Tage zurückliegt wesentlich schlechter geeignet sein soll als ein solcher, der 370 Tage zurückliegt, m. E. müßig. Die Festlegung auf ein Jahr wird hier daher nicht weiter beanstandet.

Daneben hatte die Finanzrechtsprechung mehrfach zu entscheiden, ob auch Verkäufe nach dem Stichtag berücksichtigungsfähig sind.[1189] Nach der älteren Rechtsprechung war dies durchaus möglich, soweit das Steigen oder Sinken der Preise zwischen Bewertungsstichtag und Verkaufszeitpunkt berücksichtigt wurde.[1190] Spätere Entscheidungen sahen dies jedoch restriktiver. Demnach kann der gemeine Wert grundsätzlich nicht aus Verkäufen abgeleitet werden, die erst nach dem Bewertungsstichtag abgeschlossen worden sind.[1191] Der BFH ließ jedoch auch Ausnahmen von diesem Grundsatz zu: nämlich dann, wenn die Einigung über den Kaufpreis schon am Bewertungsstichtag herbeigeführt war, der formelle Vertragsschluss jedoch erst kurz nach dem Stichtag erfolgte.[1192] Eine solche Einigung über den Kaufpreis ist nach Auffassung des Gerichts auch dann vor dem Feststellungszeitpunkt zustande gekommen, wenn sich die Verhandlungen durch Festlegung eines Preisrahmens soweit verdichtet haben, dass der Preis durch den Kaufvertrag nur noch dokumentiert wird.[1193] M. E. ist diese wiederholt bestätigte „Verdichtungsrechtsprechung“[1194] eine dem Sinn und Zweck der Regelung entsprechende erweiterte Auslegung von § 11 Absatz 2 Satz 2 Alternative 1 BewG. Dass diese Aus-

[1189] Solche Transaktionen können ebenfalls eine Indizwirkung für offensichtlich unzutreffende Ergebnisse des vEWV haben. Vgl. dazu Kapitel F.II.3

[1190] Vgl. MANNEK, in: Gürsching/Stenger (Hrsg.), Bewertungsrecht, Loseblatt, Erg-Lfg. August 2007, § 11 BewG, Rz. 146; BFH vom 25.06.1965 - III R 384/60, HFR, 1966, S. 1; BFH vom 14.02.1969 - III 88/65, BStBl. II, 1969, S. 395.

[1191] Vgl. BFH vom 30.01.1976 - III R 74/74, BStBl. II, 1976, S. 280.

[1192] Vgl. BFH vom 30.01.1976 - III R 74/74, BStBl. II, 1976, S. 280.

[1193] Vgl. BFH vom 02.11.1988 - II R 52/85, BStBl. II, 1989, S. 80; BFH vom 23.06.1999 - X B 103/98, BFH/NV, 2002, S. 30; BFH vom 11.11.1998 - II R 59/96, BFH/NV, 1999, S. 808; BFH vom 22.06.2010 - II R 40/08, BStBl. II, 2010, S. 843.

[1194] v. OERTZEN, Ubg, 2008, S. 59.

nahme jedoch nicht zu einer Aushöhlung der Regelung führen soll, unterstreicht der BFH-Beschluss vom 16.05.2003. Das Gericht entschied hier, dass es sich bei einem solchen formellen Vertragsabschluss „kurz" nach dem Stichtag nur um einen Zeitraum von Wochen handeln kann.[1195] Jedoch wird die letztgenannte BFH-Entscheidung in einzelnen FG-Urteilen übergangen. Im oben bereits bezgl. der Synergieeffekte besprochenen Urteil wurde eine Verkaufsableitung aus einem sog. Letter of Intent vorgenommen, obwohl der (erste) Verkauf erst rd. vier Monate nach dem Bewertungsstichtag erfolgte.[1196] M. E. können nach dem Sinn und Zweck der Regelung durchaus auch Wertableitungen vorgenommen werden, wenn die rechtlich verbindliche Vereinbarung einen längeren Abstand als die vom BFH angemahnten Wochen hat. Hier wird wiederum eine einzelfallbezogene Sichtweise notwendig sein, bei der verschiedene Aspekte zu berücksichtigen sind. Wenn bspw. die Einigung über den Kaufpreis sehr nah am Bewertungsstichtag liegt, könnte dies dafür sprechen, auch zeitlich weiter entfernte Vertragsabschlüsse nach dem Stichtag zuzulassen, weil dann der zeitnahe Einigungspreis aufgrund der Nähe zum Stichtag (annahmegemäß) den gemeinen Wert besonders gut abbildet. Gleiches gilt, wenn das Stadium der Verhandlungen weit fortgeschritten ist. Umgekehrt würde man einen Einigungspreis, der fast ein Jahr zurückliegt, wohl kaum akzeptieren können, wenn auch der rechtlich verbindliche Vertrag bspw. erst ein Jahr nach dem Bewertungsstichtag zu Stande gekommen ist. Letztlich ist also mit dem Wissenstand des Bewertungsstichtags zu entscheiden, wie belastbar die Preisabsprache bzw. wie wahrscheinlich eine Transaktion zum vereinbarten Preis ist.

All diese Überlegungen sind aufgrund der gesetzlich eindeutigen Vorgabe notwendig, nur Verkäufe vor dem Bewertungsstichtag zu Grunde zu legen. Spätestens an dieser Stelle der Diskussion ist fraglich, warum überhaupt nur Verkäufe *vor* dem Stichtag maßgeblich sein sollen. Das Stichtagsprinzip der Unternehmensbewertung kann zumindest kein Argument sein, weil es bei der Ableitung aus Verkäufen vor dem Stichtag ebenso verletzt wird.[1197] Vor allem ist unklar, warum etwa ein Verkauf kurz nach dem Stichtag für die Wertableitung weniger geeignet sein soll als ein Verkauf vor dem Stichtag, der annähernd ein Jahr zurückliegt. Vielmehr wird der Preis

[1195] Vgl. BFH vom 16.05.2003 - II B 50/02, BFH/NV, S. 1150.
[1196] Vgl. FG München vom 13.07.2009 - 4 K 235/06, ErbStB, 2011, S. 5.
[1197] Vgl. MÖLLMANN, BB, 2010, S. 410.

unabhängig von der zeitlichen Abweichungsrichtung zur Ableitung des gemeinen Werts mit zunehmender Nähe zum Bewertungsstichtag besser geeignet sein. Dies verdeutlicht der gepunktete Graph in Abbildung 18, der auf der Abszisse die Zeit und auf der Ordinate die Eignung des zeitnahen Verkaufspreises für die Wertableitung zeigt.

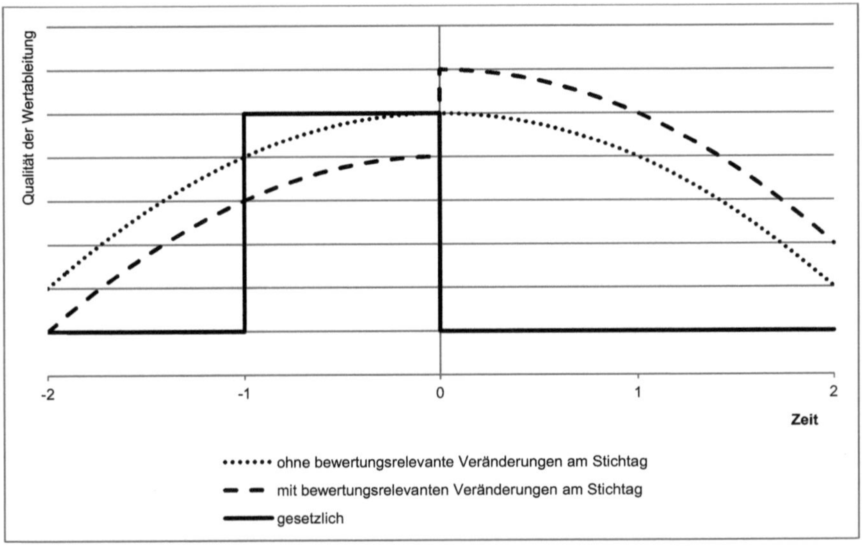

Abbildung 18: Qualität der Wertableitung aus zeitnahen Verkäufen[1198]

Selbstverständlich ist die Funktion unbekannt; so wäre etwa auch ein linearer Verlauf (Dreiecksverteilung) denkbar. Wesentlich ist, dass sie ihr Maximum am Bewertungsstichtag erreicht. D. h. ein Verkauf am Stichtag wäre zur Ableitung des gemeinen Werts, der sich ja stets auf den Stichtag bezieht, am besten geeignet. Dies ist m. E. eine nachvollziehbare Annahme. Es ist nicht denkbar, dass ein anderer Verkaufszeitpunkt besser geeignet wäre. Die in § 11 Absatz 2 Satz 2 BewG grundlegend festgeschriebene asymmetrische Berücksichtigung von Verkaufsfällen ist durch den durchgezogenen Graph der Abbildung 18 dargestellt, Der Gesetzgeber geht davon aus, dass eine Ableitung aus Verkäufen (nur) aus den Verkäufen innerhalb eines Jahres vor dem Stichtag zulässig ist. Dabei macht es keinen Unterschied, ob der Kauf zu Beginn oder am Ende dieses Jahres erfolgt ist. Diese asymmetrische

[1198] Eigene Darstellung.

Berücksichtigung kann mit Blick auf das übergeordnete Bewertungsziel m. E. überhaupt nicht überzeugen. Vielmehr wäre eine symmetrische Gleichbehandlung von zeitnahen Verkaufsfällen deutlich sinnvoller. Für Zwecke der Erbschaft- und Schenkungsteuer hätte dies weitere (praktische) Vorzüge. Einerseits liegen oftmals Verhandlungs- resp. Bewertungsergebnisse aus Erbauseinandersetzungen vor, die dann zur Ableitung des gemeinen Werts tauglich wären, soweit die Anforderungen an das Tatbestandsmerkmal des fremden Dritten in praxi wenig restriktiv ausgelegt werden. Andererseits würden Preise nach dem Stichtag beim Erwerb von Todes wegen den wohl unstrittig wertbeeinflussenden Tod des Unternehmers (s. u.) bereits berücksichtigen und damit schwierigste Schätzfragen entbehrlich machen. Allgemeiner gesagt, könnte eine Wertableitung aus zeitnahen Verkäufen nach dem Stichtag dann besser gelingen, wenn der Bewertungsanlass selbst wertbeeinflussend ist. Dies ist durch den gestrichelten Graph der Abbildung 18 dargestellt. Am Bewertungsstichtag existiert ein Sprung, der die qualitativ hochwertigere Verwertbarkeit eines Verkaufs nach dem wertändernden Ereignis am Bewertungsstichtag kennzeichnet.[1199] Auch sind keine Gestaltungsmissbräuche denkbar, wenn die Rechtsprechung zu den Anforderungen an den gewöhnlichen Geschäftsverkehr und die Zwerganteilsrechtsprechung auf die Verkäufe nach dem Stichtag übertragen wird. Aus dieser wünschenswerten Vorgehensweise kann jedoch m. E. keine Auslegung entgegen den eindeutigen Wortlaut der Vorschrift erfolgen. Eine Argumentation über den (übergeordneten) Sinn und Zweck der Regelung ist wohl unzulässig, weil der Wortlaut eben nicht unklar oder mehrdeutig ist. Der Gesetzgeber sollte die Regelung daher überdenken.

Interessant ist in diesem Zusammenhang, dass die jüngste BFH-Rechtsprechung bei Ereignissen nach dem Stichtag wenig restriktiv ist. Hier ist zunächst das BFH-Urteil vom 22.01.2009 beachtlich. Das Gericht entschied, dass ein nach dem Bewertungsstichtag geminderter Kaufpreis maßgebend ist, wenn bereits am Bewertungsstichtag die Voraussetzungen eines Minderungsrechts objektiv vorhanden waren und die Minderung auch später tatsächlich vollzogen wurde.[1200] Dies ist eine sachgerechte Entscheidung. Schließlich führt eine Minderung nach § 441 Absatz 3 Satz 1 BGB bei

[1199] Wiederum sei auf die lediglich skizzenhafte Darstellung hingewiesen. Sowohl die Sprunghöhe als der Verlauf der beiden Kurvenabschnitte ist nicht bestimmbar. Nichtsdestotrotz sind Tendenzaussagen möglich.

[1200] Vgl. BFH vom 22.01.2009 - II R 43/07, BStBl. II, 2009, S. 444.

Fortbestand aller sonstigen Rechte und Pflichten aus dem Kaufvertrag zu einer Herabsetzung des ursprünglich vereinbarten Kaufpreises auf den Betrag, um den der Mangel den Kaufpreis mindert. Insofern ist die Sichtweise des BFH zutreffend, nach welcher erst diesem neuen, geminderten Kaufpreis die endgültige Wertbestätigung am Markt entnommen werden kann.[1201]

Eine deutlich weitreichendere BFH-Entscheidung zur Berücksichtigung von Umständen nach dem Stichtag erging am 29.07.2010.[1202] Im dortigen – hier auf die bewertungsrechtlich wesentlichen Elemente verkürzten – Sachverhalt war ein geldwerter Vorteil eines Arbeitnehmers zu bewerten.[1203] Dieser hatte im Rahmen einer Kapitalerhöhung Aktien seines Arbeitgebers für einen Preis erworben, der einem rechnerischen Unternehmenswert von rd. 30 Mio. DM entsprach.[1204] Nach Auffassung des BFH galt der hieraus resultierende Vorteil am 21.05.1999 (Tag der Handelsregistereintragung) als zugeflossen. Im Einjahreszeitraum vor diesem Bewertungsstichtag waren insgesamt sechs Transaktionen der betreffenden Aktien zu verzeichnen. Hierbei ergab sich in fünf Fällen ein (hochgerechneter) Unternehmenswert von 22 Mio. DM und in einem Fall ein solcher i. H. v. 30 Mio. DM. Bereits am 22.04.1999 engagierte die Gesellschaft einen Emissionsberater, der ihren Börsengang durchführen sollte. Die Beteiligten gingen dabei von einem fiktiven Unternehmenswert bei Börsennotierung i. H. v. 130 Mio. bis 180 Mio. DM aus. Der Börsengang der Gesellschaft erfolgte am 01.07.1999. Der Ausgabekurs einer Aktie entsprach einer Marktkapitalisierung von rd. 83 Mio. €. Der erste notierte Kurs ergab eine Marktkapitalisierung von 126 Mio. € und der niedrigste Börsenkurs am Tag der Einbuchung der Aktien in das Depot des Klägers (12.07.1999) eine Marktkapitalisierung von 163 Mio. €. Das Finanzamt legte zur Bestimmung des geldwerten Vorteils zunächst den Wert bei Einbuchung in das Depot (163 Mio. €) und nach einem Einspruch den Wert zum Ausgabekurs (83 Mio. €) zu Grunde. Im finanzgerichtlichen

---

1201 Vgl. BFH vom 22.01.2009 - II R 43/07, BStBl. II, 2009, S. 444; dazu auch ausführlich MÖLLMANN, BB, 2010, S. 412 f.

1202 Vgl. BFH vom 29.07.2010 - VI R 30/07, BStBl. II, 2011, S. 68.

1203 Damit entschied der BFH in dem oben bereits genannten ertragsteuerlichen Zweck. Eine Anwendung der Rechtsgedanken für Zwecke der Erbschaft- und Schenkung-steuer sollte nach der oben geführten Diskussion wohl unproblematisch sein. Vgl. zu diesem Aspekt für den vorliegenden Fall HALACZINSKY, ErbStB, 2010, S. 379.

1204 Für die hiesige Analyse wurde stets der Gesamtunternehmenswert berechnet. Die Anzahl der Aktien, die der Kläger erhielt, veränderte sich später im Rahmen einer Kapitalerhöhung aus Gesellschaftsmitteln, sodass die verschiedenen Kurse ohnehin nicht vergleichbar waren und erst durch die Betrachtung anhand des Gesamtwerts Sinn ergeben.

Verfahren erhielt der Kläger Recht; hier war gar nicht von einer verbilligten Überlassung der Aktien im Rahmen der Kapitalerhöhung ausgegangen worden.

Der BFH entschied jedoch anders.[1205] Zunächst bekräftigte das Gericht besonders deutlich das Tatbestandsmerkmal „ableiten“, was eben bedeute, dass der gemeine Wert nicht zwingend den vorliegenden Kaufpreisen entsprechen müsse. Vielmehr sei der Kaufpreis zu ändern, wenn Umstände vorliegen, die eine Änderung gebieten. Wenn solche besonderen Umstände vorliegen, seien die festgestellten und weniger als ein Jahr zurückliegenden Verkaufspreise nicht unbesehen als gemeiner Wert zu übernehmen, sondern lediglich Ausgangspunkt des zu schätzenden gemeinen Werts. Grundlage der Schätzung wären dann die festgestellten Veräußerungspreise, die durch schätzweise zu ermittelnde Zu- und Abschläge unter Berücksichtigung der besonderen Umstände zu bestimmen sind. Diese Sichtweise wird im vorliegenden Urteil sogar deutlich konkretisiert. Eine Wertableitung aus Verkäufen nach § 11 Absatz 2 Satz 2 Alternative 1 BewG scheidet demnach auch dann aus, wenn nach den im gewöhnlichen Geschäftsverkehr erfolgten Veräußerungen, aber noch vor dem Bewertungsstichtag weitere objektive Umstände hinzutreten, die dafür sprechen, dass diese Verkäufe nicht mehr den gemeinen Wert des Unternehmens zum Bewertungsstichtag widerspiegeln und es an objektiven Maßstäben für Zu- und Abschläge fehlt, um von den festgestellten Verkaufspreisen auf den gemeinen Wert schließen zu können. In einem solchen Fall lasse sich aus den zuvor erfolgten Verkäufen innerhalb des Jahreszeitraums ebenso wenig der gemeine Wert ableiten wie aus Verkäufen, die mehr als ein Jahr zurückliegen, um entsprechend dem Grundsatz des § 11 Absatz 2 Satz 2 Alternative 1 BewG von den festgestellten Verkaufspreisen auf den gemeinen Wert als Ausdruck der Wertbestätigung am Markt schließen zu können. Demnach komme dann nur § 11 Absatz 2 Satz 2 Alternative 2 BewG, also die Wertermittlung unter Berücksichtigung der Ertragsaussichten oder anhand anderer üblicher Methoden in Betracht.

Im Streitfall sah das Gericht solche besonderen Umstände verwirklicht. Diese bestünden darin, dass das Unternehmen und die mit der Steuerung und Platzierung der Emission als verantwortliche Konsortialführerin beauftragte Bank von einer

[1205] Vgl. zum Folgenden BFH vom 29.07.2010 - VI R 30/07, BStBl. II, 2011, S. 68.

Bewertung der Anteile ausgegangen waren, die deutlich von den zuvor erzielten Verkaufspreisen abwich. Denn die Bank legte sowohl bei der Präsentation des Börsengangs am 06.03.1999 als auch bei ihrer Bestellung als Konsortialführerin am 22.04.1999 nicht mehr einen Unternehmenswert i. H. v. 22 Mio. bis 30 Mio. DM, sondern einen solchen zwischen 130 Mio. und 180 Mio. DM zugrunde. Diese Werte wurden auch Dritten, insbesondere künftigen Anlegern am Kapitalmarkt, präsentiert. Daher scheide eine Wertableitung aus den Verkäufen auch deshalb aus, weil kein objektiver Maßstab erkennbar sei, der mittels Zu- und Abschlägen von den festgestellten Verkaufspreisen auf den gemeinen Wert des Unternehmens kurz vor dem Gang an den Kapitalmarkt schließen ließe.

Diese Entscheidung des BFH ist beachtlich und m. E. sachgerecht. Zunächst ist wohl unstrittig, dass zur Bewertung aufgrund des Zuflusses des Vorteils am 21.05.1999 keinesfalls die späteren Börsenkurse heranzuziehen sind. Jedoch ist auch die Nichtberücksichtigung der zeitnahen Verkäufe vertretbar. Schließlich sind zwischenzeitlich Erkenntnisse über den Wert der Unternehmung hervorgetreten, welche die zuvor erzielten Verkaufspreise in hohem Maße fragwürdig erscheinen lassen. Auch wenn es im Rahmen der Planung des Börsengangs nicht zu weiteren Verkäufen gekommen ist, hat die neue Schätzung des Unternehmenswerts und die Kommunikation dieses Werts nach außen eine hinreichende Indizwirkung, um von den Preisen der zeitnahen Verkäufe abzuweichen. Diese neue Ausgangsbasis für den Unternehmenswert ist jedoch wiederum nicht ausreichend, um den gemeinen Wert auf dieser Basis festzulegen. Schließlich fehlt es an einer wertbestätigenden Transaktion zumindest vor dem Bewertungsstichtag. Daran ändert auch der später beim Börsengang tatsächlich erzielte Verkaufspreis nichts, weil dieser im aktuellen Recht am Bewertungsstichtag noch nicht berücksichtigt werden kann.

Mit dem Urteil scheint der BFH die Versagung der Wertableitung aus zeitnahen Verkäufen von zwei Voraussetzungen abhängig machen zu wollen. Einerseits sollen objektive Umstände vorliegen, die eine Änderung notwendig machen. Andererseits sollen zusätzlich keine objektiven Maßstäbe für Zu- und Abschläge erkennbar sein, um von den zeitnahen Verkaufspreisen auf den gemeinen Wert zum Bewertungsstichtag schließen zu können. Die erstgenannte Bedingung ist offenbar sehr weit gefasst. Hierzu könnte bspw. auch die zwischenzeitliche Veräußerung wesentlicher Betriebsgrundlagen zählen.[1206] Jedoch ist damit, sowie im vorliegenden Urteil, lediglich eine unternehmensindividuelle Situation beurteilt worden. Hieraus kann daher (noch) nicht geschlossen werden, dass auch Veränderungen der allgemeinen Rahmenbedingungen, wie die Branchenperspektive oder die allgemeine wirtschaftliche Lage, berücksichtigungsfähig sind.[1207] M. E. sind aber mit der einleitenden Argumentation von CREUTZMANN auch solche übergeordneten Einflüsse zu berücksichtigen. Der vor (bis zu) einem Jahr erzielte Kaufpreis ist eben nicht zwingend ein verlässlicher Indikator für den gemeinen Wert am Stichtag. Daher sind über die hier analysierte Rechtsprechung, die lediglich beispielhaft Hinweise auf solche Umstände geben kann, mannigfaltige Gründe denkbar, die eine Wertableitung aus Verkäufen als nicht sinnvoll erscheinen lassen. Damit existiert für den Steuerpflichtigen wiederum ein erheblicher Argumentationsspielraum.

Hier soll für Zwecke der Erbschaft- und Schenkungsteuer jedenfalls noch die wichtige Frage diskutiert werden, ob der Tod des Erblassers einen solchen Umstand darstellen kann. Auf den ersten Blick mag man dies mit dem Hinweis auf die Nichtberücksichtigung persönlicher Verhältnisse oder dem Charakter des gemeinen Werts als objektiven Wert verneinen. Eine solche Argumentation ist aber m. E. unzutreffend. Auch wenn oben herausgearbeitet wurde, dass es sich bei der Wertkonzeption des gemeinen Werts mitnichten um einen subjektiven Wert handelt, heißt dies nicht, dass Verhältnisse, die tatsächlich bzw. für jedermann wertbestimmend wirken, nicht berücksichtigt werden dürfen. Dies muss auch dann gelten, wenn diese Umstände ihre Ursache im persönlichen Bereich haben. Falls also ein zeitnaher Verkauf vorliegt, der unter der Prämisse stattgefunden hat, dass die Unternehmerpersönlichkeit selbst weiterhin geschäftsführend tätig ist und der Unternehmer dann stirbt, spiegelt dieser den neuen gemeinen Wert nur bedingt wider. Der Unternehmer selbst wird i. d. R. erheblichen Anteil am Unternehmenserfolg haben. Daher ist dieses besondere Ereignis sehr wohl wertbestimmend zu berücksichtigen, weil das prospektiv zu bewertende Unternehmen tatsächlich bzw. objektiv nicht mehr von den Fähigkeiten des Unternehmers profitieren kann.

[1206] Vgl. HALACZINSKY, ErbStB, 2009, S. 82. Dies sollte jedenfalls dann so sein, wenn die entsprechenden Erlöse dem Unternehmen etwa durch Entnahme oder Ausschüttung nicht mehr zur Verfügung stehen.

[1207] Dagegen SCHIFFERS, DStZ, 2009, S. 550.

Das zweite vom BFH vorausgesetzte Merkmal, wonach keine objektiven Wertzu- oder Abschläge vorliegen sollen, ist aus dem Blickwinkel des grundsätzlichen Vorrangs der Wertableitung vor der Schätzung vertretbar. In praxi wird das m. E. jedoch regelmäßig der Fall sein. Als einzig erkennbare Ausnahme sind hierbei die im Schrifttum weitgehend identisch genannten Paketzuschläge zu nennen. Darüber hinaus sind aber wohl kaum Umstände denkbar, zu deren Berücksichtigung objektive Maßstäbe für Zu- und Abschläge vorliegen. Daher wird beim Vorliegen besonderer Umstände wohl regelmäßig die Wertermittlung unter Berücksichtigung der Ertragsaussichten oder anhand einer üblichen Methode erfolgen (müssen).

Neben dem Versuch, bei der Steuererklärung oder im Einspruchs- resp. Klageweg die Nichtberücksichtigung von zeitnahen Verkäufen aufgrund der beschriebenen oder anderen besonderen Umstände durchzusetzen, bieten sich dem Steuerpflichtigen im Rahmen der zeitlichen Restriktion des § 11 Absatz 2 Satz 2 Alternative 1 BewG auch subtilere Möglichkeiten, seine Steuerbelastung zu minimieren. Falls etwa (bereits) zeitnahe Verkäufe vorliegen, kann der Steuerpflichtige durch die Wahl des Schenkungszeitpunkts faktisch selbst entscheiden, ob diese Verkäufe zur Wertableitung heranzuziehen sind.[1208] Geht er von im Vergleich zum Verkauf gestiegenen Unternehmenswerten aus, bietet sich eine Schenkung innerhalb des Einjahreszeitraums an. Ist der Unternehmenswert gesunken, könnte man die Einjahresfrist verstreichen lassen und so eine neue Unternehmensbewertung erreichen. Ähnliche Überlegungen ergeben sich, falls zeitnahe Verkäufe zwar noch nicht vorliegen, aber zumindest in überschaubarer Zeit anstehen.[1209] Da in den wohl überwiegenden Fällen ein Wahlrecht zum vEWV besteht, können im Rahmen dieser Entscheidungen kostengünstige Verprobungen vorgenommen werden. Bei potentiell hohen Steuerlasten wird auch eine gutachterliche Unternehmensbewertung lohnenswert sein.

[1208] Vgl. dazu auch SCHIFFERS, DStZ, 2009, S. 550.
[1209] Vgl. SCHIFFERS, DStZ, 2009, S. 550.

IV. Identifikation von Unternehmensbewertungsverfahren in der Praxis

1. Empirische Studien

Wie in Kapitel E.I. deutlich wurde, ist die Frage nach der Üblichkeit von Bewertungsverfahren für deren Anwendung für steuerliche Zwecke essentiell. Daher ist hier zunächst zu untersuchen, welche Unternehmensbewertungsverfahren in der Praxis zur Anwendung kommen. Dies kann nicht durch juristische Deduktion, sondern nur durch Marktbeobachtung geklärt werden.[1210] Daher sind vorliegende empirische Erkenntnisse zur Unternehmensbewertung auf Aussagen zur Art der angewendeten Bewertungsverfahren zu untersuchen. Die Analyse beschränkt sich hierbei auf Studien im deutschen „Bewertungsmarkt", weil – jedenfalls bei der Bewertung von inländischem Vermögen – dieser maßgeblich sein sollte. Zunächst folgt eine kurze Datenaufbereitung der verschiedenen Ergebnisse, die in Tabelle 3 mündet. Anschließend werden Schlussfolgerungen für den hier diskutierten Bewertungszweck gezogen.

In der ersten hier ausgewählten Studie befragten PEEMÖLLER/ BÖMELBURG/ DENKMANN[1211] im Jahr 1994 mit Wirtschaftsprüfungsgesellschaften, M&A-Beratungsgesellschaften, Investmentbanken, Unternehmensberatungsgesellschaften, Banken sowie Beteiligungs- und Industrieunternehmen sieben verschiedene Gruppen von Unternehmen, die sich mit der Thematik der Unternehmensbewertung beschäftigen. In Tabelle 3 sind die gruppenübergreifenden Antworten nach der relativen Häufigkeit bzw. Bedeutung von 55 Befragten angegeben. Bereits hier wurde festgestellt, dass die Unternehmen oftmals mehrere Bewertungsverfahren gleichzeitig verwenden und eine Gewichtung der Methoden nach deren Bedeutung daher als schwierig angesehen wird.[1212]

[1210] Vgl. PILTZ, DStR, 2008, S. 747; PILTZ, DStR, 2009, S. 1830; HENSELMANN/BARTH, BewP, 2/2009, S. 9; MÖLLMANN, in: Tiedtke (Hrsg.), ErbStG, 2009, § 12 ErbStG, Rz. 133.

[1211] Vgl. PEEMÖLLER/BÖMELBURG/DENKMANN, WPg, 1994, S. 741 ff.

[1212] Vgl. PEEMÖLLER/BÖMELBURG/DENKMANN, WPg, 1994, S. 742. Bezeichnend für die Zweckbezogenheit der Bewertung (und wohl auch für die Dominanz der Argumentationsfunktion) ist die dortige Erkenntnis, dass das Bewertungsverfahren stark vom Bewertungsauftrag abhängig ist.

Die Studie von PEEMÖLLER/MEYER-PRIES[1213] aus dem Jahr 1995 untersucht das Beratungsfeld der Unternehmensbewertung im steuerberatenden Berufsstand. Wiederum ist die relative Häufigkeit bzw. Bedeutung der Verfahren dargestellt, die auf 215 Antworten der Befragten resultiert.

ROCKHOLTZ[1214] befragte 1999 insgesamt 42 Konzerne, wobei in Tabelle 3 zunächst die Ergebnisse auf die Frage nach dem zentralen Unternehmensbewertungsverfahren wiedergegeben sind. Dabei wurde angenommen, dass die 16,7 % der Konzerne, welche mehrere Methoden anwenden, jeweils die gleichen Methoden wie die anderen Befragten verwenden.[1215] Ein abweichendes Ergebnis ergibt sich bei der Befragung nach den grundsätzlich angewendeten Methoden, bei dem eine Mehrfachnennung möglich war. Aus dem Vergleich dieser beiden Ergebnisse wird deutlich, dass Substanzwertverfahren, soweit sie verwendet werden, offenbar lediglich als Kontrollgröße Anwendung finden. Denn sie nehmen zwar bei den verwendeten Verfahren eine bedeutende Stellung ein, sind aber bei dem zentralen Bewertungsverfahren nicht isoliert genannt.[1216]

In der Studie von PEEMÖLLER/KUNOWSKI/HILLERS[1217] aus dem Jahr 1999 wurden Antworten von 37 Unternehmen ausgewertet. Dabei wurden sowohl Gesellschaften befragt, die Unternehmensbewertungen als Käufer (Industrie-, Handels- und Dienstleistungsunternehmen) als auch als Berater (Universalbanken, Unternehmensberatungen, Wirtschaftsprüfungsgesellschaften und Investmentbanken) durchführen. Die in Tabelle 3 dargestellten Werte zeigen das Ergebnis auf die Frage nach der Anwendungshäufigkeit von verschiedenen Bewertungsverfahren, wobei Mehrfachnennungen möglich waren.

1213 Vgl. PEEMÖLLER/MEYER-PRIES, DStR, 1995, S. 1202 ff.
1214 Vgl. ROCKHOLTZ, Akquisitionsmanagement, 1999, S. 191 ff.
1215 Die Grundgesamtheit wurde also angepasst. Bspw. entsprechen 7,1 % (Multiplikatorverfahren) aus dem Ergebnis der Studie hier $\frac{7{,}10\%}{100\%-16{,}7\%} = 8{,}52\%$.
1216 Bei den Unternehmen, die mehrere Verfahren anwenden, könnten sie zusammen mit anderen Verfahren auch als „zentrales Verfahren" zur Anwendung kommen. Diese Information geht durch die beschriebene Anpassung der Grundgesamtheit verloren.
1217 Vgl. PEEMÖLLER/KUNOWSKI/HILLERS, WPg, 1999, S. 622 ff.

BRÖSEL/HAUTTMANN[1218] erhielten 2007 41 Antworten auf die Frage nach der Methode der Unternehmensbewertung zur Bestimmung von Konzessionsgrenzen, wobei Mehrfachnennungen möglich waren. In Tabelle 3 sind dabei sowohl die investitionstheoretischen Verfahren als auch das Ertragswertverfahren nach IDW S 1 als Ertragswertverfahren erfasst. Die dort mit rd. 37 % angegebenen Verfahren der börsengestützten Bewertung wurden in Tabelle 3 nicht berücksichtigt, weil keine (sinnvolle) Aufteilung auf die dortigen Kategorien möglich erscheint (in Frage kämen wohl insbesondere Vergleichspreise sowie die Multiplikatorverfahren und u. U. auch der Börsenkurs).

Vor dem Hintergrund der hier betrachteten Reform haben HENSELMANN/BARTH[1219] im Jahr 2009 besonders differenzierte Antwortmöglichkeiten bereitgestellt. In der unten dargestellten Tabelle wurde das Ausschüttungs- bzw. Dividendendiskontierungsmodell den Ertragswertmethoden, der Realoptionsansatz den sonstigen Methoden, der Residualgewinnansatz den Mischverfahren, der Similar Public Company Ansatz den Multiplikatorverfahren und der Recent Acquisition Ansatz den Vergleichspreisen zugeordnet.

In der Untersuchung von FISCHER-WINKELMANN/BUSCH[1220] wurden 2009, ähnlich wie in der Studie von PEEMÖLLER/MEYER-PRIES, ebenfalls Steuerberater befragt. Hierbei wurden über die Mitgliedersuchfunktion der Internetseite der DATEV nur solche selektiert, die als Arbeits- bzw. Tätigkeitsschwerpunkt die Unternehmensbewertung angegeben hatten. Die Tabelle 3 zeigt in der vorletzten Spalte das Ergebnis auf die Frage nach der am häufigsten verwendeten Methoden und in der letzten Spalte das Ergebnis auf die Frage nach den wichtigsten verwendeten Methoden, wobei hier bis zu vier Methoden genannt werden konnten. Beide Spalten basieren auf 80 Antworten. Die Transaction Multiples wurden den Vergleichspreisen und die Zuschlagsmethoden den Mischverfahren zugeordnet.

[1218] Vgl. BRÖSEL/HAUTTMANN, FB, 2007, S. 223 ff.
[1219] Vgl. HENSELMANN/BARTH, BewP, 2/2009, S. 9 ff.
[1220] Vgl. FISCHER-WINKELMANN/BUSCH, FB, 2009, S. 635 ff.

Jahr der Studie	1994[1229]	1995[1228]	1999[1227]	*1999[1226]	*1999[1225]	*2007[1224]	2009[1223]	2009[1222]	*2009[1221]
Ertragswertverfahren	39 %	24 %	26 %	64 %	46 %	37 %	16 %	55 %3	94 %
DCF-Verfahren	33 %	2 %	63 %	81 %	95 %	95 %	32 %	16 %	48 %
Kombinationsverfahren/ Mischverfahren		35 %			5 %	29 %	2 %	3 %	28 %
Stuttgarter Verfahren		22 %					1 %	18 %	59 %
Multiplikatorverfahren	5 %	9 %	9 %	81 %	73 %	68 %	20 %	8 %	45 %
Vergleichspreise (insbesondere Recent Aquisition Ansatz)	8 %				19 %	39 %	16 %		4 %
Substanzwertverfahren	4 %	4 %		43 %	16 %		3 %		30 %
Liquidationswertverfahren		5 %					4 %		9 %
Börsenwert	6 %				5 %				
Sonstiges	5 %		3 %			5 %	6 %	1 %	3 %

Tabelle 3: Unternehmensbewertungsverfahren in der Praxis[1230]

1221 Vgl. FISCHER-WINKELMANN/BUSCH, FB, 2009, S. 635 ff.
1222 Vgl. FISCHER-WINKELMANN/BUSCH, FB, 2009, S. 635 ff.
1223 Vgl. HENSELMANN/BARTH, BewP, 2/2009, S. 9 ff.
1224 Vgl. BRÖSEL/HAUTTMANN, FB, 2007, S. 293 ff.
1225 Vgl. PEEMÖLLER/KUNOWSKI/HILLERS, WPg, 1999, S. 621 ff.
1226 Vgl. ROCKHOLTZ, Akquisitionsmanagement, 1999, S. 191 ff.
1227 Vgl. ROCKHOLTZ, Akquisitionsmanagement, 1999, S. 191 ff.
1228 Vgl. PEEMÖLLER/MEYER-PRIES, DStR, 1995, S. 1202 ff.
1229 Vgl. PEEMÖLLER/BÖMELBURG/DENKMANN, WPg, 1994, S. 741 ff.

Die Ergebnisse der einzelnen in Tabelle 3 zusammengefassten Studien wirken auf den ersten Blick sehr heterogen. Jedoch lassen sich zumindest Tendenzaussagen ableiten. So wird etwa deutlich, dass das Stuttgarter Verfahren offensichtlich außerhalb von Bewertungen, die vom steuerberatenden Berufsstand erstellt werden, so gut wie keine Rolle spielt. Dieses Ergebnis ist wenig überraschend. Das Stuttgarter Verfahren ist ein rein steuerliches (verwaltungsinternes) Bewertungsverfahren, welches den Ansprüchen an eine sachgerechte Verkehrswertermittlung nicht gerecht wird. Daher wird es in praxi auch nicht zur Ermittlung von Unternehmenswerten verwendet. Ähnliches gilt in abgeschwächter Form für die Mischverfahren. Auch diese sind vermehrt im steuerberatenden Berufsstand anzutreffen, was auf die dort vorhandenen bilanziellen Kenntnisse oder die Vorliebe für bilanzielle Betrachtungsweisen zurückzuführen ist.[1231] Etwas verwunderlich ist daher, dass dies nicht gleichermaßen für das Substanz- oder Liquidationswertverfahren gilt. Auffällig ist jedenfalls, dass Ertragswert- und DCF-Verfahren bei der Frage nach einem Bewertungsverfahren regelmäßig dominieren.

Daneben werden Multiplikatorverfahren und Substanz-/Liquidationswertverfahren hier kaum genannt. Anders ist dies, wenn mehrere verwendete Verfahren anzugeben waren. Dies zeigt, dass letztgenannte gerade in Kombination mit anderen Methoden genutzt werden. Die Rolle der Multiplikatorverfahren als Mittel der Plausibilitätsprüfung spiegelt sich daher auch in den empirischen Erkenntnissen wider.[1232] Ähnlich ist dies wohl bei dem Substanz- bzw. Liquidationswert, der in praxi mutmaßlich oftmals als Wertuntergrenze berechnet wird. Beide letztgenannten Vorgehensweisen erscheinen auch ökonomisch sinnvoll, weil die genannten Methoden i. d. R. mit geringem Aufwand für zumindest zu Verprobungszwecken brauchbaren Ergebnissen führen. Dies zeigt ebenso die wesentliche Erkenntnis, wonach zur Bewertung oftmals verschiedene Bewertungsverfahren nebeneinander angewendet werden.[1233] Explizit ermitteln HENSELMANN/BARTH die durchschnittliche Anzahl der Bewertungsverfahren für verschiedene Bewertungsanbieter:

1230 Bei den mit * gekennzeichneten Untersuchungen waren Mehrfachnennungen möglich.
1231 Vgl. zu dieser Vermutung auch PEEMÖLLER/MEYER-PRIES, DStR, 1995, S. 1208.
1232 Vgl. FISCHER-WINKELMANN/BUSCH, FB, 2009, S. 646 f.
1233 Vgl. dazu bereits PEEMÖLLER/BÖMELBURG/DENKMANN, WPg, 1994, S. 742.

Bewertungsanbieter	Anzahl der Bewertungsverfahren
Investmentbank	3,4
M&A-Beratung	3,3
Private Equity	3,3
Unternehmensberatung	3,2
Corporate Finance Häuser	3,1
Geschäftsbanken	2,6
Venture Capital	2,4
Investmentfonds	2,3
Konzerne	1,9
Wirtschaftsprüfung	1,7
Steuerberatung	1,3

Tabelle 4: Durchschnittliche Anzahl der Bewertungsverfahren je Bewertungsfall[1234]

Aus Tabelle 4 geht zweifelsfrei hervor, dass die Ermittlung eines Unternehmenswerts in praxi nur selten auf lediglich einem Bewertungsverfahren beruht. Die Schlussfolgerung der Autoren, dass die Bewertungspraxis ganz klar einen Methodenpluralismus erkennen lässt,[1235] ist daher offensichtlich zutreffend. Wenn man diese empirisch belastbare Aussage in Zusammenschau mit der schwierigen Begrifflichkeit der „Üblichkeit" sieht, ist ein wesentliches Ergebnis für die Methodenhierarchie ableitbar: Aus den empirischen Erkenntnissen lässt sich kein allgemeiner Vorzug einer bestimmten Methode erkennen. Dem folgend kann auch tendenziell für einzelne Branchen angenommen werden, dass es oftmals nicht möglich sein wird, eine Methode zu identifizieren, die ein Erwerber zur Bemessung des Kaufpreises heranziehen würde. Denn diese müsste dann weit überwiegend zum Einsatz kommen. Eine solche Methode ist nach dem heterogenen Bild der Tabelle 3 aber kaum zu erkennen. Dies gilt insbesondere sogar für die Ergebnisse, bei denen nach nur einer Methode gefragt wurde.

Vielmehr können die Studien vom Steuerpflichtigen argumentativ genutzt werden, um die (Allein-)Üblichkeit einer bestimmten Methode anzuzweifeln, wenn die Finanzverwaltung eine bestimmte Methode aufgrund der Anordnung, zwingend die Erwerbermethode anzuwenden, anwenden möchte. Schließlich kann die Üblichkeit –

1234 Quelle: HENSELMANN/BARTH, BewP, 2/2009, S. 11.
1235 Vgl. HENSELMANN/BARTH, BewP, 2/2009, S. 12.

wie einleitend formuliert – nicht „erdacht“, sondern nur beobachtet werden. Dass die Finanzverwaltung ggf. ein derartiges Vorgehen anstrebt, zeigt eine Veröffentlichung des Bayerischen Staatsministeriums der Finanzen, die Diskussionsgegenstand des nächsten Kapitels sein wird.

2. Branchenorientierte Bewertungsverfahren nach der Liste des Bayerischen Staatsministeriums der Finanzen

Die im vorherigen Kapitel aufbereiteten empirischen Studien geben jedoch keine Antwort auf die Frage, in welchen Branchen welche Bewertungsmethoden üblich sind. Zwar lässt sich aus den Studien bspw. entnehmen, dass Investmentbanken vermehrt DCF-Verfahren sowie Multiplikatorverfahren und Wirtschaftsprüfungsgesellschaften eher Ertragswertverfahren verwenden. Dies gibt aber eben keinen Aufschluss über die Unternehmensbewertungsverfahren innerhalb der Branche. Diese ist nämlich nicht nach dem Bewertungssubjekt, sondern nach dem Bewertungsobjekt abzugrenzen. D. h. es ist fraglich, wie Unternehmen einer bestimmten Branche bewertet werden. Jedenfalls ist es Aufgabe der Finanzverwaltung zu prüfen, ob eine branchentypische Methode vorliegt,[1236] soweit dies nicht bereits aus den Angaben des Steuerpflichtigen ersichtlich ist. Hierzu hat das Bayerische Staatsministerium der Finanzen in einem Anwendungsschreiben eine Liste branchenüblicher Unternehmensbewertungsverfahren veröffentlicht.[1237] Äußerst zutreffend ist die (Selbst-)Einschätzung zur Maßgeblichkeit einer solchen Liste. Unter dem dortigen Abschnitt 1.5 heißt es: „Auch dort, wo branchenübliche Verfahren festgestellt wurden, erheben diese in der Regel keinen Ausschließlichkeitsanspruch, sondern räumen ein, dass in besonderen Fällen auch andere Methoden zu besseren Ergebnissen führen können. Daher kann auch die Gesetzesregelung nicht dahingehend verstanden werden, dass ausnahmslos ein branchenübliches Verfahren zur Anwendung kommt, wenn ein Unternehmen dieser Branche angehört.“

[1236] Vgl. VISKORF, ZEV, 2009, S. 593.

[1237] Vgl. zum gesamten Kapitel Bayerisches Staatsministerium der Finanzen vom 04.01.2013 – 34/31/33 - S 3102 - 0006 – 333/13, BeckVerw 267920, S. 1 ff.

Nichtsdestotrotz ist es offensichtlich, dass die Zusammenstellung gerade innerhalb der Finanzverwaltung an Beachtung gewinnen wird.[1238] Insbesondere wird es für die Verwaltung kaum möglich sein, ein Bewertungsgutachten abzulehnen, welches nach der dort als branchenüblich identifizierten Bewertungsmethode angefertigt wurde. Daher erfolgt in Tabelle 5 eine komprimierte Auswertung des Schreibens, indem für jede genannte Branche die Angaben zum branchentypischen Verfahren oder zur Art des Verfahrens aufgezeigt werden.

Branche	**Bewertungsverfahren**
Freie Berufe	
Steuerberatungskanzleien	- Multiplikatorverfahren (Umsatzverfahren auf Basis des nachhaltigen Umsatzes, Abschläge bei Tod des Praxisinhabers, Multiplikator i. d. R. zwischen 0,8 und 1,4) - Ertragswertverfahren unter Berücksichtigung der Besonderheiten von Steuerberatungskanzleien (Personalkosten, Unternehmerlohn, Region, Umsatzgröße)
Rechtsanwaltskanzleien	- Substanzwert zzgl. Kanzleiwert (Kanzleiwert wird im Vergleichswertverfahren auf Umsatzbasis ermittelt) - Ertragswertverfahren
Wirtschaftsprüferkanzleien	- IDW S 1 - Ertragswertverfahren - Multiplikatorverfahren (Umsatzverfahren, insbesondere bei kleinen und mittleren Kanzleien)
Architektur- und Ingenieurbüros	- Statuswertverfahren (Mischverfahren aus Substanzwert (immateriellen Praxiswert aufgrund von Umsätzen der mindestens fünf letzten Jahre, Auftragswert (fünf bis zehn Prozent Akquisitionsprämie für beauftragte Leistungen) und Organisationswert (Umfang und Archivierungssystematik der Datenbestände)
Arzt- und Zahnarztpraxen	- Substanzwert zzgl. ideeller Wert (Ideeller Wert wird durch Multiplikation eines zukünftig erzielbaren Gewinns mit einem Prognosemultiplikator, welcher sich nach der Dauer der durch den bisherigen Praxisinhaber geschaffenen Patientenbindung richtet, errechnet) - IBT-modifiziertes Ertragswertverfahren: (Weiterentwicklung der Indexierten-Basis-Teilwertmethode, einem Mischverfahren aus vergleichsorientiertem Verfahren zur Ermittlung des Goodwills und Substanzwertverfahren, welches häufig für Gerichtsgutachten verwendet wurde, allerdings als unwissenschaftlich gilt) - Umsatzmultiplikator - Gewinnmultiplikator - Erfolgsfaktor-Markt-Methode (umsatzorientierte Vergleichsmethode) - Übergewinnmethode

[1238] Dabei ist es im Übrigen unerheblich, wer diese Liste zusammengestellt hat. Siehe zu dem Hinweis, dass die Liste von einer Praktikantin erstellt wurde KREUTZIGER, in: Kreutziger/Schaffner/Stephany (Hrsg.), BewG, 2009, § 11, Rz. 49.

Branche	Bewertungsverfahren
Psychotherapeuten	- Substanzwertverfahren (für Praxen ohne Kassenzulassung) - modifiziertes Ertragswertverfahren (spezifische Modifizierungen insbesondere hinsichtlich Bewertungszeitraum und Kalkulationszinsfuß)
Gesundheits- und Pharmasektor	
Apotheken	- Ertragswertverfahren (übliche Kapitalisierungszinssätze: 12 % - 14 %) - IBT-modifiziertes Ertragswertverfahren)
Krankenhäuser	- DCF-Verfahren - Ertragswertverfahren
Pharmaunternehmen	- Umsatz- und EBIT-Multiplikatoren - DCF-Verfahren - Value-Added-Verfahren
Biotechnologieunternehmen (allgemein)	- DCF-Verfahren - Multiplikatorverfahren/Peer-Group-Vergleich - Biotech Discount Modell (Kombination aus DCF-Verfahren und Peer-Group-Vergleich, mit dem insbesondere noch nicht profitable Gesellschaften bewertet werden können)
Biotechnologieunternehmen (Medikamentenentwickler)	- Pipeline Comparable Approach (Vergleichswertverfahren) - Realoptionsansatz - Pipeline-Bewertungsmodell (DCF-Verfahren unter Berücksichtigung der Erfolgswahrscheinlichkeiten der jeweiligen Wirkstoffe)
Handwerk und Industrie	
Handwerk	- Standard der Arbeitsgemeinschaft der Wert ermittelnden Betriebsberater im Handwerk (AWH-Standard, Ertragswertverfahren ohne Berücksichtigung der Betriebsgrundstücke und Gebäude; entsprechend separater Ansatz, falls diese mit übertragen werden, weitere Anpassungen wie etwa Immobilitätszuschlag, Zu-/Abschläge für Kundenabhängigkeit, Branchenentwicklung oder Wettbewerbsintensität im Kalkulationszins)
Kfz-Zulieferer	- DCF-Verfahren - Multiplikatorverfahren (v. a. Plausibilisierung)
Anlagenbauunternehmen	- Multiplikatorverfahren - DCF-Verfahren - Ertragswertverfahren
Brauereien	- Ertragswertverfahren - DCF-Verfahren - Substanz- oder Liquidationswertverfahren - Weihenstephaner Konzept (Grundgedanke: Der Käufer übernimmt die Brauereikundschaft und eventuell weitere Aktiva. Die Grundstücke, Gebäude und Maschinen verbleiben i. d. R. beim Verkäufer. Durch die Übernahme erwirtschaftet der Käufer bei freien Kapazitäten aufgrund des erhöhten Absatzes einen zusätzlichen Deckungsbeitrag (Differenz zwischen erzielbaren Nettoerlösen und zusätzlich anfallenden variablen Kosten). Der Wert der Kundschaftsübernahme ergibt sich aus dem Barwert des hälftigen zusätzlichen Deckungsbeitrages des Käufers.)

Branche	Bewertungsverfahren
Energieversorger	- DCF-Verfahren - Ertragswertverfahren - Substanzwertverfahren - Multiplikatorverfahren (zur Plausibilisierung)
Dienstleistungen	
Taxiunternehmen	- Einzelbewertungsansatz (insbesondere Konzessionen, Fahrzeuge zum Zeitwert, Stammkunden, Personal, Schulden, offene Posten)
Gastgewerbe	- Ertragswertverfahren - Substanzwert und Goodwill (v. a. bei kleinen, durch die Person des Inhabers geprägten Betrieben)
Handelsunternehmen	- Diskontierungsverfahren (insbesondere unter Berücksichtigung des Liquidationswerts, weil oft ertragsschwache Unternehmen) - Substanzwertverfahren (im Immobilienbereich) - Multiplikatorverfahren (auf Basis des bereinigten EBITDA(R); Betrachtung vor Mietzahlungen, um unterschiedliche Präferenzen für Eigenbesitz oder Leasing vergleichbar zu machen - Sum-of-Parts-Verfahren (spezifisches Multiplikatorverfahren auf Basis einer umfassenden Segmentberichterstattung)
Logistikdienstleister	- DCF-Verfahren - Multiplikatorverfahren
Finanzdienstleistungen	
Banken	- Ertragswertverfahren - DCF-Verfahren (Equity-Ansatz) - Multiplikatorverfahren (v. a. zur Vereinfachung und Plausibilisierung; insbesondere auf Basis der Marktwert/Buchwert-Relation; Kurs-Gewinn-Verhältnis; Marktwert/Assets unter Management-Relation)
Versicherungsunternehmen	- Ertragswertverfahren (z. B. nach IDW S 1; keine DCF-Verfahren, Risikozuschläge zwischen 2 % und 4 %; evtl. Wachstumsabschlag 0,5 % bis 1 %) - Multiplikatorverfahren (insbesondere auf Basis des Prämienvolumens) - Embedded Value (v. a. in den Sparten Lebens- und Krankenversicherung; Wert des aktuellen Versicherungsportfeuilles zzgl. Barwert der künftigen Deckungsbeiträge aus dem aktuellen Versicherungsbestand ohne Neugeschäft zzgl. Nettoinventarwert) - Appraisal Value (Weiterentwicklung des Embedded Value, insbesondere Berücksichtigung des Wachstumspotenzials des Unternehmens) - Liquidationswertverfahren
Leasingunternehmen	- DCF-Verfahren (Equity-Ansatz, Planung der Gewinn- und Verlustrechnung enthält das Leasingergebnis, das Vermarktungsergebnis und das Service-Ergebnis. Das Risikoergebnis (Forderungsausfälle) wird abgezogen). - Substanzwertverfahren (Verdichtung der künftigen Ergebnisse des Leasingvertragsbestands auf den Bewertungsstichtag zum Substanzwert des Leasingunternehmens, berücksichtigt lediglich das Altgesellschaft, nicht mögliche Neugeschäfte, enthält noch anfallende Leasingerträge, abzüglich zukünftiger Abschreibungen auf Vermietvermögen, der Risikokosten (aus Forderungsausfällen) und künftiger Verwaltungskosten, zzgl. Nachvermarktungserlöse)

Branche	Bewertungsverfahren
Kapitalanlagegesellschaften Private Equity, Venture Capital	- Einzelbewertung der Beteiligungen - Gesamtbewertungsverfahren (Bewertung abgeleitet aus prognostizierten Renditen mit Hilfe der Sicherheitsäquivalentmethode)
Immobiliengesellschaften	- Vergleichsbewertungsverfahren (Kurs-Gewinn-Verhältnis; anhand der Kennzahl funds from operations (Gewinn vor Abschreibung, Zins und effektiven Steuern); immobilienorientierte Kennzahlen (Wohnflächen-, Miet-, EBITDA-Multiplikatoren), jeweils zur Bewertung des Gesamtkapitals) - Substanzwert (zukunftsorientierte Einzelbewertung zu Verkehrswerten) - DCF-Verfahren
Informations- und Telekommunikationsunternehmen	
Softwareentwicklungsunternehmen	- DCF-Verfahren (jedoch gerade nicht bei jungen Unternehmen, vorwiegend Entity-Verfahren) - Vergleichs-/Multiplikatorverfahren (bei jungen Technologieunternehmen oft einzige Bewertungsmöglichkeit, da Probleme der Risikoadjustierung bei der detaillierten Planung umgangen werden, oftmals mit Hilfe des Kurs-Gewinn-Wachstums-Verhältnis) - Realoptionsverfahren
Telekommunikationsunternehmen	- DCF-Verfahren (üblicher Beta-Faktor zwischen 1 und 1,2) - Sum-of-Parts-Verfahren (Unternehmensbereiche isoliert bewertet, Kernbereiche mit DCF-Verfahren, Randbereiche mit Multiplikatoren, Beteiligungen zum Börsenkurs) - Multiplikatorverfahren (Kurs/Free Cash Flow-Multiplikator, EV/EBITDA-Multiplikator)
Medienunternehmen	- Royalty-Savings-Methode (zur Bewertung von immateriellen Vermögensgegenständen, Bestimmung des Werts bestehender Nutzungsrechte durch die Einsparungen, die der Besitz der Rechte ermöglicht (bspw. Lizenzkosten) - Excess-Operating-Profits-Methode (Bestimmung des Werts einer bestimmten Stufe der Wertschöpfungskette, Wertbestimmung im Vergleich zu Unternehmen der gleichen Branchen mit unterschiedlicher Gestaltung der Wertschöpfungskette) - DCF-Verfahren (soweit Cash Flows sinnvoll prognostizierbar, z. B. nicht bei Filmunternehmen, da hier Erfolg schlecht prognostizierbar und wesentliche Erfolgsfaktoren (z. B. Personal) nicht langfristig an das Unternehmen gebunden sind

Tabelle 5: Branchentypische Unternehmensbewertungsverfahren

V. Ermittlung unter Berücksichtigung der Ertragsaussichten

1. Anwendungsbereich und Methodenvielfalt

Wann die Ermittlung von Unternehmenswerten unter Berücksichtigung der Ertragsaussichten zu erfolgen hat, wurde bereits in Kapitel E.I. analysiert. Demnach kann diese Methode grundsätzlich nur zum Einsatz kommen, wenn folgende Bedingungen kumulativ erfüllt sind:

- es liegt kein Börsenkurs vor;
- es liegt kein zeitnaher Verkauf vor;
- das Unternehmen wird fortgeführt;
- der unter Berücksichtigung der Ertragsaussichten ermittelte Wert ist größer als der Substanzwert.

Methoden, die Ertragsaussichten berücksichtigen, können dann in drei verschiedenen Fällen zum Einsatz kommen: nämlich dann, wenn keine übliche Methode identifizierbar ist, wenn lediglich eine übliche Methode identifizierbar ist, welche die Ertragsaussichten berücksichtigt und wenn mehrere übliche Methoden identifizierbar sind, von denen zumindest eine Ertragsaussichten berücksichtigt.

Falls keine üblichen Methoden identifizierbar sind, hat der Steuerpflichtige ein Wahlrecht zwischen der Ermittlung unter Berücksichtigung der Ertragsaussichten und der Anwendung des vEWV. In diesem Fall können jedoch m. E. nur solche Methoden zur Anwendung kommen, die grundsätzlich geeignet sind, den gemeinen Wert zu ermitteln. Fraglich ist daher, welches solche Methoden sind. Daher sind im Folgenden alle Methoden dahingehend zu untersuchen.

Anders ist dies wohl, wenn nur eine Methode üblich ist, welche die Ertragsaussichten (auch) berücksichtigt. Dann ist ausgeschlossen, dass ein Erwerber eine andere Methode anwendet. Daher wird die Methode auch für steuerliche Zwecke obligatorisch. Dies kann zu der Problematik führen, dass eine steuerlich zwingend anzuwendende Methode nach wissenschaftlichen Erkenntnissen nicht zum Verkehrswert führt. Hier könnte man nun einwenden, dass solche Methoden nach der Entscheidung des BVerfG unzulässig seien, weil das Bewertungsziel des gemeinen Werts mit ihnen nicht zu erreichen ist. Diese Argumentation schlägt jedoch m. E. gerade deshalb fehl, weil eben keine Bewertungsmethode für sich beanspruchen kann, zutreffend den gemeinen Wert ermitteln zu können. Der Gesetzgeber geht daher den Weg, die Bewertungsmethode vom jeweiligen Markt bestimmen zu lassen. D. h. wenn der Steuerpflichtige für außersteuerliche Zwecke bestimmte Bewertungsmethoden heranzieht, wird davon ausgegangen, dass diese auch für steuerliche Zwecke tauglich sind. Die dahinterstehende Logik ist m. E. überzeugend. Wie gezeigt, lässt die Erwerbersichtweise (und im Übrigen auch die Definition des gemeinen Werts als Verkehrswert) darauf schließen, dass der Gesetzgeber hierbei besonders den Bewertungsanlass der Kauf/Verkaufssituation anspricht. Wenn also der Steuerpflichtige bzw. eine Gruppe von Steuerpflichtigen eine Bewertungsmethode sogar für echte Entscheidungssituationen als ausreichend gut anerkennt, kann man m. E. kaum einwenden, dass eine solche Methode für Zwecke der Besteuerung ungeeignet wäre. An dieser Stelle kann man sogar so weit gehen, dass auch eine generelle Verwerfung solcher Methoden durch höchstrichterliche Rechtsprechung schwierig sein dürfte. Hier wäre nämlich kaum begründbar, warum gerade die in der Praxis angewendete Methode schlechter geeignet sein soll, den unbekannten (!) gemeinen Wert zu ermitteln als irgendein anderes Verfahren. Im Übrigen heißt ein von der Wissenschaft als „falsch“ angesehenes Verfahren keineswegs, dass dieses nicht ökonomisch sinnvoll ist. Es liegt eben gerade in der Hand der Entscheidungsträger zu bestimmen, wie viel Komplexitätsreduktion für den von ihnen zu bewältigenden Bewertungszweck sinnvoll ist. Wenn also bspw. in einem Markt ein Unternehmen auch für Zwecke der Entscheidungsfindung stets mit einem „untauglichen Verfahren“, wie etwa einem Mischverfahren bewertet wird, ist gegen die so ermittelten Werte nichts einzuwenden. In letzter Konsequenz müsste dies sogar für solche Verfahren gelten, die namentlich vom BVerfG für verfassungswidrig erklärt wurden. Auch wenn dies kaum denkbar ist: Falls das für steuerliche Zwecke entwickelte Stuttgarter Verfahren in einer Branche tatsächlich in der Entscheidungssituation vom Typ Kauf/Verkauf angewendet wird, wäre es steuerlich nicht zu beanstanden. Der wesentliche Unterschied besteht dann nämlich darin, dass das Verfahren nicht aufgrund gesetzlicher Vorschrift oder wie beim Stuttgarter Verfahren (lediglich) aufgrund einer Verwaltungsanweisung als steuerliches (Regel-)Bewertungsverfahren, sondern freiwillig durch die Wirtschaftsubjekte zur Anwendung kommt.

Falls mehrere übliche Methoden identifizierbar sind, ist im Ergebnis ebenso zu verfahren; der Steuerpflichtige hat ein Wahlrecht, welches nicht durch die Beurteilung der Tauglichkeit der Methoden eingeschränkt wird.

Wie dargestellt, wird die gesetzliche Formulierung der Berücksichtigung von Ertragsaussichten oftmals m. E. unzutreffend als Festlegung der Ertragswertmethode verstanden. Nach dem oben entwickelten Verständnis werden hier aber Methoden, die *auch* Ertragsaussichten berücksichtigen, ebenfalls als solche verstanden.[1239] Insofern verbergen sich unter dieser Formulierung eine Menge verschiedenster Methoden.[1240] All diese Methoden sind Gegenstand dieses Kapitels. Diese Vorgehensweise bietet sich an, weil damit die materiell wesentliche Frage, ob das vEWV in Form eines Wahlrechts anwendbar ist, ebenfalls erörtert werden kann. Insofern bedeutet die Zugehörigkeit der Methode zu diesem Kapitel bereits, dass in den Fällen, in denen die Methode allein oder neben anderen anwendbar ist, ein Wahlrecht zum vEWV existiert.

2. Ertragswertverfahren, IDW S 1 und DCF-Verfahren

21. Anwendbarkeit

Die allgemeine Ertragswertdominanz wurde bereits im Kapitel D.I.1. dargestellt. Im erbschaftsteuerlichen Kontext betont WASSERMANN die Vorherrschaft: „Eine Unternehmensbewertung unter Außerachtlassung der Ertragsaussichten, ist nach herrschender Auffassung der Betriebswirtschaftslehre und der Unternehmensbewertungspraxis in Übereinstimmung mit der Berufsauffassung der Wirtschaftsprüfer nicht vorstellbar."[1241]

Gemeinsamkeit der Ertragswertmethoden i. w. S, also der klassischen (Standard-)Ertragswertmethode und der DCF-Verfahren, ist der konzeptionelle Ansatz, den Unternehmenswert in einer Gesamtbewertung als Summe von diskontierten zukünftigen Ertragsgrößen zu ermitteln. Da sich das klassische Ertragswertverfahren und die DCF-Verfahren theoretisch erheblich unterscheiden,[1242] bietet es sich hier an, eine vergleichende Würdigung vorzunehmen.

[1239] Vgl. dazu Kapitel E.I.1. m. w. N.
[1240] Vgl. VISKORF, ZEV, 2009, S. 593.
[1241] WASSERMANN, DStR, 2010, S. 184.
[1242] Vgl. bspw. HERING/BRÖSEL, WPg, 2004, S. 936; DIRRIGL, Steuerbemessung, in: Kiesewetter/Niemann (Hrsg.), FS Wagner, 2009, S. B 19.

Wegweisend für die gleichberechtige Anwendbarkeit der beiden Verfahren waren bereits die Feststellungen des BVerfG:[1243] „Der gemeine Wert von Betriebsvermögen kann nach verschiedenen Methoden ermittelt werden. Nach der zivilgerichtlichen Rechtsprechung und der Literatur dürfte hierfür die Ertragswertmethode unter Berücksichtigung des Substanzwerts ... vorherrschend sein [Verweise]. Der Wert des gesamten Betriebsvermögens wird dabei ermittelt, indem der aufgrund einer Prognose künftig erzielbare Ertrag mittels eines Kapitalisierungszinssatzes auf den Bewertungsstichtag abgezinst wird, wobei der Zinssatz sich nach einer Vergleichskapitalanlage bestimmt. Die Methode geht also davon aus, dass ein potentieller Käufer den Kaufpreis danach bemessen würde, wie viel Kapital er anderweitig anlegen müsste, um denselben Ertrag zu erwirtschaften."[1244] Ebenso erkennt das Gericht: „Keinen wesentlich anderen Ansatz verfolgen die so genannten Discounted Cash-Flow-Verfahren, die in der betriebswirtschaftlichen Literatur im Vordringen sind. Bei ihnen wird der Wertermittlung ebenfalls der geschätzte Barwert der künftig zu erzielenden Überschüsse des betriebsnotwendigen Vermögens zugrunde gelegt [Verweis]. Beide Ermittlungsarten entsprechen damit dem Grundsatz der Gesamtbewertung. Auf die Werte der einzelnen im Betriebsvermögen enthaltenen Wirtschaftsgüter kommt es grundsätzlich nicht an."[1245] Insofern sind die DCF-Verfahren dem Ertragswertverfahren i. e. S. gleichgestellt.[1246]

Diese Wertschätzung der Ertragswertmethode entspricht im Übrigen auch der jüngeren gesellschaftsrechtlichen Rechtsprechung. HACHMEISTER/RUTHARDT/LAMPENIUS untersuchten 71 Entscheidungen der Jahre 2000 bis 2010 und stellen fest, dass sich die Ertragswertmethode (i. w. S.) als anerkanntes und verfassungsrechtlich unbedenkliches Verfahren in der gesellschaftsrechtlichen Rechtsprechung durchgesetzt habe. Das Verfahren kam in allen (sic!) 69 Entscheidungen, in denen die Bewertungsmethode thematisiert wurde, zum Einsatz. Darüber hinaus würde in einzelnen Entscheidungen sogar betont, dass die Ertragswertmethode den besten

[1243] Vgl. dazu auch bspw. RAUPACH, DStR, 2007, S. 2038; DIRRIGL, Steuerbemessung, in: Kiesewetter/Niemann (Hrsg.), FS Wagner, 2009, S. B 19.,

[1244] BVerfG vom 07.11.2006 - 1 BvL 10/02, BStBl. II, 2007, S. 204.

[1245] BVerfG vom 07.11.2006 - 1 BvL 10/02, BStBl. II, 2007, S. 204; dazu auch DIRRIGL, Steuerbemessung, in: Kiesewetter/Niemann (Hrsg.), FS Wagner, 2009, S. B 19.

[1246] Vgl. KUßMAUL/PFIRMANN/HELL/MEYERING, BB, 2008, S. 476; LANG, StuW, 2008, S. 194; DÖRNER, BewP, 2/2009, S. 4 f.; BALLWIESER, Erbschaftsteuer, in: Rautenberg (Hrsg.), Steuertagung, 2010, S. 157; PAWELZIK, Ubg, 2010, S. 889; MEYERING, StuW, 2011, S. 277.

und plausibelsten Weg zur Ermittlung eines objektivierten Unternehmenswerts darstelle.[1247] Dagegen spielte die Ertragswertmethode im der finanzgerichtlichen Rechtsprechung erwartungsgemäß eine sehr untergeordnete Rolle. So identifiziert SCHLEITHOFF lediglich zwei Entscheidungen,[1248] bei denen ein (reines) Ertragswertverfahren zur Anwendung kam.[1249]

Ähnlich wie das BVerfG äußert sich auch der Gesetzgeber; üblicherweise werde bei Beteiligungen an großen Gesellschaften die Ertragswertmethode angewendet.[1250] M. E. spricht diesbezüglich nichts gegen die Auffassung von KREUTZIGER, nach welcher der Gesetzgeber hier Ertragswertmethoden i. w. S. gemeint habe und damit auch DCF-Verfahren angesprochen wären.[1251] Auch die Finanzverwaltung nimmt in R B 11.2 Absatz 2 Satz 3 ErbStR 2011 auf ertragswert- oder zahlungsstromorientierte Verfahren Bezug. Durch letztere Formulierung soll wohl auch die Anwendbarkeit der DCF-Verfahren angeordnet werden.

Daher ist es auch wenig überraschend, dass in der Literatur weitgehend unumstritten ist, dass sowohl die Ertragswertmethode als auch die DCF-Verfahren grundsätzlich zur Bestimmung des gemeinen Werts herangezogen werden können.[1252] Auch wenn bezgl. der Anknüpfung an die Bewertungsgrundsätze eines privaten Gremiums wie dem IDW im Rahmen der Eingriffsverwaltung verfassungsrechtliche Zweifel geäußert werden,[1253] wird auch die Ertragswertmethode nach IDW S 1 regelmäßig als geeignet angesehen.[1254] So wird die Anwendbarkeit des IDW S 1 zur Bestimmung des

---

[1247] Vgl. zum gesamten Absatz HACHMEISTER/RUTHARDT/LAMPENIUS, WPg, 2011, S. 522 m. w. N.

[1248] Vgl. Niedersächsisches FG vom 11.04.2000 - 6 K 611/93, EFG, 2001, S. 157; Hessisches FG vom 07.01.2002 - 4 V 5281/00, EFG, 2002, S. 493.

[1249] Vgl. SCHLEITHOFF, Unternehmensbewertung, 2006, S. 223 ff., zur Absenz des Ertragswertverfahrens in der Steuerrechtsprechung GROH, Steuerrecht, in: Herzig (Hrsg.), FS Rose, 1991, S. 145 ff.

[1250] Vgl. Deutscher Bundestag (Hrsg.), Regierungsentwurf ErbStRG, BT-Drs. 16/7918, S. 38, mit besonderer Betonung des Opportunitätsprinzips der Ertragswertmethode.

[1251] Vgl. KREUTZIGER, in: Kreutziger/Schaffner/Stephany (Hrsg.), BewG, 2009; § 11 BewG; Rz. 77.

[1252] Vgl. bspw. EISELE, ZEV, 2007, S. 551; CREUTZMANN, DB, 2008, S. 2784; KUßMAUL/PFIRMANN/HELL/MEYERING, BB, 2008, S. 476 f.; LANG, StuW, 2008, S. 194; WATRIN/RIEGER, SteuerConsultant, 2008, S. 27; WIEGAND, ZEV, 2008, S. 94; CREZELIUS, ZEV, 2009, S. 6; HALACZINSKY, ErbStB, 2009, S. 83; SCHIFFERS, DStZ, 2009, S. 550.

[1253] Vgl. dazu v. OERTZEN, Ubg, 2008, S. 59; ähnlich CREZELIUS, DStR, 2007, S. 2278.

[1254] Vgl. mit explizitem Bezug auf diesen Standard bspw. KOHL/SCHILLING, StuB, 2008, S. 909 ff.; S. 910: „Eckpfeilerfunktion"; HALACZINSKY, ErbStB, 2009, S. 83; PILTZ, Ubg, 2009, S. 15; ROHDE/GEMEINHARDT, StuB, 2009, S. 168; SCHIFFERS, DStZ, 2009, S. 550; WELLING/WÜNNEMANN, FR, 2009, S. S6; HINZ, BFuP, 2011, S. 305.

gemeinen Werts etwa von Vertretern der Finanzverwaltung schon früher bestätigt.[1255] Wesentlicher ist aber dessen Bestätigung durch die bisherige gesellschafts- und steuerrechtliche Rechtsprechung,[1256] einen rechtsrichtigen gemeinen Wert zu ermitteln. „Der [IDW S 1] nach dem Wirtschaftsprüfer Unternehmen bewerten hat zwar weder Rechtsnormqualität noch ist er für das Gericht bzw. das Finanzamt verbindlich; gleichwohl können sich in der Praxis Verkäufer bzw. Käufer an dem IDW-Standard orientieren“[1257]. Auch wenn das BVerfG nicht auf den Wertmaßstab selbst eingegangen ist, liegt es zumindest nahe, aus der dortigen Formulierung – der Forderung nach einem „unter objektivierten Bedingungen erzielbaren Preis“[1258] – auf eine grundsätzliche Anwendbarkeit des IDW S 1 zu schließen.[1259]

Da die Anwendbarkeit der Methoden und ihre Eignung, den gemeinen Wert zu bestimmen, weitgehend anerkannt sind, kann eine allgemeine Diskussion um das bewertungstheoretisch korrekte Verfahren hier weitgehend unterbleiben. Denn im „Streit um die richtige Bewertungsmethode (Ertragswertmethode oder sog. Discounted Cash Flow [DCF]-Methode) lässt sich der jeweils errechnete Unternehmenswert allenfalls falsifizieren, jedoch nicht verifizieren“[1260]. Darüber hinaus wurde hinreichend erläutert, dass es sich zumindest auf der ersten Stufe des Einigungsprozesses stets um Argumentationswerte handelt, deren Güte sich „lediglich“ durch ihre Geeignetheit zur Wertdurchsetzung zeigt. Nichtsdestotrotz sollen die einzelnen Methoden auf ausgewählte Probleme im Rahmen der Steuerbemessungsfunktion untersucht werden. Damit werden bewertungstheoretische Fragestellungen von genereller Natur, also solche, die sich grundsätzlich bei allen Bewertungsanlässen und/oder Verfahren ergeben, nur diskutiert, soweit für den hiesigen Zweck ein wertvolles Ergebnis zu erwarten ist. Hier werden insbesondere der zu diskontierende Zahlungsstrom und die Berücksichtigung des Risikos erörtert.[1261]

1255 Vgl. PARODI-NEEF, StBp, 2002, S. 92: „Dieser Wert … ist die beste Ausgangslage“.

1256 Vgl. dazu KOHL/SCHILLING, StuB, 2008, S. 909 m. w. N.; HINZ, BFuP, 2011, S. 305 m. w. N.

1257 Hessisches FG vom 07.01.2002 - 4 V 5281/00, EFG, 2002, S. 493.

1258 BVerfG vom 07.11.2006 - 1 BvL 10/02, BStBl. II, 2007, S. 203. Wobei der Gesetzgeber den Begriff objektiviert nicht verwendet. Vgl. dazu HANNES/ONDERKA, ZEV, 2008, S. 173.

1259 Vgl. PAWELZIK, Ubg, 2010, S. 889.

1260 SEER, GmbHR, 2007, S. 283; SEER, GmbHR, 2009, S. 228; jeweils mit Verweis auf BARTHEL, DB, 1990, S. 1149.

1261 Die Berücksichtigung von Steuern im Bewertungskalkül wird im Rahmen des vEWV analysiert.

22. Konzeption

221. Zahlungsstrom

2211. Standard-Ertragswertverfahren

Der Begriff des Ertragswertverfahrens ist nicht eindeutig definiert. Hier ist das investitionstheoretisch fundierte Partialmodell[1262] gemeint, welches auch als Zukunftserfolgswertverfahren bezeichnet wird.[1263] Mit der Bezeichnung soll zum Ausdruck gebracht werden, dass die Ertragswertmethode eben nicht ausschließlich buchhalterische Erträge berücksichtigt.[1264] Bisweilen wird die Bezugnahme auf Erträge im Gegensatz zu Cash Flows bei den DCF-Varianten in der Literatur als wesentlicher Unterschied zwischen den Verfahren erkannt.[1265] Dies ist unzutreffend, weil auch die Ertragswertmethode zahlungsstromorientiert bewertet.[1266]

Obwohl das Ertragswertverfahren seit Langem bekannt ist, besteht hinsichtlich seiner konkreten Ausgestaltung eine große Meinungsvielfalt.[1267] Obgleich es in seiner Reinform eine subjektive, entscheidungsfeldbezogene Perspektive einnimmt,[1268] wurde bereits in Kapitel E.V.21 geklärt, dass es auch zur Wertermittlung in der Steuerbemessungsfunktion einsetzbar ist. Bezgl. der konkreten Ausgestaltung im Rahmen dieses Bewertungsanlasses macht DIRRIGL den soweit ersichtlich umfassendsten Vorschlag.[1269]

Zunächst wird eine geeignete Erfolgsdefinition benötigt. Hier besteht weitgehende Einigkeit, dass nur die dem Eigentümer zufließende Ausschüttung die korrekte

---

1262 Vgl. zu den Vorzügen von Partialmodellen bspw. HENSELMANN, BFuP, 2006, S. 146; zu den hier nicht weiter betrachteten investitionstheoretischen Totalmodellen insbesondere HERING, Unternehmensbewertung, 2006, S. 21 ff.; HERING, DBW, 2000, S. 362 ff.

1263 Vgl. MATSCHKE/BRÖSEL, Unternehmensbewertung, 2013, S. 244.

1264 Vgl. MATSCHKE/BRÖSEL, Unternehmensbewertung, 2013, S. 244.

1265 Vgl. bspw. SCHLEITHOFF, Unternehmensbewertung, 2006, S. 94 f.

1266 Vgl. dazu mit Beispiel MOXTER, Grundsätze II, 1983, Nachdruck von 1991, S. 81 ff. sowie HERING, Unternehmensbewertung, 2006, S. 30 ff. Zu frühen Nachweisen, dass nicht Erträge und Aufwendungen, sondern Einnahmen und Ausgaben relevant sind vgl. BARTKE, BFuP, 1960, S. 266, Fn. 3.

1267 Vgl. DIRRIGL, Steuerbemessung, in: Kiesewetter/Niemann (Hrsg.), FS Wagner, 2009, S. B 23.

1268 Vgl. DIRRIGL, Steuerbemessung, in: Kiesewetter/Niemann (Hrsg.), FS Wagner, 2009, S. B 23.

1269 Vgl. zum Folgenden DIRRIGL, Steuerbemessung, in: Kiesewetter/Niemann (Hrsg.), FS Wagner, 2009, S. B 23 ff.

Überschussgröße darstellt.[1270] Daraufhin hat eine integrierte Unternehmensplanung zu erfolgen, die die wesentlichen Komponenten von Ein- und Auszahlungen berücksichtigt (operativer Zahlungsüberschuss, Ersatzinvestitionen, Erweiterungsinvestitionen, Finanzinvestitionen, Tilgung von Fremdkapital, Fremdkapitalaufnahme und -erhöhung). Ziel ist ein Finanzplan, der aus der Perspektive des Anteilseigners zu einer optimalen Ausschüttungspolitik führt. Dies ist eine von den in der Unternehmensbewertungsliteratur zu findenden speziellen Ausschüttungsfiktionen. Insbesondere weicht sie von der Vollausschüttungshypothese des Jahresüberschusses oder des freien Cash Flows der DCF-Verfahren ab.[1271] Hier wird die subjektive Sichtweise der Methode deutlich. Selbstverständlich ist für Zwecke der Erbschaft- und Schenkungsteuer auch eine derartige Planung durchzuführen. Hier kann m. E. jedoch nicht von den Planungen des konkreten Steuerpflichtigen, sondern nur von denen eines fiktiven Erwerbers ausgegangen werden. Dies beinhaltet jedenfalls stets auch eine Berücksichtigung der bisherigen und auch ggf. schon geplanten Ausschüttungspolitik.

Zur Erfolgsprognose erfolgt eine integrierte dreidimensionale Planung, welche die Erfolgsfaktoren, deren unterschiedliche Ausprägungen (Stochastifizierung) und die Zeit (Dynamisierung) berücksichtigt. Die gesuchte Erfolgsgröße ergibt sich hierbei aus einer Vielzahl von Einflussfaktoren und deren Interdependenzen. So ergibt sich der Jahresüberschuss aufgrund von Erträgen und Aufwendungen. Teil der Aufwendungen sind wiederum Zinsaufwendungen; diese ergeben sich aus der Höhe des Fremdkapitals zum Ende der Vorperiode. Diese intra- als auch intertemporalen Interdependenzen können erst durch eine explizite Ausformulierung eines leistungswirtschaftlichen Modells offengelegt werden. Im einfachsten Fall erfolgt dies durch ein Werttreibermodell, bei dem Umsatzwachstumsraten vorgegeben und an den Umsätzen selbst anknüpfende Relationen entwickelt werden.

1270 Vgl. DIRRIGL, Steuerbemessung, in: Kiesewetter/Niemann (Hrsg.), FS Wagner, 2009, S. B 23; MATSCHKE/BRÖSEL, Unternehmensbewertung, 2013, S. 244 f.; BALLWIESER, Unternehmensbewertung, 2011, S. 47.

1271 Vgl. DIRRIGL, Steuerbemessung, in: Kiesewetter/Niemann (Hrsg.), FS Wagner, 2009, S. B 24.

2212. IDW S 1

Die Erfolgsdefinition im Rahmen des objektivierten Unternehmenswerts, der einen intersubjektiv nachprüfbaren Zukunftserfolgswert aus Sicht der Anteilseigner darstellt, ist erwartungsgemäß durch eine eher unternehmensbezogene Sichtweise geprägt. Es ist von den finanziellen Überschüssen auszugehen, die sich aus der Berücksichtigung des zum Bewertungsstichtag dokumentierten Unternehmenskonzepts und der rechtlichen Restriktionen (etwa Bilanzgewinn oder ausschüttbares Jahresergebnis) zur Ausschüttung zur Verfügung stehen.[1272] Dabei ist von den sich zum Bewertungsstichtag bereits eingeleiteten oder hinreichend konkretisierten Maßnahmen im Rahmen des bisherigen Unternehmenskonzepts und den Marktgegebenheiten auszugehen.[1273] Dem gegenüber sind mögliche, aber noch nicht hinreichend konkretisierte Maßnahmen mit ihren vermutlichen finanziellen Überschüssen bei der Ermittlung des objektivierten Unternehmenswerts unbeachtlich.[1274] Bezgl. der Ausschüttungsannahme unterscheidet der Standard im Rahmen des Phasenmodells der Unternehmensbewertung[1275] zwischen zwei Phasen. In der Detailplanungsphase, die nach dem Standard einen überschaubaren Zeitraum von drei bis fünf Jahren umfassen soll,[1276] ist die Aufteilung der finanziellen Überschüsse auf Ausschüttung und Thesaurierung auf der Basis des individuellen Unternehmenskonzepts und der bisherigen und geplanten Ausschüttungspolitik der Eigenkapitalausstattung und der steuerlichen Rahmenbedingungen vorzunehmen.[1277]

Für die zweite Phase, welche auf langfristigen Fortschreibungen von Trendentwicklungen basiert,[1278] wird dort angenommen, dass das Ausschüttungsverhalten des zu bewertenden Unternehmens äquivalent zu dem der Alternativanlage ist.[1279] Dies hält DIRRIGL für zumindest fragwürdig, weil es die gewöhnliche Bewertungslogik – die Suche nach einem Alternativobjekt mit äquivalenten Eigenschaften – umkehrt.[1280] M.

[1272] Vgl. IDW (Hrsg.), WPg Supplement, 2008, Rz. 35; dazu auch WAGNER/SAUR/WILLERSHAUSEN, WPg, 2008, S. 732.
[1273] Vgl. IDW (Hrsg.), WPg Supplement, 2008, Rz. 32.
[1274] Vgl. IDW (Hrsg.), WPg Supplement, 2008, Rz. 32.
[1275] Vgl. allgemein zum Phasenmodell der Unternehmensbewertung nach IDW S 1, IDW (Hrsg.), WPg Supplement, 2008, Rz. 75 ff.
[1276] Vgl. IDW (Hrsg.), WPg Supplement, 2008, Rz. 77.
[1277] Vgl. IDW (Hrsg.), WPg Supplement, 2008, Rz. 36.
[1278] Vgl. IDW (Hrsg.), WPg Supplement, 2008, Rz. 78.
[1279] Vgl. IDW (Hrsg.), WPg Supplement, 2008, Rz. 37.
[1280] Vgl. DIRRIGL, Steuerbemessung, in: Kiesewetter/Niemann (Hrsg.), FS Wagner, 2009, S. B 43.

E. ist aber die Ausnahme des Standards von diesem Prinzip beachtlich. Denn bei Besonderheiten der Branche, der Kapitalstruktur oder der rechtlichen Rahmenbindungen kann hiervon abgewichen werden.[1281] Insofern wäre es bspw. denkbar, (empirische) Erkenntnisse zu Ausschüttungsquoten in verschiedenen Gesellschaftsformen, Branchen oder Unternehmens(zyklus)phasen zu berücksichtigen.

2213. DCF-Verfahren

Die Discounted Cash Flow-Verfahren basieren, wie der Name unschwer vermuten lässt, ebenfalls auf dem Ansatz, zukünftige Zahlungsströme auf den Bewertungsstichtag zu diskontieren. Im Unterschied zu der investitionstheoretischen Fundierung der Ertragswertmethode handelt es sich bei den DCF-Verfahren um finanzierungstheoretische Verfahren, denen die Kapitalmarkttheorie angelsächsischer Prägung zugrunde liegt.[1282] Hierbei existieren verschiedene Ansätze und Methoden, die in Abbildung 19 systematisiert sind.

Das Nettoverfahren geht wie das Ertragswertverfahren vom Zahlungsstrom aus, der unmittelbar dem Eigentümer zufließt.[1283] Ziel seiner Berechnung ist der Wert des Eigenkapitals, der dem hier bisher verwendeten Begriff des Unternehmenswerts entspricht.[1284] In der Literatur wird daher manchmal der Flow to Equity-Ansatz mit der Ertragswertmethode gleichgesetzt. In der folgenden Analyse zur Berücksichtigung des Risikos und der damit verbundenen Bestimmung des Diskontierungszinssatzes wird sich zeigen, dass dies unzutreffend ist;[1285] für die Zählergröße ist die Gleichsetzung aber zutreffend.[1286]

1281 Vgl. IDW (Hrsg.), WPg Supplement, 2008, Rz. 37.

1282 Vgl. zur Zuordnung als finanzierungstheoretisches Verfahren HERING, Unternehmensbewertung, 2006, S. 153 ff., insbesondere S. 206 ff.; sowie MATSCHKE/BRÖSEL, Unternehmensbewertung, 2013, S. 697 ff. Zu einem kurzen geschichtlichen Abriss zur Entstehung der DCF-Verfahren SPREMANN/ERNST, Unternehmensbewertung, 2011, S. 66 f.

1283 Vgl. HERING, Unternehmensbewertung, 2006, S. 212.

1284 Vgl. auch die Gleichsetzung bei BALLWIESER, Unternehmensbewertung, 2011, S. 134 sowie die dort aufgenommene Kritik von HERING, Unternehmensbewertung, 2006, S. 153 ff., nach der es sich nicht um einen Marktwert i. S. eines markträumenden Preises, sondern um einen barwertig berechneten fiktiven oder potentiellen Marktwert handelt.

1285 Vgl. dazu (bereits) HERING, Unternehmensbewertung, 2006, S. 212 ff.

1286 So implizit auch BALLWIESER, Unternehmensbewertung, 2011, S. 133, der in der dortigen Tabelle 21 den FTE mit dem Ertrag der Ertragswertmethode gleichsetzt.

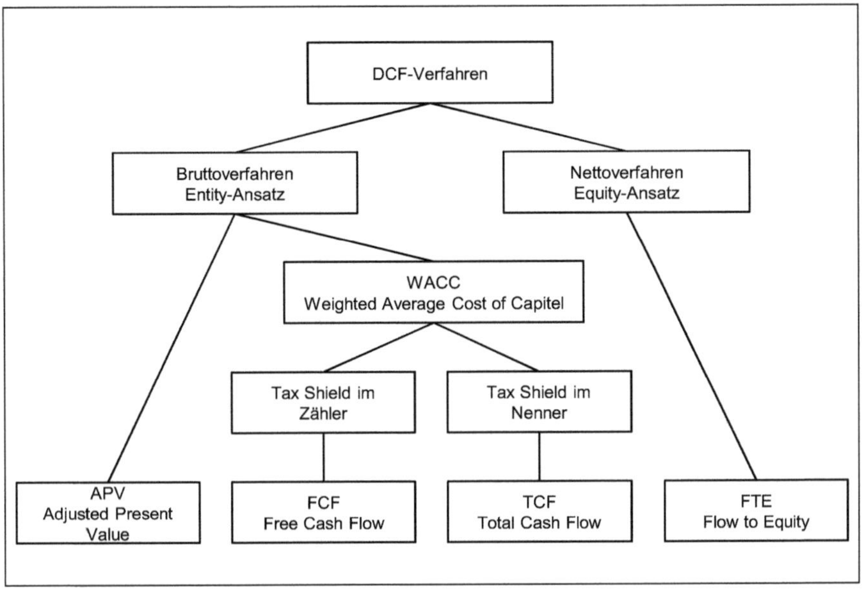

Abbildung 19: DCF-Verfahren[1287]

Im Rahmen der Bruttoverfahren wird zunächst der Wert des Gesamtkapitals der Unternehmung, der Entity Value, ermittelt.[1288] Um den letztlich interessierenden Wert des Eigenkapitals zu erhalten, wird anschließend der Wert des Fremdkapitals subtrahiert. Die Bruttoverfahren lassen sich in den Adjusted Present Value (APV)-Ansatz und den Weighted Average Cost of Capital (WACC)-Ansatz untergliedern, wobei letzterer wiederum in den Varianten des Free Cash Flow (FCF) und des Total Cash Flow (TCF) auftritt. Die verschiedenen Varianten lassen sich am besten unter Bezugnahme auf den jeweils zu diskontierenden Zahlungsstrom erläutern. Die Zusammenhänge zwischen diesen stellt Tabelle 6 dar:

1287 Quelle: BALLWIESER, Unternehmensbewertung, 2011, S. 132.

1288 Vgl. zu den hier folgend vorgenommenen allgemeinen Erläuterungen dieses Kapitels BALLWIESER, Unternehmensbewertung, 2011, S. 132 ff.; ähnlich SPREMANN/ERNST, Unternehmensbewertung, 2011, S. 65 ff.

	Einzahlungen aus dem Betriebsbereich
-	Auszahlungen für den Betriebsbereich
=	Cash Flow vor Zinsen und Steuern
-	Steuern bei reiner Eigenfinanzierung
=	Operating Cash Flow
-	Saldo aus Auszahlungen für Investitionen und Einzahlungen aus Desinvestitionen
=	Free Cash Flow (FCF)
+	Unternehmenssteuerersparnis wegen Abzugsfähigkeit der Zinsen (Tax Shield)
=	Total Cash Flow (TCF)
-	Zinsen
+	Kreditaufnahme
-	Kredittilgung
=	Flow to Equity (FTE)

Tabelle 6: Zahlungsüberschüsse in den DCF-Verfahren[1289]

Der FCF ist der zu diskontierende Zahlungsstrom sowohl im APV- als auch im entsprechenden WACC-Ansatz. Er erfasst jedoch unrichtige Steuerzahlungen, weil er ein rein eigenfinanziertes Unternehmen unterstellt. Daher bleibt der aus der Abzugsfähigkeit von Fremdkapital resultierende Steuervorteil, das sog. Tax-Shield, unberücksichtigt. Dieser Fehler wird später durch die besondere Ermittlung des WACC korrigiert, in den in diesem Fall die Fremdkapitalkosten nach Steuern eingehen. Das Tax-Shield wird also im Zähler berücksichtigt. Anders ist dies beim TCF-Ansatz. Hier wird das Tax-Shield explizit im Zahlungsstrom berücksichtigt. Dementsprechend können in den WACC die Fremdkapitalkosten vor Steuern eingehen, weil die Notwendigkeit der Fehlerkorrektur dann im Nenner entfällt.

222. Berücksichtigung von Risiko

2221. Standard-Ertragswertverfahren

Die Unsicherheit zukünftiger Zahlungsströme ist das zentrale Problem zahlungsstromorientierter Unternehmensbewertungsverfahren. Diesem kann auf verschiedene Art und Weise begegnet werden. Im Wesentlichen existieren zwei Methoden, um das Risiko unsicherer Zahlungen abzubilden. Entweder wird die Zählergröße, also der Zahlungsstrom, des Bewertungskalküls im Vergleich zu ihrem Erwartungs-

[1289] Quelle: BALLWIESER, Unternehmensbewertung, 2011, S. 133.

wert reduziert (Risikoabschlagsmethode) oder – häufiger praktiziert[1290] – die Nennergröße, also der Diskontierungszinssatz, bei gegebenem erwarteten Zahlungsstrom erhöht (Risikozuschlagsmethode). Offenbar gehen beide Konzepte von der im Allgemeinen angenommenen Risikoaversion aus.

Im Modell von DIRRIGL erfolgt die Berücksichtigung der Unsicherheit zunächst durch eine mehrwertige Schätzung.[1291] Dies kann entweder auf der Annahme stetiger Wahrscheinlichkeitsverteilungen oder durch die Zuordnung von diskreten Wahrscheinlichkeiten für die Ausprägung von Einflussgrößen erfolgen. Im Beispiel wird für den Werttreiber „Umsatzwachstumsrate" eine periodenspezifische Dreiecksverteilung mit Minimalausprägung a, Modalwert H und Maximalwert b angenommen. Offenbar resultieren aus dieser Vorgehensweise auch drei unterschiedlich hohe Ausprägungen der gesuchten Erfolgsgröße. Da die Standard-Ertragswertmethode dem Opportunitätsgedanken folgt, ist diese Erfolgsprognose auch für das Alternativobjekt, welches der Bewerter nicht realisieren kann, wenn er das verfügbare Kapital für das Bewertungsobjekt einsetzt, vorzunehmen. Folgend sind die mehrwertigen Ergebnisse in eine (quasi-)sichere Erfolgsgröße, dem Sicherheitsäquivalent[1292], (je Periode[1293]) zu verdichten. Bei dieser weithin anerkannten[1294] Sicherheitsäquivalentmethode erfolgt die Berücksichtigung des Risikos also im Nenner des Bewertungskalküls, indem vom Erwartungswert mithilfe des μ-σ-Prinzips ein Risikoabschlag vorgenommen wird. Hierzu sind zunächst Erwartungswert (μ) und Standardabweichung (σ) der Verteilung zu ermitteln.[1295] Das Sicherheitsäquivalent ($SÄ$) kann nun unter Verwendung des subjektiven Risikoaversionskoeffizienen (rak) gem. dem μ, σ -Prinzip bestimmt werden:

1290 Vgl. HACHMEISTER/RUTHARDT/LAMPENIUS, WPg, 2011, S. 830.

1291 Vgl. zum folgenden DIRRIGL, Steuerbemessung, in: Kiesewetter/Niemann (Hrsg.), FS Wagner, 2009, S. B 30 f.

1292 Vgl. allgemein zur Sicherheitsäquivalentmethode SPREMANN/ERNST, Unternehmensbewertung, 2011, S. 173 ff., der die Methode als „weithin anerkannt" ansieht, SPREMANN/ERNST, Unternehmensbewertung, 2011, S. 174 m. w. N.

1293 Vgl. zur Problematik der Aggregationsreihenfolge im Rahmen der Sicherheitsäquivalentmethode BALLWIESER, Unternehmensbewertung, 2011, S. 72 ff. m. w. N.

1294 Vgl. SPREMANN/ERNST, Unternehmensbewertung, 2011, S. 174 m. w. N.

1295 Im vorliegenden Beispiel der Dreiecksverteilung ergibt sich $\mu = \frac{1}{3}(a + H + b)$ sowie $\sigma = \sqrt{\frac{1}{18}[(b-a)(b-H) + (H-a)^2]}$. Vgl. dazu DIRRIGL, Steuerbemessung, in: Kiesewetter/Niemann (Hrsg.), FS Wagner, 2009, S. B 30.

[24] $$SÄ = \mu - rak \cdot \sigma$$

mit:

$SÄ$	=	Sicherheitsäquivalent
μ	=	Erwartungswert
rak	=	Risikoaversionskoeffizienten
σ	=	Standardabweichung

Hiermit können unter Annahmen eines identischen Risikoaversionskoeffizienten für beide Objekte die Sicherheitsäquivalente jeder einzelnen Periode berechnet werden. Unter Berücksichtigung der Investitionsausgabe kann dann durch Diskontierung der Sicherheitsäquivalente mit dem sicheren Zins nun der risikobereinigte Kapitalwert der Alternativinvestition ermittelt werden. Hieraus lässt sich dann der interne Zinsfuß der Alternative berechnen. Das Ergebnis ist die „beste alternative, (quasi-)sichere Rendite“[1296]. Diese kann nun als Diskontierungszinssatz für das Bewertungsobjekt herangezogen werden. Wesentlich ist dabei, dass diese Rendite neben dem Basiszins auch die Opportunitätskosten aus dem Verzicht auf die Alternativinvestition enthält. Damit besteht eine wesentlicher konzeptioneller Unterschied zu den marktwertorientierten DCF-Verfahren, in denen annahmegemäß keine Überrenditen vorkommen.

DIRRIGL erkennt die wesentlichen Vorbehalte gegenüber der Sicherheitsäquivalentmethode in der subjektiven und als willkürlich empfundenen Festlegung des Risikopreises[1297] und „der Unkenntnis darüber, welcher Zusammenhang zwischen einem Risikozuschlag .. und einem Risikopreis .. besteht.“[1298] Jedoch lässt sich die vermeintliche Willkür der Risikobestimmung durch eine Plausibilitätsbedingung nicht unerheblich einschränken.[1299] Diese ist durch eine Äquivalenzbeziehung darstellbar, mit deren Hilfe im Rahmen der vorliegenden Arbeit die Plausibilität des Risikozuschlags im vEWV getestet werden kann. Hierzu sei auf Kapitel F.III.55 verwiesen.

1296 DIRRIGL, Steuerbemessung, in: Kiesewetter/Niemann (Hrsg.), FS Wagner, 2009, S. B 32.

1297 Mit Verweis auf BALLWIESER, Unternehmensbewertung, 2007, S. 78 f.

1298 DIRRIGL, Steuerbemessung, in: Kiesewetter/Niemann (Hrsg.), FS Wagner, 2009, S. B 35. Siehe hierzu Kapitel F.III.55.

1299 Vgl. zur Plausibilitätsbedingung bspw. KUHNER/MALTRY, Unternehmensbewertung, 2006, S. 147 ff.; BEHRINGER, Mittel- und Kleinbetriebe, 2009, S. 111 ff.; BALLWIESER, Unternehmensbewertung, 2011, S. 94 ff.

Tatsächlich kann man aber in der Bestimmung von subjektiven Risikoaversionskoeffizienten bzw. Risikonutzenfunktion eine beliebig veränderbare Stellschraube zur Beeinflussung des Ergebnisses sehen.[1300] Umgekehrt sieht DIRRIGL gerade auch im steuerlichen Bewertungskontext die Vorzüge der Methode in der transparenten Risikoadjustierung im Rahmen eines konsistenten Konzepts.

Trotzdem bleibt die Hauptkritik an der Methode gerade im steuerrechtlichen Kontext bestehen. Es ist wohl offensichtlich, dass die subjektive Sichtweise, die hier insbesondere durch den subjektiven Risikoaversionskoeffizienten und die subjektive vorhandene Alternativinvestition für die Bewertung für Zwecke der Erbschaft- und Schenkungsteuer m. E. erhebliche Probleme mit sich bringt. Zwar wurde in Kapitel D.III. festgestellt, dass der Steuerwert (auch) nicht losgelöst von subjektiven Elementen ermittelt werden kann, jedoch gerade kein subjektiver Entscheidungswert ist. Die hier vorgeschlagene Methode würde aber eben zu genauso vielen Unternehmenswerten wie Steuerpflichtigen führen. Dem Steuerpflichtigen bleibt es aber unbenommen, einen Ertragswert auf Basis der gezeigten Methode zu präsentieren. Möchte er jedoch – letztlich subjektive – Risikozuschläge durchsetzen, sollte er ggf. besser über spezifische Risiken der Unternehmung an sich argumentieren; hierzu sei auf die Analyse der Bewertungsergebnisse des vEWV verwiesen.[1301]

2222. IDW S 1 und DCF-Verfahren

22221. Ex-Ante Risikoschätzung auf Basis des CAPM

Die Berücksichtigung von Risiko kann im Rahmen des IDW S 1 grundsätzlich auf verschiedene Weise erfolgen. So lässt der Standard für die Ermittlung subjektiver Entscheidungswerte einen streng individuellen Kapitalisierungszinssatz i. S. d. Standard-Ertragswertverfahrens zu.[1302] Dieser soll sich – wie etwa im oben gezeigten Modell von DIRRIGL ausführlich beschrieben – insbesondere nach der Rendite der Alternativinvestition und der Risikoneigung des Entscheiders richten.[1303]

[1300] Vgl. zu diesem Aspekt DIRRIGL, Steuerbemessung, in: Kiesewetter/Niemann (Hrsg.), FS Wagner, 2009, S. B 34, B 38, wobei diese Auffassung von DIRRIGL nicht geteilt wird.
[1301] Vgl. Kapitel F.IV.5.
[1302] Vgl. IDW (Hrsg.), WPg Supplement, 2008, Rz 123.
[1303] Vgl. IDW (Hrsg.), WPg Supplement, 2008, Rz 123.

Im Konzept des objektivierten Unternehmenswerts, welches regelmäßig bei gesetzlichen Bewertungsanlässen und damit im hier interessierenden Untersuchungsgegenstand anwendbar ist, wird diese subjektive Risikoberücksichtigung jedoch aufgegeben. Hier erfolgt die Bemessung des Risikozuschlags auf Basis von finanzierungs- bzw. kapitalmarkttheoretischen Modellen. Damit stellt die Ertragswertmethode zur Ermittlung des objektivierten Unternehmenswerts i. S. d. IDW S 1 keine Standard-Ertragswertmethode dar. Vielmehr handelt es sich im Ergebnis um eine Variante der DCF-Verfahren. Insofern ist es auch nicht verwunderlich, dass der Standard das Ertragswertverfahren einerseits sowie die DCF-Verfahren andererseits als gleichberechtigte Bewertungsverfahren ansieht. Nach Auffassung der Standardsetzer führen beide bei gleichen Annahmen, insbesondere hinsichtlich der Zielkapitalstruktur bzw. Finanzierung und des Risikozuschlags zu demselben Unternehmenswert.[1304]

Auch dem Ertragswertverfahren i. S. d. IDW S 1 liegt ein Opportunitätsgedanke zu Grunde. Anders als im Standard-Ertragswertverfahren handelt es sich hierbei um die Anlage in Unternehmensanteile.[1305] Daher ist auch im Rahmen des Ertragswertverfahrens nach IDW S 1 die Risikoprämie aus den empirisch ermittelten Aktienrenditen mithilfe von Kapitalmarktpreisbildungsmodellen wie dem CAPM abzuleiten.[1306] Damit wird ein wesentliches konzeptionelles Vorgehen der DCF-Verfahren übernommen.[1307]

Das Capital Asset Pricing Model (CAPM) geht auf SHARPE[1308], LINTNER[1309] und MOSSIN[1310] zurück und stellt eine Weiterentwicklung der Portfolio-Theorie von MARKOWITZ[1311] dar. In der Unternehmensbewertung lässt es sich zur Bestimmung

1304 Vgl. IDW (Hrsg.), WPg Supplement, 2008, Rz. 101. Erstaunlich ist in diesem Zusammenhang, dass auch die DCF-Verfahren für Zwecke der Entscheidungsfindung als geeignet angesehen werden. Jedenfalls finden HERING/BRÖSEL, WPg, 2004, S. 937, den Hinweis auf den gleichen Wert bei gleichen Prämissen „angstvoll".

1305 Vgl. IDW (Hrsg.), WPg Supplement, 2008, Rz. 114.

1306 Vgl. IDW (Hrsg.), WPg Supplement, 2008, Rz. 118.

1307 Kritisch dazu DIRRIGL, Steuerbemessung, in: Kiesewetter/Niemann (Hrsg.), FS Wagner, 2009, S. B 40.

1308 Vgl. insb. SHARPE, The Journal of Finance, 1964, S. 425 ff.

1309 Vgl. insb. LINTNER, The Review of Economics and Statistics, 1965, S. 13 ff.

1310 Vgl. insb. MOSSIN, Econometrica, 1966, S. 768 ff.

1311 Vgl. insb. MARKOWITZ, The Journal of Finance, 1952, S. 77 ff.

des Risikozuschlags verwenden, weil es hierfür eine „handliche Bestimmungsgleichung“[1312] liefert:

[25] $$z_j = \beta_j \cdot \left(\mu(r_M) - i \right).$$

mit:			
	z_j	=	Risikozuschlag der Aktie der Gesellschaft *j*
	β_j	=	Betafaktor der Aktie *j*
	$\mu(r_M)$	=	Erwartungswert der Rendite des Marktportfolios
	i	=	risikoloser Zins
	r_M	=	Rendite des Marktportfolios

Der Risikozuschlag bemisst sich also aus der Multiplikation der Marktrisikoprämie $\mu(r_M) - i$ mit dem Betafaktor. Dieser misst das systematische Risiko der Aktie *j*, welches im Modell als Bruch aus der Kovarianz der Rendite der Aktie mit dem Marktportfolio und der Varianz der Rendite des Marktportfolios bestimmt wird:[1313]

[26] $$\beta_j = \frac{Cov\,(r_j;r_M)}{\sigma_M^2} = \frac{\rho_{j,M} \cdot \sigma_k}{\sigma_M}.$$

mit:			
	r_j	=	Rendite der Aktie *j*
	$Cov\,(r_j;r_M)$	=	Kovarianz von r_j und r_M
	σ	=	Standardabweichung
	ρ	=	Korrelationskoeffizient

[1312] BALLWIESER, Unternehmensbewertung, 2011, S. 97. Dadurch ist das CAPM in Theorie und Praxis sehr beliebt, vgl. dazu BALLWIESER, Marktkalkül, in: Königsmaier/Mandl (Hrsg.), FS Mandl, 2010, S. 75 m. w. N.

[1313] Vgl. SPREMANN/ERNST, Unternehmensbewertung, 2011, S. 161 ff.; BALLWIESER, Unternehmensbewertung, 2011, S. 97 ff.

Das Beta gibt also an, wie sich eine Änderung der Rendite des Marktportfolios auf die Rendite der einzelnen Aktie auswirkt.[1314] So bedeutet bspw. ein Wert von 1,5, dass bei einer Änderung der Rendite des Marktportfolios um 10 %-Punkte die Änderungen der Rendite der Aktie 15 %-Punkte beträgt.[1315] Der Charme des CAPM liegt im Wesentlichen in der Möglichkeit, die Marktrenditen und Betafaktoren aus historischen Kapitalmarktdaten abschätzen zu können.[1316] Hierzu sei auf die Diskussion um die Höhe des Risikozuschlags im vEWV in Kapitel F.III.532 verwiesen. Wesentlich ist hier, dass sowohl die DCF-Verfahren als auch das Ertragswertverfahren i. S. d. IDW S 1 die Risikoberücksichtigung anhand der empirischen Kapitalmarktdaten vornehmen. Problematisch bei dieser Vorgehensweise ist der ganz und gar unrealistische Annahmenkatalog[1317] des CAPM.[1318]

Trotzdem ist das CAPM in der Rechtsprechung anerkannt. Bei 51 bezgl. dieses Aspekts von HACHMEISTER/RUTHARDT/LAMPENIUS untersuchten Entscheidungen kam diese Methode in 25 Fällen zum Einsatz.[1319] Darüber hinaus ließ sich ein deutlich zunehmender Trend zur Risikoschätzung mittels CAPM identifizieren.[1320] Einer Anwendbarkeit für steuerliche Zwecke steht aber auch aus diesem Blickwinkel nichts entgegen, obwohl es sich hierbei natürlich um gesellschaftsrechtliche Entscheidungen handelt.

Jedoch sind gerade bei der Ermittlung von nicht börsennotierten Gesellschaften – und nur darum wird es regelmäßig bei der Erbschaftsteuer gehen – die Annahmen des CAPM verletzt. Ganz besonders ist hier die Abwesenheit von Überrenditen bzw. die Annahme perfekter Diversifikation erwähnenswert.[1321] Der typische Unternehmer wird i. d. R. wohl gerade keine perfekte Streuung seines Vermögens vorgenommen

---

[1314] Vgl. BALLWIESER, Unternehmensbewertung, 2011, S. 97.

[1315] Vgl. BALLWIESER, Unternehmensbewertung, 2011, S. 97.

[1316] Vgl. BALLWIESER, Unternehmensbewertung, 2011, S. 97.

[1317] Vgl. dazu bspw. NÖLL/WIEDEMANN, Investitionsrechnung, 2011, S. 198 ff.; KRUSCHWITZ, Investitionsrechnung, 2011, S. 359.

[1318] Vgl. DIRRIGL, Steuerbemessung, in: Kiesewetter/Niemann (Hrsg.), FS Wagner, 2009, S. B 51, S. B 47 m. w. N. Sehr prägnant SCHNEIDER, Unternehmung, 1997, S. 232: „Hier dürften sich schon logisch unvereinbare Annahmen hinter dem Beta-Kokolores verbergen.“

[1319] Vgl. HACHMEISTER/RUTHARDT/LAMPENIUS, WPg, 2011, S. 837.

[1320] Vgl. HACHMEISTER/RUTHARDT/LAMPENIUS, WPg, 2011, S. 836.

[1321] Vgl. DIRRIGL, Steuerbemessung, in: Kiesewetter/Niemann (Hrsg.), FS Wagner, 2009, S. B 51 f.

haben.[1322] Vielmehr ist es geradezu logisch, dass er aus dem Blickwinkel der perfekten Diversifikation in Anteilen am eigenen Unternehmen extrem überinvestiert sein wird. Dies gilt umso mehr, wenn seine ggf. vorhandenen anderen Vermögenswerte letztendlich zur Haftungsmasse gehören, was wohl nicht unüblich ist. Die Abkehr von der Annahme der vollständigen Diversifikation würde dann zusätzliche Risikozuschläge für dieses systematische Risiko rechtfertigen,[1323] die im Kapitalmarktgleichgewichtsmodell nicht vergütet werden. Der Steuerpflichtige sollte die Notwendigkeit solcher Zuschläge jedenfalls stets aufzeigen. Hierzu sei ebenfalls auf die Bewertungsergebnisse des vEWV im Vergleich zu anderen Methoden in Kapitel F.IV. verwiesen.

22222. Adjusted Present Value-Ansatz

Im Kern verbinden die DCF-Verfahren die Erkenntnisse der MODIGLIANI/MILLER-Welt mit dem CAPM, obwohl die Modelle zumindest partiell inkompatibel sind.[1324] MODIGLIANI/MILLER haben in ihrem grundlegenden Beitrag[1325] den Zusammenhang zwischen Kapitalstruktur und Unternehmenswert im Kapitalmarktgleichgewicht beleuchtet.[1326] Unter den realitätsfremden Prämissen, insbesondere des vollkommenen und vollständigen Kapitalmarkts und der Abwesenheit von Steuern,[1327] entwickelten sie ihre Irrelevanzthese. Hiernach ist der Unternehmenswert nicht von der Kapitalstruktur abhängig. Bereits die ebenfalls von MODIGLIANI/MILLER vorgenommene Berücksichtigung von Steuern führt zu deren Einsturz, weil die Abzugsfähigkeit der Sollzinsen für einen Vorteil der Fremdfinanzierung sorgt.[1328] Der Einbezug von Steuern führt zur Formel [26], die als Basis der kapitalmarkttheoretischen Unternehmensbewertung angesehen werden kann:[1329]

1322 Vgl. bspw. BEHRINGER, Mittel- und Kleinbetriebe, 2009, S. 45; DIRRIGL, Steuerbemessung, in: Kiesewetter/Niemann (Hrsg.), FS Wagner, 2009; CREUTZMANN, Bewertungsgesetz, in: Königsmaier/Mandl (Hrsg.), FS Mandl, 2010, S. 159; HINZ, BFuP, 2011, S. 321 f.

1323 Vgl. dazu auch CREUTZMANN, Bewertungsgesetz, in: Königsmaier/Mandl (Hrsg.), FS Mandl, 2010, S. 159.

1324 Vgl. dazu besonders kritisch HERING, Unternehmensbewertung, 2006, S. 206 ff. So geht das CAPM bspw. von Risikoaversion aus, während in der MODIGLIANI/MILLER-Welt keine Präferenzen vorliegen, also Risikoneutralität herrscht.

1325 Vgl. MODIGLIANI/MILLER, AER, 1958, S. 261 ff.

1326 Vgl. dazu ausführlich HERING, Unternehmensbewertung, 2006, S. 168 ff.

1327 Vgl. zu den vollständigen Bedingungen S. 265 ff.; HERING, Unternehmensbewertung, 2006, S. 171.

1328 Vgl. HERING, Unternehmensbewertung, 2006, S. 173.

1329 Vgl. HERING, Unternehmensbewertung, 2006, S. 176; zur Ableitung der Formel BALLWIESER, Unternehmensbewertung, 2011, S. 226.

[27] $$r_{EK}^{V} = r_{EK}^{U} + \left(r_{EK}^{U} - r_{FK}\right) \cdot (1-s) \cdot \frac{FK}{EK}.$$

mit:

r_{EK}^{V}	=	Renditeforderung des Eigentümers eines verschuldeten Unternehmens
r_{EK}^{U}	=	Renditeforderung des Eigentümers eines unverschuldeten Unternehmens
r_{FK}	=	Fremdkapitalzins
EK	=	Eigenkapital (Marktwert)
FK	=	Fremdkapital (Marktwert)

Sie zeigt die Renditeforderung des Eigentümers eines verschuldeten Unternehmens. Diese hängt von zwei Komponenten ab. Einerseits von der Renditeforderung eines unverschuldeten Unternehmens, die das operative Risiko erfasst und andererseits vom weiteren Risikozuschlag für das Kapitalstrukturrisiko.[1330] Unter der unrealistischen Annahme, dass die Fremdkapitalkosten dem risikolosen Zins entsprechen, folgt hieraus:[1331]

[28] $$\begin{aligned} i + \beta_j^V \cdot \left[\mu(r_M) - i\right] &= i + \beta_j^U \cdot \left[\mu(r_M) - i\right] \\ &\quad + \left(i + \beta_j^U \cdot \left[\mu(r_M) - i\right] - i\right)(1-s) \cdot \frac{FK}{EK} \Leftrightarrow \\ \beta_j^V &= \beta_j^U + \beta_j^U \cdot (1-s) \cdot \frac{FK}{EK} \Leftrightarrow \\ \beta_j^V &= \beta_j^U \cdot \left[1 + (1-s) \cdot \frac{FK}{EK}\right] \end{aligned}$$

mit:

β_j^V	=	Beta-Faktor des verschuldeten Unternehmens
β_j^U	=	Beta-Faktor des unverschuldeten Unternehmens

sowie

1330 Vgl. BALLWIESER, Unternehmensbewertung, 2011, S. 103.
1331 Vgl. BALLWIESER, Unternehmensbewertung, 2011, S. 103 f.

[29] $$\beta_j^U = \frac{\beta_j^V}{\left[1+(1-s)\cdot\frac{FK}{EK}\right]}.$$

Mit Hilfe der beiden letztgenannten Ausdrücke ist es möglich, das sog. „unlevering" (Gleichung [29]) und „relevering" (Gleichung [28]) vorzunehmen.[1332]

Im APV-Ansatz ergibt sich der Unternehmenswert, indem man vom Marktwert des Gesamtkapitals (GK^U) eines fiktiv unverschuldeten Unternehmens das Fremdkapital subtrahiert und den Vorteil der Fremdfinanzierung (V^s) addiert. Im Fall der ewigen Rente und unter Vernachlässigung persönlicher Steuern erhält man:[1333]

[30] $$\begin{aligned} UW &= GK^U + V^S - FK \quad \Leftrightarrow \\ UW &= \frac{FCF}{r_{EK}^u} + \frac{sr_{FK}\cdot FK}{r_{FK}} - FK \quad \Leftrightarrow \\ UW &= \frac{FCF}{r_{EK}^U} - (1-s)\cdot FK \quad . \end{aligned}$$

mit: GK^U = Marktwert des Gesamtkapitals

V^s = Vorteil der Fremdfinanzierung

Das Hauptproblem des Ansatzes besteht in der unbekannten Renditeforderung des Eigentümers des fiktiv unverschuldeten Unternehmens, die sich nicht beobachten lässt.[1334] Hierzu wird vorgeschlagen, den Parameter mit Hilfe des CAPM zu schätzen.[1335] Die Anpassung des Betas erfolgt mit Hilfe der Relationen [28] und [29]. Hierbei besteht natürlich das Problem, dass man zur Umrechnung des Betas des zu bewertenden Unternehmens gerade wiederum den Marktwert des Eigenkapitals des verschuldeten Unternehmens benötigt, welcher aber gerade gesucht ist.[1336] Zieht man Betafaktoren von verschuldeten Vergleichsunternehmen heran, muss deren Marktwert, z. B. deren Marktkapitalisierung, bekannt sein. Offenbar ergeben sich

[1332] Vgl. BALLWIESER, Unternehmensbewertung, 2011, S. 104.
[1333] Vgl. BALLWIESER, Unternehmensbewertung, 2011, S. 134 f.
[1334] Vgl. BALLWIESER, Unternehmensbewertung, 2011, S. 150.
[1335] Vgl. bspw. DRUKARCZYK, WPg, 1995, S. 329; DRUKARCZYK/RICHTER, DBW, 1995, S. 562.
[1336] Vgl. BALLWIESER, Unternehmensbewertung, 2011, S. 150.

gerade bei der Bestimmung des Betafaktors erhebliche Bewertungsunschärfen bzw. Ermessensspielräume[1337] oder – deutlicher bezeichnet – Argumentationsspielräume. Schließlich unterscheidet sich der Betafaktor mitunter erheblich, wenn man die Länge des Renditeintervalls (z. B. tägliche, monatliche oder jährliche Rendite), die Meßperiode (z. B. 250 Tage, 52 Wochen, 60 Monate), den Index zur Abbildung des Marktportfolios (z. B. DAX, CDAX, STOXX), sowie die Durchschnittsbildung (Stichtagswerte oder Mittelwert aus vielen Stichtagswerten) variiert.[1338] Daneben lässt er sich natürlich auch nur für Unternehmen ermitteln, die börsennotiert sind, und daher eigentlich gar keine Marktbewertung benötigen. Deshalb wird der Betafaktor zur Bewertung nicht notierter Unternehmen zusätzlich erheblich von der Wahl des Vergleichsunternehmens abhängen.[1339] Im Ergebnis kann man dem Verfahren aber trotz aller Unschärfen die Eignung zur Ermittlung eines rechtsrichtigen (Schieds-) Wert nicht absprechen.[1340] Vielmehr wird gerade das Vorbringen des marktbestimmten Objektivierungsgedankens der DCF-Verfahren für diese eine breite Akzeptanz zur Ermittlung des gemeinen Werts mit sich bringen.

22223. Free Cash Flow-Ansatz und Total Cash Flow-Ansatz

Wie die APV- ist auch die FCF-Methode ein Entity-Ansatz. Hierbei wird der Wert des Gesamtkapitals jedoch nicht additiv, sondern unmittelbar als Ganzes bestimmt.[1341] Dem Ansatz der Bruttomethoden entsprechend, ist zur Ermittlung des Marktwerts des Eigenkapitals wiederum der Marktwert des Fremdkapitals vom Gesamtkapital zu subtrahieren:

[31]
$$UW = GK - FK \quad \Leftrightarrow$$
$$UW = \frac{FCF}{k} - FK.$$

mit: k = gewogene durchschnittliche Kapitalkosten

1337 Vgl. DIRRIGL, Steuerbemessung, in: Kiesewetter/Niemann (Hrsg.), FS Wagner, 2009, S. B 47 m. w. N.

1338 Vgl. BALLWIESER, Unternehmensbewertung, 2011, S. 99.

1339 Vgl. zu der Problematik fehlender Vergleichsunternehmen CREUTZMANN, Bewertungsgesetz, in: Königsmaier/Mandl (Hrsg.), FS Mandl, 2010, S. 159.

1340 In der Tendenz ebenso (sogar) HERING, Unternehmensbewertung, 2006, S. 206.

1341 Vgl. BALLWIESER, Unternehmensbewertung, 2011, S. 161.

Als Diskontierungszinssatz werden die sog. Weighted Average Cost of Capital (WACC), also die gewogenen durchschnittlichen Kapitalkosten k herangezogen:

[32] $$k = r_{EK}^{V} \cdot \frac{EK}{GK} + r_{FK} \cdot (1-s)\frac{FK}{GK}.$$

Das Problem besteht hier offenbar in der Verwendung von eigentlich gesuchten Größen, namentlich dem Marktwert des Eigenkapitals und des Gesamtkapitals, zur Bestimmung des Zinssatzes.[1342] Dieses bei autonomer Finanzierungspolitik auftretende Zirkularitätsproblem kann jedoch durch Vorgabe einer Zielkapitalstruktur, also bei einer sog. atmenden Finanzierungspolitik, zumindest rechentechnisch vermieden werden.[1343]

Wesentlich ist hier, dass die Renditeerwartung der Eigenkapitalgeber des verschuldeten Unternehmens wiederum mit Hilfe des CAPM zu schätzen ist.[1344] Insofern ergeben sich im Hinblick auf die Eignung zur Ermittlung von Steuerbemessungsgrundlagen die gleichen Aussagen wie bei der APV-Methode.

Letztgenannte Aussage lässt sich auch auf das TCF-Verfahren beziehen, weil die Diskontierung ebenfalls mit dem WACC erfolgt. Insofern ergibt sich methodisch eine identische Risikoberücksichtigung. Jedoch wird hier nicht der FCF, sondern der um das Tax Shield verringerte FCF, der sog. TCF, diskontiert. Die Berücksichtigung des Vorteils der Fremdfinanzierung erfolgt also im Nenner:

[33] $$\begin{aligned} UW &= GK - FK \\ UW &= \frac{TCF}{k_{TCF}} - FK. \end{aligned}$$

mit: k_{TCF} = gewogene Kapitalkosten im TCF-Ansatz

[1342] Vgl. HERING, Unternehmensbewertung, 2006, S. 210. Deftige Kritik am WACC übt auch SCHNEIDER, StuW, 2010, S. 236: „Quacksalbereien" m. w. N.

[1343] Vgl. dazu und den daraus resultierenden Problemen HERING, Unternehmensbewertung, 2006, S. 210.

[1344] Vgl. HERING, Unternehmensbewertung, 2006, S. 210.

Dementsprechend unterbleibt die Berücksichtigung bei der Ermittlung der gewogenen Kapitalkosten:

$$[34] \qquad k_{TCF} = r_{EK}^{V} \cdot \frac{EK}{GK} + r_{FK} \cdot \frac{FK}{GK}.$$

22224. Flow to Equity-Ansatz

Der Flow to Equity Ansatz ist weniger verbreitet.[1345] In der Literatur wird er teilweise gar nicht von der Ertragswertmethode abgegrenzt und entsprechend nicht explizit behandelt.[1346] Der konzeptionelle Ansatz ist identisch; der dem Eigentümer zufließende Kapitalstrom wird diskontiert. Jedoch erfolgt die Risikoberücksichtigung wiederum durch das CAPM. Damit haftet dem Ansatz die entsprechende Kritik gleichermaßen an. Dementsprechend wird die Gleichsetzung mit der Ertragswertmethode zu Recht kritisiert.[1347]

22225. Eignung

Der Streit um die „richtige" Bewertungsmethode soll hier nicht über die angesprochenen Punkte hinaus fortgeführt werden. Nach Auffassung von Gesetzgeber und Rechtsprechung können jedenfalls alle genannten Methoden zum gemeinen Wert führen. Es ist zu erwarten, dass sich die DCF-Verfahren mutmaßlich auch zur Wertermittlung für steuerliche Zwecke einer großen Beliebtheit erfreuen werden, weil sie sich hervorragend für Argumentationszwecke eignen.[1348] Dies mag auch daran liegen, dass sie aufgrund ihrer Komplexität Genauigkeit und Wissenschaftlichkeit suggerieren.[1349]

Auch wenn die DCF-Verfahren für Entscheidungszwecke wenig geeignet sind,[1350] kann man bei der Abwägung zwischen klassischer Ertragswertmethode und DCF-Verfahren für die Ermittlung des Steuerwerts einen leichten Vorteil zu Gunsten der

[1345] Vgl. HERING, Unternehmensbewertung, 2006, S. 212.
[1346] Vgl. BALLWIESER, Unternehmensbewertung, 2011, S. 187.
[1347] Vgl. DIRRIGL, Steuerbemessung, in: Kiesewetter/Niemann (Hrsg.), FS Wagner, 2009, S. B 6 f.
[1348] Vgl. HERING/BRÖSEL, WPg, 2004, S. 939.
[1349] Vgl. BRÖSEL/HAUTTMANN, FB, 2007, S. 300.
[1350] Vgl. HERING/BRÖSEL, WPg, 2004, S. 939.

DCF-Verfahren erahnen. Sehr simplifiziert ausgerückt, ermitteln die DCF-Verfahren eben eher einen potentiellen Preis, wie er der Konzeption des gemeinen Werts entspricht, während die Ertragswertmethode eher einen (subjektiven) Wert ermittelt. Wenn die klassische Ertragswertmethode ein Entscheidungsmodell ist, weisen die DCF-Verfahren deutliche Eigenschaften eines Erklärungsmodells auf.[1351] Insofern scheinen sie der Lösung des Dilemmas – die Suche nach dem einem Wert, den es nicht gibt – daher zumindest aus pragmatischer Sicht näher zu sein.

Die zur DCF-Methodik geäußerte Kritik gilt im Wesentlichen auch für das Bewertungskonzept des IDW S 1. Insbesondere wird sein Anspruch, eine Art objektiven Unternehmenswert zu ermitteln, im Schrifttum regelmäßig kritisiert.[1352] Die für den vorliegenden Zweck weitführendste Kritik erfolgt von CREUTZMANN, der im Wert nach IDW S 1 eben kein fiktives Verhandlungsergebnis, sondern einen von Verhandlungspartnern losgelösten typisierten Wert aus Sicht eines Verkäufers darstellt.[1353] Dies wird im Wesentlichen mit der dort nicht vorhandenen Exit-Price-Strategie begründet und findet seine quantitative Auswirkung bspw. in der Nicht-Berücksichtigung echter Synergieeffekte.[1354] Diese recht theoretischen Einwände führen aber dennoch nicht zur Ablehnung des Standards für den hier betrachteten Zweck,[1355] weil gerade hier intersubjektive nachprüfbare Annahmen erwünscht sind.[1356]

3. Vergleichsorientierte Methoden

31. Anwendbarkeit

Für die Anwendbarkeit von Multiplikatorverfahren, welche (auch) die Ertragsaussichten berücksichtigen, gilt das in Kapitel E.I. sowie E.V1. Gesagte. Bereits in der Gesetzesbegründung wurden – hier aber im Rahmen der sonstigen Methoden – die „vergleichsorientieren Methoden und Multiplikatormethoden“[1357] genannt. Diese Unterscheidung wird jedoch in der Betriebswirtschaft so nicht vorgenommen; viel-

[1351] Vgl. BRÖSEL/HAUTTMANN, FB, 2007, S. 293.
[1352] Vgl. MOXTER, Grundsätze II, 1983, Nachdruck von 1991, S. 28; MANDL/RABEL, Unternehmensbewertung, 1997, S. 400 f.
[1353] Vgl. CREUTZMANN, Bewertungsgesetz, in: Königsmaier/Mandl (Hrsg.), FS Mandl, 2010, S. 155.
[1354] Vgl. CREUTZMANN, Bewertungsgesetz, in: Königsmaier/Mandl (Hrsg.), FS Mandl, 2010, S. 154.
[1355] Vgl. dazu Kapitel E.V.21.
[1356] Vgl. dazu auch HERING/BRÖSEL, WPg, 2004, S. 939, Fn. 26.
[1357] Deutscher Bundestag (Hrsg.), Regierungsentwurf ErbStRG, BT-Drs. 16/7918, S. 38.

mehr zählen die Multiplikatormethoden zu der übergeordneten Gruppe der vergleichsorientierten Methoden.[1358] Wesentlich ist wiederum, dass der Gesetzgeber die im Geschäftsverkehr üblichen Methoden auch für Zwecke der Besteuerung anerkennt. Tatsächlich geht auch aus den empirischen Studien hervor, dass sich Multiplikatorverfahren einer steigenden Beliebtheit erfreuen.[1359] Kritisch anzumerken ist jedoch, dass sie i. d. R. eher zur Plausibilitätsüberprüfung herangezogen werden.[1360] Dies zeigt auch der Vergleich der Spalten mit und ohne Mehrfachnennung der Tabelle 3. Die Multiplikatorverfahren werden kaum als dominiertes Verfahren, sondern eben deutlich verstärkt als Zweit- oder Drittverfahren angewendet. Daher darf schon kritisch hinterfragt werden, ob sie den Anspruch als „gebräuchliche Bewertungsmethoden zu Preisbildung“[1361] tatsächlich erfüllen. Nichtsdestotrotz wird die Multiplikatormethode dem Steuerpflichtigen wohl häufig als frei wählbare Option neben einem oder mehreren anderen Verfahren zur Verfügung stehen, weil es in praxi selten möglich sein wird, die Üblichkeit von Multiplikatorverfahren generell zu verneinen.[1362] Der Steuerpflichtige kann sich jedenfalls auf die obigen Ergebnisse der empirischen Studien oder entsprechende Literaturaussagen berufen. So bemerkt bspw. CREUTZMANN aus seiner praktischen Erfahrung, dass in der Transaktionspraxis in nahezu allen Branchen überwiegend Multiplikatorverfahren zur Anwendung kommen.[1363] FISCHER-WINKELMANN/BUSCH kommen zu dem Ergebnis, dass gerade im Bereich der Bewertung kleinerer und mittlerer Unternehmen die Multiplikatorverfahren an Bedeutung gewinnen.[1364]

Insofern steht außer Frage, dass Multiplikatorverfahren grundsätzlich zur Bestimmung des gemeinen Werts herangezogen werden können. Es ist kaum erklärungsbedürftig, dass sich dadurch für den Steuerpflichtigen massive Argumentationsspielräume ergeben.

[1358] Vgl. WASSERMANN, DStR, 2010, S. 184.
[1359] Zur überragenden Bedeutung in der Praxis auch DÖRNER, BewP, 2/2009, S. 3.
[1360] Vgl. Kapitel E.IV.
[1361] Deutscher Bundestag (Hrsg.), Regierungsentwurf ErbStRG, BT-Drs. 16/7918, S. 38.
[1362] Ähnlich CREUTZMANN, DB, 2008, S. 2788.
[1363] Vgl. CREUTZMANN, DB, 2008, S. 2788.
[1364] Vgl. FISCHER-WINKELMANN/BUSCH, FB, 2009, S. 717, 725. Allgemein werden bei der Bewertung kleiner und mittlerer Unternehmen weniger aufwendige Verfahren und weniger Verfahren je Bewertungsfall angewendet. Vgl. FISCHER-WINKELMANN/BUSCH, FB, 2009, S. 718 und S. 725. Beides dürfte durch das ökonomische Prinzip erklärbar sein.

32. Konzeption und Varianten

Die Multiplikatorverfahren befolgen den Grundsatz „Bewerten heißt Vergleichen“ in einer simplen Form, die mitunter auch als „Daumenregel“[1365] bezeichnet wird. Wie bei allen vergleichsorientierten Methoden erfolgt die Bestimmung des gesuchten Unternehmenswerts durch einen Vergleich mit dem Preis eines ähnlichen Unternehmens.[1366] Die Verfahren unterscheiden also nicht zwischen (subjektivem) Wert und (objektivem) Preis.[1367] Offenbar wird diese angestrebte Objektivität durch einen Verlust der Subjektivität erkauft;[1368] ins Bewertungskalkül fließen nämlich keine Parameter des Bewertungssubjekts ein. Konkret wird der Unternehmenswert ermittelt, indem eine bestimmte Bezugsgröße des Bewertungsobjekts mit einem branchenspezifischen Faktor, eben dem Multiplikator, multipliziert wird[1369] Grundlage dieser Überlegung ist der angenommene Zusammenhang zwischen dem bekannten Preis einer Vergleichsunternehmung (P_{Vgl}), dem bekannten Wert der Bezugsgrößen sowohl für das Vergleichsunternehmen (B_{Vgl}) als auch das zu bewertende Unternehmen (B_U) und dessen unbekanntem Preis (P_U):[1370]

[35] $$\frac{P_{Vgl}}{B_{Vgl}} = \frac{P_U}{B_U}.$$

mit :	P_{Vgl}	=	Preis des Vergleichsunternehmens
	B_{Vgl}	=	Bezugsgröße des Vergleichsunternehmens
	P_U	=	gesuchter Preis des zu bewertenden Unternehmens

1365 Bspw. BRÖSEL/HAUTTMANN, FB, 2007, S. 237.

1366 Vgl. BARTHEL, DB, 2011, S. 719 und allgemein zur sog. Similarity-Theorie im Gegensatz zur Expected Utility Theory BARTHEL, DB, 2007, S. 586 ff. Die Behauptung von BARTHEL, DB, 2010, S. 2236, nach der die Similarity-Theorie nachweislich [sic !] zu besseren Ergebnissen führt, bleibt dort unbelegt, obwohl man bei der Wortwahl gerade Nachweise erwartet hätte. Vgl. kritisch zu früheren Thesen von BARTHEL die Ausführungen von BALLWIESER, DB, 1997, S. 185 ff.

1367 Vgl. BÖCKING/NOWAK, FB, 1999, S. 170.

1368 Vgl. BÖCKING/NOWAK, FB, 1999, S. 170; MOXTER, Grundsätze II, 1983, Nachdruck von 1991, S. 125 ff.

1369 Vgl. MATSCHKE/BRÖSEL, Unternehmensbewertung, 2013, S. 688 m. w. N.

1370 Vgl. DIRRIGL, Steuerbemessung, in: Kiesewetter/Niemann (Hrsg.), FS Wagner, 2009, S. B 16 f.

B_U = Bezugsgröße des zu bewertenden Unternehmens

Umgestellt nach dem gesuchten Preis ergibt sich:

[36] $$P_U = B_U \cdot \frac{P_{Vgl}}{B_{Vgl}}.$$

Der Multiplikator kann sich dabei auf die verschiedensten Größen beziehen, wobei in diesem Kapitel nur solche angesprochen sind, die Ertragskomponenten berücksichtigen. Zu nennen sind hier insbesondere die weit verbreiteten Gewinnmultiplikatoren und solche, die auf aus dem Gewinn abgeleiteten Größen, wie etwa dem EBIT o. Ä. beruhen.[1371]

Daneben lassen sich verschiedene Ansätze nach der Art der Auswahl des Vergleichsunternehmens bzw. des Vergleichspreises unterscheiden,[1372] die hier lediglich kurz genannt werden. Ziel aller Varianten ist es, ein Vergleichsunternehmen zu finden, was dem Bewertungsobjekt hinsichtlich verschiedener qualitativer und quantitativer Faktoren möglichst ähnlich ist.[1373] Bei der Similiar Public Company Methode erfolgt ein Vergleich mit mehreren börsennotierten Unternehmen, bei denen die Marktpreise durch die Kursnotierung bekannt sind.[1374] Im Rahmen der Recent Aquisition Methode werden die Preise von Vergleichsunternehmen aus tatsächlich durchgeführten Unternehmenstranskationen herangezogen.[1375] Dagegen werden bei der Initial Public Offering Methode die Emissionserlöse vergleichbarer Unternehmen als Bewertungsmaßstab zugrunde gelegt.[1376]

33. Eignung

Eine äußerst ablehnende Haltung zur Eignung der Multiplikatoren für Zwecke der erbschaft- und schenkungsteuerlichen Bewertung äußert DIRRIGL. Zunächst macht er

1371 Vgl. zur Unterscheidung von Multiplikatoren, die Ertragsaussichten berücksichtigen, und solchen, die sie nicht berücksichtigen HECHT/v. CÖLLN, BB, 2010, S. 797 f.
1372 Vgl. BÖCKING/NOWAK, FB, 1999, S. 170.
1373 Vgl. BÖCKING/NOWAK, FB, 1999, S. 170; ähnlich SCHWETZLER, Multiples, in: Königsmaier/Mandl (Hrsg.), FS Mandl, 2010, S. 573.
1374 Vgl. BÖCKING/NOWAK, FB, 1999, S. 171.
1375 Vgl. BÖCKING/NOWAK, FB, 1999, S. 174.
1376 Vgl. BÖCKING/NOWAK, FB, 1999, S. 174.

am Beispiel der Unternehmen PUMA und ADIDAS einerseits und BASF, BAYER und MERCK andererseits deutlich, dass auch vermeintlich vergleichbare Unternehmen höchst unterschiedliche Multiplikatoren aufweisen können.[1377] Ein weiteres Problem sieht er bei den transaktionsbezogenen Multiplikatoren, die als sog. Expert Multiples veröffentlicht werden, dass deren Qualität und Quellen nicht hinreichend geklärt ist.[1378] Seines Erachtens spricht daher wenig dafür, eine Kaufpreisbemessung aufgrund so simpler Zusammenhänge wie der in Relation [36] gezeigten Art vorzunehmen.[1379] Diese Kritik ist sicherlich zutreffend und korrespondiert auch mit der oben beschriebenen Eignung als Plausibilitätsgröße und der wohl herrschenden Auffassung im Schrifttum.[1380] Insbesondere wird dem Zukunftsbezug der Bewertung zu wenig Bedeutung zugemessen[1381] und die Problematik des „richtigen" Vergleichsunternehmens wird nicht hinreichend gelöst.[1382] Es ist offensichtlich, dass diese Wahl zu enormen Gestaltungsspielräumen für den Steuerpflichtigen führt. Interessant ist aber auch die von DÖRNER geäußerte praktische Erfahrung, die der vermeintlichen Einfachheit des Multiplikatoransatzes entgegensteht. Er kommt zu dem Ergebnis, dass sich bei einer konsequenten Berücksichtigung aller notwendigen Anpassungen des Einzelfalls der Aufwand einer Bewertung mittels Multiplikatorverfahren dem einer mittels Ertragswertmethode deutlich annähert.[1383]

PAWELZIK sieht in der Diskussion um den Vorrang von Multiplikatorverfahren sogar eine Scheindiskussion. Nach seiner Auffassung umfasse der Begriff der Üblichkeit nämlich auch Rechtsrichtigkeit eines Verfahrens. Diese sei jedoch nur (sic!) durch das Ertragswertverfahren gewährleistet.[1384] Diese strenge Ablehnung der Multiplika-

1377 Vgl. DIRRIGL, Steuerbemessung, in: Kiesewetter/Niemann (Hrsg.), FS Wagner, 2009, S. B 18.

1378 Vgl. DIRRIGL, Steuerbemessung, in: Kiesewetter/Niemann (Hrsg.), FS Wagner, 2009, S. B 18.

1379 Vgl. DIRRIGL, Steuerbemessung, in: Kiesewetter/Niemann (Hrsg.), FS Wagner, 2009, S. B 18, B 22; CREUTZMANN, DB, 2008, S. 2788 bemängelt die insgesamt zu geringe Datenbasis in Deutschland.

1380 Vgl. bspw. BEHRINGER, Mittel- und Kleinbetriebe, 2004, S. 114: „Sie [die Multiplikatorverfahren] sind zur Ableitung von Entscheidungswerten ungeeignet."; zu der Ablehnung von Vergleichspreisen bereits JONAS, ZfB, 1954, S. 20. Auch der IDW S 1 sieht in den Multiplikatorverfahren lediglich ein Instrument zur Plausibilisierung der Ergebnisse der Ertragswertmethode. Vgl. IDW (Hrsg.), WPg Supplement, 2008, Rz. 143, 167.

1381 Vgl. MATSCHKE/BRÖSEL, Unternehmensbewertung, 2013, S. 689 m. w. N.; DÖRNER, BewP, 2/2009, S. 3 f. ähnlich BALLWIESER, Multiplikatoren, in: Rückle/Loitlsberger (Hrsg.), FS Loitlsberger, 1991, S. 61 f.

1382 Vgl. bspw. BÖCKING/NOWAK, FB, 1999, S. 171 f.

1383 Vgl. DÖRNER, BewP, 2/2009, S. 4.

1384 Vgl. zum bisherigen Absatz PAWELZIK, Ubg, 2010, S. 889, der hier die DCF-Verfahren auch unter die Ertragswertverfahren fasst.

torverfahren muss m. E. jedenfalls in der Steuerbemessungsfunktion relativiert werden. Wie erwähnt, ist die Heranziehung für Zwecke der Argumentation (sowieso) zulässig.[1385] Aber auch auf der Ebene der gerichtlichen Überprüfung muss die gesetzgeberische Konzeption, dass die Praktikerverfahren auch zum rechtsrichtigen gemeinen Wert führen können, berücksichtigt werden. Selbst wenn also erhebliche theoretische Bedenken gegen die Methode bestehen, ist ihre Anwendung auch auf der zweiten Ebene zulässig. Daher ist grundsätzlich denkbar, dass in diesem Bewertungszweck auch gerichtsfeste Werte auf Basis von Multiplikatorverfahren entstehen.[1386]

Dies mag zukünftig auch vermehrt dann der Fall sein, wenn das Gericht als Entscheidung in der Rechtsfrage nach der Bewertungsmethode die Anwendung der Multiplikatormethode (vom Gutachter oder auch vom Finanzamt) verlangt. Falls ausschließlich Multiplikatorverfahren branchenüblich sind, wäre dies aufgrund der Erwerberperspektive natürlich sogar zwingend. Dieser Fall wird aber mutmaßlich eher selten vorkommen. So lässt sich selbst in Branchen mit vermeintlich häufiger Anwendung von Multiplikatorverfahren i. d. R. ebenfalls zumindest eine Forderung zur Anwendung der Ertragswertmethoden finden. So existiert bspw. eine umfangreiche Diskussion bzw. weitreichende Vorschläge zur Anwendung von Ertragswertverfahren bei freiberuflichen Praxen.[1387] Ebenso plant die Bundessteuerberaterkammer in ihren Verlautbarungen eine Abkehr vom Multiplikatorverfahren zu Gunsten der Ertragswertverfahren.[1388]

Andernfalls werden die Verfahren wohl von den meisten Sachverständigen auch in Anlehnungen an den IDW S 1[1389] in der gewohnten Weise als Plausibilitätsgröße verwendet werden, sodass sich die Anwendung der Multiplikatormethode meistens auf den Argumentationswert der ersten Stufe beschränken wird.

1385 Zu weitgehend ist aber wohl die Auffassung von CREUTZMANN, DB, 2008, S. 2788, nach welcher die Multiplikatorverfahren in den Mittelpunkt der Bewertung treten werden. Vgl. zur nicht bestätigten Dominanz auch WASSERMANN, DStR, 2010, S. 184.

1386 Die Problematik der Argumentation von PAWELZIK ist natürlich auch, dass danach niemals neue Methoden zulässig sein würden.

1387 Vgl. bspw. BEHRINGER, StuB, 2008, S. 145 ff.; BERNDT/GUTSCHE/OFFENHAMMER, BB, 2010, S. 1203 ff.

1388 Vgl. dazu WASSERMANN, DStR, 2010, S. 184 m. w. N.

1389 IDW (Hrsg.), WPg Supplement, 2008, Rz. 143.

Vom Wortlaut des Gesetzes ist die Heranziehung eines Multiplikatorverfahrens aber auch dann möglich, wenn sie nicht als übliche Methoden identifizierbar sind. Aufgrund der beschriebenen theoretischen Vorbehalte ist dies jedoch äußerst kritisch zu sehen. Für diesen wohl eher seltenen Fall ist besonders der oftmals fehlende Zukunftsbezug problematisch, weil § 11 Absatz 2 BewG gerade die Berücksichtigung von Ertrags*aussichten* verlangt. Daher wären nach der Vorschrift hier nur Multiplikatoren anwendbar, die erwartete Gewinne als Bezugsgröße verwenden.

4. Mischverfahren

41. Anwendbarkeit

Neben den Ertragswertverfahren, den DCF-Verfahren und den Ertragsmultiplikatoren sind im Rahmen der Verfahren, die auch Erträge berücksichtigen, insbesondere die Mischverfahren zu nennen. Ihre Verortung bei diesen Methoden wird bei einem Blick auf deren Konzeption deutlich.

42. Konzeption und Varianten

421. Berücksichtigung von Substanz und Ertrag

Den Mischverfahren liegt der Gedanke zugrunde, dass sowohl die Substanz als auch die Ertragsaussichten einer Unternehmung deren Wert bestimmen. Sie vereinen also die unterschiedlichen konzeptionellen Ansätze von Einzel- und Gesamtbewertungsverfahren.[1390] Allgemein ausgedrückt ergibt sich der Unternehmenswert hierbei als[1391]

[37] $$UW = SW + b \cdot (EW - SW).$$

mit:

EW	=	Ertragswert
SW	=	Substanzwert
b	=	variabler Faktor > 0

[1390] Vgl. bspw. MANDL/RABEL, Methoden, in: Peemöller (Hrsg.), Praxishandbuch, 2009, S. 49.
[1391] Vgl. BALLWIESER, Unternehmensbewertung, 2011, S. 202.

422. Mittelwertverfahren

Im einfachsten Fall ergibt sich der Unternehmenswert – wie der Name Mittelwertverfahren bereits deutlich macht – aus dem arithmetischen Mittel von Substanzwert und Ertragswert. Der Faktor *b* beträgt hier also 0,5:[1392]

[38]
$$UW = SW + \frac{1}{2} \cdot (EW - SW) \Leftrightarrow$$
$$UW = \frac{SW + EW}{2} \quad .$$

Daneben werden auch abweichende Gewichtungen der beiden Komponenten angewendet. Wesentlich ist jedoch, dass sich weder für identische noch für unterschiedliche Gewichtungsfaktoren von Ertrag und Substanz überzeugende Begründungen finden lassen.[1393]

423. Übergewinnverfahren

Das Übergewinnverfahren geht davon aus, dass Unternehmen langfristig nur eine Normalverzinsung des eingesetzten Kapitals erwirtschaften können.[1394] Der Unternehmenswert ergibt sich bei diesem aus der Summe des Substanzwerts und dem Übergewinn.[1395] Dies gelingt im oben gezeigten allgemeinen Modell der Mischverfahren, indem $b = i \cdot n$ gesetzt wird; es resultiert im einfachen Rentenmodell, in welchem $EW = \frac{G}{i} \Leftrightarrow i \cdot EW = G$ gilt, ein einfaches Übergewinnverfahren ohne Diskontierung des Übergewinns:[1396]

[39]
$$UW = SW + n \cdot i \cdot (EW - SW) \quad \Leftrightarrow$$
$$UW = SW + n \cdot (i \cdot EW - i \cdot SW) \Leftrightarrow$$
$$UW = SW + n \cdot (E - i \cdot SW).$$

[1392] Vgl. BALLWIESER, Unternehmensbewertung, 2011, S. 202.
[1393] Vgl. MANDL/RABEL, Methoden, in: Peemöller (Hrsg.), Praxishandbuch, 2009, S. 50.
[1394] Vgl. MOXTER, Grundsätze II, 1983, Nachdruck von 1991, S. 56.
[1395] Vgl. zum bisherigen Absatz MANDL/RABEL, Methoden, in: Peemöller (Hrsg.), Praxishandbuch, 2009, S. 50.
[1396] Vgl. zu all dem BALLWIESER, Unternehmensbewertung, 2011, S. 202.

mit: n = Übergewinndauer

In der letzten Zeile von [39] wird der konzeptionelle Ansatz sichtbar. Zum Substanzwert des Unternehmens wird ein Übergewinn[1397] addiert, der sich aus der Differenz aus Ertrag und Normalertrag ergibt und für den Zeitraum von *n* Jahren vergütet wird. Diese sog. Übergewinndauer oder Nachhaltigkeitsdauer[1398] wird von den Verwendern der Methode i. d. R. mit 3 bis 8 Jahren angenommen.[1399] Das Verfahren existiert in verschiedenen Varianten, wobei in verfeinerten Versionen bspw. die Übergewinne diskontiert werden.[1400] Daneben gibt es alternative Ansichten zur Bestimmung des Zinssatzes im Rahmen der Berechnung des Normalgewinns. Die Mehrheit der Anwender geht hierbei von einem risikofreien Zinssatz aus, während in anderen Verfahren eine Normalrendite des gesuchten Unternehmenswerts angenommen wird.[1401]

424. Stuttgarter Verfahren

Letztgenannte Überlegung liegt insbesondere auch dem Stuttgarter Verfahren zugrunde.[1402] Wie in Kapitel B.I.3 erläutert, handelt es sich bei diesem Verfahren der Finanzverwaltung damit auch um eine spezielle Variante eines Übergewinnverfahrens, die dort bereits hinreichend kritisch gewürdigt wurde.

425. Residualgewinnmethode

Ein weiteres verbreitetes Übergewinnverfahren ist die Residualgewinnmethode.[1403] Unter der Annahme, dass alle zukünftigen buchhalterischen Periodenerfolge einer Unternehmung ihrem Totalgewinn entspricht (sog. Kongruenzprinzip), erhält man in diesem Verfahren den Unternehmenswert als

---

1397 Der Übergewinn wird in der Literatur auch als Goodwill bezeichnet, so dass etwa MATSCHKE, Arbitriumwert, 1979, S. 142 ff. vom Verfahren der Goodwillrenten spricht.

1398 Vgl. MANDL/RABEL, Methoden, in: Peemöller (Hrsg.), Praxishandbuch, 2009, S. 51.

1399 Vgl. MOXTER, Grundsätze II, 1983, Nachdruck von 1991, S. 56; MANDL/RABEL, Unternehmensbewertung, 1997, S. 203.

1400 Vgl. MOXTER, Grundsätze II, 1983, Nachdruck von 1991, S. 59.

1401 Vgl. MATSCHKE/BRÖSEL, Unternehmensbewertung, 2013, S. 513 f.

1402 Vgl. MATSCHKE/BRÖSEL, Unternehmensbewertung, 2013, S. 513.

1403 Vgl. zum gesamten Absatz BALLWIESER, Unternehmensbewertung, 2011, S. 204 f.

$$UW = \sum_{t=1}^{T_n} \frac{E_t}{(1+i)^t} \qquad \Leftrightarrow$$

[40] $$UW = EK_{BW,0} + \sum_{t=1}^{T_n} \frac{RG_t}{(1+i)^t} \qquad \Leftrightarrow$$

$$UW = EK_{BW,0} + \sum_{t=1}^{T_n} \frac{G_t - i \cdot EK_{t-1}}{(1+i)^t}.$$

Mit: T_n = Endzeitpunkt

E = Ertrag

RG = Residualgewinn

G = buchhalterischer Gewinn

EK_{BW} = Buchwert des Eigenkapitals

Der Unternehmenswert ergibt sich also aus der Summe des Buchwerts des Eigenkapitals und der diskontierten zukünftigen Residualgewinne. Letztere sind dabei als Differenz aus dem buchhalterischen Gewinn und der Verzinsung des Eigenkapitals der jeweiligen Vorperiode berechnet. Aufgrund der Verwendung des Buchwerts des Eigenkapitals erfolgt hier eine Zuordnung zu den Übergewinn- bzw. Mischverfahren.[1404]

43. Eignung

Offensichtlich können die verschiedenen Mischverfahren nur so gut sein, wie deren einzelne Komponenten. Daher sei zur Beurteilung der Mischverfahren auch insbesondere auf die betriebswirtschaftliche Kritik zum Substanzwert in Kapitel E.VII.21 verwiesen. Im Ergebnis sind sämtliche Methoden, die auch Elemente der Einzelbewertung enthalten, aus wissenschaftlicher Sicht nicht geeignet, potentielle Marktpreise zu bestimmen. Dies geht konform zu der Entscheidung des BVerfG, welches Steuerbilanzwerte und das spezielle Mischverfahren Stuttgarter Verfahren als untauglich angesehen hatte. M. E. ist aufgrund der Infizierung durch die abzulehnende Einzelbewertung daher jede Art von Mischverfahren zur Ermittlung des gemeinen Werts abzulehnen. Damit sind solche Methoden nach hier vertretener

[1404] Vgl. BALLWIESER, Unternehmensbewertung, 2011, S. 205.

Auffassung unzulässig, falls sie nicht allein oder neben anderen Methoden branchenüblich sind. Ist letzteres jedoch der Fall, gilt das oben Gesagte: Der Gesetzgeber favorisiert ausdrücklich die marktüblichen Methoden, sodass dann auch im Rahmen der gerichtlichen Überprüfung Mischverfahren zur Anwendung kommen können bzw. bei Alleinüblichkeit kommen müssen.

VI. Andere Methoden

1. Anwendungsbereich

Wie bereits in Kapitel E.I.1 erläutert, kommen andere Methoden zur Anwendung, wenn

- kein Börsenkurs vorliegt,
- kein zeitnaher Verkauf stattgefunden hat,
- keine Liquidation geplant ist,
- der so ermittelte Wert höher ist als der Substanzwert.

Die Anwendung einer anderen Methode ist unter dieser grundsätzlichen Bedingung im Wesentlichen auf zwei Fälle beschränkt. Einerseits ist es denkbar, dass trotz der geäußerten Bedenken aufgrund der empirischen Erkenntnisse nur eine einzige Methode anwendbar ist, welche die Ertragsaussichten nicht berücksichtigt. Dann wäre diese zwingend anzuwenden. Der oben vorgebrachten Argumentation folgend wäre dies sogar der Fall, wenn die Methode nach wissenschaftlichen Erkenntnissen nicht zu einem Verkehrswert führt. Wesentlich ist, dass soweit eine andere Methode aufgrund ihrer Alleinüblichkeit zwingend anzuwenden ist, kein Wahlrecht zum vEWV existiert.

Neben dem vorgenannten wohl höchst seltenen Fall könnte aber durchaus die Konstellation auftreten, dass *auch* eine Methode, welche die Ertragsaussichten nicht berücksichtigt, üblich ist. Dann besteht für den Steuerpflichtigen ein Wahlrecht zwischen diesen Methoden und darüber hinaus zum vEWV.

2. Denkbare Methoden

In Kapitel E.I. wurde die Auffassung von KREUTZIGER diskutiert, nach welcher keine anderen Methoden mehr erkennbar sind, wenn man den Begriff der Berücksichtigung von Ertragsaussichten sehr weit auslegt. Sicherlich ist dem insoweit zuzustimmen, dass tatsächlich nicht viele derartige Methoden existieren, geschweige denn üblicherweise angewendet werden. Wie gezeigt, ist die Abgrenzung auch im Wesentlichen für die Frage von Bedeutung, ob ein Wahlrecht zum vEWV existiert. M. E. ist dies bei allen Methoden zu verneinen, die nicht unmittelbar Erträge berücksichtigen. D. h. nach der hier vertretenen Auffassung wäre ein Multiplikatorverfahren auf Basis des Umsatzes keine Methode, welche die Ertragsaussichten berücksichtigt. Gleiches gilt für Multiplikatorverfahren, die auf bilanziellen Größen aufbauen. Dies korrespondiert mit dem Ergebnis, dass natürlich gerade bei der branchenüblichen Anwendung eines Substanzwertverfahrens kein Wahlrecht zum vEWV besteht. Daneben existieren eine Reihe von (i. d. R. vergleichsorientierten) Methoden, bei denen nicht unmittelbar auf Erträge abgestellt wird. Hier seien einige denkbare mengenmäßige Wertmaßstäbe genannt, wobei dies natürlich keine abschließende Aufzählung darstellt:

- Anzahl der Mitarbeiter, etwa bei Leiharbeitsfirmen,[1405]
- Betriebsgröße, etwa bei Land- und Forstwirtschaft,[1406]
- Anzahl der Kunden, etwa im Abonnentengeschäft,[1407]
- Anzahl der Automaten, etwa bei Spielautomaten oder Tabakwaren,[1408]
- Hektoliter-Absatz, etwa bei Brauereien,[1409]
- Klickanzahl auf einer Internetseite,[1410]
- Anzahl der Mitglieder eines sozialen Netzwerks im Internet.

3. Eignung

Zur Eignung der einzelnen Methoden ist im Wesentlichen auf die Kritik zu den vergleichsorientierten Methoden zu verweisen. Im Unterschied zu dort können aber

[1405] Vgl. BARTHEL, DB, 1990, S. 1147.
[1406] Vgl. BARTHEL, DB, 1990, S. 1147.
[1407] Vgl. BARTHEL, DB, 1990, S. 1147.
[1408] Vgl. BARTHEL, DB, 1990, S. 1147.
[1409] Vgl. BARTHEL, DB, 1990, S. 1147.
[1410] Vgl. BALLWIESER, Unternehmensbewertung, 2011, S. 212.

andere Methoden ausschließlich zum rechtsrichtigen gemeinen Wert führen, wenn sie branchenüblich sind. Dagegen kann ein Bewertungsverfahren, das keine Ertragsaussichten berücksichtigt, nicht zur Anwendung kommen, wenn keine übliche Methode identifizierbar ist. Insofern hält die gesetzliche Regelung einer ökonomischen Betrachtung stand. Schließlich können Methoden, welche den Ertrag gänzlich unberücksichtigt lassen, nur schwerlich (allein) zu der Ermittlung eines Verkehrswerts tauglich sein.

VII. Substanzwert

1. Anwendungsbereich

Wie in Kapitel E.I.1 gezeigt, gehen der Börsenkurs und der in zeitnahen Verkäufen erzielte Preis dem Substanzwert vor. Wird der Unternehmenswert also unter Berücksichtigung der Ertragsaussichten oder einer anderen anerkannten Methode ermittelt, stellt der Substanzwert den Mindestwert dar (§ 11 Absatz 2 BewG, R B 11.3 Absatz 1 Satz 1 ErbStR 2011). Daher ist in diesen bei weiten überwiegenden Fällen[1411] auch stets der Substanzwert zu ermitteln, weil offensichtlich nicht von vorneherein ersichtlich ist, ob der vom Steuerpflichtigen resp. Gutachter ermittelte Wert oder der Substanzwert höher ist.[1412] Aufgrund dieser gegebenen Ermittlungsnotwendigkeit kann man für Zwecke der Besteuerung durchaus von einer „‚Renaissance' des Substanzwertverfahrens"[1413] sprechen. Diesbezüglich ist aber sicherlich auch PILTZ beizupflichten, der bei ertragsstarken Unternehmen eine überschlägige Ermittlung vorschlägt, wobei hingegen bei ertragsschwachen Gesellschaften wohl immer eine präzise Kontrollrechnung durchzuführen ist.[1414] Die Mitwirkungspflicht des Steuerpflichtigen besteht hier in der Abgabe einer Vermögensaufstellung auf den Bewertungsstichtag als Anlage zur Feststellungerklärung, „aus der sich die für die Ermittlung des Substanzwerts erforderlichen Angaben ergeben" (R B 11.4 Absatz 4 ErbStR 2011 mit Verweis auf § 153 Absatz 3 BewG).[1415]

1411 Vgl. VISKORF, ZEV, 2009, S. 593.
1412 Vgl. etwa CREUTZMANN, DB, 2008, S. 2971; WELLING/WÜNNEMANN, FR, 2009. S. S12; SCHIFFERS, DStZ, 2009, S. 549.
1413 DÖRNER, BewP, 2/2009, S. 2.
1414 Vgl. PILTZ, DStR, 2008, S. 749; ähnlich HALACZINSKY, ErbStB, 2009, S. 87.
1415 Vgl. dazu auch HÜBNER, DStR, 2009, S. 2578.

2. Wertmaßstab

21. Wertkonzeptionen in der Bewertungstheorie

211. Substanzwert

Die substanzwertorientierte Unternehmensbewertung war Betrachtungsgegenstand zahlreicher Untersuchungen, wobei die wesentlichen Erkenntnisse auf der Arbeit von SIEBEN beruhen.[1416] Sie folgt dem Prinzip der Einzelbewertung, wobei mit dem Substanzwert und dem Liquidationswert (mindestens) zwei vollkommen unterschiedliche Konzeptionen existieren.[1417]

Der hier zunächst beschriebene Substanzwert folgt dem Aspekt der Rekonstruktion.[1418] Dieser Rekonstruktionswert fragt nach dem Aufwand für den „Nachbau eines Unternehmens auf der grünen Wiese"[1419]. Seiner Ermittlung liegt in erster Linie die Bilanz zu Grunde.[1420] Daher fehlen naturgemäß die nichtbilanzierungsfähigen Vermögenswerte; sodass dann vom Teil-Rekonstruktionswert die Rede ist.[1421]

Beim Reproduktionswert wird der Unternehmenswert ermittelt, in dem die Aktiva in betriebsnotwendiges und nicht betriebsnotwendiges Vermögen unterteilt werden. Erstgenanntes wird zu Wiederbeschaffungskosten bewertet, während das nicht betriebsnotwendige Vermögen zu Liquidationswerten angesetzt wird. Von der Summe aller Aktiva werden die Passiva subtrahiert, die analog bewertet werden.

[1416] Vgl. SIEBEN, Substanzwert, 1963, passim. Zu der vorgenommenen Würdigung MOXTER, Grundsätze II, 1983, Nachdruck von 1991, S. 50.

[1417] Vgl. zur detaillierten Auseinandersetzung mit verschiedensten Substanzwertkonzeptionen etwa MATSCHKE/BRÖSEL, Unternehmensbewertung, 2013, S. 315 ff. m. w. N.

[1418] Vgl. MATSCHKE/BRÖSEL, Unternehmensbewertung, 2013, S. 315.

[1419] BALLWIESER, Unternehmensbewertung, 2011, S. 200, ähnlich MANDL/RABEL, Unternehmensbewertung, 1997, S. 47.

[1420] Vgl. SIEBEN, Substanzwert, 1963, S. 24; BALLWIESER, Unternehmensbewertung, 2011, S. 200 zieht auch das Inventar heran und geht daher wohl von einem Voll-Reproduktionswert aus, was insbesondere aus der Diskussion über die Vorzugswürdigkeit des Inventars, S. 199, deutlich wird.

[1421] Vgl. MATSCHKE/BRÖSEL, Unternehmensbewertung, 2013, S. 317; BALLWIESER, Unternehmensbewertung, 2011, S. 200 zieht auch das Inventar heran und geht daher wohl von einem Voll-Reproduktionswert aus, was insbesondere aus der Diskussion über die Vorzugswürdigkeit des Inventars, S. 199, deutlich wird.

Betriebsnotwendige Verbindlichkeiten werden mit Nominalwerten, nicht betriebsnotwendige mit dem Ablösungsbeträgen angesetzt.[1422]

Diese Einzelbewertung folgt dem einfachsten Objektivierungsgedanken. Der Substanzwert soll den „wirklichen", „nachhaltigen", „inneren" Wert verkörpern.[1423] Er gilt als „solider" Bestandteil des Unternehmens, ist „greifbarer" als sein Gegenüber, der „ungewisse" und „flüchtige" und „schwer berechenbare" Geschäftswert.[1424] Die reproduktionsorientierte Substanzwert-Konzeption[1425] konnte der kritischen Analyse durch die betriebswirtschaftliche Bewertungslehre jedoch nicht standhalten. Das wesentliche Missverständnis liegt wohl in der Sichtweise des Substanzwerts als Mindest(ertrags)wert. Einen solchen verkörpert er gerade nicht; er bemisst lediglich den Aufwand der Reproduktion.[1426] Wenn sich die Reproduktion gar nicht lohnt, ist der Reproduktionswert für die Unternehmensbewertung irrelevant[1427] – jedenfalls als Entscheidungswert.[1428] Ob sich die Reproduktion lohnt, kann aber wiederum nur anhand von Ertragskalkülen ermittelt werden,[1429] die gerade eben (implizit) die beim Substanzwert fehlende Berücksichtigung von Verbundeffekten und Geschäftsfaktoren berücksichtigen.[1430] Die Substanz ist also letztlich nur das Mittel zur Zahlungsstromgenerierung.[1431] Dieser ablehnenden Haltung folgt auch der IDW S 1.[1432]

212. Liquidationswert

Streng von diesem Reproduktionswert zu trennen ist der Liquidationswert.[1433] Im Gegensatz zur impliziten Fortführungsprämisse des Reproduktionswerts geht der

[1422] Vgl. zum gesamten Absatz BALLWIESER, Unternehmensbewertung, 2011, S. 200; ähnlich MOXTER, Grundsätze II, 1983, Nachdruck von 1991, S. 41.

[1423] Vgl. MOXTER, Grundsätze II, 1983, Nachdruck von 1991, S. 41.

[1424] Vgl. MOXTER, Grundsätze II, 1983, Nachdruck von 1991, S. 41 f. Der Geschäftswert ist hierbei die Differenz aus Ertragswert und Substanzwert. Insofern wird wiederum deutlich, dass Kritik am Teil-Reproduktionswert ansetzt.

[1425] Vgl. zu der Anmerkung, dass die allgemeinen Kritiken am Substanzwert i. d. R. den Teil-Reproduktionswert betreffen MATSCHKE/BRÖSEL, Unternehmensbewertung, 2013, S. 315.

[1426] Vgl. MOXTER, Grundsätze II, 1983, Nachdruck von 1991, S. 43.

[1427] Vgl. MOXTER, Grundsätze II, 1983, Nachdruck von 1991, S. 43; BALLWIESER, Erbschaftsteuer, in: Rautenberg (Hrsg.), Steuertagung, 2010, S. 158.

[1428] Vgl. MANDL/RABEL, Unternehmensbewertung, 1997, S. 279.

[1429] Vgl. MOXTER, Grundsätze II, 1983, Nachdruck von 1991, S. 43, ähnlich BALLWIESER, Unternehmensbewertung, 2011, S. 200.

[1430] Vgl. dazu BALLWIESER, Unternehmensbewertung, 2011, S. 200.

[1431] Vgl. BALLWIESER, Unternehmensbewertung, 2011, S. 200.

[1432] Vgl. insbesondere IDW (Hrsg.), Ubg, 2008, Rz. 171.

[1433] Vgl. MOXTER, Grundsätze II, 1983, Nachdruck von 1991, S. 41.

Liquidationswert von der Zerschlagung des Unternehmens aus.[1434] Das bedeutet Folgendes: Zur Wertermittlung werden alle einzelveräußerbaren Güter mit Einzelzerschlagungswerten und die Verbindlichkeiten mit Ablösebeträgen angesetzt.[1435] Der so ermittelte Liquidationswert kann sehr wohl entscheidungsrelevant sein. Er stellt nämlich die Opportunität zur Unternehmensfortführung dar. Denn erst der Vergleich zwischen Liquidationswert und ertragsorientiertem Fortführungswert lässt eine Entscheidung für oder wider die Zerschlagung zu.[1436] Insofern ist er als Mindestwert in betriebswirtschaftlichen Bewertungsverfahren anerkannt.[1437] Problematisch ist jedoch das breite Spektrum möglicher Liquidationswerte, welches im Wesentlichen von den Annahmen über die Unternehmensauflösung abhängt.[1438] Bspw. lassen sich bei einer Auflösung unter Normalbedingungen anderen Preise als bei einer Auflösung unter (bekanntem) Zeitdruck erzielen.[1439]

22. Wertkonzeption des Bewertungsgesetzes

Nachdem die beiden wichtigsten substanzwertorientierten Konzepte der betriebswirtschaftlichen Bewertungslehre erläutert worden sind, ist die neue Substanzwertkonzeption des BewG zu betrachten. Nach der Definition in § 11 Absatz 2 Satz 3 BewG umfasst dieser die Summe der gemeinen Werte der zum Betriebsvermögen gehörenden Wirtschaftsgüter und sonstigen aktiven Ansätze abzüglich der zum Betriebsvermögen gehörenden Schulden und sonstigen Abzüge der Gesellschaft. Soweit das BewG bestimmte Methoden zur Ermittlung des gemeinen Werts vorschreibt, sind diese bei der Einzelbewertung anzuwenden,[1440] wobei die ErbStR explizit auf Grundvermögen, Betriebsvermögen und Anteile an Kapitalgesellschaften eingehen (R B 11.3 Absatz 5 Satz 2 ErbStR 2011). Andernfalls ist vorbehaltlich der unten beschriebenen (Vereinfachungs-)Regelungen der ErbStR wiederum auf übliche Methoden zur Verkehrswertermittlung zurückzugreifen.[1441]

[1434] Vgl. MANDL/RABEL, Unternehmensbewertung, 1997, S. 48.
[1435] Vgl. BALLWIESER, Unternehmensbewertung, 2011, S. 199.
[1436] Vgl. BALLWIESER, Unternehmensbewertung, 2011, S. 199.
[1437] Vgl. bspw. IDW (Hrsg.), WPg Supplement, 2008, Rz. 5.
[1438] Vgl. MANDL/RABEL, Unternehmensbewertung, 1997, S. 45 f.
[1439] Vgl. MANDL/RABEL, Unternehmensbewertung, 1997, S. 45 f.
[1440] Vgl. HALACZINSKY, ErbStB, 2009, S. 87.
[1441] Vgl. HALACZINSKY, ErbStB, 2009, S. 87.

Die Notwendigkeit eines steuerlichen Mindestwerts ist gerade in Hinblick auf das vEWV m. E. unstrittig.[1442] Auch das BVerfG hatte in seinem Beschluss deutlich gemacht, dass der gemeine Wert nach der zivilgerichtlichen Rechtsprechung und der Literatur üblicherweise durch eine Ertragswertmethode unter Berücksichtigung des Substanzwerts ermittelt wird.[1443] Daneben entsprach es auch der gängigen Verwaltungspraxis vor der Bewertungsreform den Substanzwert als Wertuntergrenze anzusehen.[1444] Es ist jedoch fraglich, ob das nun gesetzlich fixierte Konzept hierzu tauglich ist. Zunächst ist zu überlegen, welche Art von Substanzwert hier verwirklicht wird. Deutlich ist wohl, dass aus dem Gesetzestext kein Zerschlagungs- oder Liquidationsgedanke hervorgeht. Jedoch kann man bereits aus der Gesetzesbegründung entnehmen, dass der Liquidationswert als besondere Ausprägung des Substanzwerts die Untergrenze ist, wenn fest steht, dass die Gesellschaft nicht weiter betrieben werden soll.[1445] Dies ist aus betriebswirtschaftlicher Sicht überzeugend.[1446] Schließlich würde auch der Gutachter stets den höheren Wert aus Ertrags- und Liquidationswert als gemeinen Wert identifizieren; bei geplanter Zerschlagung wäre dies der Zerschlagungswert.[1447] Darüber hinaus wird die genannte Ausnahme im hier betrachteten Bewertungsanlass wohl gerade bei kleinen Unternehmen von nicht unwesentlicher praktischer Bedeutung sein, da hier beim Tod des Unternehmens vermutlich nicht selten eine Betriebsaufgabe erfolgt. Daher ist es grundsätzlich zu begrüßen, dass die vom Gesetzgeber angedachte Regelung auch im Rahmen der ErbStR kodifiziert wurde (R B 11.3 Absatz 9 ErbStR 2011). Der dortige Hinweis, dass dann die Liquidationskosten, wie bspw. die Kosten eines Sozialplans, dann einzubeziehen sind, ist wohl deklaratorischer Natur; schließlich ist dies ein wesentliches Merkmal des Liquidationswerts. Fraglich ist jedoch, ob dann auch latente Ertragsteuern abzuziehen sind. Nach betriebswirtschaftlicher Perspektive und der Zivilrecht-

[1442] Zur Frage, wann das vEWV im Vergleich zum Mindestwert zur Anwendung kommt, sei auf das Modell in Kapitel F.IV.1 verwiesen.
[1443] Vgl. BVerfG vom 07.11.2006 - 1 BvL 10/02, BStBl. II, 2007, S. 204 mit Verweis auf BGH vom 24.05.1993 - II ZR 36/92, NJW, 1993 S. 2101.
[1444] Vgl. Watrin/Rieger, SteuerConsultant, 2008, S. 27; OFD Münster und Rheinland, Leitfaden, 2007, S. 4, S. 19 ff.
[1445] Vgl. Deutscher Bundestag (Hrsg.), Regierungsentwurf ErbStRG, BT-Drs. 16/7918, S. 38.
[1446] Vgl. dazu auch Piltz, Ubg, 2009, S. 17; Schiffers, DStZ, 2009, S. 556.
[1447] Andernfalls würde man eben nicht zerschlagen, sondern fortführen oder veräußern.

sprechung[1448] wird man dies bejahen müssen. Daher müsste dies auch für das Steuerrecht gelten.[1449]

Wesentlich problematischer ist der Umfang des Betriebsvermögens im Substanzwertkonzept des BewG, weil der Wortlaut des § 11 Absatz 2 Satz 3 BewG Auslegungsschwierigkeiten mit sich bringt.[1450] Nach der Sichtweise der ErbStR richtet sich der Umfang grundsätzlich nach den §§ 95 bis 97 BewG, also wie im Rahmen des Konzepts der Gesamtbewertung erläutert, nach dem ertragsteuerlichen Betriebsvermögen (R B 11.3 Absatz 2 und Absatz 3 Satz 1 ErbStR 2011). Dass die Gesetzesbegründung auf die inhaltlichen Grundsätze des bisherigen § 98a BewG verweist,[1451] ist hier aber nur dem Grunde nach richtig.[1452] Im § 98a BewG a.F. waren nämlich die Steuerbilanzwerte maßgeblich, wobei der Substanzwert i. S. v. § 11 BewG nach den gemeinen Werten der Einzelwirtschaftsgüter fragt.[1453] PILTZ macht diesbezüglich auf den Unterschied zwischen dem gemeinen Wert, als Wert eines Absatzmarkts, und der betriebswirtschaftlichen Substanzwertkonzeption, die nach Wiederbeschaffungswerten fragt, aufmerksam.[1454] Hier wird jedoch mit der Sichtweise des gemeinen Werts als Verkehrswert, welcher weder eine Kauf- noch Verkaufssichtweise bevorzugt, angenommen, dass sich diese Werte i. d. R. entsprechen.[1455] Die wesentlichen Erweiterungen folgen jedoch in den weiteren Festlegungen der ErbStR. Danach sind nämlich aktive und passive Wirtschaftsgüter auch dann anzusetzen, wenn ein steuerliches Aktivierungs- oder Passivierungsverbot besteht (R B 11.3 Absatz 3 Satz 2 ErbStR 2011). Das gilt explizit auch für handelsrechtlich gebotene Rückstellungen, wie etwa Drohverlustrückstellungen (R B 11.3 Absatz 3 Satz 3 ErbStR 2011). Äußerst problematisch sind die Anweisungen, dass sowohl entgeltlich erworbene als auch selbst geschaffene immaterielle Wirtschaftsgüter, wie Patente, Lizenzen, Warenzeichen, Markenrecht, Konzessionen oder Bierlieferrechte einzubeziehen sind

[1448] Vgl. OLG Stuttgart vom 14.02.2008 - 20 W 11/06, BeckRS, 2008, 04923; GROßFELD, Recht, 2009, Rz. 1097 m. w. N., Rz. 1102 m. w. N.
[1449] Vgl. PILTZ, DStR, 2008, S. 747.
[1450] Vgl. EISELE, in: Rössler/Troll (Hrsg.), BewG, Loseblatt, Erg.-Lfg. Oktober 2011, § 11 BewG, Rz. 40
[1451] Vgl. Deutscher Bundestag (Hrsg.), Stellungnahme des Bundesrates und Gegenäußerung der Bundesregierung zum ErbStRG, BT-Drs. 16/8547, S. 38.
[1452] Vgl. PILTZ, DStR, 2008, S. 747; ähnlich EISELE, in: Rössler/Troll (Hrsg.), BewG, Loseblatt, Erg.-Lfg. Oktober 2011, § 11 BewG, Rz. 39.
[1453] Vgl. PILTZ, DStR, 2008, S. 747; ähnlich EISELE, in: Rössler/Troll (Hrsg.), BewG, Loseblatt, Erg.-Lfg. Oktober 2011, § 11 BewG Rz. 39.
[1454] Vgl. PILTZ, DStR, 2008, S. 747.
[1455] So auch überzeugend PILTZ, DStR, 2008, S. 747.

(R B 11.3 Absatz 3 Satz 4 ErbStR 2011). Daneben sollen auch geschäftswert-, firmenwert- oder praxiswertbildende Faktoren, denen ein eigenständiger Wert zugewiesen werden kann, etwa der Kundenstamm oder das Know-how, einbezogen werden, und zwar unabhängig davon, ob sie selbst geschaffen oder entgeltlich erworben wurden (R B 11.3 Absatz 3 Satz 5 ErbStR 2011).[1456] Dies stellt eine nicht unerhebliche Erweiterung gegenüber dem Bewertungserlass 2009 dar,[1457] in dem noch unmissverständlich bestimmt wurde, dass der Geschäfts-, Firmen- oder Praxiswert bei der Ermittlung des Substanzwerts nicht anzusetzen ist, und zwar unabhängig davon, ob er selbstgeschaffen oder entgeltlich erworben wurde (Abschnitt 4 Absatz 3 Satz 5 Bewertungserlass 2009).[1458]

Diese Konzeption ist dabei wohl von einer Entscheidung des BFH geprägt. Dieser unterscheidet drei Kategorien, denen immaterielle Werte zugeordnet werden können:[1459]

- der Geschäftswert, welcher nur mit dem Unternehmen als Ganzes übertragbar ist,
- dem Unternehmen zugehörige und selbstständig veräußerbare immaterielle Wirtschaftsgüter,
- lediglich persönliche Eigenschaften des Unternehmers, welche nicht übertragbar sind.

Die ErbStR umfassen daher offensichtlich Werte, die der zweiten Kategorie zuzuordnen sind. Demgegenüber sind der Geschäftswert[1460] und selbstverständlich auch die persönlichen Eigenschaften des Unternehmers im Substanzwert des BewG nicht enthalten.

Auch weil sich offensichtlich gerade bei der Bewertung der Wirtschaftsgüter der zweiten Kategorie Probleme ergeben, wird in R B 11.3 Absatz 6 ErbStR 2011 für

---

1456 So auch die Interpretation von DÖRNER, BewP, 2/2009, S. 2.
1457 Vgl. bspw. SCHMIDT/SCHWIND, NWB, 2011, S. 3528; MANNEK, ZEV, 2012, S. 16.
1458 Vollzogen wurde diese Änderung bereits in Abschnitt 4 Absatz 3 Satz 5 Bewertungserlass 2011.
1459 Vgl. HENSELMANN/KNIEST, BewP, 3/2011, S. 13; BFH vom 26.11.2009 - III R 40/07, BStBl. II, 2010, S. 609 ff.
1460 Vgl. HENSELMANN/KNIEST, BewP, 3/2011, S. 13.

Erfindungen und Urheberechte eine Diskontierung der vertraglich festgelegten wiederkehrenden Zahlungen vorgeschlagen, soweit keine anderen geeigneten Bewertungsgrundlagen vorhanden sind. Falls keine zukünftigen Zahlungshöhen vereinbart sind und insbesondere keine Vertragsdauer fixiert ist, soll ein Zeitraum von acht Jahren und dabei die letzte tatsächlich gezahlte Lizenzgebühr angesetzt werden. Bei der Diskontierung ist der marktübliche Zinssatz zu verwenden, wobei es nicht beanstandet wird, wenn der Zinssatz des vEWV zur Anwendung kommt.

Das Substanzwertkonzept der ErbStR weicht damit offenbar grundlegend von den beiden oben beschriebenen Varianten ab. Durch die Hinzunahme der nicht bilanzierungsfähigen Wirtschaftsgüter, insbesondere der selbst geschaffenen immateriellen Wirtschaftsgüter, wird vielmehr das Konzept des Voll-Reproduktionswerts[1461] angewendet. Dies ist aber keinesfalls die einzige Auslegungsvariante; schließlich ließe sich durch das Abstellen auf den Begriff „Ansätze" in § 11 Absatz 2 Satz 3 BewG auch die Auffassung vertreten, dass eine Einbeziehung nicht bilanzierungsfähiger Wirtschaftsgüter ausgeschlossen ist.[1462]

Daneben existiert eine Vereinfachungsvorschrift für Wirtschaftsgüter des beweglichen abnutzbaren Anlagevermögens, deren gemeiner Wert mit nun mindestens[1463] 30 % der Anschaffungs- oder Herstellungskosten anzusetzen ist, wenn dies nicht zu unzutreffenden Ergebnissen führt (R B 11.3 Absatz 7 ErbStR 2001). Grundsätzlich erscheint eine solche Pauschalierung gerade aus verwaltungsökonomischer Sicht sinnvoll,[1464] kann aber natürlich im Einzelfall zu unangemessen hohen Werten führen. Wenn also bspw. ein erheblicher Investitionsstau vorliegt und daher nur altes und damit relativ wertloses Anlagevermögen existiert, sollte der Steuerpflichtige die niedrigeren gemeinen Werte begründet darlegen. MANNEK geht davon aus, dass wiederum die Finanzverwaltung den 30 %-igen Wertansatz stets als unzutreffend zurückweisen wird, wenn die fortgeführten Anschaffungs- oder Herstellungskosten

[1461] Vgl. dazu bspw. MOXTER, Grundsätze II, 1983, Nachdruck von 1991, S. 44 f.

[1462] Vgl. CREUTZMANN, DB, 2008, S. 2791; EISELE, in: Rössler/Troll (Hrsg.), BewG, Loseblatt, Erg.-Lfg. Oktober 2011, § 11 Rz. 40.

[1463] Gem. Bewertungserlass 2009 konnten dagegen regelmäßig 30 % angesetzt werden (Abschnitt 4 Absatz 7 Bewertungserlass 2009). Vgl. zu dieser Änderung MANNEK, ZEV, 2012, S. 16; SCHMIDT/SCHWIND, NWB, 2011, S. 3528.

[1464] Bspw. ergibt sich dann nicht die zuvor von CREUTZMANN, DB, 2008, S. 2791, angemerkte Problematik der Ermittlung von Wiederbeschaffungswerten des Anlagevermögens.

den Restwert von 30 % überschreiten.[1465] Im Ergebnis würde die Mindestwertregelung dann nur für alle bereits entsprechend weitgehend abgeschriebenen Wirtschaftsgüter greifen, wobei die Formulierung „mindestens" ggf. bereits hierauf hinweisen könnte. M. E. ist diese Vorgehensweise vertretbar, weil die Suche nach dem gemeinen Wert für jedes Einzelwirtschaftsgut letztlich unverhältnismäßig wäre. Im Gegenzug könnte die Finanzverwaltung ihrerseits bei der Festlegung von gemeinen Werten oberhalb der fortgeführten Anschaffungs- und Herstellungskosten mit Augenmaß vorgehen. Dies gilt umso mehr, als dass Grundvermögen sowieso separat zum gemeinen Wert bewertet wird und damit die Wirtschaftsgüter mit den potentiell höchsten stillen Reserven erfasst sind.

Das Umlaufvermögen ist nach den ErbStR mit Wiederbeschaffungs- bzw. Wiederherstellungskosten zu bewerten, wobei hier zur Ermittlung auch die retrograde Methode angewendet werden kann (R B 11.3 Absatz 8 Satz 1 und 2 ErbStR 2011). Aufgrund des Lifo-Verfahrens gebildete stille Reserven sind anzusetzen (R B 11.3 Absatz 8 Satz 3 ErbStR 2011). Beide Festlegungen erscheinen zweckmäßig. Oftmals wird wohl kein Unterschied zwischen den Wiederbeschaffungskosten und dem gemeinen Wert eines Einzelwirtschaftsguts liegen. Der Ansatz der aus dem Lifo-Verfahren entstandenen stillen Reserven ist folgerichtig; er folgt dem Bewertungsmaßstab, der gerade der gemeine Wert und nicht der – nach einer handelsrechtlichen Bewertungsvereinfachung ermittelte – Buchwert maßgeblich ist. Dies muss natürlich ebenso für den Fall von stillen Lasten gelten, die sich bei sinkenden Preisen im Lifo-Verfahren bilden.

Daneben existieren in den ErbStR weitere Vorschriften zur praktischen Ermittlung des Substanzwerts, die einer Erläuterung bedürfen. In R B 11.4 Absatz 2 ErbStR 2011 wird zunächst eine vermeintliche Vereinfachungsvorschrift präsentiert. Demnach kann, falls der Bewertungsstichtag – was in den weit überwiegenden Fällen der Fall sein dürfte – nicht mit dem Schluss des Wirtschaftsjahres übereinstimmt, der Wert des Vermögens zum Bewertungsstichtag aus der auf den Schluss des letzten vor dem Bewertungsstichtag endenden Wirtschaftsjahres erstellten Vermögensaufstellung abgeleitet werden, soweit dies im Einzelfall nicht zu unangemessenen

[1465] Vgl. MANNEK, ZEV, 2012, S. 16.

Ergebnissen führt (R B 11.4 Absatz 2 Satz 1 ErbStR 2011). Dies erstaunt, weil eine Vermögensaufstellung gerade nur im erbschaftsteuerlichen Kontext und nicht regelmäßig zu erstellen ist.[1466] Auch wenn man hilfsweise auf die Steuerbilanz abstellt, kann hier nur der Ansatz dem Grunde nach gemeint sein, weil die Höhe des Wertansatzes in Übereinstimmung mit § 11 BewG der gemeine Wert der Wirtschaftsgüter (R B 11.4 Absatz 1 und Absatz 2 Satz 2 ErbStR) und nicht deren Buchwert ist. Die Vereinfachung ist dennoch zu begrüßen, weil die Notwendigkeit einer neuen Bilanz zum Stichtag dann entfällt.[1467] M. E. kann man sogar dem Vorschlag von PILTZ folgen und auch die zeitlich näher gelegene Bilanz nach dem Bewertungsstichtag heranziehen.[1468] Das Mengengerüst der Bilanz zu verwenden, ist jedoch nicht gänzlich konsistent zu der oben beschriebenen Sichtweise, nach der auch nicht bilanzierungsfähige Wirtschaftsgüter einzubeziehen sind. Jedenfalls soll sich aus den gemeinen Werten der in der Vermögensaufstellung anzusetzenden Wirtschaftsgüter nach Abzug der Schulden ein sog. Ausgangswert ergeben (R B 11.4 Absatz 2 Satz 2 ErbStR 2011). Dieser ist dann durch Korrekturen, welche die zeitliche Diskrepanz zwischen Geschäftsjahresende und Bewertungsstichtag ausgleichen sollen, zu verändern. Die Richtlinien nennen in R B 11.4 Absatz 3:

1. Hinzurechnung des Gewinns bzw. die Abrechnung des Verlusts, welcher im genannten Zeitraum angefallen ist, wobei vom Steuerbilanzgewinn auszugehen ist,
2. Berücksichtigung von Vermögensänderungen infolge von Veräußerung oder Erwerb von Anlagevermögen, insbesondere von Grundstücken, Wertpapieren, Anteilen an Kapital- und Personengesellschaften,
3. Vermögensabfluss von Gewinnausschüttungen,
4. Vermögenszuführungen oder -abflüsse infolge von Kapitalerhöhungen oder Kapitalherabsetzungen,
5. Vermögenszuführungen durch verdeckte Einlagen.

1466 Vgl. BREITHECKER/SCHMIEL, Steuerbilanz, 2003, S. 290 f.
1467 Vgl. zu dieser Problematik den Hinweis bei CREUTZMANN, DB, 2008, S. 2791.
1468 Vgl. PILTZ, DStR, 2009, S. 1832.

Die genannten Korrekturen sind m. E. nicht weiter klärungsbedürftig und letztlich Ausfluss des strengen Stichtagsprinzips; die entsprechenden Vermögensveränderungen zwischen Abschlussstichtag und Bewertungsstichtag sind zu korrigieren.

Jedoch wird ebenso verlangt, dass nach der unter 1. genannten Korrektur der Gewinn oder Verlust zu korrigieren ist, soweit darin Abschreibungen (Normal-AfA, erhöhte AfA, Sonderabschreibungen, Teilwertabschreibungen) oder Aufwendungen auf betrieblichen Grundbesitz (Grund und Boden, Betriebsgebäude, Außenanlagen, sonstige wesentliche Bestandteile und Zubehör) enthalten sind, die das Ergebnis gemindert haben, aber bereits mit dem Wertansatz der Betriebsgrundstücke abgegolten sind. Dazu gehören auch Erhaltungsaufwendungen für betrieblichen Grundbesitz, die den Grundbesitzwert zwar wegen der für den Grundbesitz geltenden Bewertungsmethoden nicht erhöhen, aber mit dem Ansatz des Grundbesitzwerts abgegolten sind (R B 11.4 Absatz 3 Nummer 1 Satz 3 und4 ErbStR 2011). Hierzu geben die Erbschaftsteuerhinweise drei Beispiele, die hier verkürzt wiedergegeben werden (H B 11.4 ErbStH):

1. In der Gewinnermittlung sind Aufwendungen enthalten, welche die Erneuerung eines Kundenparkplatzes betreffen.
   In diesem Fall sollen die Aufwendungen dem Gewinn wieder hinzugerechnet werden, weil sie bereits mit dem Wertansatz des Parkplatzes abgegolten sind. Dies gelte selbst dann, wenn sich die Aufwendungen im Rahmen der geltenden Bewertungsverfahren der Höhe nach nicht auf den Grundbesitzwert auswirken.
2. In der Gewinnermittlung sind Aufwendungen für Abnutzung eines selbsterstellten Kundenparkplatzes enthalten.
   Hier sollen die Aufwendungen ebenfalls korrigiert werden, weil der Wert des Parkplatzes mit dem Ansatz des Grundbesitzwerts abgegolten ist. Der Grundbesitzwert umfasse dem Grunde nach auch die wesentlichen Bestandteile (Außenanlagen), obwohl bei der Grundbesitzbewertung der Höhe nach kein gesonderter Wertansatz für Außenanlagen vorgesehen ist.
3. In der Gewinnermittlung sind Erhaltungsaufwendungen für ein Gebäude enthalten.

> Wie in den Beispielen zuvor soll auch hier eine Aufwandskorrektur stattfinden, weil im Rahmen der geltenden Bewertungsverfahren solche Aufwendungen regelmäßig nicht zu einer Erhöhung des Grundbesitzwerts führen, es sei denn, es läge eine überwiegende oder umfassende Modernisierung vor, so dass ein fiktives Baujahr zu ermitteln wäre. Dennoch seien die Erhaltungsaufwendungen mit dem Ansatz des Grundbesitzwerts abgegolten.

M. E. können die Fälle aber nicht gleichbehandelt werden. Der Richtliniengeber geht wohl von der Situation aus, in der für den letzten Bilanzstichtag gemeine Werte für das Grundvermögen vorliegen. Wenn dem so wäre, wäre die Aufwandskorrektur in den Fällen 1 und 3 zutreffend. Schließlich wurde das Grundvermögen dann mit einem Wert angesetzt, der nun nicht mehr dem aktuellen gemeinen Wert entspricht, weil sich dieser z. B. durch Erhaltungsaufwendungen erhöht hat. Andernfalls wäre es eine simple Gestaltung, Aufwendungen zu veranlassen, die bereits bewertete Aktiva wertvoller machen. M. E. kann man jedenfalls bei der Hinzurechnung der Normal-AfA im Fall 2 anderer Auffassung sein. Zunächst könnte man einwenden, dass Abschreibungen zwischen Bilanz- und Bewertungsstichtag dem Gewinn grundsätzlich hinzugerechnet werden müssten, weil hier kein Vermögensabfluss vorliegt. Andererseits wird durch die Abschreibung aber der Wertverlust der Vermögensgegenstände im Zwischenraum erfasst. Im Ergebnis ist eine Hinzurechnung der Normal-AfA, die ja eben nicht, wie bspw. Erhaltungsaufwand, wertsteigernd wirkt, daher m. E. nicht sachgerecht.[1469]

I. d. R. wird der gemeine Wert von Grundvermögen zum letzten Bilanzstichtag aber nicht ermittelt worden sein. In diesem Fall ergibt sich eine umgekehrte Betrachtung. Denn wenn das Grundvermögen erst zum Stichtag bewertet wird, besteht kein Raum für die Hinzurechnung in den Fällen 1 und 3. Schließlich haben die Aufwendungen bspw. das Geldvermögen gemindert und den gemeinen Wert des Grundvermögens erhöht. Wenn das Bewertungsverfahren diese Wertsteigerung nicht zu erfassen vermag, kann dieser Umstand jedenfalls nicht dem Steuerpflichtigen aufgebürdet werden. Die Normal-AfA im Fall 2 wäre hier aber hinzuzurechnen. Die AfA ist hier

[1469] Dies geht einher mit der Annahme, dass Grundvermögen, in welches nach der Herstellung oder Anschaffung nicht mehr investiert wird, mit der Zeit wertlos wird, was zumindest für Gebäude – und nur um diese wird es sich auch bei Abschreibungen handeln – zutreffen sollte.

nämlich nicht geeignet, einen Wertunterschied zwischen Bilanzstichtag und Bewertungsstichtag zu korrigieren, weil das Grundvermögen ja gerade erst zum Bewertungsstichtag bewertet wird. Besonders anschaulich wird dies, wenn ein Betrieb bspw. lediglich aus Grundvermögen besteht und als einzigen Geschäftsvorfall zwischen Bilanz- und Bewertungsstichtag eine Normal-AfA vorgenommen hat. Der gemeine Wert des Betriebes wird unzweifelhaft lediglich durch den gemeinen Wert des Grundvermögens am Stichtag repräsentiert. Ein Abzug des Zwischenverlustes i. H. d. AfA würde zu einem nicht sachgerechten Ergebnis führen. Die AfA ist diesem Verlust daher hinzuzurechnen, sodass ein Nullergebnis entsteht und im Endeffekt nur der Wert des Grundvermögens zum Stichtag maßgeblich ist.

23. Eignung im Kontext von gesetzgeberischer Intention einerseits und Zielsetzung der Steuerminimierung andererseits

231. Substanzwert oder Liquidationswert

Zur Eignung des Substanzwerts i. S. d. § 3 Absatz 11 BewG als erbschaftsteuerlichem Mindestwert sollen im Wesentlichen zwei Aspekte diskutiert werden. Zunächst ist fraglich, ob nicht generell der Liquidations- anstelle des Substanzwerts maßgeblich sein sollte. Daneben wird zu klären sein, ob der Einbezug immaterieller Vermögensgegenstände eine überzeugende Wertkonzeption darstellt.

Erstgenannte Frage könnte man bereits mit dem Hinweis auf die Erkenntnisse der Bewertungstheorie bejahen: Warum sollte ein Wert, der untauglich ist, Entscheidungswerte und damit letztlich darauf basierende Verkehrswerte zu ermitteln, als Mindestwert für die Erbschaftsbesteuerung herhalten? Vielmehr müsste dann auch dort der bewertungstheoretisch „richtige“ Liquidationswert gelten. Diese Sichtweise wird im Schrifttum überwiegend vorgebracht.[1470]

Eine solche strikte Ablehnung des Substanzwertkonzeptes des BewG ist m. E. nicht haltbar. Dies wird aber erst deutlich, wenn man das Zusammenspiel der verschiedenen Wertmaßstäbe vor dem Hintergrund des Bewertungsziels näher beleuchtet. Es

[1470] Vgl. bspw. CREUTZMANN, DB, 2008, S. 2790 f.; CREUTZMANN, Stbg, 2008, S. 153 f. oder etwa FLICK/HANNES, F.A.Z., 20.10.2009, S. 21.

wurde gezeigt, dass der Liquidationswert nur bei einer geplanten Liquidation in Frage kommt. D. h. im Umkehrschluss kann der Substanzwert nur für Unternehmen in Frage kommen, die fortgeführt werden. Letzteres heißt aber gerade eben, dass der „echte" Fortführungswert, der i. d. R. mit einem ertragsorientierten Bewertungskalkül ermittelt wird, höher ist als der Liquidationswert. Dies entlarvt den Denkfehler bei der geforderten Heranziehung des Liquidationswerts; dieser ist dann nämlich zu Recht nicht der erbschaftsteuerlich „richtige" Wert. Damit fokussiert sich die Analyse auf die Fälle, in denen der (vorläufige) erbschaftsteuerliche Wert kleiner als der Substanzwart i. S. v. § 11 BewG ist. Dies kann im Hinblick auf das vEWV offensichtlich nicht selten der Fall sein.[1471] Und auch im Rahmen der gutachterlichen Unternehmenswerte ist zu erwarten, dass der Steuerpflichtige versuchen wird, den gesetzlichen Mindestwert zum steuerlichen Wert zu erheben.[1472] Dann ist es aber m. E. zulässig, als steuerliche Typisierung die Summe der gemeinen Werte der Wirtschaftsgüter statt deren Liquidationswerte anzusetzen, weil gem. obiger Überlegung bekannt ist, dass der Liquidationswert nicht der zutreffende Wertmaßstab ist. Die dort angenommene Wertevernichtung durch Liquidation findet eben tatsächlich nicht statt.[1473] Denn ist es auch für Sachgesamtheiten nicht mit dem Beschluss des BVerfG zu vereinen, einen Wert unterhalb der Summe der gemeinen Werte der Einzelwirtschaftsgüter anzusetzen. Wenn also ein Unterschied zwischen Liquidationswerten und gemeinen Werten besteht, ist nach hier vertretener Auffassung der gemeine Wert der Einzelwirtschaftsgüter – als steuerlich zulässiger typisierter Mindestwert[1474] – heranzuziehen, weil dieser eben vom gewöhnlichen Geschäftsverkehr ausgeht, bei dem ungewöhnliche Verhältnisse nicht zu berücksichtigen sind. Ein genereller Ansatz mit dem Liquidationswert kommt daher m. E. nicht in Betracht, weil die Liquidation wohl schwerlich als gewöhnlicher Geschäftsverkehr zu bezeichnen ist. Dies folgt m. E. daneben auch aus der gebotenen Gleichbewertung aller Vermögensarten. Ansonsten würde sich nämlich unmittelbar die Frage anschließen, warum Güter im Privatvermögen mit dem gemeinen Wert, aber im Betriebsvermögen mit dem Liquidationswert anzusetzen wären.

[1471] Vgl. dazu die modellbasierte Abschätzung in Kapitel F.IV.1.

[1472] Vgl. ROHDE/GEMEINHARDT, StuB, 2008, S. 345; ähnlich WATRIN/RIEGER, SteuerConsultant, 2008, S. 28.

[1473] Vgl. BARTHEL, FB, 2008, S. 521.

[1474] Vgl. HALACZINSKY, ErbStB, 2009, S. 87.

Darüber hinaus wird das Unterlassen einer generellen gesetzlichen Regelung zur Bewertung mittels Liquidationswert im Schrifttum auch aus Vereinfachungsgründen befürwortet.[1475] Tatsächlich wird es wohl äußerst schwierig sein, Liquidationskosten zu ermitteln, wenn der Betrieb fortgeführt wird. Eine Ermittlung solcher fiktiver Liquidationskosten zur Ermittlung eines erbschaftsteuerlichen Mindestwerts kann daher auch aus verwaltungsökonomischer Sicht abgelehnt werden.

232. Einbezug immaterieller Wirtschaftsgüter

Während die Frage nach Substanz- oder Liquidationswert tendenziell eher akademischen Charakter hat, weil sich beide Werte unter Beachtung der Definition des gemeinen Werts bei Einzelwirtschaftsgütern oftmals entsprechen, ist die Diskussion um den Einbezug immaterieller Wirtschaftsgüter wohl deutlich (praxis-)relevanter.

Offensichtlich ist zunächst, dass der Steuerpflichtige die Sichtweise der ErbStR als unzutreffend zurückweisen sollte. Schließlich geht aus der Vorschrift nicht eindeutig hervor, dass alle – also auch die (selbstgeschaffenen) immateriellen – Wirtschaftsgüter des Betriebsvermögens angesprochen sind.[1476] Die Argumentation, dass mit der Wortwahl „Ansätze“ nur solche gemeint sind, die auch tatsächlich bereits bilanziert sind,[1477] sollte in jedem Fall vorgebracht werden. Es ist absehbar, dass diese Frage demnächst auch die Rechtsprechung beschäftigen wird.

Ebenso unstrittig ist die deutlich erhöhte Komplexität der Bewertung, wenn man wie in den ErbStR von allen zum Betriebsvermögen gehörenden Wirtschaftsgütern ausgeht.[1478] Tatsächlich wäre dies gerade auch durch die Einzelbewertung immaterieller Wirtschaftsgüter sogar noch komplexer als eine Unternehmensbewertung im Ganzen.[1479] Dementsprechend wären in diesem Fall auch hierzu regelmäßig spezialisierte externe Berater notwendig[1480] wie empfehlenswert.

[1475] Vgl. zum gesamten Absatz MANNEK, DB, 2008, S. 423.
[1476] Vgl. CREUTZMANN, DB, 2008, S. 2971.
[1477] Vgl. EISELE, in: Rössler/Troll (Hrsg.), BewG, Loseblatt, § 11 BewG, Rz. 40; CREUTZMANN, DB, 2008, S. 2791.
[1478] Vgl. CREUTZMANN, DB, 2008, S. 2971; WELLING/WÜNNEMANN, FR, 2009, S. S11 f; SCHIFFERS, DStZ, 2009, S. 555; MANNEK, ZEV, 2012, S. 16.
[1479] Vgl. CREUTZMANN, DB, 2008, S. 2971; HENSELMANN/KNIEST, BewP, 3/2011, S. 15.
[1480] Vgl. CREUTZMANN, DB, 2008, S. 2971.

Wenn man jedoch das gesetzliche Bewertungsziel in die Betrachtung mit einfließen lässt, ist die Ablehnung des Einbezugs sämtlicher immaterieller Wirtschaftsgüter keineswegs eindeutig. Zutreffend wird im Schrifttum darauf hingewiesen, dass der Steuerpflichtige durch seinen, insbesondere durch die Festlegung der Plandaten in Ertragswertkalkülen, erheblichen Gestaltungsspielraum oftmals erfolgreich die Festsetzung des steuerlichen Mindestwerts erreichen wird.[1481] Erkennt man diesen Umstand an, ist fraglich, wie der Gesetzgeber hierauf reagieren soll, wenn das gesetzliche Bewertungsziel verfassungsrechtlich vorgegeben ist, aber quasi auch feststeht, dass ein typisiertes Ertragswertverfahren in Einzelfällen zu unzutreffenden Werten führt. Konkret denke man an Unternehmen, die – etwa im Dienstleistungssektor – kaum Anlage- und Umlaufvermögen benötigen und in der näheren Vergangenheit äußerst ertragsschwach waren. M. E. würde das gesetzliche Bewertungsziel in derartigen Fällen durch den Teil-Reproduktionswert verfehlt, weil der Unternehmenswert hier wohl kaum durch das Vermögen, aber eben auch nicht durch den vereinfachten Ertragswert dargestellt werden kann. Daher kann in solchen Fällen i. S. einer bestmöglichen Lösung eine Bewertung mittels Voll-Reproduktionswert sinnvoll sein. Problematisch ist dann aber, dass firmenwertähnliche Faktoren gerade eben nur durch ein ertragsorientiertes Gesamtbewertungskalkül errechnet werden können.[1482] Diese grundsätzlich als negativ zu wertende Vermengung von Einzel- und Gesamtbewertungsansatz könnte man bei der Suche nach dem gemeinen Wert durchaus auch als zweckmäßig bezeichnen, weil dann durch die Hintertür die bewertungstheoretisch „richtige“ zukunftsbezogene Bewertung zumindest partiell – etwa auf den Kundenstamm – angewendet wird. Andernfalls würde das (Unter-) Bewertungsproblem bei der angesprochenen Unternehmensklientel nicht behoben und eine verfassungskonforme Bewertung systematisch verfehlt.

Jedoch sollte den Richtlinien hier insofern streng gefolgt werden, als dass tatsächlich nur solche geschäftswert-, firmenwert- oder praxiswertbildende Faktoren, denen ein eigenständiger Wert zugewiesen werden kann (R B 11.3 Absatz 3 ErbStR 2011), Berücksichtigung finden. Nach der m. E. zutreffenden Auffassung von MANNEK ist aber der Geschäftswert selbst nicht anzusetzen, falls sich dieser erst aus dem Mehrwert der Ertragsaussichten gegenüber dem Wert aller materiellen und immate-

[1481] Vgl. WATRIN/RIEGER, SteuerConsultant, 2008, S. 28.
[1482] Vgl. SCHMIDT/SCHWIND, NWB, 2011, S. 3528.

riellen Wirtschaftsgüter abzüglich der Schulden ergibt.[1483] So interpretiert kann daher die Vorgehensweise der ErbStR 2011 als sachgerecht erachtet werden, die zwar die geschäftswert-, firmenwert- oder praxiswertbildenden Faktoren aber eben nicht den Geschäftswert als solchen abbilden wollen.

[1483] Vgl. MANNEK, ZEV, 2012, S. 16.

F. Vereinfachtes Ertragswertverfahren

I. Ziel und Notwendigkeit eines gesetzlich typisierten Verfahrens

Bereits vor Beginn des eigentlichen Gesetzgebungsverfahrens wurde erkennbar, dass neben der Öffnung für gutachterliche Bewertungen auch ein typisiertes steuerliches Verfahren zur Anwendung kommen sollte.[1484] Schon im o. g. Eckpunktepapier wurde ein vEWV vorgeschlagen, „das den Beteiligten eine verlässliche und angemessene Bewertung ermöglicht."[1485] Nach dem gesetzgeberischen Willen soll das letztlich geschaffene Verfahren „die Möglichkeit bieten, ohne hohen Ermittlungsaufwand oder Kosten für einen Gutachter einen objektivierten Unternehmens- bzw. Anteilswert auf der Grundlage der Ertragsaussichten ... zu ermitteln."[1486]

Das Verfahren sollte zunächst in einer Rechtsverordnung geregelt werden.[1487] Hierzu veröffentlichte das BMF einen Diskussionsentwurf für eine Verordnung zur Durchführung des § 11 Absatz 2 des Bewertungsgesetzes – Anteils- und Betriebsvermögensbewertungsverordnung (AntBVBewV),[1488] welche selbst bereits – aus damaliger Sicht zutreffend – als ein zentraler Bestandteil der Bewertungsreform bezeichnet wurde.[1489]

Im Schrifttum[1490] und insbesondere auch in der Anhörung im Finanzausschuss[1491] wurde jedoch massive Kritik an der Regelung innerhalb einer Rechtsverordnung

---

1484 Vgl. zu entsprechenden Forderungen etwa HÜBNER, DStR, 2007, insbesondere S. 1016 f.; ähnlich KESSLER/MÄRKLE/OFFERHAUS, DB, 2007, S. 1157.

1485 BMF, Eckpunktepapier, 2007, S. 1.

1486 Deutscher Bundestag (Hrsg.), Bericht des Finanzausschusses zum ErbStRG, BT-Drs. 16/11107, S. 22.

1487 Vgl. BMF, Eckpunktepapier, 2007, S. 1.

1488 Vgl. BMF, Diskussionsentwurf AntBVBewV, 2008, passim.

1489 Vgl. HANNES/ONDERKA, ZEV, 2008, S. 177.

1490 Vgl. VISKORF, FR, 2007, S. 626; FECHNER, FR, 2008, S. 350; WATRIN/RIEGER, SteuerConsultant, 2008, S. 28; JÜLICHER, Steueranwaltsmagazin, 2008, S. 176; JÜLICHER, Steueranwaltsmagazin, 2008, S. 176; ROHDE/GEMEINHARDT, StuB, 2008, S. 339; EISELE, NWB, 2008, S. 4691 m. w. N.; ausführlich WERNSMANN, Verfassungsfragen, 2008, S. 14 ff.

1491 Vgl. BORGDORF, Stellungnahme, in: Deutscher Bundestag Finanzausschuss (Hrsg.), Wortprotokoll, 2008, S. 4; ONDRACEK, Stellungnahme, in: Deutscher Bundestag Finanzausschuss (Hrsg.), Wortprotokoll, 2008, S. 5; CREZELIUS, Stellungnahme, in: Deutscher Bundestag Finanzausschuss (Hrsg.), Wortprotokoll, 2008, S. 7; BILANIUK, Stellungnahme, in: Deutscher Bundestag Finanzausschuss (Hrsg.), Wortprotokoll, 2008, S. 7; HICKEL, Stellungnahme, in: Deutscher Bundestag Finanzausschuss (Hrsg.), Wortprotokoll, 2008, S. 9; SCHEEL, Stellungnahme, in: Deutscher Bundestag Finanzausschuss (Hrsg.), Wortprotokoll, 2008. S. 9; LANDSITTEL, Stellungnahme, in: Deutscher Bundestag Finanzausschuss (Hrsg.), Wortprotokoll, 2008, S. 10.

geäußert. Dies könne zur Kollision mit dem Rechtsstaatsprinzip führen, welches vom Gesetzgeber eine normenklare und justiziable Ausgestaltung der Gesetze verlangt, sodass der Betroffene die Rechtslage erkennen und sein Verhalten danach ausrichten kann.[1492] VISKORF[1493] und CREZELIUS[1494] erkennen in diesem Zusammenhang auch zutreffend die verfassungsrechtlichen Zweifel des BVerfG an einer außergesetzlichen Regelung. Das Gericht hatte nämlich in Bezugnahme auf das Stuttgarter Verfahren von einem „nicht auf eine unmittelbare gesetzgeberische Entscheidung zurückgehende[n] Verwaltungsverfahren“[1495] gesprochen. Dieser ablehnenden Haltung gegenüber einer Verordnung hat sich der Gesetzgeber letztlich angeschlossen und die Regelungen der §§ 1 bis 5 AntBVBewV nahezu unverändert in die §§ 199 bis 203 BewG übernommen.[1496]

II. Anwendungsbereich

1. Steuerarten

In Kapital D.II.41 wurde die Anwendbarkeit der neuen Bewertungsregeln insbesondere auch für ertragsteuerliche Zwecke festgestellt. Dies gilt im Ergebnis auch für das vEWV,[1497] obwohl das Verfahren im Sechsten Abschnitt des Bewertungsgesetzes geregelt ist, der mit „Vorschriften für die Bewertung von Grundbesitz, von nicht notierten Anteilen an Kapitalgesellschaften und von Betriebsvermögen für die Erbschaftsteuer ab 1. Januar 2009“ überschrieben ist. Schrifttumsauffassungen, nach welcher diese Stellung im Gesetz dazu führe, dass das vEWV nur für Zwecke der Erbschaft- und Schenkungsteuer gelte,[1498] sind spätestens nach der Klarstellung durch den Bewertungserlass 2011 als unzutreffend zurückzuweisen. Bereits zuvor war eine Änderung des § 11 Absatz 3 Satz 4 BewG, welche die Anwendbarkeit nur für die Erbschaft- und Schenkungsteuer vorsah,[1499] im Gesetzgebungsverfahren zum

---

[1492] Vgl. VISKORF, FR, 2007, S. 626.
[1493] Vgl. VISKORF, FR, 2007, S. 626.
[1494] Vgl. CREZELIUS, DStR, 2007, S. 418.
[1495] BVerfG vom 07.11.2006 - 1 BvL 10/02, BStBl. II, 2007, S. 211.
[1496] Vgl. EISELE, NWB, 2008, S. 4691; ROHDE/GEMEINHARDT, StuB, 2009, S. 167; FRAEDRICH, GmbH-StB, 2009, S. 45. Die im Schrifttum vorgebrachte Kritik zur AntBVBewV gilt damit materiell auch stets für das vEWV. Auf die Kenntlichmachung, zu welchem Werk die Kritik formal ergangen ist, wird daher folgend verzichtet.
[1497] Vgl. dazu auch MANNEK, ZEV, 2012, S. 15.
[1498] Vgl. DÖRNER, BewP, 2/2009, S. 5; HECHT/V. CÖLLN, BB, 2010, S. 795 f.
[1499] Kritisch dazu SIEGMUND/ZIPFEL, DStZ, 2010, S. 476 f.

Jahressteuergesetz 2010 (JStG 2010 vom 08.12.2010[1500]) verworfen worden. Der Bundesrat argumentierte zutreffend, dass die vorgeschlagene Gesetzesformulierung in unterschiedlichen Steuerarten zu unterschiedlichen Gesetzesdefinitionen für den gemeinen Wert führen würde. Dies solle aber eben gerade vermieden werden.[1501] Diese Sichtweise entspricht dem derzeitigen Verweis in § 11 Absatz 2 Satz 4 BewG, der eine generell mögliche Anwendung des vEWV zur Ermittlung des gemeinen Werts und keine Sonderregelung für Zwecke der Erbschaft- und Schenkungsteuer vorsieht.[1502]

2. Echtes Wahlrecht

Nach hier vertretener und in Kapitel E.I.1 ausgeführter Auffassung liegt für den Steuerpflichtigen ein Wahlrecht zum vEWV vor, wenn folgende Bedingungen kumulativ erfüllt sind:

- Es liegt kein Börsenkurs vor.
- Es liegt kein zeitnaher Verkauf vor.
- Das Unternehmen soll fortgeführt werden.
- Es ist nicht ausschließlich eine oder es sind nicht ausschließlich mehrere Methoden üblich, welche die Ertragsaussichten nicht berücksichtigen.
- Der Wert ist höher als der Substanzwert.

Analog zu den bisherigen Ausführungen ist davon auszugehen, dass die Nichterfüllung der vierten Bedingung zwar nicht ausgeschlossen, aber doch höchst selten sein wird. Das vEWV kann daher in der weit überwiegenden Zahl der Bewertungsfälle vom Steuerpflichtigen optional herangezogen werden. Aufgrund der damit einhergehenden herausragenden Bedeutung ist das vEWV hier einer kritischen Analyse zu unterziehen.

1500 BGBl I 2010, S. 1768.

1501 Vgl. Deutscher Bundestag (Hrsg.), Entwurf JStG 2010 Stellungnahme des Bunderates und Gegenäußerung der Bundesregierung, BT- Drs. 17/2823, S. 31; dazu auch DROSDZOL, DStR, 2011, S. 1260.

1502 Vgl. DROSDZOL, DStR, 2011, S. 1260.

3. Nichtanwendbarkeit bei offensichtlich unzutreffenden Ergebnissen

Das vEWV ist nicht anzuwenden, wenn es zu offensichtlich unzutreffenden Ergebnissen führt (§ 199 Absatz 1 oder Absatz 2 BewG). Der Gesetzgeber lehnt sich hier wohl an eine Formulierung des BFH an, der das Stuttgarter Verfahren nur zuließ, soweit es nicht zu offensichtlich unrichtigen Ergebnissen führte.[1503]

Wann solche unzutreffenden Ergebnisse vorliegen, ist erwartungsgemäß strittig. Mit der gewählten Formulierung ist jedoch eindeutig, dass das vereinfachte Verfahren „angewandt werden [darf], wenn es zu unzutreffenden Ergebnissen führt“[1504], die nicht offensichtlich sind.[1505] Diesen Gedanken führen auch die ErbStR 2011 unverblümt aus: Die im vEWV vorgesehenen Typisierungen können dazu führen, dass der in diesem Verfahren ermittelte Wert höher oder niedriger ist als der gemeine Wert (R B 199.1 Absatz 3 Satz 1 ErbStR 2011). Die Verwerfung eines Ergebnisses soll eben nur geboten sein, wenn es offensichtlich unzutreffend ist. Dies ist aber wiederum kaum objektiv beurteilbar und damit streitanfällig[1506] bzw. „völlig unklar“[1507].

Im Schrifttum findet sich der Ansatz, eine offensichtliche Unrichtigkeit anhand der Wertabweichung vom „echten“ gemeinen Wert zu determinieren. Bspw. wären demnach Abweichungen von 20 % bis 25 % erheblich;[1508] mithin führten Abweichungen von mehr als 50 % zu einem offensichtlich unzutreffenden Ergebnis,[1509] oder müssten Wertabweichungen größer als 60 % sein, um als offensichtlich unzutreffend zu gelten.[1510] Etwas konkreter beschreibt RIEDEL einen beidseitigen 20 %-Korridor um einen gedachten Mittelwert, indem die Ergebnisse nicht unzutreffend sind. Dies

---

[1503] Vgl.BFH vom 17.05.1974 - III R 156/72, BStBl. II, 1974, S. 626; BFH vom 03.12.1976 - III R 98/74, BStBl. II, 1977, S. 235; BFH vom 14.11.1980 - III R 81/79, BStBl. II, 1981, S. 351; BFH vom 28.03.1990 - II R 108/85, BStBl. II, 1990, S. 493; BFH vom 06.03.1991 - II R 18/88, BStBl. II, 1991, S. 558; BFH vom 12.02.1992 - II R 113/88, BStBl. II, 1993, S. 268; BFH vom 26.01.2000 - II R 15/97, BStBl. II, S. 251; BFH vom 31.10.2003, BFH/NV, 2004; S. 471; BFH vom 11.01.2006 - II R 76/04, BFH/NV, 2006, S. 1257; BFH vom 12.07.2006 - II R 75/04, BStBl. II, 2006, S. 704; BFH vom 01.02.2007 - II R 19/05, BStBl. II, 2007, S. 635.

[1504] WIELAND, Stellungnahme, in: Deutscher Bundestag Finanzausschuss (Hrsg.), Wortprotokoll, 2008, S. 6.

[1505] Vgl. HÜBNER, DStR, 2009, S. 2582.

[1506] Vgl. JÜLICHER, Steueranwaltsmagazin, 2008, S. 177.

[1507] HANNES/ONDERKA, ZEV, 2008, S. 174; ähnlich HECHT/v. CÖLLN, DB, 2010, S. 1084.

[1508] Vgl. ROHDE/GEMEINHARDT, StuB, 2009, S. 168; ROHDE/GEMEINHARDT, StuB, 2008, S. 340.

[1509] Vgl. MANNEK, DB, 2008, S. 428; HANNES/ONDERKA, ZEV, 2009, S. 422, die zumindest meinen, dass Abweichungen kleiner als 50 % nicht zu einem offensichtlich unzutreffenden Ergebnis führen.

[1510] Vgl. VISKORF, ZEV, 2009, S. 596.

führt dazu, dass ein gutachterlich ermittelter (Ertrags-)Wert 150 % des Ergebnisses nach dem vEWV erreichen dürfe, ohne dass diese Verfahren als unzutreffend anzusehen wären.[1511]

Solche Prozentsätze mögen erste Anhaltspunkte für offensichtlich unzutreffende Ergebnisse liefern, obwohl dann natürlich eine Verdichtung der genannten Werte stattfinden müsste. Sachlich begründbar ist allerdings keine bestimmte Grenze.[1512] Im Schrifttum wird hierbei jedoch zu Recht gefordert, die Grenzen eher weit auszulegen.[1513] Durch einen zu engen Toleranzbereich würde nämlich das Ziel der Bewertungsvereinfachung – ohne den Anspruch auf exakte Genauigkeit – durch das vEWV nicht erreicht, weil sein Anwendungsbereich dann wesentlich eingeschränkt würde.[1514] Daneben ist bei jeder Wertgrenze die Frage zu beantworten, von welchem Wert die prozentuelle Abweichung bestimmt wird bzw. nach welchem Verfahren dieser Vergleichswert ermittelt wurde,[1515] wenn der „richtige" Wert gar nicht zweifelsfrei ermittelbar ist.[1516] Ein unten folgendes Modell wird zeigen, dass hierbei – sofern man die Wertermittlung nach IDW S 1 als Referenz bestimmt – der Betafaktor die entscheidende Rolle spielen würde.

Im Ergebnis ist es zu begrüßen, dass die ErbStR 2011 keine prozentualen Abweichungsgrenzen vom „echten" gemeinen Wert festlegen[1517] und stattdessen das Vorliegen eines unzutreffenden Ergebnisses an objektiven Umständen festmachen wollen.[1518] Erkenntnisse über eine offensichtlich unzutreffende Wertermittlung

[1511] Vgl. RIEDEL, in: Daragan/Halaczinsky/Riedel (Hrsg.), ErbStG, 2010, § 199, Rz. 12, mit dem Hinweis, dass das Ergebnis nach dem vereinfachten Ertragswertverfahren dann 80 % des Mittelwerts beträgt und 120 % des Mittelwerts dann $\frac{120\%}{80\%} = 150\%$ ergeben.

[1512] Vgl. HANNES/ONDERKA, ZEV, 2008, S. 174.

[1513] Vgl. HANNES/ONDERKA, ZEV, 2008. S. 174; HANNES/ONDERKA, ZEV, 2009, S. 422; HECHT/V. CÖLLN, DB, 2010, S. 1084; EISELE, in: Rössler/Troll (Hrsg.), BewG, Loseblatt, Erg.-Lfg. Oktober 2011, § 199 BewG, Rz. 7.

[1514] Vgl. HECHT/V. CÖLLN, DB, 2010, S. 1085.

[1515] Vgl. JÜLICHER, Steueranwaltsmagazin, 2008, S. 177; ähnlich CREUTZMANN, DB, 2008, S. 2790; PILTZ, DStR, 2008, S. 748; VISKORF, ZEV, 2009, S. 596.

[1516] Vgl. STALLEIKEN/THEISSEN, DStR, 2010, S. 23.

[1517] Vgl. HECHT/V. CÖLLN, BB, 2010, S. 798.

[1518] Vgl. VISKORF, ZEV, 2009, S. 596 m. w .N.; ähnlich HANNES/ONDERKA, ZEV, 2008, S. 174 f.

können demnach beispielsweise in folgenden Fällen hergeleitet werden (R B 199.1 Absatz 5 ErbStR 2011):[1519]

1. Vorliegen zeitnaher Verkäufe, wenn diese nach dem Bewertungsstichtag liegen,[1520]
2. Vorliegen von Verkäufen, die mehr als ein Jahr vor dem Bewertungsstichtag liegen,
3. Erbauseinandersetzungen, bei denen die Verteilung der Erbmasse Rückschlüsse auf den gemeinen Wert zulässt.[1521]

Das Vorliegen zeitnaher Verkäufe oder von Verhandlungsergebnissen außerhalb der zeitlichen Grenze des § 11 Absatz 1 BewG als Erkenntnisquelle für den gemeinen Wert zu nutzen, ist insbesondere vor dem Hintergrund der Rechtsprechung und der in Kapital E.III.21 geführten Diskussion als sinnvoll zu bezeichnen.[1522] Hierzu könnten neben den genannten Fällen auch etwa Erkenntnisse aus einer Kapitalerhöhung oder stillen Beteiligung herangezogen werden.[1523] Wiederum gilt das Argument, dass Einigungen vor dem Hintergrund eines echten Interessengegensatzes stets einer unsicheren Schätzung vorzuziehen sind. Fraglich ist natürlich, was in diesem Zusammenhang unter zeitnah zu verstehen ist.[1524] Mit Blick auf § 11 Absatz 2 Satz 2 BewG könnte man davon ausgehen, dass Verkäufe, die mehr als ein Jahr nach dem Stichtag erfolgen, nicht mehr zeitnah sind.[1525] Dies ist aber wiederum nicht vollkommen konsistent zu dem unter 2. genannten Fall. Es ist jedoch zu betonen, dass alle genannten Fälle nur den Anlass für eine Wertüberprüfung darstellen.[1526] Mit § 11 Absatz 2 Satz 2 BewG wäre es nämlich nicht vereinbar, die erzielten Preise unmittelbar als erbschaftsteuerlichen Wert festzulegen.[1527] Vielmehr sollen sie nur Indizien

[1519] Die Beispiele 1. und 3. fanden sich bereits in Deutscher Bundestag (Hrsg.), Bericht des Finanzausschusses zum ErbStRG, BT-Drs. 16/11107, S. 22 sowie in der Begründung zur AntBVBewV BMF, Diskussionsentwurf AntBVBewV, 2008, S. 5.
[1520] Vgl. dazu das Beispiel bei KÜHNHOLD/MANNWEILER, DStZ, 2008, S. 169.
[1521] Vgl. dazu das Beispiel bei KÜHNHOLD/MANNWEILER, DStZ, 2008, S. 169.
[1522] Ähnlich hierzu auch STALLEIKEN/THEISSEN, DStR, 2010, S. 23.
[1523] Vgl. KÜHNHOLD/MANNWEILER, DStZ, 2008, S. 169 mit entsprechenden Beispielen.
[1524] Vgl. BALMES/FELTEN, FR, 2009, S. 259.
[1525] Vgl. BALMES/FELTEN, FR, 2009. S. 259.
[1526] Vgl. HECHT/v. CÖLLN, BB, 2010, S. 798.
[1527] Vgl. PILTZ, DStR, 2008. S. 749; HECHT/v. CÖLLN, DB, 2010, S. 1085.

für ein offensichtlich unzutreffendes Ergebnis sein.[1528] Offenbar ist dann wiederum die Frage nach der Höhe der Abweichung entscheidend,[1529] die weitgehend ungeklärt ist und letztlich wohl erst durch die Finanzrechtsprechung entschieden werden wird bzw. kann.[1530] Neben den oben dargestellten groben Einordnungen durch das Schrifttum sollte m. E. hierbei auch der zeitliche Aspekt wesentlich und daher zu berücksichtigen sein. Demnach wäre eine hohe Wertabweichung bei einem stichtagsnahen Wert vielmehr als Indiz für ein offensichtlich unzutreffendes Ergebnis anzusehen als eine gleich hohe Wertabweichung bei einem stichtagsfernen Verkauf. Damit würde den teilweise erheblichen Schwankungen von Unternehmenswerten im Zeitverlauf Rechnung getragen. Wenn man daher bspw. den unter 2. genannten Fall betrachtet, könnten auch vergleichsweise hohe Wertabweichungen von 50 % nicht „automatisch" einen offensichtlich unzutreffenden Wert determinieren. Vielmehr können solche Wertänderungen bei Zeiträumen dieser Größenordnung tatsächlich auf der veränderten einzel- oder gesamtwirtschaftlichen Lage beruhen und damit sachgerecht sein.

Neben den drei genannten Fällen, aus denen Erkenntnisse über eine offensichtlich unzutreffende Wertermittlung hergeleitet werden können, nennen die ErbStR 2011 Situationen, bei denen vom Vorliegen begründeter Zweifel an der Anwendbarkeit des vereinfachten Ertragswerts auszugehen ist (R B 199.1 BewG Absatz 6 ErbStR 2011):

1. bei komplexen Strukturen von verbundenen Unternehmen,
2. bei neu gegründeten Unternehmen, bei denen der künftige Jahresertrag noch nicht aus den Vergangenheitserträgen abgeleitet werden kann, insbesondere bei Gründungen innerhalb eines Jahres vor dem Bewertungsstichtag, weil das vEWV hier regelmäßig, zum Beispiel wegen hoher Gründungs- und Ingangsetzungsaufwendungen, zu offensichtlich unzutreffenden Ergebnissen führt,
3. beim Branchenwechsel eines Unternehmens, bei dem deshalb der künftige Jahresertrag noch nicht aus den Vergangenheitserträgen abgeleitet werden kann,

---

[1528] Vgl. EISELE, NWB, 2008, S. 793; HECHT/V. CÖLLN, DB, 2010, S. 1085; DROSDZOL, DStR, 2011, S. 1260 f.

[1529] Vgl. WELLING/WÜNNEMANN, FR, 2009, S. S8.

[1530] Vgl. CREUTZMANN, DB, 2008, S. 2790; WELLING/WÜNNEMANN, FR, 2009, S. S8.

4. in sonstigen Fällen, in denen auf Grund der besonderen Umstände der künftige Jahresertrag nicht aus den Vergangenheitserträgen abgeleitet werden kann. Hierzu gehören zum Beispiel Wachstumsunternehmen, branchenbezogene oder allgemeine Krisensituationen oder absehbare Änderungen des künftigen wirtschaftlichen Umfeldes.

Diese sind folgend kritisch zu würdigen. Die Anweisung, dass das vEWV bei komplexen Strukturen von verbundenen Unternehmen i. d. R. zu einem offensichtlich unzutreffenden Ergebnis führt und daher nicht angewendet werden kann, ist vom Gesetz freilich nicht gedeckt.[1531] Sie wird mit der bei der Bewertung von Konzernen üblichen Gesamtbewertung auf Basis einer konsolidierten Planung begründet.[1532] Fraglich ist aber dennoch, warum das vereinfachte Verfahren hier allgemein zu unzutreffenden Ergebnissen kommen soll.[1533] Dies gilt umso mehr, als dass im Verfahren selbst eine Regelung für die isolierte Bewertung von Beteiligungen besteht[1534] und damit die Anwendung für verbundene Unternehmen vom Gesetzgeber wohl nicht generell ausgeschlossen werden sollte.[1535] Vielmehr geht der Gesetzgeber davon aus, dass auch dann das vEWV nicht stets zu offensichtlich unzutreffenden Ergebnissen führt.[1536] Dann käme es letztlich auf eine Unterscheidung an, ob die Strukturen als komplex oder nicht als komplex zu bezeichnen sind.[1537] Damit ist eine gewisse Willkür verbunden – ein Vertreter der Finanzverwaltung mag eine Struktur für komplex halten, ein anderer nicht –, die letztlich wenig zur Rechtssicherheit beiträgt.[1538] Im Übrigen würde eine konsolidierte Bewertung zur Ermittlung der Bemessungsgrundlage und eine isolierte Bewertung einzelner Teileinheiten für Zwecke des in jeder selbstständigen Einheit notwendigen Verwaltungsvermögenstests eine umständliche Doppelbewertung bedeuten, die keinesfalls dem Vereinfachungsaspekt genügt.[1539] Der Steuerpflichtige sollte sich jedenfalls auf den Gesetzestext berufen, der keinen Katalog für die Annahme unzutreffender

[1531] Vgl. HANNES/ONDERKA, ZEV, 2009, S. 422.
[1532] Vgl. WELLING/WÜNNEMANN, FR, 2009, S. S7.
[1533] Vgl. SCHIFFERS, DStZ, 2009, S. 552.
[1534] Vgl. dazu Kapitel F.III.22.
[1535] Vgl. SCHIFFERS, DStZ, 2009, S. 552.
[1536] Vgl. SCHIFFERS, DStZ, 2009, S. 552.
[1537] Vgl. HANNES/ONDERKA, ZEV, 2009, S. 422; WASSERMANN, DStR, 2010, S. 186.
[1538] Ähnlich EISELE, in: Rössler/Troll (Hrsg.), BewG, Loseblatt, Erg.-Lfg. Oktober 2011, § 199 BewG, Rz. 7.
[1539] Vgl. WELLING/WÜNNEMANN, FR, 2009, S. S7.

Ergebnisse bereithält und damit die Anwendung nur am offensichtlich unzutreffenden Ergebnis und nicht an der Struktur des Sachverhalts scheitern kann.

Die genannte Regelung weist eine gewisse Ähnlichkeit zur ursprünglich beabsichtigten größenabhängigen Beschränkung auf. Demnach sollte das Verfahren bei Unternehmen der Größenklasse Großbetrieb (G1) der Betriebsprüfungsordnung nicht anzuwenden sein (§ 1 Absatz 3 AntBVBewV).[1540] Diese Beschränkung wurde ursprünglich mit den bei Großbetrieben ohnehin vorliegenden Finanzplandaten begründet.[1541] Jedoch wurde im Schrifttum[1542] und in der Anhörung im Finanzausschuss[1543] in dieser Größenbeschränkung eine weitgehende Einschränkung des Anwendungsbereichs gesehen, weil auch je nach Branche schon relativ kleine Unternehmen in die Größenklasse Großbetrieb (G1) fallen. Dem folgend findet sich die Größenbeschränkung erfreulicherweise auch nicht mehr im Gesetz.[1544]

Die unter 2. bis 4. genannten Erkenntnisse über eine offensichtlich unzutreffende Wertermittlung folgen alle dem Gedanken, dass die vergangenen Erträge aufgrund einer besonderen Situation keine geeignete Schätzungsgrundlage für die Bewertung unter Verwendung des vEWV darstellen.

Der genannte Sachverhalt einer Neugründung ist m. E. sinnvoll, insbesondere weil hier nur solche Fälle angesprochen sind, bei denen nicht einmal ein Wirtschaftsjahr (von eigentlich drei benötigten Wirtschaftsjahren) abgeschlossen ist. Tatsächlich wird das Gründungsjahr aufgrund der genannten Sondereffekte kaum eine geeignete Schätzgrundlage darstellen.

Ebenso soll ein Branchenwechsel Hinweise auf ein offensichtlich unzutreffendes Ergebnis liefern. Auch dies macht aus betriebswirtschaftlicher Perspektive Sinn. Wenn sich der Charakter einer Unternehmung derart geändert hat, werden vergan-

---

1540 Vgl. dazu bspw. BRÜGGEMANN, ErbBstg, 2008, S. 127.

1541 Vgl. BMF, Diskussionsentwurf AntBVBewV, 2008, S. 5.

1542 Vgl. ROHDE/GEMEINHARDT, StuB, 2008, S. 341, die als Beispiel die Umsatzgrenze für Handelsbetriebe i. H. v. 6,5 Mio. € nennen. Ähnlich EISELE, NWB, 2008, S. 1293.

1543 Vgl. SCHEEL, Stellungnahme, in: Deutscher Bundestag Finanzausschuss (Hrsg.), Wortprotokoll, 2008, S. 46, welche die „nicht gerade gigantisch[e]" Gewinnschwelle von 220.000 € bei Handels- und 230.000 € bei Fertigungsbetrieben anspricht. Ähnlich RÖDL, Stellungnahme, in: Deutscher Bundestag Finanzausschuss (Hrsg.), Wortprotokoll, 2008, S. 46 f.

1544 Vgl. auch HECHT/v. CÖLLN, DB, 2010, S. 1084.

genheitsbezogene Werte ihre Aussagekraft für die Abschätzung zukünftiger Erträge verloren haben. Der Steuerpflichtige könnte jedoch einwenden, dass sich sein Unternehmensvermögen nicht durch einen bloßen „Tausch“ der Branche verändert hat – auch wenn er sich davon eine Erhöhung verspricht. M. E. sollten jedenfalls nur wesentliche Änderungen der Geschäftstätigkeit erfasst werden, weil sonst der Anwendungsbereich des vereinfachten Verfahrens unnötig eingeschränkt würde.

Sehr zu begrüßen ist die Regelung, nach der in den unter 2. und 3. genannten Fällen keine Bedenken gegen den Ansatz des Substanzwerts bestehen (R B 199.1 Absatz 6 Satz 2 ErbStR 2011). Der Richtliniengeber schließt dessen Anwendung dann aber ebenfalls bei offensichtlich unzutreffenden Ergebnissen aus. Letztgenannte Festlegung führt im gewissen Sinne zu einem Zirkelschluss. In R B 199.1 Absatz 5 und 6 ErbStR 2011 wird gerade versucht, den Begriff des offensichtlich unzutreffenden Ergebnisses zu (er)klären. Wenn dann in bestimmten Fällen, in denen ein solches vorliegt, auch der Substanzwert nur bei nicht offensichtlich falschen Ergebnissen anzuwenden ist, wirft das die Diskussion m. E. auf den Startpunkt zurück. Jedenfalls steht fest, dass diese Einschränkung für den Substanzwert gesetzlich weder generell noch in bestimmten Fällen vorgesehen ist.

Die grundsätzliche Festlegung unter 4. ist aus betriebswirtschaftlicher Sicht ebenfalls vertretbar. Wenn vergangenheitsbezogene Werte keine geeignete Schätzungsgrundlage darstellen, könnten mit hoher Wahrscheinlichkeit unzutreffende Ergebnisse entstehen. Jedoch sollten die dort genannten Beispiele ebenfalls lediglich Anlass zu einer einzelfallbezogenen Prüfung darstellen. Der Hinweis auf „allgemeine Krisensituationen“ geht dabei m. E. jedoch deutlich zu weit, weil das vEWV dann in selbigen stets nicht zur Anwendung kommen würde. Sein Anwendungsbereich wäre dann entgegen der gesetzlichen Intention des steuerlichen Massenverfahrens massiv eingeschränkt.

Neben den ErbStR werden – abseits von Prozentzahlen – auch im Schrifttum Fälle von unzutreffenden Ergebnissen beschrieben, die hier kurz zu würdigen sind. So gehen FISCHL/ROTH bspw. von unzutreffenden Ergebnissen aus, wenn im Erbfall eine Freiberuflerpraxis von Personen erworben wird, die nicht die standesrechtlichen

Voraussetzungen erfüllen. Diese Sichtweise ist fehlerhaft. Wie oben herausgearbeitet wurde, kann die Höhe der Bemessungsgrundlage nicht an der Person des Erwerbers festgemacht werden; andernfalls drohen massive Ungleichbewertungen. Vielmehr ist ausschließlich der Verkehrswert maßgeblich. Wenn dann aber der Gesetzgeber davon ausgeht, dass das vereinfachte Verfahren diesen zuverlässig ermittelt, kann man das Verfahren auch in solchen Fällen – jedenfalls nicht generell – aufgrund unzutreffender Ergebnisse ausschließen.

Das Vorbringen einer veränderten Gewinnentwicklung durch den Steuerpflichtigen oder durch das Finanzamt[1545] kann m. E. keinesfalls zu einem offensichtlich unzutreffenden Ergebnis führen. Eine solche Berücksichtigung nachträglicher Umstände würde zu einer Aushöhlung des Stichtagsprinzips führen. Dann wäre letztlich wohl nahezu jede Unternehmensbewertung „fehlerhaft".

Im Ergebnis lässt sich jedenfalls feststellen, dass die Nichtanwendbarkeit aufgrund offensichtlich unzutreffender Ergebnisse eine äußerst streitbare Regelung darstellt und dementsprechend zu erheblichen Diskussionen zwischen Finanzverwaltung und Steuerpflichtigen führen wird.[1546] Ein solcher Nachweis kann jedenfalls grundsätzlich nur im Einzelfall erbracht werden.[1547] M. E. verbieten sich nach dem Wortlaut der Vorschrift aber jegliche Verprobungsrechnungen, da hier sowieso fraglich wäre, wie genau diese aussehen sollen. Denn wenn ein Wert *offensichtlich* falsch ist, muss dies eben „ohne weiteres erkennbar"[1548] sein und kann nicht erst aufwendig nachgewiesen werden. Daher sollten nach der hier vertretenen Auffassung außer dem gesetzlich vorgeschriebenen Mindestwerttest zum Substanzwert keine Vergleichsrechnungen durchgeführt werden. Offensichtlich unzutreffende Ergebnisse sollten demnach – wenn überhaupt – nur im Vergleich zu deutlich abweichenden tatsächlich erzielten Preisen identifiziert werden. Hierzu liefern die ErbStR 2011 in R B 199 Absatz 5 sinnvolle Hinweise, wobei dem oben beschriebenen zeitlichen Aspekt besonders Rechnung getragen werden sollte. Insgesamt wird daher nach hier vertretener Auffassung das vEWV aufgrund offensichtlich unzutreffender Ergebnisse

[1545] ROHDE/GEMEINHARDT, StuB, 2008, S. 340 halten das ggf. für möglich.
[1546] Vgl. HÖLZERKOPF/BAUER, BB, 2009, S. 21.
[1547] Vgl. VISKORF, ZEV, 2009, S. 596.
[1548] VISKORF, ZEV, 2009, S. 596.

nur äußerst selten nicht anwendbar sein.[1549] Diese Sichtweise korrespondiert ebenfalls mit der bisherigen BFH-Rechtsprechung, die den Fall offensichtlich unzutreffender Ergebnisse konkret bisher nie festgestellt hat.[1550]

Die Rechtsfolge unzutreffender Ergebnisse wird im Schrifttum selten explizit diskutiert.[1551] M. E. ist es naheliegend, dass in diesem Fall schlicht die Bewertungsoption entfällt. D. h. die Bewertung würde dann im Rahmen der verbleibenden Methodenhierarchie der Abbildung 13 vollzogen. Problematisch wird dies daher insbesondere in Fällen, in denen der Steuerpflichtige kein anderes Wertgutachten vorlegt. Denn wenn das Regelbewertungsverfahren der Finanzverwaltung nicht anwendbar ist, müssten diese selbst eine Bewertung nach den üblichen Regeln, also unter Berücksichtigung der Ertragsaussichten oder einer anderen üblichen Methode vornehmen. Hier wird – auch i. S. d. Regelung in R B 199.1 Absatz 6 Satz 2 ErbStR 2011 vorgeschlagen – in diesen seltenen Fällen den Substanzwert anzusetzen. Andernfalls droht ein erheblich erhöhter Verwaltungsaufwand, der dem Vereinfachungsaspekt entgegensteht.[1552] Dies gilt umso mehr, als dass es sich beim Substanzwert i. S. d. BewG um einen (hohen) Voll-Reproduktionswert handelt, wodurch zu große Steuerausfällen in diesen Situationen nicht zu erwarten sind. Spätestens wenn wie hier gefordert wird, dass die Finanzverwaltung auf ausführliche Gegengutachten verzichten sollte, wird deutlich, dass die Frage nach der Feststellungslast im Besteuerungsverfahren eine wesentliche Rolle spielt.

4. Feststellungslast

Gerade im Rahmen der Anwendung des vEWV ist die Frage nach der Beweislast wesentlich. Hierzu finden sich ausführliche Regelungen in den ErbStR 2011, die sich im Vergleich zum Bewertungserlass 2009 auch wesentlich geändert haben.

[1549] Vgl. WASSERMANN, DStR, 2010, S. 186; STALLEIKEN/THEISSEN, DStR, 2010, S. 23, die gerade auch die Anlässe in R B 199.1 Absatz 5 als selten ansehen; HORN, in: Fischer/Jüptner/Pahlke/Wachter (Hrsg.), ErbStG, 2011, § 12 ErbStG, Rz. 324.

[1550] Vgl. PILTZ, Ubg, 2009, S. 15; HÜBNER, DStR, 2009, S. 2582; EISELE, in: Rössler/Troll (Hrsg.), BewG, Loseblatt, Erg.-Lfg. Oktober 2011, § 199 BewG, Rz. 4 m. w. N.

[1551] ROHDE/GEMEINHARDT, StuB, 2008, S. 341, stellen insofern eine Ausnahme dar.

[1552] Vgl. zur Gefahr eines allgemein hohen Bewertungsaufwands durch den Beweis offensichtlich unzutreffender Ergebnisse BARTHEL, FB, 2008, S. 524.

In den Erlassen war diesbezüglich eine Regelung vorgesehen, die sich in der Gesetzesbegründung bereits ähnlich für sämtliche Bewertungsverfahren fand. Demnach sollte die Feststellungslast jeweils der sich auf ein Verfahren Berufende tragen.[1553] Dies führte im Bewertungserlass 2009 zu der Anweisung, dass derjenige, also entweder das Finanzamt oder der Steuerpflichtige, der von dem im vEWV ermittelten Wert abweichen will, die Feststellungslast für die Ermittlung eines abweichenden Werts tragen sollte (Abschnitt Absatz 6 und 7 Bewertungserlass 2009). Diese Regelung wurde im Schrifttum zu Recht kritisiert. HÜBNER beschreibt zutreffend, dass die Widerlegung von Werten, die augenscheinlich nur zufällig den gemeinen Wert treffen, zumindest nicht Aufgabe des Steuerpflichtigen sein kann.[1554] Insbesondere ist mit der gewählten Formulierung aber auch gar nicht geklärt, für was genau der Vorbringer eines abweichenden Werts die Feststellungslast trägt.[1555] Es kann jedenfalls nicht bedeuten, dass er die Feststellungslast für den „richtigen" Wert trägt, weil es diesen eben nicht gibt.[1556] Insofern ist es zu begrüßen, dass im Zuge des Bewertungserlasses 2011 hier wesentliche Änderungen vorgenommen wurden, die auch in die ErbStR 2011 übernommen wurden. Die erkennbar abgeschwächte Regelung lautet nun: Hat das Finanzamt an der Anwendbarkeit des vEWV Zweifel, sind diese vom Finanzamt substituiert darzulegen und dem Steuerpflichtigen ist Gelegenheit zu geben, die Bedenken des Finanzamts auszuräumen (R B 199.1 Absatz 4 Satz 3 ErbStR 2011). Diese Festlegung macht m. E. deutlich, dass die Finanzverwaltung im Regelfall den Wert des vEWV akzeptieren und insbesondere keine ausführlichen Gegengutachten erstellen wird.[1557]

In den oben beschriebenen Fällen des R B 199.1 Absatz 6 ErbStR soll es nach Auffassung des Erlassgebers jedoch zu einer Art Beweislastumkehr kommen. Dann nämlich soll der Steuerpflichtige substantiiert darlegen, warum das vEWV nicht zu einem offensichtlich unzutreffenden Ergebnis führt. Falls der Steuerpflichtige dieser Mitwirkungspflicht nicht nachkommt, wird davon ausgegangen, dass die gesetzlichen Voraussetzungen für das Wahlrecht nicht vorliegen. Die Bewertung ist dann nach

---

1553 Vgl. Deutscher Bundestag (Hrsg.), Regierungsentwurf ErbStRG, BT-Drs. 16/7918, S. 38.
1554 Vgl. HÜBNER, DStR, 2009, S. 2583.
1555 Vgl. VISKORF, ZEV, 2009, S. 594.
1556 Vgl. VISKORF, ZEV, 2009, S. 594.
1557 So auch MANNEK, ZEV, 2012, S. 16; bereits zuvor HALACZINSKY, ErbStB, 2009, S. 83; ähnlich VISKORF, FR, 2007, S. 626.

allgemeinen Grundsätzen vorzunehmen (R B 199.1 Absatz 4 Satz 5 bis 7 ErbStR 2011).

Diese Festlegungen sind nicht ganz unproblematisch und m. E. auch nicht gänzlich konsistent zu den übrigen Regelungen. So hat der Erlassgeber wie oben beschrieben zwei Gruppen von Anlässen für offensichtlich unzutreffende Ergebnisse definiert. Anweisungen für die Feststellungslast trifft er aber nur für eine der beiden Gruppen, nämlich für die, bei der die unzutreffenden Ergebnisse nicht unvermeidlich vorliegen. Hier jedoch sieht er die Feststellungslast beim Steuerpflichtigen. Damit bleiben im Wesentlichen zwei Fragen offen:

Erstens ist nicht klar, in welchen nicht zu den in R B 199.1 Absatz 5 und 6 ErbStR 2011 genannten Fällen offensichtlich unzutreffende Ereignisse vorliegen, bei denen das Finanzamt seine Zweifel am Wert darlegen kann. Wenn damit eine weitere Kategorie geschaffen würde, die losgelöst von den genannten Fallgruppen existiert, wäre dies äußerst verwirrend.[1558] Hier wird aber davon ausgegangen, dass dies nicht der Fall ist und die Formulierungen eine allgemeine Vorgehensweise beschreibt. Diese Herangehensweise erscheint dem komplizierten Thema angemessen: jedenfalls wenn damit einhergeht, dass die Finanzverwaltung nur in begründeten Einzelfällen vom Ergebnis abweichen möchte und regelmäßig auf eine Verprobung mittels des gewöhnlichen Ertragswertverfahrens verzichtet. Dies würde darüber hinaus den Verwaltungsaufwand auf ein zumutbares Maß begrenzen.

Zweitens ist fraglich, wie die Feststellungslast in den in R B 199.1 Absatz 5 ErbStR 2011 genannten Fällen geregelt sein soll. Hier wäre im Gegensatz zu den Fällen des Absatzes 6 m. E. die für den Steuerpflichtigen härtere Regelung gerade noch vertretbar, weil den erzielten Preisen hier generell eine besonders hohe Indizwirkung zugesprochen wird.

Die „Beweislastumkehr" für die Fälle des R B 199.1 Absatz 6 ErbStR 2011 ist jedoch zu weitführend. M. E. kann aufgrund der gesetzlichen Bestimmungen hier keinesfalls verlangt werden, dass der Steuerpflichtige substituiert darlegen muss, warum das

[1558] Dies gilt insbesondere, weil R B 199.1 Absatz 6 Nr. 4 ErbStR 2011 mit seiner offenen Formulierung auch andere nicht aufgeführte Fälle umfasst.

vereinfachte Verfahren z. B. in Fällen von „komplexen Strukturen verbundener Unternehmen“ nicht zu offensichtlich unzutreffenden Ergebnissen führt. Vielmehr wird die Regelung ad absurdum geführt, wenn der Steuerpflichtige das nicht-offensichtliche „beweisen“ muss. Unklar bleibt ebenfalls, was in den Fällen, in denen dem Steuerpflichtigen dieser Beweis nicht gelingt, mit der Bewertung nach allgemeinen Grundsätzen gemeint sein soll. Tatsächlich wird es problematisch, wenn nach der Methodenhierarchie kein Verfahren zwingend vorgeschrieben ist, der Steuerpflichtige kein Wertgutachten vorlegt und das Regelbewertungsverfahren nicht anwendbar ist. Im Hinblick auf das gesetzliche Bewertungsziel wäre dann ein normales Ertragswertverfahren durch die Finanzverwaltung durchzuführen, was aber in diesen wenigen Fällen wie oben begründet durch die Anwendung des Substanzwerts i. S. d. BewG pragmatisch gelöst werden sollte.[1559]

MANNEK deutet R B 199.1 Absatz 4 ErbStR 2011 offenbar anders: „Hat das Finanzamt an der Anwendbarkeit des vEWV Zweifel, muss es diese substanziiert darlegen und dem Steuerpflichtigen Gelegenheit geben, die Zweifel auszuräumen. Hierbei muss der Steuerzahler substanziiert darlegen, warum das vEWV nicht zu einem offensichtlich unzutreffenden Ergebnis führt. Sofern dies dem Steuerzahler nicht gelingt, geht die Finanzverwaltung davon aus, dass die gesetzlichen Voraussetzungen für die Ausübung des Wahlrechts nicht vorliegen.“[1560] Diese Sichtweise deutet auf ein Verständnis hin, nachdem es stets auf den Gegenbeweis des Steuerpflichtigen ankommt. M. E. ist dies aber nach der Erlassregelung nur in den Fällen des R B 199 Absatz 6 ErbStR 2011 vorgesehen, bei denen das Finanzamt wohl regelmäßig von unzutreffenden Ergebnissen ausgehen will. In Fällen, die nicht im Anlasskatalog auftauchen, soll aber m. E. gerade das Finanzamt durch seine substantiierte Darlegung der offensichtlichen Unrichtigkeit die Feststellungslast tragen.[1561] Insofern könnte man für diese Fälle in Anlehnung an die Formulierung von MANNEK ausführen: Hat das Finanzamt an der Anwendbarkeit des vEWV Zweifel, muss es diese

[1559] MANNEK, ZEV, 2012, S. 15, sieht in der Ermittlung nach allgemeinen Grundsätzen keine Gutachtenerstellung durch die Finanzverwaltung, sondern eine Schätzung vor, deren Ermittlungsaufwand er aber wiederum offen lässt.

[1560] MANNEK, ZEV, 2012, S. 15.

[1561] Woraufhin der Steuerpflichtige natürlich aufgrund der Erlassregelung als auch im außergerichtlichen und gerichtlichen Rechtsbehelfverfahren – mit Gegengutachten – reagieren kann.

substantiiert darlegen. Gelingt ihm dies nicht, ist die Anwendung des vEWV nicht ausgeschlossen.

Wie bereits in Kapitel D.III.1 angedeutet, kann sich für den Steuerpflichtigen aufgrund der in R B 199.1 Absatz 5 BewG genannten Anlässe ein Zielkonflikt ergeben. Dieser soll hier am Beispiel des zeitnahen Verkaufs nach dem Stichtag gezeigt werden. Grundsätzlich ist der Steuerpflichtige an einem hohen Verkaufspreis interessiert. Jedoch kann ein geringerer Erlös i. S. der ErbStR auf ein offensichtlich unzutreffendes Ergebnis des vEWV hinweisen. Somit kann sich die erbschaftsteuerliche Bemessungsgrundlage und damit die Steuerbelastung durch den Verkauf verändern. Offenbar handelt es sich hierbei um eine verbundene (jungierte) Bewertungssituation. Folgend wird modellhaft untersucht, ob sich im Vergleich zu einer isolierten Betrachtung der Kauf-/Verkaufsentscheidung, also ohne die Berücksichtigung der Erbschaftsbesteuerung, durch die vereinte Betrachtung der Kauf-/Verkaufsentscheidung mit der Bewertung für steuerliche Zwecke (potentielle) Entscheidungswirkungen ergeben.

Allgemein ergibt sich der Vermögenszuwachs des Steuerpflichtigen aus dem feststehenden Verkehrswert, des geerbten Unternehmens, der hier nicht zwingend dem Steuerwert entsprechen muss, abzgl. der Steuerbelastung:

[41]
$$V = W - S \quad \Leftrightarrow$$
$$V = W - s \cdot BMG.$$

mit:

V	=	Vermögen
W	=	fixer Verkehrswert des Unternehmens
S	=	Steuerzahlung
s	=	Steuersatz, es gilt $0 \leq s \leq 1$
BMG	=	Steuerwert des Unternehmens

Durch einen zeitnahen Verkauf ändert sich diese Relation. Der Steuerpflichtige erlöst dann für den verkauften Anteil den Verkaufspreis, der aufgrund von gestalterischen Überlegungen hier nicht mit dem Verkehrswert gleichgesetzt werden soll. Entsprechend sinkt die Höhe des zurückbleibenden Anteils. Der verkaufte prozentuale Anteil a bezieht sich dabei auf den Anteil, den der Steuerpflichtige bei der Erbschaft erworben hat. Insofern ist die Gültigkeit des Modells unabhängig von der Anteilshöhe gewährleistet. Daneben ergibt sich die neue Steuerbelastung nicht mehr aus dem bisherigen Steuerwert, sondern aus der neuen Bemessungsgrundlage, die annahmegemäß dem nichtnegativen Verkaufspreis P entspricht. Das Vermögen des Steuerpflichtigen setzt sich also aus dem Wert des ererbten Unternehmens zuzgl. dem Verkaufserlös abzgl. des Werts des verkauften Anteils und der Erbschaftsteuer auf Basis der neuen Bemessungsgrundlage zusammen:

[42]
$$V(a,P,s)=W+a\cdot P-a\cdot W-s\cdot P \Leftrightarrow$$
$$V(a,P,s)=(1-a)\cdot W+a\cdot P-s\cdot P.$$

mit: a = Größe des zu veräußernden Anteils, es gilt $0\leq a\leq 1$

P = zeitnaher Verkaufspreis (neue Bemessungsgrundlage), es gilt $P\geq 0$

Setzt man hier $s=0$, so erkennt man die – wenn auch triviale – beste Strategie in einer Welt ohne Steuern. Das Vermögen ist dann lediglich von den beiden Variablen a und P abhängig:

[43]
$$V(a,P)=(1-a)\cdot W+a\cdot P.$$

Zur Maximierung von V sollte daher ein möglichst hoher Verkaufspreis erzielt und ein möglichst hoher Anteil veräußert werden.[1562] Abweichend davon ist von einem Verkauf abzusehen, wenn kein Preis erzielt werden kann, der größer als der Verkehrswert ist. Daher sieht die optimale Strategie in einer Welt ohne Steuern – wie zu erwarten war – wie folgt aus:

[1562] Die Funktion besitzt keinen Extremwert. Siehe dazu Anhang VI.

	$P < W$	$P > W$
Optimale Strategie	kein Verkauf	Maximiere P und a

Tabelle 7: Strategiematrix ohne Besteuerung

Unter Berücksichtigung der Besteuerung kann sich diese Strategie erheblich verändern. Zur Prüfung, ob ein Extremwert vorliegt sind von [42] die entsprechenden partiellen Ableitungen erster Ordnung zu bilden und gleich Null zu setzen; man erhält:

[44] $$\frac{\partial V}{\partial a} = -\mathrm{W} + \mathrm{P} \overset{!}{=} 0 \Leftrightarrow W = P$$

und

[45] $$\frac{\partial V}{\partial P} = \mathrm{a} - \mathrm{s} \overset{!}{=} 0 \Leftrightarrow a = s.$$

Ob es sich hierbei um ein lokales Maximum, ein Minimum oder einen Sattelpunkt handelt, ist mithilfe der sog. Hesse-Matrix bestimmbar:[1563]

[46] $$H = \begin{bmatrix} \frac{\partial^2 V}{\partial a \partial a} & \frac{\partial^2 V}{\partial a \partial P} \\ \frac{\partial^2 V}{\partial P \partial a} & \frac{\partial^2 V}{\partial P \partial P} \end{bmatrix} = \begin{bmatrix} 0 & 1 \\ 1 & 0 \end{bmatrix}.$$

und deren Determinante zu berechnen:

[47] $$\det H = \begin{vmatrix} 0 & 1 \\ 1 & 0 \end{vmatrix} = 0 \cdot 0 - 1 \cdot 1 = -1.$$

[1563] Vgl. allgemein zur Vorgehensweise bspw. OHSE, 2000, S. 297 ff.

Es handelt sich demnach, wie in Abbildung 20 ersichtlich, um einen Sattelpunkt. Dort wurde von einem fixen Unternehmenswert von 100 und einem Steuersatz von 20 % ausgegangen. Der Veräußerungspreis variiert von 0 bis 200 und der verkaufte Anteil von 0 bis 1.

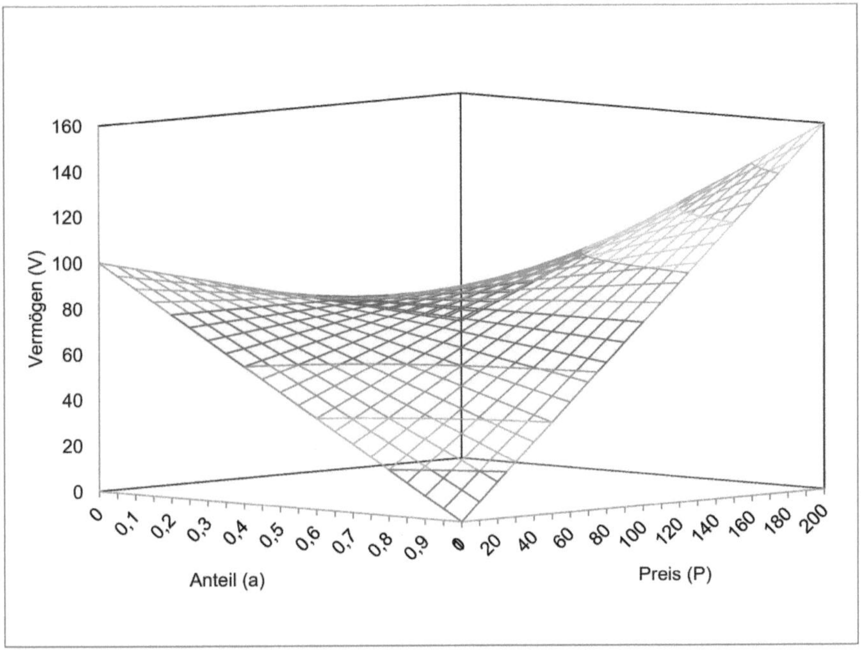

Abbildung 20: Endvermögen bei zeitnahen Verkäufen[1564]

Dieser befindet sich an der Stelle, an welcher der Steuersatz dem veräußerten Anteil und der Verkaufspreis dem Verkehrswert entspricht. Da der einzelne Steuerpflichtige seinen Steuersatz nicht beeinflussen kann, ist dieser als konstant anzunehmen. Die Optimierung seines Vermögens resultiert daher aus der Wahl von Verkaufspreis und Größe des veräußerten Anteils. Die Höhe des Verkaufspreises ist nach dem vorliegenden Ergebnis offenbar unerheblich, wenn der veräußerte Anteil dem Steuersatz entspricht. Das Vermögen entspricht stets dem ursprünglichen Zuwachs abzgl. dessen Besteuerung:

[1564] Eigene Darstellung.

[48] $$V|_{a=s} = (1-s) \cdot W + s \cdot P - s \cdot P \Leftrightarrow$$
$$V|_{a=s} = (1-s) \cdot W.$$

Dies wird mit Hilfe eines Blicks durch die V-a-Ebene deutlich. Abbildung 21 zeigt unabhängig von dem Preis, der hier nur optisch verschwindet, ein Vermögen von 80:

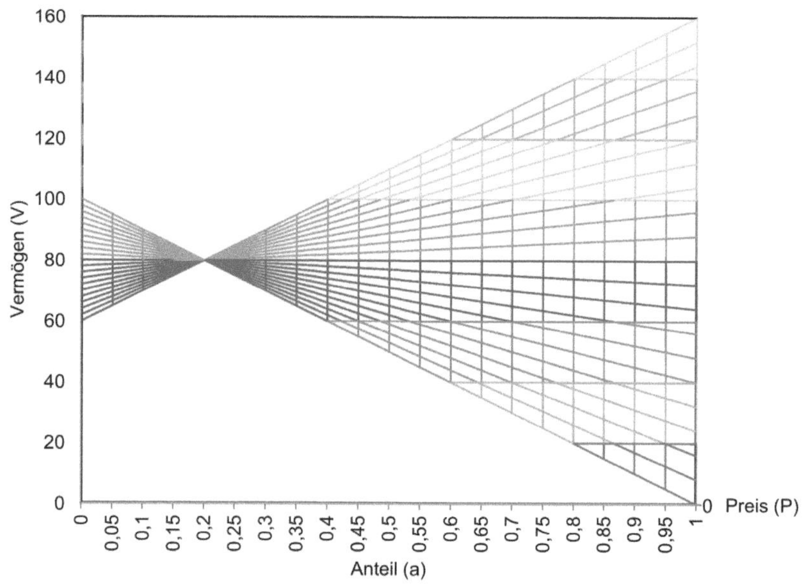

Abbildung 21: Identisches Vermögen bei a = s[1565]

Die Besteuerung sorgt damit hier für eine einfache wie kuriose Entscheidungswirkung: Legt der Steuerpflichtige die Höhe seines zu veräußernden Anteils auf die Höhe seines persönlichen Steuersatzes fest, ist der erzielte Verkaufspreis aufgrund der Besteuerung vollkommen unerheblich.

Dasselbe Ergebnis ergibt sich, wenn ein beliebig hoher Anteil zum Verkehrswert veräußert wird:

[1565] Eigene Darstellung.

[49]
$$\begin{aligned} V|_{P=W} &= (1-a)\cdot W + a\cdot W - s\cdot W \quad \Leftrightarrow \\ V|_{P=W} &= (1-a+a-s)\cdot W \quad \Leftrightarrow \\ V|_{P=W} &= (1-s)\cdot W. \end{aligned}$$

Dies ist insofern weniger überraschend, da sich hier beim Verkauf die Steuerbemessungsgrundlage nicht ändert. Das Vermögen ist so hoch wie im Fall einer Nichtveräußerung.

Ausgehend vom Sattelpunkt $V|_{P=W,a=s}$ ergeben sich abhängig von der Wahl aus P und a vier verschiedene potentielle Strategien, welche die vier Bewegungsrichtungen in Tabelle 8 darstellen.

	sinkender Preis $P < W; P \to 0$	steigender Preis $P > W; P \to \infty$
sinkender Anteil $a < s; a \to 0$	Strategie I	Strategie II
steigender Anteil $a > s; a \to \infty$	Strategie III	Strategie IV

Tabelle 8: Strategiematrix potentieller Strategien bei Besteuerung

Diese Strategien sind nun auf ihr Ergebnis hin zu untersuchen. Bei Strategie I ergibt sich im theoretischen Extrem ein Vermögen von:

[50]
$$\begin{aligned} \lim_{P\to 0, a\to 0} (1-a)\cdot W + a\cdot P - s\cdot P &= (1-0)\cdot W + 0\cdot 0 - s\cdot 0 \\ &= W. \end{aligned}$$

Durch einen nahezu kostenlosen Verkauf eines minimalen Anteils kann im modellhaften Ergebnis die Steuer also vollständig umgangen werden. Dies ist die modellhafte Erklärung des in praxi bekannten Verkaufs eines Zwerganteils. Allgemein führt Strategie I stets zu höheren Vermögenspositionen, weil die Bedingung

[51]
$$\begin{aligned}(1-a)\cdot W+a\cdot P-s\cdot P &>(1-s)\cdot W \Leftrightarrow\\(1-a-1+s)\cdot W &>s\cdot P-a\cdot P \Leftrightarrow\\(s-a)\cdot W &>(s-a)\cdot P \Leftrightarrow\\W &>P\end{aligned}$$

hier regelmäßig erfüllt ist. Es handelt sich offensichtlich um eine lohnende Strategie im Gegensatz zum Nichtverkauf.

Ins Gegenteil verkehrt sich diese Vorteilhaftigkeit, wenn bei minimalem Anteil statt eines tiefen ein möglichst hoher Preis erlöst wird. Bei Strategie II nimmt die Funktion bei sinkendem a den Wert

[52]
$$\begin{aligned}\lim_{a\to 0}(1-a)\cdot W+a\cdot P-s\cdot P &=(1-0)\cdot W+0\cdot P-s\cdot P\\&=W-s\cdot P\end{aligned}$$

an.[1566] Daher führt diese Strategie stets zu geringeren Vermögenspositionen als beim Sattelpunt bzw. Nichtveräußerung eines Anteils. Bei besonderes hohen Preisen und Steuersätzen $s\cdot P>W$ kann sich insgesamt eine negative Vermögensposition ergeben.[1567] Die steuerlichen Regelungen können hier also zu höchst paradoxen Ergebnissen führen. Regelmäßig führt Strategie II zu geringeren Vermögenspositionen, weil hier umgekehrt zur Bedingung [51] stets

[53]
$$\begin{aligned}(1-a)\cdot W+a\cdot P-s\cdot P &<(1-s)\cdot W \Leftrightarrow\\(1-a-1+s)\cdot W &<s\cdot P-a\cdot P \Leftrightarrow\\(s-a)\cdot W &<(s-a)\cdot P \Leftrightarrow\\W &<P\end{aligned}$$

gilt.

Bei der potentiellen Strategie III wird der veräußerte Anteil erhöht und der Preis gesenkt. Dies führt im Grenzfall offenbar zu einem Vermögen von

1566 Die Grenzwertbildung erfolgt hier zunächst nur bezgl. *a*.
1567 Das Ergebnis entspricht also dem in Kapitel E.II.222.

[54] $$\lim_{P \to 0,\, a \to 1} (1-a) \cdot W + a \cdot P - s \cdot P = (1-1) \cdot W + 1 \cdot 0 - s \cdot 0 = 0.$$

Die günstige Veräußerung eines maximalen Anteils ist selbstverständlich auch unter der Berücksichtigung der Besteuerung ökonomischer Unfug. Strategie III führt immer zu geringeren Vermögenspositionen, weil hier ebenfalls Relation [51] Gültigkeit besitzt.

Die Anwendung von Strategie IV, bei welcher der veräußerte Anteil und der Preis maximiert werden, führt dagegen zu einem Vermögen von:

[55] $$\begin{aligned}\lim_{a \to 1} (1-a) \cdot W + a \cdot P - s \cdot P &= (1-1) \cdot W + 1 \cdot P - s \cdot P \\ &= P - s \cdot P \\ &= (1-s) \cdot P.\end{aligned}$$

Im Ergebnis wird also bei einem vollständigen Verkauf der neue Preis P der Besteuerung unterworfen. Im Verhältnis zur Nichtveräußerung führen diese Strategien stets zu den in Tabelle 9 gezeigten Vermögensänderungen.

	sinkender Preis P $P < W; P \to 0$	steigender Preis $P > W; P \to \infty$
sinkender Anteil $a < s; a \to 0$	Strategie I: $V\uparrow$	Strategie II: $V\downarrow$
steigender Anteil $a > s; a \to 1$	Strategie III $V\downarrow$	Strategie IV $V\uparrow$

Tabelle 9: Ergebnismatrix potentieller Strategien bei Besteuerung

Dies führt zu folgenden optimalen Strategien in einer Welt mit Steuern:

	$P < W$	$P > W$
$a<s$	minimiere a und P	kein Verkauf
$a>s$	kein Verkauf	maximiere a und P

Tabelle 10: Optimale Strategien bei Besteuerung

Offenbar ergibt sich bei Anteilsveräußerungen, die höher als der Steuersatz sind, keine Änderung der Strategie. Die Besteuerung ist hier nicht entscheidungsrelevant. Dagegen verändert sich die Strategie bei der potentiellen Veräußerung von Anteilen, die kleiner als der Steuersatz sind, erheblich. In diesen Fällen lohnt sich ein Verkauf zu Preisen oberhalb des Verkehrswerts regelmäßig nicht. Vielmehr sollten solche Veräußerungen zu möglichst günstigen Preisen erfolgen.

III. Ökonomische Analyse vor dem Hintergrund der betriebswirtschaftlichen Bewertungslehre

1. Grundlegende Funktionsweise und bewertungstheoretische Einordnung

Die Methodik des vEWV ist ausführlich in den §§ 200 bis 202 BewG geregelt. Der Wert nach dem vEWV setzt sich aus dem Ertragswert des betriebsnotwendigen Vermögens einerseits und dem gemeinen Wert von nicht betriebsnotwendigen Vermögen, Beteiligungen und zeitnah eingelegten, sog. jungen[1568], Wirtschaftsgütern andererseits zusammen (§ 200 BewG):

[56] $$UW = EW_{vETWW} + gW_{nbV} + gW_B + gW_{jW}.$$

mit: EW_{vETWW} = Ertragswert des betriebsnotwendigen Vermögens

gW_{nbV} = gemeiner Wert des nicht betriebsnotwendigen Vermögens

[1568] Vgl. bspw. BARTHEL, FB, 2008, S. 524.

gW_B = gemeiner Wert der Beteiligungen

gW_{jW} = gemeiner Wert der jungen Wirtschaftsgüter

Herzstück des Verfahrens ist der Ertragswert, zu dessen Ermittlung der zukünftig nachhaltig erzielbare Jahresertrag mit dem Kapitalisierungsfaktor K zu multiplizieren ist (§ 200 Absatz 1 BewG):

[57] $$EW_{vETWV} = G \cdot K.$$

mit: G = nachhaltig erzielbarer Jahresbeitrag

K = Kapitalisierungsfaktor

Diese beiden Komponenten sind ebenfalls gesetzlich geregelt. Für die Ermittlung des nachhaltig erzielbaren Jahresertrags bietet der in der Vergangenheit tatsächlich erzielte Durchschnittsertrag eine Beurteilungsgrundlage (§ 201 Absatz 1 Satz 2 BewG). Dieser wiederum ist regelmäßig aus den Betriebsergebnissen der letzten drei vor dem Bewertungsstichtag abgelaufenen Wirtschaftsjahre herzuleiten (§ 201 Absatz 2 Satz 1 BewG):

[58] $$G = \frac{G_{t-1} + G_{t-2} + G_{t-3}}{3}.$$

Damit entfällt die aus dem Stuttgarter Verfahren bekannte Gewichtung der Betriebsergebnisse,[1569] was aber als unkritisch angesehen wird.[1570]

Der Kapitalisierungszinssatz setzt sich aus einem Basiszins und einem fixen Risikozuschlag i. H. v. 4,5 % zusammen (§ 203 Absatz 1 BewG):

1569 Vgl. EISELE, NWB, 2008, S. 795; JÜLICHER, Steueranwaltsmagazin, 2008, S. 179; MANNEK, DB, 2008, S. 426; ROHDE/GEMEINHARDT, StuB, 2008, S. 342.

1570 Vgl. BARTHEL, FB, 2008, S. 524. Siehe zur hier nicht weiter beachteten Kritik an der Heranziehung von nur drei Betriebsergebnissen DÖRNER, BewP, 2/2009, S. 5; HECHT/v. CÖLLN, DB, 2010, S. 1085.

[59] $i_{vETWV} = i_{Basis} + 4{,}5\%.$

mit: i_{vEWV} = Kapitalisierungszinssatz im vEWV

i_{Basis} = Basiszins im vEWV

Der Kapitalisierungsfaktor ergibt sich dann als Kehrwert des Kapitalisierungszinssatzes (§ 203 Absatz 3 BewG):

[60] $$K = \frac{1}{i_{vEWV}}.$$

Er ist auf vier Nachkommastellen abzurunden (H B 203 ErbStH 2011).

Das vEWV ist also als ewiges Rentenmodell ausgestaltet.[1571] Selbstverständlich kann man an der Annahme einer unendlichen Lebensdauer von Unternehmen Kritik üben. Hierzu sei auf den Beitrag von FRÜHLING verwiesen, der das Problem auch quantitativ untersucht.[1572] Für den hier untersuchten Zweck wird jedoch in dieser Annahme gerade auch vor dem Hintergrund, dass die alternativen Verfahren, wie das Ertragswert- und die DCF-Verfahren, dieselbe Prämisse verwenden,[1573] eine angemessene Vereinfachung gesehen.[1574]

Beim Blick auf Relation [57] wird deutlich, dass das vEWV einem Gewinnmultiplikator ähnelt. BALLWIESER diskutiert diesen Zusammenhang von Ertragswert- und Multiplikatormethode in allgemeiner Form. Demnach handele es sich gerade nicht um zwei Seiten derselben Medaille. Der Kehrwert des Zinssatzes sei eben nicht mit dem Gewinnmultiplikator vergleichbar, weil dann der Ertrag im Ertragswertverfahren dem Gewinn des Multiplikatorverfahrens entsprechen müsste. Ebenso würde die

[1571] Vgl. BALLWIESER, Erbschaftsteuer, in: Rautenberg (Hrsg.), Steuertagung, 2010, S. 159; HINZ, BFuP, 2011, S. 308; EISELE, in: Rössler/Troll (Hrsg.), BewG, Loseblatt, Erg.-Lfg. April 2012, § 200 BewG, Rz. 2.

[1572] Vgl. FRÜHLING, FB, 2009, S. 200 ff.

[1573] Vgl. zu diesem Aspekt KÜHNHOLD/MANNWEILER, DStZ, 2008, S. 170.

[1574] Vgl. SPENGEL/ELSCHNER, Ubg, 2008, S. 410.

Gleichsetzung der Ansätze die Unterschiede zwischen Wert und Preis verkennen.[1575] Beide Argumente sind in dem hier interessierenden Bewertungszweck unproblematisch.[1576] Zunächst ist der Gewinn im vEWV ein buchhalterischer Wert, insbesondere kein Zahlungsstrom. Daneben ist der gemeine Wert gerade ein potentieller Marktpreis und kein Grenzpreis.[1577] Insofern kann man beim vEWV m. E. unkritisch von einem einfachen Gewinnmultiplikatorverfahren sprechen.

Folgend sind die einzelnen Problembereiche des Verfahrens kritisch zu würdigen. Als Referenz dienen dabei naturgemäß regelmäßig andere Bewertungsmethoden. Auf einen matrizenhaften Vergleich aller Bewertungsmethoden mit dem vEWV wird verzichtet. Vielmehr wird jeweils vom inhaltlichen Kontext her entschieden, welche Alternative betrachtet wird. Der Vergleich mit den ertragswertorientierten Methoden, oftmals in der Version nach IDW S 1, überwiegt aber. Die in den Kapiteln zu den einzelnen Komponenten durchgeführten Wertvergleiche sind dabei i. d. R. als ceteris-paribus-Analyse zu verstehen. Ein abschließender globaler Blick auf die Bewertungsergebnisse wird einem eigenständigen Kapitel geliefert, wobei hier teilweise ein Rückgriff auf die Erkenntnisse zu den einzelnen Parametern erfolgt. Zum grundlegenden Verständnis des Verfahrens soll bereits hier eine erste potentielle Gestaltung aufgezeigt werden.

Im vEWV erhöht jeder in der Vergangenheit erzielte Gewinn die Steuerbemessungsgrundlage. Demnach sinkt die Steuerbelastung mit jedem zusätzlichen Aufwand. Dies ist auch im Ertragsteuerrecht nicht anders; jedoch soll hier die Gestaltung untersucht werden, bei welcher der Gewinn effektiv minimiert wird, um die Steuerbelastung zu senken. Insbesondere sind also keine Gewinnverschiebungen (vGA, Fremdkapitalfinanzierung o. ä.) oder Gewinnminimierungen, die nicht zum Abfluss von Zahlungsmitteln führen, angesprochen. Vielmehr wird hier die zunächst absurd klingende Idee einer Verlustgenerierung zur Ersparnis von Erbschaftsteuer analysiert. Dies ist immer dann vorteilhaft, wenn die Steuerersparnis größer als der dafür

[1575] Vgl. zu all dem BALLWIESER, Unternehmensbewertung, 2011, S. 213. Daneben würden die aus Börsenkursen herangezogenen Multiplikatoren den Paketzuschlag vernachlässigen und vergleichbare Unternehmen ohnehin nur problematisch zu finden sein. Vgl. BALLWIESER, Unternehmensbewertung, 2011, S. 213. Bei diesen beiden Argumenten handelt es sich also um solche, die auch generell gegen den Einsatz von Multiplikatoren sprechen.

[1576] Sie sind jedoch beim Entscheidungswert selbstverständlich zutreffend.

[1577] Vgl. Kapitel D.III.2.

eingegangene Verlust ist. Der Verlust ist hierbei durch die Minimierung der Gewinne auf ihren neuen Wert definiert. Damit ist eine Gestaltung vorteilhaft, wenn

[61]
$$\begin{aligned}
&\textit{Steuerersparnis} &&> \textit{Verlust} &&\Leftrightarrow\\
&s\cdot K\cdot\frac{G_{t-1}+G_{t-2}+G_{t-3}}{3}-s\cdot K\cdot\frac{G_{neu,t-1}+G_{neu,t-2}+G_{neu,t-3}}{3} && &&>\\
&G_{t-1}+G_{t-2}+G_{t-3}-G_{neu,t-1}-G_{neu,t-2}-G_{neu,t-3} && &&\Leftrightarrow\\
&\frac{s\cdot K}{3}(G_{t-1}+G_{t-2}+G_{t-3}-G_{neu,t-1}-G_{neu,t-2}-G_{neu,t-3}) && &&>\\
&G_{t-1}+G_{t-2}+G_{t-3}-G_{neu,t-1}-G_{neu,t-2}-G_{neu,t-3} && &&\Leftrightarrow\\
&\frac{s\cdot K}{3} &&>1 &&\Leftrightarrow\\
&s &&>\frac{3}{K}
\end{aligned}$$

mit: G_{neu} = neuer Gewinn

gilt. Bei einem Multiplikator von 15,2905 im Jahr 2013 ist es also bei Erbschaftsteuersätzen oberhalb von rd. 20 % sinnvoll, seinen Gewinn aufgrund der Erbschaftsteuerbelastung zu senken (!). Alternativ könnte man fragen, wie sich die Veränderung von einem der drei maßgeblichen Gewinne auf die Steuerlast

[62] $$S=s\cdot K\cdot\frac{G_{t-1}+G_{t-2}+G_{t-3}}{3}$$

auswirkt:

[63] $$\frac{dS}{dG_{t-1}}=\frac{s\cdot K}{3}.$$

Offensichtlich führt dies zum selben Ergebnis. Jede Gewinnminderung geht zu einem Drittel des Multiplikators in die Bemessungsgrundlage ein. Dies führt bei den höchsten Steuersätzen zu einer lohnenden Gestaltung.

2. Durchbrechung des Gesamtbewertungsansatzes

21. Nicht betriebsnotwendiges Vermögen

Beim vEWV handelt es sich unstrittig um ein Gesamtbewertungsverfahren.[1578] Dennoch wird aber der Ertragswert additiv um den gemeinen Wert des nicht betriebsnotwendigen Vermögens (§ 200 Absatz 2 BewG), den gemeinen Wert der Beteiligungen (§ 200 Absatz 3 BewG) und den gemeinen Wert der jungen Wirtschaftsgüter (§ 200 Absatz 4 BewG) erweitert. Diese Durchbrechungen des Gesamtbewertungsansatzes sind hier einer kritischen Analyse zu unterziehen.

Unter dem nicht betriebsnotwendigen Vermögen versteht das BewG Wirtschaftsgüter und mit diesen in Zusammenhang stehende Schulden, die aus dem zu bewertenden Unternehmen herausgelöst werden können, ohne die eigentliche Unternehmenstätigkeit zu beeinträchtigen (§ 200 Absatz 2 BewG). Selbstverständlich liegt in den verschiedenen in dieser Vorschrift enthaltenen unbestimmten Rechtsbegriffen ein enormes Streitpotenzial.[1579] Unstrittig ist jedenfalls, dass sich der Umfang der Wirtschaftsgüter am Tatbestand der Betriebsnotwendigkeit und nicht an den einkommensteuerlichen Grundsätzen orientiert (R B 200 Absatz 2 Satz 4 BewG).[1580] Daher ist die Unterscheidung nach R 4.2 Absatz 1 EStR in notwendiges und gewillkürtes Betriebsvermögen hier nicht maßgeblich.[1581] Vielmehr ist eine funktionale bzw. betriebswirtschaftliche[1582] Betrachtungsweise vorzunehmen,[1583] wobei natürlich das gewillkürte Betriebsvermögen besonders zu überprüfen sein wird.[1584] Ebenso wenig korrespondiert das nicht betriebsnotwendige Vermögen mit dem Verwaltungsvermögen i. S. v. § 13b Absatz 2 ErbStG (R B 200 Absatz 2 Satz 4 ErbStR 2011).[1585] Die ErbStR 2011 nennen zumindest Beispiele. Je nach Unternehmenszweck kann es

---

[1578] Vgl. bspw. CREUTZMANN, DB, 2008, S. 2789.

[1579] Vgl. BARTHEL, FB, 2008, S. 524; WELLING/WÜNNEMANN, FR, 2009, S. S11.

[1580] Vgl. HECHT/V. CÖLLN, DB, 2010, S. 1087.

[1581] Vgl. HECHT/V. CÖLLN, DB, 2010, S. 1087.

[1582] Vgl. PILTZ, DStR, 2008, S. 749.

[1583] Vgl. WÄLZHOLZ, BBEV, 2008, S. 141; RAMB, NWB, 2009, S. 2676.

[1584] Vgl. HALACZINSKY, ErbStB, 2009, S. 86. Die dort angeführte Gesetzesbegründung, wonach weitgehend der risikolosen Renditeerzielung dienendes gewillkürtes Betriebsvermögen, das weder Arbeitsplätze noch volkswirtschaftliche Leistungen bewirkt, nicht zu berücksichtigen sei, ist nicht ganz zutreffend. Denn diese Passage ist wohl der Begründung zu der Verschonung nach § 13b ErbStG entnommen. Vgl. Deutscher Bundestag (Hrsg.), Regierungsentwurf ErbStRG, BT-Drs. 16/7918, S. 35 f.

[1585] So auch bereits HANNES/ONDERKA, ZEV, 2008, S. 176.

sich etwa um Grundstücke, Gebäude, Kunstgegenstände, Beteiligungen, Wertpapiere oder auch Geldbestände handeln (R B 200 Absatz 2 Satz 3 BewG). So wurde auch in der Gesetzesbegründung ein Mietwohngrundstück bei einem Produktionsunternehmen m. E. zutreffend als nichtbetriebsnotwendig angesehen.[1586] Andere definieren das nicht betriebsnotwendige Vermögen als Gegenstände ohne direkten Zusammenhang zur operativen Geschäftstätigkeit.[1587] In Zweifelsfällen sollte die Beurteilung der Betriebsnotwendigkeit jedoch stets die unternehmerische Dispositionsfreiheit berücksichtigen,[1588] die dann insbesondere auch für die oftmals schwierige Zuordnung von Schulden[1589] gelten sollte. Daher könnten auch Grundstücke allein deshalb betriebsnotwendig sein, weil sie als Sicherheit für (betriebsnotwendige) Kredite dienen[1590] oder als Ausbaufläche („Reservegrundstück") vorgehalten werden.[1591] Zu weit führend wäre aber m. E. die von BARTHEL geäußerte Überlegung, dass ggf. Über- oder Unterbestände des Working Capital im Vergleich zu ähnlichen Unternehmen zu korrigieren sind.[1592] Jedenfalls würde dies dem Vereinfachungsgedanken des Verfahrens deutlich entgegenstehen.

Die Rechtsfolge der Separation ist ein eigenständiger Ansatz mit dem gemeinen Wert, wobei hier m. E. jederzeit unstrittig war, dass hierbei die gewöhnlichen Bewertungsregeln für die jeweilige Vermögensart maßgeblich sind.[1593] Dies korrespondiert auch mit der Regelung in R B 199.2 Absatz 2 Satz 5 ErbStR 2011, wonach bei bestimmten Positionen des Betriebsvermögens die Ansatzregeln des Substanzwerts (R B 11.3 Absatz 5 bis 8 ErbStR 2011) gelten sollen. Daneben ist das Betriebsergebnis um die Aufwendungen und Erträge zu korrigieren, die mit dem nicht betriebsnotwendigen Vermögen im Zusammenhang stehen.[1594]

In der Literatur wird auch in diesem Zusammenhang angemerkt, dass der Ansatz des nicht betriebsnotwendigen Vermögens zum gemeinen Wert sachlich falsch sei, weil

---

1586 Vgl. Deutscher Bundestag (Hrsg.), Bericht des Finanzausschusses zum ErbStRG, BT-Drs. 16/11107, S. 22; ähnlich SCHIFFERS, DStZ, 2009, S. 553.

1587 Vgl. EISELE, NWB, 2008, S. 794.

1588 Vgl. WELLING/WÜNNEMANN, FR, 2009, S. S11.

1589 Vgl. etwa MÖLLMANN, in: Tiedtke (Hrsg.), ErbStG, 2009, § 12 ErbStG, Rz. 179.

1590 Vgl. HALACZINSKY, ErbStB, 2009, S. 86.

1591 Vgl. WELLING/WÜNNEMANN, FR, 2009, S. S11.

1592 Vgl. BARTHEL, FB, 2008, S. 524.

1593 Vgl. WÄLZHOLZ, BBEV, 2008, S. 141.

1594 Vgl. dazu Kapitel F.III.3326.

ein Erwerber des Betriebs hierfür nur den Liquidationswert ansetzen würde.[1595] Bewertungstheoretisch mag dies zutreffen. Hier wird aber mit der identischen Argumentation wie bei der Diskussion zum Substanzwert der gemeine Wert als sachgerechter Wert angesehen. Schließlich würde sonst nicht notwendiges Betriebsvermögen abweichend von Privatvermögen bewertet, was durch den BVerfG-Beschluss wohl ausgeschlossen ist. M. E. können daher auch keine latenten Steuern abgezogen werden. Denn maßgeblich ist nur der erzielbare Preis im gewöhnlichen Geschäftsverkehr, welcher natürlich indirekt durch eine latente Steuerbelastung erhöht sein kann, weil bspw. überwiegend Verkäufer am Markt auftreten, die Wirtschaftsgüter veräußern, auf denen latente Steuern lasten. Anderer Auffassung ist PILTZ, der aufgrund des Veräußerungsgedankens davon ausgeht, dass latente Steuern abzugsfähig sind.[1596] Diese Begründung ist m. E. nicht zutreffend, weil der Veräußerungsgedanke nicht für die Wertfindung, sondern lediglich für die Frage nach der Betriebsnotwendigkeit entscheidend ist. Der Wertmaßstab ist jedoch unstrittig der gemeine Wert, der eine bei den verschiedenen Steuerpflichtigen ungleiche Belastung der latenten Steuern zumindest nicht explizit berücksichtigen kann.

Die Separation des nicht betriebsnotwendigen Vermögens folgt der allgemeinen Vorgehensweise der Unternehmensbewertung[1597] und ist daher grundsätzlich als sachgerecht zu beurteilen.[1598] Insbesondere ist auffällig, dass die gesetzliche Definition der des IDW S 1 sehr ähnelt.[1599] Ebenso hat die Zivilrechtsprechung diese Vorgehensweise in verschiedenen Entscheidungen ausdrücklich bestätigt.[1600]

22. Beteiligungen

Ebenfalls gesondert mit ihrem gemeinen Wert anzusetzen sind vom zu bewertenden Unternehmen gehaltene Beteiligungen an anderen Gesellschaften, sofern sie nicht

---

1595 Vgl. SCHIFFERS, DStZ, 2009, S. 553.

1596 Vgl. PILTZ, DStR, 2008, S. 749.

1597 Vgl. Deutscher Bundestag (Hrsg.), Bericht des Finanzausschusses zum ErbStRG, BT-Drs. 16/11107, S. 22, sowie bspw. WÄLZHOLZ, BBEV, 2008, S. 140; HALACZINSKY, ErbStB, 2009, S. 86; MÖLLMANN, in: Tiedtke (Hrsg.), ErbStG, 2009, § 12 ErbStG, Rz. 178; RIEDEL, in: Daragan/Halaczinsky/Riedel (Hrsg.), ErbStG, 2010, § 200 BewG, Rz. 3.

1598 So auch bspw. HÜBNER, Ubg, 2009, S. 6.

1599 Vgl. IDW (Hrsg.), WPg Supplement, 2008, Rz. 59. Unterschiedlich ist jedoch der bereits diskutierte Wertmaßstab des nicht betriebsnotwendigen Vermögens. Der IDW S 1 geht hierbei vom Liquidationswert aus. Vgl. IDW (Hrsg.), WPg Supplement, 2008, Rz. 60 ff.

1600 Vgl. GROßFELD, Recht, 2009, S. 90, Rz. 302 f. m. w. N.; sowie zur Rechtsprechung bezgl. der Abgrenzung GROßFELD, Recht, 2009, S. 299 ff., Rz. 1023 ff.

bereits aufgrund ihrer Einstufung als nicht betriebsnotwendiges Vermögen isoliert bewertet wurden (§ 200 Absatz 3 BewG). Damit werden Beteiligungen unabhängig von ihrer Betriebsnotwendigkeit isoliert bewertet. Diese Durchbrechung des Gesamtbewertungsansatzes ist nach Auffassung des Gesetzgebers notwendig, weil ein Einbezug der Beteiligungen in das vEWV der Obergesellschaft insbesondere dann ungeeignet wäre, wenn es sich um eine Beteiligung an einer Kapitalgesellschaft handelt, die ihre Gewinne in den Jahren vor dem Bewertungsstichtag thesauriert hat.[1601] Diese Begründung ist im rein vergangenheitsorientierten vEWV natürlich zutreffend. Schließlich kann im vereinfachten Verfahren weder eine zukünftig erhöhte Ausschüttung noch eine thesaurierungsbedingte Werterhöhung abgebildet werden. Ebenso ist kein Raum für die konsolidierte Betrachtungsweise der Bewertungstheorie.[1602] Insofern ist die isolierte Bewertung von Beteiligungen im vEWV sachgerecht. Andernfalls könnte man durch frühzeitige Minimierung der Ausschüttung den erbschaftsteuerlichen Wert der Beteiligung nahezu beliebig – bis zur Wertuntergrenze – beeinflussen.

Ein besonderes Problem ergibt sich jedoch bei Verlustgesellschaften, die zu ihrem Mindestwert angesetzt werden.[1603] Die Summe aller Beteiligungen kann dann größer als der Gesamtwert der konsolidierten Einheit sein.[1604]

Die Einzelbewertung aller Gesellschaften einer Unternehmensgruppe führt im Gegensatz zu einer Bewertung der gesamten wirtschaftlichen Einheit natürlich zu einer Vielzahl von Bewertungen, was wiederum dem Vereinfachungsaspekt entgegensteht.[1605] Dies ist besonders problematisch, weil auch kleine und insbesondere mittelständische Unternehmen i. d. R. aus verschiedenen rechtlichen Einheiten bestehen.[1606] Aufgrund der mit der Einzelbewertung einhergehenden Kosten wird größeren Gruppen daher von der Bewertung mittels vEWV abgeraten,[1607] weil dann eine gewöhnliche Bewertung etwa nach IDW S 1 weniger (kosten-)aufwendig sein

[1601] Vgl. Deutscher Bundestag (Hrsg.), Bericht des Finanzausschusses zum ErbStRG, BT-Drs. 16/11107, S. 22; dazu auch Eisele, NWB, 2008, S. 794; Ramb, NWB, 2009, S. 2677.
[1602] Vgl. Kohl/Schilling, StuB, 2008, S. 916; dazu auch Welling/Wünnemann, FR, 2009, S. S11.
[1603] Vgl. Jülicher, Steueranwaltsmagazin, 2008, S. 178.
[1604] Vgl. dazu die Beispiel bei Piltz, DStR, 2008, S. 752 sowie bei Hannes/Onderka, ZEV, 2008, S. 176.
[1605] Vgl. Kohl/Schilling, StuB, 2008, S. 916; Kohl, ZEV, 2009, S. 557.
[1606] Vgl. Piltz, DStR, 2008, S. 752, der die Betriebsaufspaltung als wichtiges Beispiel nennt.
[1607] Vgl. Creutzmann, DB, 2008, S. 2789.

kann.[1608] Sicherlich ist dies aber nicht in jedem Einzelfall ratsam. Vielmehr eröffnen sich durch die isolierte Bewertung aller Gesellschaften auch Gestaltungsspielräume. Denn jede Bewertung der einzelnen Beteiligungen ist nach der Maßgabe der Methodenhierarchie zum gemeinen Wert durchzuführen (R B 200 Absatz 3 Satz 5 ErbStR 2011).[1609] Insbesondere ist also bei den Anteilen keine Bewertung mittels vEWV vorgeschrieben (R B 200 Absatz 3 Satz 6 ErbStR 2011). Damit kann für jede einzelne Gesellschaft der steuerlich günstigste zulässige Wert erklärt werden. Eingeschränkt ist dies natürlich insoweit, als dass Gesellschaften bereits in einer gewöhnlichen konsolidierten Bewertung der Obergesellschaft berücksichtigt sind.[1610]

Falls für die Beteiligung bereits Wertfeststellungen nach § 151 Absatz 1 Satz 1 Nummer 2 oder 3 BewG ergangen sind, sollen diese Werte herangezogen werden (R B 200 Absatz 3 Satz 3). Ebenso gilt die dort in Absatz 3 festgelegte Basiswertregelung, nach der solche Werte bis ein Jahr lang gültig sind, sofern sich die maßgeblichen Stichtagsverhältnisse nicht wesentlich geändert haben (R B 200 Absatz 3 Satz 4 ErbStR 2011).[1611] M. E. sind diese Festlegungen aus verwaltungsökonomischer Sicht nachvollziehbar. Jedoch können die Werte von Unternehmen auch innerhalb eines Jahres nicht unerheblich schwanken. Daher sollten gerade beim unternehmerischen Vermögen die Anforderungen an den Nachweis von wesentlich geänderten Verhältnissen i. S. v. § 151 Absatz 3 BewG nicht zu hoch sein.

Grundsätzlich problematisch ist, dass es für die gesonderte Einzelbewertung nicht auf eine Mindestbeteiligungsquote ankommen soll (R B 200 Absatz 3 Satz 2 ErbStR 2011).[1612] Hierfür sah jedoch bereits die Gesetzesbegründung Ausnahmen vor. Demnach sollte für wirtschaftlich unbedeutende Beteiligungen im Verwaltungsweg eine Vereinfachung geschaffen werden.[1613] Dies ist in R B 200 Absatz 4 ErbStR 2011 geschehen. Wenn es sich um einen Fall von geringer Bedeutung handelt, kann im Einvernehmen mit den Verfahrensbeteiligten auf eine gesonderte Wertermittlung der Beteiligung verzichtet werden (R B 200 Absatz 4 Satz 1 ErbStR 2011). Ein solcher

---

[1608] Vgl. GERBER/KÖNIG, Status:Recht, 2009, S. 132; RUIZ DE VARGAS/ZOLLNER, BewP, 4/2010, S. 2.
[1609] Vgl. dazu HANNES/ONDERKA, ZEV, 2009, S. 423.
[1610] Vgl. HANNES/ONDERKA, ZEV, 2009, S. 423.
[1611] Vgl. dazu ausführlich HECHT/V. CÖLLN, BB, 2010, S. 798 f.
[1612] Vgl. HANNES/ONDERKA, ZEV, 2008, S. 176.
[1613] Vgl. Deutscher Bundestag (Hrsg.), Bericht des Finanzausschusses zum ErbStRG, BT-Drs. 16/11107, S. 22.

Fall soll insbesondere dann vorliegen, wenn der Verwaltungsaufwand der Beteiligten außer Verhältnis zur steuerlichen Auswirkung steht und der steuerliche Wert unbestritten ist (R B 200 Absatz 4 Satz 2 ErbStR 2011). Aus Vereinfachungsgründen ist dann die durchschnittliche Bruttoausschüttung der Untergesellschaft der letzten drei Jahre mit dem Kapitalisierungszinssatz des vEWV zu multiplizieren, wobei mindestens der Steuerbilanzwert anzusetzen ist (R B 200 Absatz 4 Satz 1 ErbStR 2011). Diese Festlegung ist m. E. gelungen. Die Beteiligung wird damit im Wesentlichen so bewertet, als existiere die Regelung nach § 200 Absatz 2 BewG nicht. Dies ist insbesondere sachgerecht, wenn sich die Ausschüttungen im Dreijahreszeitraum im Vergleich zu vorher nicht wesentlich verändert haben und damit Gestaltungen ausgeschlossen werden können. Für den Steuerpflichtigen ergibt sich daher eine im Einzelfall zu prüfende Bewertungsoption.[1614]

Obwohl die isolierte Bewertung der Beteiligungen nicht der betriebswirtschaftlichen Vorgehensweise entspricht, ist die Regelung insbesondere aufgrund der Thesaurierungsproblematik m. E. gerechtfertigt. Daneben erlauben die ErbStR wichtige Vereinfachungsmöglichkeiten, die geeignet sind, dem erhöhten Aufwand der Einzelbewertung entgegenzuwirken.

23. Junge Wirtschaftsgüter

Eine weitere Durchbrechung des Gesamtbewertungsgrundsatzes normiert § 200 Absatz 4 BewG. Hiernach werden innerhalb von zwei Jahren vor dem Bewertungsstichtag eingelegte Wirtschaftsgüter und mit diesen im wirtschaftlichen Zusammenhang stehende Schulden, sofern sie nicht bereits unter § 200 Absatz 2 oder 3 BewG fallen, einzeln mit ihrem gemeinen Wert angesetzt.[1615] Dies gilt zutreffenderweise nur, falls sie am Bewertungsstichtag ihrem Wert nach noch vorhanden und nicht wieder entnommen oder ausgeschüttet sind (R B 200 Absatz 5 Satz 1 und 7 ErbStR 2011). Letztgenanntes gilt wiederum nicht, falls ein anderes Wirtschaftsgut an dessen Stelle getreten ist; in diesem Fall ist das Surrogat mit dem gemeinen Wert anzusetzen (R B 200 Absatz 5 Satz 6 ErbStR 2011). Mit der letztgenannten Regelung wird die im Schrifttum gesehene Gefahr einer Doppelzählung sogar noch

[1614] Vgl. Hecht/v. Cölln, BB, 2010, S. 799.
[1615] Siehe zu Beispielen H B 200 ErbStH 2011.

verstärkt.[1616] Denn wenn ein Unternehmer bspw. Geldvermögen einlegt, um eine Ersatzinvestition zu tätigen, bleiben die zukünftigen Erträge konstant. Da aber das dann erworbene Wirtschaftsgut als junges Wirtschaftsgut angesehen wird, erfolgt eine separate Hinzurechnung, obwohl lediglich das bisherige Ertragsniveau gehalten wird.

Die Vereinfachungsregel der ErbStR, nach der bereits vorliegende Werte nach § 151 BewG maßgeblich sind (R B 200 Absatz 5 Satz 2 und 3 ErbStR 2011), ist analog zu dem oben Gesagten als sinnvoll zu erachten.

Bei dem Ansatz dieser sog. jungen Wirtschaftsgüter[1617] handelt es sich im Wesentlichen um eine Missbrauchsvorschrift,[1618] die vor dem Hintergrund der weitgehenden erbschaftsteuerlichen Verschonung von Betriebsvermögen zu sehen ist.[1619] Der Erblasser kann damit nicht kurzfristig Wirtschaftsgüter des Privatvermögens einlegen und diese begünstigt vererben. Die separate Bewertung dieser Wirtschaftsgüter folgt damit einem anderen Ansatz als ursprünglich von der KOCH/STEINBRÜCK-Gruppe angedacht.[1620] Dort war noch vorgesehen worden, die fiktiven Erträge dieser Wirtschaftsgüter im Dreijahreszeitraum hinzuzurechnen.[1621] Wenn daher bei dem nun festgelegten separaten Ansatz im Schrifttum[1622] und der Gesetzesbegründung[1623] insbesondere auf eine Missbrauchsvermeidungsvorschrift für Wirtschaftsgüter mit hohem Wert und geringer Rendite hingewiesen wird, ist dies nicht ganz zutreffend. Denn auch Wirtschaftsgüter mit hoher Rendite werden durch eine kurzfristige Einlage vor dem Bewertungsstichtag im Unternehmenswert nur unwesentlich berücksichtigt, weil ihre Erträge nur anteilig in den dreijährigen Durchschnitt eingehen. Aufbauend auf dieser Überlegung ist auch nicht vollkommen klar, warum nun gerade die einge-

1616 Vgl. zum restlichen Absatz DÖRNER, BewP, 2/2009, S. 6; ähnlich KOHL, ZEV, 2009, S. 557; STALLEIKEN/THEISSEN, DStR, 2010, S. 26.
1617 Vgl. zum Begriff bereits MANNEK, DB, 2008, S. 424; JÜLICHER, Steueranwaltsmagazin, 2008, S. 178.
1618 Vgl. Deutscher Bundestag (Hrsg.), Bericht des Finanzausschusses zum ErbStRG, BT-Drs. 16/11107, S. 22 f.
1619 Vgl. bspw. JÜLICHER, Steueranwaltsmagazin, 2008, S. 178; EISELE, NWB, 2008, S. 795; WÄLZHOLZ, BBEV, 2008, S. 141; HALACZINSKY, ErbStB, 2009, S. 86; RAMB, NWB, 2009, S. 2677; WIESE/LUKAS, GmbHR, 2009, S. 60.
1620 Vgl. MANNEK, DB, 2008, S. 424; JÜLICHER, Steueranwaltsmagazin, 2008, S. 178.
1621 Vgl. BMF, Eckpunktepapier, 2007, S. 1.
1622 Vgl. etwa JÜLICHER, Steueranwaltsmagazin, 2008, S. 178; EISELE, NWB, 2008, S. 795.
1623 Vgl. Deutscher Bundestag (Hrsg.), Bericht des Finanzausschusses zum ErbStRG, BT-Drs. 16/11107, S. 22.

legten Wirtschaftsgüter der letzten zwei Jahre vor dem Bewertungsstichtag relevant sind. Damit bleibt jedenfalls neben den Wirtschaftsgütern, die geringe Erträge erzielen, auch für Wirtschaftsgüter, die „gewöhnlich hohe" Erträge erzielen, die Gestaltungsoption, diese kurz vor diesem Zeitpunkt einzulegen. Denn dann bleibt von deren gemeinen Werten, abhängig vom Bewertungsstichtag, zwischen einem Drittel und zwei Dritteln von der Bewertung unberücksichtigt.

In der Literatur wurde vereinzelt die Frage aufgeworfen, ob bei einem bloßen Aktivtausch ebenfalls ein Fall des § 200 Absatz 4 BewG anzunehmen ist.[1624] Dies wird m. E. zutreffend durch eine entsprechende Anweisung in den ErbStR 2011 verneint (R B 200 Absatz 5 Satz 5 ErbStR 2011).

In betriebswirtschaftlichen Bewertungskalkülen ist die Aussonderung junger Wirtschaftsgüter nicht notwendig, weil hier zukünftige Erträge wertbestimmend sind und somit die Nichterfassung von Erträgen in zurückliegenden Wirtschaftsjahren unerheblich ist. Durch die Konzeption im vereinfachten Verfahren ergibt sich jedenfalls eine unschöne Mischbewertung aus finanziellen Überschüssen einerseits und Einzelbewertungen andererseits.[1625] Die Regelung ist aber m. E. aufgrund der Kombination aus Vergangenheitsorientierung des vEWV und der potentiell erheblichen Verschonung und des daraus resultierenden hohen Missbrauchspotentials durchaus gerechtfertigt. Dies gilt auch trotz des Einwands, dass der separate Ansatz und insbesondere die weiter unten diskutierte Ergebniskorrektur dem Ziel einer Vereinfachung entgegenstehen.[1626]

3. Jahresertrag

31. Keine reine Vergangenheitsorientierung

Die Grundlage für die Bewertung mittels vEWV bildet der zukünftig nachhaltig zu erzielende Jahresertrag (§ 201 Absatz 1 Satz 1 BewG). Diese Zukunftsorientierung wird aber in den folgenden gesetzlichen Festlegungen eingeschränkt. Die Formulie-

---

[1624] Vgl. WELLING/WÜNNEMANN, FR, 2009, S. S12.

[1625] Vgl. KOHL, ZEV, 2009, S. 557.

[1626] Vgl. zu diesem Aspekt WELLING/WÜNNEMANN, FR, 2009, S. S11 f.; zur Ergebniskorrektur Kapitel F.III.3326.

rung in § 201 Absatz 1 Satz 2 BewG, wonach der in der Vergangenheit tatsächlich erzielte Durchschnittsertrag eine Beurteilungsgrundlage für den Jahresertrag darstellt, lässt noch Interpretationsspielraum. Die Vorschrift im dortigen Absatz 2 Satz 1 macht aber unmissverständlich klar: Der Durchschnittsertrag ist regelmäßig aus den Betriebsergebnissen der letzten drei vor dem Bewertungsstichtag abgelaufenen Wirtschaftsjahre herzuleiten. Der Jahresertrag ergibt sich aus dem durchschnittlichen Betriebsergebnis dieser drei Jahre (§ 201 Absatz 2 Satz 3 und 4 BewG).

Damit handelt es sich beim vEWV grundsätzlich um ein rein vergangenheitsorientiertes Bewertungsverfahren. Dies ist der materiell wohl wesentlichste Unterschied zu gewöhnlichen Ertragswertverfahren,[1627] die regelmäßig zukünftige Ertragsaussichten berücksichtigen. Damit beschränkt der Gesetzgeber das Bewerterermessen durch eine vollständige Objektivierung der Erträge.[1628] Dieser Verstoß gegen das Zukunftsprinzip der Bewertung wird im Schrifttum erwartungsgemäß kritisch gesehen.[1629] HECHT/VON CÖLLN stellen sogar die Vereinbarkeit mit dem BVerfG-Beschluss in Frage, weil eine rein rückwärtsgewandte Herangehensweise nicht als marktüblich angesehen werden kann.[1630] Andererseits ist die Berücksichtigung vergangener Erträge auch für die Prognose zukünftiger Zahlungsüberschüsse auch in betriebswirtschaftlichen Modellen üblich.[1631] Insofern ist die Vorgehensweise aufgrund der angestrebten Vereinfachung und größtmöglichen Objektivierung des Verfahrens vertretbar.[1632]

Offensichtlich ist jedenfalls, dass der Vergangenheitsbezug zu einer nachlaufenden Bewertung führt. So werden am Anfang einer Ertragskrise Unternehmen mit dem vEWV zu hoch und am Ende zu niedrig bewertet.[1633] Ebenso ist klar, dass Unternehmen mit Gewinnwachstum zu niedrig bewertet werden.[1634] Für die folgende Abbildung 22 wurde ein zyklischer Gewinnverlauf angenommen, bei dem der Gewinn fünf

[1627] Vgl. CREZELIUS, ZEV, 2009, S. 6.
[1628] Vgl. dazu auch MOXTER, Grundsätze, in: Raupach (Hrsg.), DStJG 7, 1984, S. 394.
[1629] Vgl. bspw. SCHULTE, FR, 2008, S. 346; CREUTZMANN, Stbg, 2008, S. 155; HÜBNER, DStR, 2009, S. 2583; ROHDE/GEMEINHARDT, StuB, 2009, S. 169; DÖRNER, BewP, 2/2009, S. 5; zu derselben Problematik beim Stuttgarter Verfahren MÜLLER, FB, 2007, S. 418.
[1630] Vgl. HECHT/V. CÖLLN, DB, 2010, S. 1085.
[1631] Vgl. IDW (Hrsg.), WPg Supplement, 2008, Rz. 72; CREZELIUS, ZEV, 2009, S. 6.
[1632] Vgl. SPENGEL/ELSCHNER, Ubg, 2008, S. 409; EISELE, in: Troll/Gebel/Jülicher (Hrsg.), ErbStG, Loseblatt, Erg.-Lfg. April 2012, § 202 BewG, Rz. 2.
[1633] Vgl. RICHTER/VISKORF/PHILIPP, DB, 2009, S. 8.
[1634] Vgl. HÖLZERKOPF/BAUER, BB, 2009, S. 21.

Jahre lang um 10 % wächst und in den folgenden fünf Jahren wieder auf sein Ursprungsniveau zurück fällt.[1635] Dabei wird angenommen, dass beim vEWV die drei[1636] abgelaufenen Wirtschaftsjahre und beim zukunftsorientierten Verfahren die drei zukünftigen Gewinne maßgeblich sind. Ansonsten wird mit den Parametern des vEWV gerechnet.

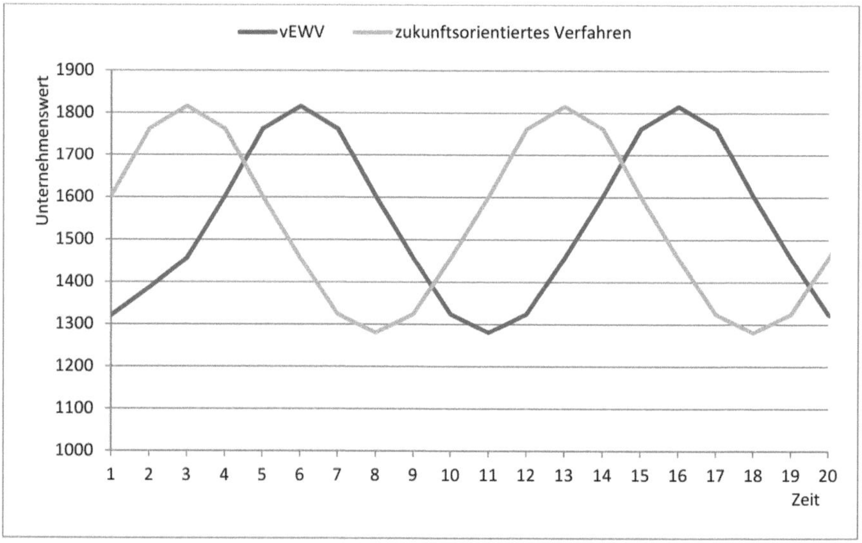

Abbildung 22: Verstoß gegen das Zukunftsprinzip[1637]

Die aus Abbildung 22 ableitbare Handlungsempfehlung ist naheliegend. Falls zukünftig höhere Gewinne als im Durchschnitt der vergangenen drei Jahre erwartet werden, ist eine Bewertung mittels vEWV vorzuziehen, weil ein zukunftsorientiertes Verfahren c. p. zu höheren Unternehmenswerten führen würde.[1638]

1635 Der Gewinn sinkt daher um $1 - \frac{1}{1,1} = 9,\overline{09}\%$. Der Startwert beträgt zu Beginn des Jahres 1 100, er beträgt somit am Ende des Jahres 1, zum ersten Bewertungsstichtag, 110.

1636 Am Ende von Jahr 1 wird nur Jahr 1 berücksichtigt; am Ende von Jahr 2 werden Jahr 1 und Jahr 2 je zur Hälfte berücksichtigt.

1637 Eigene Darstellung.

1638 Vgl. bspw. BARDENHEWER, RNotZ, 2009, S. 301.

Da die Bewertung auf Basis vergangener Erträge zu unsachgemäßen Ergebnissen führen kann, ist es zu begrüßen, dass sowohl die Gesetzesbegründung[1639] als auch die ErbStR den Zukunftsbezug der Bewertung betonen. Dies geht mit der Auffassung einher, nach der die letzten drei Betriebsergebnisse eben nur eine – wenn auch wichtige – Beurteilungsgrundlage darstellen.[1640] Nach R B 201 Absatz 5 ErbStR 2011 müssen am Bewertungsstichtag feststehende bekannte objektive Umstände, die den künftigen Jahresertrag nachhaltig verändern, bei der Ermittlung des Durchschnittsertrags entsprechend berücksichtigt werden. Als Beispiel wird der Tod des Unternehmers genannt. Dies ist eine für die Zwecke der Erbschaftsteuer wesentliche Festlegung. Tatsächlich ist der Tod des Unternehmers gerade bei den kleinen und mittleren Unternehmen, bei denen das vEWV mutmaßlich häufig zur Anwendung kommt, ein wesentlich wertbestimmender Faktor.[1641] Darüber hinaus sind aber auch viele andere objektiv bekannte Umstände denkbar,[1642] wie etwa gestiegene Preise auf Beschaffungsmärkten. Ebenso könnte eine allgemeine Wirtschaftskrise als solcher Umstand gelten.[1643] Denkbar wären auch branchenspezifische Veränderungen, wie etwa eine Reform der maßgeblichen gesetzlichen Regelungen.[1644] Aus der Gesetzesbegründung lässt sich entnehmen, dass darüber hinaus auch im vEWV Finanzplandaten des Unternehmens Anwendung finden können.[1645]

Diese Öffnung des vEWV für Anpassungen aufgrund unternehmensin- und externer Faktoren ist aus der Sicht des Steuerpflichtigen natürlich zu begrüßen. Sie kann aber letztlich dazu führen, dass bezgl. der Ertragswertschätzung die Grenze zu gewöhnlichen Ertragswertverfahren verschwindet; denn auch dort werden kaum Ertragsschätzungen akzeptiert werden können, die nicht auf intersubjektiv nachprüfbaren Annahmen beruhen. Dies würde aber gerade wiederum gegen das Ziel der Vereinfachung und Objektivierung im steuerlichen Massenverfahren verstoßen.[1646]

1639 Vgl. Deutscher Bundestag (Hrsg.), Bericht des Finanzausschusses zum ErbStRG, BT-Drs. 16/11107, S. 23.

1640 Vgl. Hecht/v. Cölln, DB, 2010, S. 1085; so wohl auch Rohde/Gemeinhardt, StuB, 2008, S. 342.

1641 Vgl. Hannes/Onderka, ZEV, 2009, S. 423; Creutzmann, Stbg, 2008, S. 155; Creutzmann, DB, 2008, S. 2788.

1642 Auch Hecht/v. Cölln, DB, 2010, S. 1085 sehen die Öffnung der ErbStR an dieser Stelle als zu eng an.

1643 Vgl. Hannes/Onderka, ZEV, 2009, S. 423.

1644 Vgl. dazu bei medizinischen Praxen Knief, DB, 2009, S. 866.

1645 Vgl. Deutscher Bundestag (Hrsg.), Bericht des Finanzausschusses zum ErbStRG, BT-Drs. 16/11107, S. 23.

1646 Vgl. zu diesem Aspekt auch Ballwieser, DB, 1997, S. 187.

Dies gilt umso mehr, als dass dem Steuerpflichtigen in den weit überwiegenden Fällen auch die Anwendung eines gewöhnlichen Ertragswertverfahrens zur Verfügung steht.

32. Abweichung von den Ergebnissen der letzten drei Wirtschaftsjahre

321. Ersatz des drittletzten Wirtschaftsjahres

Neben der allgemeinen Öffnung durch die ErbStR finden sich im Gesetz konkrete Vorgaben zur Abweichung von den Betriebsergebnissen der letzten drei Jahre. Zunächst ist kurz auf die Ausnahme in § 201 Absatz 2 Satz 2 BewG einzugehen. Demnach ist das gesamte Betriebsergebnis eines am Bewertungsstichtag noch nicht abgelaufenen Wirtschaftsjahres anstelle des drittletzten abgelaufenen Wirtschaftsjahres einzubeziehen, wenn es für die Herleitung des künftig zu erzielenden Jahresertrags von Bedeutung ist.[1647] Damit wird die diesbezügliche Rechtsprechung des BFH zum Stuttgarter Verfahren korrigiert.[1648] Dieser hatte entschieden, dass der (dort gewichtete) Durchschnittsertrag stets auf Grundlage der letzten drei vor dem Besteuerungszeitpunkt abgelaufenen Wirtschaftsjahre zu ermitteln ist und das Betriebsergebnis des im Besteuerungszeitpunkt laufenden Wirtschaftsjahres unberücksichtigt bleiben soll.[1649] Die nun vollzogene gesetzliche Korrektur dieses Urteils ist m. E. eine sinnvolle ergänzende Regelung, die von dem Gedanken getragen wird, dass ein zeitlich näherliegendes Betriebsergebnis potentiell eine bessere Beurteilungsrundlage liefert. In der Praxis wird dies vor allem bei nahezu abgelaufenen Wirtschaftsjahren der Fall sein.[1650] Hierin wird dann zutreffenderweise kein Verstoß gegen das Stichtagsprinzip der Bewertung gesehen.[1651] Eine bloß zeitanteilige Berücksichtigung des noch nicht vollständig abgelaufenen Wirtschaftsjahres würde wiederum dem Vereinfachungsaspekt des Verfahrens entgegenstehen.[1652] Insofern ist die entsprechende Klarstellung in R B 201 Absatz 3 ErbStR 2001 zu begrüßen.

[1647] Vgl. dazu auch Deutscher Bundestag (Hrsg.), Bericht des Finanzausschusses zum ErbStRG, BT-Drs. 16/11107, S. 23.

[1648] Vgl. PILTZ, DStR, 2008, S. 750; JÜLICHER, Steueranwaltsmagazin, 2008, S. 178.

[1649] Vgl. BFH vom 01.02.2007 - II R 19/05, BStBl. II, 2007, S. 635.

[1650] Vgl. MANNEK, DB, 2008, S. 426.

[1651] Vgl. MANNEK, DB, 2008, S. 426; RIEDEL, in: Daragan/Halaczinsky/Riedel (Hrsg.), ErbStG, 2010, § 201 BewG, Rz. 5.

[1652] Vgl. MANNEK, DB, 2008, S. 426.

322. Veränderter Charakter des Unternehmens

Ebenso ist von den Ergebnissen der letzten drei Wirtschaftsjahre abzuweichen, wenn sich im Dreijahreszeitraum der Charakter des Unternehmens nach dem Gesamtbild der Verhältnisse nachhaltig verändert hat oder das Unternehmen neu entstanden ist. Dann ist von einem verkürzten Ermittlungszeitraum auszugehen (§ 201 Absatz 3 Satz 1 BewG). Warum dieser stets zwei volle Wirtschaftsjahre umfassen soll (R B 201 Absatz 2 Satz 4 ErbStR 2011), ist jedoch unklar. Schließlich soll als neuer Ermittlungszeitraum der Zeitraum ab dem Beginn der nachhaltigen Veränderung maßgeblich sein.[1653] Dieser könnte dann aber m. E. auch lediglich ein Wirtschaftsjahr umfassen. Hierbei sollte es sich jedenfalls analog zur Regelung bei Neugründungen (R B 201 Absatz 4 ErbStR 2011) zumindest um ein volles Wirtschaftsjahr handeln, weil Rumpfwirtschaftsjahre nach Neugründung oder nachhaltiger Änderung m. E. noch keine geeignete Schätzungsgrundlage liefern. In den betreffenden Fällen wäre also ggf. statt des Rumpfwirtschaftsjahres nunmehr das noch nicht abgelaufene Wirtschaftsjahr heranzuziehen.[1654] Hierin wird ebenfalls zutreffend kein Verstoß gegen das Stichtagsprinzip gesehen, weil die Bewertung eben gerade zukunftsbezogen erfolgen soll (R B 201 Absatz 4 Satz 2 ErbStR 2011). Mit letztgenanntem Argument lässt sich auch die Regelung als Ganzes positiv würdigen. Jedoch ist offensichtlich, dass der Tatbestand der nachhaltigen Veränderung des Charakters des Unternehmens recht unbestimmt und damit streitanfällig ist.[1655]

Einige Beispiele nennt § 201 Absatz 3 Satz 2 und 3 BewG. Demnach soll bei Unternehmen, die durch Umwandlung, durch Einbringung von Betrieben oder Teilbetrieben oder durch Umstrukturierungen entstanden sind, bei der Ermittlung des Durchschnittsertrags von den früheren Betriebsergebnissen des Gewerbebetriebs oder der Gesellschaft ausgegangen werden. Bei Änderungen des Betriebsergebnisses durch die neue Rechtsform sind die früheren Betriebsergebnisse entsprechend zu korrigieren. Diese Regelungen sind m. E. sachgerecht und zwingend notwendig. So ist etwa bei einer Verschmelzung zur Aufnahme im Dreijahreszeitraum das Betriebsergebnis des zu bewertenden Unternehmens um das bisherige Betriebser-

[1653] Vgl. Deutscher Bundestag (Hrsg.), Bericht des Finanzausschusses zum ErbStRG, BT-Drs. 16/11107, S. 23; JÜLICHER, Steueranwaltsmagazin, 2008, S. 178.

[1654] So auch im Beispiel in H B 201 ErbStH.

[1655] Vgl. WELLING/WÜNNEMANN, FR, 2009, S. S8.

gebnis des aufgenommenen Unternehmens zu erweitern.[1656] Würde man hier strikt an den vergangenen Erträgen des zu bewertenden Unternehmens festhalten, wäre keine sinnvolle zukunftsbezogene Bewertung möglich und der Gestaltungsspielraum offenbar immens. Ohne die Regelung würde etwa das Vorhalten einer drei Jahre bestehenden ertraglosen Gesellschaft mit anschließender Verschmelzung von ertragreichen und damit werthaltigen Gesellschaften auf diese stets die Anwendung des Mindestwerts nach sich ziehen.

Neben den gesetzlichen Anlässen für eine Verkürzung des Ermittlungszeitraums werden im Schrifttum etwa die Begründung einer Betriebsaufspaltung[1657] oder die Aufnahme oder Aufgabe eines Geschäftsfeldes[1658] genannt.[1659] Insbesondere bei Anlässen wie dem letzteren wird die Überschneidung zur oben diskutieren generelleren Öffnung nach § 201 Absatz 1 Satz 1 BewG i. V. m. R B 201 Absatz 5 BewG deutlich.

33. Ermittlung

331. Gewinn i. S. v. § 4 Absatz 1 Satz 1 EStG als Ausgangsgröße

Die Berechnung der i. d. R. drei einzelnen Betriebsergebnisse hat gesondert zu erfolgen (R B 202 Absatz 1 Satz 1 ErbStR 2011) Der Ausgangswert ist sowohl für Personen- als auch für Kapitalgesellschaften der Gewinn i. S. v. § 4 Absatz 1 Satz 1 EStG (§ 202 Absatz 1 Satz 1 BewG; R B 202 Absatz 1 Satz 1 ErbStR 2011). Damit wird eine rechtsformneutrale Ermittlung des Betriebsergebnisses angestrebt.[1660] Maßgeblich ist insbesondere nicht das zu versteuernde Einkommen;[1661] so bleiben bei einem Anteil an einem Betriebsvermögen Ergebnisse aus Sonder- und Ergänzungsbilanzen unberücksichtigt (R B 202 Absatz 1 Satz 2 ErbStR 2011). Im Gesetzgebungsverfahren wurde diesbezüglich eine wesentliche Kritik an der urspr. Formulierung der AntBVBewV aufgenommen. Dort sollte nämlich vom Unterschiedsbetrag

[1656] Vgl. dazu das Beispiel bei WÄLZHOLZ, BBEV, 2008, S. 142.
[1657] Vgl. EISELE, NWB, 2008, S. 796.
[1658] Vgl. PILTZ, DStR, 2008, S. 750.
[1659] Vgl. dazu auch JÜLICHER, Steueranwaltsmagazin, 2008, S. 179.
[1660] Vgl. Deutscher Bundestag (Hrsg.), Bericht des Finanzausschusses zum ErbStRG, BT-Drs. 16/11107, S. 23.
[1661] Vgl. EISELE, in: Troll/Gebel/Jülicher (Hrsg.), ErbStG, Loseblatt, Erg.-Lfg. Oktober 2011, § 202 BewG, Rz. 2.

i. S. v. § 4 Absatz 1 Satz 1 EStG ausgegangen werden. Der damit einhergehende „dogmatische Fehler"[1662] wurde im Schrifttum anschaulich dargestellt.[1663] Denn der Unterschiedsbetrag ist nicht gleich dem Gewinn.[1664] Dies wird etwa bei der offenen Gewinnausschüttung einer Kapitalgesellschaft, die ersteren sinken lässt, jedoch letzteren aufgrund der wieder ausgleichenden Hinzurechnung nicht tangiert.[1665] Die nun eindeutige Formulierung in § 202 Absatz 1 Satz 1 BewG ist daher zu begrüßen. Im Gewinnbegriff des § 4 Absatz 1 Satz 1 EStG sind die außerbilanziellen Korrekturen noch nicht vorgenommen (R B 202 Absatz 2 Satz 3 ErbStR 2011).[1666] So beinhaltet das Betriebsergebnis i. S. v. § 202 Absatz 1 BewG bspw. die nicht abzugsfähigen Betriebsausgaben, weil es sich hierbei eben um betriebsgewöhnliche Aufwendungen handelt (R B 202 Absatz 2 Satz 2 ErbStR 2011). Gleiches gilt entsprechend für steuerfreie Vermögensmehrungen.[1667] Daher sind die aus dem Stuttgarter Verfahren bekannten Rückkorrekturen nicht (mehr) erforderlich.[1668]

Die zu bewertende Überschussgröße wird damit nicht wie in gängigen betriebswirtschaftlichen Methoden bestimmt, die i. d. R. mit Cash Flows operieren.[1669] Soweit dabei doch bilanzielle Größen verwendet werden, handelt es sich um die Werte aus dem handelsrechtlichen Jahresabschluss oder dem IFRS-Abschluss, jedoch i. d. R. nicht um die Werte der steuerlichen Gewinnermittlung. Sachgerecht ist jedoch die Entscheidung des Gesetzgebers, den Gewinn der Steuerbilanz ohne die außerbilanziellen Korrekturen zu Grunde zu legen.[1670] Insofern besteht eine Annäherung zum handelsrechtlichen Abschluss.

Der Referenzzeitraum kann daher grundsätzlich durch Wahl bzw. Veränderung des Wirtschaftsjahres gesteuert werden, weil eben nicht die ertragsteuerlichen Veranlagungszeiträume, sondern die steuerlichen Wirtschaftsjahre maßgeblich sind. Ebenso

---

[1662] BRIESE, BB, 2009, S. 1097.
[1663] Vgl. insbesondere das Beispiel bei BRIESE, BB, 2009, S. 1097 ff.; dazu auch KÜHNHOLD/MANNWEILER, BB, 2008, S. 1879 ff.
[1664] Vgl. BRIESE, BB, 2009, S. 1099 m. w. N.
[1665] Vgl. BRIESE, BB, 2009, S. 1099 m. w. N.
[1666] Vgl. auch EISELE, in: Troll/Gebel/Jülicher (Hrsg.), ErbStG, Loseblatt, Erg.-Lfg. Oktober 2011, § 202 BewG, Rz. 2.
[1667] Vgl. EISELE, in: Troll/Gebel/Jülicher (Hrsg.), ErbStG, Loseblatt, Erg.-Lfg. Oktober 2011, § 202 BewG, Rz. 2.
[1668] Vgl. KÜHNHOLD/MANNWEILER, DStZ, 2008, S. 171.
[1669] Vgl. CREUTZMANN, Bewertungsgesetz, in: Königsmaier/Mandl (Hrsg.), FS Mandl, 2010, S. 161.
[1670] Vgl. dazu EISELE, in: Troll/Gebel/Jülicher (Hrsg.), ErbStG, Loseblatt, Erg-Lfg. April 2012, § 202 BewG, Rz. 2.

lassen sich lang geplante Übergänge durch bilanzpolitische Maßnahmen entsprechend beeinflussen.[1671]

Für Steuerpflichtige, die ihren Gewinn nach § 4 Absatz 3 EStG ermitteln, ist vorbehaltlich der Korrekturen vom Überschuss der Betriebseinnahmen über die Betriebsausgaben auszugehen (§ 202 Absatz 2 BewG). In diesem Fall ergeben sich natürlich besondere Gestaltungspotentiale, indem Ausgaben in das letzte zur Bewertung relevante Wirtschaftsjahr vorgezogen und/oder Einnahmen bis zum nicht mehr berücksichtigten nachfolgenden Wirtschaftsjahr verzögert werden.[1672] Die ökonomischen Auswirkungen können dabei wie oben gezeigt nicht unerheblich sein.

332. Korrekturen

3321. Zielsetzung

Das Gesetz sieht zur Ermittlung des maßgeblichen Jahresertrags eine Reihe von Korrekturen vor, um den nachhaltigen, von aperiodischen Geschäftsvorfällen bereinigten, Jahresertrag zu erhalten.[1673] Die diesbezügliche Vorgehensweise ähnelt der, welche bei der Ermittlung des Ertragshundertsatzes des Stuttgarter Verfahrens Anwendung fand.[1674]

Die einzelnen Korrekturen sind folgend kritisch zu analysieren. Hierbei wird von der nicht gänzlich überzeugenden Systematik des BewG[1675] abgewichen. Statt die Hinzurechnungen (§ 202 Absatz 1 Satz 2 Nr. 1 BewG) und Abzüge (§ 202 Absatz 1 Satz 2 Nr. 2 BewG) nacheinander zu untersuchen, werden hier die jeweils korrespondierenden sowie gleichartigen Korrekturposten soweit möglich zusammengefasst.

1671 Vgl. Dörner, BewP, 2/2009, S. 5.
1672 Vgl. dazu auch Wälzholz, BBEV, 2008, S. 143.
1673 Vgl. Bruckmeier/Zwirner/Mugler, DStR, 2011, S. 422; ähnlich Deutscher Bundestag (Hrsg.), Bericht des Finanzausschusses zum ErbStRG, BT-Drs. 16/11107, S. 23.
1674 Vgl. Eisele, NWB, 2008, S. 795; Spengel/Elschner, Ubg, 2008, S. 409.
1675 Vgl. dazu Barthel, FB, 2008, S. 524 f.

3322. Abschreibungen

Nach § 202 Absatz 1 Satz 2 Nr. 1 lit. a Satz 1 BewG sind Investitionsabzugsbeträge, Sonderabschreibungen oder erhöhte Absetzungen sowie Bewertungsabschläge, Zuführungen zu steuerfreien Rücklagen sowie Teilwertabschreibungen hinzuzurechnen. Es dürfen nur die normalen Abschreibungen berücksichtigt werden (§ 202 Absatz 1 Satz 2 Nr. 1 lit. a Satz 2 BewG); hierbei sind nur lineare Abschreibungen anzusetzen (§ 202 Absatz 1 Satz 2 Nr. 1 lit. a Satz 3 BewG). Insofern wurde also die von MANNEK angeregte Änderung des Wortlauts der AntBVBewV vorgenommen.[1676] Eine Ausnahme bilden die gestaffelten Abschreibungen für Gebäude nach § 7 Absatz 5 EStG, die in der jeweiligen Höhe anzusetzen sind (R B 202 Absatz 3 Satz 2 Nr. 1 lit. a ErbStR 2011). Ebenso sind die normalen Abschreibungen anzunehmen, wenn zur Bemessung der Abschreibungen in der Steuerbilanz von einem Restwert auszugehen ist, der nach Inanspruchnahme der Sonderabschreibungen oder erhöhten Absetzungen verblieben ist (§ 202 Absatz 1 Satz 2 Nr. 1 lit. a Satz 4 BewG). Diese Berücksichtigung von Normalabschreibungen folgt im Wesentlichen dem Gedanken, ein nachhaltiges Betriebsergebnis zu ermitteln. In den zahlungsstromorientierten Methoden der Betriebswirtschaftslehre werden auch die gewöhnlichen Abschreibungen regelmäßig korrigiert, weil sie nicht zahlungswirksam sind.[1677] Im Unterschied zu den betriebswirtschaftlichen Kalkülen geht das vEWV jedoch von buchhalterischen Gewinnen aus. Dies ist zwar grundsätzlich problematisch,[1678] setzt man diese Vorgehensweise jedoch voraus, ist die Korrektur um die außergewöhnlichen Abschreibungen m. E. gerechtfertigt, weil zumindest die planmäßigen Abschreibungen der Vergangenheit auch als Indikator für zukünftige periodendurchschnittliche Investitionszahlungen angesehen werden können.[1679]

Ebenso sind Abschreibungen auf den Geschäfts- oder Firmenwert oder auf firmenwertähnliche Wirtschaftsgüter hinzuzurechnen (§ 202 Absatz 1 Satz 2 Nr. 1 lit. b BewG). Diese Vorgehensweise ist hierbei umso mehr sachgerecht, weil i. d. R. davon ausgegangen werden kann, dass diese Beträge zukünftig nicht reinvestiert

[1676] Vgl. MANNEK, DB, 2008, S. 425.
[1677] Vgl. bspw. BALLWIESER, Unternehmensbewertung, 2011, S. 34.
[1678] Vgl. dazu CREUTZMANN, DB, 2008, S. 2788.
[1679] Vgl. BALLWIESER, Unternehmensbewertung, 2011, S. 34.

werden, also nicht abfließen.[1680] Im Übrigen ist diese Hinzurechnung auch zwingend geboten, weil ja gerade der Ertragswert im Rahmen einer Gesamtbewertung ermittelt werden soll und der Geschäfts- oder Firmenwert nur eine technische Differenzgröße zwischen Gesamtwertbewertungsansatz und Einzelbewertungsansatz darstellt.

Zutreffend ist der diesbezügliche Einwand von KOHL/SCHILLING, der jedoch nicht nur für die Abschreibungen gilt. Denn die steuersparenden Effekte der jeweiligen Aufwendung bzw. die steuererhöhenden Effekte der jeweiligen Aufwendung werden nicht korrigiert; d. h. es werden später fehlerhafte Ertragsteuern hinzugerechnet.[1681]

3323. Außerordentliches Ergebnis und Veräußerungserfolge

Von der Korrekturvorschrift in § 202 BewG wird auch das außerordentliche Ergebnis erfasst. Demnach sind außerordentliche Aufwendungen hinzuzurechnen (§ 202 Absatz 1 Satz 2 Nr. 1 lit. c BewG) und außerordentliche Erträge abzuziehen (§ 202 Absatz 1 Satz 2 Nr. 2 lit. b BewG). Diese Vorgehensweise folgt im Wesentlichen der betriebswirtschaftlichen Übung. Jedoch wird dort die Außergewöhnlichkeit wohl letztlich im Ermessen des Bewerters liegen, während beim vEWV m. E. die gesetzliche Definition nach § 277 Absatz 4 HGB Anwendung finden muss. Demnach handelt es sich um Posten, die außerhalb der gewöhnlichen Geschäftstätigkeit einer Gesellschaft anfallen. Selbstverständlich ist auch diese Definition nicht unstrittig.[1682] Im Schrifttum hat sich diesbezüglich eine Kasuistik herausgebildet.[1683] Danach kommen außerordentliche Erträge bzw. Aufwendungen u. a. bei Umstrukturierungen oder aus Änderungen der Geschäftstätigkeit, wie etwa der Veräußerung ganzer Betriebe, wesentlicher Betriebsteile, wesentlicher Grundstücke, wesentlicher Beteiligungen, der Schließung einzelner Sparten, Werke oder Teilbetriebe in Betracht. Daneben sind Aufwendungen aus einer wesentlichen Erweiterung der Geschäftstätigkeit, Umwandlungserträge bzw. -aufwendungen, außerplanmäßige Abschreibungen wegen außergewöhnlicher Ereignisse (z. B. Umweltkatastrophen, Enteignung),

---

[1680] Vgl. KOHL/SCHILLING, StuB, 2008, S. 916. Ebenso aufgrund der Einordnung als Sondereffekt als sachgerecht erachtet von RIEDEL, GmbHR, 2009, S. 746.

[1681] Vgl. KOHL/SCHILLING, StuB, 2008, S. 916.

[1682] Vgl. bspw. FÖRSCHLE, in: Beck'scher Bilanz-Kommentar, 2012, § 275 HGB, Rz. 217 ff. m. w. N.; MERKT, in: Hopt/Merkt (Hrsg.), Bilanzrecht, 2010, § 277 HGB, Rz. 4 m. w. N; REINER/HAUßER, in: MünchKomm HGB, 2008, § 277 HGB, Rz. 35 ff. m. w. N.

[1683] Vgl. zur folgenden Aufzählung REINER/HAUßER, in: MünchKomm HGB, 2008, § 277 HGB, Rz. 39 m. w. N; ähnlich FÖRSCHLE, in: Beck'scher Bilanz-Kommentar, 2012, § 275 HGB, Rz. 222 m. w. N.

außergewöhnliche Aufwendungen aufgrund von Schadensfällen in Folge von Straftaten, Erträge und Aufwendungen aufgrund existenzieller Rechtsstreitigkeiten, Erträge aus einem Forderungsverzicht von Gläubigern (Sanierungsgewinne), Aufwendungen aufgrund von Sozialplänen, Zuschüsse der öffentlichen Hand und übrige Zuschüsse sowie Darlehnsverzichte der Gesellschafter (soweit sie nicht als Kapitalrücklage auszuweisen sind) i. d. R. als außerordentlich zu qualifizieren.

Keine außerordentlichen Erträge und Aufwendungen[1684] sind hingegen tendenziell bei Verlusten aus dem Abgang von Anlagevermögen, Erfolge aus dem Verkauf von Wertpapieren, Währungskursgewinne bzw. -verluste, Erfolge aus Inventurdifferenzen, Einzelabwertungen auf Vorräte, außerplanmäßige Abschreibungen sowie Zuschreibungen auf Anlagevermögen, Abschreibungen auf Forderungen und Wertpapiere, Erfolge aus jährlichen Kantinenumsätzen, Steuernachzahlungen oder -erstattungen, Aufwendungen für Reparaturen auch größeren Ausmaßes, Erträge aus der Verringerung der Pauschalabsetzung zu Forderungen, Erträge aus der Auflösung von Rückstellungen, Erfolge aus der Auflösung von bzw. der Einstellung in Sonderposten mit Rücklageanteil sowie bei Kosten einer wesentlichen Unterbeschäftigung anzunehmen. Daneben sind Erträge aus der Vereinbarung und Durchsetzung von Schadensersatzansprüchen, die aus gewöhnlicher Geschäftstätigkeit stammen, i. d. R. nicht als außerordentlich anzusehen. Selbiges gilt für die Aufwendungen zur Zahlung von Verzugszinsen, Vertragsstrafen und Schadensersatzpositionen, welche aus der gewöhnlichen Geschäftstätigkeit entstanden sind.

Letztlich ist die Abgrenzung zwischen gewöhnlichen und ungewöhnlichen Erträgen bzw. Aufwendungen jedoch stets eine Entscheidung unter Berücksichtigung aller einzelfallbezogenen Umstände.[1685] Daher bestehen – wenn auch in engen Grenzen – Argumentationsspielräume für den Steuerpflichtigen. Dies gilt jedoch nicht für Erfolge aus einmaligen Veräußerungsgeschäften, weil deren Eliminierung explizit vom Gesetzgeber angeordnet wird (§ 202 Absatz 1 Satz 2 Nr. 1 lit. c und Nr. 2 lit. b BewG).

[1684] Vgl. zur folgenden Aufzählung REINER/HAUẞER, in: MünchKomm HGB, 2008, § 277 HGB, Rz. 40 m. w. N; ähnlich FÖRSCHLE, in: Beck'scher Bilanz-Kommentar, 2012, § 275 HGB, Rz. 223 m. w. N.

[1685] Vgl. REINER/HAUẞER, in: MünchKomm HGB, 2008, § 277 HGB, Rz. 37; FÖRSCHLE, in: Beck'scher Bilanz-Kommentar, 2012, § 275 HGB, Rz. 217.

3324. Investitionszulagen und Auflösung steuerfreier Rücklagen

Bezgl. der Investitionszulagen verlangt die Korrekturvorschrift eine Zukunftsprognose. Denn im Gewinn nicht enthaltene Investitionszulagen sind nur hinzuzurechnen, soweit in Zukunft mit weiteren zulagebegünstigten Investitionen in gleichem Umfang gerechnet werden kann (§ 202 Absatz 1 Satz 2 Nr. 1 lit. d BewG). Dementsprechend sind im Gewinn enthaltene Investitionszulagen abzuziehen, soweit in Zukunft nicht mit weiteren zulagebegünstigten Investitionen in gleichem Umfang gerechnet werden kann (§ 202 Absatz 1 Satz 2 Nr. 1 lit. c BewG). Diese Vorgehensweise vermischt die vergangenheitsorientierte Sichtweise des vEWV mit einer Prognose. Einerseits können die Zahlungs- resp. Ertragswirkungen zukünftiger Investitionen nicht berücksichtigt werden, andererseits ist aber eine Annahme über das zukünftige Investitionsprogramm erforderlich, um die künftigen Investitionszulagen mit dem heutigen Niveau zu vergleichen. Sieht man von diesem theoretischen Einwand ab, ist die Vorgehensweise aber vertretbar. Schließlich wäre es kaum sachgerecht, Investitionszulagen zu berücksichtigen, die zukünftig bekanntermaßen nicht mehr zufließen, oder keine Zulagen zu berücksichtigen, die aber zu erwarten sind.

Der Abzug gewinnerhöhender Auflösungsbeträge steuerfreier Rücklagen sowie der Abzug von Gewinnen aus einer Wertaufholung nach § 6 Absatz 1 Nr. 1 Satz 4 und Nr. 2 Satz 3 EStG ist m. E. ebenfalls sachgerecht. Wiederum ist der einmalige bzw. außergewöhnliche Charakter der Zahlungen maßgeblich. Eine Fortschreibung dieser Größen in die Zukunft wäre dementsprechend nicht adäquat.

3325. Angemessener Unternehmerlohn

33251. Bedeutung

Nach § 202 Absatz 1 Satz 2 Nr. 2 lit. d BewG ist vom Ausgangsbetrag ein angemessener Unternehmerlohn abzuziehen, soweit in der bisherigen Ergebnisrechnung kein solcher berücksichtigt worden ist. Dieser Abzug ist Ausfluss der angestrebten Rechtsformneutralität,[1686] weil der Unternehmerlohn beim Einzelunternehmer den

[1686] Vgl. Spengel/Elschner, Ubg, 2008, S. 409; Hannes/Onderka, ZEV, 2008, S. 175; Ramb, NWB, 2009, S. 2676; Piltz, Ubg, 2009, S. 19.

Ausgangsbetrag i. S. d. § 202 BewG nicht mindern kann.[1687] Ebenso kann bei Mitunternehmerschaften die Tätigkeitsvergütung als Vorweggewinn ausgestaltet und damit ebenfalls nicht in der Steuerbilanz gewinnmindernd berücksichtigt sein (R B 202 Absatz 3 Satz 2 Nr. 2 lit. d Satz 5 ErbStR 2011).[1688] Das aus dem Bereich der verdeckten Gewinnausschüttung „bekannte[] Streitobjekt"[1689] des angemessenen Unternehmerlohns wird damit auf Personengesellschaften einerseits[1690] und auf das Bewertungsrecht andererseits[1691] ausgedehnt. Der angemessene Unternehmerlohn wird im Schrifttum zutreffend als einer der Haupt-Streitpunkte im Rahmen des vEWV zwischen Steuerpflichtigen und Finanzverwaltung identifiziert.[1692]

Aus bewertungstheoretischer Sicht ist die Berücksichtigung eines Unternehmerlohns auch zur Nivellierung der rechtsformabhängigen Unterschiede überzeugend. So wird bspw. auch im IDW S 1 die Berücksichtigung eines angemessenen Unternehmerlohns verlangt.[1693]

Die herausragende Bedeutung des Unternehmerlohns im vEWV wird allgemein betont. Dies hat verschiedene Gründe. Zunächst geht der Unternehmerlohn im Gegensatz zu den meisten anderen Korrekturen regelmäßig, also in jedem Jahr, in die Ermittlung des Betriebsergebnisses ein. D. h. er wirkt sich – mit dem Kapitalisierungsfaktor erweitert (und um die Steuern verkürzt) – auf die Bemessungsgrundlage aus. Daneben existiert aufgrund des Schätzungserfordernisses ein erheblicher Argumentations- bzw. Gestaltungsspielraum. Im Schrifttum wird der Unternehmerlohn daher zu Recht als „entscheidende Stellschraube"[1694] bezeichnet. Diese Wertung ist konsistent zu der herausragenden Stellung des Unternehmers, insbesondere in kleinen und mittelständischen Unternehmen (KMU)[1695] sowie bei freiberuflichen Praxen. Der Unternehmerlohn ist daher gerade bei dieser „Zielgruppe" des vEWV

1687 Vgl. SPENGEL/ELSCHNER, Ubg, 2008, S. 409; RAMB, NWB, 2009, S. 2676. Dem-entsprechend fehlte diese Regelung im Stuttgarter Verfahren, weil dieses nur für Kapitalgesellschaften Anwendung fand. Vgl. SPENGEL/ELSCHNER, Ubg, 2008, S. 409.

1688 Vgl. KÜHNHOLD/MANNWEILER, DStZ, 2008, S. 171 mit entsprechendem Beispiel.

1689 MANNEK, DB, 2008, S. 426; ähnlich BRÜGGEMANN, ErbBstg, 2008, S. 129.

1690 Vgl. CREZELIUS, ZEV, 2009, S. 6.

1691 Vgl. JÜLICHER, Steueranwaltsmagazin, 2008, S. 179; HANNES/ONDERKA, ZEV, 2008, S. 175 f.

1692 Vgl. RIEDEL, in: Daragan/Halaczinsky/Riedel (Hrsg.), ErbStG, 2010, § 202 BewG, Rz. 15.

1693 Vgl. IDW (Hrsg.), WPg Supplement, 2008, Rz. 40.

1694 WÄLZHOLZ, BBEV, 2008, S. 145.

1695 Vgl. dazu SCHULTE, FR, 2008, S. 345f. m. w. N.; CREUTZMANN, DB, 2008, S. 2788.

eine wesentliche wertbestimmende Größe.[1696] Es ist keineswegs übertrieben, wenn im Schrifttum festgestellt wird, dass die Höhe des Unternehmerlohns letztlich dafür entscheidend sein wird, ob überhaupt ein Wert nach dem vEWV oder der Substanzwert anzusetzen ist.[1697] Dieser hohe Zusammenhang zwischen Führungspersönlichkeit und Unternehmenserfolg und damit -wert trägt wohl auch zu den in praxi feststellbaren Wertabschlägen für KMU bei.[1698] Der Ansatz eines wertmindernden Unternehmerlohns ist auch aufgrund dieser Beobachtung wohl sachgerecht.

33252. Höhe und Ermittlung

Aufgrund der herausragenden Bedeutung des Unternehmerlohns stellt sich die offensichtlich sehr streitanfällige Frage[1699] nach einer angemessenen Höhe dieser Komponente. Der Gesetzgeber möchte diesen nach der Vergütung bestimmen, die eine nicht beteiligte Geschäftsführung erhalten würde (§ 202 Absatz 1 Satz 2 Nr. 2 lit. d Satz 2 BewG). Damit erweist sich die zwischenzeitliche im Schrifttum geäußerte Befürchtung, der Gesetzgeber wolle einen einheitlichen Unternehmerlohn für alle Unternehmen ansetzen, als unbegründet.[1700] Vielmehr verzichtet er auf detaillierte Vorgaben zur Ermittlung,[1701] ordnet aber gleichwohl einen Fremdvergleich[1702] an. In den ErbStR wird jedoch darüber hinaus festgelegt, dass bei der Ermittlung des angemessenen Unternehmerlohns die Grundsätze, die bei der ertragsteuerlichen Behandlung der verdeckten Gewinnausschüttung angewandt werden, Beachtung finden sollen (R B 202 Absatz 3 Satz 2 Nr. 2 lit. d Satz 4 ErbStR 2011). Häufig könne der angemessene Unternehmerlohn aus den an die leitenden Angestellten des Unternehmens gezahlten Bruttogehältern abgeleitet werden (R B 202 Absatz 3 Satz 2 Nr. 2 lit. d Satz 5 ErbStR 2011). Soweit branchenspezifische Datensammlungen zu Geschäftsführergehältern in einem Fremdvergleich vorliegen, sollen diese in geeig-

1696 Vgl. für KMU etwa SCHIFFERS, DStZ, 2009, S. 554; für freiberufliche Praxen KNIEF, DStR, 2009, S. 606. Siehe zu der besonderen Problematik der Erfassung und Quantifizierung personenbezogener Einflussfaktoren auch das Ergebnis von FISCHER-WINKELMANN/BUSCH, FB, 2009, S. 720. Hierin sahen 88,75 % der Befragten ein besonderes Problem der Bewertung von KMU.

1697 Vgl. EISELE, in: Troll/Gebel/Jülicher (Hrsg.), ErbStG, Loseblatt, Erg.-Lfg. Oktober 2011, § 202 BewG, Rz. 6 m. w. N.

1698 Vgl. GERBER/KÖNIG, Status:Recht, 2009, S. 133, die ebenfalls die fehlende Fungibilität als Ursache der Wertabschläge anführen.

1699 Vgl. EISELE, in: Troll/Gebel/Jülicher (Hrsg.), ErbStG, Loseblatt, Erg.-Lfg. Oktober 2011, § 202 BewG, Rz. 6 m. w. N.

1700 Vgl. WÄLZHOLZ, BBEV, 2008, S. 142 f.

1701 Vgl. KNIEF, DStR, 2009, S. 605.

1702 Vgl. EISELE, in: Troll/Gebel/Jülicher (Hrsg.), ErbStG, Loseblatt, Erg.-Lfg. Oktober 2011, § 202 BewG, Rz. 6.

neter Weise berücksichtigt werden (R B 202 Absatz 3 Satz 2 Nr. 2 lit. d Satz 6 ErbStR 2011).

Diese Regelungen der ErbStR 2011 sind kritisch zu sehen. Insbesondere werden die Unterschiede zwischen Kapital- und Personengesellschaften nicht hinreichend gewürdigt, was anschaulich von KNIEF erläutert wird.[1703] So wird ein (Groß-)Bäcker, der sein Geschäft als Einzelunternehmer betreibt, seinen Unternehmerlohn nicht kennen[1704] und ihn auch kaum in einer Umfrage vergleichen – geschweige denn ermitteln – können. Das Geschäftsführergehalt eines vergleichbaren Mitbewerbers, der seinen Betrieb in Form einer Einmann-GmbH führt, ist aber gerade eben nicht vergleichbar, weil dieser durch die GmbH nicht das (Voll-)Haftungsrisiko trägt. Daher verbietet sich aus betriebswirtschaftlicher Sicht ein Rückgriff auf Vergleichsgehälter in einer Kapitalgesellschaft. Dies gilt auch, weil daneben weitere Unterschiede bestehen; so hat etwa der Geschäftsführer einen befristeten Arbeitsvertrag, während der Unternehmer nicht kündigen kann. Dies erfordert nach Auffassung von KNIEF – m. E. zutreffend – eine ausführliche Ermittlung des Unternehmerlohns nach betriebswirtschaftlichen Kriterien.

Hierzu schlägt er einen äußerst ausführlichen Kriterienkatalog vor. Demnach sind folgende Aspekte zu berücksichtigen:[1705]

- Alter,
- Geschlecht,
- Kundenbezogene Einflussfaktoren,
- Fachbezogene Einflussfaktoren,
    - Spezialisierung,
    - Fachspezialisierungen,
    - Abhängigkeit von Lieferanten,
- Unternehmensbezogene Einflussfaktoren,

[1703] Vgl. zum Folgenden KNIEF, DB, 2010, S. 290.
[1704] Dies mag insbesondere dann zutreffen, wenn die Absatzpreise einer Unternehmung weitgehend vom Absatzmarkt bestimmt werden, wenn also der Preis ein Datum ist. Denn dann ist die Ermittlung eines kalkulatorischen Unternehmerlohns für seine Preisgestaltung nicht notwendig.
[1705] Vgl. KNIEF, DB, 2010, S. 291 mit Verweis auf BGH vom 06.02.2008 - XII ZR 45/06, BGHZ, 2008, S. 207.

  - Unternehmensgröße,
  - Unternehmensstandort,
  - Kostenstruktur des Unternehmens,
- Tätigkeitsbezogene Einflussfaktoren,
- Gewinn- oder Verlustsituation,
- Beteiligungsverhältnisse bei Personengesellschaften,
- Eigenkapitalsituation.

Aufgrund der oben gezeigten rechnerischen Bedeutung kann sich eine derartige ausführliche Ermittlung des Unternehmerlohns tatsächlich lohnen. Jedoch wird wohl in praxi, insbesondere bei der Ermittlung durch die Finanzverwaltung, der Fremdvergleich angewendet werden. Hierzu bietet sich ein Rückgriff auf branchenspezifische Datensammlungen[1706] bzw. Gehaltsvergleichsstudien besonders dann an, wenn diese eine Berücksichtigung von Kriterien wie dem Umsatz, der Verantwortung, der Mitarbeiteranzahl, der beruflichen Vorbildung und ähnlichem ermöglichen.[1707] In der Finanzverwaltung existiert eine entsprechende Auswertung von verschiedenen Gehaltsvergleichsstudien für Zwecke der verdeckten Gewinnausschüttung, die aufgrund des Gleichbehandlungspostulats der ErbStR dann wohl auch im vEWV Anwendung finden würde. Dort finden sich folgende Werte.

Selbstverständlich können die Werte der Tabelle 11 hier nur Anhaltspunkte liefern. Jedenfalls besteht für den Steuerpflichtigen und seinen Berater ein weitaus höherer Argumentationsspielraum als die teilweise engen Grenzen der Richtlinie suggerieren mögen. Insbesondere wäre hier auch das Alter der Verwaltungsanweisung kritisch zu hinterfragen. Zumindest ließen sich anhand der von KNIEF dargestellten Ermittlungstechnik mannigfaltige Gründe für einen abweichenden Unternehmerlohn finden. Es ist daher absehbar, dass die Festlegung des angemessenen Unternehmerlohns wohl tatsächlich zu einer „unendliche[n] Streitgeschichte"[1708] für Steuerpflichtigen, Beraterschaft, Finanzverwaltung und Finanzgerichtsbarkeit werden wird.

[1706] Siehe für den steuerberatenden Berufsstand bspw. die Nachweise mit entsprechender Kritik bei KNIEF, DStR, 2008, S. 1895 ff.; KNIEF, DStR, 2009, S. 604 ff.

[1707] Vgl. EISELE, in: Troll/Gebel/Jülicher (Hrsg.), ErbStG, Loseblatt, Erg.-Lfg. Oktober 2011, § 202 BewG, Rz. 7.

[1708] KNIEF, DB, 2010, S. 289; ähnlich RIEDEL, in: Daragan/Halaczinsky/Riedel (Hrsg.), ErbStG, 2010, § 202 BewG, Rz. 15.

Branche	Umsatz in Mio. €			
	< 2,55	2,56 - 5,11	5,12 - 25,56	25,57 - 51,12
	Mitarbeiter			
	< 20	20-50	51-100	101-500
Industrie/ Produktion	112500 € - 148300 €	158500 € - 184100 €	173800 € - 219900 €	230100 € - 398800 €
Großhandel	102300 € - 132900 €	138000 € - 153400 €	148300 € - 189200 €	204500 € - 449900 €
Einzelhandel	97100 € - 117600 €	117600 € - 138000 €	148300 € - 179000 €	179000 € - 388600 €
Freiberufler	138000 € - 189200 €	199400 € - 230100 €	230100 € - 281200 €	281200 € - 460200 €
Sonstige Dienstleistungen	112500 € - 153400 €	163600 € - 194300 €	184100 € - 225000 €	204500 € - 409000 €
Handwerk	92000 € - 122700 €	117600 € - 158500 €	153400 € - 209600 €	219900 € - 332300 €

Tabelle 11: Unternehmerlohn in verschiedenen Branchen[1709]

Neben dem Unternehmerlohn ist auch ein fiktiver Lohn für bislang unentgeltlich tätige Familienangehörige des Eigentümers abzuziehen (§ 202 Absatz 1 Satz 2 Nr. 2 lit. d Satz 2 BewG). Diese Regelung ist ebenfalls unstrittig sachgerecht. M. E. ergeben sich hierbei prinzipiell dieselben Problemstellungen wie beim Unternehmerlohn. Jedoch werden in diesen Fällen wohl tendenziell eher Vergleichswerte herangezogen werden können, weil wohl auch die Tätigkeiten der Mithelfenden eher mit denen nicht beteiligter Dritter vergleichbar sind. Insofern könnten Stundenlöhnen resp. Gehälter für vergleichbare Tätigkeiten von Arbeitnehmern herangezogen werden.

3326. Erträge und Aufwendungen separat erfasster Wirtschaftsgüter

Erträge und Aufwendungen, die im Zusammenhang mit nicht betriebsnotwendigen Vermögen, jungen Wirtschaftsgütern und Beteiligungen stehen, sind abzuziehen

[1709] Quelle: OFD Karlsruhe vom 17.04.2001 - S 2742 A - St 331, DStR, 2001, S. 793. Die DM-Beträge der Verwaltungsanweisung wurde auf volle Hundert €-Beträge gerundet. Falls die Kriterien Umsatz und Mitarbeiter nicht zur Einordnung in dieselbe der vier Stufen führen, soll die höhere maßgeblich sein.

bzw. hinzuzurechnen (§ 202 Absatz 1 Satz 2 Nr. 1 lit. e und Nr. 2 lit. f BewG).[1710] Diese Korrektur dient der systemgerechten Vermeidung von Doppelerfassungen.[1711] So darf etwa der Mietertrag aus einem gesondert zum gemeinen Wert angesetzten nicht betriebsnotwendigen Grundstück den Wert nach dem vEWV nicht zusätzlich erhöhen.[1712] Umgekehrt sind getätigte Grundstücksaufwendungen wieder hinzuzurechnen, unabhängig davon, ob es sich um solche, die mit dem Wert des Grundstücks abgegolten sind, also Instandhaltungsaufwendungen, oder solche, die zu den Betriebskosten, etwa Grundsteuer oder Heizkosten, handelt.[1713] Dies ist zutreffend; denn schließlich sollen sämtliche mit dem Grundstück verbundene Zahlungen den nachhaltigen Jahresertrag nicht beeinflussen.[1714] Der Gesetzgeber betont, dass die Regelung auch für Erträge aus Beteiligungen gelte,[1715] was m. E. auch ohne die Klarstellung ersichtlich gewesen wäre.

Grundsätzlich ist die Regelung der Eliminierung von Doppelerfassungen natürlich überzeugend; jedoch ist es leicht vorstellbar, dass sich bei der Zuordnung von Erträgen und Aufwendungen zu bestimmten Wirtschaftsgütern oftmals Probleme ergeben könnten.[1716]

Ebenso reichen die gesetzlichen Bestimmungen für bestimmte Konstellationen in Verbindung mit Sonderbetriebsvermögen nicht aus. Falls etwa ein Gesellschafter der Gesellschaft eine Grundstück unentgeltlich überlässt, wäre eine entsprechende kalkulatorische Miete beim nachhaltig erzielbaren Jahresertrag abzuziehen. Andernfalls würde das Sonderbetriebsvermögen beim Gesellschafter einerseits und beim Ertragswert der Gesellschaft andererseits doppelt erfasst.[1717] Schließlich müsste auch ein fremder Eigentümer diesen Aufwand erbringen, um die betriebliche Leis-

---

[1710] Damit ergibt sich eine Änderung zur AntBVBewV, dort erfolgte die Korrektur der Aufwendungen für Beteiligungen nur im Fall einer Verlustübernahme, nicht jedoch für laufende Aufwendungen, wie etwa Finanzierungskosten. Vgl. dazu MANNEK, DB, 2008, S. 424.

[1711] Vgl. Deutscher Bundestag (Hrsg.), Bericht des Finanzausschusses zum ErbStRG, BT-Drs. 16/11107,S. 23; KOHL/SCHILLING, StuB, 2008, S. 916; MANNEK, DB, 2008, S. 424; JÜLICHER, Steueranwaltsmagazin, 2008, S. 178; HÜBNER, DStR, 2009, S. 2574; HALACZINSKY, ErbStB, 2009, S. 86.

[1712] Vgl. zu einem ähnlichen Beispiel WÄLZHOLZ, BBEV, 2008, S. 141.

[1713] Vgl. MANNEK, DB, 2008, S. 424.

[1714] Vgl. MANNEK, DB, 2008, S. 424.

[1715] Vgl. Deutscher Bundestag (Hrsg.), Bericht des Finanzausschusses zum ErbStRG, BT-Drs. 16/11107, S. 23.

[1716] Ähnlich MÖLLMANN, in: Tiedtke (Hrsg.), ErbStG, 2009, § 12 ErbStG, Rz. 179.

[1717] Vgl. zum bisherigen Absatz HÜBNER, DStR, 2009, S. 2578.

tungsfähigkeit konstant zu halten. Falls jedoch der Aufwand für die Bereitstellung von Sonderbetriebsvermögen in der Erfolgsrechnung verbucht wurde, ist keine Korrektur vorzunehmen. In diesem Fall ist das Sonderbetriebsvermögen zutreffend erfasst: nämlich beim Gesellschafter mit seinem gemeinen Wert und bei der Gesellschaft nicht bzw. durch den Aufwand wertmindernd berücksichtigt.

3327. Wirtschaftlich nicht begründete Vermögensminderungen und -erhöhungen

Vom Ausgangswert sind darüber hinaus sonstige wirtschaftlich nicht begründete Vermögensminderungen oder -erhöhungen mit Einfluss auf den zukünftig nachhaltig zu erzielenden Jahresertrag und mit gesellschaftsrechtlichem Bezug hinzuzurechnen oder abzuziehen, sofern diese von keiner anderen Korrekturvorschrift erfasst werden (§ 202 Absatz 1 Satz 2 Nr. 3 BewG).[1718] Von dieser Missbrauchsbeschränkung sollen auch Vermögensminderungen („Gewinnabsaugungen“[1719]) oder -erhöhungen erfasst werden, die mit Angehörigen des Unternehmers oder Gesellschafters oder sonstigen diesem nahe stehenden Personen in Zusammenhang stehen (R B 202 Absatz 1 Satz 2 Nr. 3 Satz 2 ErbStR 2011). Daneben soll es nicht notwendig sein, dass die Minderungen oder Mehrungen in einem bilanzierungsfähigen Wirtschaftsgut bestehen (R B 202 Absatz 1 Satz 2 Nr. 3 Satz 2 ErbStR). Es handelt sich also im Wesentlichen um eine der verdeckten Gewinnausschüttung sehr verwandte Problematik. Neu ist jedoch, dass diese Fragestellung für Bewertungszwecke nun auch für Personengesellschaften relevant wird.[1720] Hierbei kann es jedoch zu Doppelerfassungen kommen, weil das Gesetz keine Gegenkorrekturen kennt.[1721]

Oben wurde bereits gezeigt, dass sich der Wert nach dem vEWV durch das Generieren von Aufwendungen naturgemäß senken lässt. Wenn man von den dort herausgestellten Fällen mit hohen Steuerbelastungen absieht, wird es i. d. R. aber nicht attraktiv sein, künstlich Aufwendungen zu schaffen, die der Unternehmer tatsächlich wirtschaftlich tragen muss. Anders ist dies aber, wenn die Aufwendungen zwar das Unternehmensergebnis belasten, aber dem Gesellschafter in seiner privaten Sphäre

[1718] Siehe zu Beispielen H B 202 ErbStH 2011.
[1719] Riedel, in: Daragan/Halaczinsky/Riedel (Hrsg.), ErbStG, 2010, § 202 BewG, Rz. 16.
[1720] Vgl. Piltz, DStR, 2008, S. 750.
[1721] Vgl. dazu mit Beispiel Piltz, DStR, 2008, S. 750.

ökonomische Vorteile eröffnen. Im Rahmen des vEWV wäre es damit ein leichtes Spiel, den erbschaftsteuerlichen Wert zu senken. Insofern ist die Missbrauchsbeschränkung hier sachgerecht. Wirtschaftlich begründete Transaktionen sind von der Regelung dagegen nicht betroffen. Der ökonomische Vorteil von Aufwendungen, die bspw. Familienmitgliedern zufließen, ist von einer anderen Dimension als im rein ertragsteuerlichen Kontext. Während dort lediglich Differenzen der Ertragsteuerbelastungen von Unternehmen und Leistungsempfängern beachtlich sind, gelingt es im vEWV auch bei einer identisch hohen Ertragsteuerbelastung der Beteiligten die erbschaftsteuerliche Bemessungsgrundlage zu senken. Die Verschiebung von gewerblichen Einkünften in die private Sphäre des Unternehmers und der ihm nahe stehenden Personen kann damit zu einem wesentlichen Gestaltungsansatz werden. Dies gilt insbesondere für langfristig geplante Schenkungen und je mehr, desto kleiner das Unternehmen ist, weil dann relativ höhere Ertragsbestandteile umgewidmet werden können.

4. Berücksichtigung von Ertragsteuern und Ausschüttungsannahmen

41. Konzeption und bewertungstheoretische Notwendigkeit

In Unternehmensbewertungskalkülen stellt sich regelmäßig die Frage, wie die Ertragsbesteuerung zu berücksichtigen ist. Das vEWV geht dabei zweistufig vor. Zunächst wird dem Ausgangsbetrag der Ertragsteueraufwand hinzugerechnet (§ 202 Absatz 1 Satz 2 Nr. 1 lit. e BewG) bzw. Erträge aus der Erstattung von Ertragsteuern abgezogen (§ 202 Absatz 1 Satz 2 Nr. 2 lit. e BewG). Damit werden bspw. auch Steuernachzahlungen aus einer Betriebsprüfung zutreffend egalisiert.[1722] Bei diesen Ertragsteuern handelt es sich nach Festlegung des Gesetzgebers um Körperschaftsteuer, Zuschlagsteuern sowie die Gewerbesteuer (§ 202 Absatz 1 Satz 2 Nr. 1 lit. e sowie Nr. 2 lit. e BewG). Anschließend wird zur Abgeltung des Ertragsteueraufwands das unter der Berücksichtigung aller genannten Korrekturen ermittelte Betriebsergebnis um 30 % gemindert, sofern es positiv ist (§ 202 Absatz 3 BewG). Dieses Vorgehen soll die Rechtsformneutralität des Verfahrens sicherstellen.[1723] Denn

[1722] Vgl. MANNEK, DB, 2008, S. 425.
[1723] Vgl. Deutscher Bundestag (Hrsg.), Bericht des Finanzausschusses zum ErbStRG, BT-Drs. 16/11107, S. 23; sowie bspw. EISELE, NWB, 2008, S. 797; RAMB, NWB, 2009, S. 2676.

dieser Abzug entspricht nach Auffassung des Gesetzgebers der Unternehmenssteuerlast für Kapitalgesellschaften und Personenunternehmen nach den Regelungen der Unternehmensteuerreform 2008.[1724] Dagegen werden beim Kalkulationszins keine Ertragsteuern berücksichtigt.[1725] Der Gesetzgeber sieht dies als nicht notwendig an, „weil ... die Betriebssteuern bereits im Rahmen der Ermittlung des Jahresertrags berücksichtigt [werden].“[1726] Für den Basiszins wird dies darüber hinaus mit der identischen Besteuerung der Alternativanlage – mit Abgeltungsteuer – begründet.[1727]

In der Unternehmensbewertungstheorie war lange insbesondere fraglich, ob auch die Einkommensteuer der Anteilseigner einbezogen werden muss. Dies wird mittlerweile befürwortet, weil die teils anzutreffende Begründung, dass sich der Effekt der persönlichen Steuern in Zähler und Nenner herauskürzen würde, in allen realistischen Fällen nicht zutrifft.[1728] „Damit ist es geboten, persönliche Steuern zu erfassen.“[1729] Tatsächlich handelt es sich beim vEWV aber gerade um den Fall der ewigen Rente, indem eine solche Kürzung allgemein möglich ist. Die pauschale Berücksichtigung der Ertragsteuern mit 30 % ist daher in verschiedener Hinsicht kritisch zu analysieren.

42. Würdigung der pauschalen Berücksichtigung von Ertragsteuern

421. Kapitalgesellschaften

Ob überhaupt die Berücksichtigung persönlicher Ertragsteuern bei der Konzeption des vEWV angestrebt wurde, ist nicht eindeutig. Für Kapitalgesellschaften ist dies wohl eindeutig zu verneinen. Hier entspricht der pauschale Ertragsteueraufwand der

[1724] Vgl. Deutscher Bundestag (Hrsg.), Bericht des Finanzausschusses zum ErbStRG, BT-Drs. 16/11107, S. 23.
[1725] Vgl. bspw. EISELE, NWB, 2008, S. 799; HANNES/ONDERKA, ZEV, 2008, S. 175; MANNEK, DB, 2008, S. 426.
[1726] Deutscher Bundestag (Hrsg.), Bericht des Finanzausschusses zum ErbStRG, BT-Drs. 16/11107, S. 13.
[1727] Vgl. Deutscher Bundestag (Hrsg.), Bericht des Finanzausschusses zum ErbStRG, BT-Drs. 16/11107, S. 13.
[1728] Vgl. BALLWIESER, Unternehmensbewertung, 2011, S. 118; dazu auch die umfangreichen Hinweise bei WAGNER/SAUR/WILLERSHAUSEN, WPg, 2008, S. 731.
[1729] BALLWIESER, Unternehmensbewertung, 2011, S. 119. Diese Vorgehensweise ist auch in der Rechtsprechung anerkannt. Vgl. HACHMEISTER/RUTHARDT/LAMPENIUS, WPg, 2011, S. 838 f. m. w. N.

Belastung mit betrieblichen Ertragsteuern bei einem Hebesatz von 405 %[1730]. Fraglich ist jedoch, ob man alternativ von den tatsächlichen Steuersätzen am jeweiligen Standort ausgehen sollte. Schließlich führen hier unterschiedliche Gewerbesteuerhebesätze zu unterschiedlichen Nachsteuergewinnen und damit Unternehmenswerten. Insofern kann die 30 %-Typisierung unter- oder überschritten werden.[1731] Die Tabelle 12 zeigt die Unternehmenswerte nach dem vEWV und die Ermittlung die Unternehmenswerte bei der Berücksichtigung der tatsächlichen Hebesätze für das Jahr 2013 (K = 15,2905).

M. E. ist die Gleichbehandlung ungleicher Sachverhalte hier durch die relativ geringen Wertabweichungen aus verfassungsrechtlicher Sicht aufgrund der generellen Akzeptanz von steuerrechtlichen Typisierungen noch unproblematisch. Aus bewertungstheoretischer Sicht ist in diesem Fall aber m. E. keine Typsierung erforderlich, weil hier zur Ermittlung des Unternehmenswerts keine benötigte aber unbekannte Größe vorliegt, die mithilfe eines Durchschnittswerts ersetzt werden muss. Schließlich ist die tatsächliche Steuerbelastung am jeweiligen Standort bekannt und damit auch im Bewertungskalkül verwendbar. Auch die Suche nach einem „objektiven" Unternehmenswert ist keine geeignete Begründung für die Typisierung, weil die Gewerbesteuerhebesätze unabhängig von individuellen Gegebenheiten des einzelnen Steuerpflichtigen sind. Sie hängen sozusagen am Unternehmen, wirken gegenüber jedermann und sind damit auch die richtigen Parameter für einen „objektiven" Unternehmenswert. Jedenfalls ist offensichtlich, dass bei hohen Gewerbesteuersätzen ein gewöhnliches Ertragswertverfahren empfehlenswert ist, weil dies c. p. zu einem geringeren Steuerwert führt.

[1730] $30\% - 15\% \cdot (1{,}055) = 14{,}175\%; \frac{14{,}175\%}{3{,}5\%} = 405\%.$

[1731] Vgl. BRÜGGEMANN, ErbBstg, 2008, S. 129.

Gewerbesteuerhebesatz	200 %	300 %	400 %	500 %	600 %
Gewinn vor Steuern	100,00	100,00	100,00	100,00	100,00
Gewerbesteuer	7,00	10,50	14,00	17,50	21,00
Körperschaftsteuer inkl. Solidaritätszuschlag	15,83	15,83	15,83	15,83	15,83
Gesamtsteuerbelastung	22,83	26,33	29,83	33,33	36,83
Gewinn nach Steuern	77,18	73,68	70,18	66,68	63,18
Korrektur gem. § 202 Absatz 1 Satz 2 lit. e BewG	22,83	26,33	29,83	33,33	36,83
Betriebsergebnis	100,00	100,00	100,00	100,00	100,00
Kürzung nach § 203 Absatz 3 BewG	30,00	30,00	30,00	30,00	30,00
Nachhaltiger Jahresertrag	70,00	70,00	70,00	70,00	70,00
Bemessungsgrundlage	1070,34[1732]	1070,34	1070,34	1070,34	1070,34
Bemessungsgrundlage bei alternativer Berücksichtigung	1180,04[1733]	1126,53	1073,01	1019,49	965,98
Differenz	109,71	56,19	2,68	-50,84	-104,36
relative Differenz	10,25 %	5,25 %	0,25 %	-4,75 %	-9,75 %

Tabelle 12: Ergebnisse des vEWV bei Variation des Gewerbesteuerhebesatzes[1734]

Wesentlich problematischer erscheint jedoch zunächst, dass die Besteuerung auf der Ebene des Anteilseigners gar nicht berücksichtigt wird. Schließlich wird, soweit sich der Anteil im Privatvermögen befindet, im Regelfall[1735] Abgeltungsteuer auf den ausgeschütteten Gewinn erhoben (§ 20 Absatz 1 Nr. 1 Satz 1 EStG), während bei Beteiligungen im Betriebsvermögen das Teileinkünfteverfahren (§ 3 Nr. 40d i. V. m. § 20 Absatz 8 EStG) zur Anwendung kommt. Systematisch lässt sich die Nichtberücksichtigung dieser persönlichen Besteuerung aber deshalb rechtfertigen, weil auch die Alternativanlage in Unternehmensanteilen oder Zinsanlagen der Abgeltungsteuer

1732 $15{,}2905 \cdot 70 = 1070{,}34$.

1733 $15{,}2905 \cdot 77{,}175 = 1180{,}04$.

1734 Eigene Berechnung. Endergebnis auf zwei Nachkommastellen gerundet. Die Zwischenergebnisse wurden lediglich zu Darstellungszwecken auf zwei Nachkommastellen gerundet.

1735 Bei Beteiligungen größer 25 % oder Beteiligungen größer 1 %, wenn der Anteilseigner beruflich für die Gesellschaft tätig ist, besteht ein Wahlrecht zum Teileinkünfteverfahren (§ 32d Absatz 2 Nr. 3 EStG).

unterliegt. Insofern erfolgt der oben angesprochene Kürzungseffekt hier tatsächlich:[1736]

[64]
$$UW = \frac{G \cdot (1 - s_{GewSt} - s_{KSt}) \cdot (1 - s_{Abg})}{i \cdot (1 - s_{Abg})} \Leftrightarrow$$
$$UW = \frac{G \cdot (1 - s_{GewSt} - s_{KSt})}{i}.$$

mit:

mit:	s_{GewSt}	=	Steuersatz Gewerbesteuerbelastung
	s_{KSt}	=	Steuersatz Körperschaftsteuer inkl. Solidaritätszuschlag
	s_{Abg}	=	Steuersatz Abgeltungsteuer inkl. Solidaritätszuschlag

Daher kommen ein gewöhnliches Ertragswertverfahren und das vEWV hier zum selben Ergebnis. Dies ist in Tabelle 13 ersichtlich.

Auch für den Fall des Teileinkünfteverfahrens kann man zumindest für den Basiszinssatz die Abgeltungsteuer zu Grunde legen und für den Risikozuschlag von einer ähnlich hohen Belastung ausgehen. Insofern kann die unterbliebene Kürzung um private Steuern im vEWV für Kapitalgesellschaften als sachgerecht angesehen werden, wenngleich nicht ersichtlich ist, ob der Gesetzgeber die persönliche Besteuerung aufgrund des Kürzungseffekts vernachlässigt hat.

[1736] Vgl. SPENGEL/ELSCHNER, Ubg, 2008, S. 411.

	vEWV	gewöhnliches Ertragswertverfahren
Gewinn vor Steuern	100,00	100,00
Gewerbesteuer (H = 405 %)	14,18	14,18
Körperschaftsteuer inkl. Solidaritätszuschlag	15,83	15,83
Gewinn nach Steuern/ Ausschüttung	70,00	70,00
Korrektur gem. § 202 Absatz 1 Satz 2 lit. e BewG	30,00	
Zwischenergebnis	100,00	
Kürzung nach § 202 Absatz 3 BewG	30,00	
Nachhaltiger Jahresertrag	70,00	
Abgeltungsteuer inkl. Solidaritätszuschlag		18,46
Nettozufluss beim Anteilseigner		51,54
Zinssatz nach § 203 Absatz 1 BewG	6,54 %	
Nettozinssatz		4,82 %
Multiplikator	15,2905	20,7681
Ertragswert	1070,34	1070,34[1737]

Tabelle 13: Kürzungseffekt bei Kapitalgesellschaften[1738]

422. Personengesellschaft

Die pauschale Berücksichtigung von 30 % Ertragsteuerbelastung von gewerblichen Unternehmern ist dagegen vielmehr eine echte Typisierungsfrage. Denn hier ist nicht die tatsächliche Steuerbelastung des konkreten Steuerpflichtigen anzunehmen, sondern eine solche, die die Belastung von jedermann ausdrückt. Jedenfalls ist hier deutlich, dass der Gesetzgeber nicht nur Ertragsteuern auf Unternehmensebene

1737 $\frac{1}{6{,}54\% \cdot (1-0{,}25 \cdot 1{,}055)} \cdot 51{,}5375 = 1070{,}34.$

1738 Eigene Berechnung. Endergebnis auf zwei Nachkommastellen gerundet. Die Zwischenergebnisse wurden lediglich zu Darstellungszwecken auf zwei oder vier (Multiplikator beim gewöhnlichen Ertragswertverfahren) Nachkommastellen gerundet.

berücksichtigen wollte; dafür wäre der Ansatz von 30 % nämlich viel zu hoch.[1739] Vielmehr ist danach zu fragen, wie hoch die Belastung gewerblicher Gewinne insgesamt ausfällt. Zunächst würde man annehmen, dass der Ansatz von 30 % zu gering ist;[1740] jedoch kommt es hier tatsächlich auf die Durchschnitts- und nicht die Grenzbelastung des gewerblichen Unternehmers an. Wenn man voraussetzt, dass die Gewerbesteueranrechnung zu einer vollständigen Kompensation der Gewerbesteuerbelastung führt, kann eine Plausibilitätsprüfung am Steuertarif erfolgen. Die Einkommensteuer beträgt nach einigen Umformungen der Anweisungen des § 32a EStG:[1741]

$$[65] \quad S = \begin{cases} 0 & \text{für} \quad zvE \leq 8.130 \\ \dfrac{9,337}{10^6} \cdot zvE^2 - 0,01181962 \cdot zvE - 521,053 & \text{für} \quad 8.131 \leq zvE \leq 13.469 \\ \dfrac{2,2874}{10^6} \cdot zvE^2 + 0,17808202 \cdot zvE - 1799,55 & \text{für} \quad 13.470 \leq zvE \leq 52.881 \\ 0,42 \cdot zvE - 8.196 & \text{für} \quad 52.882 \leq zvE \leq 250.730 \\ 0,45 \cdot zvE - 15.718 & \text{für} \quad zvE \geq 250.731 \end{cases} .$$

mit: zvE = zu versteuerndes Einkommen

Die durchschnittliche Steuerbelastung ergibt sich durch Division durch das zu versteuernde Einkommen:

[1739] Vgl. zu diesem Gedanken auch HANNES/ONDERKA, ZEV, 2008, S. 175; WELLING/WÜNNEMANN, FR, 2009, S. S10; BALLWIESER, Erbschaftsteuer, in: Rautenberg (Hrsg.), Steuertagung, 2010, S. 161. Dagegen vermuten KOHL/SCHILLING, StuB, 2008, S. 916, darin die Annahme, dass der Personengesellschaftsanteil von einer Kapitalgesellschaft gehalten wird. Dies ist aber im Hinblick auf die gewöhnlichen Fälle wohl zu verneinen.

[1740] So etwa SPENGEL/ELSCHNER, Ubg, 2008, S. 410: „etwas zu niedrig gegriffen"; ROHDE/GEMEINHARDT, StuB, 2008, S. 342; ROHDE/GEMEINHARDT, StuB, 2009, S. 170; WELLING/WÜNNEMANN, FR, 2009, S. S10; HINZ, BFuP, 2011, S. 318.

[1741] Siehe dazu Anhang VII.

$$[66]\quad \frac{S}{zvE}=\begin{cases}0 & \text{für } zvE\le 8.130\\ \frac{9{,}337}{10^6}\cdot zvE-0{,}01181962-\frac{521{,}053}{zvE} & \text{für } 8.131\le zvE\le 13.469\\ \frac{2{,}2874}{10^6}\cdot zvE+0{,}17808202-\frac{1799{,}55}{zvE} & \text{für } 13.470\le zvE\le 52.881\\ 0{,}42-\frac{8.196}{zvE} & \text{für } 52.882\le zvE\le 250.730\\ 0{,}45-\frac{15.718}{zvE} & \text{für } zvE\ge 250.731\end{cases}\quad .$$

Gesucht ist das zu versteuernde Einkommen bei einem Durchschnittssteuersatz von 30 %, welches sich in der vierten Tarifstufe findet:

$$[67]\quad \begin{aligned} 0{,}30 &\overset{!}{=} 0{,}42-\frac{8.196}{zvE} \Leftrightarrow\\ \frac{8.196}{zvE} &= 0{,}12 \Leftrightarrow\\ zvE &= 68.300\quad . \end{aligned}$$

Dabei handelt es sich also um eine Größenordnung, die insbesondere hinsichtlich KMU nicht als unwahrscheinlich angesehen werden kann. Ein Blick auf die Gewerbesteuerstatistik bestätigt dies. Auffällig ist zunächst, dass 58,5 % aller Steuerpflichtigen einen Steuermessbetrag von null aufweisen und damit überhaupt keine Gewerbesteuer zahlen.[1742] Wenn man darüber hinaus nur die Steuerpflichtigen mit einem positiven Steuermessbetrag heranzieht, findet sich die größte Klassenhäufigkeit bei einem Gewerbeertrag zwischen 24.100 € und 48.100 €, gefolgt von der Klasse mit Gewerbeerträgen zwischen 48.100 € und 72.100 €.[1743] In diesen beiden Klassen finden sich mit 24,7 % insgesamt über die Hälfte aller Steuerpflichtigen mit positivem Messbetrag. Damit kann man den Steuersatz von 30 % durchaus als angemessen ansehen. Jedenfalls ist die Auffassung, der Steuersatz sei mit dem Verweis auf den Spitzensteuersatz von 42 % bzw. 45 % zu niedrig, statistisch kaum haltbar.

[1742] Vgl. Statistisches Bundesamt (Hrsg.), Gewerbesteuer, 2012, S. 18.
[1743] Vgl. Statistisches Bundesamt (Hrsg.), Gewerbesteuer, 2012, S. 18.

Bei Personengesellschaften ist es dann aber jedenfalls unsystematisch, die Besteuerung nicht auch im Kalkulationszinsfuß zu berücksichtigen.[1744] Denn auch hier unterliegt die Alternativanlage einer Besteuerung und ist deshalb relevant für den Unternehmenswert.[1745] Man erkennt also, dass die Bewertung mittels vEWV die Unternehmenswerte von Personengesellschaften aufgrund der Nichtberücksichtigung der Besteuerung der Alternativanlage systematisch zu niedrig abbildet.[1746]

Auch wenn es zunächst ein überzeugendes Ergebnis darstellt, dass ein Gewinn vor Steuern von bspw. 100 bei Personen- und Kapitalgesellschaften zum gleichen Unternehmenswert führt, entlarvt die genaue Analyse die nicht rechtsformneutrale Bewertung. Denn der Personengesellschaftsanteil ist bei der vom Gesetzgeber angenommenen und hier als nicht unplausibel angesehenen Gewinnsteuerbelastung von 30 % tatsächlich mehr wert, wie aus Tabelle 14 hervorgeht. Hierbei wurde der tatsächliche Steuersatz des Personengesellschafters variiert und die Alternative und damit der Kalkulationszins der Abgeltungsteuer unterworfen.

Auffällig ist, dass der Personengesellschaftsanteil aufgrund der Berücksichtigung der Ertragsbesteuerung stets unterbewertet wird. Insofern ist die rechtsformneutrale Bewertung nicht gelungen.[1747] Selbst bei einem nicht erreichbaren Durchschnittssteuersatz von 45 % zzgl. Solidaritätszuschlag lohnt sich c. p. kein Wechsel zum gewöhnlichen Ertragswertverfahren.

[1744] So auch HANNES/ONDERKA, ZEV, 2008, S. 175.
[1745] Vgl. SPENGEL/ELSCHNER, Ubg, 2008, S. 411.
[1746] Vgl. SPENGEL/ELSCHNER, Ubg, 2008, S. 412.
[1747] Vgl. SPENGEL/ELSCHNER, Ubg, 2008, S. 412.

	vEWV	gewöhnliches Ertragswertverfahren		
persönlicher Einkommensteuer-satz		30,00 %	40,00 %	45,00 %
Gewinn vor Steuern	100,00	100,00	100,00	100,00
Gewerbesteuer (H = 405 %)	14,18	14,18	14,18	14,18
Gewinn nach betrieblichen Steuern	85,82			
Korrektur gem. § 202 Absatz 1 Satz 2 lit. e BewG	14,18			
Zwischenergebnis	100,00			
Kürzung nach § 202 Absatz 3 BewG	30,00			
Nachhaltiger Jahresertrag	70,00			
Einkommensteuer vorl.		30,00	40,00	45,00
Gewerbesteueranrechnung		13,30	13,30	13,30
Einkommensteuer inkl. Solidaritätszuschlag		17,62	28,17	33,44
Nettozufluss beim Gesellschafter		68,21	57,66	52,38
Zinssatz nach § 203 Absatz 1 BewG	6,54 %			
Zinssatz nach Steuern (Abgeltungsteuer)		4,82 %	4,82 %	4,82 %
Multiplikator	15,2905	20,7681	20,7681	20,7681
Ertragswert	1070,34	1416,52	1197,42	1087,86

Tabelle 14: Unsystematische Nichtberücksichtigung der Besteuerung der Alternativanlage mit Abgeltungsteuer bei Personengesellschaften[1748]

Dieses Ergebnis gilt ebenfalls, wenn man als Alternativanlage eine Anlage zum persönlichen Steuersatz für gewerbliche Einkünfte annimmt, was mit Blick auf den i. d. R. personengesellschaftlich organisierten Mittelstand nicht abwegig ist, und den Kalkulationszins dementsprechend steuerverkürzt.

[1748] Eigene Berechnung. Endergebnis auf zwei Nachkommastellen gerundet. Zwischenergebnisse wurden lediglich zu Darstellungszwecken auf zwei oder vier (Multiplikator beim gewöhnlichen Ertragswertverfahren) Nachkommastellen gerundet.

	vEWV	gewöhnliches Ertragswertverfahren		
persönlicher Einkommensteuersatz		30,00 %	40,00 %	45,00 %
Gewinn vor Steuern	100,00	100,00	100,00	100,00
Gewerbesteuer (H = 405 %)	14,18	14,18	14,18	14,18
Gewinn nach betrieblichen Steuern	85,82			
Korrektur gem. § 202 Absatz 1 Satz 2 lit. e BewG	14,18			
Zwischenergebnis	100,00			
Kürzung nach § 202 Absatz 3 BewG	30,00			
Nachhaltiger Jahresertrag	70,00			
Einkommensteuer vorl.		30,00	40,00	45,00
Gewerbesteueranrechnung		13,30	13,30	13,30
Einkommensteuer inkl. Solidaritätszuschlag		17,62	28,17	33,44
Nettozufluss beim Gesellschafter		68,21	57,66	52,38
Zinssatz nach § 203 Absatz 1 BewG	6,54 %			
Zinssatz nach Steuern (Steuerbelastung gew. Einkünfte)		4,46 %[1749]	3,77 %	3,43 %
Multiplikator	15,2905	22,4180	26,5200	29,1907
Ertragswert	1070,34	1529,05	1529,05	1529,05

Tabelle 15: Unsystematische Nichtberücksichtigung der Besteuerung der Alternativanlage mit persönlicher Steuerbelastung bei Personengesellschaften[1750]

Diese Höherbesteuerung der Alternativanlage ist für den Steuerpflichtigen erwartungsgemäß nicht vorteilhaft, weil die Unternehmenswerte, wie in Tabelle 15 ersichtlich, ansteigen. Hierbei ergibt sich ebenfalls ein Kürzungseffekt; die Ergebnisse des gewöhnlichen Ertragswertverfahrens stimmen bei allen Steuersätzen überein.

1749 $6{,}54\% \cdot \frac{100-0{,}035\cdot 405-(30-13{,}30)\cdot 1{,}055}{100} = 4{,}46\%.$

1750 Eigene Berechnung. Endergebnis auf zwei Nachkommastellen gerundet. Zwischenergebnisse wurden lediglich zu Darstellungszwecken auf zwei oder vier (Multiplikator beim gewöhnlichen Ertragswertverfahren) Nachkommastellen gerundet.

Im Fall der Personengesellschaft mag sich für den Steuerpflichtigen aber eine interessante Argumentationsstrategie ergeben. So könnte er einerseits mit dem Hinweis auf die eindeutige Gesetzesbegründung eine Steuerverkürzung im Kalkulationszins ablehnen, andererseits aber in Rahmen der Ertragsermittlung einen höheren Ertragsteuersatz einwenden. Dies wäre bei Personengesellschaften mit konstant hohen Gewinnen insofern zu begründen, als dass jeder Erwerber aufgrund der guten Ertragslage entsprechend hohe Steuerzahlungen zu leisten hat. Die Steuerbelastung hängt damit an der Unternehmung selbst und wirkt gegenüber jedermann. Damit müsste ein Unternehmen mit höherer Steuerbelastung „objektiv" auch weniger wert sein. Die Tabelle 16 zeigt die Ergebnisse dieser als „vEWV mit individueller Steuerbelastung" bezeichneten Berechnungsoption.

Wie man unschwer erkennt, sinkt hier der Unternehmenswert mit steigender Steuerbelastung. Es tritt also ein Bewertungsergebnis ein, dass „gefühlt" als zutreffend und gerecht erscheint. Aus bewertungstheoretischer Sicht ist es mit Blick auf die oben dargestellten „richtigen" Unternehmenswerte aber als höchst fragwürdig einzustufen.

Alles in allem ist die pauschale Berücksichtigung der Ertragsbesteuerung in einem typisierenden Verfahren sinnvoll[1751] und mit einer Höhe von 30 % noch zufriedenstellend gelöst, obwohl natürlich damit die Vielfalt der unterschiedlichen Besteuerungssystematiken im Einzelfall nicht immer zutreffend berücksichtigt wird.[1752]

Problematisch ist insbesondere die Nichtberücksichtigung der Besteuerung der Alternativanlage bei Personengesellschaften. Letztgenanntes kommt dem Steuerpflichtigen aber zu Gute.

[1751] Vgl. Spengel/Elschner, Ubg, 2008, S. 410, 412.
[1752] Vgl. etwa Wälzholz, BBEV, 2008, S. 143.

	vEWV	vEWV mit individueller Steuerbelastung		
pers. Einkommensteuersatz		30,00 %	40,00 %	45,00 %
Gewinn vor Steuern	100,00	100,00	100,00	100,00
Gewerbesteuer (H = 405%)	14,18	14,18	14,18	14,18
Gewinn nach betr. Steuern	85,82			
Korrektur gem. § 202 Absatz 1 Satz 2 lit. e BewG	14,18			
Zwischenergebnis	100,00			
Kürzung nach § 202 Absatz 3 BewG	30,00			
Nachhaltiger Jahresertrag	70,00			
Einkommensteuer vorl.		30,00	40,00	45,00
Gewerbesteueranrechnung		13,30	13,30	13,30
Einkommensteuer inkl. Solidaritätszuschlag		17,62	28,17	33,44
Nettozufluss beim Gesellschafter		68,21	57,66	52,38
Zinssatz nach § 203 Absatz 1 BewG	6,54 %	6,54 %	6,54 %	6,54 %
Multiplikator	15,2905	15,2905	15,2905	15,2905
Ertragswert	1070,34	1042,91	881,60	800,94

Tabelle 16: vEWV mit individueller Steuerbelastung[1753]

423. Ausschüttungsannahmen

Im bisherigen Vergleich zwischen vEWV und gewöhnlichem Ertragswertverfahren bezüglich der Berücksichtigung von Ertragsteuern wurde die dem vEWV implizite Vollausschüttungshypothese übernommen. Selbstverständlich hat aber auch das Ausschüttungsverhalten und die Besteuerung von Veräußerungsgewinnen Einfluss auf die Höhe der Ertragsbesteuerung sowie der heutigen und zukünftigen Ausschüttungen und damit natürlich auf den Unternehmenswert. Bei Kapitalgesellschaften reicht die Höhe der Abgeltungsteuer dann vom gewöhnlichen Satz bei Vollausschüt-

[1753] Eigene Berechnung. Endergebnis auf zwei Nachkommastellen gerundet. Zwischenergebnisse wurden lediglich zu Darstellungszwecken auf zwei Nachkommastellen gerundet.

tung resp. Thesaurierung und sofortiger Veräußerungsgewinnbesteuerung bis zu einer theoretischen Abgeltungsteuerbelastung von null bei einer (unrealistischen) unendlichen Thesaurierung. Die Vollausschüttungshypothese des vEWV ist also für den Steuerpflichtigen c. p. vorteilhaft. Daneben ist aber auch eine Ausschüttungsannahme für die Alternativanlage zu treffen. [1754] Da diese aber auch dort lediglich Auswirkungen auf den Abgeltungsteuersatz hat, macht eine zum Bewertungsobjekt identische Ausschüttungsannahme die Ausschüttung wiederum irrelevant. Die Vollausschüttungsannahme im vEWV kann daher auch unter Vereinfachungsgesichtspunkten als geeignet angesehen werden.[1755]

Bei Personengesellschaften kommt bei der „Ausschüttung", abgesehen von der zu vernachlässigenden Wirkung der Gewerbesteueranrechnung, gewöhnlich der tarifliche Steuersatz zur Anwendung. Daneben existiert aber auch eine Sondertarifierungsmöglichkeit für einbehaltene Gewinne. Bei dieser sog. Thesaurierungsbegünstigung kommt ein nominaler Steuersatz i. H. v. 28,25 %, der aber aufgrund der aus betrieblichen Mitteln zu entnehmenden Gewerbe- und Einkommensteuer effektiv nicht erreicht werden kann. Darüber hinaus wird bei der Entnahme der thesaurierten Gewinne als Pendant zur Abgeltungsteuer eine Nachversteuerung i. H. v. 25 % fällig. Im Ergebnis lohnt sich die Thesaurierungsbegünstigung nur bei sehr hohen Steuersätzen und langen Thesaurierungszeiträumen. Daher ist nur in seltenen Fällen von ihrer Inanspruchnahme auszugehen.[1756] Neben dieser eher praktischen Begründung für die Annahme einer Vollausschüttung auch bei Personengesellschaften ist ebenfalls das theoretische Argument von SPENGEL/ELSCHNER zu berücksichtigen. Denn aufgrund der Bewertung mittels Alternativanlage sollte auch die Alternativanlage sinnvollerweise den gleichen Zahlungsstrom wie das Bewertungsobjekt aufwei-

---

[1754] Vgl. zum gesamten bisherigen Absatz SPENGEL/ELSCHNER, Ubg, 2008, S. 411 f. Marktübliche Ausschüttungsquoten von Unternehmen am Kapitalmarkt betragen 40 % bis 60 %, vgl. dazu WAGNER/SAUR/WILLERSHAUSEN, WPg, 2008, S. 733 m. w. N.

[1755] So im Ergebnis auch SPENGEL/ELSCHNER, Ubg, 2008, S. 412. Der dortigen Auffassung, nach welcher sich die Abgeltungsteuer nicht aus der Bewertungsformel kürze, weil die Anlage zum sicheren Zins jährlich besteuert wird, wird aber nicht gefolgt. Vielmehr wird hier von einer Alternativanlage in ein Unternehmen ausgegangen, die sich zwar – erwartet – zu einem additiv ermittelten Zins aus risikofreiem Zins und Marktrisikoprämie (eines Marktportfolios) verzinst, aber nicht als geteilte Anlage zum risikofreien Zins einerseits und zur Marktrisikoprämie andererseits angesehen werden kann.

[1756] Vgl. SPENGEL/ELSCHNER, Ubg, 2008, S. 410 m. w. N.; S. 412; dazu auch ROHDE/GEMEINHARDT, StuB, 2009, S. 170 m. w. N. Daher taugt sie auch nicht zur Recht-fertigung des geringeren pauschalen Steuersatzes; so aber KÜHNHOLD/MANNWEILER, DStZ, 2008, S. 172.

sen, was bei Inanspruchnahme der Thesaurierungsbegünstigung aber gerade nicht der Fall wäre.[1757]

5. Zinssatz

51. Konzeption

Der Kalkulationszins setzt sich aus einem Basiszins und dem Risikoaufschlag zusammen. Das vEWV folgt also der Risikozuschlagsmethode. Mithin erfolgt die Berücksichtigung des Risikos durch einen Aufschlag auf den Kapitalisierungszinssatz. Die Bestimmung des Zinsfußes ähnelt also hier der Ex-Ante-Risikoschätzung der CAPM-Welt,[1758] denn auch hier wird dem risikolosen Zins additiv ein Risikozuschlag hinzugefügt.

Damit wird der Zahlungsstrom richtigerweise als unsicher angesehen. Daraus folgt unmittelbar, dass i. d. R. eine Transformation von sicheren Zahlungsströmen des Privatvermögens in den als unsicher angesehenen unternehmerischen Zahlungsstrom vorteilhaft ist. Intuitiv wird dies deutlich, wenn man bedenkt, dass der Risikozuschlag auf den Zins eben die Alternative zur Risikoabschlagsmethode im Zahlungsstrom darstellt.

Diese ökonomische Interpretation entspricht auch den bewertungsrechtlichen Gegebenheiten, denn wiederkehrende Leistungen werden dort mit 5,5 % diskontiert (§ 13 Absatz 1 Satz 1 i. V. m. Anlage 9a BewG). Außerhalb des Betriebsvermögens wird eine ewige Rente mit dem Faktor 18,6 bewertet (§ 13 Absatz 2 BewG), im Rahmen des vEWV im Jahr 2013 jedoch „lediglich" mit dem Faktor von 15,2905.

52. Basiszins

Das Verfahren zur Ermittlung des Basiszinssatzes des vEWV ist gesetzlich ausführlich geregelt. Der Basiszins ist aus der langfristig erzielbaren Rendite öffentlicher Anleihen abzuleiten (§ 202 Absatz 1 Satz 1 BewG). Dabei ist auf den Zinssatz abzustellen, den die Deutsche Bundesbank anhand der Zinsstrukturdaten jeweils auf

[1757] Vgl. SPENGEL/ELSCHNER, Ubg, 2008, S. 412.
[1758] Vgl. DIRRIGL, Steuerbemessung, in: Kiesewetter/Niemann (Hrsg.), FS Wagner, 2009, S. B 12.

den ersten Börsentag des Jahres errechnet (§ 202 Absatz 1 Satz 1 BewG). Das Bundesministerium der Finanzen veröffentlicht den maßgebenden Zinssatz im Bundessteuerblatt (§ 202 Absatz 1 Satz 4 BewG). Tabelle 17 zeigt alle bisherigen anzuwendenden Zinssätze und ihren Anwendungszeitraum sowie als bessere Veranschaulichung den daraus resultierenden – auf vier Stellen gerundeten – Multiplikator:

Bewertungsstichtag	Basiszins	i_{vEWV}	Multiplikator
01.01.2007 - 31.12.2007[1759]	4,02 %[1760]	8,52 %	11,7370
01.01.2008 - 31.12.2008[1761]	4,58 %[1762]	9,08 %	11,0132
01.01.2009 - 31.12.2009	3,61 %[1763]	8,11 %	12,3304
01.01.2010 - 31.12.2010	3,98 %[1764]	8,48 %	11,7924
01.01.2011 - 31.12.2011	3,43 %[1765]	7,93 %	12,6103
01.01.2012 - 31.12.2012	2,44 %[1766]	6,94 %	14,4092
01.01.2013 - 31.12.2013	2,04 %[1767]	6,54 %	15,2905

Tabelle 17: Bisherige Basiszinssätze und Multiplikatoren

Gesetzlich ist nicht festgelegt, was genau unter öffentlichen Anleihen zu verstehen ist. Gemeint sind aber wohl Anleihen öffentlicher deutscher Emittenten, wobei dann aber nicht klar ist, ob hiermit nur Anleihen des Bundes oder auch die der Länder zu berücksichtigen sind. Ebenso wenig ist eindeutig, was für eine Laufzeit für die Langfristigkeit vorliegen muss.[1768] Zur Ermittlung des Zinssatzes wird derzeit jedenfalls die von der Bundesbank veröffentlichte Zeitreihe „BBK01.WT3414: Aus der Zinsstruktur abgeleitete Renditen für Bundeswertpapiere mit jährlichen Kuponzah-

[1759] In diesem Zeitraum bestand ein Wahlrecht zur rückwirkenden Anwendung des neuen Bewertungsrechts.
[1760] Vgl. BMF vom 17.03.2009 - IV C 2 - S 3102/07/0001, BStBl. I, 2009, S. 473.
[1761] In diesem Zeitraum bestand ein Wahlrecht zur rückwirkenden Anwendung des neuen Bewertungsrechts.
[1762] Vgl. BMF vom 17.03.2009 - IV C 2 - S 3102/07/0001, BStBl. I, 2009, S. 473.
[1763] Vgl. BMF vom 07.01.2009 - IV C 2 - S 3102/07/0001, BStBl. I, 2009, S. 14.
[1764] Vgl. BMF vom 05.01.2010 - IV D 4 - S 3102/07/0001, BStBl. I, 2010, S. 14.
[1765] Vgl. BMF vom 05.01.2011 - IV D 4 - S 3102/07/10001, BStBl. I, 2011, S. 15.
[1766] Vgl. BMF vom 02.01.2012 - IV D 4 - S 3102/07/10001, BStBl. I, 2012, S. 13.
[1767] Vgl. BMF vom 02.01.2013 - IV D 4 - S 3102/07/10001, BStBl. I, 2013, S. 19.
[1768] Vgl. BALLWIESER, Erbschaftsteuer, in: Rautenberg (Hrsg.), Steuertagung, 2010, S. 162.

lungen und einer Restlaufzeit von 15 Jahren"[1769] herangezogen (Abbildung 23), wobei jeweils der Wert des ersten Börsentages eines Jahres maßgeblich ist.[1770]

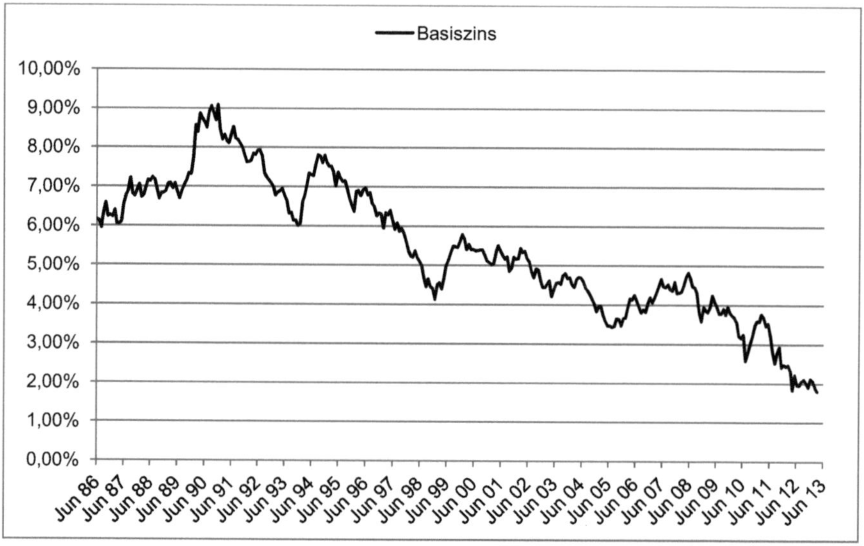

Abbildung 23: Basiszins (Monatswerte)[1771]

Es ist unverkennbar, dass sich die Renditen auf einem historisch niedrigen Niveau bewegen.[1772] Im bewertungsrechtlichen Kontext wäre dieser Zins aber m. E. nach unten zu begrenzen. Er darf jedenfalls nicht so tief sein, dass der Multiplikator des vEWV über dem Multiplikator für sichere ewige Renten liegt. Schließlich wäre es unzutreffend, unsichere Zahlungsströme höher als sichere zu bewerten. Daher sollte stets die folgende Bedingung erfüllt sein:

$$
\begin{aligned}
18{,}6 &\geq K & \Leftrightarrow \\
18{,}6 &\geq \frac{1}{i_{Basis} + 0{,}045} & \Leftrightarrow \\
i_{Basis} + 0{,}045 &\geq 0{,}053763 & \Leftrightarrow \\
i_{Basis} &\geq 0{,}8763\% & .
\end{aligned}
\tag{68}
$$

1769 http://www.bundesbank.de/Navigation/DE/Statistiken/Zeitreihen_Datenbanken/ Makrooekonomische_Zeitreihen/its_details_value_node.html?tsId=BBK01.WT3414&listId=www_s140_it03b.

1770 Vgl. bspw. MANNEK, DB, 2008, S. 426.

1771 Eigene Darstellung anhand der Daten der genannten Zeitreihe.

1772 Vgl. MÖLLMANN, in: Tiedtke (Hrsg.), ErbStG, 2009, § 12 ErbStG, Rz. 170.

Der funktionale Zusammenhang zwischen Multiplikator bzw. Unternehmenswert im vEWV und Basiszins

[69] $$UW\left(i_{Basis}\right)=\frac{E}{i_{Basis}+4{,}5\%}$$

ist in Abbildung 24 dargestellt:

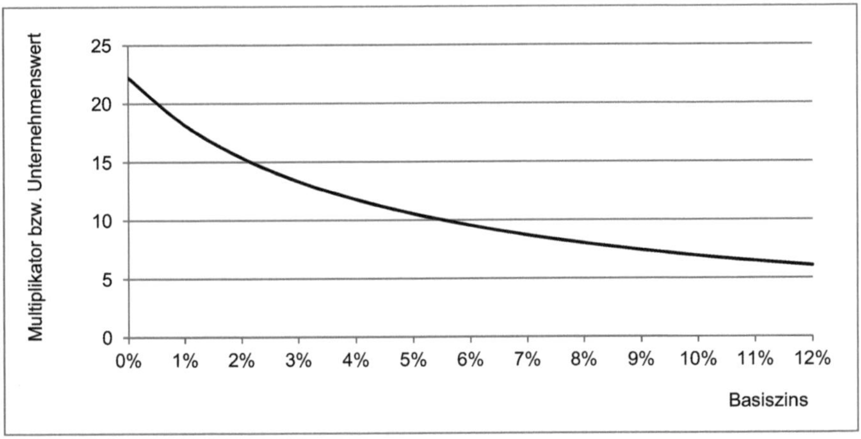

Abbildung 24: Unternehmenswert in Abhängigkeit vom Basiszins[1773]

Auffällig ist der hyperbolische Verlauf. Ein sinkender Zinssatz führt immer zu einer relativ höheren Unternehmenswertänderung als ein identisch stark gestiegener Zins. Die Ableitung

[70] $$\frac{dUW}{d\,i_{Basis}}=-\frac{E}{{i_{Basis}}^{2}}$$

zeigt, dass die Reagibilität des Unternehmenswerts auf den Zinssatz bei kleinen Zinssätzen größer als bei hohen ist.

[1773] Eigene Darstellung.

Der Basiszinssatz stellt in der Unternehmensbewertung die quasi sichere Alternativanlage dar, die für jeden Investor erzielbar ist.[1774] Diese Forderung nach Risikofreiheit, die eine Abwesenheit von Währungs-, Termin- und Ausfallsrisiko verlangt,[1775] wird in Deutschland weitestgehend durch Bundeswertpapiere erfüllt.[1776] Theoretisch wäre hierbei auf einen unendlich langen Zeitraum abzustellen, weil nur dieser laufzeitäquivalent zum üblichen Unendlichkeitskalkül der Unternehmensbewertung ist. Bei der Heranziehung des 15-jährigen Zinssatzes ist die Laufzeitäquivalenz also jedenfalls nicht gegeben.[1777] Problematisch ist jedoch, dass keine unendlich laufenden Bundesanleihen existieren; dementsprechend sind keine Marktpreise verfügbar. Als Näherungslösung werden hierzu im Rahmen der Unternehmensbewertung Zinssätze verwendet, die mit Hilfe der Svensson-Methode ermittelt werden. Diese quantitative Methode ermöglicht es, Zinssätze zu schätzen, die über die Laufzeit börsengehandelter Anleihen hinausgeht. Hierbei werden aufgrund verfügbarer Marktpreise Zinsstrukturkurven abgeleitet. D. h. es entstehen zunächst laufzeitspezifische Zinssätze, die für Zwecke der Unternehmensbewertung wiederum in einen einheitlichen barwertäquivalenten Basiszinssatz umgerechnet werden. Anders ist dagegen die Vorgehensweise bei dem vom BMF veröffentlichten Zinssatz. Zwar wird dieser auch auf Basis der Svensson-Methode ermittelt; er stellt aber die Rendite für Bundeswertpapiere mit jährlicher Kuponzahlung und einer Restlaufzeit von 15 Jahren dar. Es erfolgt somit eine Betrachtung nur eines Punktes der Zinsstrukturkurve und keine Berücksichtigung ihres gesamten Verlaufs, wie es bei der Umrechnung in einen einheitlichen Zinssatz der Fall ist. Die Höhe des hieraus entstehenden Schätzfehlers hängt dabei von der Art der Zinsstrukturkurve (normal, flach, invers) und insbesondere von deren Steigung ab. GERBER/KÖNIG zeigen für drei ausgewählte Stichtage im Jahr 2009 eine Differenz von 0,04 %, 0,17 % und 0,12 %. HINZ ermittelt für die drei Referenzstichtage 02.01.2009, 04.01.2010 und 03.01.2011 Abweichungen von 0,11 %, 0,29 % und 0,04 %.[1778] Andere dagegen halten die Ableitung des Basiszinssatzes aus der genannten Zeitreihe aber grundsätzlich für

[1774] Vgl. zum gesamten Absatz GERBER/KÖNIG, BB, 2010, S. 348 ff. m. w. N.; ähnlich HINZ, BFuP, 2011, S. 311 f.

[1775] Vgl. HINZ, BFuP, 2011, S. 310.

[1776] So auch bspw. KOHL/KÖNIG, BB, 2012, S. 608.

[1777] Vgl. BALLWIESER, Erbschaftsteuer, in: Rautenberg (Hrsg.), Steuertagung, 2010, S. 162; HINZ, BFuP, 2011, S. 311.

[1778] Vgl. HINZ, BFuP, 2011, S. 312; dazu auch ausführlich RUIZ DE VARGAS/ZOLLNER, BewP, 4/2010, S. 4 f.

vertretbar,[1779] was aufgrund der nur geringen Abweichungen auch nicht völlig von der Hand zu weisen ist. Erheblicher als die beschriebene Problematik ist jedenfalls die Vereinfachungsregel[1780], nach welcher der Zinssatz für alle Wertermittlungen auf Bewertungsstichtage eines gesamten Jahres anzuwenden ist (§ 202 Absatz 1 Satz 3 BewG). Der Gesetzgeber verkennt damit, dass der Zinssatz innerhalb eines Jahres erheblich schwanken kann.[1781] Die Tabelle 18 zeigt jeweils den Basiszins, den maximalen und minimalen Zinssatz im Jahresverlauf, die dazugehörigen Multiplikatoren sowie als Ergebnis die relative Wertabweichung:

Jahr	Zinssatz			Multiplikator			Wertdifferenz	
	Basiszins	Minimum	Maximum	Basiszins	Minimum	Maximum	Minimum	Maximum
2007	4,02%	4,01%	4,79%	11,74	11,75	10,76	0,12%	-8,29%
2008	4,58%	3,42%	4,86%	11,01	12,63	10,68	14,65%	-2,99%
2009	3,61%	3,61%	4,31%	12,33	12,33	11,35	0,00%	-7,95%
2010	3,98%	2,55%	3,98%	11,79	14,18	11,79	20,28%	0,00%
2011	3,43%	2,27%	3,92%	12,61	14,77	11,88	17,13%	-5,82%
2012	2,44%	1,68%	2,68%	14,41	16,18	13,93	12,30%	-3,34%

Tabelle 18: Wertabweichungen aufgrund der einjährigen Gültigkeit des Basiszinssatzes[1782]

Aufgrund der teilweise erheblichen Bewertungsdifferenzen ist hier der Vorwurf der Übertypisierung[1783] nicht von der Hand zu weisen. Das Stichtagsprinzip der Bewertung wird verletzt.[1784] Jedenfalls kann das Vereinfachungsargument m. E. nicht gelten, wenn der Zinssatz täglich von der Bundesbank ermittelt sowie öffentlich im Internet bereitgestellt wird.[1785] Der Informationsbeschaffungsaufwand steht jedenfalls

1779 Vgl. CREUTZMANN, DB, 2008, S. 2789.

1780 Vgl. EISELE, NWB, 2008, S. 798.

1781 Vgl. zum bisherigen Absatz CREUTZMANN, DB, 2008, S. 2789; CREUTZMANN, Stbg, 2008, S. 156; BARTHEL, FB, 2008, S. 525; WELLING/WÜNNEMANN, FR, 2009, S. S10; MÖLLMANN, in: Tiedtke (Hrsg.), ErbStG, 2009; § 12 ErbStG, Rz. 168; DÖRNER, BewP, 2/2009, S. 5; SCHIFFERS, DStZ, 2009, S. 554; BALLWIESER, Erbschaftsteuer, in: Rautenberg (Hrsg.), Steuertagung, 2010, S. 162; CREUTZMANN, Bewertungsgesetz, in: Königsmaier/Mandl (Hrsg.), FS Mandl, 2010, S. 162.

1782 Eigene Ermittlung und Berechnung. Endergebnis auf zwei Nachkommastellen gerundet. Multiplikatoren lediglich zu Darstellungszwecken auf zwei Nachkommastellen gerundet.

1783 Vgl. KOHL/SCHILLING, StuB, 2008, S. 916 f.

1784 Vgl. HINZ, BFuP, 2011, S. 310 f.

1785 Vgl. DÖRNER, BewP, 2/2009, S. 6.

in keinem Verhältnis zur potentiell betragsmäßig enormen Fehlbewertung. Für den Steuerpflichtigen ergibt sich aus der derzeitigen Regelung zumindest bei Schenkungen in der Nähe des Jahreswechsels ein ggf. erheblicher Gestaltungsspielraum.[1786]

Daneben ergibt sich aufgrund der Heranziehung eines aktuellen Zinssatzes und historischer Erträge eine tendenziell antizyklische Bewertung, wenn man davon ausgeht, dass Konjunktur und Zinsniveau negativ korrelieren. Dann werden hohe Vergangenheitserträge mit bereits gesunkenen Zinsen zu hoch bewertet.[1787] Strikt hiervon zu trennen ist jedoch die Auffassung, dass das vEWV „in Zeiten schlechter Konjunktur widersinnigerweise zu einem höheren Unternehmenswert führt und umgekehrt in Zeiten guter Konjunktur den Unternehmenswert sinken lässt! Dieser Effekt dürfte nur teilweise dadurch kompensiert werden, dass die Gewinne der Unternehmen in Zeiten schlechter Konjunktur sinken."[1788] Dies ist nämlich keinesfalls widersinnig, sondern schlicht der Ausfluss des Opportunitätsgedanken einer jeden Bewertung. Denn ein Unternehmen wird c. p. mehr wert sein, wenn alternative Anlagemöglichkeiten weniger attraktiv werden. Dies gilt gerade auch in dem von CREZELIUS vermuteten Fall, dass die Gewinne eben unterproportional zur Rendite der Alternativanlage sinken.

Im Ergebnis ist der konzeptionelle Ansatz, für den sicheren Anteil am Kalkulationszins eine von der Bundesbank ermittelte Rendite von 15-jährigen Bundesanleihen heranzuziehen, vertretbar. Lediglich die Festlegung eines Basiszinssatzes für das gesamte Jahr wäre zu überdenken.

53. Risikozuschlag

531. Problematik des einheitlichen Risikozuschlags

Das Gesetz beschränkt sich darauf, die Prämie i. H. v. 4,5 % als „Zuschlag" zu bezeichnen (§ 203 Absatz 1 BewG). Damit kommt eine Erweiterung dieser noch im Koch-Steinbrück-Papier als „Risikozuschlag" bezeichneten Komponente zum

---

[1786] Vgl. SCHIFFERS, DStZ, 2009, S. 554.

[1787] Vgl. zum bisherigen Absatz WELLING/WÜNNEMANN, FR, 2009, S. S10; ähnlich KOHL, ZEV, 2009, S. 558. WIESE/LUKAS, GmbHR, 2009, S. 60.

[1788] CREZELIUS, ZEV, 2009, S. 6; ähnlich BÄUML, GmbHR, 2009, S. 1138.

Ausdruck.[1789] Die Gesetzesbegründung erläutert entsprechend, dass dieser pauschale Zuschlag neben dem Unternehmerrisiko auch andere Korrekturposten, wie z. B. Fungibilitätszuschlag, Wachstumsabschlag oder inhaberabhängige Faktoren berücksichtige. Branchenspezifische Faktoren seien im typisierenden Verfahren durch einen Beta-Faktor von 1,0 berücksichtigt, weil dann die Einzelrendite wie der Markt schwanke.[1790]

Durch den Hinweis auf den Beta-Faktor wird die Vermutung, wonach sich der Gesetzgeber zur Bestimmung des Zinssatzes am CAPM-Modell orientiert, bestätigt.[1791] Die vorgenommene Festlegung eines einheitlichen Beta-Faktors kann hierbei wohl unstrittig als „materiell bedeutendste Typisierung“[1792] bezeichnet werden. Sie ist damit ein wesentlicher Teil der Vereinfachung des Verfahrens.[1793]

Die Festlegung auf einen einheitlichen Beta- und damit Kapitalisierungsfaktor wird im Schrifttum äußerst kritisch gesehen.[1794] Es ist offensichtlich, dass dadurch verschiedene bewertungsrelevante Sachverhalte nicht adäquat berücksichtigt werden. Bei weitem überwiegt hierbei die fehlende Berücksichtigung branchenspezifischer Risiken. Denn auch in praxi werden Unternehmenswerte ganz überwiegend anhand der Branche differenziert; es gelten mithin branchenabhängige Vervielfältiger.[1795] Daneben wird der Fungibilitätszuschlag nicht berücksichtigt,[1796] obwohl er nach der in Kapitel E.II.25 geführten Diskussion einen potentiell wesentlich wertbestimmenden Faktor gerade für KMU darstellt. Ebenso erfolgt keine Berücksichtigung der besonderen Eigenschaften von jungen Unternehmen[1797] bzw. wird die gesamte Wachstums-

[1789] Vgl. MANNEK, DB, 2008, S. 426.
[1790] Vgl. Deutscher Bundestag (Hrsg.), Bericht des Finanzausschusses zum ErbStRG, BT-Drs. 16/11107, S. 23.
[1791] Vgl. CREUTZMANN, Stbg, 2008, S. 156 f.; ROHDE/GEMEINHARDT, StuB, 2008, S. 343; HINZ, BFuP, 2011, S. 314.
[1792] KOHL/SCHILLING, StuB, 2008, S. 917.
[1793] Vgl. HANNES/ONDERKA, ZEV, 2008, S. 176.
[1794] Vgl. neben den folgend angeführten auch bspw. STAHL, KÖSDI, 2007, S. 15824; LANG, StuW, 2008, S. 195; EISELE, NWB, 2008, S. 801; GERBER/KÖNIG, Status:Recht, 2009, S. 132 f.; JONAS, Erbschaftsteuer, in: Fachinstitut der Steuerberater (Hrsg.), StBJB, 2009, S. 76; CREUTZMANN, Bewertungsgesetz, in: Königsmaier/Mandl (Hrsg.), FS Mandl, 2010, S. 162 f.; RUIZ DE VARGAS/ZOLLNER, BewP, 4/2010, S. 6 f.; WELLING/WÜNNEMANN, FR, 2009, S. S10; WASSERMANN, DStR, 2010, S. 189.
[1795] Vgl. JÜLICHER, Steueranwaltsmagazin, 2008, S. 180; PILTZ, DStR, 2008, S. 751; siehe zu den Bewertungsergebnissen unten Kapitel F.IV.
[1796] Vgl. CREUTZMANN, DB, 2008, S. 2790; BARTHEL, FB, 2008, S. 525.
[1797] Vgl. HANNES/ONDERKA, ZEV, 2008, S. 176.

problematik überhaupt nicht ins Bewertungskalkül einbezogen.[1798] Daneben wird die Kapitalstruktur nicht berücksichtigt; hoch verschuldete Unternehmen werden daher genau so hoch bewertet wie unverschuldete.[1799] Auch fließen Faktoren des Marktes für Unternehmen, wie etwa aktuelles Angebot und Nachfrage oder die allgemeine Konjunktur nicht in die Bewertung ein.[1800]

Diese Aufzählung ließe sich wohl noch erweitern. Jedenfalls kann nicht davon ausgegangen werden, dass sich wertmindernde und werterhöhende Faktoren (genau) kompensieren.[1801] Daraus sollte ersichtlich sein, dass das vEWV in vielen Fällen zu nicht sachgerechten Ergebnissen führen wird, obgleich die Ergebnisse nicht im o. g. Sinne offensichtlich unzutreffend sind. Nach einem tieferen Blick auf die Höhe des Zuschlags des Kapitalisierungszinssatzes und den Bewertungsergebnissen als Ganzes ist daher zu entscheiden, ob es sich hierbei um eine (noch) verfassungskonforme Typisierung handelt.

532. Höhe

Die Höhe der Marktrisikoprämie wird vornehmlich aufgrund von historischen Daten ermittelt. In der Unternehmensbewertungsliteratur ist dabei höchst umstritten, ob hierbei das geometrische oder das arithmetische Mittel maßgeblich ist.[1802] Wie unterschiedlich beide Größen sein können, zeigt die Auflistung empirischer Ergebnisse für den deutschen Kapitalmarkt, welche in Tabelle 19 zusammen getragen sind. Hierbei werden stets keine persönlichen Steuern berücksichtigt.[1803]

[1798] Vgl. CREUTZMANN, DB, 2008, S. 2790; JONAS, Erbschaftsteuer, in: Fachinstitut der Steuerberater (Hrsg.), StBJB, 2009, S. 77; MÖLLMANN, in: Tiedtke (Hrsg.), ErbStG, 2009, § 12 ErbStG, Rz. 173.

[1799] Vgl. FLÖTER/MATERN, NWB, 2008, S. 1727 ff.; HANNES/ONDERKA, ZEV, 2008, S. 176; BÄUML, GmbHR, 2009, S. 1138.

[1800] Vgl. BARTHEL, FB, 2008, S. 525.

[1801] Vgl. CREUTZMANN, DB, 2008, S. 2789 f.

[1802] Vgl. BALLWIESER, Unternehmensbewertung, 2011, S. 100 ff. m. w. N.

[1803] Vgl. zu dieser Übersicht BALLWIESER, Unternehmensbewertung, 2011, S. 100 m. w. N. Siehe zu einer insgesamt 43 Studien umfassenden Zusammenstellung CREUTZMANN, DB, 2010, S. 1305.

Autoren	Zeitraum	Marktrisikoprämie als arithmetisches Mittel	Marktrisikoprämie als geometrisches Mittel
STEHLE (CDAX, REX)	1955 - 2009	5,51 %	2,61 %
STEHLE (DAX, REX)	1955 - 2009	5,98 %	2,72 %
STEHLE (CDAX, REX)	1955 - 2006	6,10 %	3,42 %
STEHLE (DAX, REX)	1955 - 2006	6,55 %	3,45 %
STEHLE (CDAX, REX)	1955 - 2003	5,46 %	2,66 %
STEHLE (DAX, REX)	1955 - 2003	6,02 %	2,76 %
DIMSON/MARSH/STAUNTON	1900 - 2005	8,35 %	5,28 %
CONEN/VÄTH	1949 - 1992	10,4 %	6,8 %
BIMBERG	1954 - 1988		5,3 %
STEHLE/HARTMOND	1954 - 1988		4,6 %
MORAWIETZ	1950 - 1992		4,4 %
STEHLE	1969 - 1998		3,2 %
BAETGE/KRAUSE	1967 - 1991		2,65 %
GIELEN	1960 - 1993		1,2 %

Tabelle 19: Historische Marktrisikoprämien[1804]

Die vom Gesetzgeber gewählte Risikoprämie befindet sich bei sechs von acht Studien, die beide Werte ausweisen, zwischen den ermittelten Risikoprämien für das jeweilige arithmetische und geometrische Mittel. Daneben lag sie am unteren Ende der seinerzeit bei Unternehmensbewertungen nach IDW S 1 anzuwendenden Risikoprämie vor Steuern,[1805] wobei der Fachausschuss für Betriebswirtschaft und Unternehmensbewertung des IDW (FAUB) in einer neueren Verlautbarung eine Risikoprämie von 5,5 % vor Steuern vorschlägt.[1806]

Die Höhe des Zinsfußes ist auch regelmäßiger Streitpunkt in der weitgehend gesellschaftsrechtlich geprägten Rechtsprechung zur Unternehmensbewertung. Eine erste umfassende Übersicht mit 36 Entscheidungen, deren Bewertungsstichtage zwischen 1935 und 1985 liegen, bietet PILTZ.[1807] Daneben existiert die sehr ausführliche

[1804] Quelle: BALLWIESER, Unternehmensbewertung, 2011, S. 100 m. w. N.

[1805] Vgl. RUIZ DE VARGAS/ZOLLNER, BewP, 4/2010, S. 6, die mit Bezug auf das Ergebnis einer FAUB-Sitzung eine Marktrisikoprämie vor Steuern von 4,5 % bis 5,5 % und eine Marktrisikoprämie nach Steuern von 4,0 % bis 4,5 % angeben. WAGNER/ SAUR/WILLERSHAUSEN, WPg, 2008, S. 741, schätzen für die Marktrisikoprämie vor Steuern 5 % und nach Steuern 4,5 %. Dazu auch HINZ, BFuP, 2011, S. 314 f.

[1806] Vgl. KOHL/KÖNIG, BB, 2012, S. 609.

[1807] Vgl. PILTZ, Rechtsprechung, 1994, S. 361 ff.

Zusammenstellung von Ballwieser, der insgesamt 76 Entscheidungen mit Stichtagen von 1970 bis 2007 mit verwendeten Zinssätzen auflistet.[1808] Hier soll jedoch ein genauerer Blick auf die bereits o. g. Auswertung von HACHMEISTER/ RUTHARDT/LAMPENIUS geworfen werden, weil der dortige Untersuchungszeitraum (Rechtsprechung 2000 bis 2010) eine höhere Relevanz aufweist. Der Basiszins ist entsprechend der tatsächlichen Entwicklung der Renditen öffentlicher Anleihen stetig gesunken.[1809] Es macht aber wenig Sinn, die absolute Höhe des Basiszinses des vEWV anhand der bisherigen Rechtsprechung zu würdigen. Vielmehr ist hier anzumerken, dass in der jüngeren Zeit insbesondere dessen Ermittlung unter Zuhilfenahme der Zinsstrukturkurve statt anhand vergangenheitsbezogener Werte zugenommen hat.[1810] Insofern ist die nun praktizierte Ermittlungstechnik – unter Berücksichtigung der genannten Probleme – wohl rechtssicher ausgestaltet. Viel interessanter ist aber die Frage nach der Höhe der Risikoprämie bei Anwendung des CAPM in aktuellen Gerichtsentscheidungen. Diese liegt im Durchschnitt bei 4,38 %, wobei der Median 4,50 % beträgt.[1811] Daneben ist ein Trend zur Berücksichtigung sämtlicher Risiken in einem Zuschlag identifizierbar.[1812] Insofern ist das vEWV rechtssicher ausgestaltet. Jedenfalls entsprechen die Höhe des Zinssatzes und die Berücksichtigung des Risikos in einem einzigen Zuschlag den Gegebenheiten der derzeitigen Rechtsprechung.

Im Ergebnis lässt sich daher aufgrund der empirischen Erkenntnisse und der Rechtsprechung feststellen, dass die vom Gesetzgeber gewählte Marktrisikoprämie keinesfalls unplausibel ist[1813] und daher eine sachgerechte Typsierung darstellt. Fraglich ist jedoch, ob die konkreten Bewertungsergebnisse ein anderes Ergebnis zulassen. Zuvor soll jedoch der Risikozuschlag auf Basis pragmatischer Risikozuschläge plausibilisiert werden.

1808 Vgl. BALLWIESER, Unternehmensbewertung, 2011, S. 124 ff.
1809 Vgl. HACHMEISTER/RUTHARDT/LAMPENIUS, WPg, 2011, S. 526.
1810 Vgl. HACHMEISTER/RUTHARDT/LAMPENIUS, WPg, 2011, S. 527.
1811 Vgl. HACHMEISTER/RUTHARDT/LAMPENIUS, WPg, 2011, S. 832.
1812 Vgl. HACHMEISTER/RUTHARDT/LAMPENIUS, WPg, 2011, S. 832.
1813 So auch WATRIN/RIEGER, SteuerConsultant, 2008, S. 29.

54. Plausibilitätskontrolle des Risikozuschlags

In Kapitel E.V.2231 wurde angemerkt, dass sich der Zusammenhang zwischen Risikozu- und Abschlagsmethode durch eine Äquivalenzbeziehung darstellen lässt. Hier sollen Plausibilitätsüberlegungen zum Risikozuschlag im vEWV entwickelt werden. Ausgangspunkt ist ein Ansatz von DIRRIGL, der hier später durch die Variation der Wahrscheinlichkeitsverteilung erweitert wird.

Im dortigen Beispiel wird vom Restwert, also der ewigen Rente, ausgegangen.[1814] Hier erfolgt eine Anpassung an das vEWV, sodass hier statt vom Restwert unmittelbar vom Unternehmenswert gesprochen wird.[1815] Die Verbindung zwischen Risikoabschlags- und Risikozuschlagsmethode lässt sich anhand folgender Äquivalenzbeziehung darstellen:

[71]

$$\begin{aligned} UW_{RZ} &= UW_{SÄ} && \Leftrightarrow \\ \frac{\mu}{i+z} &= \frac{SÄ}{i} && \Leftrightarrow \\ \frac{\mu}{i+z} &= \frac{\mu - RA}{i} && \Leftrightarrow \\ \frac{\mu}{i+z} &= \frac{\mu - rp \cdot \sigma}{i}. \end{aligned}$$

mit:

UW_{RZ}	=	Unternehmenswert (Risikozuschlagsmethode)
$UW_{SÄ}$	=	Unternehmenswert (Sicherheitsäquivalentmethode)
$SÄ$	=	Sicherheitsäquivalent
RA	=	Risikoabschlag
rp	=	Risikopreis
z	=	Risikozuschlag

[1814] Vgl. zum Folgenden DIRRIGL, Steuerbemessung, in: Kiesewetter/Niemann (Hrsg.), FS Wagner, 2009, S. B 34 ff.

[1815] Im Übrigen lässt sich zeigen, dass die ewige Rente oftmals einen erheblichen Teil des gesamten Unternehmenswerts ausmacht.

Der Diskontierung des unsicheren Erwartungswerts mit i zzgl. Risikozuschlag z steht selbige vom Sicherheitsäquivalent mit dem sicheren Zins i gegenüber. Diese Relation [71] lässt sich nach dem Risikopreis auflösen:

[72] $$rp = \frac{\mu \cdot z}{\sigma \cdot (i+z)} = \frac{\mu}{\sigma} \cdot \frac{z}{i+z}.$$

Der Risikopreis hängt demnach von zwei Komponenten ab:

1. von dem Verhältnis von Erwartungswert und Standardabweichung $\frac{\mu}{\sigma}$, welches die Wahrscheinlichkeitsverteilung näher beschreibt.
2. von dem Faktor $\frac{z}{i+z}$, welcher die Bewertungsparameter bezgl. der Zeit-Aggregation i und der Risikobewertung z charakterisiert.

Im Beispiel werden den verschiedenen zukünftigen Umweltzuständen Niedrig, Mittel und Hoch folgende diskrete Wahrscheinlichkeiten und Gewinne zugeordnet, aus welchen sich unmittelbar der Erwartungswert und die Standardabweichung ermitteln lassen.

Szenario	Wahrscheinlichkeit	Gewinn
Niedrig	20 %	60
Mittel	60 %	100
Hoch	20 %	140
Erwartungswert		100[1816]
Standardabweichung		25,30[1817]

Tabelle 20: Beispielverteilung[1818]

Aufgrund von Plausibilitätsüberlegungen ergibt sich, dass der Risikoabschlag bei der Erfolgsgröße nicht höher sein kann als die Differenz zwischen Erwartungswert und

---

1816 $20\% \cdot 60 + 60\% \cdot 100 + 20\% \cdot 140 = 100.$

1817 $\sqrt{20\% \cdot (60-100)^2 + 60\% \cdot (100-100)^2 + 20\% \cdot (140-100)^2} = 25{,}30.$

1818 Quelle: DIRRIGL, Steuerbemessung, in: Kiesewetter/Niemann (Hrsg.), FS Wagner, 2009, S. B 34.

geringster Ausprägung.[1819] Dies ist augenscheinlich zutreffend. Im vorliegenden Beispiel wäre jeder Risikoabschlag > 40, also jede risikobereinigte Erfolgsgröße < 60 offensichtlich nicht plausibel. Für diese Struktur der Wahrscheinlichkeitsverteilung gilt:[1820]

[73] $$\frac{\mu}{\sigma}=\frac{100}{25{,}30}=3{,}9526.$$

Zieht man zur Ermittlung des zweiten Faktors den fixen Risikozuschlag sowie den Basiszins des vEWV heran, erhält man:

[74] $$\frac{z}{i_{Basis}+z}=\frac{4{,}5\%}{2{,}04\%+4{,}5\%}=0{,}6881.$$

Durch Multiplikation beider Faktoren resultiert der adäquate Risikopreis:

[75] $$rp=\frac{\mu}{\sigma}\cdot\frac{z}{i_{Basis}+z}=3{,}9526\cdot 0{,}6881=2{,}7197.$$

Hieraus resultiert ein absoluter Risikoabschlag i. H. v.

[76] $$RA=rp\cdot\sigma=2{,}7197\cdot 25{,}30=68{,}8073.$$

Subtrahiert man diesen vom Erwartungswert, so erhält man das Sicherheitsäquivalent:

[77] $$SÄ=100-68{,}8073=31{,}1927.$$

[1819] Vgl. bspw. DRUKARCZYK/SCHÜLER, Unternehmensbewertung, 2009, S. 206.

[1820] Zwischenergebnisse werden auf vier Nachkommastellen gerundet. Anschließende Rechnungen werden aber mit den tatsächlichen Werten fortgesetzt.

Offenbar unterschreitet dieses den untersten Szenariowert von 60, so dass für die gegebene Verteilung die Parameterkonstellation i = 2,04 % und z = 4,5 % im Rahmen der Plausibilitätsprüfung zu verwerfen ist.

DIRRIGL berechnet daraufhin anhand verschiedener i- und z-Werte den jeweils äquivalenten Risikopreis. Die kritische Grenze zwischen plausiblen und nicht plausiblen Parameterkombinationen lässt sich ermitteln, indem die Werte der Wahrscheinlichkeitsverteilung eingesetzt werden.

[78]
$$\begin{aligned} 100-60 &= rp \cdot 25{,}30 \quad \Leftrightarrow \\ rp &= \frac{100-60}{25{,}30} = \frac{40}{25{,}30} = 1{,}5811. \end{aligned}$$

Für die vorliegende Verteilung wären also alle Parameterkonstellationen von i und z unplausibel, bei denen rp größer als 1,5811 ist, weil dann das Sicherheitsäquivalent geringer als die unterste Wertausprägung der Verteilung ist.[1821] Mit diesem Ergebnis lässt sich wiederum die kritische Grenze von z oder i unter Vorgabe der jeweils anderen Größe ermitteln:

[79]
$$1{,}5811 = \frac{\mu \cdot z}{\sigma \cdot (i+z)}.$$

Beim Basiszins von 2,04 % ergibt sich eine kritische Grenze von z^{*} = 1,36 %. Dieses Vorgehen lässt sich natürlich verallgemeinern. Bei gegebenem i und rp kann durch Umstellen von [71] eine kritische Größe z^{*} ermittelt werden:

[1821] Vgl. dazu auch die tabellarische Übersicht bei DIRRIGL, Steuerbemessung, in: Kiesewetter/Niemann (Hrsg.), FS Wagner, 2009, S. B 36.

[80]
$$\begin{aligned}
rp &= \frac{\mu \cdot z^*}{\sigma \cdot (i + z^*)} && \Leftrightarrow \\
rp \cdot \sigma \cdot \left(i + z^*\right) &= \mu \cdot z^* && \Leftrightarrow \\
rp \cdot \sigma \cdot i + rp \cdot \sigma \cdot z^* &= \mu \cdot z^* && \Leftrightarrow \\
rp \cdot \sigma \cdot i &= \mu \cdot z^* - rp \cdot \sigma \cdot z^* && \Leftrightarrow \\
rp \cdot \sigma \cdot i &= z^* \cdot (\mu - rp \cdot \sigma) && \Leftrightarrow \\
\frac{rp \cdot \sigma \cdot i}{\mu - rp \cdot \sigma} &= z^*.
\end{aligned}$$

Ebenso lässt sich bei bekanntem z und rp der kritische Basiszins berechnen:

[81]
$$\begin{aligned}
rp &= \frac{\mu \cdot z}{\sigma \cdot (i^* + z)} && \Leftrightarrow \\
rp \cdot \sigma \cdot i^* &= z \cdot (\mu - rp \cdot \sigma) && \Leftrightarrow \\
i^* &= \frac{z \cdot (\mu - rp \cdot \sigma)}{rp \cdot \sigma}.
\end{aligned}$$

Hier soll folgend über das Vorgehen von DIRRIGL hinaus, ein detaillierter Blick auf die Wahrscheinlichkeitsverteilung gelegt werden. Selbstverständlich stellt sich nicht nur für Angabe eines (Punkt-)Werts, sondern auch für die Beschreibung stetiger oder diskreter Verteilungen für zukünftige Erfolgsgrößen das Prognoseproblem. Dies löst der Gesetzgeber, indem er den prognostizierten Ertrag durch den durchschnittlichen Ertrag der letzten drei Jahre ersetzt. Diese Vorgehensweise erlaubt eine weitergehende Analyse der Plausibilität des vEWV.

Ausgangspunkt ist wiederum die nach rp aufgelöste Äquivalenzbedingung

[82]
$$\begin{aligned}
UW_{RZ} &= UW_{SÄ} && \Leftrightarrow \\
rp &= \frac{\mu \cdot z}{\sigma \cdot (i + z)}.
\end{aligned}$$

und deren zwei Komponenten $\frac{\mu}{\sigma}$ und $\frac{z}{i + z}$. Statt nun i und z zu variieren und damit kritische Werte für diese Größen zu ermitteln, bietet sich zur Analyse des vEWV an, die beiden Größen als gegeben aufzufassen. Aufgrund des einheitlichen Risikozuschlags ist der Faktor $\frac{z}{i+z}$ immer gleich und vor allem nicht durch einen der Beteiligten zu verändern. Etwas anderes gilt für den Faktor $\frac{\mu}{\sigma}$, der hier ins Zentrum der Betrachtung rückt. Offenbar handelt es sich hierbei um den Kehrwert des Variationskoeffizienten. Damit lässt er sich natürlich ebenfalls als relatives Streuungsmaß interpretieren. Die zugrunde liegende „Verteilung" ist beim vEWV keine zukünftige, unbekannte und daher zu schätzende Verteilung, sondern sie ist vielmehr bekannt. Es handelt sich nämlich schlicht um die letzten drei Erträge, die jeweils mit der „Wahrscheinlichkeit" von einem Drittel gewichtet werden. Die Erträge werden hierzu in eine Rangfolge gebracht, wobei G_1 den kleinsten, G_2 den mittleren und G_3 den größten Gewinn darstellt. Der Erwartungswert beträgt dann:

[83] $$\mu = \frac{G_1 + G_2 + G_3}{3} = G.$$

Im nächsten Schritt ist die Plausibilitätsbedingung zu formulieren. Unplausibel wäre ein Sicherheitsäquivalent, welches geringer als G_1 ist. Hierbei wird in der dritten Zeile der Erwartungswert gem. [83] durch G ersetzt.

[84] $$\begin{aligned} G_1 &> SÄ && \Leftrightarrow \\ G_1 &> \mu - rp \cdot \sigma && \Leftrightarrow \\ G_1 &> G - rp \cdot \sigma && \Leftrightarrow \\ rp \cdot \sigma &> G - G_1 && \Leftrightarrow \\ rp &> \frac{G - G_1}{\sigma}. \end{aligned}$$

Mit Hilfe der Äquivalenzbedingung [82] wird nun rp ersetzt:

$$rp > \frac{G - G_1}{\sigma} \Leftrightarrow$$

[85] $$\frac{\mu}{\sigma} \cdot \frac{z}{i + z} > \frac{G - G_1}{\sigma} \Leftrightarrow$$

$$\mu \cdot \frac{z}{i + z} > G - G_1.$$

Auf der linken Seite der Ungleichung kann wiederum der Gewinn für den Erwartungswert eingesetzt werden:

[86] $$G \cdot \frac{z}{i + z} > G - G_1 \Leftrightarrow$$

$$\frac{z}{i + z} > \frac{G - G_1}{G}$$

Die rechte Seite der Ungleichung lässt sich nun sehr gut interpretieren. Im Zähler steht die absolute Abweichung des geringsten Gewinns zum durchschnittlichen Gewinn. Durch die Division mit dem durchschnittlichen Gewinn erfolgt eine Normierung. Es handelt sich also um die relative Abweichung des Worst Case Szenarios. Dieses Ergebnis resultiert aus der Vorgabe des fixen Risikozuschlags, der an die Stelle des subjektiven Risikomaßes in Form des Risikoaversionskoeffizienten (Risikopreis) tritt.

Schließlich können die tatsächlichen Werte für den Faktor aus Sicherheitszuschlag und Basiszins eingesetzt werden. Dessen Höhe ergibt sich aus der Aufstellung in Tabelle 21.

Bewertungsstichtag	$\frac{z}{i+z}$
01.01.2007 - 31.12.2007	0,528
01.01.2008 - 31.12.2008	0,496
01.01.2009 - 31.12.2009	0,555
01.01.2010 - 31.12.2010	0,531
01.01.2011 - 31.12.2011	0,567
01.01.2012 - 31.12.2012	0,648
01.01.2013 - 31.12.2013	0,688

Tabelle 21: Faktor zur Plausibilitätsprüfung[1822]

Für das Jahr 2013 wäre das vEWV also als unplausibel abzulehnen, wenn die Abweichung des geringsten Gewinns geringer als rd. 69 % ist:

[87] $$\frac{G-G_1}{G}<68{,}9\%.$$

Dies soll mit Hilfe eines Beispiels veranschaulicht werden. Hierzu sei ein Unternehmen betrachtet, welches in den letzten drei Perioden Gewinne von 50, 100 und 150 aufgewiesen hat. Bereits aus diesen Angaben lässt sich die Plausibilität der Parameter des vEWV für Unternehmen A verwerfen, weil

[88] $$\frac{100-50}{100}=50\%<68{,}9\%$$

gilt. Dies wird deutlich, wenn die Verteilung ausführlich untersucht wird. Die Standardabweichung lässt sich wie folgt berechnen:

[89] $$\sigma=\sqrt{\sigma^2}=\sqrt{\frac{(50-100)^2+(100-100)^2+(150-100)^2}{3}}=40{,}8248.$$

Der Risikopreis beträgt:

[1822] Eigene Berechnung. Die Ergebnisse sind auf drei Nachkommastellen gerundet.

[90] $$rp = \frac{\mu \cdot z}{\sigma \cdot (i_{Basis} + z)} = \frac{100 \cdot 0{,}045}{40{,}82 \cdot (0{,}0244 + 0{,}045)} = 1{,}5885.$$

Hieraus ergibt sich ein Sicherheitsäquivalent von:

[91] $$SÄ = \mu - rp \cdot \sigma = 100 - 1{,}558 \cdot 40{,}8248 = 35{,}1498.$$

Die Parameterkonstellation des vEWV ist also für das Beispielunternehmen zu verwerfen, weil das Sicherheitsäquivalent kleiner als die geringste Ausprägung des Gewinns ist. Für die relativ schwankungsarme Verteilung ist der Risikozuschlag des vEWV zu hoch. Selbstverständlich ist diese Aussage vor dem Hintergrund der im Rahmen solcher Plausibilitätsüberlegungen üblichen Annahme, nämlich dass die ungünstigste Erfolgsausprägung nicht unterschritten werden kann, zu relativieren.

IV. Bewertungsergebnisse

1. Mindesteigenkapitalrentabilität

Hier sind die Bewertungsergebnisse des vEWV zusammenfassend zu würdigen. Die Erkenntnisse stammen dabei sowohl aus modelltheoretischen Überlegungen, Veranlagungssimulationen („Beispielrechnungen") als auch aus (schlichten) Erfahrungsäußerungen.

Zunächst ist zu überlegen, wann überhaupt der vereinfachte Ertragswert statt der Wertuntergrenze zur Anwendung kommt. Dies ist offensichtlich der Fall, wenn

[92] $$\frac{G}{i_{VETWV}} > SW \Leftrightarrow \frac{G}{SW} > i_{VETWV}$$

gilt. Mithin muss die „Substanzwertrentabilität" mindestens dem Zinssatz des vEWV entsprechen. Wenn man nun den im Allgemeinen tiefst möglichen Substanzwert, nämlich das Eigenkapital des Unternehmens ansetzt,[1823] ist eine deutlich bessere Interpretation möglich. So lag die durchschnittliche Eigenmittelquote bei Unternehmen aller Wirtschaftszweige mit mehr als 50 Mio. € Umsatz im Jahr 2010 bei 28,9 % der Bilanzsumme, während der Gewinn nach Steuern bei 3,0 % vom Umsatz lag. Der Umsatz lag wiederum bei 143,2 % der Bilanzsumme.[1824] Demnach hat die Eigenkapitalrentabilität (EKR)

[93] $$EKR = \frac{3{,}0\%\left[\frac{G}{U}\right]\cdot 143{,}2\%\left[\frac{U}{GK_{BW}}\right]}{28{,}9\%\left[\frac{EK_{BW}}{GK_{BW}}\right]} = 14{,}87\%\left[\frac{G}{EK_{BW}}\right]$$

mit: EKR = Eigenkapitalrentabilität

betragen. Die EKR liegt damit im Mittel zwar über dem Zinssatz. Interessant ist jedoch, wie die Renditen verteilt sind. Das 25 %-Quantil der Netto-Umsatzrentabilität liegt lediglich bei 0,4 %.[1825] Hier ergäbe sich eine Eigenkapitalrentabilität von nur noch 1,98 %.[1826] Damit wäre das vEWV für die 25 % der unrentabelsten Unternehmen hier überhaupt nicht anwendbar. Sogar das 50 %-Quantil weist lediglich eine Umsatzrentabilität von 2,2 % auf,[1827] was einer Eigenkapitalrentabilität von 10,9 % entspricht. Daher dürften es erheblich mehr als die genannten 25 % des ersten 25 %-Quantils sein.[1828] Diese Abschätzung mag in ihrer Quantität überraschen; sie wird aber insbesondere im Hinblick auf Unternehmen mit Geschäftsjahren ohne Gewinn oder mit Verlusten wohl nicht unplausibel sein. Schließlich führt ein Verlust in einem Jahr, der höher ist als die Summe der Gewinne der beiden anderen Jahre, bereits zu einem Unternehmenswert von null.

[1823] Natürlich kann das Eigenkapital auch größer als der Substanzwert sein, nämlich dann, wenn die bilanziellen Ansätze höher als die gemeinen Werte sind. Dies wird hier als Ausnahme angesehen und daher in der Modellierung nicht betrachtet.

[1824] Vgl. zu allen drei Werten Deutsche Bundesbank (Hrsg.), Verhältniszahlen 2010, 2012, Tabellenblatt 1.

[1825] Vgl. Deutsche Bundesbank (Hrsg.), Verhältniszahlen 2010, 2012, Tabellenblatt 1.

[1826] Hierbei wird angenommen, dass der Kapitalumschlag und die Eigenkapitalquote bei diesen Unternehmen dem Durchschnitt aller Unternehmen entsprechen.

[1827] Vgl. Deutsche Bundesbank (Hrsg.), Verhältniszahlen 2010, 2012, Tabellenblatt 1.

[1828] Eine genauere Abschätzung ist nicht möglich. Insbesondere verbietet sich eine lineare Interpolation.

Wenn man darüber hinaus bedenkt, dass der Substanzwert aufgrund der Maßgeblichkeit gemeiner Werte einerseits und der Berücksichtigung auch nicht bilanzierter immaterieller Wirtschaftsgüter andererseits i. d. R. oftmals deutlich höher als das Eigenkapital sein wird, ergibt sich durch die Wertuntergrenze eine mitunter erhebliche Einschränkung des Anwendungsbereichs des vEWV.

2. Vergleich zum bisherigen Bewertungsrecht

Hier soll ein analytischer Vergleich der Ergebnisse des vEWV mit den vorherigen Bewertungsregeln erfolgen. Dabei sollte klar sein, dass sich bei der Bewertung von Personengesellschaften stets ein höherer Wert ergibt als im bis zum Jahr 2008 gültigen Recht. Schließlich erreicht der alte „gemeine Wert" – die Bewertung mit Steuerbilanzwerten – nun nicht einmal die neue steuerliche Wertuntergrenze, weil nun eben einerseits gemeine Werte und andererseits auch nicht bilanzierte immaterielle Wirtschaftsgüter maßgeblich sind. D. h. soweit ein Wert nach dem vEWV ermittelt wird, ist dieser zwingend höher als der vor der Reform angewandte Wertansatz, weil für den im vEWV ermittelten Wert auch der Substanzwert als Wertuntergrenze greift.

Beim Vergleich mit dem Stuttgarter Verfahren lohnt sich ein differenzierter Blick. Wohl unkritisch ist zunächst die Voraussetzung, dass der gewichtete Gewinn des Stuttgarter Verfahrens dem Durchschnittsgewinn des vEWV entspricht.[1829] In der folgenden Modellierung sollen nur positive Gewinne untersucht werden. Bei Verlusten führt die neue Bewertung stets zu höheren Werten, weil dann der Substanzwert zur Anwendung kommt, während im Stuttgarter Verfahren ein Wert unterhalb des Substanzwerts erreicht wird. Daneben wird hier wiederum angenommen, dass die Summe der Steuerbilanzwerte dem Substanzwert entspricht. Die Hypothese lautet nun, dass der neue erbschaftsteuerliche Wert höher als der Wert nach dem Stuttgarter Verfahren ist:

[94] $$\max\left(SW;\frac{G}{i_{vEWV}}\right) > 0{,}68 \cdot (SW + 5 \cdot G) \cdot$$

[1829] Die Analyse wird dadurch nicht durch die Gewichtung der Gewinne im Stuttgarter Verfahren verkompliziert. Ebenso finden die dort vorgesehenen Abschläge für schwach rentable Unternehmen keine Berücksichtigung.

Hierzu ist also eine Fallunterscheidung notwendig. Wenn der Substanzwert größer als der Wert im vEWV ist, gilt

[95]
$$\frac{G}{i_{vEWV}} < SW \quad \Leftrightarrow$$
$$\frac{G}{SW} < i_{vEWV}$$

Da das Ergebnis der Maximum-Funktion aus [94] dann stets der Substanzwert ist, wird diese Bedingung zu:

[96]
$$\begin{aligned} SW &> 0{,}68 \cdot (SW + 5 \cdot G) \\ SW &> 0{,}68 \cdot SW + 3{,}4 \cdot G \\ 0{,}32 \cdot SW &> 3{,}4 \cdot G \\ 9{,}41\% &> \frac{G}{SW} \end{aligned}$$

Sofern neben Bedingung [95] auch [96] erfüllt ist, wäre nach der oben aufgestellten Hypothese der Wert nach der neuen Bewertung höher als nach dem Stuttgarter Verfahren. Wie in Tabelle 17 ersichtlich, waren alle bisherigen Zinssätze im vEWV geringer als 9,41 %, womit stets beide Bedingungen erfüllt sind, weil

[97]
$$\frac{G}{SW} < i_{vEWV} < 9{,}41\%$$

gilt. In diesem Bereich ist die Rentabilität so schwach, dass nach der neuen Bewertung der Substanzwert angesetzt wird, während selbiger beim Stuttgarter Verfahren nicht einmal erreicht wurde. Anders ist dies, wenn höhere i_{vEWV} zur Anwendung kommen; Bedingung [97] ist dann nicht erfüllt. In diesen Fällen wären bei Renditen zwischen 9,41 % und i_{vEWV} geringere Steuerwerte als im Stuttgarter Verfahren zu beobachten, weil dann nach alten Bewertungsmaßstäben ein Wert oberhalb des Substanzwerts, nach den neuen aber lediglich der Substanzwert Anwendung finden würde.

Im anderen Konstellation der Fallunterscheidung kommt der Wert nach dem vEWV zur Anwendung, d. h. es gilt nicht [95], sondern umgekehrt:

[98] $$\frac{G}{SW} > i_{vEWV}.$$

In diesem Fall ist das Ergebnis der Maximum-Funktion der Wert nach dem vEWV. Daher lautet die Bedingung [94] hier:

[99]
$$\begin{aligned}
\frac{G}{i_{vEWV}} &> 0{,}68\cdot(SW+5\cdot G) &&\Leftrightarrow\\
G &> 0{,}68\cdot(SW+5\cdot G)\cdot i_{vEWV} &&\Leftrightarrow\\
G-3{,}4\cdot G\cdot i_{vEWV} &> 0{,}68\cdot SW\cdot i_{vEWV} &&\Leftrightarrow\\
G &> \frac{0{,}68\cdot i_{vEWV}}{1-3{,}4\cdot i_{vEWV}}\cdot SW &&\Leftrightarrow\\
\frac{G}{SW} &> \frac{0{,}68\cdot i_{vEWV}}{1-3{,}4\cdot i_{vEWV}} &&.
\end{aligned}$$

Fraglich ist nun, ob Bedingung [99] stets erfüllt ist, wenn [98] gilt. Dies wäre der Fall, wenn gilt:

[100]
$$\begin{aligned}
i_{vEWV} &> \frac{0{,}68\cdot i_{vEWV}}{1-3{,}4\cdot i_{vEWV}} &&\Leftrightarrow\\
i_{vEWV}-3{,}4\cdot i_{vEWV}^{2} &> 0{,}68\cdot i_{vEWV} &&\Leftrightarrow\\
1-3{,}4\cdot i_{vEWV} &> 0{,}68 &&\Leftrightarrow\\
0{,}32 &> 3{,}4\cdot i_{vEWV} &&\\
9{,}41\% &> i_{vEWV} &&.
\end{aligned}$$

Dann gilt nämlich:

[101] $$\frac{G}{SW} > i_{vEWV} > \frac{0{,}68\cdot i_{vEWV}}{1-3{,}4\cdot i_{vEWV}}.$$

D. h. bei allen bisher gültigen i_{vEWV} führt die neue Bewertung auch in diesem Fall stets zu höheren Werten. Denn hierbei ist die Rendite so hoch, dass im vEWV ein Wert ermittelt wird, der einerseits höher als der Substanzwert und andererseits höher als Wert nach dem Stuttgarter Verfahren ist. Die Überlegungen sollen anhand der folgenden Abbildung 25 zusammengefasst werden.

Fallunterscheidung	[95] $\frac{G}{SW} < i_{vEWV}$	[98] $\frac{G}{SW} > i_{vEWV}$
Wert neue Bewertung	SW	$\frac{G}{i_{vEWV}}$
Wert alte Bewertung	$0{,}68 \cdot (SW + 5 \cdot G)$	
	Bedingung [96] ebenfalls erfüllt	Bedingung [100] ebenfalls erfüllt
höherer Wert	SW	$\frac{G}{i_{vEWV}}$

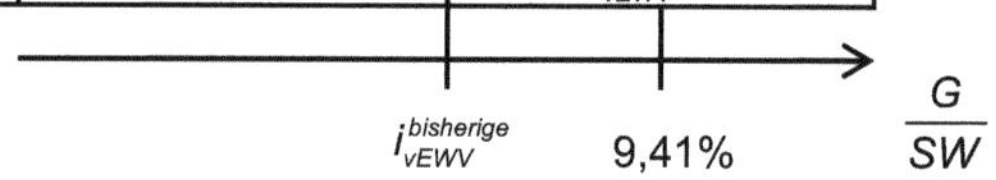

Abbildung 25: Vergleich zum alten Bewertungsrecht mit bisherigen Kapitalisierungszinssätzen[1830]

Wenn also bspw. i_{vEWV} = 8 % gilt und ein Unternehmen mit SW = 100 einen Gewinn von 7, also eine Rendite von 7 % aufweist, ergibt sich hierfür ein Unternehmenswert nach dem vEWV i. H. v.:

[102] $$UW_{vEWV} = \frac{7}{0{,}08} = 87{,}5.$$

Daher kommt im neuen Bewertungsrecht der Substanzwert zur Anwendung, welcher mit 100 höher ist als der Wert nach dem Stuttgarter Verfahren:

[1830] Eigene Darstellung.

[103] $$UW_{SV} = 0{,}68 \cdot (100 + 5 \cdot 7) = 91{,}8.$$

Beträgt die Rendite des Unternehmens dagegen 9 %, erhält man:

[104] $$UW_{vEWV} = \frac{9}{0{,}08} = 112{,}5.$$

Damit ist der Wert nach dem vEWV maßgeblich, welcher – wie Ausdruck [105] zeigt – wiederum oberhalb des Werts nach dem Stuttgarter Verfahren liegt:

[105] $$UW_{SV} = 0{,}68 \cdot (100 + 5 \cdot 9) = 98{,}6.$$

Die kritische Rendite von 9,41 % ist hier lediglich im Vergleich zum Zinssatz des vEWV relevant. So ergibt sich bei einer Rendite von 10 %:

[106] $$UW_{vEWV} = \frac{10}{0{,}08} = 125$$

und

[107] $$UW_{SV} = 0{,}68 \cdot (100 + 5 \cdot 10) = 102.$$

Die neue Bewertung führt damit insgesamt bei allen bisherigen Basiszinssätzen zu höheren Werten als das Stuttgarter Verfahren.

Bei höheren i_{vEWV} sind bei Anwendung der neuen Bewertung sowohl höhere als auch geringere Werte als im Stuttgarter Verfahren möglich, je nachdem, ob Bedingung [99] erfüllt ist oder nicht. Diese Ergebnisse sind in Abbildung 26 zusammengefasst.

Fallunterscheidung	[95] $\frac{G}{SW} < i_{vEWV}$		[98] $\frac{G}{SW} > i_{vEWV}$	
Wert neue Bewertung	SW		$\frac{G}{i_{vEWV}}$	
Wert alte Bewertung	$0{,}68 \cdot (SW + 5 \cdot G)$			
	[96] erfüllt	[96] nicht erfüllt	[99] nicht erfüllt	[99] erfüllt
höherer Wert	SW	$0{,}68 \cdot (SW + 5 \cdot G)$	$0{,}68 \cdot (SW + 5 \cdot G)$	$\frac{G}{i_{vEWV}}$

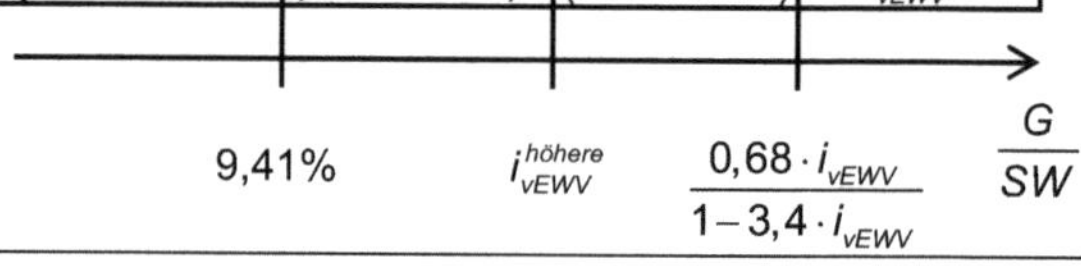

Abbildung 26: Vergleich zum alten Bewertungsrecht mit höheren Kapitalisierungszinssätzen[1831]

Wenn etwa i_{vEWV} = 11 % gilt, ergeben sich wiederum bei SW = 100 in Abhängigkeit von der Rendite verschiedenste Ergebnisvarianten. Die Ergebnisse sind hier für Renditen von 9 %, 10 %, 11,5 %, 12 % in Tabelle 22 zusammengefasst, womit die vier Bereiche der Abbildung 26 abgedeckt sind; der Faktor aus Bedingung [99] beträgt hier nämlich rd. 11,95 %. Im Fall von Renditen unterhalb von 9,41% ist im neuen Recht der Substanzwert maßgeblich. Dieser ist hier auch höher als der Wert im Stuttgarter Verfahren. Anders ist dies, wenn die Rendite im alten Recht zu Werten oberhalb des Substanzwerts führt, im neuen Recht jedoch zur Anwendung desselbigen, weil sie immer noch unterhalb von i_{vEWV} ist. Dann sind nämlich die Werte im Stuttgarter Verfahren höher. Letztgenanntes gilt auch für Renditen, die zwar oberhalb von i_{vEWV} liegen und somit zur Anwendung des vEWV führen, aber wiederum so niedrig sind, dass der Wert nach dem vEWV niedriger als der Wert im Stuttgarter Verfahren ist.

[1831] Eigene Darstellung.

$\frac{G}{SW}$	9 %	10 %	11,5%	12 %
SW	100,00	100,00	100,00	100,00
UW_{vEWV}	81,82	90,91	104,55	109,09
Wert neue Bewertung	100,00	100,00	104,55	109,09
Wert alte Bewertung	98,60	102,00	107,10	108,80

Tabelle 22: Vergleich zum alten Bewertungsrecht (Beispiele)[1832]

Offenbar können sich bei höheren als den derzeit geltenden Kapitalisierungszinssätzen geringere Unternehmenswerte als im Stuttgarter Verfahren. Die Größe dieses Bereichs ist abhängig von i_{vEWV} und kann durchaus Größenordnungen annehmen, die ökonomisch relevante Bereiche umfassen. Die Abbildung 27 zeigt dies für i_{vEWV} von 9,41 % bis 20 %.

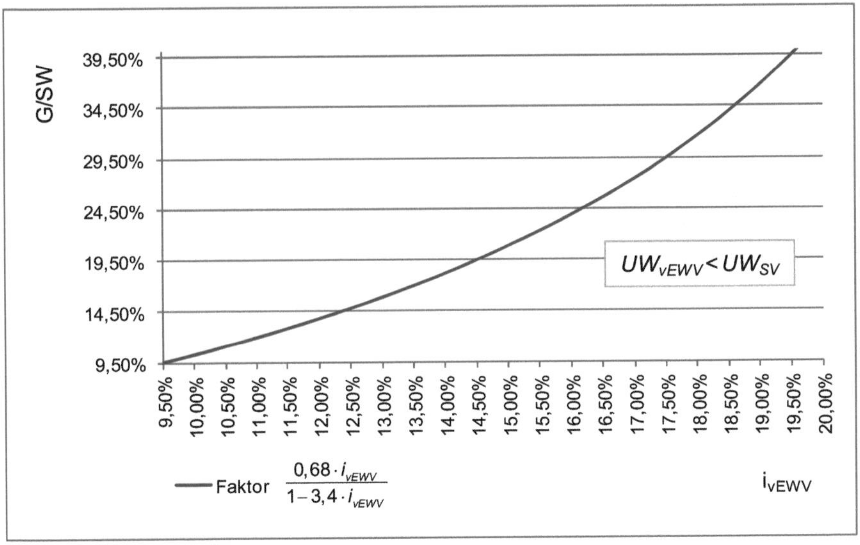

Abbildung 27: Geringerer Wert im vEWV bei hohen i_{vEWV}[1833]

1832 Eigene Berechnung. Die Ergebnisse sind auf zwei Nachkommastellen gerundet.
1833 Eigene Darstellung.

Es ist offensichtlich, dass sich der Renditebereich, indem das Stuttgarter Verfahren zu höheren Werten führt, bei sehr hohen i_{vEWV} stark ausweitet, weil der Wert nach dem vEWV hier stark zurück geht.[1834] Für realistische Zinssätze von i_{vEWV} ist der Grenzbereich aber verhältnismäßig gering, sodass hier das vEWV bei den meisten Unternehmen zu höheren Werten führen wird.

Im Ergebnis ergeben sich jedenfalls für das vEWV unter Berücksichtigung des Substanzwerts als Mindestwert über alle Rechtsformen hinweg in sämtlichen bisherigen Anwendungsfällen höhere erbschaftsteuerliche Bemessungsgrundlagen als nach altem Recht.

3. Einheitlicher Betafaktor

Das Problem des einheitlichen Beta-Faktors wird in der Literatur auch rechnerisch betrachtet. So stellen GERBER/KÖNIG in zwei Beträgen die Bewertungsdifferenzen aufgrund unterschiedlicher Beta-Faktoren dar.[1835] In ihrem Beispiel ergibt sich bei zwei Unternehmen, die einen Beta-Faktor von 0,7 und 1,4 aufweisen, eine Bewertungsdifferenz von 46,60 %,[1836] wobei die relative Wertdifferenz zum Wert des vEWV m. E. aussagekräftiger bzw. von höherer Relevanz ist. Diese Wertabweichung soll hier verallgemeinert werden. Abbildung 28 zeigt die Höhe des Multiplikators, wenn variable Beta-Faktoren zur Anwendung kommen würden, wobei hier lediglich positive Beta-Faktoren[1837] abgebildet sind. Die Kurve variabler Beta-Faktoren kann auch als Multiplikator einer ewigen Rente in einem FTE-Ansatz resp. als Wert nach IDW S 1 interpretiert werden.

1834 Ab i_{vEWV} > 29,41 % wird der Definitionsbereich verlassen, weil der Faktor hier negativ wird und damit nicht mehr größer als 9,41% ist. In diesem Fall ist stets der Wert nach dem Stuttgarter höher, weil dann der Kapitalisierungsfaktor des vEWV geringer (!) ist als der des Stuttgarter Verfahrens.

1835 Vgl. GERBER/KÖNIG, Status:Recht, 2009, S. 132 f.; GERBER/KÖNIG, BB, 2009, S. 1268 ff.

1836 Vgl. GERBER/KÖNIG, BB, 2009, S. 1271.

1837 Grundsätzlich können bei negativer Korrelation zwischen Rendite des Marktportfolios und Rendite des beobachteten Unternehmens auch negative Beta-Faktoren vorkommen.

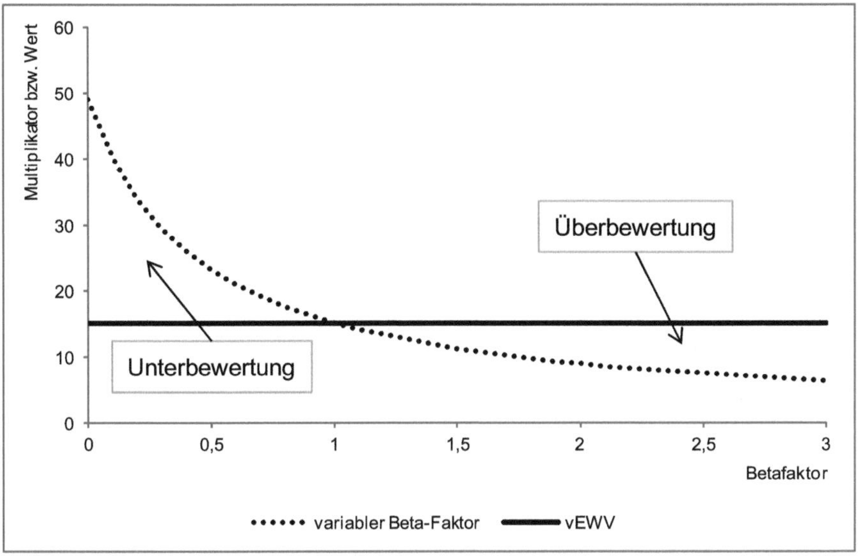

Abbildung 28: Vergleich fixer und variabler Beta-Faktor[1838]

Die relative Wertabweichung beträgt in Abhängigkeit vom Beta-Faktor der Unternehmung:

Beta-Faktor	0	0,5	1,0	1,5	2,0	2,5	3,0
Relative Wertdifferenz	221 %	52 %	0 %	- 26 %	- 41 %	- 51 %	- 58 %

Tabelle 23: Relative Wertdifferenz[1839]

Tabelle 23 zeigt, dass die Wertabweichung also eine erhebliche Höhe erreichen kann. Im Ergebnis werden risikoreiche Unternehmen (Beta > 1) mit dem vEWV über- und risikoarme Unternehmen (Beta < 1) unterbewertet.[1840] Aus dieser Betrachtung wird unmittelbar eine ganz wesentliche Handlungsempfehlung deutlich. Unternehmen mit allgemein hohem Risiko (Branche, Kapitalstruktur) sollten mit Hilfe einer gutachterlichen Bewertung, welche dieses Risiko explizit berücksichtigt, bewertet

[1838] Eigene Darstellung.

[1839] Eigene Berechnung. Die Ergebnisse sind auf ganzzahlige Prozentwerte gerundet.

[1840] Vgl. bspw. BARDENHEWER, RNotZ, 2009, S. 301; GERBER/KÖNIG, BB, 2009, S. 1271; MÖLLMANN, in: Tiedtke (Hrsg.), ErbStG, 2009; § 12 ErbStG, Rz. 172.

werden, während bei weniger risikobehafteten Unternehmen c. p. eine Bewertung mit dem vereinfachten Verfahren sinnvoll ist.[1841]

4. Veranlagungssimulationen und allgemeine Einschätzungen

Das Bewertungsniveau des vEWV wird im Schrifttum auch anhand der konkreten Bewertung eines Beispielunternehmens beurteilt. Solche „Untersuchungen“ basieren natürlich regelmäßig auf den verwendeten Daten und sind daher stets kritisch zu hinterfragen. Hier sollen daher lediglich die Grundaussagen ausgewählter Beispielberechnungen hervorgehoben werden.

BRÜGGEMANN vergleicht in mehreren Beiträgen das alte und neue Bewertungsrecht anhand verschiedener Unternehmensformen. In einem frühen Beitrag vergleicht er den Steuerbilanzwert mit dem Wert nach dem OFD-Leitfaden für ertragsteuerliche Zwecke.[1842] Hierbei geht er jedoch bereits von einem Risikozuschlag von 4,5 % (statt 3,6 % im Leitfaden) aus.[1843] Dabei kommt er zu einem rd. 45 % erhöhtem Unternehmenswert.[1844] Ein Wertvergleich auf Basis der AntBVBewV ergibt für einen Kapitalgesellschaftsanteil einen im Vergleich zum Stuttgarter Verfahren um 60 % höheren Wert.[1845] Für den Anteil an einer OHG wird eine Zunahme von 70 % berechnet.[1846]

Andere Beiträge vergleichen das Ergebnis des vEWV mit dem nach IDW S 1. Die diesbezüglich anschaulichsten Ergebnisse bieten m. E. die Modellrechnungen von BRUCKMEIER/ZWIRNER/MUGLER. Diese zeigen für eine Kapitalgesellschaft ein leicht höheres Ergebnis beim Ertragswertverfahren nach IDW S 1. Dies liegt im Wesentlichen an dem hier berücksichtigten Wachstum i. H. v. einem Prozent und der Berücksichtigung der Besteuerung des Basiszinssatzes, was beides zu einem geringeren Zinssatz führt. Demgegenüber ist die persönliche Besteuerung durch die nur hälftige Berücksichtigung der Abgeltungsteuer bei den thesaurierten Beträgen nur unterproportional berücksichtigt.[1847] So berechnen zwei der beteiligten Autoren in einem

---

[1841] Vgl. CREUTZMANN, DB, 2008, S. 2790; CREUTZMANN, Bewertungsgesetz, in: Königsmaier/Mandl (Hrsg.), FS Mandl, 2010, S. 163.
[1842] Vgl. BRÜGGEMANN, ErbBstg, 2008, S. 34 ff.
[1843] Vgl. BRÜGGEMANN, ErbBstg, 2008, S. 36.
[1844] Vgl. BRÜGGEMANN, ErbBstg, 2008, S. 34 ff.
[1845] Vgl. BRÜGGEMANN, ErbBstg, 2008, S. 130 ff.
[1846] Vgl. BRÜGGEMANN, ErbBstg, 2008, S. 133 ff.
[1847] Vgl. zum bisherigen Absatz BRUCKMEIER/ZWIRNER/MUGLER, DStR, 2011, S. 422 ff.

anderen Beitrag einen geringfügig höheren Wert beim vEWV.[1848] Ausgehend von dem zuerst angesprochenen Grundfall werden verschiedene Variationen vorgenommen. Deren Ergebnisse werden von BRUCKMEIER/ZWIRNER/MUGLER in folgender Tabelle 24 zusammengefasst:[1849]

Parameter	Szenario	Verfahren, das c. p. zu den niedrigeren Unternehmenswerten führt
Ertragserwartungen	in der Zukunft sinkende Ertragserwartungen (die im Zweifelsfall unter den Erträgen der Vergangenheit liegen)	IDW S 1
	in der Zukunft steigende Ertragserwartungen (die im Zweifelsfall über den Erträgen der Vergangenheit liegen)	§§ 199 ff. BewG
Risikoeinschätzung bzw. Kapitalisierungszinssatz nach IDW S 1	höheres Risiko bzw. zulässige/vertretbare Anwendung eines Kapitalisierungszinssatzes, der über dem relevanten standardisierten Wert nach § 203 BewG liegt	IDW S 1
	geringeres Risiko, bzw. notwendige Anwendung eines Kapitalisierungszinssatzes, der unter dem relevanten standardisierten Wert nach § 203 BewG liegt	§§ 199 ff. BewG
steuerliche Situation	Unternehmensbesteuerung mit einer tatsächlichen Steuerbelastung > 30 %	IDW S 1
	Unternehmensbesteuerung mit einer tatsächlichen Steuerbelastung < 30 %	§§ 199 ff. BewG
Vorliegen von nicht betriebsnotwendigem Vermögen		IDW S 1
Vorliegen von jungen Wirtschaftsgütern		IDW S 1

Tabelle 24: Vorteilhaftigkeitsvergleich IDW S 1 gegenüber vEWV[1850]

[1848] Vgl. BRUCKMEIER/SCHMID/ZWIRNER, FB, 2009, S. 237 f.

[1849] Vgl. BRUCKMEIER/ZWIRNER/MUGLER, DStR, 2011, S. 426. Der Beitrag von RUIZ DE VARGAS/ZOLLNER, BewP, 4/2010, S. 7 ff. zeigt im Wesentlichen dieselben Ergebnisse auf.

[1850] Quelle: BRUCKMEIER/ZWIRNER/MUGLER, DStR, 2011, S. 426.

Damit wird deutlich, dass die Entscheidung, welches Verfahren zur Anwendung kommen sollte, stets eine Einzelfallentscheidung darstellt und i. d. R. auch ausführliche Proberechnungen verlangen wird. Die Erkenntnis bezüglich der Ertragserwartungen und der Risikoeinschätzung wurden auch hier bereits erläutert. Die Handlungsanweisungen im Kontext der steuerlichen Situation wurden oben differenzierter herausgearbeitet, sind aber im Wesentlichen zutreffend. Die Vorteilhaftigkeit des IDW S 1 bei Vorhandensein von separat zu bewertenden Wirtschaftsgütern ist augenscheinlich zutreffend, weil diese dort i. d. R. mit dem Liquidationswert statt dem gemeinen Wert additiv berücksichtigt werden.

Eine interessante Diskussion führen KOHL/KÖNIG, die das vEWV vor dem Hintergrund des aktuellen Kapitalmarktumfeldes mit dem Ergebnis nach IDW S 1 vergleichen.[1851] Hierbei erzielt das vEWV einen c. p. um knapp 20 % höheren Wert. Dies liegt daran, dass die extrem niedrigen Zinsen beim vEWV zu einem vergleichswiese hohen Kapitalisierungsfaktor führen. Dagegen kommt es beim IDW S 1 zu einem Risikozuschlag i. H. v. 5,5 % und damit zu einem entsprechend geringen Kapitalisierungsfaktor. Grund hierfür ist die von FAUB vorgeschlagene Vorgehensweise. Als Reaktion auf die historisch niedrigen Zinsen soll nämlich die Risikoprämie am oberen Ende der empfohlenen Spanne herangezogen werden. Dies entspricht der Annahme, dass sich die langfristigen Renditeerwartungen der Marktteilnehmer nicht geändert haben; die niedrigen Basiszinsen werden durch eine aktuelle erhöhte Risikoprämie kompensiert.

DORFLEITNER/ILMBERGER/MEYER-SCHARENBERG vergleichen das Ergebnis des vEWV mit dem des FTE-Ansatzes.[1852] Dabei variieren sie sowohl den Beta-Faktor als auch den Verschuldungsgrad und die Wachstumserwartung. Im Ergebnis wird für realistische Kombinationen dieser Werte bei der Anwendung des vEWV eine leichte bis starke Überbewertung errechnet. Dies gilt vor allem in Branchen mit Beta größer 1 und ab einer deutlich wahrnehmbaren Verschuldung, also etwa ab einem Verschuldungsgrad von 2. Demgegenüber kann es auch zu Unterbewertungen kommen, wenn ein niedriges Beta und eine nur mäßige Verschuldung sowie evtl. auch ein hohes zukünftiges Wachstum, bspw. bei gelungenem Turnaround, vorliegen.

[1851] Vgl. zum gesamten Absatz KOHL/KÖNIG, BB, 2012, S. 607 ff.
[1852] Vgl. zum gesamten Absatz DORFLEITNER/ILMBERGER/MEYER-SCHARENBERG, DBW, 2010, S. 7 ff.

FLÖTER/MATERN vergleichen das Ergebnis des vEWV mit den Ergebnissen der „betriebswirtschaftlichen Praktiker-Methode", welche den Unternehmenswert mit Hilfe eines EBIT-Multiplikators ermittelt.[1853] Als Vergleich dienen die in der Zeitschrift Finance veröffentlichten Multiplikatoren. Auf Grundlage der Multiplikatoren ergeben sich in allen betrachteten Branchen (z. T. erheblich) niedrigere Werte. Als Begründung wird die fehlende Branchendifferenzierung und die Nichtberücksichtigung der Finanzierungsstruktur des bewertenden Unternehmens angeführt. Daneben liege es nahe, dass der Kapitalisierungsfaktor des vEWV insgesamt tendenziell zu hoch sei, weil sogar für das „Hochpreissegment" Pharma-Branche höhere Werte als mit Hilfe der Multiplikatoren ermittelt werden. Ein ähnliches Ergebnis zeigen GERBER/KÖNIG, die ebenfalls die branchenspezifischen Schwankungen von Ertragsmultiplikatoren herausstellen.[1854] Ebenso passt BALLWIESER anhand seiner Annahmen den Multiplikator nach § 203 BewG an die EBIT-Multiplikatoren der Zeitschrift Finance an.[1855] Dabei ergeben sich beim vEWV höhere Werte als die der Expertenmultiplikatoren im Small-Cap-Bereich.

Diese Höherbewertung durch das vEWV wird auch durch allgemeine Einschätzungen in der Literatur geteilt. Bei der Anwendung des vEWV bestehe „die Gefahr einer übermäßig hohen Bewertung."[1856] Der „für die meisten Fälle utopisch hohe[] Kapitalisierungsfaktor"[1857] führe oftmals sicherlich zu „viel zu hohen"[1858] Werten.[1859] Dies gelte insbesondere für die Bewertung von kleinen und mittleren Unternehmen;[1860] hier sei der Risikozuschlag „völlig weltfremd"[1861]. Dies ist nach Auffassung von CREUTZMANN darauf zurückzuführen, dass beim vEWV die wertmindernden Faktoren fehlender Diversifikation beim Anteilseigner, die geringe Unternehmensgröße und

[1853] Vgl. zum gesamten Absatz FLÖTER/MATERN, NWB, 2008, S. 1727 ff.
[1854] Vgl. GERBER/KÖNIG, BB, 2009, S. 1272 f.
[1855] Vgl. BALLWIESER, Erbschaftsteuer, in: Rautenberg (Hrsg.), Steuertagung, 2010, S. 160 f., wobei Ballwieser bei der Bewertung der Ergebnisse im Bezug auf eine Allgemeingültigkeit zu Recht zurückhaltend ist.
[1856] WÄLZHOLZ, BBEV, 2008, S. 144.
[1857] RIEDEL, GmbHR, 2009, S. 750.
[1858] RIEDEL, GmbHR, 2009, S. 748.
[1859] So auch bspw. BARTHEL, FB, 2008, S. 525; BÄUML, GmbHR, 2009, S. 1138; HECHT/V. CÖLLN, DB, 2010, S. 1089; SCHULTE/BIRNBAUM/HINKERS, BB, 2009, S. 301; CREUTZMANN, Bewertungsgesetz, in: Königsmaier/Mandl (Hrsg.), FS Mandl, 2010; HINZ, BFuP, 2011,S. 323.
[1860] Vgl. CREUTZMANN, DB, 2008, S. 2789; CREUTZMANN, Stbg, 2008, S. 158; DÖRNER, BewP, 2/2009, S. 6 f.
[1861] NEUFANG, BB, 2009, S. 2010.

fehlende Fungibilität der Anteile nicht berücksichtigt werden.[1862] Diese Begründungen sind überzeugend. Die besondere Rolle der Fungibilität wurde bereits in Kapitel E.II.25 erläutert, die fehlende Diversifikation im Rahmen der Kritik des CAPM. Der Abschlag für geringe Unternehmensgrößen konnte in verschiedenen Studien nachgewiesen werden[1863] und ist auch in praxi zu beobachten. So sind etwa die EBIT-Multiplikatoren der Zeitschrift Finance im Oktober 2012 im Small-Cap-Bereich[1864] im Durchschnitt 8,7 % geringer als bei Mid-Caps[1865]; deren Werte liegen wiederum 11% unterhalb der Werte bei den Large-Caps[1866].[1867]

Alle genannten Gründe haben ihren Ursprung in der Heranziehung der Marktrisikoprämie des Kapitalmarkts. Die dort gehandelten Unternehmen sind im Vergleich zu KMU eben i. d. R. größer, ihre Anteile fungibler und ihre Anteilseigner besser diversifiziert. Kurzum sind die Renditen eben in einem Markt entstanden, der theoretisch keine Überrenditen vergütet. Dagegen sind gerade für KMU Überrenditen festzustellen.[1868]

Der Steuerpflichtige sollte daher – insbesondere bei KMU – auf pragmatische Risikozuschläge zurückgreifen. So nennt etwa NEUFANG einen angemessenen Risikozuschlag für KMU i. H. v. 15 % bis 30 %.[1869] Sollte der Steuerpflichtige beim Vorbringen eines subjektiven Risikozuschlags auf Widerstand seitens der Finanzverwaltung stoßen, kann er sich jedenfalls auf das bereits oben angeführte Urteil des Niedersächsischen FG berufen. Hier hatte das Gericht einen Risikozuschlag i. H. v.

[1862] Vgl. CREUTZMANN, DB, 2008, S. 2789; CREUTZMANN, Bewertungsgesetz, in: Königsmaier/Mandl (Hrsg.), FS Mandl, 2010, S. 162. Dazu auch DÖRNER, BewP, 2/2009, S. 6, der die fehlende Fungibilität und die geringe Unternehmensgröße bei KMU als prägende Merkmale ansieht, deren Wertrelevanz in den Verlautbarungen des IDW noch nicht genügend gewürdigt wird. Er verweist in diesem Zusammenhang auf die Arbeitsgruppe des FAUB, die – soweit ersichtlich noch immer – an einer Verlautbarung zur Bewertung von KMU arbeitet. Erste Hinweise aus dieser Richtung ließen auf die zukünftige Berücksichtigung beider Faktoren schließen. Zur Nichtberücksichtigung der Fungibilität auch bspw. BÄUML, GmbHR, 2009, S. 1138.

[1863] Vgl. DÖRNER, BewP, 2/2009, S. 8 m. w. N.

[1864] Umsatz unter 50 Mio. €.

[1865] Umsatz von 50 Mio. € bis 250 Mio. €.

[1866] Umsatz höher als 250 Mio. €.

[1867] Siehe zu den Werten http://www.finance-magazin.de/uploads/media/Finance_Multiples_Oktober_2012.pdf. Die Prozentsätze ergeben sich auf Basis der Bandbreitenmittelpunkte. Dabei ergeben sich je nach Branche größenabhängige Abschläge von 0 % bis 13, 8 % beim Vergleich von Mid-Caps mit Small Caps und von 5,6 % bis 15,5% beim Vergleich von Large-Caps mit Mid-Caps.

[1868] Vgl. CREUTZMANN, Stbg, 2008, S. 157 m. w. N. unter dem wichtigen Hinweis, dass es sich bei der angeführten Studie um amerikanische (kleinere) börsennotierte Unternehmen handelt, aber diese Erkenntnis wohl auf nicht börsennotierte Unternehmen übertragbar ist.

[1869] Vgl. NEUFANG, BB, 2009, S. 2010.

8 % anerkannt, den der Gutachter „mit seiner Erfahrung und mit drei unternehmensspezifischen Faktoren“[1870] begründet hatte. Ebenso ist die Risikoberücksichtigung durch pauschale Zuschläge auch in der gesellschaftsrechtlichen Rechtsprechung üblich. In der Untersuchung von HACHMEISTER/RUTHARDT/LAMPENIUS wurden bezgl. der angewendeten Methode zur Ermittlung des Risikozuschlags 59 Entscheidungen im Zeitraum zwischen 2000 und 2010 betrachtet.[1871] In immerhin 15 dieser Entscheidungen wurde der Risikozuschlag durch eine pauschale Schätzung durch den Sachverständigen ermittelt.[1872]

5. Empirische Erkenntnisse

HENSELMANN/SCHRENKER/SCHNEIDER haben das vEWV und das Ertragswertverfahren nach IDW S 1 anhand der 30 SDAX Unternehmen getestet. Zum Stichtag 31.12.2007 betrug der Ertragswert nach IDW S 1 im Durchschnitt 141 % des vereinfachten Ertragswerts. Die Abweichungen liegen in einer Bandbreite von 23 % bis 451 %, der Median bei 129 %. Dies liegt im Wesentlichen an dem geringeren Zinssatz des Verfahrens nach IDW S 1 in der Phase der ewigen Rente, der einen Wachstumsabschlag von 1,5 % enthält. Beim Vergleich mit den Marktwerten zeigt sich, dass in 20 Fällen sowohl der Wert nach IDW S 1 als auch der vereinfachte Ertragswert unter dem Marktwert liegen. In fünf Fällen liegen beide darüber. In den restlichen fünf Fällen ist der Wert nach IDW S 1 höher als der Marktwert und der Marktwert wiederum höher als der vereinfachte Ertragswert. Im Ergebnis liegen also 25 vereinfachte Ertragswerte unterhalb des Börsenwerts. Diese Beobachtung ist aber stark vom jeweiligen Stichtag abhängig. So liegen 17 der vereinfachten Ertragswerte vom 31.12.2007 über den Börsenwerten vom 31.12.2008. Im Ergebnis kann die Studie die generell befürchtete Wertüberhöhung im Vergleich zu den Marktwerten aber nicht feststellen.[1873] Anzumerken ist jedoch, dass dieses Ergebnis gerade eben auch auf Basis von börsennotierten Unternehmen ermittelt wurde. Diese enthalten insbesondere nicht den von Praktikerseite betonten Fungibilitätsabschlag.

[1870] Niedersächsisches FG vom 11.04.2000 - 6 K 611/93, EFG, 2001, S. 157.
[1871] Vgl. HACHMEISTER/RUTHARDT/LAMPENIUS, WPg, 2011, S. 829 ff.
[1872] Vgl. HACHMEISTER/RUTHARDT/LAMPENIUS, WPg, 2011, S. 837.
[1873] Vgl. zum bisherigen Absatz HENSELMANN/SCHRENKER/SCHNEIDER, CF biz, 2010, S. 397 ff.; zuvor bereits als HENSELMANN/SCHRENKER/SCHNEIDER, Working Papers in Accounting Valuation Auditing, 2010, S. 1 ff. verfügbar.

Die Untersuchung von MÜLLER/SURETH betrachtet zunächst börsennotierte Unternehmen.[1874] Hierbei liegen die Unternehmenswerte nach dem vEWV und auch nach dem Stuttgarter Verfahren, welches hier ebenfalls getestet wurde, im Mittel deutlich niedriger als die Marktkapitalisierung. Die Unterbewertung beträgt beim vEWV im Median 41 %, beim Stuttgarter Verfahren 50 %. Das vEWV führt also zu geringfügig besseren Ergebnissen als das Stuttgarter Verfahren. Im Durchschnitt beträgt die Unterbewertung nach dem vEWV sogar nur 28 %. Das arithmetische Mittel wird freilich nicht unerheblich von Gesellschaften mit besonders hohen Erträgen beeinflusst, deren Steuerwert ein Vielfaches über dem Marktwert liegt. Ein Blick auf die Verteilung zeigt, dass 81 % aller Unternehmen im vEWV unterbewertet werden. In den verfassungsrechtlich zulässigen Wertkorridor von 10 % fallen lediglich 8,8 %, in den von 20 % lediglich 18,8 % aller beobachteten Werte. Die Unterbewertung ist in allen Branchen sichtbar, jedoch in der Höhe zum Teil sehr unterschiedlich. So weisen einige Branchen nur Unterbewertungen von 20 %, andere dagegen von teilweise über 60 % auf. Daneben konnte festgestellt werden, dass die Unterbewertung bei kleinen Unternehmen höher ist als bei großen.

Der zweite Teil der Untersuchung widmet sich nicht börsennotierten Gesellschaften. Da für diese bekanntlich keine Marktpreise beobachtbar sind, wird ein sog. Matching vorgenommen. Hierbei werden nicht börsennotierte Unternehmen denjenigen börsennotierten Unternehmen, die hinsichtlich bestimmter ökonomischer Merkmale ähnlich sind, zugeordnet. Theoretisch sollten Unternehmen, welche dieselben Merkmale aufweisen, einen identischen Marktwert haben. Dann können die Börsenwerte auch für ähnliche nicht börsennotierte Gesellschaften herangezogen werden. In der Studie wurden jeweils das Jahr und die Branche als gleich vorausgesetzt. Daneben wurden hinsichtlich der Bilanzsumme und des Umsatzes verschiedene Matchingvarianten durchgeführt,[1875] die aber quantitativ und qualitativ zu gleichartigen Ergebnissen führen. Die Unterbewertung nach dem vEWV beträgt hier im Median zwischen 34 % und 42 %. Als auffällig erkennen die Autoren die hierbei sehr hohe durchschnittliche Überbewertung zwischen – je nach Matching-Sample – 49 %

[1874] Vgl. zum gesamten Absatz MÜLLER/SURETH, zfbf, 2011, S. 45 ff.; zuvor bereits als MÜLLER/SURETH, arqus-Beitrag Nr. 108, 2010, S. 1 ff. verfügbar.

[1875] Abweichungen der Bilanzsumme um weniger als 25 %. Abweichungen der Bilanzsumme um weniger als 10 %. Abweichungen der Bilanzsumme und des Umsatzes um weniger als 25 %. Abweichungen der Bilanzsumme und des Umsatzes um weniger als 10 %.

und über 900 %. Diese würde jedoch maßgeblich von extrem ertragsstarken Unternehmen getrieben und hätte ihre Ursache nicht in der in der Literatur angemahnten unbefriedigenden Risikoberücksichtigung des Verfahrens. Jedenfalls wurden die Extremwerte nicht eliminiert, weil die entsprechende Überbewertung zumindest theoretisch auftreten könnte. Die Autoren stellen im Ergebnis fest, dass das vEWV nicht dazu geeignet ist, die Marktwerte von Unternehmen hinreichend genau zu approximieren und es vor allem auch nicht zu wesentlich besseren Ergebnissen als das Stuttgarter Verfahren führt.

Die Untersuchung von KAPPENBERG geht dagegen einen anderen Weg. Denn beide bisher genannten Studien basieren auf Börsenkursen. Damit lagen den Autoren keine Unternehmenswerte von KMU zugrunde.[1876] KAPPENBERG vergleicht die Werte des vEWV jedoch mit den von unabhängigen Gerichtsgutachtern ermittelten Werten von KMU.[1877] Hierzu wurden die öffentlich bestellten und vereidigten Sachverständigen mit dem Schwerpunkt Unternehmensbewertung über die Suchfunktion der IHK selektiert und um Zusendung von Gutachten gebeten. Hierbei sollte es sich um Gutachten nach dem klassischen Ertragswertverfahren handeln, die in der Funktion als neutraler Sachverständiger erstellt wurden. Insgesamt liegen der Untersuchung 36 Bewertungen von Kapital- und 31 von Personengesellschaften zugrunde. Das Verhältnis von vereinfachtem Ertragswert zum Gutachterwert beträgt dabei im Durchschnitt 172,3 %, im Median 138,4 %. Das vEWV führt also zu einer deutlichen Überbewertung, was auch im Hinblick auf die Fallzahlen deutlich wird. Demnach wurden 48 von 67 Unternehmen überbewertet, wobei in 40 Fällen die Grenze von 120 % und in 30 Fällen sogar die Grenze von 150 % überschritten wurde. Diese maßgeblichen Grenzen werden auch in den meisten Fällen der Unterbewertung unterschritten. Dies führt dazu, dass in nur 25 Fällen eine Bewertung im Korridor von 80 % bis 120 % erfolgt. Ebenfalls ist die Streuung enorm. Die Werte liegen zwischen 14,3 % und 633,6 %. Der Variationskoeffizient, also das Verhältnis von Standardabweichung zu Erwartungswert, beträgt rd. 69 %; d. h. die Werte nach dem vEWV weichen durchschnittlich um 69 % vom Gutachterwert ab. Die festgestellte Überbewertung gilt dabei weitgehend rechtsformunabhängig. Daneben konnte nicht nach-

[1876] Vgl. KAPPENBERG, Kapitalkostenableitung, 2012, S. 168.
[1877] Vgl. zum restlichen Absatz KAPPENBERG, Kapitalkostenableitung, 2012, S. 163 ff.

gewiesen werden, dass eine Parametervariation zu besseren Ergebnissen, insbesondere zu einer geringeren Streuung, führen würde.

V. Abschließende Würdigung zur Verfassungskonformität

Das vEWV führt oftmals zu nicht sachgerechten Ergebnissen. Aus bewertungstheoretischer Sicht ist es – erwartungsgemäß – ungeeignet, einen Annäherungswert an den gemeinen Wert zu ermitteln. Dabei wurde insbesondere in den empirischen Studien gezeigt, dass das Verfahren auch den verfassungsrechtlich zulässigen Wertkorridor oftmals nicht erreicht. Kern der Problematik ist dabei die hier ausführlich aufgezeigte „Übertypisierung“[1878] durch den einheitlichen und insbesondere für die Bewertung von KMU zu geringen Risikozuschlag. Alle anderen ebenfalls festgestellten Mängel, wie die fehlende Zukunftsbezogenheit oder den nur jährlich veränderten Basiszins, treten demgegenüber in den Hintergrund. Im Ergebnis ist eine derart pauschale Bewertung abzulehnen.[1879] Es sollte deutlich geworden sein, dass sie nicht geeignet ist, die unternehmensindividuellen bewertungsrelevanten Gegebenheiten abzubilden.[1880]

Jedenfalls wäre daher eine gesetzliche Regelung, die zur zwingenden Anwendung des vEWV führt, verfassungsrechtlich nicht haltbar. Letztlich ähnelt das Verfahren stark der Bewertung von bebauten Grundstücken vor der Reform. Es ist aufgrund der oben gezeigten Erkenntnisse davon auszugehen, dass auch das vEWV isoliert betrachtet nicht den Ansprüchen des BVerfG genügt, weil auch dieses „vereinfachte Ertragswertverfahren mit einem starren Einheitsvervielfältiger ... eine Bewertung mit dem ... gemeinen Wert regelmäßig verfehlt.“[1881]

Jedoch führt das geltende Recht gerade nicht zur zwingenden Anwendung des Verfahrens. Ganz im Gegenteil besteht für den Steuerpflichtigen immer (!) die

[1878] Gerber/König, BB, 2009, S. 1272; vgl. etwa auch Kohl, ZEV, 2009, S. 558.
[1879] Vgl. Gerber/König, BB, 2009, S. 1272.
[1880] Alle Bedenken, die von Seiten des Bundesrats zur Kritik an einem einheitlichen Zinssatz für alle Ertragswertverfahren vorgebracht wurden, gelten hier ebenfalls für das vEWV.
[1881] BVerfG vom 07.11.2006 - 1 BvL 10/02, BStBl. II, 2007, S. 207. Das (wörtliche) Zitat erfolgt hier, um die Gleichartigkeit der Verfahren resp. der Materie zu verdeutlichen. Um Missverständnissen vorzubeugen, sei nochmal ausdrücklich erwähnt, dass es sich bei der zitierten Würdigung des Gerichts um die selbige zum ebenfalls so genannten vereinfachten Ertragswertverfahren nach § 146 Absatz 2 Satz 1 BewG handelt.

Möglichkeit, auf ein alternatives Verfahren auszuweichen.[1882] Hierbei wird es sich oftmals um ein gewöhnliches Ertragswertverfahren und nicht selten um die Option gewöhnliches Ertragswertverfahren oder Multiplikatorverfahren handeln. Daher kann eine Besteuerung auf Basis unrealistisch hoher Werte des vEWV regelmäßig umgangen werden.[1883] Anschaulich wird die Möglichkeit der Vermeidung unsachgemäßer Bewertungen in Abbildung 28. Die dortige Überbewertungslücke kann durch das Wahlrecht vollständig beseitigt werden. Dies gilt nicht nur für den dort aufgezeigten Fall vergleichsweise hoher Beta-Faktoren, sondern letztlich auch für alle anderen Ursachen, die beim vEWV zu unangemessen hohen Werten führen. Umgekehrt bleibt aber die Unterbewertung bestehen. Dies ist aber nach der Analyse der Bewertungsergebnisse offensichtlich unproblematisch, da das vEWV jedenfalls bei KMU zu einer mitunter deutlichen Überwertung neigt und im Vergleich zum alten Recht, welches an einer Unterbewertungsproblematik litt, stets höhere Unternehmenswerte hervorbringt. Daneben wird die Bewertung nach unten durch einen (relativ hohen) Substanzwert begrenzt, welcher auch – wie gezeigt – nicht selten Anwendung finden wird. Obgleich das Verfahren letztlich auch unter Berücksichtigung dieser Gesichtspunkte nicht bei jedem einzelnen Unternehmen zum einem Annäherungswert an den gemeinen Wert führt, liegt aber aufgrund der genannten Aspekte keine systematische Wertverfehlung, insbesondere keine Überbewertung, vor. Ein verfassungswidriger Zustand liegt daher m. E. insgesamt nicht vor, weil die Einzelfallungerechtigkeit durch die Wahl eines anderen Bewertungsverfahrens regelmäßig vermieden werden kann.

Wenn das vEWV hier in Bezug auf sein isoliertes Bewertungsergebnis äußerst kritisch gesehen wird, soll nicht unerwähnt bleiben, dass es wohl kaum möglich ist, ein Regelbewertungsverfahren zu entwickeln, welches zutreffend Bewertungsergebnisse liefert, die im verfassungsrechtlich zulässigen Bereich liegen.[1884] Dies gilt insbesondere, wenn man dies mit dem Anspruch an eine einfache, im steuerlichen Massenverfahren taugliche Methode, aufrecht erhalten will. So mögen Vorschläge wie die Einführung von branchenabhängigen Kapitalisierungsfaktoren[1885] oder

---

[1882] Daher wäre die Vorgehensweise, einen Zinssatz für alle Ertragswertverfahren festzulegen, verfassungsrechtlich nicht haltbar.

[1883] Ähnlich BRUCKMEIER/SCHMID/ZWIRNER, FB, 2009, S. 427 f.

[1884] So auch MÜLLER/SURETH, zfbf, 2011, S. 79; KAPPENBERG, Kapitalkostenableitung, 2012, S. 221.

[1885] Vgl. dazu ROHDE/GEMEINHARDT, StuB, 2009, S. 173.

allgemein zu mehr Differenzierung[1886] zwar zu besseren Ergebnissen führen. Die Komplexität würde aber wiederum zunehmen und sich am Ende einer gewöhnlichen Unternehmensbewertung annähern. Wenn der Gesetzgeber solche Verfeinerungen mit dem Wissen um ein regelmäßig vorliegendes Wahlrecht zu einer oder mehreren anderen Methoden nicht angestrebt hat, ist dies eine in sich konsistente und überzeugende Lösung.

[1886] Vgl. BARTHEL, FB, 2008, S. 525.

G. Fazit

Bis zu der hier untersuchten Reform erfolgte die Bewertung von unternehmerischem Vermögen, wie in Kapitel B dargestellt, nicht rechtsformneutral. Sowohl der Ansatz der Steuerbilanzwerte bei Personenunternehmen als auch die Wertermittlungen nach dem Stuttgarter Verfahren bei (Anteilen an) Kapitalgesellschaften waren aus bewertungstheoretischer Sicht nicht geeignet, den gemeinen Wert des Vermögens zu ermitteln. Dieser Missstand führte zur Entscheidung des BVerfG, welches die Bewertungsregeln aufgrund eines Verstoßes gegen den Gleichheitssatz des Art. 3 GG für verfassungswidrig erklärte. Das Gericht forderte für eine zukünftige Ausgestaltung der Erbschaftsteuer eine vollkommen neue zweistufige Besteuerungssystematik. Demnach verlangt die Verfassung, dass Förderungs- und Lenkungsziele grundsätzlich nicht mehr auf der Bewertungsebene verwirklicht werden. Hier ist lediglich eine streng am gemeinen Wert ausgerichtete Wertermittlung vorzunehmen, weil nur dieser den Zuwachs an finanzieller Leistungsfähigkeit zutreffend abbilden kann.

Der Gesetzgeber reagierte mit einer umfassenden Reform des Bewertungsrechts für Unternehmensvermögen. Als Kernpunkte dieser Reform wurden in Kapitel C die Rechtsformneutralität, der Gesamtbewertungsgrundsatz sowie die konsequente Anwendung und Neujustierung des steuerlichen Bewertungsmaßstabs „gemeiner Wert" identifiziert. Die rechtsformneutrale Bewertung ist dabei durch eine einheitliche Verweisung sowohl für die Bewertung von Betriebsvermögen als auch für die Bewertung von nicht notierten Anteilen an Kapitalgesellschaften auf § 11 Absatz 2 BewG gewährleistet. Der Rechtsformwechsel als Gestaltungsmöglichkeit entfällt damit weitgehend. Die Anwendung des Gesamtbewertungsgrundsatzes stellt eine folgerichtige Übertragung der Erkenntnisse der betriebswirtschaftlichen Bewertungslehre in das steuerliche Bewertungsrecht dar. Auch wenn der gesetzliche Bewertungsmaßstab „gemeiner Wert" an sich nicht neu ist, wird dieser nun streng als Verkehrswert interpretiert. Nur diese Verkehrswertorientierung ist das folgerichtige und verfassungsrechtlich einzig zulässige Bewertungsparadigma.

Die Unternehmensbewertungstheorie hat den Streit zwischen objektiver und subjektiver Werttheorie durch die Funktionenlehre der Kölner Schule überwunden. Hierbei wird zwischen Haupt- und Nebenfunktionen der Unternehmensbewertung unterschieden. Die Steuerbemessungsfunktion wird dabei als Nebenfunktion erkannt, weil ihr kein entscheidungsrelevanter – i. S. v. eigentumsverändernder – Anlass zugrunde liegt. Dass hiermit aber keine Wertung i. S. einer weniger wichtigen Funktion verbunden ist, machen die vielfältigen Bewertungsanlässe im Steuerrecht deutlich. Es ist jedenfalls unstrittig, dass die neuen Bewertungsregeln nun für alle steuerlichen Bewertungen zum gemeinen Wert heranzuziehen sind. Schließlich wären verschiedene gemeine Werte für verschiedene Steuerrechtsgebiete auch nicht sachgerecht. Neben den Funktionen werden in der Bewertungstheorie auch Wertarten unterschieden, wobei eine eindeutige Zuordnung von Funktion und Wertkonzeption nicht möglich ist. Beim gemeinen Wert handelt es sich um einen originär steuerrechtlichen Wertbegriff und damit offenbar um einen Normwert. Dem Gesetzgeber steht es jedoch offen, den Normwert an existierenden ökonomischen Wertbegriffen aufzubauen. In Kapitel D wurde dies hinsichtlich der drei Wertkonzeptionen der Hauptfunktionen – Entscheidungswert, Argumentationswert und Schiedswert – geprüft. Auch wenn die gesetzliche Erwerberperspektive vermeintlich hierauf hindeuten mag, ließ sich zeigen, dass es sich beim Steuerwert nicht um einen Entscheidungswert handelt. Dies gilt insbesondere, weil einerseits keine echte Entscheidungssituation vorliegt und andererseits eine Wertkonzeption, die letztlich so viele Werte wie Bewertungssubjekte hervorbringt, nicht mit der geforderten strikten Wertgleichheit zu vereinbaren ist. Vielmehr lässt sich die steuerrechtliche Wertfindung als (potentiell) zweistufiger Einigungsprozess betrachten, bei dem Steuerpflichtiger und Fiskus divergierende Interessen verfolgen. Auch wenn er in dieser Klarheit selten so bezeichnet wird, kann man den auf der ersten Stufe vom Steuerpflichtigen vorgebrachten Unternehmenswert aufgrund der vorgenommenen Prüfung verschiedener Merkmalsausprägungen als Argumentationswert verstehen. Insbesondere handelt es sich um einen Wert, den der Steuerpflichtige offen zur Stärkung seiner (Verhandlungs-)Position vorbringt. Sofern die Finanzbehörde diesen Wert anerkennt, wird der (bloße) Argumentationswert zum rechtsrichtigen gemeinen Wert. Weist die Finanzbehörde den Wert zurück, erfolgt die Einigung auf der zweiten Stufe des modellierten Einigungsprozesses. Wenn letztlich der unabhängige Richter, i. d. R. unter Zuhilfenahme eines Sachverständigen, über die Höhe eines Unternehmenswerts entscheidet, wird die Unternehmensbewertung zum Rechtsproblem. Die Wertkonzeption ist dann abseits argumentativer Einflüsse zweckadäquat, also insbesondere unter Beachtung des gesetzlichen Bewertungsziels abzuleiten. Bei dem gemeinen Wert handelt es sich demnach um den Verkehrswert. Dieser ist als fiktiver Einigungswert zwischen einem gedachten Erwerber und Veräußerer zu bestimmen. Die beste Schätzung hierfür ist der Mittelwert der hierbei herangezogenen Konzessionsgrenzen. Diese theoretische Lösung ist jedoch für die praktische Unternehmensbewertung wenig zielführend. Vielmehr verlangen alle, insbesondere aber die gesetzlich geregelten Bewertungsmethoden resp. Wertmaßstäbe, Objektivierungen und Typisierungen, die kritisch gewürdigt wurden.

Wie Kapitel E.I zeigt, ist die vom Gesetzgeber geschaffene Methodenhierarchie keineswegs unumstritten. Jedenfalls geht ein vorliegender Börsenkurs allen anderen Wertarten bzw. Wertermittlungsmethoden vor. Gleiches gilt grundsätzlich auch, wenn die Ableitung des Unternehmenswerts aus zeitnahen Verkäufen möglich ist. Falls dies beides ausgeschlossen ist, ist der Wert unter Berücksichtigung der Ertragsaussichten oder einer anderen anerkannten und üblichen Methode zu ermitteln. In diesem Fall ist stets ein Mindestwerttest gegenüber dem Substanzwert vorzunehmen. Wie empirische Untersuchungen belegen, werden für nicht steuerliche Zwecke ganz überwiegend Methoden angewendet, welche die Ertragsaussichten berücksichtigen. Da i. d. R. nicht eine einzige Methode so dominierend sein wird, um sie eindeutig als Erwerbermethode zu qualifizieren, wird mit Blick auf die empirischen Erkenntnisse in vielen Fällen ein Wahlrecht zwischen der Ertragswertmethode i. w. S., der Multiplikatormethode und dem vEWV bestehen. Die Zusammenfassung der branchenüblichen Methoden durch die Finanzverwaltung bietet eine Orientierungshilfe. Der Steuerpflichtige kann sich jedenfalls auf die dort genannten Methoden berufen, sofern er diese anwenden möchte.

Die Kritik an den verschiedenen Bewertungsmethoden zeigt mannigfaltige Erkenntnisse. Sowohl aufgrund theoriegeleiteter Überlegungen zum Marktwertbegriff als auch unter Heranziehung der gesetzlichen Definition des gemeinen Werts konnte in Kapitel E.II gezeigt werden, dass der Kurswert die Idee des gemeinen Werts nahezu idealtypisch verkörpert. Abweichungen vom Kurswert sind lediglich aufgrund von außergewöhnlichen Marktlagen zulässig. Das weitgehend strikte Festhalten am

Stichtagsprinzip kann zu unbilligen Härten führen. Der Steuerpflichtige kann dem in Extremfällen durch Ausschlagen der Erbschaft oder durch einen Erlassantrag begegnen. Es konnte gezeigt werden, dass die Maßgeblichkeit des geringsten Werts am Stichtag zu einem Bewertungsvorteil gegenüber nominal bewerteten Geldvermögen führt. Die Wertableitung nicht notierter Aktien aus notierten Stücken kann durch Berücksichtigung von Zu- und Abschlägen gelingen. Die wertmindernde Berücksichtigung von mangelnder Fungibilität ist umstritten; jedenfalls kann sich der Steuerpflichtige auf Finanzrechtsprechung berufen, die eine Wertminderung zuließ. Sollen im Gegensatz zu einzelnen Aktien aber Beteiligungen an einer Gesellschaft bewertet werden, verliert der Börsenkurs jedoch an Eignung. Für diesen Fall sieht das Gesetz einen Paketzuschlag vor, dessen Anwendung aber nicht zum Automatismus werden sollte. So ließen sich nämlich auch gute Gründe für einen Paketabschlag vorbringen, u. a. wenn zur Bewertung von Anteilen ein gesamtes Unternehmen mit einer Ertragswertmethode bewertet wurde oder wenn bei einem Verkauf eines Pakets über die Börse Kursabschläge zu erwarten wären.

Nach den Erkenntnissen des Kapitels E.III ist die Heranziehung von Marktpreisen nicht notierter Anteile an Kapital- und nun auch von Anteilen an Personengesellschaften durch die Maßgeblichkeit von Verkäufen innerhalb des letzten Jahres eine insgesamt überzeugende Regelung. Jedoch ergeben sich im Vergleich zum Börsenkurs für den Steuerpflichtigen mehr (Argumentations-)Möglichkeiten, vom festgestellten Preis abzuweichen, weil hier lediglich eine Wertableitung zu erfolgen hat. Der zeitnahe erzielte Marktpreis ist daher entgegen der Auffassung des Gesetzgebers nicht unwiderlegbar zutreffend, sondern offen für individuelle Korrekturen oder ggf. sogar gänzlich zur Wertableitung ungeeignet. Die Einschränkung, nur Verkäufe unter fremden Dritten zuzulassen, ist missglückt. Jedenfalls würde eine weite Auslegung des Begriffs zu einer weitgehenden Aushöhlung der Wertableitung aus Verkäufen nach sich ziehen. Vielmehr genügen die Anforderungen an den gewöhnlichen Geschäftsverkehr, die sich, wie die Rechtsprechungsanalyse aufzeigt, u. U. jedoch recht heterogen darstellen. Ebenso können die Anzahl der Verkäufe und die Größe der Beteiligung eine Wertableitung beeinflussen oder gar unmöglich machen. Bezüglich der zeitlichen Aspekte sollte der Gesetzgeber überdenken, ob auch eine Wertermittlung aufgrund von Verkaufsfällen nach dem Bewertungsstichtag sinnvoll sein könnte. Jedenfalls zeigen die ErbStR und die Rechtsprechung tendenziell eine dahingehende Öffnung auf.

Wie in Kapitel E.IV dargestellt, verbergen sich hinter der Wertermittlung unter Berücksichtigung der Ertragsaussichten alle Methoden, die auch Ertragsaussichten berücksichtigen. Damit sind neben den Ertragswertverfahren i. w. S. auch Ertragsmultiplikatoren und Mischverfahren gemeint. Methoden, die als branchenüblich identifiziert werden, können dabei stets auch zur Bestimmung des gemeinen Werts auf Basis der gerichtlichen Überprüfung herangezogen werden. Im Extremfall gilt dies sogar für Methoden, die als steuerliches Massenverfahren höchstrichterlich als untauglich angesehen wurden. Letztgenanntes kann aber nicht gelten, wenn keine Erwerbermethode identifizierbar ist. In diesem Fall wären lediglich solche Methoden heranzuziehen, die aus bewertungstheoretischer Sicht geeignet sind, einen potentiellen Marktpreis zu ermitteln. Dies sind in erster Linie die Ertragswertverfahren i. w. S. Der Vergleich von Standardertragswertmethode und DCF-Verfahren führt im vorliegenden Bewertungszweck zu einem Vorteil der finanzierungtheoretischen DCF-Modelle. Denn die DCF-Verfahren ermitteln eher einen potentiellen Preis, wie er der Konzeption des gemeinen Werts entspricht, während die Ertragswertmethode eher einen (subjektiven) Wert ermittelt. Während die klassische Ertragswertmethode ein Entscheidungsmodell ist, weisen die DCF-Verfahren deutliche Eigenschaften eines Erklärungsmodells auf, welches jedenfalls theoretisch geeignet ist, einen Marktpreis und damit gemeinen Wert zu erklären. Für den Steuerpflichtigen ergeben sich jedenfalls in beiden Verfahrensvarianten erhebliche Argumentationsspielräume. Die wesentlichen Stellschrauben sind im Ertragswertverfahren die persönliche Risikoneigung und in den DCF-Verfahren der Betafaktor. Der Steuerpflichtige wird sich oftmals auch auf die Üblichkeit von Multiplikatorverfahren berufen können. Wesentliches „Optimierungspotential" besteht hier bei der Auswahl des oder der Vergleichsunternehmen. Obwohl diese Daumenregeln bewertungstheoretisch äußert kritisch zu sehen sind, können sie m. E. auch dann zur Wertableitung herangezogen werden, wenn keine Erwerbermethode identifizierbar ist. Dies gilt insbesondere, wenn als Bezugsgröße zukünftige Gewinne herangezogen werden. Schließlich kann man ihnen die Geeignetheit zur Ermittlung eines Verkehrswerts nicht generell absprechen, auch wenn der Grundsatz „Bewerten heißt Vergleichen" hier besonders simpel umgesetzt wird. Mischverfahren können trotz ihrer theoretisch untauglichen Einzelbewertungskomponente zum rechtsrichtigen gemeinen Wert führen, wenn sie als branchenüblich identifiziert werden. Ist dies nicht der Fall, sind sie jedoch aufgrund der Entscheidung des BVerfG zu den Steuerbilanzwerten und zum Stuttgarter Verfahren abzulehnen. Ebenso sind auch andere Methoden, also solche, die keine Erträge berücksichtigen, nur anwendbar, wenn sie branchenüblich sind.

Wird der Unternehmenswert unter Berücksichtigung der Ertragsaussichten oder einer anderen anerkannten Methode ermittelt, stellt der Substanzwert den Mindestwert dar. Zu diesem Zweck ist daher in den bei weiten überwiegenden Bewertungsfällen auch stets der Substanzwert zu ermitteln. Die Substanzwertkonzeption des BewG stößt in der Literatur überwiegend auf Ablehnung. Dies gilt insbesondere für die Erweiterung durch die ErbStR, nach der auch einzeln bewertbare immaterielle Wirtschaftsgüter, jedoch nicht der Geschäftswert, einzubeziehen sind. Der Steuerpflichtige sollte sich in jedem Fall auf die unklare gesetzliche Formulierung beziehen und deren Nichteinbeziehung fordern. Mit Blick auf das übergeordnete Gesamtsystem konnten in Kapitel E.VII jedoch die wesentlichen Kritikpunkte widerlegt werden. Jedenfalls wird die Heranziehung immaterieller Wirtschaftsgüter, sofern sie einzeln bewertbar sind, im Rahmen der Gesamtkonzeption als sachgerecht erachtet. Andernfalls würden nämlich in jüngerer Vergangenheit wenig ertragreiche Unternehmen ohne physische Substanz wohl zu gering bewertet. Ebenfalls ist der Ansatz der Wirtschaftsgüter mit dem gemeinen Wert zutreffend, weil der Liquidationswert zu Recht nur bei einer anstehenden Liquidation maßgeblich ist. Ebenso gewährleistet nur der Ansatz der Wirtschaftsgüter zum gemeinen Wert eine Gleichbehandlung mit nicht betrieblichem Vermögen.

Die Analyse des vEWV in Kapital F bringt zunächst dessen (potentiell) breiten Anwendungsbereich und die damit einhergehende herausragende Bedeutung des Verfahrens hervor. Denn nur in den Fällen, in denen ausschließlich eine oder mehrere Methoden branchenüblich sind, welche die Ertragsaussichten nicht berücksichtigen, besteht kein offenes Wahlrecht zur Anwendung des vEWV. Daneben zeigt die Untersuchung, dass offensichtlich unzutreffende Ergebnisse nur in Ausnahmefällen anzunehmen sind. Insbesondere können nach hier vorgebrachter Sichtweise solche Fälle nicht durch die relative Wertabweichung von einem ebenfalls geschätzten gemeinen Wert „aufgedeckt“ werden; vielmehr sollten Wertabweichungen von Preisen tatsächlicher Transaktionen Anhaltspunkte für offensichtlich unzutreffende Ergebnisse liefern. Wie modellhaft gezeigt, kann dabei die Heranziehung von Preisen aus zeitnahen Verkäufen von Anteilen als Bemessungsgrundlage für ein gesamtes Unternehmen zu mitunter höchst paradoxen Besteuerungs- und daraus folgend Entscheidungswirkungen führen. Die Durchbrechungen des Gesamtbewertungsgrundsatzes im vEWV sind u. a. vor dem Hintergrund von Gestaltungsmissbräuchen als weitgehend sachgerecht zu beurteilen. Die Korrekturen im Rahmen des Betriebsergebnisses sind im Wesentlichen dazu geeignet, außergewöhnliche Umstände zu eliminieren. Eine besondere Bedeutung kommt dabei dem angemessenen Unternehmerlohn zu. Obgleich hierzu Erlasse der Finanzverwaltung aus dem Bereich der vGA herangezogen werden könnten, besteht ein erheblicher Argumentationsspielraum für den Steuerpflichtigen. Dies gilt insbesondere bei KMU, bei denen der herausragende Einsatz und die Haftung des Unternehmers zu einem entsprechend hohen Unternehmerlohn und damit geringen Wert im Rahmen des vEWV führen sollte. Die methodische Berücksichtigung von Ertragsteuern im vEWV ist nicht gänzlich überzeugend. Jedenfalls werden Personengesellschaftsanteile aufgrund der Nichtberücksichtigung der Besteuerung der Alternativanlage im Vergleich zu einem gewöhnlichen Ertragswertverfahren unterbewertet. Das vEWV ist als ewiges Rentenmodell ausgestaltet und folgt der Risikozuschlagsmethode. Wesentlicher Kritikpunkt an der Konzeption des hierbei verwendeten Basiszinssatzes ist dessen Gültigkeit für ein gesamtes Jahr. An der Höhe des Risikozuschlags von 4,5 % ist mit Blick auf empirische Erkenntnisse und die zivilrechtliche Rechtsprechung keine Kritik zu üben. Letzteres gilt allerdings nicht für die Bewertungsergebnisse des vEWV. Wie modelltheoretisch gezeigt werden konnte, führt es unter Berücksichtigung des Substanzwerts als Mindestwert über alle Rechtsformen hinweg bei allen bisherigen Kapitalisierungszinssätzen zu einer höheren erbschaftsteuerlichen Bemessungsgrundlage als das alte Recht. Wesentlich problematischer als dieses Ergebnis ist aber die Vorgabe eines einheitlichen Betafaktors. Dies führt zu einer Unterbewertung von risikoarmen und zu einer Überbewertung von risikoreichen Unternehmen. Generelle Aussagen über die Bewertungsergebnisse als Ganzes sind nur tendenziell möglich. Ein Blick auf verschiedene Vergleichsrechnungen und allgemeine Einschätzungen im Schrifttum lässt insgesamt eine Überbewertungstendenz des vEWV erkennen. Dies gilt nach weit verbreiteter Meinung insbesondere für KMU. Letzteres ist wohl vor allem auf die Heranziehung der Marktrisikoprämie des Kapitalmarkts begründet. Mit diesem Ansatz wird die fehlende Diversifikation des Anteilseigners, die geringere Fungibilität und der allgemein zu beobachtende Wertabschlag für kleine Unternehmen nicht berücksichtigt. Dem Steuerpflichtigen bietet sich hier die Möglichkeit, auf unternehmensspezifische Risikozuschläge zurückzugreifen, die sogar von der finanzgerichtlichen Rechtsprechung für sachgerecht erachtet wurden. Eine empirische Studie, die auf gutachterlichen Vergleichswerten basiert, kann das Ergebnis der Überwertung im vEWV bestätigen. Dagegen weisen Studien, die vergleichsweise die Börsenkapitalisierung heranziehen, tendenziell auf eine Unterbewertung hin. Im Ergebnis führt das vEWV jedenfalls Unternehmen oftmals nicht zu sachgerechten Ergebnissen. Aus bewertungstheoretischer Sicht ist es daher – erwartungsgemäß – ungeeignet, einen Annäherungswert an den gemeinen Wert zu ermitteln. Eine gesetzliche Regelung, die zu einer generellen Anwendung des vEWV führt, wäre daher verfassungsrechtlich nicht haltbar. Jedenfalls ist eine deutliche Parallele zur verfassungswidrigen Bewertung von bebauten Grundstücken mittels Einheitsvervielfältiger erkennbar. Da jedoch regelmäßig ein Wahlrecht zu einem oder mehreren alternativen Verfahren besteht, kann der Steuerpflichtige einen unsachgemäßen – weil zu hohen – Wert stets umgehen. Die potentiell weiterhin bestehenden Unterbewertungen sind nach der Analyse der tendenziell zu hohen Bewertung des Verfahrens und aufgrund der Begrenzung nach unten durch einen relativ hohen Substanzwert unkritisch zu sehen. Obgleich das Verfahren letztlich nicht bei jedem einzelnen Unternehmen zu einer überzeugenden Bewertung führt, liegt aufgrund der genannten Aspekte keine systematische Wertverfehlung, insbesondere keine Überbewertung, vor, so dass ein verfassungswidriger Zustand daher nicht bestehen dürfte. Dies gilt umso mehr, wenn man einsieht, dass es wohl unmöglich ist, ein Regelbewertungsverfahren zu entwickeln, welches zutreffend Bewertungsergebnisse produziert, die im verfassungsrechtlich zulässigen Bereich liegen.

Bei allen dargestellten (Detail-)Problemen der verschiedenen Wertmaßstäbe ist die übergeordnete gesetzgeberische Konzeption jedoch weitgehend überzeugend. Unstrittig ist wohl die Bevorzugung tatsächlich vorhandener Preise wie Börsenkurse oder zeitnahe Verkäufe gegenüber Schätzungen. Ebenso bringt bereits das Abstellen auf eine Wertermittlungsmethode unter Berücksichtigung der Ertragsaussichten, mit der Option zu einem vereinfachten Verfahren, für sich genommen ein wesentlich verbessertes Bewertungssystem. Darüber hinaus wird hier auch die Hinzuziehung anderer marktüblicher Methoden als äußerst gelungen angesehen. Schließlich sollten Bewertungsmethoden, die im Geschäftsverkehr für mitunter erheblich entscheidungsrelevantere Zwecke herhalten, auch für die Besteuerung ausreichend sein. Damit beendet der Gesetzgeber auch die Zeit konzeptioneller Rückstände des Bewertungsrechts gegenüber Theorie und Praxis, weil die Regelung zukunftssicher ausgestaltet ist. Ebenso konnte gezeigt werden, dass die „Absicherung" des Steuerwerts nach unten durch den Substanzwert insbesondere gegenüber dem vEWV und im Hinblick auf das Gesamtkonzept sachgerecht ist.

Dieser methodenpluralistische Ansatz des Gesetzgebers ist aber deshalb nicht unproblematisch, weil vorhandene Wahlrechte eine mitunter erhebliche Beeinflussung der Bemessungsgrundlage zulassen. Im Endeffekt wird damit der niedrigste Wert einer Bandbreite realisiert, die aus den Ergebnissen der verschiedenen Wertermittlungsmethoden besteht. Dieses Resultat kann dem hohen Anspruch an den gemeinen Wert nur bedingt gerecht werden; im Ergebnis führt es nämlich zu einer tendenziellen Unterschreitung des gesuchten Werts. Diese lässt sich aber mit dem dargelegten Bandbreitencharakter einer jeden Bewertung rechtfertigen. Ob durch diese Unterbewertung der verfassungsrechtlich zulässige Wertkorridor verletzt wird, ist – mangels „richtiger" Verkehrswerte – nicht bestimmbar. Dagegen spricht aber insbesondere die hohe Wertuntergrenze, welche aufgrund der Maßgeblichkeit gemeiner Werte zumindest sicherstellt, dass unternehmerisches Vermögen nun nicht mehr im Vergleich zu anderem Vermögen unterbewertet wird. Insgesamt ist daher jedenfalls keine generelle bzw. systematisch angelegte Verfehlung eines Annäherungswerts an den gemeinen Wert ersichtlich. Die verfassungsrechtlichen Vorgaben sollten somit erfüllt sein.

Unter Berücksichtigung der Voraussetzungen – der politischen Grundsatzentscheidung zum Festhalten an der Erbschaftsteuer und dem verfassungsrechtlich einzig zulässigen Bewertungsmaßstab „Verkehrswert" – stellt der vom Gesetzgeber gewählte methodenpluralistische Ansatz, der eine weitgehende Öffnung für betriebswirtschaftlich anerkannte und/oder in Praxis gelebte Methoden erlaubt, daher insgesamt eine überzeugende Lösung der komplexen Bewertungsproblematik dar.

Anhang

I. Zu Kapitel D.II.42

1. Bewertungsanlässe im Einkommensteuergesetz

Im Textteil wurde auf die mannigfaltigen Bewertungsanlässe im Ertragsteuerrecht hingewiesen. Diese werden folgend getrennt nach Einkommen-, Körperschaft- und Umwandlungssteuergesetz dargestellt.[1887] Wenn daher bei den folgenden Tatbeständen Anteile an Kapitalgesellschaften oder Betriebsvermögen bzw. Anteile an Personengesellschaften zu bewerten sind, ergeben sich folgende Anlässe für eine Unternehmensbewertung:

- Feststellung des Werts einer Vermögensbeteiligung bei Zuwendungen an Arbeitnehmer zur Prüfung der Steuerfreiheit (§ 3 Nr. 39 Satz 4 EStG).
- Wertansatz bezgl. der Entnahmefiktion bei Ausschluss oder Beschränkung des Besteuerungsrechts der Bundesrepublik Deutschland hinsichtlich des Gewinns aus der Veräußerung oder Nutzung eines Wirtschaftsguts (§ 4 Absatz 1 Satz 3 i. V. m. § 6 Absatz 1 Nr. 4 Satz 1 Hauptsatz 2 EStG).
- Wertansatz bezgl. der Einlagefiktion bei Begründung des Besteuerungsrechts der Bundesrepublik Deutschland hinsichtlich des Gewinns aus der Veräußerung eines Wirtschaftsguts (§ 4 Absatz 1 Satz 8 Hauptsatz 2 i. v. m. § 6 Absatz 1 Nr. 5a EStG).
- Feststellung des Werts des übrigen Vermögens einer Unterstützungskasse zur Prüfung, ob der Betriebsausgabenabzug aufgrund einer Überschreitung des zulässigen Kassenvermögens verwehrt bleibt (§ 4d Absatz 1 Satz 3 und Satz 5 EStG).
- Feststellung des Höchstwerts bei Rückführung eines Wirtschaftsguts aus einer Betriebsstätte des Steuerpflichtigen in einem Mitgliedsstaat der Europäischen Union zur Bestimmung von dessen Wertansatz nach Auflösung des Ausgleichspostens (§ 4g Absatz 3 Satz 3 EStG).

[1887] Vgl. zu ähnlichen Anlasskatalogen SCHLEITHOFF, Unternehmensbewertung, 2006, S. 32 ff.; OFD Münster und Rheinland, Leitfaden, 2007, S. 1 ff.

- Wertansatz bei unentgeltlicher Übertragung eines einzelnen Wirtschaftsguts in das Betriebsvermögen eines anderen Steuerpflichtigen (§ 6 Absatz 4 EStG).
- Wertansatz bei Übertragung eines einzelnen Wirtschaftsguts im Wege des Tausches (§ 6 Absatz 6 Satz 1 EStG).
- Wertansatz eines zugewendeten Wirtschaftsguts, wenn dessen Veräußerung im Zeitpunkt der Zuwendung keinen Besteuerungstatbestand erfüllen würde (§ 10b Absatz 3 Satz 3 EStG).
- Rückwirkender Wertansatz bei Veräußerung oder Entnahme von zum Buchwert übertragenden Grund und Boden, übertragenden Gebäuden oder anderen wesentlichen Betriebsgrundlagen innerhalb der Sperrfrist bei Realteilungen (§ 16 Absatz 3 Satz 3 EStG).
- Wertansatz bei einer Realteilung, soweit Wirtschaftsgüter mittelbar oder unmittelbar auf eine Körperschaft, Personenvereinigung oder Vermögensmasse übertragen werden (§ 16 Absatz 3 Satz 4 EStG).
- Wertansatz bei einer Betriebsaufgabe ohne Veräußerung (§ 16 Absatz 3 Satz 7 f. EStG).
- Rückwirkender Wertansatz bei unmittelbarer oder mittelbarer Veräußerung von Anteilen an einer Körperschaft innerhalb von sieben Jahren nach einer Realteilung, bei der die Anteile durch die Übertragung von Teilbetrieben auf einzelne Mitunternehmer von einem nicht von § 8b Absatz 2 KStG begünstigten Steuerpflichtigen auf einen von § 8b Absatz 2 KStG begünstigten Mitunternehmer übergingen (§ 16 Absatz 5 EStG).
- Wertansatz einer verdeckten Einlage von Anteilen an Kapitalgesellschaften in eine Kapitalgesellschaft als Veräußerungspreis zur Ermittlung eines Veräußerungsgewinns nach § 17 EStG (§ 17 Absatz 2 Satz 2 i. V. m. Absatz 1 Satz 2 EStG).
- Feststellung des Höchstwerts der Anschaffungskosten von Anteilen an Kapitalgesellschaften, die ein Steuerpflichtiger bereits bei Begründung der unbeschränkten Steuerpflicht besaß und einer dem § 6 AStG vergleichbaren Besteuerung bei Wegzug aus dem Wegzugsstaat unterworfen hatte, zur Ermittlung eines Veräußerungsgewinns nach § 17 EStG (§ 17 Absatz 2 Satz 3 EStG).

- Wertansatz für zugeteiltes Vermögen bei Auflösung einer Kapitalgesellschaft, Kapitalherabsetzung oder Zahlung aus dem steuerlichen Einlagenkonto als Veräußerungspreis zur Ermittlung eines Veräußerungsgewinns nach § 17 EStG (§ 17 Absatz 4 Satz 1 f. EStG).
- Wertansatz bezgl. der Veräußerungsfiktion bei der Beschränkung oder des Ausschlusses des Besteuerungsrechts der Bundesrepublik Deutschland hinsichtlich des Gewinns aus der Veräußerung der Anteile an einer Kapitalgesellschaft im Fall der Verlegung des Sitzes oder des Orts der Geschäftsleitung der Kapitalgesellschaft in einen anderen Staat außerhalb der Europäischen Union (§ 17 Absatz 5 Satz 1f. EStG).
- Wertansatz einer verdeckten Einlage eines Anteils an einer Kapitalgesellschaft in eine Kapitalgesellschaft als Einnahmen aus der Veräußerung zur Bestimmung (und Realisation) eines Gewinns i. S. v. § 20 Absatz 2 EStG (§ 20 Absatz 4 Satz 2 EStG).
- Wertansatz einer Entnahme eines Anteils an einer Kapitalgesellschaft bei Ausschluss oder Beschränkung des Besteuerungsrechts der Bundesrepublik Deutschland als Anschaffungskosten zur Bestimmung eines Gewinns i. S. v. § 20 Ansatz 2 EStG (§ 20 Absatz 4 Satz 3 i. V. m. § 6 Absatz 1 Nr. 4 Satz 1 Hauptsatz 2 i. V. m. § 4 Absatz 1 Satz 3 EStG).

2. Bewertungsanlässe im Körperschaftsteuergesetz

- Wertansatz der Anteile an einer Körperschaft zur Ermittlung der stillen Reserven für die sog. Stille Reserven-Klausel des § 8c KStG (§ 8c Absatz 1 Satz 7f. KStG).
- Wertansatz bezgl. der Veräußerungsfiktion, falls das Besteuerungsrecht der Bundesrepublik Deutschland hinsichtlich des Gewinns aus der Veräußerung oder der Nutzung eines Wirtschaftsguts – insbesondere durch Zuordnung zu einer ausländischen Betriebsstätte – ausgeschlossen oder beschränkt wird (§ 12 Absatz 1 KStG).
- Wertansatz des vorhandenen Vermögens bezgl. der Auflösungsfiktion beim Ausscheiden aus der unbeschränkten Steuerplicht in einem Mitgliedsstaat der Europäischen Union oder des EWR durch Sitzverlegung einer Körperschaft, Vermögensmasse oder Personenvereinigung (§ 12 Absatz 3 KStG).

- Wertansatz von Anteilen an einer Kapitalgesellschaft, welche nicht zum Betriebsvermögen einer Körperschaft, Vermögensmasse oder Personenvereinigung gehören, bei Beendigung von deren Steuerpflicht zur Ermittlung des Veräußerungspreises als Grundlage der Ermittlung des Veräußerungsgewinns nach § 17 EStG (§ 13 Absatz 6 Satz 1f. KStG).
- Wertansatz von Anteilen an einer Kapitalgesellschaft, welche nicht zum Betriebsvermögen einer Körperschaft, Vermögensmasse oder Personenvereinigung gehören, bei Beginn von deren Steuerpflicht zur Ermittlung der Anschaffungskosten als Grundlage der Ermittlung des Veräußerungsgewinns nach § 17 EStG (§ 13 Absatz 6 Satz 3 KStG).
- Wertansatz zur Aufteilung des steuerlichen Einlagenkontos bei Auf- oder Abspaltung, falls das Umtauschverhältnis des Spaltungsplans nicht dem Verhältnis der übergehenden Vermögensteile zu dem bei der übertragenden Kapitalgesellschaft vor der Spaltung bestehenden Vermögens entspricht (§ 29 Absatz 3 Satz 2 KStG).

3. Bewertungsanlässe im Umwandlungssteuergesetz

- Wertansatz der Wirtschaftsgüter bei Verschmelzung einer Kapitalgesellschaft auf eine Personengesellschaft (§ 3 Absatz 1 i. V. m. § 1 Absatz 1 Nr. 1 UmwStG) und korrespondierender Wertansatz bei der Übernehmerin (§ 4 Absatz 1 Satz 1 UmwStG).
- Wertansatz einer fiktiven Veräußerung von Wirtschaftsgütern einer in einem EU-Mitgliedsstaat befindlichen Betriebsstätte, welche die Höhe der fiktiven ausländischen Steuer festlegt, die wiederum auf die in Deutschland anfallende Körperschaftsteuer anzurechnen ist (Hinausverschmelzung i. S. v. Artikel 10 der Richtlinie 90/434/EWG, sog. Fusionsrichtlinie[1888]; § 3 Absatz 3 UmwStG).
- Höchstwert für den gewöhnlich zum Buchwert erfolgenden Wertansatz der Anteile an der übertragenden Kapitalgesellschaft beim übernehmenden Rechtsträger im Rahmen der Verschmelzung einer Kapitalgesellschaft auf eine Personengesellschaft (§ 4 Absatz 1 Satz 2 UmwStG, § 5 Absatz 3 UmwStG).

[1888] Abl. 1990, Nr. L 225, S. 1.

- Formwechsel einer Kapitalgesellschaft in eine Personengesellschaft (§ 9 i. V. m. § 3 Absatz 1 Satz 1 i. V. m. § 1 Absatz 1 Nr. 2 UmwStG).
- Wertansatz der Wirtschaftsgüter bei Verschmelzung einer Kapitalgesellschaft auf eine andere Kapitalgesellschaft oder Vermögensübertragung (Vollübertragung) (§ 11 Absatz 1 i. V. m. § 1 Absatz 1 Nr. 1 und 4 UmwStG) und korrespondierender Wertansatz bei der Übernehmerin (§ 12 Absatz 1 Satz 1 UmwStG) und bei der Besteuerung der Anteilseigner (§ 13 Absatz 1UmwStG).
- Höchstwert für den gewöhnlich zum Buchwert erfolgenden Wertansatz der Anteile an der übertragenden Kapitalgesellschaft beim übernehmenden Rechtsträger im Rahmen der Verschmelzung zweier Kapitalgesellschaften (§ 11 Absatz 2 Satz 2 UmwStG).
- Wertansatz der Wirtschaftsgüter bei der Auf- und Abspaltung einer Kapitalgesellschaft auf eine andere Kapitalgesellschaft oder bei Vermögensübertragung (Teilübertragung) (§ 15 Absatz 1 i. V. m. § 11 Absatz 1 Satz 1 i. V. m. § 1 Absatz 1 Nr. 1 UmwStG).
- Bewertungsmaßstab für die Höhe der anteiligen Minderung von verrechenbaren Verlusten, verbleibenden Verlustvorträgen, nicht ausgeglichenen negativen Einkünften, eines Zinsvortrags und eines EBITDA-Vortrags (§ 15 Absatz 3 UmwStG).
- Wertansatz der Wirtschaftsgüter bei der Auf- und Abspaltung einer Kapitalgesellschaft auf eine Personengesellschaft (§ 16 Satz 1 i. V. m. § 3 Absatz 1 Satz 1 i. V. m. § 1 Absatz 1 Nr. 1 UmwStG).
- Wertansatz der Wirtschaftsgüter bei Verschmelzung einer Personengesellschaft auf eine Kapitalgesellschaft (§ 20 Absatz 2 Satz 1 i. V. m. § 1 Absatz 1 Nr. 1), welcher ebenso den Veräußerungspreis der Anteile an der Personengesellschaft und die Anschaffungskosten an der Kapitalgesellschaft darstellt (§ 20 Absatz 3 Satz 1 UmwStG).
- Wertansatz der Wirtschaftsgüter bei Auf- und Abspaltung einer Personengesellschaft auf eine Kapitalgesellschaft (§ 20 Absatz 2 Satz 1 i. V. m § 1 Absatz 3 Nr. 1 UmwStG).
- Wertansatz der Wirtschaftsgüter bei Ausgliederung einer Personengesellschaft auf eine Kapitalgesellschaft (§ 20 Absatz 2 Satz 1 i. V. m. § 1 Absatz 3 Nr. 2 UmwStG).

- Wertansatz der Wirtschaftsgüter bei Ausgliederung einer Kapitalgesellschaft auf eine Kapitalgesellschaft (§ 20 Absatz 2 Satz 1 i. V. m. § 1 Absatz 3 Nr. 2 UmwStG).
- Wertansatz beim Formwechsel einer Personengesellschaft in eine Kapitalgesellschaft (§ 20 Absatz 2 Satz 1 i. V. m. § 1 Absatz 3 Nr. 3 UmwStG).
- Wertansatz der Wirtschaftsgüter bei Einbringung im Wege der Einzelrechtsnachfolge aus dem Betriebsvermögen einer Personengesellschaft in eine Kapitalgesellschaft (§ 20 Absatz 2 Satz 1 i. V. m. § 1 Absatz 3 Nr. 4 UmwStG).
- Wertansatz bei der Einbringung von Anteilen an einer Kapitalgesellschaft in eine Kapitalgesellschaft gegen Gewährung neuer Anteile der übernehmenden Kapitalgesellschaft (Anteilstausch, § 21 Absatz 1 Satz 1 i. V. m. § 1 Absatz 3 Nr. 5 UmwStG), welcher beim Einbringenden ebenso den Veräußerungspreis der eingebrachten Anteile und die Anschaffungskosten der erhaltenen Anteile darstellt.
- Rückwirkender Wertansatz der Wirtschaftsgüter zur Ermittlung des Einbringungsgewinns I bei Veräußerung von im Wege von § 20 UmwStG erhaltenen Anteilen innerhalb der Sperrfrist, sofern zuvor ein Ansatz unterhalb des gemeinen Werts erfolgt ist (§ 22 Absatz 1 UmwStG).
- Rückwirkender Wertansatz der eingebrachten Anteile bei Sacheinlage oder Anteilstausch zur Ermittlung des Einbringungsgewinns II bei Veräußerung der Anteile innerhalb der Sperrfrist sofern zuvor ein Ansatz unterhalb des gemeinen Werts erfolgt ist und der Einbringende nicht nach § 8b KStG begünstigt war (§ 22 Absatz 2 UmwStG).
- Wertansatz der Wirtschaftsgüter bei Verschmelzung einer Personengesellschaft auf eine Personengesellschaft (§ 24 Absatz 2 Satz 2 i. V. m. § 1 Absatz 3 Nr. 1 UmwStG).
- Wertansatz der Wirtschaftsgüter bei der Auf- oder Abspaltung einer Personengesellschaft auf eine Personengesellschaft (§ 24 Absatz 2 Satz 2 i. V. m. § 1 Absatz 3 Nr. 1 UmwStG).
- Wertansatz der Wirtschaftsgüter bei der Ausgliederung einer Personengesellschaft auf eine Personengesellschaft (§ 24 Absatz 2 Satz 2 i. V. m. § 1 Absatz 3 Nr. 2 UmwStG).

- Wertansatz der Wirtschaftsgüter bei der Ausgliederung einer Kapitalgesellschaft auf eine Personengesellschaft (§ 24 Absatz 2 Satz 2 i. V. m. § 1 Absatz 3 Nr. 2 UmwStG).
- Wertansatz bei der Einbringung eines Betriebs, Teilbetriebs oder Mitunternehmeranteils in eine Personengesellschaft (§ 24 Absatz 2 UmwStG).
- Wertansatz der Wirtschaftsgüter beim Formwechsel einer Kapitalgesellschaft in eine Personengesellschaft (§ 25 i. V. m. § 20 Absatz 2 Satz 1 UmwStG).

II. Zu Kapitel D.III.22221

Wie im Textteil beschrieben, verlangt das Erbschaftsteuerformular sowohl bei Anteilen an Kapitalgesellschaften (Zeile 44) als auch bei Betriebsvermögen (Zeile 40) eine Wertangabe vom Steuerpflichtigen.

Zeile	Hinterlassene Vermögenswerte			99 41
30				
31	**Land- und forstwirtschaftliches Vermögen** Gehört zum Nachlass land- und forstwirtschaftliches Vermögen im Inland oder in EU-/EWR-Staaten?		nein	inl. u. EU-/EWR luf Vermögen
32	ja Anzahl der wirtschaftlichen Einheiten	Gesamtwert:		15
33	Gehört zum Nachlass land- und forstwirtschaftliches Vermögen in Drittstaaten?		nein	ausl. luf Vermögen
34	ja Lage:	Gesamtwert:		16
35	**Grundvermögen** Gehört zum Nachlass Grundvermögen im Inland oder in EU-/EWR-Staaten?		nein	inl. u. EU-/EWR Grundstücke
36	ja Anzahl der Grundstücke	Gesamtwert:		23
37	Gehört zum Nachlass Grundvermögen in Drittstaaten?		nein	ausl. Grundstücke
38	ja Lage:	Gesamtwert:		24
39	**Betriebsvermögen** Gehört zum Nachlass Betriebsvermögen im Inland oder in EU-/EWR-Staaten?		nein	inl. u. EU-/EWR Betriebsvermögen
40	ja Anzahl der Betriebe	Gesamtwert:		35
41	Gehört zum Nachlass Betriebsvermögen in Drittstaaten?		nein	ausl.Betriebsvermögen
42	ja Firma:	Gesamtwert:		36
43	**Übriges Vermögen** Gehören zum Nachlass nicht notierte Anteile an Kapitalgesellschaften im Inland oder in EU-/EWR-Staaten?		nein	Anteile an KapGes.
44	ja Anzahl der Beteiligungen	Gesamtwert:		46
45	Gehören zum Nachlass nicht notierte Anteile an Kapitalgesellschaften in Drittstaaten?		nein	
46	ja Anzahl der Beteiligungen	Gesamtwert:		
47	Gehören zum Nachlass andere Anteile, Wertpapiere und dergleichen? nein ja Bezeichnung | ggf. Name des verwahrenden Geldinstituts/BIC/Depot-Nr.	Wert (einschl. Stückzinsen)		
48				
49				
50				
51	Summe: 50			Wertpapiere u.Ä. 50
52	Gehören zum Nachlass Guthaben bei Geldinstituten? nein ja IBAN | Name des Geldinstituts/BIC	Wert (einschl. Zinsen)		
53				
54				
55				
56	Summe: 51			Bankguthaben 51
57	Gehören zum Nachlass Bausparguthaben? ja Bausparnummer | Name der Bausparkasse	Wert (einschl. Zinsen)	nein	
58	52			Bausparguthaben 52
59	Gehören zum Nachlass Steuererstattungsansprüche? ja Bezeichnung | Name des Finanzamtes, Steuernummer	Wert	nein	
60	53			Steuererstattungsanspr. 53
61	Gehören zum Nachlass andere Kapitalforderungen? ja Bezeichnung | Name des Schuldners, Nennbetrag, Zinssatz	Wert (einschl. Zinsen)	nein	
62	54			Sonst. KapForderungen 54
63	Gehören zum Nachlass sonstige Forderungen? ja Bezeichnung | Name des Schuldners	Wert	nein	
64	49			Sonst. Forderungen 49

Abbildung 29: Erbschaftsteuerformular (Ausschnitt)

III. Zu Kapital D.III.231

In Kapitel D.III.231 wurde gezeigt, dass bei Aufteilung des Einigungsbereichs nach dem Verhältnis der Entscheidungswerte stets dem Käufer ein größerer Anteil zugewiesen wird. Genau entgegengesetzt ist die Aufteilung jedoch, wenn die Zuteilung nach der Preislenkungsfunktion vorgenommen wird und sich lediglich die Alternativanlagemöglichkeit von Käufer und Verkäufer unterscheiden. Dies ist hier zu zeigen:

Der uniforme Zahlungsstrom einer Unternehmung beträgt für Käufer und Verkäufer $G=10$. Der Verkäufer hat eine alternative Kapitalanlagemöglichkeit zum Zinssatz von 10 % p. a.; sein Grenzpreis beträgt somit 100. Falls er mehr als 100 erlöst, kann er durch die Alternativanlage einen höheren Zahlungsstrom erwirtschaften. Ihm gegenüber steht der Käufer, welcher (lediglich) die Möglichkeit einer alternativen Kapitalanlage mit einer Verzinsung von 5 % p. a. hat. Sein Entscheidungswert beträgt damit 200; müsste er mehr bezahlen, würde durch die Anlage des Kapitals ein höherer Zahlungsstrom realisierbar. Die unterschiedliche Wertschätzung der Unternehmung beruht also ausschließlich auf den verschiedenen Alternativen.

Der Schiedswert unter der Beachtung der Preislenkungsfunktion P_{PLF} beträgt:

[A1] $$P_{PLF} = 200.$$

mit: P_{PLF} = Schiedswert unter der Beachtung der Preislenkungsfunktion

Der Schiedswert bei Aufteilung nach den Entscheidungswerten beträgt jedoch:[1889]

[A2]
$$\begin{aligned} P_{AE} &= 100 + 100 \cdot \frac{100}{100+200} \Leftrightarrow \\ P_{AE} &= 200 - 100 \cdot \frac{200}{100+200} \Leftrightarrow \\ P_{AE} &= 133{,}33 . \end{aligned}$$

[1889] Es wird auf zwei Nachkommastellen gerundet.

mit: P_{AE} = Schiedswert bei Aufteilung nach den Entscheidungswerten

Verändert man nun die Zinssätze der Alternativanlage wird deutlich, dass die Verfahren im Bezug auf den Anteil am Einigungsbereich gegenläufig wirken. Führt bei der Zuteilung nach der Preislenkungsfunktion eine bessere Alternativanlage zu einem höheren Anteil am Einigungsbereich, ist dies bei der Zuteilung nach dem Verhältnis der Entscheidungswerte nicht der Fall. Im Beispiel soll nun der Verkäufer die Möglichkeit einer Kapitalanlage zu 6,25 % p. a. haben Die Aufteilung nach dem Verhältnis der Entscheidungswerte führt dann zu:

[A3]
$$\begin{aligned} P_{AE} &= 100 + (160 - 100) \cdot \frac{100}{100 + 160} \Leftrightarrow \\ &= 160 - (160 - 100) \frac{160}{100 + 160} \Leftrightarrow \\ &= 123{,}08 \end{aligned}$$

Damit erhält der Käufer nur noch einen Anteil von

[A4]
$$\frac{160}{100+160} = 61{,}53\%$$

statt zuvor

[A5]
$$100 \cdot \frac{200}{100+200} = 66{,}67\,\%.$$

Dies bedeutet einen gewissen Widerspruch zur Verteilung nach volkswirtschaftlicher Preislenkungsfunktion. Die Akzeptanz so ermittelter Schiedswerte ist analog dem der obigen Ausführungen zu bewerten.

IV. Zu Kapitel E.II.231

Die Abbildung 30 zeigt das Amtliche Kursblatt der Börse Hamburg vom 15.03.2011, S. 2.

Aktienkapital (in Millionen)	G. Jahr	Dividenden je kleinstes Stück vorletzte bzw. Vorschlag*	Dividenden je kleinstes Stück letzte	Ex.-Dividende bzw. nächste HV*	Inkl. Div.-Sch. Nr.	Letzter Zw.-Bericht schließt ab mit	Wert-papier-Kenn-Nummer	ISIN	Deutsche Aktien mwb fairtrade Wertpapierhandelsbank AG	Mindest-betrag variabler Handel	Letzter Kurs 14.03.2011	Fortlaufende Notierung 15.03.2011	Höchst-Kurs seit 03.01.2011	Tiefst-Kurs seit 03.01.2011
Euro 10	1	0	0				605500	DE0006055007	1st RED AG	1	1,4 -T	1,4-T	1,41	1,25
Euro 36,191	1					06.03	691132	DE0006911324	AGIV Real Estate AG	1	0,1	0,081-0,082	0,25	0,01
Euro 1.163,52	1	**4,5** *	4,1	**04.05.11***		06.06	840400	DE0008404005	Allianz SE, vinkulierte	1	95,95	93,55-3,7-3,7-4,55-4,4-4,45-4,48-4,13-4,31-4,32-4,35-4,51-4,31-4,35-4,36-4,34-4,34-4,52-4,68-4,52-4,74-4,78-4,86-4,87-4,83-5,03-4,74-4,81-4,79-4,78-4,8-4,8-4,8-4,75-4,75-4,8-4,63-4,67-4,51-4,7-4,62-4,55-4,34-4,42-4,43-4,15-4,09-4,08-4-4,01-3,91-3,94-3,91-3,84-3,8-3,8-3,63-3,5-3,12-3-3-2,9-2,83-2,31-2,27-2,88-2,89-2,89-2,9-2,9-2,93-2,9-2,7-2,7-2,35-2,42-2,37-2,12-2,17-1,77-1,76-1,88-2,25-2,78-3,01-2,81-2,9-3,01-2,92-2,7-2,66-2,41-2,82-2,87-2,57-2,29-2,28-2,38-2,57-2,54-2,98-2,96-3,05-3,06-3,08-2,77-2,87-2,79-2,67-2,75-2,45-2,78-2,8-2,72-2,77-2,68-2,4-2,14-2,28-2,04-2,04-2,05-2,16-2,44-2,05-1,79-2,33-2,16-1,93-1,94-1,98-1,6-1,52-2,1-2,12-2,24-2,37-2,82-2,47-2,46-2,6-3,36-3,33-3,43-3,61-3,5-3,39-3,34-4-4,06-3,3-3,1-3,2-2,8	108,75	88,73
DM 12	1						767800	DE0007678005	Altenburger und Stralsunder Spielkarten-Fabriken AG, ASS i.K.	1	0,8 G	0,8G	0,8	0,8
Euro 0,08	1	4	4	19.07.10			764700	DE0007647000	Amira Verwaltungs AG	1	565 -T	565-T	565	530
Euro 707,191	10	0	0			09.01	627500	DE0006275001	ARCANDOR AG	1	0,11	0,09G-0,091	0,16	0,09
Euro 44,544	1	1,93	1,6	23.04.10	011	06.06	675700	DE0006757008	AUDI AG	1	635	637G	650	611,05
Euro 115,089	10	0,65	1	04.03.11		12.00	676650	DE0006766504	Aurubis AG	1	34,63	34,05-3,9-3,985-3,835-3,66-3,505-3,23-3,205-3-2,73-2,72-2,665-2,57-3,125-2,71-3,28-3,7-3,57	46,47	32,57
Euro 1.175,653	1	**2,2** *		**06.05.11***			BASF11	DE000BASF111	BASF SE	1	57,69	56,25-5,9-5,9-5,9-6,19-6,12-6,14-6,15-6,07-6,06-6,06-6,09-5,96-6,05-5,92-5,9-5,81-5,78-5,7-5,68-5,7-5,49-5,57-5,21-5,1-5,06-5,08-5-5-5,06-4,9-4,83-4,86-4,5-4-4,05-4,12-4,36-4,24-4,25-4,17-4,06-3,55-3,79-3,78-3,69-3,74-3,97-3,9-3,85-4,01-3,95-3,96-3,99-3,94-3,91-4,04-4,12-4,33-4,26-4,28-4,22-4,3-4,29-4,26-4,21-4,11-4,11-4,03-4,01-4,14-4,29-4,29-4,29-4,23-4,5-4,95-4,89-4,96-5,05-5,02-4,93-4,73-4,66-4,58-4,59C-4,59-4,54-4,51-4,54-4,53-4,06-4,05-4-3,97-3,91-3,88-3,81-3,78-3,84-4,2-4,11-4,1-4,02-3,92-3,87-3,93-3,84-3,74-3,89-3,95-3,91-3,75-4,21-4,59-4,65-4,55-4,44-4,65-4,61-4,4-4,56-4,66-4,71-4,52-4,62-4,56-4,77-5,05-5,19-5,38-5,24-5,18-5,19-5,21-5,27-5	61,69	53,55
Euro 69,8	1	0	0			06.05	517900	DE0005179006	Bau-Verein zu Hamburg AG	1	3,85 G	3,75G	4,05	3,72
Euro 2.116,986	1	**1,5** *	1,4	**29.04.11***			BAY001	DE000BAY0017	Bayer AG	1	54,25	53,59-3,3-3,31-3,37-3,21-3,19-3,07-2,9C-2,89-2,35C-2,35-2,25C-2,25-1,82-1,75-1,73-2,04-1,91-1,8C-1,68-1,76-1,86-1,77-1,74-1,72-1,8-2-2,05-1,98-1,85-1,69-1,6-1,45-1,44-1,25C-1,26-1,38-1,75-1,9-2,03-2,4-5,15-2,21-2,3-1,7	57,75	51,25
Euro 17,88	1	0,58	0,61	25.06.10		06.04	656900	DE0006569007	Bayerische Gewerbebau AG	1				
Euro 252	1	**0,7** *	0,7	**21.04.11***		06.06	520000	DE0005200000	Beiersdorf AG	1	43,3	42-2,105-2,225-2,11-1,84C-1,9C-1,88-1,905-1,78-1,925-1,62-1,62-1,845	43,73	39,7
Euro 0,529	1	0	0			03.07	822250	DE0008222506	BHE Beteiligungs-AG	1	4 -T	4-T	4	4
Euro 8,1	1	6,5	6,5 0,5 +	16.07.10		09.06	522950	DE0005229504	Bijou Brigitte modische Accessoires AG	1	100,5 G	99,5-9,78	116,25	99,5
Euro 10,226	1	0,26	0,26	23.08.10	044	06.06	822200	DE0008222001	Bremer Straßenbahn AG	1	135 B	135B	140	135
Euro 27,72	1	0	0			06.06	609500	DE0006095003	Capital Stage AG	1	2,08 G	2,001G	2,13	1,98
Euro 135,275	1					06.01	544400	DE0005444004	CBB Holding AG	1	0,03 G	0,03G	0,04	0,03
Euro 15,142	1	0	0			06.03	508570	DE0005085708	CinemaxX AG	1	2,57 G	2,56G	2,88	2,46
Euro	1						A1H3YY	DE000A1H3YY0	Commerzbank AG, junge, Gewinnber. ab 01.01.2011	1	5,8 -T	5,8-T	5,8	5,3
Euro 3.378,669	1	0	0			09.03	803200	DE0008032004	-"-	1	5,75	5,66-5,689-5,653-5,665-5,645C-5,652-5,588-5,568-5,568-5,563-5,55-5,518-5,527-5,564-5,547-5,542-5,546-5,538-5,549-5,5-5,495-5,524-5,536-5,5-5,543-5,538-5,559-5,602-5,618-5,64-5,603-5,548-5,571	6,46	5,29
Euro	1						A0SLLY	DE000A0SLLY4	Continental AG, neue	1				

Deutsche Aktien — Amtlicher Teil, Regulierter Markt Seite 2

Abbildung 30: Amtliches Kursblatt der Börse Hamburg (Auszug)

V. Zu Kapitel E.II.242

Durch Einsetzen der Relation [22] in [21] ergibt sich der rechnerische Wert des Bezugsrechts wie folgt:

$$a_{alte} \cdot K_{alt} = a_{alte} \cdot \frac{a_{alte} \cdot K_{alt} + a_{junge} \cdot K_{Bezugspreis}}{a_{alte} + a_{junge}} + a_{alte} \cdot BZ \Leftrightarrow$$

$$BZ = K_{alt} - \frac{a_{alte} \cdot K_{alt} + a_{junge} \cdot K_{Bezugspreis}}{a_{alte} + a_{junge}} =$$

[A6]

$$\frac{K_{alt} \cdot a_{alte} + K_{alt} \cdot a_{junge} - a_{alte} \cdot K_{alt} - a_{junge} \cdot K_{Bezugspreis}}{a_{alte} + a_{junge}} \Leftrightarrow$$

$$BZ = \frac{a_{junge} \cdot (K_{alt} - K_{Bezugspreis})}{a_{alte} + a_{junge}} \Leftrightarrow$$

$$BZ = \frac{K_{alt} - K_{Bezugspreis}}{R + 1} .$$

VI. Zu Kapitel F.II.4

Hier soll die „Lösung“ für das Optimierungsproblem ohne Berücksichtigung der Besteuerung gezeigt werden. Ausgehend von

[A7] $$V = (1-a)W + a \cdot P$$

sind zur Untersuchung der Funktion auf Extrema die partiellen Ableitungen erster Ordnung zu bilden:

[A8] $$\begin{aligned} \frac{\partial V}{\partial a} &= P - W \overset{!}{=} 0 \quad \Leftrightarrow P = W \\ \frac{\partial V}{\partial P} &= a \overset{!}{=} 0 \quad \Leftrightarrow a = 0. \end{aligned}$$

Aufgrund der ökonomischen Interpretation ist offensichtlich, dass *V*(0,W), also der Nichtverkauf von Anteilen, kein Extremwert der Funktion sein kann, weil durch einen Verkauf sowohl höhere als auch niedrige Vermögenswerte als *W* erreicht werden können. Mathematisch ist dies jedoch noch nicht gezeigt. Hierzu ist die Hesse-Matrix der Ableitungen zweiter Ordnung zu bilden:[1890]

[A9] $$H = \begin{bmatrix} \frac{\partial^2 V}{\partial a\,\partial a} & \frac{\partial^2 V}{\partial a\,\partial P} \\ \frac{\partial^2 V}{\partial P\,\partial a} & \frac{\partial^2 V}{\partial P\,\partial P} \end{bmatrix} = \begin{bmatrix} 0 & 1 \\ 1 & 0 \end{bmatrix}.$$

Und deren Determinante ist zu berechnen:

[A10] $$\det H = \begin{vmatrix} 0 & 1 \\ 1 & 0 \end{vmatrix} = 0 \cdot 0 - 1 \cdot 1 = -1.$$

Daher handelt es sich um einen Sattelpunkt und nicht um ein lokales Minimum oder Maximum.

1890 Vgl. allgemein zur Vorgehensweise bspw. OHSE, 2000, S. 297 ff.

VII. Zu Kapitel F.III.422

Die Steuerbelastung im Bereich $8.131 \leq zvE \leq 13.469$ ergibt sich wie folgt:

$$S = \left(933{,}7 \cdot \frac{zvE - 8130}{10000} + 1400\right) \cdot \frac{zvE - 8130}{10000}$$

$$= 933{,}7 \cdot \frac{zvE - 8130}{10000} \cdot \frac{zvE - 8130}{10000} + 1400 \cdot \frac{zvE - 8130}{10000}$$

[A11] $$= \frac{933{,}7}{10^8} \cdot \left(zvE^2 - 2 \cdot zvE \cdot 8130 + 8130^2\right) + 0{,}14 \cdot zvE - 1138{,}2$$

$$= \frac{9{,}337}{10^6} \cdot zvE^2 - 0{,}15181962 \cdot zvE + 0{,}14 \cdot zvE$$

$$+ 617{,}1467553 - 1138{,}2$$

$$= \frac{9{,}337}{10^6} \cdot zvE^2 - 0{,}01181962 \cdot zvE - 521{,}0532447.$$

Die Steuerbelastung im Bereich $13.470 \leq zvE \leq 52.881$ ergibt sich wie folgt:

$$S = \left(228{,}74 \cdot \frac{zvE - 13469}{10000} + 2397\right) \cdot \frac{zvE - 13469}{10000} + 1014$$

$$= 228{,}74 \cdot \frac{zvE - 13469}{10000} \cdot \frac{zvE - 13469}{10000} + 2397 \cdot \frac{zvE - 13469}{10000} + 1014$$

$$= \frac{228{,}74}{10^8} \cdot \left(zvE^2 - 2 \cdot zvE \cdot 13469 + 13469^2\right) + 0{,}2397 \cdot zvE$$

[A12] $$- 3228{,}52 + 1014$$

$$= \frac{2{,}2874}{10^6} \cdot zvE^2 - 0{,}06161798 \cdot zvE + 414{,}9662944$$

$$+ 0{,}2397 \cdot zvE - 2214{,}52$$

$$= \frac{2{,}2874}{10^6} \cdot zvE^2 + 0{,}17808202 \cdot zvE - 1799{,}553706.$$

Literaturverzeichnis

Albers, Willi (Hrsg.) [zit.: Albers (Hrsg.), HdWW, 1980]: Handwörterbuch der Wirtschaftswissenschaft (HdWW): zugleich Neuauflage des Handwörterbuches der Sozialwissenschaften, Stuttgart, 1980.

Aufermann, Ewald [zit.: Aufermann, Steuerlehre, 1959]: Grundzüge Betriebswirtschaftlicher Steuerlehre, 3. Aufl., Wiesbaden, 1959.

Bach, Stefan/Broekelschen, Wiebke/Maiterth, Ralf: Gleichmäßige erbschaftsteuerliche Behandlung von Grund- und Betriebsvermögen - Anmerkungen zum anstehenden Bundesverfassungsgerichtsurteil, DStR, 2006, S. 1961-1968.

Baetge, Jörg/Kirsch, Hans-Jürgen/Thiele, Stefan [zit.: Baetge/Kirsch/ Thiele, Bilanzen, 2009]: Bilanzen, 10., vollst. aktualisierte Aufl., Düsseldorf, 2009.

Ballwieser, Wolfgang [zit.: Ballwieser, Multiplikatoren, in: Rückle/Loitlsberger (Hrsg.), FS Loitlsberger, 1991]: Unternehmensbewertung mit Hilfe von Multiplikatoren, in: Rückle, Dieter/Loitlsberger, Erich (Hrsg.): Aktuelle Fragen der Finanzwirtschaft und der Unternehmensbesteuerung - Festschrift für Erich Loitlsberger zum 70. Geburtstag, Wien, 1991, S. 47-66.

Ballwieser, Wolfgang [zit.: Ballwieser, Komplexitätsreduktion, 1993]: Unternehmensbewertung und Komplexitätsreduktion, 3., überarb. Aufl., Nachdr., Wiesbaden, 1993.

Ballwieser, Wolfgang: Eine neue Lehre der Unternehmensbewertung? - Kritik an den Thesen von Barthel -, DB, 1997, S. 185-191.

Ballwieser, Wolfgang [zit.: Ballwieser, Unternehmensbewertung, 2007]: Unternehmensbewertung, 2., überarb. Aufl., Stuttgart, 2007.

Ballwieser, Wolfgang [zit.: Ballwieser, Erbschaftsteuer, in: Rautenberg (Hrsg.), Steuertagung, 2010]: Erbschaftsteuer und Unternehmensbewertung, in: Rautenberg, Günter (Hrsg.): Unternehmen zwischen Investitionsförderung und neuen steuerlichen Belastungen - Sächsische Steuertagung 2009, Stuttgart, 2010, S. 155-165.

Ballwieser, Wolfgang [zit.: Ballwieser, Marktkalkül, in: Königsmaier/Mandl (Hrsg.), FS Mandl, 2010]: Unternehmensbewertung zwischen Individual- und idealisiertem Marktkalkül, in: Königsmaier, Heinz/Mandl, Gerwald (Hrsg.): Unternehmensbewertung - Theoretische Grundlagen - praktische Anwendung, Festschrift für Gerwald Mandl zum 70. Geburtstag, Wien, 2010, S. 63-81.

Ballwieser, Wolfgang [zit.: Ballwieser, Unternehmensbewertung, 2011]: Unternehmensbewertung - Prozeß, Methoden und Probleme, 3., überarb. Aufl., Stuttgart, 2011.

Ballwieser, Wolfgang/Leuthier, Rainer: Betriebswirtschaftliche Steuerberatung: Grundprinzipien, Verfahren und Probleme der Unternehmensbewertung (Teil II), DStR, 1986, S. 604-610.

Balmes, Frank/Felten, Christoph: Hoch bewertet und dennoch verschont? - Folgen und Gestaltungen für die Unternehmensnachfolge nach dem Erbschaftsteuerreformgesetz, FR, 2009, S. 258-271.

Bankmann, Jörg [zit.: Bankmann, Substanzwert, 1960]: Der Substanzwert - Möglichkeiten seiner Ermittlung im Rahmen der Unternehmensbewertung, Essen, 1960.

Bardenhewer, Nikolaus: Das Erbschaftsteuerreformgesetz und seine Auswirkungen auf die notarielle Praxis, RNotZ, 2009, S. 293-314.

Bareis, Peter/Elser, Thomas: Analyse des neuen Erbschaftsteuerrechts, DStR, 1997, S. 557-562.

Barthel, Carl W.: Unternehmenswert: Der Markt bestimmt die Bewertungsmethode, DB, 1990, S. 1145-1152.

Barthel, Carl W.: Unternehmenswert: Berücksichtigungsfähigkeit und Ableitung von Fungibilitätszuschlägen, DB, 2003, S. 1181-1186.

Barthel, Carl W.: Unternehmenswert: Dominanz der Argumentationsfunktion, FB, 2005, S. 32-38.

Barthel, Carl W.: Unternehmenswert: Expected Utility Theory versus Similarity Theory, DB, 2007, S. 586-591.

Barthel, Carl W.: Unternehmenswert: Entwurf einer Anteils- und Betriebsvermögensbewertungsverordnung, FB, 2008, S. 520-527.

Barthel, Carl W.: Unternehmenswert: Das Problem der Scheingenauigkeit, DB, 2010, S. 2236-2242.

Barthel, Carl W.: Unternehmenswert: Gewichtung infolge Methodenpluralismus, DB, 2011, S. 719-725.

Bartke, Günther: Erkenntnisobjekt und Zwecke der Unternehmensbewertung, BFuP, 1960, S. 266-279.

Bartke, Günther: Grundsätze ordnungsmäßiger Unternehmensbewertung - Zur Entwicklung und zum Stand der Diskussion über die Unternehmensbewertung, zfbf, 1978, S. 238-250.

Bauer, Oliver [zit.: Bauer, Steuerberaterkanzleien, 2003]: Die Bewertung von Steuerberaterkanzleien, Aachen, 2003.

Baumhoff, Hubertus/Ditz, Xaver/Greinert, Markus: Auswirkungen des Unternehmenssteuerreformgesetzes 2008 auf die Besteuerung grenzüberschreitender Funktionsverlagerungen, DStR, 2007, S. 1649-1655.

Baumhoff, Hubertus/Ditz, Xaver/Greinert, Markus: Auswirkungen des Unternehmenssteuerreformgesetzes 2008 auf die Ermittlung internationaler Verrechnungspreise, DStR, 2007, S. 1461-1467.

Baumhoff, Hubertus/Ditz, Xaver/Greinert, Markus: Die Besteuerung von Funktionsverlagerungen nach der Funktionsverlagerungsverordnung vom 12. 8. 2008, DStR, 2008, S. 1945-1952.

Bäuml, Swen O.: Das Gesetz zur Erleichterung der Unternehmensnachfolge: Der Kabinettsentwurf vom 25. Oktober 2006 aus Sicht der Beratungspraxis, ZEV, 2006, S. 525-530.

Bäuml, Swen O.: Erbschaftsteuerreform: Auswirkungen auf (kapitalmarktorientierte) Unternehmen, Wahl der „richtigen" Bewertungsmethode und Rechtsformwirkungen, GmbHR, 2009, S. 1135-1141.

BDI/vbw/Deloitte (Hrsg.) [zit.: BDI/vbw/Deloitte (Hrsg.), Schriftenreihe zur Erbschaftsteuerreform, 2007]: Gesamtausgabe BDI/vbw/Deloitte-Schriftenreihe zur Erbschaftsteuerreform BDI-Drucksache 401, 2007, http://www.bdi.eu/download_content/Publikation_Gesamtausgabe_BDI-vbw-DeloitteSchriftenreihe_zur_ Erbschaftsteuerreform__Schriftenreihe.pdf [Abruf am 27.05.2013].

Becker, Friedwart A./Horn, Claus-Henrik: Verfassungswidrigkeit der erbschaftsteuerlichen Bewertung von Kapitalgesellschaften (Stuttgarter Verfahren), DB, 2005, S. 1081-1083.

Beckerath, Erwin v. (Hrsg.) [zit.: v. Beckerath (Hrsg.), Sozialwissenschaften, 1959]: Handwörterbuch der Sozialwissenschaften - zugleich Neuauflage des Handwörterbuchs der Staatswissenschaften, Stuttgart, 1959.

Behringer, Stefan [zit.: Behringer, Mittel- und Kleinbetriebe, 2004]: Unternehmensbewertung der Mittel- und Kleinbetriebe - Betriebswirtschaftliche Verfahrensweisen, 3., neu bearb. und erw. Aufl., Berlin, 2004.

Behringer, Stefan: Die Bewertung einer freiberuflichen Praxis mit dem Ertragswertverfahren, StuB, 2008, S. 145-149.

Behringer, Stefan [zit.: Behringer, Mittel- und Kleinbetriebe, 2009]: Unternehmensbewertung der Mittel- und Kleinbetriebe - Betriebswirtschaftliche Verfahrensweisen, 4. Aufl., Berlin, 2009.

Berger, Kathrin/Knoll, Leonhard: Objektivierte Unternehmensbewertung und internationale Bewertungsstandards, BewP, 4/2009, S. 2-11.

Bergner, Heinz (Hrsg.) [zit.: Bergner (Hrsg.), Planung, 1981]: Planung und Rechnungswesen in der Betriebswirtschaftslehre, Berlin, 1981.

Berndt, Thomas/Gutsche, Robert/Offenhammer, Christian: Unternehmensbewertung von Professional Service Firms: Mandanten-Cashflows als zentrale Größe, BB, 2010, S. 1203-1208.

Beumer, Jochen/Duscha, Hendrik [zit.: Beumer/Duscha, Bewertungsanlässe, in: Peemöller (Hrsg.), Praxishandbuch, 2009]: Steuerliche Bewertungsanlässe, in: Peemöller, Volker H. (Hrsg.): Praxishandbuch der Unternehmensbewertung, Herne, 2009, S. 1018-1043.

Bilaniuk, Zenon [zit.: Bilaniuk, Stellungnahme, in: Deutscher Bundestag Finanzausschuss (Hrsg.), Wortprotokoll, 2008]: Stellungnahme Finanzausschuss, in: Deutscher Bundestag Finanzausschuss (Hrsg.): Wortprotokoll zur 87. Sitzung, Protokoll Nr. 16/87, 2008.

Binz, Mark K./Sorg, Martin H.: Aktuelle Fragen der Bewertung von Stamm- und Vorzugsaktien im Steuerrecht, DStR, 1994, S. 993-997.

Bippus, Birgit E.: Rechtspersönlichkeit von Kapitalgesellschaften im Privatrecht und Bewertung von Anteilen an Kapitalgesellschaften im Steuerrecht, DStZ, 1998, S. 225-233.

Birk, Dieter (Hrsg.) [zit.: Birk (Hrsg.), DStJG 22, 1999]: Steuern auf Erbschaft und Vermögen, DStJG 22, Köln, 1999.

Birk, Dieter/Pöllath, Reinhard: Erbschaftsteuerfreiheit bei Unternehmensfortführung? Verfassungsmäßigkeit und ökonomische Vernunft einer Änderung der Erbschaftsteuer, ZRP, 2006, S. 209-212.

Böcking, Hans-Joachim/Nowak, Karsten: Marktorientierte Unternehmensbewertung - Darstellung und Würdigung der marktorientierten Vergleichsverfahren vor dem Hintergrund der deutschen Kapitalmarktverhältnisse, FB, 1999, S. 169-176.

Böcking, Hans-Joachim/Nowak, Karsten: Die Bedeutung des Börsenkurses bei Unternehmensbewertungen, FB, 2000, S. 17-24.

Boehringer, Simone: Gefahr einer Blase, SZ, 05.03.2007.

Borgdorf, Reinold [zit.: Borgdorf, Stellungnahme, in: Deutscher Bundestag Finanzausschuss (Hrsg.), Wortprotokoll, 2008]: Stellungnahme Finanzausschuss, in: Deutscher Bundestag Finanzausschuss (Hrsg.): Wortprotokoll zur 87. Sitzung, Protokoll Nr. 16/87, 2008.

Born, Karl [zit.: Born, Unternehmensanalyse, 2003]: Unternehmensanalyse und Unternehmensbewertung, 2. Aufl., Stuttgart, 2003.

Börner, Dietrich [zit.: Börner, Unternehmensbewertung, in: Albers (Hrsg.), HdWW, 1980]: Stichwort: Unternehmensbewertung, in: Albers, Willi (Hrsg.): Handwörterbuch der Wirtschaftswissenschaft (HdWW): zugleich Neuauflage des Handwörterbuches der Sozialwissenschaften, Stuttgart, 1980, S. 111-123.

Brähler, Gernot [zit.: Brähler, Umstrukturierungen, 2006]: Steuerlich optimale Gestaltung von grenzüberschreitenden Umstrukturierungen, Wiesbaden, 2006.

Breidenbach, Berthold [zit.: Breidenbach, Abschied, in: Fachinstitut der Steuerberater (Hrsg.), 1999]: Steuerliche Unternehmens- und Anteilsbewertung - Abschied vom Stuttgarter Verfahren, in: Fachinstitut der Steuerberater (Hrsg.): Steuerberater-Jahrbuch 1998/1998, Köln, 1999, S. 245–264.

Breithecker, Volker/Schmiel, Ute [zit.: Breithecker/Schmiel, Steuerbilanz, 2003]: Steuerbilanz und Vermögensaufstellung in der Betriebswirtschaftlichen Steuerlehre, Berlin, 2003.

Bretzke, Wolf Rüdiger: Wertbegriff, Aufgabenstellung und formale Logik einer entscheidungsorientierten Unternehmensbewertung, ZfB, 1975, S. 497-502.

Briese, André: Unterschiedsbetrag, Gewinn und die Erbschaftsteuerreform - Anmerkung zum Entwurf einer Anteils- und Betriebsvermögensbewertungsverordnung, BB, 2009, S. 1268-1273.

Brösel, Gerrit [zit.: Brösel, Argumentationsfunktion, in: Brösel/Kasperzak (Hrsg.), Rechnungslegung, 2004]: Die Argumentationsfunktion in der Unternehmensbewertung - "Rotes Tuch" oder "Blaues Band" für Wirtschaftsprüfer?, in: Brösel, Gerrit/Kasperzak, Rainer (Hrsg.): Internationale Rechnungslegung, Prüfung und Analyse, München, 2004, S. 515-523.

Brösel, Gerrit: Eine Systematisierung der Nebenfunktionen der funktionalen Unternehmensbewertungstheorie, BFuP, 2006, S. 128-143.

Brösel, Gerrit/Hauttmann, Richard: Einsatz von Unternehmensbewertungsverfahren zur Bestimmung von Konzessionsgrenzen sowie in Verhandlungssituationen (Teil I), FB, 2007, S. 223-238.

Brösel, Gerrit/Hauttmann, Richard: Einsatz von Unternehmensbewertungsverfahren zur Bestimmung von Konzessionsgrenzen sowie in Verhandlungssituationen (Teil II), FB, 2007, S. 293-309.

Brösel, Gerrit/Kasperzak, Rainer (Hrsg.) [zit.: Brösel/Kasperzak (Hrsg.), Rechnungslegung, 2004]: Internationale Rechnungslegung, Prüfung und Analyse, München, 2004.

Bruckmeier, Gerhard/Schmid, Reinhard/Zwirner, Christian: Unternehmensbewertung - Neue Aufgaben und Perspektiven im Rahmen der Erbschaftsteuerreform, FB, 2009, S. 234-239.

Bruckmeier, Gerhard/Zwirner, Christian/Mugler, Jörg: Unternehmensbewertung im Erbschaftsteuerrecht: Handlungsempfehlungen und Modellrechnungen, DStR, 2011, S. 422-428.

Brüggemann, Gerd: AntBVBewV: Anteile an Kapital- und Personengesellschaften nach altem und neuem Recht, ErbBstg, 2008, S. 125-136.

Brüggemann, Gerd: Bewertung eines Einzelunternehmens nach aktuellen und zukünftigem Bewertungsrecht, ErbBstg, 2008, S. 34-42.

Brüggemann, Gerd: Vereinfachtes Ertragswertverfahren: Bewertung eines Gesellschaftsanteils an einer GmbH & Co. KG, ErbBstg, 2009, S. 41-46.

Buchner, Robert (Hrsg.) [zit.: Buchner (Hrsg.), Unternehmensbewertung, in: Seicht (Hrsg.), Controlling-Jahrbuch, 1995]: Marktorientierte Unternehmensbewertung, in: Seicht, Gerhard (Hrsg.): Inflation Accounting, Moderne Controllingansätze, Revision im ökonomischen Bereich, Bilanzierung von Umweltschutzverpflichtungen, Kostenmanagement und Erlösrechnung, Kennzahlen und Bonität, Unternehmensbewertung, Privatkonkursrecht, Krida und Betrugsfälle, Wien, 1995, S. 401-427.

Bundessteuerberaterkammer (Hrsg.) [zit.: Bundessteuerberaterkammer (Hrsg.), Steuerberaterkongress 1977, 1977]: Steuerberaterkongress-Report 1977, München, 1977.

Busse v. Colbe, Walther [zit.: Busse v. Colbe, Zukunftserfolg, 1957]: Der Zukunftserfolg, Wiesbaden, 1957.

Busse v. Colbe, Walther: Zur Maßgeblichkeit des Börsenkurses für die Abfindung der bei einer Umwandlung ausscheidenden Aktionäre, AG, 1964, S. 263-267.

Busse v. Colbe, Walther [zit.: Busse v. Colbe, Gesamtwert, in: Kosiol (Hrsg.), Rechnungswesen, 1981]: Gesamtwert der Unternehmung, in: Kosiol, Erich (Hrsg.): Handwörterbuch des Rechnungswesens, Stuttgart, 1981, S. Sp. 595-606.

Busse v. Colbe, Walther [zit.: Busse v. Colbe, Bewertung, in: Raupach (Hrsg.), DStJG 7, 1984]: Bewertung als betriebswirtschaftliches Problem - Betriebswirtschaftliche Grundüberlegungen -, in: Raupach, Arndt (Hrsg.): Werte und Wertermittlung im Steuerrecht, DStJG 7, Köln, 1984, S. 39-53.

BVerfG (Hrsg.) [zit.: BVerfG (Hrsg.), Pressemitteilung Nr. 11/2007, 2007]: Pressemitteilung Nr. 11/2007 vom 31.01.2007, 2007, http://www.bverfg.de/pressemitteilungen/bvg07-011.html [Abruf am 27.05.2013].

CDU/CSU/FDP (Hrsg.) [zit.: CDU/CSU/FDP (Hrsg.), Koalitionsvertrag, 2009]: Wachstum. Bildung. Zusammenhalt. Der Koalitionsvertrag zwischen CDU, CSU und FDP, 2009, http://www.bmi.bund.de/SharedDocs/Downloads/DE/Ministerium/koalitionsvertrag.pdf?__blob=publicationFile [Abruf am 27.05.2013].

Christoffel, Hans Günter [zit.: Christoffel, in: Christoffel/Geckle/Pahlke (Hrsg.), ErbStG, 1998]: Kommentierung des § 12 ErbStG, in: Christoffel, Hans Günter/Geckle, Gerhard/Pahlke, Armin (Hrsg.): Erbschaftsteuergesetz - Erbschaft- und Schenkungsteuergesetz mit Grundstücksbewertung, Freiburg, 1998.

Christoffel, Hans Günter: Neue Anteilsbewertung nach dem Stuttgarter Verfahren ab 1993 (I), GmbHR, 1993, S. 205-212.

Christoffel, Hans Günter/Geckle, Gerhard/ Pahlke, Armin (Hrsg.) [zit.: Christoffel/Geckle/Pahlke (Hrsg.), ErbStG, 1998]: Erbschaftsteuergesetz - Erbschafts- und Schenkungssteuergesetz mit Grundstücksbewertung, Kommentar, Freiburg, 1998.

Coenenberg, Adolf [zit.: Coenenberg, Hochschule, in: IDW (Hrsg.), Wirtschaftsprüferberuf, 1981]: Unternehmensbewertung aus Sicht der Hochschule, in: IDW (Hrsg.): 50 Jahre Wirtschaftsprüferberuf - Bericht über die Jubiläumsfachtagung vom 21. - 23. Oktober 1981 in Berlin, Düsseldorf, 1981, S. 221-245.

Coenenberg, Adolf/Haller, Axel/Schultze, Wolfgang/Coenenberg, Adolf Gerhard [zit.: Coenenberg/Haller/Schultze/Coenenberg, Jahresabschluss, 2009]: Jahresabschluss und Jahresabschlussanalyse - Betriebswirtschaftliche, handelsrechtliche, steuerrechtliche und internationale Grundsätze, 21., überarb. Aufl., Stuttgart, 2009.

Coenenberg, Adolf/Schultze, Wolfgang: Unternehmensbewertung: Konzeptionen und Perspektiven, DBW, 2002, S. 597-621.

Coenenberg, Adolf/Sieben, Günter [zit.: Coenenberg/Sieben, Unternehmungsbewertung, in: Grochla/Wittmann (Hrsg.), Betriebswirtschaft, 1974]: Stichwort: Unternehmungsbewertung, in: Grochla, Erwin/Wittmann, Waldemar (Hrsg.): Handwörterbuch der Betriebswirtschaft, Stuttgart, 1974, Sp. 4062-4079.

Corsten, Hans (Hrsg.) [zit.: Corsten (Hrsg.), Betriebswirtschaftslehre, 2000]: Lexikon der Betriebswirtschaftslehre, 4. Aufl., München, 2000.

Creutzmann, Andreas: Unternehmensbewertung im Steuerrecht - Neuregelungen des Bewertungsgesetzes ab 1.1.2009, DB, 2008, S. 2784-2791.

Creutzmann, Andreas: Unternehmensbewertung und Erbschaftsteuer - Anmerkungen zum Diskussionsentwurf für eine Anteils- und Betriebsvermögensbewertungsordnung -, Stbg, 2008, S. 148-158, 167.

Creutzmann, Andreas [zit.: Creutzmann, Bewertungsgesetz, in: Königsmaier/Mandl (Hrsg.), FS Mandl, 2010]: Unternehmensbewertung bei Kapitalgesellschaften nach dem Bewertungsgesetz, in: Königsmaier, Heinz/Mandl, Gerwald (Hrsg.): Unternehmensbewertung - Theoretische Grundlagen - praktische Anwendung, Festschrift für Gerwald Mandl zum 70. Geburtstag, Wien, 2010, S. 143-166.

Creutzmann, Andreas/Heuer, Andre: Der Risikozuschlag beim vereinfachten Ertragswertverfahren, DB, 2010, S. 1301-1307.

Crezelius, Georg [zit.: Crezelius, Rechtsanwendung, 1983]: Steuerrechtliche Rechtsanwendung und allgemeine Rechtsordnung - Grundlagen für eine liberale Besteuerungspraxis, Herne, 1983.

Crezelius, Georg: Privilegierung von Produktivvermögen im Erbschaft- und Schenkungsteuerrecht, DB, 2006, S. 2252-2256.

Crezelius, Georg: Der Entwurf eines Gesetzes zur Reform des Erbschaftsteuer- und Bewertungsrechts (Erbschaftsteuerreformgesetz - ErbStRG), DStR, 2007, S. 2277-2284.

Crezelius, Georg: Die Erbschaft- und Schenkungsteuer nach der Entscheidung des Bundesverfassungsgerichts vom 7.11.2006, DStR, 2007, S. 415-420.

Crezelius, Georg [zit.: Crezelius, Stellungnahme, in: Deutscher Bundestag Finanzausschuss (Hrsg.), Wortprotokoll, 2008]: Stellungnahme Finanzausschuss, in: Deutscher Bundestag Finanzausschuss (Hrsg.): Wortprotokoll zur 87. Sitzung, Protokoll Nr. 16/87, 2008.

Crezelius, Georg: Das neue Erbschaft- und Schenkungsteuerrecht im Rechtssystem, ZEV, 2009, S. 1-6.

Damodaran, Aswath [zit.: Damodaran, Marketability and Value, 2005]: Marketability and Value: Measuring the Illiquidity Discount, Working Paper, Stern School of Business, 2005, http://pages.stern.nyu.edu/~adamodar/ [Abruf am 27.05.2013].

Daragan, Hanspeter: Werden bebaute Grundstücke im Erbschaftsteuerrecht regelmäßig unterbewertet?, DB, 2006, S. 1751-1755.

Daragan, Hanspeter/Halaczinsky, Raymond/Riedel, Christopher (Hrsg.) [zit.: Daragan/Halaczinsky/Riedel (Hrsg.), ErbStG, 2010]: Praxiskommentar Erbschaftsteuergesetz und Bewertungsgesetz, Kommentar, Bonn, 2010.

Deutsche Börse Group (Hrsg.) [zit.: Deutsche Börse Group (Hrsg.), Börsenlexikon, Stichwort Einheitskurs]: Börsenlexikon, Stichwort Einheitskurs, http://deutsche-boerse.com/dbg/dispatch/de/kir/dbg_nav/about_us /30_Services/40_Know_how/10_Stock_Exchange_A_Z?glossaryWord=pi_glos_Einheitskurs [Abruf am 27.05.2013].

Deutsche Bundesbank (Hrsg.) [zit.: Deutsche Bundesbank (Hrsg.), Verhältniszahlen, 2009]: Verhältniszahlen aus Jahresabschlüssen deutscher Unternehmen von 2005 bis 2006- Statistische Sonderveröffentlichung 6, 2009, http://www.bundesbank.de/Redaktion/DE/Downloads/ Veroeffentlichungen/Statistische_Sonderveroeffentlichungen/Statso_6/ statso_6_2009_02_2005_2006.pdf?__blob=publicationFile [Abruf am 27.05.2013].

Deutsche Bundesbank (Hrsg.) [zit.: Deutsche Bundesbank (Hrsg.), Verhältniszahlen 2010, 2012]: Statistische Sonderveröffentlichung 6 - Verhältniszahlen aus Jahresabschlüssen deutscher Unternehmen von 2009 bis 2010 - Vorläufige Angaben (Excel-Tabelle), 2012, http://www.bundesbank.de/Navigation/DE/Statistiken/Unternehmen_und_private_Haushalte/Unternehmensabschluesse/Tabellen/tabellen.html [Abruf am 27.05.2013].

Dietrich, Maik/Schönemann, Kristin: Planung der Unternehmensnachfolge innerhalb der Familie: Schenkung oder Kauf eines Einzelunternehmens nach der Erbschaftsteuerrefrom 2009, FB, 2009, S. 361-373.

Diller, Markus/Löffler, Andreas [zit Diller/Löffler, arqus-Beitrag Nr. 96, 2010]: Erbschaftsteuer und Unternehmensbewertung, arqus-Beitrag Nr. 96, 2010, http://www.arqus.info.

Dirrigl, Hans [zit.: Dirrigl, Steuerbemessung, in: Kiesewetter/Niemann (Hrsg.), FS Wagner, 2009]: Unternehmensbewertung für Zwecke der Steuerbemessung im Spannungsfeld von Individualisierung und Kapitalmarkttheorie - Ein aktuelles Problem vor dem Hintergrund der Erbschaftsteuerreform, in: Kiesewetter, Dirk/Niemann, Rainer (Hrsg.): Accounting, Taxation, and Corporate Governance - Essays in honor of Franz W. Wagner on the occasion of his 65th birthday, http://www.franz-w-wagner.de/, 2009, S. B 1 - B 66.

Dorfleitner, Gregor/Ilmberger, Franziska/Meyer-Scharenberg, Carmen: Die Bewertung von Unternehmen nach dem Erbschaftsteuerreformgesetz, DBW, 2010, S. 7-25.

Dörner, Achim: Problemfelder der Unternehmensbewertung im Rahmen der Erbschaftsteuerreform, BewP, 2/2009, S. 2-8.

Dörner, Wolfgang: Überlegungen zu Theorie und Praxis der subjektiven Unternehmensbewertung - die Funktionen des Wirtschaftsprüfers als Gutachter -, WPg, 1981, S. 202-208.

Drosdzol, Wolf-Dietrich: Betriebsvermögen im Erbschaft- und Schenkungsteuerrecht, DStZ, 1995, S. 353-361.

Drosdzol, Wolf-Dietrich: Steuerliche Immobilienbewertung in Deutschland : Reformversuche ohne Erfolg?, DStZ, 2001, S. 689-696.

Drosdzol, Wolf-Dietrich: Unternehmensbewertung: Die Geltung des § 11 Abs. 2 BewG und des vereinfachten Ertragswertverfahrens für ertragsteuerliche Zwecke, DStR, 2011, S. 1258-1262.

Drüen, Klaus-Dieter [zit.: Drüen, in: Tipke/Kruse (Hrsg.), AO, Loseblatt]: Kommentierung des § 3 AO, in: Tipke, Klaus/Kruse, Heinrich Wilhelm (Hrsg.): Abgabenordnung,

Finanzgerichtsordnung - Kommentar zur AO 1977 und FGO (ohne Steuerstrafrecht), Köln, Loseblatt.

Drukarczyk, Jochen: DCF-Methoden und Ertragswertmethode - einige klärende Anmerkungen, WPg, 1995, S. 329-334.

Drukarczyk, Jochen [zit.: Drukarczyk, Unternehmensbewertung, 2003]: Unternehmensbewertung, 4., überarb. und erw. Aufl., München, 2003.

Drukarczyk, Jochen/Richter, Frank: Unternehmensgesamtwert, anteilseignerorientierte Finanzentscheidungen und APV-Ansatz, DBW, 1995, S. 559-580.

Drukarczyk, Jochen/Schüler, Andreas [zit.: Drukarczyk/Schüler, Unternehmensbewertung, 2009]: Unternehmensbewertung, 6. Aufl., München, 2009.

Dryander, Christof von/Niggemann, Gerold [zit.: von Dryander/Niggemann, in: Hölters (Hrsg.), AktG, 2011]: Vorbemerkung zu §§ 182 - 191 AktG, in: Hölters, Wolfgang (Hrsg.): Aktiengesetz, München, 2011.

Eichmann, Karsten [zit.: Eichmann, Unternehmensbewertung, 1992]: Marketingorientierte Unternehmensbewertung - Absatzmärkte als Grundlage der Wertfindung, Augsburg, 1992.

Eisele, Dirk [zit.: Eisele, in: Rössler/Troll (Hrsg.), BewG, Loseblatt]: Kommentierung des § 11 BewG, in: Rössler, Rudolf/Troll, Max (Hrsg.): Bewertungsgesetz, München, Loseblatt.

Eisele, Dirk [zit.: Eisele, in: Rössler/Troll (Hrsg.), BewG, Loseblatt]: Kommentierung des § 199 BewG, in : Rössler, Rudolf/Troll, Max (Hrsg.): Bewertungsgesetz, München, Loseblatt.

Eisele, Dirk [zit.: Eisele, in: Rössler/Troll (Hrsg.), BewG, Loseblatt]: Kommentierung des § 200 BewG, in: Rössler, Rudolf/Troll, Max (Hrsg.): Bewertungsgesetz, München, Loseblatt.

Eisele, Dirk [zit.: Eisele, in: Rössler/Troll (Hrsg.), BewG, Loseblatt]: Kommentierung des § 202 BewG, in: Rössler, Rudolf/Troll, Max (Hrsg.): Bewertungsgesetz, München, Loseblatt.

Eisele, Dirk [zit.: Eisele, in: Troll/Gebel/Jülicher (Hrsg.), ErbStG, Loseblatt]: Kommentierung des § 97 BewG, in: Troll, Max/Gebel, Dieter/Jülicher, Marc (Hrsg.): Erbschaftsteuer- und Schenkungsteuergesetz, München, Loseblatt.

Eisele, Dirk: Die Entwicklung des Bewertungsrechts seit den Einheitswert-Beschlüssen des Bundesverfassungsgerichts zur Vermögens- und Erbschaftsteuer, ZEV, 1999, S. 369-377.

Eisele, Dirk: Entwurf eines Erbschaftsteuerreformgesetzes - Novellierung des erbschaftsteuerlichen Bewertungsrechts, NWB, 2007, S. 4581-4588.

Eisele, Dirk: Erbschaftsteuerreform 2008 - Grundzüge des neuen Erbschaftsteuer- und Bewertungsrechts auf der Grundlage des Referentenentwurfs für ein Gesetz zur Reform des Erbschaftsteuer- und Bewertungsrechts (ErbStRG) -, ZEV, 2007, S. 550-555.

Eisele, Dirk: Verfassungswidrigkeit der Erbschaftsteuer - BVerfG, Beschluss v. 7.11.2006 - 1 BvL 10/02, NWB, 2007, S. 501-508.

Eisele, Dirk: Erbschaftsteuerliches Bewertungsrecht - Bewertungsvergleich für Zwecke der Rückanwendungsoption beim Betriebsvermögen, NWB, 2008, S. 1287-1295.

Eisele, Dirk: Erbschaftsteuerliches Bewertungsrecht - Verordnungsentwurf zur Neuregelung der Anteils- und Betriebsvermögensbewertung, NWB, 2008, S. 791-801.

Eisele, Dirk: Update Erbschaftsteuerreform nach dem ErbStRG - Signifikante Verbesserungen im Gesetzgebungsverfahren, NWB, 2008, S. 4679-4697.

Eisenführ, Franz: Preisfindung für Beteiligungen mit Verbundeffekten, zfbf, 1971, S. 467-479.

Ellrott, Helmut/Förschle, Gerhart/Grottel, Bernd/Kozikowski, Michael/Schmidt, Stefan/Winkeljohann, Norbert (Hrsg.): [zit.: Beck'scher Bilanz-Kommentar]: - Beck'scher Bilanz-Kommentar: Handels- und Steuerbilanz; §§ 238 bis 339, 342 bis 342e HGB mit IFRS-Abweichungen, Kommentar, München, 2012.

Engeleiter, Hans Joachim [zit.: Engeleiter, Unternehmensbewertung, 1970]: Unternehmensbewertung, Stuttgart, 1970.

Engels, Wolfram [zit.: Engels, Bewertungslehre, 1962]: Betriebswirtschaftliche Bewertungslehre im Licht der Entscheidungstheorie, Köln, 1962.

Fachinstitut der Steuerberater (Hrsg.) [zit.: Fachinstitut der Steuerberater (Hrsg.), StBJB, 1999]: Steuerberater-Jahrbuch, Köln, 1999.

Fachinstitut der Steuerberater (Hrsg.) [zit.: Fachinstitut der Steuerberater (Hrsg.), StBJB, 2001]: Steuerberater-Jahrbuch, Köln, 2001.

Fachinstitut der Steuerberater (Hrsg.) [zit.: Fachinstitut der Steuerberater (Hrsg.), StBJB, 2002]: Steuerberater-Jahrbuch, 2002.

Fachinstitut der Steuerberater (Hrsg.) [zit.: Fachinstitut der Steuerberater (Hrsg.), StBJB, 2009]: Steuerberater-Jahrbuch, Köln, 2009.

Fahrenschon, Georg: Die Reform der Erbschaftsteuer, FR, 2008, S. 358-361.

Fechner, Ulrich: Die Reform des Erbschafsteuer- und des Bewertungsrechts aus Unternehmersicht, FR, 2008, S. 349-352.

Federmann, Rudolf [zit.: Federmann, Bilanzierung, 2010]: Bilanzierung nach Handelsrecht, Steuerrecht und IAS/IFRS - Gemeinsamkeiten, Unterschiede und Abhängigkeiten, 12. Aufl., Berlin, 2010.

Felten, Jean Baptiste [zit.: Felten, Energiewirtschaft, 1958]: Wert und Bewertung ganzer Unternehmungen unter besonderer Berücksichtigung der Energiewirtschaft, Köln, 1958.

Fischer, Lutz/Schneeloch, Dieter/Sigloch, Jochen: Betriebswirtschaftliche Steuerlehre und Steuerberatung - Gedanken zum 60jährigen "Jubiläum" der Betriebswirtschaftlichen Steuerlehre, DStR, 1980, S. 699-705.

Fischer, Michael/Jüptner, Roland/Pahlke, Armin; Wachter, Thomas (Hrsg.) [zit.: Fischer/Jüptner/Pahlke/Wachter (Hrsg.), ErbStG, 2011]: ErbStG-Kommentar, Kommentar, Freiburg, 2011.

Fischer-Winkelmann, Wolf F./Busch, Kai: Die praktische Anwendung der verschiedenen Unternehmensbewertungsverfahren - 1. allgemeiner Teil zur Bewertungspraxis -, FB, 2009, S. 635-656.

Fischer-Winkelmann, Wolf F./Busch, Kai: Die praktische Anwendung der verschiedenen Unternehmensbewertungsverfahren - Empirische Untersuchung im steuerberatenden Berufsstand - 2. spezieller Teil zur Bewertung von kleinen und mittleren Unternehmen (KMU) -, FB, 2009, S. 715-726.

Flick, Hans: Beim Vergleich der Rechtsformen auch die Erbschaftsteuer beachten!, DB, 1997, S. 844-846.

Flick, Hans/Hannes, Frank: Was dem Fiskus ein Unternehmen wert ist – Zwangsläufig ungenaue Schätzungen können zu Fehlplanung führen, F.A.Z., 20.10.2009, S. 21.

Flöter, Silvia/Matern, Christian: Erbschaftsteuerreform: Fehlbewertung von Betriebsvermögen - Vereinfachtes Ertragswertverfahren ist keine geeignete Methode, NWB, 2008, S. 1727-1737.

Förschle, Gerhart [zit.: Förschle, in: Beck'scher Bilanz-Kommentar, 2012]: Kommentierung des § 275 HGB, in: Ellrott, Helmut/Förschle, Gerhart/Grottel, Bernd/Kozikowski, Michael/Schmidt, Stefan/Winkeljohann, Norbert (Hrsg.): Beck'scher Bilanz-Kommentar - Handels- und Steuerbilanz; §§ 238 bis 339, 342 bis 342e HGB mit IFRS-Abweichungen, München, 2012.

Fraedrich, Jennifer: Das neue Erbschaftsteuerrecht aus Sicht der GmbH - Ein Überblick über die wichtigsten Neuregelungen, GmbH-StB, 2009, S. 45-51.

Freund, Werner [zit.: Freund, Unternehmensnachfolgen, in: Institut für Mittelstandsforschung (Hrsg.), Jahrbuch, 2004]: Unternehmensnachfolgen in Deutschland - Neubearbeitung der Daten des IfM Bonn, in: Institut für Mittelstandsforschung Bonn (Hrsg.): Jahrbuch zur Mittelstandsforschung 1/2004, Wiesbaden, 2004, S. 57-88.

Fritsch, Rainer [zit.: Fritsch, in: Pahlke/Koenig (Hrsg.), AO, 2009]: Kommentierung des § 277 AO, in: Pahlke, Armin/Koenig, Ulrich (Hrsg.): Abgabenordnung, München, 2009.

Frühling, Volker: Unternehmensbewertung und ewige Rente, FB, 2009, S. 200-203.

Gabert, Maria Isabel [zit.: Gabert, Teilwert, 2011]: Der Bewertungsmaß-stab des Teilwerts im Bilanzsteuerrecht, Berlin, 2011.

Gaughan, Patrick A. [zit.: Gaughan, 2002]: Mergers, acquisitions and corporate restructurings, 3. Aufl., New York, 2002.

Gebel, Dieter [zit.: Gebel, in: Troll/Gebel/Jülicher (Hrsg.), ErbStG, Loseblatt]: Kommentierung des § 12 ErbStG, in: Troll, Max/Gebel, Dieter/Jülicher, Marc (Hrsg.): Erbschaftsteuer- und Schenkungsteuergesetz, München, Loseblatt.

Geck, Reinhard [zit.: Geck, in: Kapp/Ebeling (Hrsg.), ErbStG, Loseblatt]: Kommentierung des § 12 ErbStG, in: Kapp, Reinhard/Ebeling, Jürgen (Hrsg.): Erbschaft- und Schenkungsteuergesetz, Köln, Loseblatt.

Gerber, Christian/König, Jan: Die aktuelle Rezession als Herausforderung für das vereinfachte Ertragswertverfahren, Status:Recht, 2009, S. 132-133.

Gerber, Christian/König, Jan: ErbStRG: Auswirkungen eines einheitlichen Kapitalisierungszinssatzes auf die Bewertung von Unternehmen unterschiedlicher Risikoklassen, BB, 2009, S. 1268-1273.

Gerber, Christian/König, Jan: Vereinfachtes Ertragswertverfahren: Die Konsequenzen des vom BMF festgelegten Basiszinssatzes, BB, 2010, S. 348-351.

Gerlach, Karl-Heinz: Gemeiner Wert, Verfügungsbeschränkungen, Stimmrechte und Holdiggesellschaften bei der steuerlichen Anteilsbewertung (1. Teil), BB, 1996, S. 821-832.

Gessler, Ernst [zit.: Gessler, Expertengespräch, in: Goetzke/Sieben (Hrsg.), Unternehmungsbewertung, 1977]: Expertengespräch über die Frage: Erfüllt die gesetzliche Regelung der angemessenen Abfindung nach den §§ 305, 320, 375, 388 AktG und den §§ 12, 15 UmwG die ihr zugedachte Vermittlungsfunktion zwischen Minderheits- und Hauptaktionären, in: Goetzke, Wolfgang/Sieben, Günter (Hrsg.): Moderne Unternehmungsbewertung und Grundsätze ihrer ordnungsmäßigen Durchführung, Köln, 1977, S. 121-155.

Goette, Wulf/Habersack, Mathias (Hrsg.) [zit.: MünchKomm AktG, 2010]: Münchener Kommentar zum Aktiengesetz, §§ 278 - 328, SpruchG, Band 5, 3. Aufl., Kommentar, München, 2010.

Goetzke, Wolfgang: Funktionsspezifische Unternehmensbewertung: Einigung im Streit um objektive oder subjektive Wertansätze in Sicht - Ergebnisse einer Diskussionsveranstaltung des Seminars für Wirtschaftsprüfung der Universität zu Köln -, WPg, 1976, S. 175-178.

Goetzke, Wolfgang/Sieben, Günter (Hrsg.) [zit.: Goetzke/Sieben (Hrsg.), Unternehmungsbewertung, 1977]: Moderne Unternehmungsbewertung und Grundsätze ihrer ordnungsmäßigen Durchführung, Köln, 1977.

Göllert, Kurt/Ringling, Wilfried: Die Eignung des Stuttgarter Verfahrens für die Unternehmens- bzw. Anteilsbewertung im Abfindungsfall, DB, 1999, S. 516-519.

Gorny, Christian [zit.: Gorny, Verhandlungsprozessen, 2002]: Unternehmensbewertung in Verhandlungsprozessen - Ansätze zur Lösung der Argumentationsfunktion, Wiesbaden, 2002.

Gräber, Fritz/Groll, Rüdiger (Hrsg.) [zit.: Gräber/Groll (Hrsg.), FGO, 2010]: Finanzgerichtsordnung mit Nebengesetzen, Kommentar, München, 2010.

Grochla, Erwin/Wittmann, Waldemar (Hrsg.) [zit.: Grochla/Wittmann (Hrsg.), Betriebswirtschaft, 1974]: Handwörterbuch der Betriebswirtschaft, Stuttgart, 1974.

Groh, Manfred [zit.: Groh, Steuerrecht, in: Herzig (Hrsg.), FS Rose, 1991]: Unternehmensbewertung im Steuerrecht, in: Herzig, Norbert (Hrsg.): Betriebswirtschaftliche Steuerlehre und Steuerberatung - Gerd Rose zum 65. Geburtstag, Wiesbaden, 1991, S. 141-152.

Groll, Rüdiger [zit.: Groll, in: Gräber/Groll (Hrsg.), FGO, 2010]: Kommentierung des § 40 FGO, in: Gräber, Fritz/Groll, Rüdiger (Hrsg.): Finanzgerichtsordnung mit Nebengesetzen, München, 2010.

Groll, Rüdiger [zit.: Groll, in: Gräber/Groll (Hrsg.), FGO, 2010]: Kommentierung des § 100 FGO, in: Gräber, Fritz/Groll, Rüdiger (Hrsg.): Finanzgerichtsordnung mit Nebengesetzen, München, 2010.

Großfeld, Bernhard: Betafaktor - Herleitung und Eignung, NZG, 2009, S. 1204-1210.

Großfeld, Bernhard [zit.: Großfeld, Recht, 2009]: Recht der Unternehmensbewertung, 5. Aufl., Köln, 2009.

Gürsching, Lorenz/Stenger, Alfons (Hrsg.) [zit.: Gürsching/Stenger (Hrsg.), Bewertungsrecht, Loseblatt]: Bewertungsrecht, Kommentar, Köln, Loseblatt.

Haberstock, Lothar/Breithecker, Volker/Klapdor, Ralf [zit.: Haberstock/Breithecker/Klapdor, Steuerlehre, 2010]: Einführung in die Betriebswirtschaftliche Steuerlehre - mit Fallbeispielen, Übungsaufgaben und Lösungen, 15., völlig neu bearb. Aufl., Berlin, 2010.

Hachmeister, Dirk/Ruthardt Frederik/Lampenius, Niklas: Unternehmensbewertung im Spiegel der neueren gesellschaftsrechtlichen Rechtsprechung - Bewertungsverfahren, Ertragsprognose, Basiszins und Wachstumsabschlag, WPg, 2011, S. 519-530.

Hachmeister, Dirk/Ruthardt, Frederik/Lampenius, Niklas: Unternehmensbewertung im Spiegel der neueren gesellschaftsrechtlichen Rechtsprechung - Berücksichtigung des Risikos, Risikozuschlags und persönlicher Steuern, WPg, 2011, S. 829-839.

Hafner, Ralf [zit.: Hafner, in: Rössler/Troll (Hrsg.), BewG, Loseblatt]: Kommentierung des § 146 BewG, in: Rössler, Rudolf/Troll, Max (Hrsg.): Bewertungsgesetz, München, Loseblatt.

Hafner, Ralf: Unternehmensbewertungen als Instrumente zur Durchsetzung von Verhandlungspositionen, BFuP, 1993, S. 79-89.

Halaczinsky, Raymond [zit.: Halaczinsky, in: Rössler/Troll (Hrsg.), BewG, Loseblatt]: Kommentierung des § 9 BewG, in: Rössler, Rudolf/Troll, Max (Hrsg.): Bewertungsgesetz, München, Loseblatt.

Halaczinsky, Raymond [zit.: Halaczinsky, in: Rössler/Troll (Hrsg.), BewG, Loseblatt]: Kommentierung des § 138 BewG, in: Rössler, Rudolf/Troll, Max (Hrsg.): Bewertungsgesetz, München, Loseblatt.

Halaczinsky, Raymond [zit.: Halaczinsky, in: Rössler/Troll (Hrsg.), BewG, Loseblatt]: Kommentierung des § 145 BewG, in: Rössler, Rudolf/Troll, Max (Hrsg.): Bewertungsgesetz, München, Loseblatt.

Halaczinsky, Raymond [zit.: Halaczinsky, in: Rössler/Troll (Hrsg.), BewG, Loseblatt]: Kommentierung des § 146 BewG, in: Rössler, Rudolf/Troll, Max (Hrsg.): Bewertungsgesetz, München, Loseblatt.

Halaczinsky, Raymond [zit.: Halaczinsky, in: Rössler/Troll (Hrsg.), BewG, Loseblatt]: Kommentierung des § 147 BewG, in: Rössler, Rudolf/Troll, Max (Hrsg.): Bewertungsgesetz, München, Loseblatt.

Halaczinsky, Raymond: Bewertung des Betriebsvermögens für erb- und schenkungsteuerliche Zwecke - Darstellung und Arbeitshilfe zur Neuregelung, ErbStB, 2009, S. 79-88.

Halaczinsky, Raymond: Anteilsbewertung: Zeichnungsrecht aus einem Beteiligungsprogramm - Konsequenzen aus BFH vom 29.7.2010 - VI R 30/07, ErbStB, 2010, S. 376-380.

Hannes, Frank/Onderka, Wolfgang: Die Bewertung von Betriebsvermögen und Anteilen an Kapitalgesellschaften nach der „AntBVBewV", ZEV, 2008, S. 173-177.

Hannes, Frank/Onderka, Wolfgang: Erbschaftsteuerreform: Die Besteuerung des Erwerbs von Betriebsvermögen - keine Sternstunde der Steuervereinfachung, ZEV, 2008, S. 16-22.

Hannes, Frank/Onderka, Wolfgang: Bewertung und Verschonung des Betriebsvermögens: Erste Erkenntnisse aus den Erlassen der Finanzverwaltung, ZEV, 2009, S. 421-428.

Häuselmann, Holger: Vermögensteuer 2014? - Erste Vorschläge zur Wiederbelebung der Vermögensteuer - und die Folgen für Privatanleger und Unternehmen, DStR, 2012, S. 1677-1680.

Hauser, Hans-Eduard/Kay, Rosemarie [zit.: Hauser/Kay, IfM-Materialien Nr. 198, 2010]: Unternehmensnachfolgen in Deutschland 2010 bis 2014 - Schätzung mit weiterentwickeltem Verfahren -, IfM-Materialien Nr. 198, 2010, http://www.ifm-bonn.org/assets /documents/IfM-Materialien-198.pdf.

Hax, Herbert: Bezugsrecht und Kursentwicklung von Aktien bei Kapitalerhöhungen, zfbf, 1971, S. 157-163.

Hayn, Marc: Unternehmensbewertung: Die funktionalen Wertkonzeptionen - Gemeinsamkeiten, Unterschiede und Konsequenzen für die Überarbeitung des Entwurfs der HFA Stellungnahme 2/1983, DB, 2000, S. 1346-1353.

Hecht, Stephan A./Cölln, Thomas von: Ableitung des gemeinen Werts von Anteilen an gewerblich geprägten Personengesellschaften, BB, 2009, S. 2061-2066.

Hecht, Stephan A./Cölln, Thomas von: Unternehmensbewertung nach dem BewG i. d. F des ErbStRG - Anmerkungen zu den Ländererlassen, BB, 2010, S. 795-800.

Hecht, Stephan A./Cölln, Thomas von: Fallstricke des vereinfachten Ertragswertverfahrens nach dem BewG i. d. F. des ErbStRG, DB, 2010, S. 1084-1089.

Heinen, Edmund [zit.: Heinen, Betriebswirtschaftslehre, 1982]: Einführung in die Betriebswirtschaftslehre, 8., durchges. Aufl., Wiesbaden, 1982.

Helbling, Carl [zit.: Helbling, Unternehmensbewertung, 1998]: Unternehmensbewertung und Steuern - Unternehmensbewertung in Theorie und Praxis, insbesondere die Berücksichtigung der Steuern aufgrund der Verhältnisse in der Schweiz und in Deutschland, 9. Aufl., Düsseldorf, 1998.

Henselmann, Klaus [zit.: Henselmann, Unternehmensrechnungen, 1999]: Unternehmensrechnungen und Unternehmenswert - Ein situativer Ansatz, Aachen, 1999.

Henselmann, Klaus: Gründe und Formen typisierender Unternehmensbewertung, BFuP, 2006, S. 144-157.

Henselmann, Klaus: Neue Aufgaben für Unternehmensbewerter durch Reform der Erbschaftsteuer, BewP, 4/2007, S. 14-15.

Henselmann, Klaus [zit.: Henselmann, Geschichte, in: Peemöller (Hrsg.), Praxishandbuch, 2009]: Geschichte der Unternehmensbewertung, in: Peemöller, Volker H. (Hrsg.): Praxishandbuch der Unternehmensbewertung, Herne, 2009, S. 91-126.

Henselmann, Klaus/Barth, Thomas: "Übliche Bewertungsmethoden" - Eine empirische Erhebung für Deutschland, BewP, 2/2009, S. 9-13.

Henselmann, Klaus/Kniest, Wolfgang: Immaterielle Werte beim Substanzwert im Sinne des Bewertungsgesetzes, BewP, 3/2011, S. 10-21.

Henselmann, Klaus/Schrenker, Claudia/Schneider, Sebastian: Unternehmensbewertung für Zwecke der Erbschaft- und Schenkungsteuer - Anwendung verschiedener Bewertungsverfahren im Vergleich, Working Papers in Accountimng Valuation Auditing, 2010, S. Nr. 2010-3, 1-26.

Henselmann, Klaus/Schrenker, Claudia/Schneider, Sebastian: Unternehmensbewertung für Zwecke der Erbschaft- uns Schenkungsteuer - Anwendung verschiedener Bewertungsverfahren im Vergleich, CF biz, 2010, S. 397-404.

Herfs, Thomas [zit.: Herfs, Kapitalerhöhungen, 2001]: Kapitalerhöhungen gegen Einlagen - Eine theoretische Analyse unter besonderer Berücksichtigung des Aktienbezugsrechts, Aachen, 2001.

Hering, Thomas: Das allgemeine Zustands-Grenzpreismodell zur Bewertung von Unternehmen und anderen unsicheren Zahlungsströmen, DBW, 2000, S. 362-378.

Hering, Thomas [zit.: Hering, Unternehmensbewertung, 2006]: Unternehmensbewertung, 2. Aufl., München, 2006.

Hering, Thomas/Brösel, Gerrit: Der Argumentationswert als "blinder Passagier" im IDW S 1 - Kritik und Abhilfe -, WPg, 2004, S. 936-942.

Hering, Thomas/Olbrich, Michael: Wert, Preis und Entschädigung der Mehrstimmrechte - Anmerkungen zu dem Beitrag von Arnold, BB 2003, 267 ff., BB, 2003, S. 1519-1520.

Herzig, Norbert (Hrsg.) [zit.: Herzig (Hrsg.), FS Rose, 1991]: Betriebswirtschaftliche Steuerlehre und Steuerberatung - Gerd Rose zum 65. Geburtstag, Wiesbaden, 1991.

Herzig, Norbert: Verlängerte Maßgeblichkeit und Bilanzpolitik, DB, 1992, S. 1053-1054.

Herzig, Norbert: Einführungsstatement: Unternehmensbewertung und Wirtschaftswissenschaft, WPg, 2007, S. 806-807.

Herzig, Norbert/Kessler, Wolfgang: Übernahme der Steuerbilanzwerte in die Vermögensaufstellung - Bilanzpolitische und steuerrechtliche Auswirkungen -, DStR-Beih, 1994, S. 3-16.

Hey, Johanna: BVerfG zur Erbschaftsteuer: Bewertungsgleichmaß und Gemeinwohlzwecke, JZ, 2007, S. 564-574.

Hickel, Rudolf [zit.: Hickel, Stellungnahme, in: Deutscher Bundestag Finanzausschuss (Hrsg.), Wortprotokoll, 2008]: Stellungnahme Finanzausschuss, in: Deutscher Bundestag Finanzausschuss (Hrsg.): Wortprotokoll zur 87. Sitzung, Protokoll Nr. 16/87, 2008.

Hinz, Michael: Unternehmensbewertung im Rahmen erbschaft- und schenkungsteuerlicher Zwecke - Ein Vergleich des vereinfachten Ertragswertverfahren mit "üblichen" Bewertungskalkülen nach den Grundsätzen des IDW S 1 i. d. F. 2008, BFuP, 2011, S. 304-328.

Hölters, Wolfgang (Hrsg.) [zit.: Hölters (Hrsg.), AktG, 2011]: Aktiengesetz, Kommentar, München, 2011.

Hölzerkopf, Florian/Bauer, Daniel: Überblick über die Erbschaftsteuerreform und erste Gestaltungshinweise, BB, 2009, S. 20-26.

Hopt, Klaus Jürgen/Merkt, Hanno (Hrsg.) [zit.: Hopt/Merkt (Hrsg.), Bilanzrecht, 2010]: Bilanzrecht, Kommentar, München, 2010.

Horn, Hans-Joachim [zit.: Horn, in: Fischer/Jüptner/Pahlke/Wachter (Hrsg.), ErbStG, 2011]: Kommentierung des § 12 ErbStG, in: Fischer, Michael/Jüptner, Roland/Pahlke, Armin/Wachter, Thomas (Hrsg.): ErbStG-Kommentar, Freiburg, Br., 2011.

Horschitz, Harald/Groß, Walter/Schnur, Peter [zit.: Horschitz/Groß/Schnur, Bewertungsrecht, 2004]: Bewertungsrecht - Einschließlich Überblick über die Grundbesitzbewertung für die Erbschaft- und Schenkungsteuer, 12. Aufl., Stuttgart, 2004.

Hübner, Heinrich: Die Neuregelung der Anteilsbewertung nach den Vermögensteuer-Richtlinien 1993, DStR, 1993, S. 1656-1661.

Hübner, Heinrich: Bemerkungen zur Einheitsbewertung des Betriebsvermögens und zur Anteilsbewertung anhand des Stuttgarter Verfahrens seit der Maßgeblichkeit der Steuerbilanzwerte, DStR, 1995, S. 1-6.

Hübner, Heinrich: Vermögensübertragung durch disquotale Gesellschafterleistungen - Schenkung- und ertragsteuerliche Aspekte, ZEV, 1998, S. 83-89.

Hübner, Heinrich: Verfassungswidrigkeit des Erbschaftsteuergesetzes? Anmerkungen zum BFH-Beschluss vom 24.10.2001, BFH 24.10.2001 Aktenzeichen II R 61/99, DStR, 2001, S. 2193-2196.

Hübner, Heinrich: Die „Erleichterung" der Unternehmensnachfolge nach der Entscheidung des BVerfG, DStR, 2007, S. 1013-1019.

Hübner, Heinrich: Das Erbschaftsteuerreformgesetz - ein erster Überblick, Ubg, 2009, S. 1-12.

Hübner, Heinrich: Erbschaftsteuer-Bewertungserlass, Teil B: Einzelunternehmen und Personengesellschaften, DStR, 2009, S. 2577-2583.

Hull, John [zit.: Hull, Optionen, 2010]: Optionen, Futures und andere Derivate, 7., aktualisierte Aufl., [Nachdr.], München, 2010.

Hülsmann, Christoph: GmbH-Abfindungsklausel: Stuttgarter Verfahren als Berechnungsmodus, INF, 2001, S. 467-472.

Hunsdoerfer, Jochen/Kiesewetter, Dirk/Sureth, Caren: Forschungsergebnisse in der Betriebswirtschaftlichen Steuerlehre - eine Bestandsaufnahme, ZfB, 2008, S. 61-139.

Hüttemann, Rainer: Unternehmensbewertung als Rechtsproblem, ZHR, 1998, S. 563-593.

Hüttemann, Rainer [zit.: Hüttemann, Gesellschaftsrecht, in: Fachinstitut der Steuerberater (Hrsg.), StBJB, 2001]: Neuere Entwicklungen bei der Unternehmensbewertung im Gesellschaftsrecht, in: Fachinstitut der Steuerberater (Hrsg.): Steuerberater-Jahrbuch, Köln, 2001, S. 385-407.

Hüttemann, Rainer: Rechtliche Vorgaben für ein Bewertungskonzept, WPg, 2007, S. 812-822.

IDW (Hrsg.) [zit.: IDW (Hrsg.), Wirtschaftsprüferberuf, 1981]: 50 Jahre Wirtschaftsprüferberuf - Bericht über die Jubiläumsfachtagung vom 21. - 23. Oktober 1981 in Berlin, Düsseldorf, 1981.

IDW (Hrsg.) [zit.: IDW (Hrsg.), HFA 2/1983, 1983]: Stellungnahme HFA 2/1983: Grundsätze zur Durchführung von Unternehmensbewertungen, WPg, 1983, S. 468-480.

IDW (Hrsg.): IDW Standard: Grundsätze zur Durchführung von Unternehmensbewertungen (IDW S 1), WPg, 2000, S. 825-842.

IDW (Hrsg.): IDW Standard: Grundsätze zur Durchführung von Unternehmensbewertungen (IDW S 1), WPg, 2005, S. 1303-1321.

IDW (Hrsg.): IDW Standard: Grundsätze zur Durchführung von Unternehmensbewertungen (IDW S 1 i. d. F. 2008), WPg Supplement, 2008, S. 68-89.

IDW (Hrsg.): Stellungnahme zum Entwurf des Erbschaftsteuerreformgesetzes (ErbStRG), Ubg, 2008, S. 179-184.

Institut für Mittelstandsforschung Bonn (Hrsg.) [zit.: Institut für Mittelstands-forschung (Hrsg.), Unternehmensbestand, 2011]: Unternehmensbestand laut Unternehmensregister, 2011,http://www.ifm-bonn.org/assets/ documents/Untreg_D_Unt_2004-2008.pdf [Abruf am 11.11.2012].

Institut für Mittelstandsforschung Bonn (Hrsg.) [zit.: Institut für Mittelstandsforschung (Hrsg.), Jahrbuch, 2004]: Jahrbuch zur Mittelstandsforschung 1/2004, Wiesbaden, 2004.

Jacobs, Otto H. [zit.: Jacobs, Gewinn, in: Bergner (Hrsg.), Planung, 1981]: Entnahmefähiger Gewinn und Unternehmensbewertung in Zeiten steigender Preise, in: Bergner, Heinz (Hrsg.): Planung und Rechnungswesen in der Betriebswirtschaftslehre, Berlin, 1981, S. 379-405.

Jacobs, Otto H.: Stand und Entwicklung der Betriebswirtschaftlichen Steuerlehre, StuW, 2004, S. 251-259.

Jaensch, Günter [zit.: Jaensch, Wert, 1966]: Wert und Preis der ganzen Unternehmung, Köln, 1966.

Jahndorf, Christian: Zur Schätzung des gemeinen Werts von nichtnotierten Anteilen an Kapitalgesellschaften für Zwecke des Ertragsteuerrechts - Bindungswirkung des Stuttgarter Verfahrens auch für Ertragsteuern?, StuW, 1999, S. 271-280.

Jakob, Wolfgang [zit.: Jakob, Vereinfachung, 1992]: Rechtsgutachten zu Möglichkeiten einer Vereinfachung der Bewertung des Grundbesitzes sowie Untersuchung einer befristeten Anwendung von differenzierten Zuschlägen zu den Einheitswerten, Bonn, 1992.

Jansen, Harald: Gleichmäßigkeit der Besteuerung durch Erbschaftsteuerplanung, StuW, 2007, S. 325-333.

Jonas, Heinrich: Einige Bemerkungen zur Bestimmung des Verkehrswertes von Unternehmungen, ZfB, 1954, S. 18-27.

Jonas, Heinrich: Scheinprobleme bei der Bestimmung des Unternehmenswertes, WPg, 1954, S. 531-534.

Jonas, Martin: Unternehmensbewertung: Methodenkonsistenz bei unvollkommenen Märkten und unvollkommenen Rechtssystemen, WPg, 2007, S. 835-843.

Jonas, Martin [zit.: Jonas, Erbschaftsteuer, in: Fachinstitut der Steuerberater (Hrsg.), StBJB, 2009]: Unternehmensbewertung nach der Erbschaftsteuer, in: Fachinstitut der Steuerberater (Hrsg.): Steuerberater-Jahrbuch, Köln, 2009, S. 65-78.

Jülicher, Marc [zit.: Jülicher, in: Troll/Gebel/Jülicher (Hrsg.), ErbStG, Loseblatt]: Kommentierung des § 12 ErbStG, in: Troll, Max/Gebel, Dieter/Jülicher, Marc (Hrsg.): Erbschaftsteuer- und Schenkungsteuergesetz, München, Loseblatt.

Jülicher, Marc [zit.: Jülicher, in: Troll/Gebel/Jülicher (Hrsg.), ErbStG, Loseblatt]: Kommentierung des § 28 ErbStG, in: Troll, Max/Gebel, Dieter/Jülicher, Marc (Hrsg.): Erbschaftsteuer- und Schenkungsteuergesetz, München, Loseblatt.

Jülicher, Marc [zit.: Jülicher, in: Troll/Gebel/Jülicher (Hrsg.), ErbStG, Loseblatt]: Kommentierung des § 30 ErbStG, in: Troll, Max/Gebel, Dieter/Jülicher, Marc (Hrsg.): Erbschaftsteuer- und Schenkungsteuergesetz, München, Loseblatt.

Jülicher, Marc [zit.: Jülicher, in: Troll/Gebel/Jülicher (Hrsg.), ErbStG, Loseblatt]: Kommentierung des § 31 ErbStG, in: Troll, Max/Gebel, Dieter/Jülicher, Marc (Hrsg.): Erbschaftsteuer- und Schenkungsteuergesetz, München, Loseblatt.

Jülicher, Marc: Der Entwurf der Anteilsbewertungsverordnung, Steueranwaltsmagazin, 2008, S. 176-182.

Kapp, Reinhard/Ebeling, Jürgen (Hrsg.) [zit.: Kapp/Ebeling (Hrsg.), ErbStG, Loseblatt]: Erbschaft- und Schenkungsteuergesetz, Kommentar, Köln, Loseblatt.

Kappenberg, Christoph Josef [zit.: Kappenberg, Kapitalkostenableitung, 2012]: Unternehmensbewertung im Erbschaftsteuerrecht - eine empirische Analyse unter besonderer Berücksichtigung der Kapitalkostenableitung, Wiesbaden, 2012.

Kessler, Wolfgang/Märkle, Rudi/Offerhaus, Klaus: Unsicherheiten und Unklarheiten bei der Erbschaft- und Schenkungsteuer, DB, 2007, S. 1155-1158.

Kiesewetter, Dirk/Niemann Rainer (Hrsg.) [zit.: Kiesewetter/Niemann (Hrsg.), FS Wagner, 2009]: Accounting, Taxation, and Corporate Governance - Essays in honor of Franz W. Wagner on the occasion of his 65th birthday, http://www.franz-w-wagner.de/, 2009.

Kleineidam, Hans-Jochen: Betriebswirtschaftliche Steuerlehre als Bestandteil des Revisions- und Treuhandwesens?, BFuP, 1971, S. 37-47.

Knief, Peter: Der kalkulatorische Unternehmerlohn für Steuerberater - Eine neue Herausforderung durch die Rechtsprechung des BGH und die Reform des Erbschaftsteuerrechts, DStR, 2008, S. 1895-1903.

Knief, Peter: Die "Bewertung medizinischer Praxen" nach dem 31.12.2008, DB, 2009, S. 866-870.

Knief, Peter: Zur Bewertung von Steuerberaterpraxen ab 1.1.2009, DStR, 2009, S. 604-606.

Knief, Peter: Der kalkulatorische Unternehmerlohn für Einzelunternehmer und Personengesellschafter, DB, 2010, S. 289-295.

Knittel, Michael [zit.: Knittel, in: Gürsching/Stenger (Hrsg.), Bewertungsrecht, Loseblatt]: Kommentierung des § 9 BewG, in: Gürsching, Lorenz/Stenger, Alfons (Hrsg.): Bewertungsrecht, Köln, Loseblatt.

Koblenzer, Thomas: Das Wertpapier in der Nachfolgeplanung - Allgemeine und besondere Bewertungsfragen, ErbStB, 2005, S. 132-135.

Koblenzer, Thomas: Das Wertpapier in der Nachfolgeplanung - Erbschaftsteuerliche Risiken bei einem Wertverfall des geerbten Depots, ErbStB, 2005, S. 158-161.

Kohl, Torsten: Überblick zum und Würdigung des vereinfachten Ertragswertverfahrens nach dem neuen Bewertungsrecht, ZEV, 2009, S. 554-558.

Kohl, Torsten/König, Jan: Das vereinfachte Ertragswertverfahren im Lichte des aktuellen Kapitalmarktumfeldes, BB, 2012, S. 607-611.

Kohl, Torsten/Schilling, Dirk: Die Reform des Erbschaftsteuer- und Bewertungsrechts im Lichte des IDW S 1 i. d. F. 2008, StuB, 2008, S. 909-917.

Kolbe, Kurt [zit.: Kolbe, Gesamtwert, 1954]: Gesamtwert und Geschäftswert der Unternehmung, Köln, 1954.

König, Rolf: Theoriegestützte Steuerwirkungs- und Steuerplanungslehre, StuW, 2004, S. 260-266.

Königsmaier, Heinz/Mandl, Gerwald (Hrsg.) [zit.: Königsmaier/Mandl (Hrsg.), FS Mandl, 2010]: Unternehmensbewertung - Theoretische Grundlagen - praktische Anwendung, Festschrift für Gerwald Mandl zum 70. Geburtstag, Wien, 2010.

Kortmann, Walter [zit.: Kortmann, Mikroökonomik, 2006]: Mikroökonomik - Anwendungsbezogene Grundlagen, 4., durchgesehene Aufl., Heidelberg, 2006.

Kosiol, Erich (Hrsg.) [zit.: Kosiol (Hrsg.), Rechnungswesen, 1981]: Handwörterbuch des Rechnungswesens, Stuttgart, 1981.

Kraft, Gerhard [zit.: Kraft, in: Kraft (Hrsg.), Außensteuergesetz, 2009]: Kommentierung des § 1 AStG, in: Kraft, Gerhard: Außensteuergesetz, München, 2009.

Kraft, Gerhard (Hrsg.) [zit.: Kraft (Hrsg.), Außensteuergesetz, 2009]: Außensteuergesetz, Kommentar, München, 2009.

Kreutziger, Stefan [zit.: Kreutziger, in: Kreutziger/Schaffner/Stephany (Hrsg.), BewG, 2009]: Einleitung, in: Kreutziger, Stefan/Schaffner, Margit/Stephany, Ralf (Hrsg.): Bewertungsgesetz, München, 2009.

Kreutziger, Stefan [zit.: Kreutziger, in: Kreutziger/Schaffner/Stephany (Hrsg.), BewG, 2009]: Kommentierung des § 9 BewG, in: Kreutziger, Stefan/Schaffner, Margit/Stephany, Ralf (Hrsg.): Bewertungsgesetz, München, 2009.

Kreutziger, Stefan [zit.: Kreutziger, in: Kreutziger/Schaffner/Stephany (Hrsg.), BewG, 2009]: Kommentierung des § 11 BewG, in: Kreutziger, Stefan/Schaffner, Margit/Stephany, Ralf (Hrsg.): Bewertungsgesetz, München, 2009.

Kreutziger, Stefan/Lindberg, Klaus/Schaffner, Margit (Hrsg.) [zit.: Kreutziger/Lindberg/Schaffner (Hrsg.), BewG, 2002]: Bewertungsgesetz, Kommentar, München, 2002.

Kreutziger, Stefan/Schaffner, Margit/Stephany, Ralf (Hrsg.) [zit.: Kreutziger/Schaffner/Stephany (Hrsg.), BewG, 2009]: Bewertungsgesetz, Kommentar, München, 2009.

Kruschwitz, Lutz [zit.: Kruschwitz, Investitionsrechnung, 2011]: Investitionsrechnung, 13., aktualisierte Aufl., München, 2011.

Kuhner, Christoph: Unternehmensbewertung: Tatsachenfrage oder Rechtsfrage?, WPg, 2007, S. 825-834.

Kuhner, Christoph/Maltry, Helmut [zit.: Kuhner/Maltry, Unternehmensbewertung, 2006]: Unternehmensbewertung, Berlin, Heidelberg, 2006.

Kühnhold, Jörg: Erbschaftsteuer-Reform: Verkehrswerte auch in Deutschland notwendig und möglich, DStZ, 2007, S. 591-596.

Kühnhold, Jörg/Mannweiler, Marcus: Bewertung des Betriebsvermögens und der GmbH-Anteile nach der Erbschaftsteuer-Reform 2008 - Anmerkungen zu dem Entwurf der Anteils- und Betriebsvermögensbewertungsverordnung - AntBVBewV -, DStZ, 2008, S. 167-174.

Kühnhold, Jörg/Mannweiler, Marcus: Erbschaftsteuer-Reform - Fehlerhafter Entwurf der Anteils- und Betriebsvermögensbewertungsverordnung?, BB, 2008, S. 1879-1882.

Künnemann, Martin [zit.: Künnemann, Unternehmensbewertung, 1985]: Objektivierte Unternehmensbewertung, Frankfurt am Main, 1985.

Kußmaul, Heinz: Die Betriebswirstchaftliche Steuerlehre als steuerliche Betriebswirtschaftslehre?, StuW, 1995, S. 3-14.

Kußmaul, Heinz [zit.: Kußmaul, Steuerlehre, 2010]: Betriebswirtschaftliche Steuerlehre, 6. Aufl., München, 2010.

Kußmaul, Heinz/Pfirmann, Armin/Hell, Christoph/Meyering, Stephan: Die Bewertung von Unternehmensvermögen nach der ErbStRG und Unternehmensbewertung - Eine erste Analyse des Gesetzentwurfs aus Sicht der Beratungspraxis, BB, 2008, S. 472-478.

Küting, Karlheinz: Zur Bedeutung und Analyse von Verbundeffekten im Rahmen der Unternehmensbewertung, BFuP, 1981, S. 175-189.

Landsittel, Ralph [zit.: Landsittel, Stellungnahme, in: Deutscher Bundestag Finanzausschuss (Hrsg.), Wortprotokoll, 2008]: Stellungnahme Finanzausschuss, in: Deutscher Bundestag Finanzausschuss (Hrsg.): Wortprotokoll zur 87. Sitzung, Protokoll Nr. 16/87, 2008.

Lang, Joachim: Das verfassungsrechtliche Scheitern der Erbschaft- und Schenkungsteuer, StuW, 2008, S. 189-205.

Lang, Joachim [zit.: Lang, Steuerschuldrecht, in: Tipke/Lang (Hrsg.), Steuerrecht, 2010]: Einführung in das besondere Steuerschuldrecht, in: Tipke, Klaus/Lang, Joachim (Hrsg.): Steuerrecht, Köln, 2010, S. 197-231.

Lehmann, Daniel/Treptow, Oliver: Aufkommen und Folgen der Erbschaftsteuer, Stbg, 2006, S. 413-417.

Linder, Hans G./Tietz, Volker [zit.: Linder/Tietz, Börsenlexikon, 2008]: Das große Börsenlexikon, München, 2008.

Lintner, John: The Valuation of Risk Assets an the Selection of Risky Investments in Stock Portfolios and Capital Budgets, The Review of Economics and Statistics, 1965, S. 13-37.

Löffler, Christoph [zit.: Löffler, Wertfindung, 2008]: Steuerrechtliche Wertfindung aus Sicht der betriebswirtschaftlichen Steuerlehre, Wiesbaden, 2008.

Loose, Matthias [zit.: Loose, in: Tipke/Kruse (Hrsg.), AO, Loseblatt]: Kommentierung des § 227 AO, in: Tipke, Klaus/Kruse, Heinrich Wilhelm (Hrsg.): Abgabenordnung, Finanzgerichtsordnung - Kommentar zur AO 1977 und FGO (ohne Steuerstrafrecht), Köln, Loseblatt.

Lück, Wolfgang (Hrsg.) [zit.: Lück (Hrsg.), Betriebswirtschaft, 2004]: Lexikon der Betriebswirtschaft, 6. Aufl., München, 2004.

Lüdicke, Jochen: Überlegungen zu einer schedularen Erbschaftsteuer als Antwort auf die Verfassungswidrigkeit der bisherigen Erbschaftsteuer, DB, 2007, S. 1271-1273.

Lutter, Marcus: Materielle und förmliche Erfordernisse eines Bezugsrechtsausschlusses - Besprechung der Entscheidung BGHZ 71, 40 (Kali + Salz) -, ZGR, 1979, S. 401-418.

Maiterth, Ralf/Niemann, Rainer/Blaufus, Kay/Kiesewetter, Dirk/Knirsch, Deborah/König, Rolf/Hundsdoerfer, Jochen/Müller, Heiko/Sureth, Caren/Treisch, Corinna: Arqus-Stellungnahme zur faktischen Abschaffung der Erbschaftsteuer für Unternehmer, DB, 2006, S. 2700-2702.

Mandl, Gerwald/Rabel, Klaus [zit.: Mandl/Rabel, Unternehmensbewertung, 1997]: Unternehmensbewertung - Eine praxisorientierte Einführung, Wien, 1997.

Mandl, Gerwald/Rabel, Klaus [zit.: Mandl/Rabel, Methoden, in: Peemöller (Hrsg.), Praxishandbuch, 2009]: Methoden der Unternehmensbewertung (Überblick), in: Peemöller, Volker H. (Hrsg.): Praxishandbuch der Unternehmensbewertung, Herne, 2009, S. 52-92.

Mannek, Wilfried [zit.: Mannek, in: Gürsching/Stenger (Hrsg.), Bewertungsrecht, Loseblatt]: Kommentierung des § 11 BewG, in: Gürsching, Lorenz/Stenger, Alfons (Hrsg.): Bewertungsrecht, Köln, Loseblatt.

Mannek, Wilfried [zit.: Mannek, in: Gürsching/Stenger (Hrsg.), Bewertungsrecht, Loseblatt]: Kommentierung des § 138 BewG, in: Gürsching, Lorenz/Stenger, Alfons (Hrsg.): Bewertungsrecht, Köln, Loseblatt.

Mannek, Wilfried [zit.: Mannek, in: Gürsching/Stenger (Hrsg.), Bewertungsrecht, Loseblatt]: Kommentierung des § 145 BewG, in: Gürsching, Lorenz/Stenger, Alfons (Hrsg.): Bewertungsrecht, Köln, Loseblatt.

Mannek, Wilfried [zit.: Mannek, in: Gürsching/Stenger (Hrsg.), Bewertungsrecht, Loseblatt]: Kommentierung des § 146 BewG, in: Gürsching, Lorenz/Stenger, Alfons (Hrsg.): Bewertungsrecht, Köln, Loseblatt.

Mannek, Wilfried: Diskussionsentwurf für eine Anteils- und Betriebsvermögensbewertungsverordnung - AntBVBewV, DB, 2008, S. 423-430.

Mannek, Wilfried: Die wesentlichen Änderungen durch die Erbschaftsteuer-Richtlinien 2011 im Überblick, ZEV, 2012, S. 6-17.

Markowitz, Harry: Portfolio Selection, The Journal of Finance, 1952, S. 77-91.

Marx, Franz Jürgen: Entwicklungen der Betriebswirtschftlichen Steuerlehre - Zum 90. Geburtstag der betriebswirtschaftlichen Teildisziplin, Steuer und Studium, 2009, S. 521-525.

Matschke, Manfred Jürgen: Der Kompromiß als betriebswirtschaftliches Problem bei der Preisfestsetzung eines Gutachters im Rahmen der Unternehmensbewertung, zfbf, 1969, S. 57-77.

Matschke, Manfred Jürgen: Der Arbitrium- oder Schiedsspruchwert der Unternehmung - Zur Vermittlungsfunktion eines unparteiischen Gutachters bei der Unternehmensbewertung -, BFuP, 1971, S. 508-520.

Matschke, Manfred Jürgen: Der Gesamtwert der Unternehmung als Entscheidungswert, BFuP, 1972, S. 146-161.

Matschke, Manfred Jürgen [zit.: Matschke, Entscheidungswert, 1975]: Der Entscheidungswert der Unternehmung, Wiesbaden, 1975.

Matschke, Manfred Jürgen: Der Argumentationswert der Unternehmung - Unternehmungsbewertung als Instrument der Beeinflussung in der Verhandlung, BFuP, 1976, S. 517-524.

Matschke, Manfred Jürgen [zit.: Matschke, Argumentationsfunktion, in: Goetzke/Sieben (Hrsg.), Unternehmungsbewertung, 1977]: Die Argumentationsfunktion der Unternehmensbewertung, in: Goetzke, Wolfgang/Sieben, Günter (Hrsg.): Moderne Unternehmungsbewertung und Grundsätze ihrer ordnungsmäßigen Durchführung, Köln, 1977, S. 91-103.

Matschke, Manfred Jürgen [zit.: Matschke, Arbitriumwert, 1979]: Funktionale Unternehmensbewertung - Band II: Der Arbitriumwert der Unternehmensbewertung, Wiesbaden, 1979.

Matschke, Manfred Jürgen [zit.: Matschke, Wertarten, in: Corsten (Hrsg.), Betriebswirtschaftslehre, 2000]: Stichwort: Unternehmensbewertung: Wertarten nach der Art ihrer Ermittlung, in: Corsten, Hans (Hrsg.): Lexikon der Betriebswirtschaftslehre, München, 2000, S. 979-981.

Matschke, Manfred Jürgen [zit.: Matschke, Konzeptionen, in: Lück (Hrsg.), Betriebswirtschaft, 2004]: Stichwort: Unternehmensbewertung, Konzeptionen der, in: Lück, Wolfgang (Hrsg.): Lexikon der Betriebswirtschaft, München, 2004, S. 628-684.

Matschke, Manfred Jürgen/Brösel, Gerrit [zit.: Matschke/Brösel, Unternehmensbewertung, 2013]: Unternehmensbewertung, 4. Aufl., Wiesbaden, 2013.

Matschke, Manfred Jürgen/Brösel, Gerrit/Behzad, Karimi [zit.: Matschke/Brösel/Behzad, Rechtsprechung, in: Königsmaier/Mandl (Hrsg.), FS Mandl, 2010]: Unternehmensbewertung im Rahmen der Rechtsprechung aus Sicht der funktionalen Lehre, in: Königsmaier, Heinz/Mandl, Gerwald (Hrsg.): Unternehmensbewertung - Theoretische Grundlagen - praktische Anwendung, Festschrift für Gerwald Mandl zum 70. Geburtstag, Wien, 2010, S. 421-450.

Matschke, Xenia: Funktionale Unternehmensbewertung im Lichter der Vertragstheorie, BFuP, 2009, S. 388-402.

Maunz, Theodor/Dürig, Günter (Hrsg.) [zit.: Maunz/Dürig (Hrsg.), GG, Loseblatt]: Grundgesetz, Kommentar, München, Loseblatt.

Meincke, Jens Peter [zit.: Meincke, Rechtsproblem, in: Raupach (Hrsg.), DStJG 7, 1984]: Bewertung als Rechtsproblem, in: Raupach, Arndt (Hrsg.): Werte und Wertermittlung im Steuerrecht, DStJG 7, Köln, 1984, S. 7-38.

Meincke, Jens Peter: Gedanken zur Erbschaftsteuerreform vor dem Hintergrund der verfassungsrechtlichen Vorgaben, DStR, 1996, S. 1305-1310.

Meincke, Jens Peter: Der II. Senat des Bundesfinanzhofs im Spiegel seines Vorlagebeschlusses vom 22.5.2002, II R 61/99, ZEV, 2002, S. 493-496.

Meincke, Jens Peter [zit.: Meincke, Nachlassbewertung, in: Wank (Hrsg.), FS Wiedemann, 2002]: Zum normativen Konzept der Nachlassbewertung im Pflichtteilsrecht, in: Wank, Rolf/Wiedemann, Herbert (Hrsg.): Festschrift für Herbert Wiedemann zum 70. Geburtstag, München, 2002, S. 105-121.

Meincke, Jens Peter: Erlass der Erbschaftsteuer aus Billigkeitsgründen, DStR, 2004, S. 573-579.

Meincke, Jens Peter [zit.: Meincke, in: Meincke (Hrsg.), ErbStG, 2004]: Kommentierung des § 12 ErbStG, in: Meincke, Jens Peter (Hrsg.): Erbschaftsteuer- uns Schenkungsteuergesetz, München, 2004.

Meincke, Jens Peter (Hrsg.) [zit.: Meincke (Hrsg.), ErbStG, 2004]: Erbschaftsteuer- und Schenkungsteuergesetz, Kommentar, 14. Aufl., München, 2004.

Meincke, Jens Peter: BVerfG: Verfassungswidrigkeit des Erbschaftsteuerrechts, mit Anmerkungen, NJW, 2007, S. 573-586.

Meincke, Jens Peter [zit.: Meincke, in: Meincke (Hrsg.), ErbStG, 2009]: Kommentierung des § 31 ErbStG, in: Meincke, Jens Peter (Hrsg.): Erbschaftsteuer- und Schenkungsteuergesetz, München, 2009.

Meincke, Jens Peter (Hrsg.) [zit.: Meincke (Hrsg.), ErbStG, 2009]: Erbschaftsteuer- und Schenkungsteuergesetz, Kommentar, 15. Aufl., München, 2009.

Meincke, Jens Peter [zit.: Meincke, in: Meincke (Hrsg.), ErbStG, 2012]: Kommentierung des § 12 ErbStG, in: Meincke, Jens Peter (Hrsg.): Erbschaftsteuer- und Schenkungsteuergesetz, München, 2012.

Meincke, Jens Peter [zit.: Meincke, in: Meincke (Hrsg.), ErbStG, 2012]: Kommentierung des § 28 ErbStG, in: Meincke, Jens Peter (Hrsg.): Erbschaftsteuer- und Schenkungsteuergesetz, München, 2012.

Meincke, Jens Peter [zit.: Meincke, in: Meincke (Hrsg.), ErbStG, 2012]: Kommentierung des § 30 ErbStG, in: Meincke, Jens Peter (Hrsg.): Erbschaftsteuer- und Schenkungsteuergesetz, München, 2012.

Meincke, Jens Peter (Hrsg.) [zit.: Meincke (Hrsg.), ErbStG, 2012]: Erbschaftsteuer- und Schenkungsteuergesetz, Kommentar, 16. Aufl., München, 2012.

Mellerowicz, Konrad [zit.: Mellerowicz, Wert, 1952]: Der Wert der Unternehmung als Ganzes, Essen, 1952.

Mellerowicz, Konrad: Zur Frage der Bewertung von Unternehmungen als Ganzes - Eine Stellungnahme zu Viels Ansichten über die Unternehmensbewertung, WPg, 1955, S. 54-56.

Merkt, Hanno [zit.: Merkt, in: Hopt/Merkt (Hrsg.), Bilanzrecht, 2010]: Kommentierung des § 277 HGB, in: Hopt, Klaus Jürgen/Merkt, Hanno (Hrsg.): Bilanzrecht, München, 2010.

Meyer, Stefan: Die Ermittlung von Schiedswerten für Unternehmen und Unternehmensanteile, UM, 2005, S. 37-44.

Meyering, Stephan: Einzug betriebswirtschaftlicher Bewertungskalküle in die Erbschaftsteuer - Eine kritische Analyse der Bewertung von Betriebsvermögen und von Anteilen an Kapitalgesellschaften nach der Erbschaftsteuerreform 2008 -, StuW, 2011, S. 274-281.

Mirre, Ludwig: Gemeiner Wert und Ertragswert, Zeitschrift des Deutschen Notarvereins, 1913, S. 155-176.

Modigliani, Franco/Miller, Merton H.: The Cost of Capital, Coporatian Finance and the Theory of Investment, AER, 1958, S. 261–297.

Moench, Dietmar [zit.: Moench, in: Moench/Weinmann (Hrsg.), ErbStG, Loseblatt]: Einführung, in: Moench, Dietmar/Weinmann, Norbert (Hrsg.): Erbschaft- und Schenkungsteuergesetz, Freiburg, Loseblatt.

Moench, Dietmar [zit.: Moench, in: Moench/Weinmann (Hrsg.), ErbStG, Loseblatt]: Kommentierung des § 12 ErbStG, in: Moench, Dietmar/Weinmann, Norbert (Hrsg.): Erbschaft- und Schenkungsteuergesetz, Freiburg, Loseblatt.

Moench, Dietmar/Albrecht, Gerd [zit.: Moench/Albrecht, Erbschaftsteuerrecht, 2006]: Erbschaftsteuerrecht - Einschließlich Schenkungsteuerrecht und Bewertung, München, 2006.

Moench, Dietmar/Albrecht, Gerd [zit.: Moench/Albrecht, Erbschaftsteuerrecht, 2009]: Erbschaftsteuerrecht - Einschliesslich Schenkungsteuerrecht und Bewertung, 2. Aufl., München, 2009.

Moench, Dietmar/Höll, Klaus [zit.: Moench/Höll, Erbschaftsteuer, 1997]: Die neue Erbschaftsteuer, Neuwied, 1997.

Moench, Dietmar/Weinmann, Norbert (Hrsg.) [zit.: Moench/Weinmann (Hrsg.), ErbStG, Loseblatt]: Erbschaft- und Schenkungsteuergesetz, Kommentar, Freiburg, Loseblatt.

Möllmann, Peter [zit.: Möllmann, in: Tiedtke (Hrsg.), ErbStG, 2009]: Kommentierung des § 12 ErbStG, in: Tiedtke, Klaus (Hrsg.): ErbStG - Erbschaftsteuer- und Schenkungsteuergesetz, Berlin, 2009.

Möllmann, Peter: Erbschaft- und schenkungsteuerliche Unternehmensbewertung anhand von Börsenkursen und stichtagsnahen Veräußerungsfällen, BB, 2010, S. 407-413.

Mossin, Jan: Equilibrium in a Capital Asset Market, Econometrica, 1966, S. 768-783.

Moxter, Adolf: Grundsätze ordnungsmäßiger Unternehmensbewertung - Bedeutung und Quellen, BB, 1976, S. 989-991.

Moxter, Adolf [zit.: Moxter, Todsünden, in: Goetzke/Sieben (Hrsg.), Unternehmungsbewertung, 1977]: Die sieben Todsünden des Unternehmensbewerters, in: Goetzke, Wolfgang/Sieben, Günter (Hrsg.): Moderne Unternehmungsbewertung und Grundsätze ihrer ordnungsmäßigen Durchführung, Köln, 1977, S. 253-256.

Moxter, Adolf [zit.: Moxter, Grundsätze II, 1983, Nachdruck von 1991]: Grundsätze ordnungsmäßiger Unternehmensbewertung, Wiesbaden, 1983, Nachdruck von 1991.

Moxter, Adolf [zit.: Moxter, Grundsätze, in: Raupach (Hrsg.), DStJG 7, 1984]: Grundsätze ordnungsmäßiger Unternehmensbewertung, in: Raupach, Arndt (Hrsg.): Werte und Wertermittlung im Steuerrecht, DStJG 7, Köln, 1984, S. 387-398.

Moxter, Adolf: Entwicklung und Theorie der handels- und steuerrechtlichen Gewinnermittlung, zfbf, 1993, S. 61-84.

Müller, Jens: Die steuerliche Ungleichbehandlung von Anteilen an Kapitalgesellschaften, FB, 2007, S. 415-426.

Müller, Jens [zit.: Müller, Stuttgarter Verfahren, 2009]: Unternehmensbewertung für substanzsteuerliche Zwecke - Eine empirische Analyse des Stuttgarter Verfahrens und alternativer Ansätze, Wiesbaden, 2009.

Müller, Jens/Sureth, Caren: Empirische Analyse der Unternehmensbewertung für die Erbschafsteuer mit dem vereinfachten Ertragswertverfahren, arqus-Beitrag Nr. 108, 2010, S. Nr. 108, http://www.arqus.info.

Müller, Jens/Sureth, Caren: Marktnahe Bewertung von Unternehmen nach der Erbschaftsteuerreform?, zfbf, 2011, Sonderheft 63/11, S. 45-83.

Müller, Welf: Der Wert der Unternehmung, JuS, 1974, S. 424-429.

Münstermann, Hans [zit.: Münstermann, Bewertung, 1966]: Wert und Bewertung der Unternehmung, Wiesbaden, 1966.

Münstermann, Hans: Der Zukunftsentnahmewert der Unternehmung und seine Beurteilung durch den Bundesgerichtshof, BFuP, 1980, S. 114-124.

Neufang, Bernd: Bewertung des Betriebsvermögens und von Anteilen an Kapitalgesellschaften, BB, 2009, S. 2004-2014.

Niehans, Jürg: Ein neues Werk über ungewisse Erwartungen, Schweizerische Zeitschrift für Volkswirtschaft und Statistik, 1950, S. 365-369.

Noll, Bernd: Aktuelles Beratungs-Know-how Erbschaftsteuerrecht, DStR, 2002, S. 1699-1703.

Nöll, Boris/Wiedemann, Arnd [zit.: Nöll/Wiedemann, Investitionsrechnung, 2011]: Investitionsrechnung unter Unsicherheit - Rendite-/Risikoanalyse von Investitionen im Kontext einer wertorientierten Unternehmensführung, München, 2011.

Oertzen, Christian von: Das neue Unternehmenserbschaftsteuerrecht - Überblick und erste Problempunkte, Ubg, 2008, S. 57-67.

Oertzen, Christian von/Zens, Michael: Der bewertungsrechtliche Paketzuschlag, DStR, 2005, S. 1040-1044.

Ohse, Dietrich [zit.: Ohse, 2000]: Mathematik für Wirtschaftswissenschaftler II - Lineare Wirtschaftsalgebra, 4. Aufl., München, 2000.

Olbrich, Michael: Zur Bedeutung des Börsenkurses für die Bewertung von Unternehmungen und Unternehmungsanteilen, BFuP, 2000, S. 454-465.

Olbrich, Michael/Hares, Christoph/Pauly, Alexander: Erbschaftsteuerreform und Unternehmensbewertung, DStR, 2010, S. 1250-1256.

Ondracek, Dieter [zit.: Ondracek, Stellungnahme, in: Deutscher Bundestag Finanzausschuss (Hrsg.), Wortprotokoll, 2008]: Stellungnahme Finanzausschuss, in: Deutscher Bundestag Finanzausschuss (Hrsg.): Wortprotokoll zur 87. Sitzung, Protokoll Nr. 16/87, 2008.

Osterloh, Lerke [zit.: Osterloh, Maßstäbe, in: Birk (Hrsg.), DStJG 22, 1999]: Unterschiedliche Maßstäbe bei der Bewertung von Vermögen, in: Birk, Dieter (Hrsg.): Steuern auf Erbschaft und Vermögen, DStJG 22, Köln, 1999.

Ott, Alfred Eugen [zit.: Ott, Marktformen, in: Albers (Hrsg.), HdWW, 1980]: Marktformen, in: Albers, Willi (Hrsg.): Handwörterbuch der Wirtschaftswissenschaft (HdWW): zugleich Neuauflage des Handwörterbuches der Sozialwissenschaften, Stuttgart, 1980, S. 104-113.

Pahlke, Armin; Koenig, Ulrich (Hrsg.) [zit.: Pahlke/Koenig (Hrsg.), AO, 2009]: Abgabenordnung, Kommentar, München, 2009.

Papier, Hans-Jürgen [zit.: Papier, in: Maunz/Dürig (Hrsg.), GG, Loseblatt]: Kommentierung des Artikel 14 GG, in: Maunz, Theodor/Dürig, Günter (Hrsg.): Grundgesetz, München, Loseblatt.

Parodi-Neef, Silvana: Unternehmensbewertung in der steuerlichen Betriebsprüfung, StBp, 2002, S. 89-94.

Paulsen, Anne-José [zit.: Paulsen, in: MünchKomm AktG, 2010]: Kommentierung des § 305 AktG, in: Goette, Wulf/Habersack, Mathias (Hrsg.): Münchener Kommentar zum Aktiengesetz, §§ 278 - 328, SpruchG, München, 2010.

Pawelzik, Kai Udo: Das Verhältnis des gemeinen Wertes i. S. d. § 11 Abs. 2 BewG für nicht notierte Anteile zum Ertragswertverfahren nach IDW S 1 - objektivierter Unternehmenswert - Bewertungseinheit - Substanzwert, Ubg, 2010, S. 883-899.

Peemöller, Volker H.: Stand und Entwicklung der Unternehmensbewertung - Eine kritische Bestandsaufnahme, DStR, 1993, S. 409-416.

Peemöller, Volker H. [zit.: Peemöller, Werttheorien, in: Peemöller (Hrsg.), Praxishandbuch, 2009]: Wert und Werttheorien, in: Peemöller, Volker H. (Hrsg.): Praxishandbuch der Unternehmensbewertung, Herne, 2009, S. 1-15.

Peemöller, Volker H. (Hrsg.) [zit.: Peemöller (Hrsg.), Praxishandbuch, 2009]: Praxishandbuch der Unternehmensbewertung, 4. Aufl., Herne, 2009.

Peemöller, Volker H./Bömelburg, Peter/Denkmann: Unternehmensbewertung in Deutschland - Eine empirische Erhebung -, WPg, 1994, S. 741-749.

Peemöller, Volker H./Kunowski, Stefan/Hillers, Jens: Ermittlung des Kapitalisierungszinssatzes für internationale Mergers & Acquisitions bei Anwendung des Discounted Cash Flow-Verfahrens (Entity-Ansatz) - eine empirische Erhebung -, WPg, 1999, S. 621-630.

Peemöller, Volker H./Meyer-Pries, Lars: Unternehmensbewertung in Deutschland - Ergebnisse einer Umfrage bei dem steuerberatenden Berufsstand -, DStR, 1995, S. 1202-1208.

Peuthert, Benjamin/Hurlebaus, Annette/Hering, Thomas: Normkonforme Teilwertermittlung durch funktionale Unternehmensbewertung, DB, 2010, S. 2681-2686.

Piltz, Detlev J. [zit.: Piltz, Rechtsprechung, 1994]: Die Unternehmensbewertung in der Rechtsprechung, 3. Aufl., Düsseldorf, 1994.

Piltz, Detlev J.: Die neue Erbschaftsbesteuerung des unternehmerischen Vermögens, ZEV, 1997, S. 61-68.

Piltz, Detlev J.: Unternehmensbewertung und Börsenkurs im aktienrechtlichen Spruchstellenverfahren - zugleich Besprechung der Entscheidung BVerfGE 100, 289, ZGR, 2001, S. 185-213.

Piltz, Detlev J.: Verfassungswidrigkeit der erbschaft- und schenkungsteuerrechtlichen Bewertung, ZEV, 2007, S. 76-93.

Piltz, Detlev J.: Unternehmensbewertung im neuen Erbschaftsteuerrecht, DStR, 2008, S. 745-753.

Piltz, Detlev J.: Der gemeine Wert von Unternehmen und Anteilen im neuen ErbStG, Ubg, 2009, S. 13-22.

Piltz, Detlev J.: Erbschaftsteuer-Bewertungserlass: Allgemeines und Teil A (Anteile an Kapitalgesellschaften), DStR, 2009, S. 1829-1834.

Piltz, Detlev J.: Wird das Erbschaftsteuergesetz 2009 verfassungsmäßig Bestand haben?, DStR, 2010, S. 1913-1925.

Piltz, Detlev J./Hannes, Frank [zit.: Piltz/Hannes, Rechtsprechung, in: Peemöller (Hrsg.), Praxishandbuch, 2009]: Die Rechtsprechung zur Unternehmensbewertung, in: Peemöller, Volker H. (Hrsg.): Praxishandbuch der Unternehmensbewertung, Herne, 2009, S. 996-1016.

Pyszka, Tillmann: Paketzuschlag nach § 11 Abs. 3 BewG bei der Bewertung von wesentlichen Beteiligungen an börsennotierten Aktiengesellschaften, AG, 1997, S. 461-464.

Ramb, Jörg: Die neue Bedarfsbewertung des Betriebsvermögens - Betrachtung der Fallvarianten auf der Bewertungs- und Besteuerungsebene, NWB, 2009, S. 2672-2686.

Ramb, Jörg: Bebaute (Betriebs-)Grundstücke im neuen Bewertungs- und Erbschaftsteuerrecht, NWB, 2010, S. 524-542.

Ramb, Jörg: Die neue Bedarfsbewertung des Betriebsvermögens - eine kritische Stellungnahme unter Einbeziehung des AEBewAntBV, NWB, 2010, S. 3482-3489.

Raupach, Arndt (Hrsg.) [zit.: Raupach (Hrsg.), DStJG 7, 1984]: Werte und Wertermittlung im Steuerrecht, DStJG 7, Köln, 1984.

Raupach, Arndt: Der Verkehrswert als alleiniger Bewertungsmaßstab für Zwecke der Erbschaft- und Schenkungsteuer Der Ertragswert ist tot, es lebe der Ertragswert!, DStR, 2007, S. 2037-2042.

Rautenberg, Günter (Hrsg.) [zit.: Rautenberg (Hrsg.), Steuertagung, 2010]: Unternehmen zwischen Investitionsförderung und neuen steuerlichen Belastungen - Sächsische Steuertagung 2009, Stuttgart, 2010.

Rebmann, Kurt/Säcker, Franz Jürgen/Rixecker, Roland (Hrsg.) [zit.: MünchKomm BGB, 2009]: Münchener Kommentar zum Bürgerlichen Gesetzbuch, Band 5, 5. Aufl., Kommentar, München, 2009.

Reiner, Günter/Haußer, Jochen [zit.: Reiner/Haußer, in: MünchKomm HGB, 2008]: Kommentierung des § 277 HGB, in: Schmidt, Karsten/Ebke, Werner F. (Hrsg.): Münchener Kommentar zum Handelsgesetzbuch, Drittes Buch, Handelsbücher; §§ 238-342e HGB, Band 4, 3. Aufl., München 2008.

Richter, Andreas/Viskorf, Stephan/Philipp, Christoph: Reform der Erbschaftsteuer zum 1.1.2009, DB, 2009, S. 1-14.

Richter, Artur: Die Bewertung von Minderheitsanteilen an Kapitalgesellschaften, Der praktische Betriebswirt, 1942, S. 105-110.

Rid, Max: Das Bermuda-Dreieck in der Einheitsbewertung des Betriebsvermögens ab 1.1.1993 - Zur Vollendung des 60. Lebensjahres der Vorsitzenden Richterin am Bundesfinanzhof Dr. Ruth Hofmann, DStR, 1993, S. 1-2.

Riedel, Christopher: Bewertung von Kapitalgesellschaftsanteilen für Zwecke der Erbschaft- und Schenkungsteuer, GmbHR, 2009, S. 743-750.

Riedel, Christopher [zit.: Riedel, in: Daragan/Halaczinsky/Riedel (Hrsg.), ErbStG, 2010]: Kommentierung des § 11 BewG, in: Daragan, Hanspeter/Halaczinsky, Raymond/Riedel, Christopher (Hrsg.): Praxiskommentar Erbschaftsteuergesetz und Bewertungsgesetz, Bonn, 2010.

Riedel, Christopher [zit.: Riedel, in: Daragan/Halaczinsky/Riedel (Hrsg.), ErbStG, 2010]: Kommentierung des § 199 BewG, in: Daragan, Hanspeter/Halaczinsky, Raymond/Riedel, Christopher (Hrsg.): Praxiskommentar Erbschaftsteuergesetz und Bewertungsgesetz, Bonn, 2010.

Riedel, Christopher [zit.: Riedel, in: Daragan/Halaczinsky/Riedel (Hrsg.), ErbStG, 2010]: Kommentierung des § 200 BewG, in: Daragan, Hanspeter/Halaczinsky, Raymond/Riedel, Christopher (Hrsg.): Praxiskommentar Erbschaftsteuergesetz und Bewertungsgesetz, Bonn, 2010.

Riedel, Christopher [zit.: Riedel, in: Daragan/Halaczinsky/Riedel (Hrsg.), ErbStG, 2010]: Kommentierung des § 201 BewG, in: Daragan, Hanspeter/Halaczinsky,

Raymond/Riedel, Christopher (Hrsg.): Praxiskommentar Erbschaftsteuergesetz und Bewertungsgesetz, Bonn, 2010.

Riedel, Christopher [zit.: Riedel, in: Daragan/Halaczinsky/Riedel (Hrsg.), ErbStG, 2010]: Kommentierung des § 202 BewG, in: Daragan, Hanspeter/Halaczinsky, Raymond/Riedel, Christopher (Hrsg.): Praxiskommentar Erbschaftsteuergesetz und Bewertungsgesetz, Bonn, 2010.

Riedel, Christopher/Hutten, Moritz Frhr. von: "Und so sehen wir betroffen den Vorhang zu und alle Fragen offen"?, ZErb, 2007, S. 104-110.

Rockholtz, Carsten [zit.: Rockholtz, Akquisitionsmanagement, 1999]: Marktwertorientiertes Akquisitionsmanagement - Due Diligence-Konzeption zur Identifikation, Beurteilung und Realisation akquisitionsbedingter Synergiepotentiale, Frankfurt am Main, 1999.

Rödder, Thomas: Der Einfluß der Erbschaftsteuer auf die Rechtsformwahl mittelständischer Familienunternehmen - Analyse unter besonderer Berücksichtigung der substanzsteuerlichen Änderungen zum 1.1.1993 -, DB, 1993, S. 2137-2147.

Rödder, Thomas: Das neue Unternehmenserbschaftsteuerrecht - die wesentlichen Prüfungspunkte aus Sicht von Familienunternehmen, DStR, 2008, S. 997-1002.

Rödl, Christian [zit.: Rödl, Stellungnahme, in: Deutscher Bundestag Finanzausschuss (Hrsg.), Wortprotokoll, 2008]: Stellungnahme Finanzausschuss, in: Deutscher Bundestag Finanzausschuss (Hrsg.): Wortprotokoll zur 87. Sitzung, Protokoll Nr. 16/87, 2008.

Rohde, Andreas/Gemeinhardt, Gereon: Erbschaftsteuerreform: Bewertung von Betriebsvermögen nach dem Diskussionsentwurf zu einer Anteils- und Betriebsvermögensverordnung, StuB, 2008, S. 338-346.

Rohde, Andreas/Gemeinhardt, Gereon: Bewertung von Betriebsvermögen nach der Erbschaftsteuerreform 2009, StuB, 2009, S. 167-173.

Römhild, Maximilian [zit.: Römhild, Fungibilität, 2009]: Die Erfassung fehlender Fungibilität bei der Unternehmensbewertung, Hohenheimer Schriften: Rechnungswesen - Steuern - Wirtschaftsprüfung, Diskussionspapier # 2009 - 02, 2009, https://accounting.uni-hohenheim.de/fileadmin/einrichtungen/accounting/Downloads/open/cv_publikationen/Roemhild_-_Die_Erfassung_fehlender_Fungibilitaet_bei_der_UB.pdf [Abruf am 27.05.2013].

Rose, Gerd [zit.: Rose, Steuerberatungswissenschaft, in: Bundessteuerberaterkammer (Hrsg.), Steuerberaterkongress 1977, 1977]: Die Betriebswirtschaftliche Steuerlehre als Steuerberatungswissenschaft, in: Bundessteuerberaterkammer (Hrsg.): Steuerberaterkongress-Report 1977, München, 1977, S. 191-211.

Rössler, Rudolf/Troll, Max (Hrsg.) [zit.: Rössler/Troll (Hrsg.), BewG, Loseblatt]: Bewertungsgesetz, Kommentar, München, Loseblatt, Loseblatt.

Rückle, Dieter/Loitlsberger, Erich (Hrsg.) [zit.: Rückle/Loitlsberger (Hrsg.), FS Loitlsberger, 1991]: Aktuelle Fragen der Finanzwirtschaft und der Unternehmensbesteuerung - Festschrift für Erich Loitlsberger zum 70. Geburtstag, Wien, 1991.

Ruiz Vargas, Santiago de/Zollner, Thomas: Erbschaftsteuer - Wie „gemein" ist das vereinfachte Ertragswertverfahren? - Ein Vergleich von vereinfachtem Ertragswertverfahren und objektiviertem Wert nach IDW S 1 anhand ausgewählter Bewertungsparameter, BewP, 4/2010, S. 2-12.

Sachverständigenrat zur Begutachtung der gesamtwirtschaftlichen Entwicklung [zit.: Sachverständigenrat zur Begutachtung der gesamtwirtschaftlichen Entwicklung, Jahresgutachten 2005/06, 2005]: Jahresgutachten 2005/06, http://www.sachverstaendigenrat-wirtschaft.de, 2005.

Schade, Gerhard [zit.: Schade, Gemeiner Wert, 1919]: Gemeiner Wert und Ertragswert, Mannheim, 1919.

Schäfers, Manfred: Schleichender Tod einer Steuer, F.A.Z., 01.02.2007, S. 1.

Schaffner, Margit [zit.: Schaffner, in: Kreutziger/Lindberg/Schaffner (Hrsg.), BewG, 2002]: Kommentierung des § 145 BewG, in: Kreutziger, Stefan/Lindberg, Klaus/Schaffner, Margit (Hrsg.): Bewertungsgesetz, München, 2002.

Schaffner, Margit [zit.: Schaffner, in: Kreutziger/Schaffner/Stephany (Hrsg.), BewG, 2009]: Kommentierung des § 147 BewG, in: Kreutziger, Stefan/Schaffner, Margit/Stephany, Ralf (Hrsg.): Bewertungsgesetz, München, 2009.

Scheel, Christine [zit.: Scheel, Stellungnahme, in: Deutscher Bundestag Finanzausschuss (Hrsg.), Wortprotokoll, 2008]: Stellungnahme Finanzausschuss, in: Deutscher Bundestag Finanzausschuss (Hrsg.): Wortprotokoll zur 87. Sitzung, Protokoll Nr. 16/87, 2008.

Scheffler, Wolfram [zit.: Scheffler, Steuerplanung, 2010]: Besteuerung von Unternehmen III - Steuerplanung, Heidelberg, 2010.

Scherer, Andreas Georg/Kaufmann, Ina Maria/Patzer, Moritz (Hrsg.) [zit.: Scherer/Kaufmann/Patzer (Hrsg.), Methoden, 2009]: Methoden in der Betriebswirtschaftslehre, Wiesbaden, 2009.

Schiffers, Joachim: Bewertung von Unternehmensvermögen nach der Erbschaftsteuerreform - Hinweise zur Bewertung von Unternehmensvermögen insbesondere nach den gleich lautenden Ländererlassen, DStZ, 2009, S. 548-557.

Schildbach, Thomas: Der Wirtschaftsprüfer als Gutachter in Fragen der Unternehmensbewertung: Möglichkeiten und Grenzen aus der Sicht der Berufspflichten des Wirtschaftsprüfers, WPg, 1981, S. 193-201.

Schleithoff, Felix [zit.: Schleithoff, Unternehmensbewertung, 2006]: Die Unternehmensbewertung im deutschen Steuerrecht, Lohmar, 2006.

Schmalenbach, Eugen: Die Werte von Anlagen und Unternehmen in der Schätzungstechnik, ZfhF, 1917/18, S. 1-20.

Schmalenbach, Eugen: Theoretische Studie über den gemeinen Wert, ZfhF, 1917/1918, S. 129-151.

Schmidt, Karsten/Ebke, Werner F. (Hrsg.) [zit.: MünchKomm HGB, 2008]: Münchener Kommentar zum Handelsgesetzbuch, Drittes Buch, Handelsbücher; §§ 238-342e HGB, Band 4, 3. Aufl., Kommentar, München, 2008.

Schmidt, Volker/Schwind, Heike: Entwurf der Erbschaftsteuerrichtlinien, NWB, 2011, S. 3512-3530.

Schmiel, Ute [zit.: Schmiel, Rechtskritik, 2005]: Rechtskritik als Aufgabe der Betriebswirtschaftlichen Steuerlehre, Berlin, 2005.

Schmiel, Ute [zit.: Schmiel, Betriebswirtschaftliche Steuerlehre, in: Scherer/Kaufmann/Patzer (Hrsg.), Methoden, 2009]: Benötigt die Betriebswirtschaftliche Steuerlehre empirische Forschung, in: Scherer, Andreas Georg/Kaufmann, Ina Maria/Patzer, Moritz (Hrsg.): Methoden in der Betriebswirtschaftslehre, Wiesbaden, 2009, S. 149-165.

Schmiel, Ute: Forschungsziele der Betriebswirtschaftlichen Steuerlehre in der Kritik, ZfB, 2009, S. 1193-1214.

Schneeloch, Dieter: Zum Stande der Betriebswirtschaftlichen Steuerlehre - Eine kritische Bestandsaufnahme, BFuP, 2011, S. 243-260.

Schneider, Dieter: Theorie und Praxis der Unternehmensbesteuerung, zfbf, 1967, S. 206-230.

Schneider, Dieter [zit.: Schneider, Unternehmung, 1997]: Theorie der Unternehmung, München, 1997.

Schneider, Dieter [zit.: Schneider, Geschichte, 2001]: Geschichte und Methoden der Wirtschaftswissenschaft, München, 2001.

Schneider, Dieter: Wider Zahlenmystik bei Steuerbelastung und Steuerwirkung, StuW, 2010, S. 232-238.

Schön, Wolfgang/Flume, Werner (Hrsg.) [zit.: Schön/Flume (Hrsg.), Gedächtnisschrift Knobbe-Keuk, 1997]: Gedächtnisschrift für Brigitte Knobbe-Keuk, Köln, 1997.

Schulte, Wilfried: Ist die Erbschaftsteuer reformierbar? Die Problematik der Besteuerung der Unternehmensnachfolge, FR, 2007, S. 309-326.

Schulte, Wilfried: Die Reform der Erbschaftsteuer, FR, 2008, S. 341-349.

Schulte, Wilfried/Birnbaum, Mathias/Hinkers, Josef: Unternehmensvermögen im neuen Erbschaftsteuer- und Bewertungsrecht - Zweifelsfragen und Gestaltungsansätze, BB, 2009, S. 300-306.

Schulze-Osterloh, Joachim: Das Auseinandersetzungsguthaben des ausscheidenden Gesellschafters einer Personengesellschaft nach § 738 Abs. 1 Satz 2 BGB - Besprechung der Entscheidung BGH WM 1984, 1506 -, ZGR, 1986, S. 545-564.

Schweizer, Urs [zit.: Schweizer, Vertragstheorie, 1999]: Vertragstheorie, Tübingen, 1999.

Schwetzler, Bernhard [zit.: Schwetzler, Multiples, in: Königsmaier/Mandl (Hrsg.), FS Mandl, 2010]: Konsistente Unternehmensbewertung mit Multiples, in: Königsmaier, Heinz/Mandl, Gerwald (Hrsg.): Unternehmensbewertung - Theoretische Grundlagen - praktische Anwendung, Festschrift für Gerwald Mandl zum 70. Geburtstag, Wien, 2010, S. 571-593.

Seer, Roman: Die neue Erbschaft- und Schenkungsteuer auf dem verfassungsrechtlichen Prüfstand, StuW, 1997, S. 283-298.

Seer, Roman [zit.: Seer, Betriebsvermögen, in: Birk (Hrsg.), DStJG 22, 1999]: Das Betriebsvermögen im Erbschaftsteuerrecht, in: Birk, Dieter (Hrsg.): Steuern auf Erbschaft und Vermögen, DStJG 22, Köln, 1999, S. 191-216.

Seer, Roman: Ungereimtheiten bei der Behandlung des Betriebsvermögens im Erbschaftsteuerrecht, GmbHR, 1999, S. 64-72.

Seer, Roman: BVerfG-Beschluss vom 7.11.2006 und Gesetz zur Erleichterung der Unternehmensnachfolge - Zur Zukunft der Erbschaftsteuer, GmbHR, 2007, S. 281-290.

Seer, Roman: Der Beschluss des BVerfG zur Erbschaftsteuer vom 7. 11. 2006 - Analyse und Ausblick, ZEV, 2007, S. 101-107.

Seer, Roman: Die Erbschaft- und Schenkungsteuer im System der Besteuerung nach wirtschaftlicher Leistungsfähigkeit - Zugleich eine kritische Würdigung des Erbschaftsteuerreformgesetzes vom 24.12.2008, GmbHR, 2009, S. 225-237.

Seer, Roman [zit.: Seer, Steuerarten, in: Tipke/Lang (Hrsg.), Steuerrecht, 2010]: § 13 Bewertungsgesetzabhängige Steuerarten, in: Tipke, Klaus/Lang, Joachim (Hrsg.): Steuerrecht, Köln, 2010, S. 489-555.

Seer, Roman [zit.: Seer, Rechtsschutz, in: Tipke/Lang (Hrsg.), Steuerrecht, 2010]: Rechtsschutz in Steuersachen, in: Tipke, Klaus/Lang, Joachim (Hrsg.): Steuerrecht, Köln, 2010, S. 1069-1148.

Seicht, Gerhard (Hrsg.) [zit.: Seicht (Hrsg.), Controlling-Jahrbuch, 1995]: Inflation Accounting, Moderne Controllingansätze, Revision im ökonomischen Bereich, Bilanzierung von Umweltschutzverpflichtungen, Kostenmanagement und Erlösrechnung, Kennzahlen und Bonität, Unternehmensbewertung, Privatkonkursrecht, Krida und Betrugsfälle, Wien, 1995.

Sharpe, William: Capital Asset Prices: A Theory of Market Equilibrium under Conditions of Risk, The Journal of Finance, 1964, S. 425-442.

Sieben, Günter [zit.: Sieben, Substanzwert, 1963]: Der Substanzwert der Unternehmung, Wiesbaden, 1963.

Sieben, Günter: Der Anspruch auf angemessene Abfindung nach § 12 UmwG - Höchstrichterliche Entscheidungen in betriebswirtschaftlicher Sicht (Teil I), AG, 1966, S. 6-13.

Sieben, Günter: Der Entscheidungswert in der Funktionenlehre der Unternehmensbewertung, BFuP, 1976, S. 491-504.

Sieben, Günter: Funktionen der Bewertung ganzer Unternehmen und von Unternehmensanteilen, WISU, 1983, S. 539-542.

Sieben, Günter/Dörner, Wolfgang/König, Wolfgang/Matschke, Manfred Jürgen/Moxter, Adolf/Sielaff, Meinhard/Zapf, Bernhard [zit.: Sieben/Dörner/König/Matschke/Moxter/Sielaff/Zapf, Podiumsdiskussion, in:

Goetzke/Sieben (Hrsg.), Unternehmungsbewertung, 1977]: Podiumsdiskussion zum Thema "Grundsätze ordnungsmässiger Unternehmensbewertung", in: Goetzke, Wolfgang/Sieben, Günter (Hrsg.): Moderne Unternehmungsbewertung und Grundsätze ihrer ordnungsmäßigen Durchführung, Köln, 1977.

Sieben, Günter/Löcherbach, Gerhard/Matschke, Manfred Jürgen [zit.: Sieben/Löcherbach/Matschke, Bewertungstheorie, in: Grochla/Wittmann (Hrsg.), Betriebswirtschaft, 1974]: Stichwort: Bewertungstheorie, in: Grochla, Erwin/Wittmann, Waldemar (Hrsg.): Handwörterbuch der Betriebswirtschaft, Stuttgart, 1974, S. Sp. 839-851.

Sieben, Günter/Schildbach, Thomas: Zum Stand der Entwicklung der Lehre von der Bewertung ganzer Unternehmen, DStR, 1979, S. 455-461.

Siegel, Theodor [zit.: Siegel, Steuerpolitik, 1982]: Steuerwirkungen und Steuerpolitik in der Unternehmung, Würzburg, 1982.

Siegmund, Olaf/Zipfel, Lars: Ländererlasse zur Erbschaftsteuerreform - Unternehmen betreffende Inhalte, BB, 2009, S. 2678-2690.

Siegmund, Olaf/Zipfel, Lars: Die geplanten Änderungen beim Erbschaftsteuer- und Schenkungsteuergesetz durch das Jahressteuergesetz 2010, DStZ, 2010, S. 474-478.

Simon, Herman Veit [zit.: Simon, Bilanzen, 1898]: Die Bilanzen der Aktiengesellschaften und der Kommanditgesellschaften auf Aktien, 2. Aufl., Berlin, 1898.

Spengel, Christoph/Broer, Eva: Belastungswirkungen der Erbschaftsteuerreform bei der Übertragung von Unternehmensvermögen, DB, 2008, S. 86-91.

Spengel, Christoph/Elschner, Christina: Bewertung von Betriebsvermögen und Grundvermögen im Rahmen des ErbStRG - Gelingt eine einheitliche Bewertung mit dem gemeinen Wert? -, Ubg, 2008, S. 408-414.

Spitzbart, Britta [zit.: Spitzbart, Betriebsvermögen, 2000]: Das Betriebsvermögen im Erbschaftsteuerrecht - Geltendes Recht und Reformvorschläge, Berlin, 2000.

Spremann, Klaus [zit.: Spremann, 2010]: Finance, 4., grundlegend überarb. Aufl., München, 2010.

Spremann, Klaus/Ernst, Dietmar [zit.: Spremann/Ernst, Unternehmensbewertung, 2011]: Unternehmensbewertung - Grundlagen und Praxis, 2., überarb. Aufl., München, 2011.

Sproß, Joachim: Die Innenstädte - steuerlich unbebaute Grundstücke?, DStZ, 1997, S. 525-529.

Stahl, Rudolf: Schenkung und Erbschaftsteuerplanung im Vorfeld der Erbschaftsteuerreform 2008, KÖSDI, 2007, S. 15820-15829.

Stalleiken, Jörg/Theissen, Christian: Erbschaftsteuer-Bewertungserlass, Teil B: Das vereinfachte Ertragswertverfahren, DStR, 2010, S. 21-27.

Stamm, Andreas/Blum, Andreas: Die Bewertung von Betriebsvermögen nach dem neuen Erbschaftsteuerrecht - Der neue Erlass der Finanzverwaltung zur Bewertung: Methoden und grundlegende Wertkonzepte, StuB, 2009, S. 763-769.

Stamm, Andreas/Blum, Andreas: Erbschaftsteuerliche Bewertung von Betriebsvermögen: Vereinfachtes Ertragswertverfahren und Paketzuschlag - Der neue Erlass der Finanzverwaltung zur Bewertung nach der Erbschaftsteuerreform, StuB, 2009, S. 806-812.

Statistisches Bundesamt (Hrsg.) [zit.: Statistisches Bundesamt (Hrsg.), Verdienste und Arbeitskosten, 2009]: Verdienste und Arbeitskosten, Arbeitnehmerverdienste 2008, Fachserie 16 Reihe 2.3, 2009, https://www.destatis.de/DE/Publikationen/Thematisch/VerdiensteArbeitskosten/Arbeitnehmerverdienste/ArbeitnehmerverdiensteJ2160230087004.pdf?__blob=publicationFile [Abruf am 27.05.2013].

Statistisches Bundesamt (Hrsg.) [zit.: Statistisches Bundesamt (Hrsg.), Erbschaft- und Schenkungsteuer 2009, 2011]: Finanzen und Steuern, Erbschaft- und Schenkungsteuer 2009, 2011, https://www.destatis.de/DE/Publikationen/ Thematisch/FinanzenSteuern/Steuern/ErbschaftSchenkungsteuer/ErbschaftSchenkungsteuer5736101097004.pdf?__blob=publicationFile [Abruf am 27.05.2013].

Statistisches Bundesamt (Hrsg.) [zit.: Statistisches Bundesamt (Hrsg.), Erbschaft- und Schenkungsteuer 2011, 2012]: Finanzen und Steuern, Erbschaft- und Schenkungsteuer 2011, 2012, https://www.destatis.de/DE/Publikationen/ Thematisch/FinanzenSteuern/Steuern/ErbschaftSchenkungsteuer/ErbschaftSchenkungsteuer5736101117004.pdf?__blob=publicationFile [Abruf am 27.05.2013].

Statistisches Bundesamt (Hrsg.) [zit.: Statistisches Bundesamt (Hrsg.), Umsatzsteuer 2009, 2011]: Finanzen und Steuern, Umsatzsteuer 2009, Fachserie 14 Reihe 8, 2011, https://www.destatis.de/DE/Publikationen /Thematisch /FinanzenSteuern /Steuern/Umsatzsteuer/Umsatzsteuer2140800097004.pdf?__blob=publicationFile [Abruf am 27.05.2013].

Statistisches Bundesamt (Hrsg.) [zit.: Statistisches Bundesamt (Hrsg.), Geburten und Sterbefälle, 2011]: Geburten und Sterbefälle, 2011, http://www.destatis.de /jetspeed/portal/cms/Sites/destatis/Internet/DE/Navigation/Statistiken/Bevoelkerung/ GeburtenSterbefaelle/GeburtenSterbefaelle.psml [Abruf am 11.11.2012].

Statistisches Bundesamt (Hrsg.) [zit.: Statistisches Bundesamt (Hrsg.), Gewerbesteuer, 2012]: Finanzen und Steuern, Gewerbesteuer, Fachserie 14 Reihe 10.2, 2012, https://www.destatis.de/ DE/Publikationen/Thematisch/Finanzen Steuern/Steuern/Gewerbesteuer/ Gewerbesteuer2141020079004.pdf?__blob=publicationFile [Abruf am 27.05.2013].

Stützel, Wolfgang [zit.: Stützel, Wert, in: Grochla/Wittmann (Hrsg.), Betriebswirtschaft, 1974]: Stichwort: Wert und Preis, in: Grochla, Erwin/Wittmann, Waldemar (Hrsg.): Handwörterbuch der Betriebswirtschaft, Stuttgart, 1974, Sp. 4404-4425.

Teß, Wolfgang/Eisele, Dirk [zit.: Teß/Eisele, in: Rössler/Troll (Hrsg.), BewG, Loseblatt]: Kommentierung des § 11 BewG, in: Rössler, Rudolf/Troll, Max (Hrsg.): Bewertungsgesetz, München, Loseblatt.

Thiel, Jochen: Die neue Erbschaft- und Schenkungsteuer, DB, 1997, S. 64-69.

Thiele, Carl-Ludwig: Nachgefragt bei MdB Carl-Ludwig Thiele, Status:Recht, 2008, S. 407-408.

Thompson Jr., Samuel C.: A Lawyer's Guide to Modern Valuation Techniques in Mergers and Acquisitions, Journal of Corporation Law, 1996, S. 457-539.

Tiedtke, Klaus (Hrsg.) [zit.: Tiedtke (Hrsg.), ErbStG, 2009]: ErbStG - Erbschaftsteuer- und Schenkungsteuergesetz, Kommentar, Berlin, 2009.

Tinz, Oliver [zit.: Tinz, Wachstum, 2010]: Die Abbildung von Wachstum in der Unternehmensbewertung - Eine theoretische und empirische Analyse der Möglichkeiten und Grenzen einer objektivierten und transparenten Abbildung von Wachstum nach IDW S 1, Lohmar, 2010.

Tipke, Klaus [zit.: Tipke, Steuerrechtsordnung 1 III, 1993]: Die Steuerrechtsordnung, Band III - Föderative Steuerverteilung, Rechtsanwendung und Rechtsschutz, Gestalter der Steuerrechtsordnung, Köln, 1993.

Tipke, Klaus: Über die Grenzen der Vermögensteuer - Zugleich Besprechung des BVerfG-Beschlusses vom 22.06.1995, GmbHR, 1996, S. 8-16.

Tipke, Klaus [zit.: Tipke, Steuerrechtsordnung 2 II, 2003]: Die Steuerrechtsordnung - Steuerrechtfertigungstheorie, Anwendung auf alle Steuerarten, sachgerechtes Steuersystem, 2. Aufl., Köln, 2003.

Tipke, Klaus/Kruse, Heinrich Wilhelm (Hrsg.) [zit.: Tipke/Kruse (Hrsg.), AO, Loseblatt]: Abgabenordnung, Finanzgerichtsordnung - Kommentar zur AO 1977 und FGO (ohne Steuerstrafrecht), Kommentar, Köln, Loseblatt.

Tipke, Klaus/Lang, Joachim (Hrsg.) [zit.: Tipke/Lang (Hrsg.), Steuerrecht, 2010]: Steuerrecht, 20. Aufl., Köln, 2010.

Troll, Max/Gebel, Dieter/Jülicher, Marc (Hrsg.) [zit.: Troll/Gebel/Jülicher (Hrsg.), ErbStG, Loseblatt]: Erbschaftsteuer- und Schenkungsteuergesetz, Kommentar, München, Loseblatt.

Ulmer, Peter/Schäfer, Carsten [zit.: Ulmer/Schäfer, in: MünchKomm BGB, 2009]: Kommentierung des § 738 BGB, in: Rebmann, Kurt/Säcker, Franz Jürgen/Rixecker, Roland (Hrsg.): Münchener Kommentar zum Bürgerlichen Gesetzbuch, München, 2009.

Union Européenne Experts Comptables, Economiques et Financiers (U. E. C.). [zit.: Union Européenne Experts Comptables, Bewertung, 1961]: Die Bewertung von Unternehmungen und von Unternehmensanteilen, Düsseldorf, 1961.

Viskorf, Hermann-Ulrich [zit.: Viskorf, in: Viskorf/Glier/Knobel (Hrsg.), BewG, 1998]: Kommentierung des § 11 BewG, in: Viskorf, Hermann-Ulrich/Glier, Josef/Knobel, Wolfgang (Hrsg.): Bewertungsgesetz, Herne, Berlin, 1998.

Viskorf, Hermann-Ulrich [zit.: Viskorf, in: Viskorf/Glier/ Hübner/Knobel/Schuck (Hrsg.), ErbStG, 2004]: Kommentierung des § 11 BewG, in: Viskorf, Hermann-Ulrich/Glier, Josef/Hübner, Heinrich/Knobel, Wolfgang/Schuck, Stephan (Hrsg.): Erbschaftsteuer- und Schenkungsteuergesetz, Bewertungsgesetz (Auszug), Herne, 2004.

Viskorf, Hermann-Ulrich [zit.: Viskorf, in: Viskorf/Glier/Hübner/Knobel/Schuck (Hrsg.), ErbStG, 2004]: Vor § 12 ErbStG, in: Viskorf, Hermann-Ulrich/Glier, Josef/Hübner, Heinrich/Knobel, Wolfgang/Schuck, Stephan (Hrsg.): Erbschaftsteuer- und Schenkungsteuergesetz, Bewertungsgesetz (Auszug), Herne, 2004.

Viskorf, Hermann-Ulrich: Verfassungsrechtliche Fragen der Erbschaftsteuer und der geplanten gesetzgeberischen Neuregelung, FR, 2007, S. 624-630.

Viskorf, Hermann-Ulrich: Das Rechtsstaatsprinzip und der Wettstreit um den „richtigen" gemeinen Wert beim Betriebsvermögen, ZEV, 2009, S. 591-596.

Vogel, Klaus: Verkehrswerte, Ertragswerte und andere Werte - Bemerkungen zum Begriff des "Wertes" im Steuerrecht, DStZ, 1979, S. 28-33.

Vögele, Alexander: Bewertung von Transferpaketen bei der Funktionsverlagerung - Separierung des Transferpakets, Bewertungsmethoden und Zinssatz, DStR, 2010, S. 418-423.

Wachter, Thomas: Die Zukunft des geplanten Gesetzes zur Erleichterung der Unternehmensnachfolge - Mögliche Auswikungen der Entscheidung des Bundesverfassungsgerichts zum Erbschaft- und Schenkungsteuerrecht, BB, 2007, S. 577-587.

Wachter, Thomas: Neue Unsicherheit bei der Erbschaft- und Schenkung-steuer - Zugleich Anmerkung zum gleich lautenden Erlass der Länder vom 19.3.2007 -, DB, 2007, S. 821-524.

Wagenhofer, Alfred: Der Einfluss von Erwartungen auf den Argumentationspreis in der Unternehmensbewertung, BFuP, 1988, S. 532-552.

Wagenhofer, Alfred: Die Bestimmung von Argumentationspreisen in der Unternehmensbewertung, BFuP, 1988, S. 340-359.

Wagner, Franz W.: Zum gegenwärtigen Forschungsprogramm der Betriebswirtschftlichen Steuerlehre, DB, 1974, S. 393-398.

Wagner, Franz W.: Grundfragen und Entwicklungstendenzen der betriebswirtschaftlichen Steuerplanung, BFuP, 1984, S. 201-222.

Wagner, Franz W.: Gegenstand und Methoden betriebswirtschaftlicher Steuerforschung, StuW, 2004, S. 237-251.

Wagner, Franz W.: Steuerforschung: Welche Probleme finden Ökonomen interessant, und welche sind relevant?, StuW, 2008, S. 97-116.

Wagner, Wolfgang/Saur, Gerhard/Willershausen, Timo: Zur Anwendung der Neuerungen der Unternehmensbewertungsgrundsätze des IDW S 1 i. d. F. 2008 in der Praxis, WPg, 2008, S. 731-747.

Wank, Rolf (Hrsg.) [zit.: Wank (Hrsg.), FS Wiedemann, 2002]: Festschrift für Herbert Wiedemann zum 70. Geburtstag, München, 2002.

Wälzholz, Eckhard: Der Entwurf zur neuen Bewertung von Anteils- und Betriebsvermögen nach dem ErbStRG, BBEV, 2008, S. 139-145.

Wassermann, Bernd: Mittelständische Unternehmensbewertung im neuen Erbschaftsteuerrecht - Eine ökonomische Analyse, DStR, 2010, S. 183-190.

Watrin, Christoph/Rieger, Sonja: Neuerungen durch die Erbschaftsteuerreform - Handlungsbedarf insbesondere bei der Behandlung von Betriebsvermögen, Steuer-Consultant, 2008, S. 26-31.

Weinmann, Norbert [zit.: Weinmann, in: Moench/Weinmann (Hrsg.), ErbStG, Loseblatt]: Kommentierung des § 12 ErbStG, in: Moench, Dietmar/Weinmann, Norbert (Hrsg.): Erbschaft- und Schenkungsteuergesetz, Freiburg, Loseblatt.

Weinmann, Norbert [zit.: Weinmann, in: Moench/Weinmann (Hrsg.), ErbStG, Loseblatt]: Kommentierung des § 13a ErbStG, in: Moench, Dietmar/Weinmann, Norbert (Hrsg.): Erbschaft- und Schenkungsteuergesetz, Freiburg, Loseblatt.

Weinmann, Norbert [zit.: Weinmann, Erbschaftsteuerrecht, 1997]: Das neue Erbschaftsteuerrecht 1997 - Grundbesitzbewertung, Steuersätze, Freibeträge; mit Anhang: Erbschaftsteuergesetz und Bewertungsgesetz, München, 1997.

Weinmann, Norbert: Neubewertung des Grundbesitzes ab 1. Januar 1996, ZEV, 1997, S. 41-51.

Welling, Berthold/Wünnemann, Monika: Das Erbschaftsteuerreformgesetz 2009: Bewertung von Anteilen an Kapitalgesellschaften und Bewertung des Betriebsvermögens, FR, 2009, S. Beilage zu Heft 11, S. S 2-S 12.

Wenzel, Klaus/Hoffmann, Andreas: Unternehmensbewertung im Rahmen der Erbschaftsteuerreform, BBK, 2009, S. 1119-1132.

Werndl, Josef [zit.: Werndl, Steuerrecht, in: Raupach (Hrsg.), DStJG 7, 1984]: Unternehmensbewertung im Steuerrecht - Geschäftswert und Anteilsbewertung -, in: Raupach, Arndt (Hrsg.): Werte und Wertermittlung im Steuerrecht, DStJG 7, Köln, 1984, S. 399-437.

Wernsmann, Rainer [zit.: Wernsmann, Verfassungsfragen, 2008]: Rechtsgutachten zu Verfassungsfragen des Entwurfs des Erbschaftsteuerreformgesetzes (ErbStRG) im Auftrag des Deutschen Industrie- und Handelskammertages, 2008, http://www.frankfurt-main.ihk.de/imperia/md/ content/pdf/steuern/Wernsmann-DIHK-ErbSt-20080921.pdf [Abruf am 27.05.2013].

Wiegand, Steffen: Die Neuregelung des erbschaftsteuerlichen Bewertungsrechts auf der Grundlage der künftigen Bewertungsverordnungen, ZEV, 2008, S. 129-133.

Wiegand, Steffen: Teil A. Grundzüge des neuen Erbschaftsteuer- und Bewertungsrechts, DStR-Beih, 2008, S. 94-101.

Wieland, Joachim [zit.: Wieland, Stellungnahme, in: Deutscher Bundestag Finanzausschuss (Hrsg.), Wortprotokoll, 2008]: Stellungnahme Finanzausschuss, in: Deutscher Bundestag Finanzausschuss (Hrsg.): Wortprotokoll zur 87. Sitzung, Protokoll Nr. 16/87, 2008.

Wiese, Götz Tobias/Lukas, Philipp: Erbschaftsteuerreform 2009 und Unternehmensnachfolge - ein Überblick, GmbHR, 2009, S. 57-65.

Wiese, Leopold von [zit.: von Wiese, Soziale Gebilde, in: von Beckerath (Hrsg.), Sozialwissenschaften, 1959]: Stichwort: Gebilde, soziale, in: Beckerath, Erwin von (Hrsg.): Handwörterbuch der Sozialwissenschaften - zugleich Neuauflage des "Handwörterbuchs der Staatswissenschaften, Stuttgart, 1959.

Winter, Tanja [zit.: Winter, Steuerberaterkanzleien, 2009]: Der Unternehmenswert von Steuerberaterkanzleien, Wiesbaden, 2009.

Woerner, Lothar [zit.: Woerner, Spielraum, in: Schön/Flume (Hrsg.), Gedächtnisschrift Knobbe-Keuk, 1997]: Spielraum der Rechtsanwendung im steuerlichen Eingriffsrecht - Theorie und Praxis, in: Schön, Wolfgang/Flume, Werner (Hrsg.): Gedächtnisschrift für Brigitte Knobbe-Keuk, Köln, 1997, S. 967-986.

Wöhe, Günter: Die betriebswirtschaftliche Steuerlehre - eine spezielle Betriebswirtschaftslehre, ZfhF, 1961, S. 49-70.

Wöhe, Günter [zit.: Wöhe, Steuerlehre, 1988]: Betriebswirtschaftliche Steuerlehre - Die Steuern des Unternehmens - Das Besteuerungsverfahren, 6., völlig neubearb. Aufl., München, 1988.

Wöhe, Günter/Bieg, Hartmut [zit.: Wöhe/Bieg, Steuerlehre, 1995]: Grundzüge der betriebswirtschaftlichen Steuerlehre, 4., neubearb. Aufl., München, 1995.

Wolf, Michael: Probleme der neuen Bedarfsbewertung von Immobilien für Zwecke der Erbschaftsteuer, DStR, 1997, S. 349-354.

Rechtsprechungsverzeichnis

Bundesverfassungsgericht

BVerfG vom 23.10.1951 - 2 BvG 1/51, BVerfGE, S. 14.

BVerfG vom 03.12.1958 - 1 BvR 488/57, BVerfGE, S. 3.

BVerfG vom 12.02.1964 - 1BvL 12/62, BVerfGE, 1965, S. 210.

BVerfG vom 07.05.1968 - 1 BvR 420/64, BStBl. II, 1968, S. 549.

BVerfG vom 12.02.1969 - 1 BvR 687/62, BStBl. II, 1969, S. 364.

BVerfG vom 07.10.1969 - 2 BvR 555/67, BVerfGE, 1970, S. 142.

BVerfG vom 26.01.1971 - 2 BvL 2/68, BStBl. II, 1971, S. 359.

BVerfG vom 10.02.1976 - 1 BvL 8/73, BStBl. II, 1976, S. 311.

BVerfG vom 09.01.1991 - 1 BvR 929/89, BVerfGE, S. 201.

BVerfG vom 22.06.1995 - 2 BvL 37/91, BStBl. II, 1995, S. 655.

BVerfG vom 22.06.1995 - 2 BvR 552/91, BStBl. II, 1995, S. 671.

BVerfG vom 07.11.1995 - 2 BvR 413/88, 1300/93, BVerfGE, 1996, S. 319.

BVerfG vom 08.04.1997 - 1 BvR 48/94, BVerfGE, S. 267.

BVerfGE vom 10.04.1997 - 2 BvL 77/92, BStBl. II, 1997, S. 518.

BVerfG vom 11.11.1998 - 2 BvL 10/95, BStBl. II, 1999, S. 502.

BVerfG vom 27.04.1999 - 1 BvR 1613/94, BVerfGE, S. 289.

BVerfG vom 06.3.2002 - 2 BvL 17/99, BStBl. II, 2002, S. 618.

BVerfG vom 02.12.2003 - 1 BvR 905/00, BVerfGE, 2005, S. 274.

BVerfG vom 16.02.2005 - 2 BvL 7/00, BVerfGE, 2005, S. 268.

BVerfG vom 07.11.2006 - 1 BvL 10/02, BStBl. II, 2007, S. 192.

BVerfG vom 30.10.2010 - 1 BvR 3196/09, 1 BvR 3197/09, 1 BvR 3198/09, BFH/NV, 2011, S. 399.

BVerfG - 2 BvR 287/11 (anhängiges Verfahren)

Finanzgerichte

Reichsfinanzhof

RFH vom 13.01.1920 - I A 45/19, RFHE, 1920, S. 187.

RFH vom 09.02.1926 - I A 142/25, RFHE, 1926, S. 338.

RFH vom 12.10.1926 - kein Aktenzeichen, RFHE, 1926, S. 93.

RFH vom 14.12.1927 - VI A 802/27, RStBl., 1928, S. 108.

RFH vom 13.04.1928 - II A 58/28, StuW II 1928, Sp. 404.

RFH vom 29.07.1931 - VI 1265/29, RStBl., 1931, S. 852.

RFH vom 18.09.1930 - III A 290/29, RStBl., 1931, S. 585.

RFH vom 06.04.1938 - VI 210, StuW II, 1938, S. Sp. 467.

RFH vom 27.04.1938 - VI 208/38, RStBl., 1938, S. 662.

RFH vom 12.07.1939 - VI 452/39, StuW II, 1939, S. Sp. 637.

RFH vom 02.10.1941 - III 116/41, RStBl., 1941, S. 845.

RFH vom 15.07.1942 - VI 362, 363/41, RStBl., 1942, S. 900.

Bundesfinanzhof

BFH vom 14.11.1957 - IV 418/56 U, BStBl. III, 1958, S. 153.

BFH vom 19.12.1960 - III 396/58 S, BStBl. III, 1961, S. 92.

BFH vom 11.07.1961 - I 226/60 U, BStBl. III, 1961, S. 463.

BFH vom 31.01.1961 - I 259/60 U, BStBl. III, 1961, S. 158.

BFH vom 06.04.1962 - III 261/59 U, BStBl. III, 1962, S. 253.

BFH vom 23.01.1964 - IV 8/62 U, BStBl. III, 1964, S. 422.

BFH vom 03.04.1964 - III 293/61, HFR, 1965, S. 453.

BFH vom 08.07.1964 - I 119/63 U, BStBl. III, 1964, S. 561.

BFH vom 25.06.1965 - III R 384/60, HFR, 1966, S. 1.

BFH vom 08.12.1965 - II 158/62 U, BStBl. III, 1966, S. 54.

BFH vom 09.09.1966 - III 263/63, BStBl. III, 1967, S. 43.

BFH vom 14.10.1966 - III 281/63, BStBl. III, 1967, S. 82.

BFH vom 11.07.1967 - III 21/64, BStBl. III, 1960, S. 666.

BFH vom 18.12.1968 - III R 135/67, BStBl. II, 1969, S. 370.

BFH vom 14.02.1969 - III 88/65, BStBl. II, 1969, S. 395.

BFH vom 16.06.1970 - II 95/64, II 96/64, II 95-96/64, BStBl. II, 1970, S. 690.

BFH vom 12.03.1971 - III R 82/69, BStBl. II, 1971, S. 419.

BFH vom 23.07.1971 - III R 41/70, BStBl. II, 1972, S. 4.

BFH vom 10.12.1971 - III R 43/70, BStBl. II, 1972, S. 313.

BFH vom 29.05.1972 - GrS 4/71, BStBl. II, 1973, S. 5.

BFH vom 25.08.1972 - III R 33/71, BStBl. II, 1973, S. 46.

BFH vom 17.05.1974 - III R 156/72, BStBl. II, 1974, S. 626.

BFH vom 26.07.1974 - III R 16/73, BStBl. II, 1974, S. 656.

BFH vom 04.10.1974 - III R 157/72, BStBl. II, 1975, S. 222.

BFH vom 24.01.1975 - III R 4/73, BStBl. II, 1975, S. 374.

BFH vom 12.12.1975 - III R 30/74, BStBl. II, 1976, S. 238.

BFH vom 30.01.1976 - III R 74/74, BStBl. II, 1976, S. 280.

BFH vom 14.07.1976 - II R 121/71, BStBl. II, 1977, S. 84.

BFH vom 03.12.1976 - III R 98/74, BStBl. II, 1977, S. 235.

BFH vom 23.02.1977 - II R 63/70, BStBl. II, 1977, S. 427.

BFH vom 06.05.1977 - III R 17/75, BStBl. II, 1977, S. 626.

BFH vom 23.02.1979 - III R 44/77, BStBl. II, 1979, S. 618.

BFH vom 07.12.1979 - III R 45/77, BStBl. II, 1980, S. 234.

BFH vom 12.03.1980 - II R 28/77, BStBl. II, 1980, S. 405.

BFH vom 14.11.1980 - III R 81/79, BStBl. II, 1981, S. 351.

BFH vom 25.11.1980 - VII R 17/78, BStBl. II, 1981, S. 204.

BFH vom 28.11.1980 - III R 86/78, BStBl. II, 1981, S. 353.

BFH vom 29.04.1981 - IV R 23/78, BStBl. II, 1981, S. 726.

BFH vom 02.10.1981 - III R 27/77, BStBl. II, 1982, S. 8.

BFH vom 08.05.1985 - II R 184/80, BStBl. II, 1985, S. 608.

BFH vom 05.03.1986 - II R 232/82, BStBl. II, 1986, S. 591.

BFH vom 26.02.1987 - IV R 298/84, 1987, S. 612.

BFH vom 26.01.1988 - VIII R 151/84, BFH/NV, 1988, S. 695.

BFH vom 11.03.1988 - III R 236/84, BFH/NV, 1989, S. 432.

BFH vom 02.11.1988 - II R 52/85, BStBl. II, 1989, S. 80.

BFH vom 02.02.1990 - III R 173/86, BStBl. II, 1990, S. 497.

BFH vom 21.02.1990 - II R 78/86, BStBl. II, 1990, S. 490.

BFH vom 06.12.1989 - II B 70/89, BFH/NV, 1990, S. 643.

BFH vom 28.02.1990 - I R 83/87, BStBl. II, 1990, S. 649.

BFH vom 28.03.1990 - II R 108/85, BStBl. II, 1990, S. 493.

BFH vom 20.02.1991 - II R 63/88, BStBl. II, 1991, S. 541.

BFH vom 21.02.1991 - R 105/84, BStBl. II, 1991, S. 498.

BFH vom 29.08.1991 - V R 78/86, BStBl. II, 1991, S. 906.

BFH vom 05.06.1991 - II R 80/88, BStBl. II, 1991, S. 725.

BFH vom 28.11.1990 - II S 10/90, BFH/NV, 1991, S. 243.

BFH vom 06.02.1991 - II R 87/88, BStBl. II, 1991, S. 459.

BFH vom 06.03.1991 - II R 18/88, BStBl. II, 1991, S. 558.

BFH vom 02.10.1991 - II R 153/88, BStBl. II, 1992, S. 274.

BFH vom 27.11.1991 - II R 12/89, BStBl. II, 1992, S. 298.

BFH vom 05.02.1992 - II R 185/87, BStBl. II, 1993, S. 266.

BFH vom 12.02.1992 - II R 113/88, BStBl. II, 1993, S. 268.

BFH vom 19.01.1994 - I R 93/93, BStBl. II, 1994, S. 725.

BFH vom 09.03.1994 - II R 39/90, BStBl. II, 1994, S. 394.

BFH vom 30.03.1994 - II R 101/90, BStBl. II, 1994, S. 503.

BFH vom 26.05.1994 - IV R 51/93, BStBl. II, 1994, S. 833.

BFH vom 28.06.1995 - II R 89/92, BStBl. II, 1995, S. 786.

BFH vom 05.06.1996 - X R 234/93, BStBl. II, 1996, S. 503.

BFH vom 11.09.1996 - II R 15/93, BStBl. II, 1997, S. 70.

BFH vom 16.10.1996 - II R 43/96, BStBl. II, 1997, S. 73.

BFH vom 17.09.1997 - II R 8/96, BFH/NV, 1998, S. 587.

BFH vom 17.06.1998 - II R 46/96, BFH/NV, 1999, S. 17.

BFH vom 11.11.1998 - II R 59/96, BFH/NV, 1999, S. 908.

BFH vom 21.04.1999 - II R 87/97, BStBl. II, 1999, S. 810.

BFH vom 23.06.1999 - X B 103/98, BFH/NV, 2002, S. 30.

BFH vom 22.09.1999 - II B 130/97, BFH/NV, 2000, S. 320.

BFH vom 26.01.2000 - II R 15/97, BStBl. II, 2000, S. 251.

BFH vom 01.03.2000 - II B 70/99, BFH/NV, 2000, S. 1077.

BFH vom 08.08.2001 - II R 59/98, BFH/NV, 2002, S. 317.

BFH vom 01.10.2001, BFH/NV, 2002, S. 319.

BFH vom 22.05.2002 - II R 61/99, BStBl. II, 2002, S. 598.

BFH vom 22.08.2002 - II B 170/01, BFH/NV, 2003, S. 11.

BFH vom 16.05.2003 - II B 50/02, BFH/NV, S. 1150.

BFH vom 31.10.2003 - II B 72/02, BFH/NV, 2004, S. 471.

BFH vom 15.09.2004 - I R 7/02, BStBl. II, 2005, S. 867.

BFH vom 12.07.2006 - II R 75/04, BStBl. II, 2006, S. 704.

BFH vom 11.01.2006 - II R 76/04, BFH/NV, 2006, S. 1257.

BFH vom 01.02.2007 - II R 19/05, BStBl. II, 2007, S. 635.

BFH vom 28.10.2008 - IX R 96/07, BStBl. II, 2009, S. 45.

BFH vom 22.01.2009 - II R 43/07, BStBl. II, 2009, S. 444.

BFH vom 27.05.2009 - II R 64/08, BStBl. II, 2009, S. 856.

BFH vom 09.12.2009 - II R 37/08, BStBl. II, 2010, S. 489.

BFH vom 26.11.2009 - III R 40/07, BStBl. II, 2010, S. 609.

BFH vom 22.06.2010 - II R 40/08, BStBl. II, 2010, S. 843.

BFH vom 30.06.2010 - II R 60/08, BStBl. II, 2010, S. 897.

BFH vom 29.07.2010 - VI R 30/07, BStBl. II, 2011, S. 68.

BFH vom 28.03.2012 - II R 39/10, DStR, 2012, S. 1597.

BFH vom 27.09.2012 - II R 9/11, DStR, 2012, S. 2063.

BFH - II R 20/12 (anhängiges Verfahren).

Finanzgerichte

FG Köln vom 20.12.1994 - 2 K 169/92, EFG, 1995, S. 363.

FG Rheinland-Pfalz vom 18.09.1997 - 4 K 2824/96, DStRE, 1998, S. 144.

FG München vom 23.09.1997 - 7 K 4/95, EFG, 1998, S. 172.

FG München vom 08.10.1997 - 4 K 4092/93, EFG, 1998, S. 577.

FG Köln vom 23.10.1997 - 9 K 3954/89, EFG, 1998, S. 1603.

FG Baden-Württemberg vom 20.09.1999 - 9 K 216/99, EFG, 2000, S. 1021.

Niedersächsisches FG vom 11.04.2000 - 6 K 611/93, EFG, 2001, S. 157.

FG München vom 14.02.2001 - 4 K 153/98, EFG, 2001, S. 769.

FG Rheinland-Pfalz vom 16.08.2001 - 4 K 2619/98, DStRE, 2001, S. 1348.

Hessisches FG vom 07.01.2002 - 4 V 5281/00, EFG, 2002, S. 493.

FG München vom 05.06.2002 - 11 V 209/02, BeckRS, 2002, 16178.

FG München vom 13.09.2002 - 4 V 137/02, EFG, 2003, S. 251.

FG Thüringen vom 09.04.2003 - III 313/02, EFG, 2004, S. 334.

FG Rheinland-Pfalz vom 12.05.2003 - 5 K 1870/02, EFG, 2003, S. 1313.

FG Köln vom 29.4.2004 - 2 K 1354/01, EFG, 2004, S. 1368.

FG Münster vom 16.03.2006 - 8 K 2348/02 E, IStR, 2006, S. 789.

FG Baden-Württemberg vom 22.03.2006 - 12 K 351/04, EFG, 2007, S. 1161.

FG Kassel vom 03.04.2007 - 1 K 1809/04, EFG, 2007, S. 1534.

FG München vom 13.07.2009 - 4 K 235/06, ErbStB, 2011, S. 5.

FG Nürnberg vom 22.03.2012 - 4 K 1692/11, ErbStB, 2012, S. 238.

Zivilgerichte

Bundesgerichtshof

BGH vom 13.03.1978 - II ZR 142/76, BB, 1978, S. 776.

BGH vom 12.02.1979 - II ZR 106/78, WM, 1979, S. 432.

BGH vom 24.05.1993 - II ZR 36/92, NJW, 1993, S. 2101.

BGH vom 12.03.2001 - II ZB 15/00, BGHZ, 2001, S. 108.

BGH vom 11.12.2002 - XII ZR 27/00, NJW, 2003, S. 1396.

BGH vom 06.02.2008 - XII ZR 45/06, BGHZ, 2008, S. 207.

Oberlandesgerichte

OLG Celle vom 04.04.1979 - 9 Wx 2/77, DB, 1979, S. 1031.

OLG Köln vom 26.03.1999 - 19 U 108/96, NZG, 1999, S. 1222.

OLG Düsseldorf vom 31.01.2003 - 19 W 9/00 AktE, NZG, S. 588.

OLG Stuttgart vom 14.02.2008 - 20 W 11/06, BeckRS, 2008, 04923.

Landgerichte

LG Frankfurt vom 08.12.1982 - 3/3 AktE 104/79, AG, 1983, S. 136.

LG Dortmund vom 01.04.2004 - 18 AktE 2/03, NZG, 2004, S. 723.

Verzeichnis von Verwaltungsanweisungen und sonstigen Veröffentlichungen von Finanzbehörden und Ministerien

Bayerisches Staatsministerium der Finanzen: Schreiben betr. Erbschaftsteuer und Bewertungsrecht; Bewertung des Unternehmensvermögens vom 04.01.2013 – 34/31/33 - S 3102 - 0006 – 333/13:, BeckVerw 267920.

BMF [zit.: BMF, Eckpunktepapier, 2007]: Eckpunktepapier: Bewertung der Vermögensarten, 2007, http://www.bundesfinanzministerium.de/nn_53848/DE/ Wirtschaft__und__Verwaltung/Steuern/Veroeffentlichungen__zu__Steuerarten/Erbschaft __Schenkungssteuerrecht/Erbschaft__details__b,property=publicationFile.pdf [Abruf am 11.11.2012].

BMF [zit.: BMF, Ergebnispapier, 2007]: Ergebnispapier der Koch/Steinbrück-Arbeitsgruppe zur Reform der Erbschaft- und Schenkungssteuer, 2007, http://www.bundesfinanzministerium.de/nn_53848/sid_5E600CD020FA423C6E BBC628A6DC835D/DE/Wirtschaft__und__Verwaltung/Steuern/Veroeffentlichungen_ _zu__Steuerarten/Erbschaft__Schenkungssteuerrecht/Erbschaft__details__a,propert y= publicationFile.pdf [Abruf am 11.11.2012].

BMF [zit.: BMF, Diskussionsentwurf AntBVBewV, 2008]: Diskussionsentwurf für eine Verordnung zur Durchführung des § 11 Absatz 2 des Bewertungsgesetz - Anteils-Betriebsvermögensverordnung (AntBVBewV), 2008, http://beck-aktuell.beck.de/sites/default/files/rsw/upload/Beck_Aktuell/ Diskussionsentwurf2.pdf [Abruf am 11.11.2012].

BMF: Schreiben betr. Bewertung nicht notierter Anteile an Kapitalgesellschaften und des Betriebsvermögens; Basiszins für das vereinfachte Ertragswertverfahren nach § 203 Abs. 2 BewG vom 07.01.2009 - IV C 2 - S 3102/07/0001, BStBl. I 2009, S. 14.

BMF: Schreiben betr. Bewertung nicht notierter Anteile an Kapitalgesellschaften und des Betriebsvermögens; Basiszins für das vereinfachte Ertragswertverfahren nach § 203 Abs. 2 BewG vom 17.03.2009 - IV C 2 - S 3102/07/0001, BStBl. I, 2009, S. 473.

BMF: Schreiben betr. Bewertung nicht börsennotierter Aktien; Basiszins für das vereinfachte Ertragswertverfahren nach § 203 Abs. 2 BewG vom 05.01.2010 - IV D 4 - S 3102/07/0001, BStBl. I 2010, S. 14.

BMF: Schreiben betr. Bewertung nicht notierter Anteile an Kapitalgesellschaften und des Betriebsvermögens; Basiszins für das vereinfachte Ertragswertverfahren nach § 203 Absatz 2 BewG vom 05.01.2011 - IV D 4 - S 3102/07/10001, BStBl. I 2011, S. 5.

BMF vom 09.03.2011 - I A 6: Steuereinnahmen nach Gebietskörperschaften, http://www.bundesfinanzministerium.de/Content/DE/Standardartikel/Themen/Steuern/Steuerschaetzungen_und_Steuereinnahmen/3-kassenmaessige-steuereinnahmen-nach-gebietskoerperschaften-1970-bis-2010-anlage9.pdf?__blob=publicationFile&v=3 [Abruf am 11.11.2012

BMF: Schreiben betr. Bewertung nicht notierter Anteile an Kapitalgesellschaften und des Betriebsvermögens; Basiszins für das vereinfachte Ertragswertverfahren nach § 203 Abs. 2 BewG vom 02.01.2012 - IV D 4 - S 3102/07/10001, BStBl. I 2012, S. 13.

BMF: Schreiben betr. Bewertung nicht notierter Anteile an Kapitalgesellschaften und des Betriebsvermögens; Basiszins für das vereinfachte Ertragswertverfahren nach § 203 Abs. 2 BewG vom 02.01.2013 - IV D 4 - S 3102/07/10001, BStBl. I 2013, S. 19.

Erbschaftsteuer-Richtlinien 1998 (ErbStR 1998), BStBl. I 1998, Sondernummer 2, S. 2.

Erbschaftsteuer-Richtlinien 2003 (ErbStR 2003), BStBl. I 2003, Sondernummer 1, S. 2.

Erbschaftsteuer-Richtlinien 2011 (ErbStR 2011), BStBl. I 2011, Sondernummer 1, S. 2.

FinMin. Baden-Württemberg: Erlass betr. Ableitung des Werts von Stammaktien aus dem Börsenkurs der Vorzugsaktien (§ BEWG § 11 BewG, Abschn. 3 und 3 a VStR) vom 24.08.1998 - 3 - S 3263/2, DStR, 1998, S. 1473.

FinMin. Baden-Württemberg: Erlass betr. Anteilsbewertung - Ableitung des gemeinen Werts von Stammaktien aus dem Börsenkurs von Vorzugsaktien und umgekehrt (§ 11 BewG, R 95 Abs. 5 ErbStR) vom 19.04.2000 - S 3263-2, DStR, 2000, S. 822-823.

FinMin. Nordrhein-Westfalen: Erlass betr. Anteilsbewertung - Bewertung junger Aktien, die zum Stichtag an der Börse noch nicht eingeführt sind vom 13.03.1987 - S 3259 - 5 - V A 4, DB, 1987, S. 766.

FinMin. Saarland: Erlass betr. Ableitung des Werts von Stammaktien aus dem Börsenkurs der Vorzugsaktien vom 09.05.1994 - B/V - 376/94 - S 3263, DStR, 1994, S. 861.

FinMin. Schleswig-Holstein: Erlass betr. Ableitung des gemeinen Werts von Stammaktien aus dem Börsenkurs von Vorzugsaktien und umgekehrt vom 15.02.2000 - VI 316 - S 3263 - 077, DStR, 2000, S. 429.

FinMin. Schleswig-Holstein: Kurzinformation betr. Einheitliche Bewertung von Unternehmen und Anteilen an Kapitalgesellschaften bei der Erbschaftsteuer und den Ertragsteuern vom 20.07.2011 - VI 306-S 2170-577, ZEV, 2011, S. 616.

Oberste Finanzbehörden der Länder [zit.: Bewertungserlass 2009]: Gleichlautender Erlass zur Umsetzung des Gesetzes zur Reform des Erbschaftsteuer- und Bewertungsrechts; Anwendung der §§ 11, 95 bis 109 und 199 ff. BewG in der Fassung durch das ErbStRG vom 25.06.2009, BStBl. I 2009, S. 698.

Oberste Finanzbehörden der Länder [zit.: Bewertungserlass 2011]: Gleichlautender Erlass zur Umsetzung des Gesetzes zur Reform des Erbschaftsteuer- und Bewertungsrechts; Anwendung der §§ 11, 95 bis 109 und 199 ff. BewG in der Fassung durch das ErbStRG vom 17.05.2011, BStBl. I 2011, S. 606.

OFD Hannover: Verfügung betr. Auswirkung von DM-Aufwertungen und Kursschwankungen bei Erbanfällen aus dem Ausland (Währungsverlusten) vom 07.03.2003 - S 3811 - 7 - StO 241, ZEV, 2003, S. 161.

OFD Karlsruhe: Verfügung betr. Angemessenheit der Gesamtbezüge eines Gesellschafter-Geschäftsführers vom 17.04.2001 - S 2742 A - St 331, DStR, 2001, S. 792.

OFD Münster und Rheinland [zit.: OFD Münster und Rheinland, Leitfaden, 2007]: Leitfaden zur Bewertung von (Anteilen an) Kapitalgesellschaften für ertragsteuerliche Zwecke, 2007,http://www.ofd-muenster.de/ die_ofd_ms/Arbeitshilfen__Leitfaeden __Praxishilfen/ 05_leitfaden_kapital. php [Abruf am 11.11.2012].

Vermögensteuer-Richtlinien 1986 (VStR 1986), BStBl I 1986, Sondernummer 2, S. 2.

Verzeichnis von Parlamentsmaterialien

Bundesrat (Hrsg.) [zit.: Bundesrat (Hrsg.), Regierungsentwurf JStG 1997]: Gesetzentwurf der Bundesregierung - Entwurf eines Jahressteuergesetzes (JStG) 1997, BR-Drs. 390/96.

Bundesrat (Hrsg.) [zit.: Bundesrat (Hrsg.), Regierungsentwurf Gesetz zur Sicherung der Unternehmensnachfolge]: Gesetzentwurf der Bundesregierung - Entwurf eines Gesetzes zur Sicherung der Unternehmensnachfolge, BR-Drs. 322/05.

Bundesrat (Hrsg.) [zit.: Bundesrat (Hrsg.), Gesetzesantrag des Freistaats Bayern Gesetz zur Sicherung der Unternehmensnachfolge]: Gesetzesantrag des Freistaats Bayern - Entwurf eines Gesetzes zur Sicherung der Unternehmensnachfolge, BR-Drs. 341/05.

Bundesrat (Hrsg.) [zit.: Bundesrat (Hrsg.), Regierungsentwurf Gesetz zur Erleichterung der Unternehmensnachfolge]: Gesetzentwurf der Bundesregierung - Entwurf eines Gesetzes zur Erleichterung der Unternehmensnachfolge, BR-Drs. 778/06.

Bundesrat (Hrsg.) [zit.: Bundesrat (Hrsg.), Entschließung des Bundesrates zum Entwurf eines Gesetzes zur Erleichterung der Unternehmensnachfolge]: Antrag des Landes Hessen - Entschließung des Bundesrates zum Entwurf eines Gesetzes zur Erleichterung der Unternehmensnachfolge, BR-Drs. 107/07.

Bundesrat (Hrsg.) [zit.: Bundesrat (Hrsg.), Beschluss Funktionsverlagerungsverordnung]: Beschluss des Bundesrates - Verordnung zur Anwendung des Fremdvergleichsgrundsatzes nach § 1 Abs. 1 des Außensteuergesetzes in Fällen grenzüberschreitender Funktionsverlagerungen (Funktionsverlagerungsverordnung - FVerlV), BR-Drs. 352/08.

Bundesrat (Hrsg.) [zit.: Bundesrat (Hrsg.): Beschluss ErbStRG]: Gesetzesbeschluss des Deutschen Bundestages - Gesetz zur Reform des Erbschaftsteuer- und Bewertungsrechts (Erbschaftsteuerreformgesetz - ErbStRG), BR-Drs. 888/08 (Beschluss).

Deutscher Bundestag (Hrsg.) [zit.: Deutscher Bundestag (Hrsg.), Entwurf StÄndG 1992]: Gesetzentwurf der Fraktionen CDU/CSU und FDP - Entwurf eines Gesetzes zur Entlastung der Familien und zur Verbesserung der Rahmenbedingungen für Investitionen und Arbeitsplätze, BT-Drs. 12/1108.

Deutscher Bundestag (Hrsg.) [zit.: Deutscher Bundestag (Hrsg.), Zweiter Bericht des Finanzausschusses zum JStG 1997]: Zweiter Bericht des Finanzausschusses zu dem Gesetzentwurf der Fraktionen der CDU/CSU und FDP - Entwurf eines Jahressteuergesetzes (JStG) 1997, BT-Drs. 13/5952.

Deutscher Bundestag (Hrsg.) [zit.: Deutscher Bundestag (Hrsg.), Beschlussempfehlung des Vermittlungsausschuß zum JStG 1997]: Beschlussempfehlung des Ausschusses nach Artikel 77 des Grundgesetzes (Vermittlungsausschuß) zu dem Jahressteuergesetz (JStG) 1997 - Drucksachen 13/4839, 13/5359, 13/5951, 13/5952, 13/6151 -, BT-Drs. 13/6530.

Deutscher Bundestag (Hrsg.) [zit.: Deutscher Bundestag (Hrsg.), Gesetzentwurf der Fraktion der CDU/CSU Gesetz zur Sicherung der Unternehmensnachfolge]: Gesetzentwurf der Fraktion der CDU/CSU - Entwurf eines Gesetzes zur Sicherung der Unternehmensnachfolge, BT-Drs. 15/5448.

Deutscher Bundestag Finanzausschuss [zit.: Deutscher Bundestag Finanzausschuss (Hrsg.), Wortprotokoll, 2008]: Wortprotokoll zur 87. Sitzung, Protokoll Nr. 16/87, 2008.

Deutscher Bundestag (Hrsg.) [zit.: Deutscher Bundestag (Hrsg.), Regierungsentwurf ErbStRG]: Gesetzentwurf der Bundesregierung - Entwurf eines Gesetzes zur Reform des Erbschaftsteuer- und Bewertungsrechts (Erbschaftsteuerreformgesetz - ErbStRG), BT-Drs. 16/7918.

Deutscher Bundestag (Hrsg.) [zit.: Deutscher Bundestag (Hrsg.), Stellungnahme des Bundesrates und Gegenäußerung der Bundesregierung zum ErbStRG]: Unterrichtung durch die Bundesregierung - Entwurf eines Gesetzes zur Reform des Erbschaftsteuer- und Bewertungsrechts (Erbschaftsteuerreformgesetz - ErbStRG) - Drucksache 16/7918 - Stellungnahme des Bundesrates und Gegenäußerung der Bundesregierung, BT-Drs. 16/8547.

Deutscher Bundestag (Hrsg.) [zit.: Deutscher Bundestag (Hrsg.), Bericht des Finanzausschusses zum ErbStRG, BT-Drs. 16/11107]: Bericht des Finanzausschusses (7. Ausschuss) zu dem Gesetzentwurf der Bundesregierung - Drucksachen 16/7918, 16/8547, 16/8814 Nr. 3 - Entwurf eines Gesetzes zur Reform des Erbschaftsteuer- und Bewertungsrechts (Erbschaftsteuerreformgesetz - ErbStRG), BT-Drs. 16/11107.

Deutscher Bundestag (Hrsg.) [zit.: Beschlussempfehlung des Finanzausschusses zum ErbStRG]: Beschlussempfehlung des Finanzausschusses (7. Ausschuss) zu dem Gesetzentwurf der Bundesregierung - Drucksachen 16/7918, 16/8547, 16/8814

Nr. 3 - Entwurf eines Gesetzes zur Reform des Erbschaftsteuer- und Bewertungsrechts (Erbschaftsteuerreformgesetz - ErbStRG), BT-Drs. 16/11075.

Deutscher Bundestag (Hrsg.) [zit.: Deutscher Bundestag (Hrsg.), Entwurf JStG 2010 Stellungnahme des Bunderates und Gegenäußerung der Bundesregierung]: Entwurf eines Jahressteuergesetzes 2010 (JStG 2010) - Stellungnahme des Bunderates und Gegenäußerung der Bundesregierung, BT-Drs. 17/2823.

Gesetzesverzeichnis

AktG	Aktiengesetz vom 06.09.1965 (BGBl. 1 1965, S. 1089), zuletzt geändert durch Artikel 3 Kleinstkapitalgesellschaften-Bilanzrechtsänderungsgesetz vom 20.12.2012 (BGBl. I 2012, S. 2751).
BauGB	Baugesetzbuch in der Fassung der Bekanntmachung vom 23.09.2004 (BGBl. I 2004, S. 2414), zuletzt geändert durch Artikel 1 Gesetz zur Förderung des Klimaschutzes bei der Entwicklung in den Städten und Gemeinden vom 22.07.2011 (BGBl. I 2001, S. 1509).
BewG	Bewertungsgesetz vom 01.02.1991 (BGBl. I 1991, S. 231), zuletzt geändert durch Artikel 13 Absatz 3 LSV-Neuordnungsgesetz vom 12.04.2012 (BGBl. I 2012, S. 579).
BGB	Bürgerliches Gesetzbuch in der Fassung der Bekanntmachung vom 02.01.2002 (BGBl. I 2002, S. 42, ber. BGBl. I 2002, S. 2909 und BGBl. I 2003, S. 738), zuletzt geändert durch Artikel 7 Personenstandsrechts-Änderungsgesetz vom 07.05.2013 (BGBl. I 2013, S. 1122).
BörsenG	Börsengesetz vom 16.07.2007 (BGBl. I 2007, S. 1330), zuletzt geändert durch Artikel 1 Hochfrequenzhandelsgesetz vom 07.05.2013 (BGBl. I 2013, S. 1162).
ErbStG	Erbschaftsteuergesetz vom 27.02.1997 (BGBl. I 1997, S. 378), zuletzt geändert durch Artikel 5 Gesetz zu dem Abkommen vom 04.02.2010 zwischen der Bundesrepublik Deutschland und der Französischen Republik über den Güterstand der Wahl-Zugewinngemeinschaft vom 15.03.2012 (BGBl. I 2012, S. 178).
ErbStRG	Erbschaftsteuerreformgesetz vom 24.12.2008 (BGBl. I 2008, S. 3018).
EStG	Einkommensteuergesetz vom 08.10.2009 (BGBl. I 2009, S 3369, berichtigt BGBl. I 2009, S. 3862), zuletzt geändert durch Artikel 2 Gesetz zur Fortentwicklung des Meldewesens (MeldFortG) vom 03.05.2013 (BGBl. I 2013, S. 1084).

FGO	Finanzgerichtsordnung vom 28.03.2001 (BGBl. I 2001, S. 442, berichtigt BGBl. I 2001, S. 2262, BGBl. I 2002, S. 679) zuletzt geändert durch Artikel 3 Gesetz zur Intensivierung des Einsatzes von Videokonferenztechnik in gerichtlichen und staatsanwaltschaftlichen Verfahren vom 25.04.2013 (BGBl. I 2013, S. 935).
GG	Grundgesetz vom 23.05.1949 (BGBl. I 1949, S. 1) zuletzt geändert durch Artikel 1 Gesetz zur Änderung des Grundgesetzes (Artikel 93) vom 11.07.2012 (BGBl I, S. 1478).
JStG 1996	Jahressteuergesetz 1996 vom 11.10.1995 (BGBl. I 1995, S. 1250).
JStG 1997	Jahressteuergesetz 1997 vom 20.12.1996 (BGBl. I 1996, S. 2049).
JStG 2010	Jahressteuergesetz 2010 vom 08.12.2010 (BGBl. I 2010, S. 1768).
RAO	Reichsabgabenordnung vom 13.12.1919 (RGBl. 1919, S. 1993).
RBewG 1931	Reichsbewertungsgesetz vom 22.05.1931 (RGBl I 1931, S. 222).
RBewG 1934	Reichsbewertungsgesetz vom 16.10. 1934 (RGBl. I 1934, S.1035).
SEStEG	Gesetz über steuerliche Begleitmaßnahmen zur Einführung der Europäischen Gesellschaft und zur Änderung weiterer steuerlicher Vorschriften vom 07.12.2006 (BGBl. I 2006, S. 2782, berichtigt BGBl. I 2007, S. 68).
StandOG	Gesetz zur Verbesserung der steuerlichen Bedingungen zur Sicherung des Wirtschaftsstandorts Deutschland im Europäischen Binnenmarkt (Standortsicherungsgetz) vom 13.09.1993 (BGBl. I 1993, S. 1569).
StÄndG 1992	Steueränderungsgesetz 1992 vom 25.02.1992 (BGBl. I 1992, S. 297).
UmwStG	Umwandlungssteuergesetz vom 07.12.2006 (BGBl. I 2006, S. 2782) zuletzt geändert durch Artikel 4 Gesetz zur Beschleunigung des Wirtschaftswachstums (Wachstumsbeschleunigungsgesetz) vom 22.12.2009 (BGBl. I 2009, S. 3950).

WpHG	Wertpapierhandelsgesetz vom 09.09.1998 (BGBl. I 1998, S. 2708), zuletzt geändert durch Artikel 3 Hochfrequenzhandelsgesetz vom 07.05.2013 (BGBl. I 2013, S. 1162).
WPO	Gesetz über eine Berufsordnung der Wirtschaftsprüfer (Wirtschaftsprüferordnung) vom 05.11.1975 (BGBl. I 1975, S. 2803), zuletzt geändert durch Artikel 21 Gesetz zur Verbesserung der Feststellung und Anerkennung im Ausland erworbener Berufsqualifikationen vom 06.12.2011 (BGBl. I 2011, S. 2515).
ZVG	Gesetz über die Zwangsversteigerung und die Zwangsverwaltung in der Fassung der Bekanntmachung vom 20. Mai 1898 (RGBl. I 1898, S. 713), zuletzt geändert durch Artikel 6 Gesetz zur weiteren Erleichterung der Sanierung von Unternehmen vom 07.12.2011 (BGBl. I 2011, S. 2582).

Stichwortverzeichnis

STEUER, WIRTSCHAFT UND RECHT

Herausgegeben von vBP StB Prof. Dr. Johannes Georg Bischoff, Wuppertal, Dr. Alfred Kellermann, Vorsitzender Richter am BGH (a. D.), Karlsruhe, Prof. (em.) Dr. Günter Sieben, Köln, und WP StB Prof. Dr. Dr. h. c. Norbert Herzig, Köln

Band 337
Peter Christian Müller
Cash-Flow-Unternehmenssteuern und Europäisches Recht
Lohmar – Köln 2013 • 272 S. • € 58,- (D) • ISBN 978-3-8441-0295-6

Band 338
Janine v. Wolfersdorff
Steuerbilanzielle Gewinnermittlung – Stand und Entwicklungsperspektiven aus deutscher und europäischer Sicht
Lohmar – Köln 2014 • 360 S. • € 64,- (D) • ISBN 978-3-8441-0312-0

Band 339
Stefan Stein
Verlagerung von Forschungs- und Entwicklungsfunktionen in multinationalen Konzernen – Eine entscheidungstheoretische Untersuchung von Outbound-Verlagerungen in die Niederlande
Lohmar – Köln 2014 • 544 S. • € 75,- (D) • ISBN 978-3-8441-0325-0

Band 340
Martina Köster
Prüfungen und Kontrollen bei gemeinnützigen Kapitalgesellschaften – Eine empirische Untersuchung zur Anerkennung und Sicherstellung des Gemeinnützigkeitsstatus
Lohmar – Köln 2014 • 620 S. • € 82,- (D) • ISBN 978-3-8441-0326-7

Band 341
Sebastian Johannes Paul Schröder
Unternehmensbewertung für Zwecke der Erbschaft- und Schenkungsteuer – Analyse der Steuerbemessungsfunktion der Unternehmensbewertung und ökonomische Rechtskritik am Gesetz zur Reform des Erbschaftsteuer- und Bewertungsrechts
Lohmar – Köln 2014 • 548 S. • € 75,- (D) • ISBN 978-3-8441-0328-1

JOSEF EUL VERLAG